儿童心理学

儿童情绪心理学

启 文 编著

中国出版集团
中 译 出 版 社

图书在版编目（CIP）数据

儿童心理学 . 儿童情绪心理学 / 启文编著 . -- 北京 : 中译出版社 , 2019.12（2022.5 重印）
ISBN 978-7-5001-6141-7

Ⅰ . ①儿… Ⅱ . ①启… Ⅲ . ①儿童心理学 Ⅳ . ① B844.1

中国版本图书馆 CIP 数据核字（2019）第 282246 号

儿童心理学

儿童情绪心理学

出版发行：中译出版社
地　　址：北京市西城区新街口外大街 28 号普天德胜大厦主楼 4 层
邮　　编：100088
电　　话：（010）68359827，68359303（发行部）；（010）68002876（编辑部）
电子邮箱：book@ctph.com.cn
网　　址：http://www.ctph.com.cn
总 策 划：张高里
责任编辑：李　颖
封面设计：青蓝工作室
印　　刷：金世嘉元（唐山）印务有限公司
经　　销：新华书店
规　　格：880 毫米 ×1230 毫米　1/32
印　　张：30
字　　数：550 千字
版　　次：2019 年 12 月第 1 版
印　　次：2022 年 5 月第 2 次

ISBN 978-7-5001-6141-7　　　定价：149.00 元（全 5 册）

中 译 出 版 社

前　言

情绪并没有好坏之分，无论积极情绪还是消极情绪，都是正常的情绪。但是情绪对一个人的影响是非常大的。事实证明，情绪直接决定了一个人的能力和情商，因此，许多父母都开始注重探究孩子的情绪密码，并且希望培养孩子的情绪管理能力。

孩子其实和成年人一样，有着丰富的情绪体验，只是他们不懂“情绪”为何物，也不能很好地控制自己的情绪，因此孩子表达情绪的方式与大人不同。作为父母，应该细心观察孩子产生情绪时的种种表现，并且尽力了解孩子出现某种情绪的原因，用适当的方法引导孩子消除自己的负面情绪以及合理地发展和表达正面情绪。

研究表明，正面情绪和负面情绪都会对人的心理和身体健康造成影响。正面情绪即乐观、积极、自信、愉悦、放松的情绪等，负面情绪有愤怒、悲伤、忧郁、恐惧、焦虑等。长期保持正面情绪，会让孩子拥有良好的性格和健康的心理，同时也会让孩子身体更加健康。长期生活在负面情绪中的孩子，往往会有各种不同程度的性格缺陷，甚至会患上各种疾病等。想要让孩子健康快乐地成长，父母除了满足孩子的物质需求和精神需求外，还要关注孩子的心理健康。

培养孩子的情绪管理能力，是一个漫长的过程，首先需要家长掌握一定的儿童心理学知识，并且用正确的方法对待孩子的各种情绪。比如在孩子哭闹时，我们应该给予孩子安慰，可是有些家长的安慰方式并不科学，如给孩子食用过多的糖果和零食等。这样虽然可以消除孩子的不良情绪，但是长期下去对孩子的身体健康不利。这时候家长就需要学习更加有效的方法，正确引导孩子。

为了帮助各位家长解读孩子的负面情绪，培养孩子的正面情绪，本书将晦涩难懂的心理学理论转化为浅显通俗的文字，配合大量真实案例（需要提醒读者的是，案例中的人物均是化名），系统地阐述了孩子的各种情绪问题及产生原因，并提供了科学有效的解决方法。希望能让广大读者从中受益，和孩子一起成长。

目 录

第一章　家长一定要懂的儿童情绪心理学……………………1
情绪是婴儿交流的手段……………………1
婴儿也会“察言观色”……………………3
孩子为什么会“认生”……………………5
什么是“情绪能力”……………………8
“永远不生气”：环境也能控制情绪……………………11
认识“依恋关系”，满足孩子爱的需求……………………13
信任关系的最佳建立期……………………15
自己的孩子自己带……………………17
孩子不认生，不一定是好事……………………19
别让孩子患上“肌肤饥饿症”……………………22
孩子敏感期，妈妈要谨慎……………………24
让孩子在玩耍中度过敏感期……………………26
孩子迷茫，你知道吗……………………28
做孩子的“灯塔”……………………30
帮助孩子安全度过青春期……………………32
别在学习上给孩子施高压……………………34
人生中的两大“水泥期”……………………36

利用“水泥期”塑造好性格……38
训练独立的最佳时机……41
自我意识觉醒的“第一抗逆期”……43
心理烦恼的“第二抗逆期”……45
掌握技巧，让孩子安全度过抗逆期……47
让孩子时刻感受你的爱……49
第二章　成长期孩子的情绪秘密……52
孩子怕黑，这是心理问题吗……52
他很喜欢模仿，有办法解决吗……55
5 岁了还随身携带玩具熊，怎么回事……59
孩子很依赖妈妈，该怎么办……63
不用幼儿园的餐具吃饭，是不是很任性……67
看见不喜欢的菜就会吐出来，长大就会好吗……71
孩子的心理发展有“关键期”吗……75
孩子变得爱生气、爱发脾气……78
与父母对着干是典型的叛逆行为……79
第三章　叛逆期孩子更易有情绪……82
青春期的孩子容易偏激……82
孩子情绪总是大起大落……84
青春期的孩子如此冷漠……87
青春期的孩子如此暴躁……89
孤独、自闭怎么办……91
都是虚荣心在作祟……93
自卑而又敏感多疑的孩子……96

熊熊燃烧的嫉妒之火……98
家里多了个叛逆少年……101
说一句顶嘴十句……103
孩子的心越走越远……106
父母的“嘱咐”变成了“唠叨”……108
对父母的话嗤之以鼻……111
第四章　让孩子适当经受情绪锻炼……114
增强男孩的自控能力……114
帮孩子克服厌学的心态……116
无论聪明还是笨，勤奋最重要……118
优秀男孩必备的情绪智力：专注……121
懂得快乐的孩子才能驾驭人生……123
让孩子感受到生活的美好……125
心中充满阳光，世界才不会黑暗……127
如何应对消极情绪……129
让女孩永远有乐观的心态……131
让女孩远离自卑……134
如果你家有个爱抱怨的男孩……137
男孩有暴力倾向怎么办……140
“忧郁”是一种病……142
第五章　做好情绪管理才能成就好孩子……149
不要让女儿陷入孤僻的陷阱……149
良好的自制力——当面对诱惑的时候说“不”……153
不要成为爱抱怨的女孩……156

反省与进步紧密相连…………157
告诉女孩：说“对不起”真的很管用…………160
做事贵在善始善终…………162
消除女孩的多疑心理…………166
帮孩子克服优柔寡断…………168
磨炼孩子的坚强意志…………170
培养一颗勇敢的心…………172
和孩子一起战胜挫折…………173
如果男孩对未知充满怀疑…………176
男孩的焦虑源自父母反复无常的情绪…………177
让男孩改掉“只想不做”的坏习惯…………179
训练男孩学会等待…………182

第一章
家长一定要懂的儿童情绪心理学

情绪是婴儿交流的手段

雯雯生下来就是个“哭”宝宝，动不动就咧嘴哭，眼泪来得特别快。妈妈像大多数母亲一样，学会了理解孩子的哭声。可随着雯雯年龄的增长，她依然还是说话少，哭声多。听到小朋友说“我不跟你玩了”，她就哭；别人不小心碰到她，她也哭；分蛋糕时，因没得到喜爱的奶油小花也要哭。在不断满足孩子的需求之余，妈妈会经常不耐烦地冲她喊：“整天就知道哭，哭有什么用，也不嫌丢人！”

人类的基本情绪在婴儿的生存和生长中起着十分重要的作用。情绪和语言一样，是婴儿进行人际交流的重要手段。婴儿的情绪交流是以表情的形式来传递的，情绪表达主要有面部肌肉运动模式、声调和身体姿态 3 种形式，婴儿用得最多的是面部肌肉运动模式，比如，喜、怒、惊、恐等都是通过面部表情来传递情绪信息，声调和身体姿态都是面部表情的辅助形式。

有人将婴儿因饥饿、痛、生气而发出的哭声录下来，放给不知情的母亲听。当这些母亲听到因痛而发出的哭声时，都冲进房间去看看自己的孩子是不是发生了意外，而听到另外两种哭声时，都慢吞吞地做反应。由此可见，婴儿已能用不同的哭声传达自己的情绪。行为主义创始人华生指出，新生儿有3种非习得性情绪：爱、怒和怕。爱——婴儿对柔和的轻拍或抚摸会产生一种广泛的松弛反应，比如展开手指和脚趾，或者发出咕咕和咯咯声那样的一些反应；怒——如果限制婴儿的运动，就会产生身体僵直的反应，或屏息、尖叫之类的反应，有些还会出现手脚“乱砍”似的运动；怕——听到突然发出的声音会产生吃惊反应，当身体突然失去支持时就发抖、啜泣和哭号。

情绪是性格结构的重要组成部分，许多性格特征，如活泼、开朗、忧郁、粗暴等都和情绪密切相关。随着年龄增长，幼儿在一定的、不断重复的情景中，经常体验着同一种情绪状态，这种情绪逐渐稳定后，就会成为幼儿的性格特征。大约5岁以后，幼儿情绪逐渐系统化和稳定下来。如果周围成人此时经常关心、爱抚幼儿，尊重幼儿，使幼儿经常体验到安全感和信任感，这有助于促进朝气蓬勃、活泼开朗等良好个性的形成。如果父母和教师经常要求幼儿帮助别人，关心生病的小朋友，要求幼儿相互谦让等等，这样孩子就能逐渐形成比较稳定的同情心和关心体贴他人的情感。久而久之，这种情感也会成为幼儿个性的一部分。故事中雯雯的哭闹对妈妈来说都是因为一些微不足道的小事，但是对雯雯来说，这是她解决问题的一种途径和控制外界环境的一种手段。

情绪能影响儿童的心理健康，也能影响儿童的生理健康。在儿童发展早期，如果儿童被剥夺了正常体验情绪的机会，其身心健康和发展就会受到严重影响。儿童情绪被剥夺，缺乏父母的爱，会抑制脑垂体分泌激素和生长素。少数被父母拒绝或在孤儿院中长大的儿童，很可能有情绪被剥夺的经验，这样容易导致他们身体发育不良，动作和语言发展迟滞，对他人的微笑毫无反应，无从学习人际交往，变得沉默寡言、无精打采。

因此，在儿童生长发育的过程中，给予他们适当的关爱和情绪刺激是十分必要的。

婴儿也会“察言观色”

秋季的一天，妈妈带着 9 个月的清清到楼下的花园里散步。清清看到花园里有许多小哥哥小姐姐在玩，十分高兴，也跟着他们“咿咿呀呀”地乐。这时，有两个淘气的小男孩趁人不注意摘了好几朵花，碰巧被邻居张大爷看见了，张大爷生气地批评了这两个孩子。没想到当清清看到张大爷生气的表情时，突然“哇”的一声哭了，妈妈哄了好半天也不管用，妈妈只好带她回家了，回到家后清清才不哭了。

婴儿除了能够表达自己的情绪以外，还能对他人的情绪进行辨别和做出反应。研究发现，儿童运用面部表情和分辨他人情绪表情的能力是逐步发展起来的。半岁之后，婴儿就能够理解成人面部表情的意义，并且可能利用情绪进行信息交流。8 个月左右的婴儿对母亲的微笑、悲伤或无表情面孔，显示出相应的欢快、微笑、呆视、犹豫或哭泣反应。1 岁左右的孩子已经能够“察言观色”：别人发怒时，孩子会感到焦虑不安，并会想离开那个环境；当别人对自己的妈妈表示温情或亲密时，孩子也会表现出深情的行为或妒忌的行为。

婴儿能够区别不同情绪的最有力证据来自对面部表情的研究。科学家进行的几项研究表明，一个3天大的孩子已经可以模仿成年人做出高兴、伤心或者惊奇的表情。在他们的研究中，新生儿被垂直地抱着，脸部与一个女模特的脸相距约10英寸。女模特做出以上3种表情中的一种，直到婴儿的视线移开。与此同时，观察者仔细观察婴儿并且记录婴儿的眼睛、眉毛和嘴的变化，而后猜测婴儿模仿的是何种表情。婴儿在模仿“惊奇”时张大眼睛和嘴，在模仿“高兴”时张大嘴巴，在模仿“伤心”的时候紧闭嘴唇或锁住眉毛。

尽管有一些研究者质疑这些发现，但是还是有许多研究者相信婴儿对情绪表情具备早期的敏感性，或者说，婴儿很早就能识别和模仿成人的面部表情。

在测查婴儿识别面部表情照片的能力时，研究者采用了另外一种方法，这就是习惯化和去习惯化。国内的研究者采用习惯化－去习惯化实验设计，测查了42名8～12个月的婴儿对愉快、愤怒和惧怕3种表情照片的习惯化速率以及在6种表情配对顺序下的识别能力。结果发现，多数婴儿的注视高峰出现在习惯化早期，不同年龄的儿童对3种表情的习惯化速率相同，在识别过程中不存在顺序效应。

喜怒哀乐是人类天生的一种能力，但是如果宝宝从小没有足够的情绪体验，他识别和理解他人的情绪时就会反应相对迟钝。想要宝宝对情绪“明察秋毫”，那就和他一起玩一些提高对情绪反应和辨别能力的游戏吧！

（1）找一些杂志或者图书，和宝宝一起观察书里面人物的表情，让宝宝指出难过的脸、高兴的脸或者其他表情的脸。

（2）说出指令“我高兴！”“我难过！”等，然后和宝宝一起扮演出不同情绪的表情。指令可以由爸爸妈妈发出，也可以由宝宝发出。指令可以由“高兴”“难过”入手，进而过渡到别的情绪，并逐渐扩展，让宝宝逐渐学会用表情来表达各种情绪。上边的两个游戏适合2岁以上的宝宝，这些游戏能够让宝宝理解不同的表情，学会以恰当的方式表达不同的情绪。

（3）罗列一些令妈妈自己或者宝宝高兴、难过的事情。如：“宝宝会自己滑滑梯了，我真高兴！”“抱着你我真开心……”“我的玩具不见了，我很难过。”“看到你不高兴，我也很难过……”

然后可以引导孩子罗列一些可能招致其他不同情绪的事情。比如“下雨了，不能去公园玩了，真让人沮丧。”“小哥哥把我的玩具抢走了，我很生气。”等等。这个游戏适合2岁半以上的宝宝，它能够帮助宝宝理解情绪和事件之间的关系，学会体察他人的情绪。

孩子为什么会“认生”

风和日丽的一天，妈妈带着1岁半的乐乐在公园小路边的草丛中玩耍。可爱的蝴蝶从乐乐眼前翩翩飞过，乐乐高兴地晃动小手，试图用小手抓住蝴蝶，却见蝴蝶轻盈地从她的手前掠过，逗得乐乐手舞足蹈。这时，邻居家的王爷爷从远处走来，笑眯眯地对乐乐说：“乐乐，爷爷抱抱你？”说着王爷爷就伸出了双手，乐乐“哇”的一声哭了起来，推开王爷爷的手，哭着跑向妈妈。妈妈抱起她一边安慰，一边说："这是王爷爷，怎么不认识啦？上次王爷爷抱你时，你还那么听话，怎么突然间就不乖了？"

认生不是突然发生的，它也是一个逐渐显露的过程。4个月的婴儿对陌生人也笑，只是比对母亲笑得要少。他们对新奇的对象表现出极大的兴趣，不害怕陌生人。4～5个月的婴儿注视陌生人的时间甚至会多于注视熟人的时间。到了5～7个月左右，婴儿见到陌生人往往会出现一种严肃的表情，7～9个月见到陌生人时就感到苦恼了。很多孩子在1岁多的时候都会出现认生现象，其实这是孩子身心发育过程中一种很正常的现象。在心理学上，人们将婴幼儿对陌生的人所表现出来的害怕反应称为怯生。过去有一段时期，人们认为怯生和依恋一样，是一种不可避免的、普遍存在的现象。但是现在许多研究表明，认生不是普遍存在的。孩子对陌生人的害怕取决于很多因素，这些因素包括陌生人的行为特点、儿童发展的状况、儿童当时所处的环境等等。

下面是引起儿童认生的几个因素：

1. 父母是否在场

如果父母抱着孩子，这时即使陌生人进来，对孩子的影响也不大。但是如果母亲与婴儿有一定的距离，那么孩子就可能害怕。

2. 看护者的多少

如果婴儿只由母亲一个人来看护，那么他所产生的害怕的程度可能比由许多成人看护的婴儿要高。在托儿所看护的婴儿与在家里看护的婴儿相比，前者发生认生的情况比后者少。

3. 婴儿与母亲的亲密程度

婴儿与母亲的关系越亲密，婴儿见到陌生人越害怕。

4. 环境的熟悉性

如果自己家里进来一个陌生人，那么他们几乎没有认生的反应；要是婴儿在一个陌生的环境里，这时有陌生人走进来，有50% 的婴儿会产生害怕。

5. 陌生人的特点

婴儿并不是对所有的陌生人都感到害怕，他们对陌生儿童的反应与对陌生成人的反应完全不同，他们对陌生儿童产生积极温和的反应，而对陌生成人感到害怕。此外，脸部特征也是引起婴儿害怕陌生人的重要因素。

6. 婴儿接受刺激的多少

婴儿平时获得的听觉刺激和视觉刺激越多，越不容易认生，这是因为儿童已习惯于接受各种刺激，所以即使陌生人出现，他们也不觉得新奇，因而不太容易产生害怕的情绪。那么父母怎样做，才能让孩子不认生或减少认生的情况，塑造活泼开朗的性格呢？首先要抓住孩子不认生的阶段（3 ~ 4 个月以下）多带婴儿到更广阔的生活天地中活动，接受丰富多彩的刺激，特别要让孩子接触各式各样的人群，熟悉男女老少、成人、儿童的各种面孔；对于安静内向的婴儿来说，父母要有意创造与人接触的各种条件与环境。这一段时间的训练，也是决定以后是否会认生的关键。

3 ~ 4 个月以后的孩子已经有了认生现象，这个时候既不要避免让他们与陌生人接触，也不要强迫他们与陌生人接触，否则会适得其反。父母可以经常带孩子到亲朋好友家串门，或邀请他们来自己家做客。但是要避免众多的陌生人七嘴八舌地一起与他打招呼或争抢着抱他的情况发生，因为这会使他缺少安全感，增加认生的程度。到了 2 ~ 3 岁仍然认生的孩子，父母不要当着孩子的面经常提起他这个缺点，以避免增加孩子的心理压力。可以常带孩子到儿童游乐场，先让他与陌生的孩子交往；还可以为孩子寻找不认生的孩子做伙伴；当然，当孩子能够自然地回答陌生人的问话或有礼貌地跟陌生人打招呼时，一定要及时肯定和称赞。

什么是“情绪能力”

8 岁的小雨已经是个小学三年级的学生了。她的学习成绩一向十分突出，各方面都很优秀，可是上学期的期末考试却完全击垮了小雨，在她拿回家的成绩单上，3 门功课的成绩分别是：语文 78 分，数学 97 分，英语 87 分。小雨把成绩单给爸爸后，还没等爸爸做任何反应，就冲进自己的房间把门关起来，哇哇大哭起来。爸爸没有急于敲门，而是等了好一会儿，听见女儿的哭声变小了才轻轻地敲开小雨房门。

爸爸走进去轻轻地拍了拍她的肩膀，安慰道：“怎么啦？小雨，是为这次考试成绩伤心吗？小雨一向是个坚强的孩子，去年在医院都没有哭过，怎么就为这次考试哭了呢？这次考试成绩不理想是因为你得病休学两个半月造成的。以前的考试，我们的小雨不都是非常出色、名列前茅的吗？”小雨感激地看着爸爸，不停地点头。

“那么，就让过去的永远过去。这次考试表明你有许多知识不会，我相信我们的小雨一定会尽快找出不足，学好这些知识的。”小雨听后又十分自信地点了点头。

人的智力有区别是大家都承认的事实，但是个体的情绪能力也同样有区别，这一点让人们难以理解，主要是因为情绪水平测试比智力水平要模糊、混乱得多。但现在的研究让我们可以基本肯定是儿童早期受到的教育让儿童的情绪能力产生了较大差异。

科学家普遍认同，一个人的情绪能力主要包括以下 8 个主要部分：了解自己的情绪状态的能力；分辨他人情绪的能力；运用自己文化中的情绪词汇的能力；同情他人情绪经历的能力；认识到自己的和别人的内在情绪状态不与其外在表现对应的能力；适应性地应对讨厌和痛苦情绪的能力；认识到关系主要取决于情绪是如何交流的以及关系中情绪的相互性；自我控制情绪的能力，也就是控制和接受自己的情绪的能力。

这 8 个部分是孩子在成长过程中需要掌握的技能，但是这 8 个部分不一定同时出现，更别说全部都很优秀了，就像智商一样，一个人可能在逻辑思维方面特别强，但是在其他方面就相对较弱，同样情绪能力也存在着个体差异。

情绪能力也必须与特定的年龄段联系在一起，这一点也与智商类似。比如一个 4 岁的孩子可能跟其他同龄的孩子相比比较成熟，但是与 10 岁的孩子相比会很不成熟。另外，社会环境对情绪能力也有影响，因为在一个社会环境中被看作“成熟”的行为在另一个社会环境极有可能被认为是“幼稚”的。比如，泰国人把善于抑制情绪的、害羞的人看作是成熟的人，而这样的人到了美国就会被看成是无能力的人。

孩子的情绪能力往往与社会交往能力紧密联系在一起，因为处理自己和他人情绪的能力是社会交往的中心。通常情况下，我们会发现，那些善于把自己的情绪和别人的联系在一起的孩子比较受同伴欢迎；如果孩子情绪反应激烈，控制外在表现的能力差，那么他和同伴之间极有可能会起冲突，因此被同伴拒绝的可能性很大。

情绪能力不仅包括表现自己情绪的能力，还包括调节情绪的能力。每个人都要学会控制、转移和修正自己的情绪，才能让自己的情绪符合社会标准，被大众接受。那么儿童的情绪能力为什么不一样呢？一般来说，情绪能力会受到3方面因素的影响。

1. 生理因素

遗传上气质的不同在很大程度上造成了情绪行为的不同。患有唐氏综合征的孩子情绪调节能力有问题就是因为生理上的原因，一方面大脑中与抑制控制有关的组织发展缓慢，另一方面，生理反应性低。造成的结果是这些孩子很难兴奋起来，一旦兴奋起来又很难控制自己的情绪。

2. 人际的影响

儿童应对压力的能力首先取决于气质特征，但是这些特征受到父母的影响。在一个充满了暴力的家庭中，孩子不断地目睹消极情绪的爆发，他们就不会有控制自己情绪的动机。有抑郁等情绪问题的父母，他们的孩子也常常有抑郁的倾向。

3. 环境的影响

比如低收入的家庭中存在的经济担忧、过分拥挤的住所等都会给孩子的情绪调节能力带来消极影响。再加上父母由于忙碌和焦虑，很少有时间和孩子进行交谈，这会给孩子的情绪能力带来巨大的破坏。但是这并不是说所有贫困家庭中的孩子在情绪上都是失败的，这只是提醒家长们在培养儿童情绪能力的时候不要忽略大环境的影响。

“永远不生气”：环境也能控制情绪

人类学家琼·布里格斯曾经写过一本书叫作《永远不生气》，在书里她记录了自己和北极圈附近的奥特古的因纽特人一起生活的经历。她在那里居住了 17 个月，借宿在当地一家因纽特人家中，这样她可以在他们的圆顶小房子里面近距离地观察这家人和他们的邻居。

因纽特人拥有罕见的平和心态，他们的社会交往中几乎没有任何互相攻击的迹象。他们反对任何形式的生气。在因纽特人的社会观念里，理想的人是在与别人的交往中始终保持热情，时刻准备保护别人，这种理想型人格的人永远不会在外在行为中显露敌意。

在孩子出生后的前两三年中，儿童允许有生气和愤怒的情绪，但是在那以后，父母会不断地告诉孩子这些情绪是不允许的。他们努力通过各种渠道疏通孩子的消极情绪，用来帮助孩子们获得耐心和自我，顺从这些奥特古人的美德。父母不是靠吼叫或者威胁做这些的，而是用语言和脸色平静地表现出他们的禁令。最后社会环境影响的结果是，奥特古儿童比其他地方的孩子明显地缺乏攻击性，而且从很早开始，同伴间的敌意就是很少见的现象。

这样的社会环境控制情绪的例子还有很多。比如西太平洋岛上的伊菲鲁克人被禁止表现出高兴的情绪，他们认为这种情绪是不道德的，会导致人们忽视责任。所以他们在抚养孩子的过程中会避免表现出与这种情绪相关的神态。生活在委内瑞拉和巴西边境的雅诺马莫人在人际关系中把凶猛看作最优秀的品质，他们之间的一切问题都用暴力来解决。无论男孩还是女孩，都被教育要在与其他孩子的交往中富有攻击性。

情绪发展拥有共同的生理基础，但是情绪后期的发展是受到各种社会经验影响的，结果使得每一个社会文化中表现情绪的方式千差万别。每一个社会都会发展出被自己的社会文化所接受的应对情绪的方法。而孩子们即使开始没有任何区别，在社会文化的影响下，为了能够和其他的社会成员顺利交往，孩子们会逐渐发展出被社会所接受的情绪表达方法。为了早日被社会成员所接纳，孩子们总是尽早地学习所在社会的情绪表现规则。

孩子只有早日学会表现规则，他们才能知道自己在某个情境下要如何合适地表现自己的情绪。在某些场合中，人们常常宽容孩子们的“自然表现”，但是在多数情景中，即使是小孩也要学会掩饰情绪的自然流露，甚至需要用不同的情绪代替自己的真实感受。“在别人送给你一件他认为你会喜欢的东西的时候，你要看上去高兴”，这似乎是一个在各个社会中都赞同的情绪表现，一位科学家针对这种情绪曾经做过一个实验：他选择了一批 6 ~ 10 岁的孩子，让他们去帮助一位大人评价教科书，然后这个大人送给他们每人一件漂亮的礼物作为感谢。过几天，这几个孩子又被要求去帮助大人，但是这次只送了一件很普通的适合婴儿玩的玩具。这位科学家对这些孩子接受礼物时候的表情、声音和其他的身体反应都进行了录像。

在回应第一件礼物的时候，孩子们都表现出常见的高兴的神情：微笑，看着大人，真诚地说谢谢。当看见第二件礼物的时候，大一点的孩子很好地掩饰了自己的失望，至少表现出了一些高兴的迹象；可是小一点的孩子就明显地表现出了失望。由此看来，大一点的孩子已经掌握了将外在表现与真实感受区别开来的要求，但是小一点的孩子却刚刚开始学习这个情绪表现方式。

所以，孩子情绪的表达并不是随意的，它往往受到多种因素的影响，社会环境也有很强的控制情绪的能力，父母帮助孩子建立受社会文化接受的情绪表达方式，而不能一味地让孩子总是以自我为中心。

认识“依恋关系”，满足孩子爱的需求

前面我们已经提到过妈妈与孩子之间建立良好的依恋关系对于孩子的重要作用，那么妈妈要怎么做才能更好地满足孩子对爱的需求，建立起稳固的依恋关系呢?

1. 父母要保证孩子有比较固定的依恋对象

依恋关系的建立不是很快就能形成的，它需要经历一个过程，而一个或几个特定的成年人持续照顾孩子是让孩子获得安全感的重要途径。如果父母不能亲自带孩子，或者照顾孩子的人总是在变，那么孩子是很难建立起稳定和安全的依恋关系的。如果孩子的主要照顾者突然离开，由陌生人接替，那么由于这个人不了解孩子的气质与个性，就会使孩子安全感缺失。这也是我们提倡自己的孩子自己带的原因。如果妈妈真的工作很忙，不得不随时离开，那么家里最好至少有两个人能同时担当起妈妈的角色，这样在妈妈离开的时候，孩子不会产生过大的心理落差。

2. 提供充满爱心的照顾

并不是只要孩子与妈妈在一起就一定能建立起安全的依恋感。孩子先天的气质类型决定了他们有不同的需要，而他们对回应速度和回应方式的要求也是不一样的。这必然会给妈妈的养育带来很大的难度。所以，即使是生养孩子的妈妈也要充分了解孩子身

心发展的规律，与孩子充分地磨合后才能通过孩子的行为读懂孩子的想法，并且给予及时准确的回应。父母要善于识别婴儿发出的需求信号，拥抱、谈话、逗孩子笑，这样才能让孩子有真实的被爱的感受和愉快的生活经验。这种互动可以促进孩子与外界沟通互动，产生对父母的信任感，并且将这种信任感推及他人。其实在孩子的婴儿时期，如果想让他们产生安全感，就是要做到"一哭就抱"。因为，此时婴儿与父母唯一的交流手段就是哭。如果他哭时，父母置之不理，这其实是阻碍了亲子间的交流。而一哭就抱，则让孩子感到自己唯一拥有的交流工具非常有效，不知不觉中就会增加婴儿与父母的互动。而婴儿与外界互动越多，获得的回应越多，他的感情和智力也会成长得越快。父母从小鼓励孩子"发言"，他长大以后才会能够更顺畅地与别人交流。

3. 对孩子的需求延迟满足

有的父母担心事事顺着宝宝，会养成他任性的坏习惯。其实这种担心不无道理。科学的做法是，要积极回应孩子的需求但是不要立即满足。这要怎么做呢？其实很简单，当孩子产生各种需求时，父母可以先用声音和肢体动作回应，让他知道父母听到了他的呼唤，让他学会在希望中忍耐几秒钟。这种几秒钟的忍耐和等待，不仅不会损害婴儿的健康，还会对他的心理健康、智力发育以及交往潜能产生积极的促进作用。

4. 陪伴但不干预孩子的行动

孩子在 2 岁左右会进入一个"反抗期"，此时他们希望摆脱大人的控制，自己去探索世界。此时，父母要做的是为孩子提供安全感，但是不要过度保护。很多家长认为陪孩子游戏就是要为孩子做点什么，其实这是一个错误的认识。陪孩子游戏，重点在孩子。如果孩子需要你参加，你就要及时参与到孩子的游戏中；如果他不需要，你完全可以坐在一边做些自己的事情。其实孩子只要能够听到大人的声音或者知道大人在哪里，他们就会产生安全感，不会害怕。慢慢的，孩子的安全感得到发展和提高之后，他们就学会了独自玩耍。

总之，当孩子需要关爱时，如果父母能够及时给予，就好像在他的心里建起了一座安全的港湾，这会让他的心灵安定，健康成长。

信任关系的最佳建立期

小石头刚刚出生几个月，现在他简直就是家里的“皇帝”，要风得风要雨得雨。有什么事情不满意，咧嘴一哭，爸爸妈妈马上就会在第一时间赶到，看看他出了什么状况。当爸爸妈妈帮他处理好之后，小石头就会看着爸爸妈妈，然后安静地进入梦乡。

每个父母对孩子都是极富热情和耐心的，他们总是在孩子需要的时候第一时间出现，生怕孩子受了什么委屈；孩子虽然来到这个世界不久，但是父母对他的这种超乎寻常的热情他很快就会感受到，当然他们也会用自己的“语言”来回应父母，比如哭泣、手舞足蹈或者微笑等，这些都是他们给父母的信号。父母往往在接受信号之后满足孩子的愿望。孩子就在发出自己的信号和接收父母信号的过程中逐渐产生了最初的信任感。孩子通过自己的需求与社会发生最初的联系，他用哭声、表情、姿态来表达自己的需求，这些需求不仅包括吃、喝、拉、撒、睡等生理方面的需求，也包括爸爸妈妈的关注和抚摸的需求。如果父母能够对孩子的需求做出敏感而准确的回应，孩子就会感到周围的人和世界都是可靠的，他们就会在父母给予自己的满足中建立安全感和信任感。

不过现实中我们常常看到父母走进这样的误区：孩子平安地来到世界之后，早已经储备了很多提高孩子智商和情商妙招的父母就迫不及待地把这些方法在自己的孩子身上进行实验。对于开发孩子的智商，很多父母已经驾轻就熟，但是在提高情商方面，父母还有很多误区。爸爸妈妈总是认为只要能够给孩子足够的爱就可以了，但是爸爸妈妈忽略了孩子是有自己的发展规律的。孩子在不同的年龄段所需要的爱的内容和方式也是不同的。父母只有给予孩子需要的爱，才可以养育出身心健康的孩子。那么在孩子生命的早期，他需要的爱是什么样的呢？心理学大师艾里克森指出，孩子在 0 ~ 2 岁的时候，心理发展的最重要的任务就是建立信任感，克服对世界的怀疑感。

如果宝宝能够建立很好的信任感，那么就会为他长大以后的人际交往能力打下基础。那么父母要怎样做才能充分利用这个建立信任感的关键时期呢？

首先要培养对孩子的敏感度。敏感的爸爸妈妈很容易和孩子建立信任关系。因为他们懂得孩子的需要，也知道怎样才能让孩子开心。孩子通常是在体验父母给自己的满足后感到安全并和父母建立信任感的。与父母成功建立信任感的孩子长大后大多数会具有乐观、自信的人格特征。如果父母对孩子的需求不敏感，经常让宝宝的期望落空，那么孩子就会对周围的人和世界产生不信任和恐惧的感觉，这样长大的孩子对周围的人和世界也会很冷漠，成人后大多性格悲观、多疑。

多多触摸孩子也能让孩子感觉到父母的爱意，帮助孩子建立信任感。孩子的皮肤十分敏感，他可以通过触摸来感受父母的爱。抚摸会给孩子带来安全感和愉悦感，还能消除他的不安情绪，放松他紧张的神经。

此外，规律的生活也会给孩子带来稳定感与安全感。如果经常变化生活环境和日常作息时间，就会使孩子感到不安。所以父母要保证孩子每天的作息时间相对固定，这样可以使孩子习惯在特定的时间做相同的事情，并且能对下一个即将发生的事件做出预期。0 ~ 2 岁不仅是建立信任关系的最佳时期，而且也是建立亲子依恋的最佳时期，所以父母一定要抓住这一时期，让孩子走好迈向社会的第一步！

自己的孩子自己带

奥地利著名的生物学家康拉德·劳伦兹曾经对灰腿鹅进行了一项不寻常的实验。他把灰腿鹅生的蛋分为两组孵化。第一组由母鹅孵化，孵出的雏鹅最先看到的活动物是母鹅。后来出现的现象是母亲走到哪儿，它们就跟到哪儿。第二组蛋使用人工孵化器孵化的，雏鹅出世后没有让它们看见自己的母亲，而让它们最先看到劳伦兹本人。奇怪的事发生了：劳伦兹走到哪儿，小鹅就跟到哪儿，原来小鹅把劳伦兹当作“妈妈”了。

随后劳伦兹把两群小鹅放在一起，扣在一只箱子下面，让母鹅站在不远的地方。当劳伦兹突然把箱子提起时，受到惊吓的小鹅分别朝两个方向跑去：记住母亲的那些小鹅冲向了母鹅，记住劳伦兹的则朝劳伦兹跑来。

这就是生物学中常见的“印随行为”。以后又有很多科学家对此进行了研究，发现能产生印随行为的动物有许多种，大部分鸟类、豚鼠、绵羊、鹿、山羊、水牛、某些昆虫及多种鱼类都能产生印随行为。

虽然这是发生在动物界的现象，但是也给我们以启示。是什么启示呢？那就是妈妈的工作不能由别人代替，孩子的教育必须要由母亲来承担。小动物出生之后都会本能地追随母亲，何况是有情感、有思想的人类呢？孩子不仅需要生理上的满足，还需要母亲感情的投入。现在很多母亲都是职业女性，也许没有很多的时间和孩子朝夕相处，你可以请别人代为照顾孩子的生活起居，但是孩子的教育和平时的感情满足，这是一个母亲的天职，无论有什么样的理由，这个责任都不能推卸。

孩子成长的早期环境将会直接影响他成年后的社会关系，决定他与别人相处的模式。如果他从小没有形成良好的依恋关系，那么在他日后与别人建立信赖关系方面就会出现障碍。孩子刚出生的时候，第一个本能反应就是寻找母亲的乳头，因为这是他与世界的第一个紧密、安全的联系。一岁半之前，孩子需要和母亲亲密相处，才能建立母婴依恋的安全感。如果这个时候，母亲不能照顾孩子，那么这种安全感将很难建立，孩子心里会充满恐惧。后来劳伦兹又做了一个实验，他把刚出生的小鹅与外界隔离，过了几天再让别的动物去接近他，结果小鹅就再也不找妈妈了，即使母亲出现也不去理睬。劳伦兹把这种现象称为“母亲印刻期”，也叫作“关键期”。这个时期非常有限也很短，错过这个时期，小动物就再也不能形成“母亲印刻期”了，以后也不可能弥补。所以自己的孩子自己带不仅是为了让孩子得到好的教育和形成安全感，从母亲的角度来说，这也是与孩子建立感情的最好时期。只有在这个时候对孩子进行了感情投资，孩子才可能与母亲形成亲密的关系，并把这种与母亲的亲密感保持一辈子。此外，现在的母亲大多是把孩子交给老人抚养，其实这样做虽然自己轻松，但是却拉开了自己与孩子的心理距离，而且对孩子的成长十分不利。

虽然老年人对孩子的爱不能否定，但是他们的爱同样会对孩子产生很大的负面影响。大多数老人都喜欢安静不愿意外出，而孩子却是时时刻刻需要新鲜的刺激才能健康成长的，孩子的语言能力和交际能力也需要他们不断地与外界接触，老人带大的孩子在认识事物、探究事物上的能力有限，这会让孩子视野狭小，缺乏应有的活力，不利于培养孩子开阔的胸襟和活泼、宽容的性格。这样长大的孩子，不善与人交际，很容易产生交际恐惧症。

孩子是上天赐给母亲的天使，每个母亲都有抚育他们的责任，除了在生活上的照顾外，心理上的影响更加重要，而这也关系到孩子日后基本心理素质的养成。所以自己的孩子最好自己带，并且抽出尽可能多的时间陪伴孩子成长，这将是母亲送给孩子最好的礼物，当然也会成为一个母亲一生中最美好的回忆。

孩子不认生，不一定是好事

在现实生活中，大部分的妈妈似乎都在为孩子的认生而苦恼，有些孩子甚至连看到自己的爸爸都感到害怕。

豆豆就是这样一个孩子。9 个月的豆豆每天大多数时候都很开心，总是在屋子里这里看看那里摸摸，但是只要墙上的时钟打过 6 下，他就会开始莫名地紧张。紧接着，就会传来爸爸开门的声音。这个时候，孩子大哭的声音也会随着爸爸进门而响起。每天这个时候也是爸爸最郁闷的时候，他总是气得直哆嗦："这孩子，每天见到我都哭得上气不接下气的，真是太不像话了！"

从孩子出生到 8 个月的时候，教育孩子的主要目的是让孩子形成与妈妈之间的依恋关系，也就是孩子和主要抚养人之间的关系。如果在这段时期，孩子出现认生的现象，说明妈妈的工作是及格的，由于爸爸不是主要的抚养人，所以，出现故事中的现象是情有可原的。不过，虽然孩子与妈妈之间的依恋关系很重要，但是在孩子 8 个月之后，也要帮助孩子与家里的其他亲人形成依恋关系。

因为孩子与爸爸的相处时间比较短，所以孩子会在开始认生时变得害怕爸爸。这时候，不管是什么原因造成了孩子与爸爸之间的情感交流不顺畅，出现这种情况之后爸爸都要开始努力修补这段关系。即使爸爸每天忙得不可开交，也一定要参与到孩子的教育中来，否则造成的结果将会是一生的遗憾。

另外妈妈也要积极帮助爸爸参与到孩子的教育工作中来。感情的建立不可能是一瞬间的事情，所以妈妈要及时把孩子的动态报告给爸爸，比如孩子喜欢什么，讨厌什么等等。增进与孩子感情最快捷的方法就是陪孩子一起玩耍。如果发现平时与爸爸不亲近的孩子跟爸爸玩得不亦乐乎的时候，妈妈不要贸然加入这个游戏，不妨在旁边欣赏一下父子之间其乐融融的温馨画面。

相对于"认生"的问题，很多妈妈都觉得不认生是一件好事，如果自己的孩子不认生，妈妈们大多会把这件事当作一件很令人自豪的事情到处炫耀。其实，妈妈的这种认识存在着很大的误区。很多妈妈觉得孩子不认生是性格随和温顺或者处世大方的表现，但是实际上孩子不认生可能比认生更值得重视。

为什么这么说呢？孩子的认生现象是发育过程中出现的正常现象。如果孩子到了1周岁的时候仍然不认生，那么孩子有可能存在下面的3个问题：

1. 依恋障碍

正如我们前面提到的，孩子的认生现象可以说是检验母子依恋关系是否形成的一张“成绩单”。一般情况下，孩子最喜欢妈妈，也最喜欢和妈妈亲近，但是如果孩子没有和妈妈形成稳定的依恋关系，那么就会出现谁抱都不哭闹，任何人都可以亲近的现象，这实际上是一种“依恋障碍”。没有形成良好依恋关系的孩子，长大后会对周围的一切缺乏安全感，长大成人的孩子很难建立与其他人之间的健康良好的交往关系，合作能力也会比较差。所以当孩子在1岁左右仍然没有表现出明显的“认生现象”的时候，妈妈要反思自己，是不是与孩子之间的关系出现了问题，然后要采取措施及时补救，比如把孩子接回来自己带，尽可能满足孩子的要求和愿望等措施。

2. 孩子患有孤独症

有些不认生的孩子是患有孤独症的孩子，由于患有孤独症，所以这些孩子不能与妈妈形成正常的互动关系，也不能正常地认识世界，所以社会性非常缺乏，不能正确地认识其他人。也正是这个原因让孩子不知道什么叫作“认生”。

3. 孩子的智力水平低下

智力水平低下的孩子脑部发育缓慢，到了一定的年龄却还不能找出妈妈和其他人之间的区别，所以认生情况会出现得比较晚，但是有些问题比较严重的就不会出现认生的现象。

如果妈妈确定自己已经全身心地照顾孩子，也保证了与孩子相处的时间，可是孩子在 8 个月左右仍然没有出现认生现象，那么就有必要求助医生来确认孩子是否患有孤独症或者智力低下。

别让孩子患上“肌肤饥饿症”

相信很多人都有过这样的感受，当自己情绪低落或者不开心的时候，自己亲近的人如果能够给我们一个拥抱甚至只是拍拍自己的肩膀，我们内心的痛苦也会减少很多。产生这种感受的原因其实来自我们小时候父母给予的照顾。爸爸妈妈在孩子伤心失望的时候常常会用拥抱和爱抚来表达他们的关切和安慰。最终我们形成了这样的条件反射，那就是只要是亲近的人对我们做出这种动作，我们就会感到踏实和安慰。

其实除了条件反射之外，我们还对拥抱有着天生的依赖。很多研究都得出了这样一个结论：“人类和其他的恒温动物都有一种天生的特殊情感需求，也就是互相接触和蹭摩。”这种需求被称为“肌肤饥饿”。刚出生不久的孩子对这种接触的需求更加强烈，所以从某种程度上说，小孩子喜欢大人的拥抱和抚摸是天生的，而这种来自父母的爱抚也是他们健康成长的动力。

心理学家米拉尔德的研究表明，拥抱和触摸的感觉让孩子充满活力，并使大脑的兴奋和抑制达成一种协调。所以，拥抱和触摸能够促进孩子大脑的发育，提高智商并且使他的心态保持平和。

那么如果一个孩子长期处于“皮肤饥饿”状态会怎么样呢？研究证明，长期缺少温柔的爱抚和拥抱的孩子在身体和精神上都会出现问题。首先，孩子会出现食欲下降。许多处于皮肤饥饿中的孩子会出现食欲下降的现象，而因为没有足够的营养，所以孩子的身体发育也会受到影响。此外，缺少肢体接触的孩子还会出现智力发育缓慢的现象。当然，长期的“皮肤饥饿”造成的最严重后果就是对孩子心理问题的影响。他们常常会表现出孤独和胆小的心理，有的孩子也会患上“恋物癖”，他们在正常的恋物期过后依然不能放弃身边的安慰物，总是要搂着那些“安慰物”睡觉。长此以往，孩子极有可能出现极为严重的恋物现象。

所以在孩子的成长过程中，父母一定要适时给孩子拥抱，避免他们产生“皮肤饥饿”。在孩子小的时候，父母大多喜欢抱着孩子玩，这是很正确的做法。因为这会让孩子变得更加聪明，促使他们形成健康的人格。有些父母可能会说：“我长时间不抱孩子，他也不会哭闹，所以我们家孩子对拥抱的需求少一些。”其实这种认识是错误的。孩子渴望被人拥抱是正常的心理需求，如果孩子对这种接触的需求不强烈，那么妈妈要注意孩子是不是有心理或者生理上的问题。还有些父母说：“我总是抱着孩子的话，孩子长大后就会黏着父母，这样长大的孩子怎么能独立面对社会呢？”这种观点表面上看起来似乎很正确，但是事实上忽略了孩子的成长规律。0 ~ 1 岁孩子的培养重点并不是他的独立性，而是与父母形成良好的依恋关系，此时的独立性培养只能让孩子丧失健全的人格，是一种得不偿失、揠苗助长的行为。

随着孩子渐渐长大，亲子间的接触也渐渐地减少了。很多父母不知道，青春期是孩子可能产生“皮肤饥饿”的另一个关键时期。这个时期经常被触摸和拥抱的孩子往往拥有比其他孩子更好的心理素质，还能消除孩子的沮丧心理。同时这时候的肢体接触可以大大减少亲子间的摩擦，这对孩子顺利度过青春期大有好处。

孩子敏感期，妈妈要谨慎

早上，点点妈妈为每个家人准备了一个水煮鸡蛋。当妈妈把鸡蛋递给点点的时候，点点没有接住，鸡蛋“啪”的一声掉到了地上。妈妈想：破了就破了吧，反正鸡蛋都是要剥了壳再吃的。于是没有多想，就把鸡蛋捡了起来再次递给点点。不料点点却不干了，他大声哭着说：“鸡蛋破了！我不要吃破的鸡蛋！”妈妈没有办法，只好重新给他换了一个完整的鸡蛋，点点这才开开心心地吃了起来。

点点还有一个枕头，枕头上有两只小花猫。妈妈开始的时候没有注意，觉得能枕就行，怎么摆放无所谓。但是点点却不是这样想的，一定要小花猫正对着他才可以。有时候，妈妈摆放错了，他就会大声抗议或者自己重新摆正。只有按他的要求摆放正确他才会安安静静地躺下睡觉。

点点到底是怎么回事呢？是他不听话专门给妈妈找麻烦吗？其实不是的。这个时候的点点是进入了“完美敏感期”。什么是“完美敏感期”呢？此时的孩子有什么表现呢？进入完美敏感期的孩子此时对事物的关注已经不仅仅是对物质本身的关注，而是转移到这种物质所带来的精神上来了。这是儿童心理发展的一个重要阶段。进入完美敏感期的孩子非常在意周围的事物是不是符合自己的审美要求，是不是完整没有缺陷的。如果此时的他们喜欢上一个东西，那么他们就会连它的形状一起保护起来。比如一个孩子喜欢上一个布娃娃，如果妈妈给这个布娃娃换一件衣服，都是孩子不允许的。当他们发现自己喜欢的东西形状完整的时候，他们就会感到欣喜；一旦这个物品的形状受到了破坏，他们就会发脾气，或者是尽自己最大的努力去还原这个事物的形状，此时的他们完全不理会家人的劝说。也正是因为这种种表现，使孩子的行为受到大人的误解，认为他们无理取闹，不懂事。

其实，如果父母了解完美敏感期的话，就不会去破坏孩子心中建立起来的美好形象。只有父母有意或者无意地破坏了孩子心中的完美形象，他们才会发脾气，所以父母不要总是一看见孩子哭闹就指责孩子的任性，其实很多时候很有可能是父母的错误在先，才引起了孩子的反抗。

所以，当父母发现孩子开始对事物的要求变得十分苛刻，就要想到孩子可能是进入了完美敏感期，这时候的父母要尽量满足孩子对完美的要求，因为这是孩子审美的开始。保护了孩子对完美的要求，也就保护了孩子进一步提升自己情感世界的需求。在这个阶段，父母不要破坏孩子的完美需求，如果做错了事情，要尽量去弥补。

当然，孩子的成长过程不仅有完美敏感期，还有许多其他的敏感期，比如对细小事物的敏感期、自我意识的敏感期、秩序敏感期等等。在这些敏感期内，孩子就会专门吸收环境中某一种事物的特质，无视环境中的其他因素，并且不断地重复这种实践活动，直到内心得到满足或者对这种事物特质的敏锐直觉减弱。而此时，孩子的某一时期特有的敏感期也就随之过去了，以后不会再出现，错过了这一时期也很难再重新培养起孩子对这种事物特质的关注。所以，儿童心理学家也把孩子的敏感期称为“学习关键期”或者“教育关键期”。

孩子每通过一个敏感期，他的智力和心理水平的发展都会提升到一个更高的层次。所以，父母要关注孩子在每个敏感期的表现，在这些敏感时期，每个妈妈都要谨慎地保护孩子的探索欲望，帮助他们更深入地了解事物本质，抓住机会帮助孩子充分发展各种能力，千万不要因为自己的误会伤害孩子。

让孩子在玩耍中度过敏感期

婴幼儿智力开发的最好时期就是 0 ～ 6 岁，一旦错过这个时期，可能花费几倍的努力都无法获得同样的结果。而这一时期也是孩子的敏感期最集中的时候，所以家长应该充分利用婴幼儿智力开发的最佳时期，抓住敏感期对孩子进行积极的教育。这对孩子的一生都将起到重要的作用。

现在很多家长都非常用心，对于孩子的到来不仅做好了物质上的准备，大多数也做好了教育上的准备，看了很多书来充电，希望能够帮助孩子“赢在起跑线上”。提起早期教育，相信很多父母都能如数家珍般地列举很多条。但是实际上很多父母所说的利用敏感期进行早期教育是存在着很大误区的。

很多家长都知道孩子在敏感期内大脑发育非常活跃，于是他们就开始了所谓的“早期教育”。这些教育无非给孩子灌输一些自然知识和科学文化。这些家长希望孩子能够早日掌握这些知识，这样就可以在小学、初中、高中一路遥遥领先于同龄人，直到进入一所名牌大学，成为一名优秀的大学生。

很多学者都对家长的这种心态提出了反对意见。一位来自韩国的教授曾经说过:“把本来应该在上小学时教给孩子的知识，在他上幼儿园时就教给他了，这根本不能算是什么早期教育。”韩国著名的儿童心理学家申宜真也对这种“早期教育”深感忧虑。她说：“孩子 1 ~ 3 岁这个时期，他们的大脑的确在飞速地发展。但是如果因此就希望使用一些人为的手段对他们的大脑进行开发，那么这样的想法是非常危险的。”她在临床上的经验表明，在孩子还非常幼小的时候，就强迫他们学习，这很可能会增加他们的暴力倾向，同时也会对他们的大脑造成损伤。

那么孩子度过敏感期的最好方式是什么呢？家长又能做些什么呢？这个问题的答案其实非常简单，那就是游戏。研究表明，在儿童时期，直观的体验性教育具有最好的效果，其中玩就是一种直接的体验，是一种非常有价值的学习形式。

在教育专家看来，玩耍和掌握知识一样重要。很多家长都认为，玩耍不过是孩子消磨时间的一种方式而已。但是事实上，玩耍具有非常重要的作用，它也是学习的一种方式。孩子在出生后不久就已经开始了这样的学习。孩子就是在玩耍中知道物体的重量，了解了什么是大什么是小，逐渐认识了周围的环境；同时玩耍也可以训练孩子动作的协调性；在了解物体属性的基础上，玩耍还对孩子的创造力、想象力以及解决问题能力的提高有着重要的作用。一个年幼的孩子玩耍的复杂程度通常会让人感到十分吃惊。你可以试着回忆一下孩子在玩过家家的时候所设计出的场景、台词、动作等，一个小小的游戏已经把孩子在社会中可能会遇到的问题提前展现在孩子面前，这样当孩子长大成人之后，就会更熟练地去解决自己遇到的问题。因此，玩耍对于健康的大脑发育和身体发育都是至关重要的，它能够帮助年幼的孩子逐渐理解外面的世界。

在孩子的敏感期，他们对父母只有一个要求，那就是尽情地玩耍。但是这样一个简单的要求，很多父母却不容易做到。也许父母了解玩耍的重要性，但是看到其他的孩子已经会数到100，而自己的孩子却把泥巴糊了一脸的时候，他们很难保持内心的平静。父母要勇于面对外界的压力，时时刻刻提醒自己保护好孩子的敏感期和对玩耍的热情，只有玩得好，长大才能学得快。

孩子迷茫，你知道吗

在孩子6～12岁的时候，会面对他们人生中的两件大事：一件是离开幼儿园，进入小学开始系统地学习文化知识；另一件就是小学升入初中，面临第一次比较大的同龄人之间的竞争。在这两个时期，孩子都是刚入学或者是即将进入一个新的学习阶段，压力会突然增加。而在压力增大的同时，心理就会出现变化，孩子对未来的生活充满了迷茫和恐惧，这种迷茫和恐惧往往会通过一些异常的行为表现出来，比如不想上学、沉迷网络等。

下面我们来分别看一下这两个阶段孩子的心理压力都来自哪些地方。

6岁是孩子进入小学的年龄，孩子们将要开始面对一个全新的环境，他们不知道这个环境会给自己带来什么，而自己又能对这个环境产生什么样的影响，所以会产生害怕和迷茫的感觉。

从幼儿园踏进小学的校门，对孩子和家庭来说都是一件大事。很多家长会在孩子入学那一天准备一桌好吃的来庆祝孩子的成长。但是从孩子的角度来说，他们的生活发生了翻天覆地的变化，每天除了有上学的兴奋，还会逐渐感受到学习和其他同学带来的压力，生活一下子变得紧张起来。如果你去问年幼的孩子上学有什么感受，他们的反应大多数是“累”。

如果上小学前孩子没有做好心理准备以及生活习惯上的准备，那么他们很难一下子爱上校园生活。对这个年龄的孩子来讲，他们表现自己压力的方式可能是“逃学”。他们上学之前会大声哭闹，不愿离开父母；或者是突然“生病”，很多家长可能会以为是孩子装病，但是除了装病之外，孩子的确可能会因为心理上的压力产生身体不适。所以当父母发现孩子上学之后变得体弱多病或者情绪低落，就要及时与孩子沟通，多谈谈学校中发生的事情，引导孩子把对学校的看法说出来，同时父母还要多多向孩子传递学校的正面信息，比如和蔼的老师、可爱的同学以及优美的校园环境等等。

对于 12 岁的孩子来说，他们最大的压力来自“小升初”的考试，同时这时候的孩子大多已经进入了青春期，心理压力和生理上的变化都会让他们感到困惑和忧虑，这时候的孩子所承受的压力更是显著。又因为此时孩子的行为能力和思维能力得到了进一步的提高，所以他们逐渐有了自己的思想，会产生一种想要脱离父母的心理状态；而对于父母来说，此时孩子能够自己照顾自己的生活，所以对孩子的关心程度很明显不如幼儿时期。这两方面原因叠加，最终造成的结果是亲子沟通的时间越来越少。甚至有时候孩子鼓足勇气向父母求助，却被父母批评为撒谎、懒惰、没有上进心，这就会使孩子更加迷茫，同时心里更觉得压抑。

现实中很多这个时期的孩子迷恋网吧、不喜欢回家，这种行为实际上是孩子牺牲了自己的成长来向父母抗议，同时也是一种很强烈的求救信号。不过当孩子使用这种信号来求救的时候，父母再开始重视孩子的心理，就有些晚了。

其实只要父母在平时多多关注一下孩子的行为，就很容易发现孩子的“求救信号”，然后要寻找合适的机会和孩子交流，对症下药，帮助孩子减压。另外家长还要委婉地为孩子指引今后要走的方向，不要总是指责或是训斥，而是要不断地鼓励孩子，支持孩子。

做孩子的“灯塔”

安安今年6岁了，在幼儿园的时候是个“活跃分子”，每天都有说有笑，蹦蹦跳跳的。妈妈原本以为这样的孩子进入小学一定会很快适应环境的，但是却没想到，只上了两个星期小学，安安就像变了一个人一样，每天安安静静地不再说话，父母跟她说话的时候也是心不在焉的。妈妈以为孩子在学校出了什么问题，就给班主任打了个电话，班主任说：“没发现什么异常，安安是个很文静的女孩子。”放下电话，妈妈觉得很奇怪，难道上学能够改变人的性格吗？后来经过仔细询问，妈妈才知道原来安安觉得周围的同学很陌生，不喜欢和他们说话。妈妈想，原来孩子有这么大的心理压力。

一个人在特定的环境中生活时间长了，这个环境就会成为他的一部分，每件物品也不再是单纯的物，他的情感也渗透其中。环境中物品的组合方式、自己与周围人之间的关系都成为生活的一部分，这种情况就是我们常说的“同化”。而孩子离开幼儿园来到小学，不仅在环境上有很大的改变，而且小学对孩子的培养重点和要求也会产生很大的改变，这是一个较大的跨度，适应起来比较困难。为了避免孩子在这个阶段产生迷茫，家长应该做孩子生活和学习中的灯塔，把他引导到正确的航向上来。

其实对于孩子如何适应小学的问题，最好是提前引导孩子适应小学生活，让孩子在入学之前就对校园生活有个初步的认识。

1. 逐步改变孩子的作息时间

学校有自己的制度和计划安排，所以要求孩子不能迟到。在这种情况下，孩子通常需要早上 7 点之前就起床，因此为了保证孩子充足的睡眠，父母要让孩子提前上床睡觉，而不是像上幼儿园的时候一样能让孩子比较灵活地安排时间。

2. 提前带孩子到学校参观、熟悉环境

开学前，父母可以带孩子到学校参观，让孩子认识上学的路线，然后告诉他学校的一些设施和活动场所，并且给他描述在教室上课的情况与课外活动的种种乐趣，逐步让孩子对学校产生好感，熟悉环境。

3. 利用孩子提出的问题让他对学校产生向往

孩子总是喜欢提出各种各样的问题，家长在给孩子解答的时候可以说："你问的问题越来越有深度了，妈妈也不完全懂，等你上学了，老师会告诉你的。""到学校上学，你会学到很多知识。"这样孩子就会对上学产生兴趣，并且在脑海中形成一个初步的概念。

4. 培养学习兴趣

爱玩是孩子的天性，贪玩并不奇怪，所以父母不要惊慌，而是要开动脑筋把玩和学习联系起来。学习形式多种多样，当孩子不肯读书时，可以找几个小朋友到家里和孩子一起读。出去玩的时候，也可以引导孩子对一朵鲜花，或者一件事情进行描述，这样既能让孩子玩得开心，也可以让孩子学得轻松。

5. 鼓励孩子参加集体活动

到了学校，集体生活会逐渐占据孩子的大部分时间。刚进入小学的孩子与同学相处的时候可能会不习惯，也会因此对学校生活产生恐惧感。这时候，父母要多多鼓励孩子参加集体活动，如运动会、游戏等，也要放手让孩子去同学家玩，或者邀请同学到自己家。让孩子在活动中学会与人交往，逐渐适应小学生活。

帮助孩子安全度过青春期

一位心理咨询师说：每年的 9 月开学之际，也是我们心理咨询中心最繁忙的时候。这个时候，每天都会有很多新生哭丧着脸走进咨询室，其中大多数是刚刚进入新学校的初中生或者高中生。他们会在这里讲述自己在新生活中的种种不愉快，怀念自己以前的生活。有这样一个刚进入初中的男生，刚进学校的时候，充满好奇，情绪也很高涨，可是新鲜劲儿一过，他的情绪就陷入谷底了。他是住校生，每天早上醒来哭一次，傍晚时分哭一次，晚上躺在床上不睡觉，偷偷地流眼泪，他也少与班上的同学说话，只是每天都要给父母打 2 ~ 3 次电话，而父母呢，也没有询问过孩子是否与同学交往顺利，是否能够吃饱睡好，只是不停地询问孩子的功课。

其实，这是新生适应不良综合征的表现，很多新生会不同程度地出现。在新的学习环境中，身体和心理上的变化带来不安，自我独立意识与父母期望也有矛盾，这往往让刚刚进入初中的孩子不知所措，充满迷茫。

作为家长，应该如何帮助孩子度过这个新生活的起始阶段，让孩子更好地适应中学生活呢?

（1）对新生来说，最初的一个月是适应期。他们从课业压力相对较小的小学进入功课繁重的中学，内心的紧张不言而喻。而在心理紧张的情况下，很多孩子还开始了住校生活，这让他们不能与父母及时沟通，无法倾诉自己的烦恼。所以家长一定要利用好周末时光，多多观察孩子的行为，多跟孩子聊聊中学生活，也可以计划一些活动，比如短途的旅游等，这都能增进亲子感情，帮助他们发泄不良情绪。

（2）引导他们憧憬未来。很多新生进入初中后会强烈地想念小学的生活，这是他们对新的变化适应不良的表现。在这种情况下，父母要和孩子聊聊对未来的向往，让他们自己想象初中生活的美好，这样他们就会逐渐摆脱对过去的生活模式的依赖。

（3）孩子进入中学的时候大多处于青春期，他们的身心也悄悄地发生着变化。此时孩子可能不会像以前一样活泼，父母不要感到失落，进而对孩子大发脾气，试图控制孩子。父母要在心里告诉自己，孩子长大了，自己要改变对待孩子的态度。这个时候，父母一定要学会倾听孩子的心声，尊重孩子的隐私。

在孩子刚刚进入初中的时候，父母还有一个很重要的任务，就是帮助孩子树立人生的理想和目标。

有一位 13 岁的少年，刚刚进入初中，是班里的班长，各方面都很优秀，是个前途无量的孩子。有一天，他看了一个电视节目，记者现场采访一个偏僻乡村的放牛娃。“你在这儿放牛做什么？”“让牛长大！”“牛长大以后呢？”“卖钱，盖房子。”“有了房子做什么？”“娶媳妇，生娃。”“生了娃呢？”“让他也来放牛呗！”没想到这几句远在千里之外的问答，却诱发了这个 13 岁少年的死亡念头。死前，他在日记中写道：“看了电视，我想到了自己——我为什么读书？考大学。考上大学又为什么？找一份好工作。有了好工作又怎样？找个好老婆。然后呢？生孩子，让他也读书，考大学，找工作，娶媳妇……生命轮回，周而复始。这样的生活没有意义，这样的生命没有价值。"

对于刚刚升入初中的孩子来说，他们很容易产生迷茫感，失去了自己的方向。所以父母要多与孩子交流，帮助他树立远大的目标，并且把这些目标拆分成一个个可以实现的小目标，让他每天都活在对自己未来的憧憬里。如果那个 13 岁孩子的父母能够及时在孩子的心里撒下一片理想阳光的话，也许这一出生命的悲剧就可以避免。

别在学习上给孩子施高压

在生活中我们常常可以听到这样的事情："我们家孩子不知道怎么回事，平时的测验都发挥得很好，一到关键时刻就掉链子。碰上期中考试或者期末考试这样的'大考'，就表现很差。真怀疑他平时是不是作弊。""我们同事的儿子参加中考晕倒在考场上了。听说是因为看到一道题平时没见过，马上就呼吸急促，整个人都慌了。"

其实这种感觉我们都不陌生，就是越紧张事情越做不好，越发挥不出原有的水平。其实这可以用心理学上的"动机适度原理"来解释。在心理学上，"动机水平"是指一个人渴望完成一项任务的程度。心理学家通过研究发现，在一般情况下，动机水平越高，学习或者工作的效率就会增加。但是如果动机水平过高的话，学习和工作的效率反而会降低。美国心理学家耶克斯和多德森认为，中等程度的动机激起水平最有利于效果的提高。这就是“动机适度原理”。

望子成龙、望女成凤的心态可以理解，但是父母过度的期待只能给孩子带来负面的影响，取得适得其反的效果，既让孩子在考试和学习中表现失常，也剥夺了孩子应该有的快乐。在竞争压力越来越大的今天，不需要家长的教育，很多孩子已经感受到了很大的压力。在这种情况下，父母就更不能对孩子的学习施以高压，而是要保持平常心，而且当孩子拼命学习，给自己施加过高压力的时候，父母还要学会给孩子减压。

我们常常会听到孩子说：“我要不惜一切代价保证考试成功！”“如果我考试不好，很没面子，别人都看不起我！”“如果考不好，我以后怎么办？”这些话虽然能表现出孩子的决心，但是也是心理压力过大的表现。这时候父母要帮助孩子减压，“考不好也没有多大的关系，一次考试并不能决定什么，关键还是看个人的素质和能力。你只要尽最大努力去考就好，考不好爸爸妈妈也还是你的爸爸妈妈，天塌下来还有我们帮你顶着呢！把心态放轻松就好了！”总之，父母要做的就是让孩子在适度的压力下学习。

此外父母也要真正改变自己的心态，不要把孩子的成绩看得过于重要，相对来说，发现孩子的优势和劣势才是父母最重要的任务。奥托·瓦拉赫小时候，父母希望他走文学之路，结果老师写下了这样的评语：“他很用功，但是过分拘泥，这样的人不可能在文学上有很高的造诣。”接着，根据瓦拉赫自己的想法，妈妈又让他去学油画，可是评语是：“你是在绘画艺术方面不可造就的人才！”父母看到这两个评语，几乎绝望了。但是一位化学老师却觉得这个“笨拙”的学生做事一丝不苟，是个研究化学的好材料。

结果化学激发了他的潜能，这个文学和绘画上的"差生"，摇身一变成了"化学天才"，最终获得了诺贝尔化学奖。

心理学研究表明，每个正常的孩子都具有一定的"潜能"。所以父母要充分地了解自己的孩子，帮助孩子把优势发挥出来，而不是根据自己的主观愿望和片面印象帮助孩子设定属于他的未来。很多孩子可能不擅长学习数学，但是他可能在音乐上有很高的天分；也有的孩子不喜欢课堂上的学习，那么一些独特的教学方法可能会开启他智慧的大门。因此，父母完全没有必要纠结于孩子的学习成绩，给他们很大的压力，父母最应该做的是发现孩子的优势，让他们充分发挥自己的潜能，成为一个对社会有用的人，拥有幸福快乐的人生。

人生中的两大"水泥期"

燕燕原本是个活泼可爱的小姑娘，可是今年妈妈忽然发现了一个奇怪的事情，刚满5岁的燕燕变得不爱说话了。以前燕燕在楼下见到邻居家来的叔叔阿姨爷爷奶奶总会甜甜地打声招呼，但是最近她遇到这些邻居的时候，总是先偷偷地瞄上几眼，然后羞涩地垂下眼帘，最后躲在妈妈身后拉着妈妈的衣角不敢出来。妈妈问她为什么不跟别人打招呼，她自己也说不出来，就是觉得"不好意思"。而和小朋友在一起玩的时候，也不像以前那样喜欢和其他人围在一起叽叽喳喳，反而更喜欢自己一个人默默地在一旁玩耍。

刚刚今年12岁，是个让妈妈很伤脑筋的孩子。刚刚

> 现在是小学六年级，正面临着小学升初中的考试。可是不知道为什么，原本爱学习的他在面临这么重大的考试的时候开始贪玩，每天都和同学们玩够了才回家。妈妈为此批评了他好几次，他不仅不听，还大发雷霆，冲进房间后，“砰”地把门摔上，饭也不肯出来吃。

妈妈总是很奇怪地发现，自己的孩子不知道从什么时候起变得害羞、内向、不善于与别人交往，也不知道孩子是从什么时候开始了发脾气和耍小性子，甚至变得自私和喜欢用暴力解决问题。这些问题通常会一下子出现在妈妈面前，让妈妈措手不及，不知如何应对。其实，孩子的情绪不是一天两天之内忽然形成的，孩子的性格也有一个累积的过程。当孩子第一次说出“不”的时候，那就是孩子的自我意识萌芽的时候，从那之后，孩子就开始了性格塑造的过程，他们开始试着用自己的方式表达喜爱和讨厌，随着时间的流逝，孩子的性格和情商会逐渐定型，成为孩子特有的标志。

不过，孩子不可能一生都处在心理的形成阶段，在孩子的性格形成过程中，有两个时期是非常重要的，在这两个时期，孩子会迅速完成心理的发育。这两个时期又被称为“水泥期”，水泥期是孩子情商和性格形成和发展的关键时期，通常出现在孩子3～12岁之间。它通常又被划分为两个时期：一个被称为“潮湿的水泥期”，这是3～6岁的孩子形成自己性格的关键时期，这是孩子性格塑造最关键的时期，在这一时期，孩子80%～90%的性格、理想和生活方式都在逐渐形成。比如孩子的自我欣赏与接纳、同理心以及表达自己的勇气等都是在这一时期形成的；另一个时期被称为“正在凝固的水泥期”，此时孩子大多在7～12岁。这时候，孩子85% ~ 90%的性格都已经形成，而且这时候孩子的学业压力日益增加，各种学习和生活习惯也正在形成，此时需要重点培养的是孩子的决策能力以及压力处理和解决冲突的能力。此时家长还会发现孩子产生了更强的独立意识，不仅在行为上想要挣脱父母的管束，而且在思想上也开始对父母产生了怀疑，不再把父母的话当作生活中唯一的标准。

之所以把这两个时期称为“水泥期”，是因为孩子的性格此时并没有固定，如果爸爸妈妈能够很好地接受孩子发出的“心理信号”，引导孩子形成健康的心理，那么孩子就会养成好性格，高情商，而这一切会让孩子一生受益无穷；如果父母没有抓住孩子的“心理信号”，在孩子出现行为偏差的时候没有及时阻止，对孩子的性格发展听之任之，那么孩子就会形成不受社会欢迎的性格，甚至可能会形成对社会稳定存在威胁的性格特征。

利用“水泥期”塑造好性格

孩子3 ~ 6岁的阶段被称为“潮湿的水泥期”，这个时期是孩子性格塑造最重要的阶段。所谓“三岁看大，七岁看老”，人的很多性情在很小的时候，就初见端倪了。对于处于“潮湿的水泥期”的孩子，家长和外界的环境对他的影响十分重要，此时对孩子进行方向性的指导帮助是必要的。不要以为孩子好的心理特征会自己形成，如果没有家长的关注和培养，孩子很有可能在某点或者某些方面上产生欠缺。所以在这个时期爸爸妈妈想把孩子打造成什么样子，孩子就会变成什么样子。3岁以后孩子的性格言行预示着他们成年后的个性。所以，父母如果希望自己的孩子成为一个快乐、自信、受欢迎的人，那么身上担负的引导责任是很重大的。

具体来说，父母在这个时期首先要学会平静看待孩子的怪脾气。因为如果家长对孩子的脾气产生过激的反应，则会让孩子的这种情绪爆发得更加频繁。所以，父母首先要让自己有一个平静的心态，了解孩子有这样的情绪是正常的情况，在这种了解的基础上再去平静地处理孩子遇到的问题。父母还要教会孩子如何控制自己的坏脾气以及如何发泄负面的情绪。虽然人人都会生气、伤心、沮丧和失望，但是，情绪管理能力强的人，会用健康的方式表达出情绪。父母要向孩子灌输这样的观念，在地上打滚、摔东西、踢打都是坏情绪的表达方式，是不健康的。那么孩子要怎样发泄自己的坏情绪呢？可以给孩子设置一个“安全发泄岛”或者“情绪垃圾箱”，让孩子在这里用健康的方式把坏情绪发泄出来，比如运动，以及把不开心的事情画下来或者写下来投入“情绪垃圾箱”。总之，父母要在这一时期教会孩子用健康的方式表达自己的想法。

很多孩子在水泥期都会出现变得害羞的情况，他们在家的时候手舞足蹈、能唱能跳，可是一旦出了门或者家里来了其他的客人，孩子就马上像变了个人一样，立刻安安静静地不肯说话。大多数家长可能都遇到过这样的尴尬情况，无论父母怎样苦口婆心，孩子就是不肯跟长辈打招呼；如果有些叔叔阿姨想要逗一下，孩子更是立刻把身上的刺都竖起来时刻防备着。

在这个时期，父母的一项重要任务就是要教会孩子如何接触陌生人。害羞的孩子并不是时时刻刻都害羞，他们的害羞大都只表现在陌生环境中或陌生人面前。虽然任何气质的孩子都可以成材，但是过于害羞对于孩子并不是一件好事，他们很容易对陌生环境和事物感到紧张和恐惧，适应环境变化的能力很弱，而且由于他们不喜欢在公众面前说话，所以在幼儿园也很少得到其他同学的关注。在这样一个快速竞争的年代，害羞的孩子可能会产生自卑心理，对自我形象产生严重怀疑。在这时候，父母首先要帮助他正确地认识自我，告诉孩子他并不是那么“与众不同”，而只是自己适应环境的能力稍微弱一些。另外还要教给孩子一些在公众面前表现的具体方法和技巧，但是这些方法不能泛泛而谈，而是要具体到解决每一个困境的方式。

孩子在这一时期并不懂得什么是真正的友谊，“好朋友”也仅仅是建立在玩具、零食等物品上的，但是我们不可否认的是，有些孩子似乎天生是个交朋友的能手，无论和谁在一起玩都很融洽。而在这样的孩子身上，有这样一些共同的特质：喜欢分享、有爱心、乐于助人、遵守规则。还有一些孩子不管在哪里都是“另类人物”，他们总是激怒别而孩子，破坏别人的游戏。如果你在自己孩子身上发现了这样的问题，那么就要对孩子进行教育了。要逐渐引导他们摆脱以自我为中心的心态，遵守游戏规则。有些害羞的孩子也存在不合群的问题，对这样的孩子父母要多多鼓励他们参加集体活动。

专家们提醒父母，3 ~ 6 岁是培养孩子如何接触陌生人、控制情绪以及怎样结交新朋友的关键时期。控制情绪的能力、良好的人际关系、社会交往技巧都是可以通过训练形成的，父母一定要抓住塑造孩子性格最好的时期进行情商培养，等到孩子的性格定型之后再想改变就非常困难了。

训练独立的最佳时机

孩子的 7 ~ 12 岁这个时间段，被称为“正在凝固的水泥期”，这时孩子 85% ~ 90% 的性格都已经形成了。在这段时间里，由于学业压力日益繁重，学习习惯和生活习惯正在养成，孩子又急于尝试独立，试图从行为和思想上挣脱父母的束缚，而且也更容易受到同伴的影响，因此，特别需要父母的关注与引导。

处于这一时期的孩子，希望能够脱离父母实现独立，所以是训练他们的决策能力、独自处理压力的能力和解决冲突能力的最佳时期，所以家长要注意培养孩子这些方面的心理素质，为成年后脱离父母独立打下一个良好的基础。

那么如何培养孩子决策能力呢？首先父母要学会放手，让孩子自己的事自己做主。如孩子有某种兴趣爱好，父母就要尊重孩子的这一爱好，而不是强迫孩子去适应父母的安排。另一方面，父母不要包揽那些本来属于孩子的事情，如文化学习方面的事等，这些事情让孩子自己去完成和安排。孩子与朋友之间的交往也由孩子做主。当孩子之间出现矛盾和争执的时候，让孩子自己去解决。家庭的事情也要让孩子参与。孩子小不懂事是现实，但是通过让孩子参与家庭事务的决策，不仅可以让孩子感受到作为“主人翁”的责任感，也能使孩子的决策能力得到锻炼和提高。

7 ~ 12 岁的孩子所面临的压力大多是来自学业的压力。父母要帮助孩子建立正确应对压力的方法，通过言传身教让孩子成为能够战胜压力的“达人”。首先，面对孩子的学业和考试，鼓励会比惩罚有更明显的促进作用。此外，家长还要给心理压力过大的孩子传达“欲速则不达”的思想，让孩子不要对一时的结果耿耿于怀，而是要把目光放得长远，只要一直努力就可以，不要为没有取得好成绩而自责。考前要帮助孩子合理地安排生活作息，有意识地为孩子减轻心理压力，告诉孩子只要尽力了就是好样的。最重要的是父母本身要以轻松的心态面对孩子的学业和考试分数，这是帮助孩子积极应对学业和考试压力的一个重要前提。

在与同伴的交往中，孩子会进一步强化自己的自信心，感受到个人价值的提升。一般来说，此时学习成绩的好坏与孩子的自信心直接挂钩，所以父母要帮助孩子养成良好的学习习惯。这对孩子的学习成绩会有很大帮助。另外也要重点培养孩子学习中的注意力和创造力，一些成绩差的孩子如果自信心受挫，父母要鼓励孩子坚持，不要因为孩子成绩不好责骂他，更不能用与别的孩子比较来进一步刺激他，否则孩子极有可能产生厌学情绪，出现逃课的现象。

7 ~ 12 岁的孩子进一步想要脱离父母的保护，不管是从行为上还是思想上，所以朋友对孩子来说显得尤为重要。他们此时更喜欢参加集体活动，而且一些思想和行为也很容易受到同伴的影响，很多孩子甚至会在这个时候找到志同道合、可以维持一生的好朋友。所以爸爸妈妈要在这一时期一定要关注孩子的交友问题。如果孩子喜欢攀比，总是嫉妒别人，那么父母要从中引导孩子。如果在这一时期孩子出现不合群的现象，更要引起家长的注意。因为在这一阶段，学校和同学对他们影响越来越大，如果他不能得到同学的认可，在校园里没有朋友，或者冲突不断，受人排挤，这种现象引起的厌学情绪比成绩欠佳更加强烈。如果孩子不合群，父母一定要找出原因，改变孩子的这种状况，否则等到孩子性格塑造的“水泥”凝固，再去教育就晚了。

自我意识觉醒的“第一抗逆期”

许多年轻的父母都有这种体会：孩子到了两三岁就开始不听话，经常和父母顶嘴，事事都喜欢与家长对着干。当发现孩子出现了这样的问题的时候，首先不要生气，而是要思考一下孩子是不是进入了抗逆期。在 3 岁左右，几乎所有的孩子都会出现持续半年至一年的“抗逆期”，这个阶段是儿童心理发展的一个必经阶段，心理学上称为“第一抗逆期”。这一时期孩子最突出的表现是：心理发展出现独立的萌芽，自我意识开始发展，好奇心强，有了自主的愿望，喜欢自己的事情自己做，不希望别人来干涉自己的行动，一旦遭到父母的反对和制止，就容易产生说反话、顶嘴的现象。

当孩子甩开你的手说“不要妈妈，我自己来”的时候，这就表示孩子已经开始拥有了自己的意识，他知道自己具有影响周围的人和环境的力量。孩子这种意识的萌发是孩子心理发展的一次飞跃。而父母之所以产生孩子变得不听话的心理感受是因为习惯了孩子事事都听自己摆布，一旦孩子开始说“不要”“我要自己来”的时候，父母就觉得产生了心理落差，有些失落，所以会觉得孩子变得不乖了，但这是孩子心理迅速成长的表现，也是他独立性和自信心发展的大好时机。

此时，两三岁儿童在动作能力方面已经有了较大的发展。他们身体活动能力已经较强，日常生活中的很多事情都可以自己做。因此他们就渴望扩大独立活动范围，不断尝试去独立完成新的事情。他的“不”宣告了他要开始用自己的行为探索世界，并且希望爸爸妈妈能够认同自己的这种想法并对自己的探索行为表示支持而不是限制或者干涉。如果父母进行干涉，一定会引起孩子强烈的反抗。

另外，此时孩子的自我意识也得到了发展。原本孩子还不能区分自己的意愿和别人的意愿。现在，他们已经能够清楚地知道哪些事情是让“我”做的，哪些事情是“我”想做的。因此，他们就想顽强地表现自己的意志。但是这种表现往往与成人的规范相抵触，于是孩子就会产生挫折感，从而导致反抗行为。

当然，此时的孩子因为年龄还小，所以他们无法正确地区别是否安全，而父母在看到他们从事不安全行为的时候，一定会阻止孩子。为了让自己的探索行为顺利进行，孩子就会用哭闹、撒娇来表示自己的不满并且请求父母让自己继续进行下去。

很多家长都非常讨厌孩子这种“蛮不讲理”的行为，认为自己一片好心不想让他遇到危险，结果却引起了孩子与自己激烈作对的无理行为。其实这时候父母不要急着去谴责孩子的无理，而是应该站在孩子的角度想一想。孩子年纪很小，当然没有很强的情绪控制能力，而此时他们的心智也没有发育成熟，所以他们一旦有不满，就直截了当地表现出来。所以大人不要以为这是孩子故意在和自己作对。

其实，反抗并不总是一件坏事。曾经有专家做过这样的研究：将 2 ~ 5 岁的孩子分成两组，一组反抗性较强，一组反抗性较弱。研究结果发现，反抗性较强的孩子中，80% 长大以后独立判断能力较强；反抗性较弱的幼儿中，只有 24% 长大以后能够自我行事，但是独立判断事情的能力仍比较弱，常常依赖他人。

所以，反抗行为有时候是孩子有独立自主的想法的代表，这是孩子发展判断力的大好时机，值得父母重视。知道了这一点，父母完全可以试着冲破传统观念的束缚，尝试着去鼓励孩子的想法，你要想到孩子的反抗只是他表达自己的方式，如果孩子的要求合情合理，父母完全应该去满足孩子的要求。

心理烦恼的“第二抗逆期”

皓皓在家里一直是个非常听话的好孩子，爸爸妈妈让他做什么，他就去做什么，从来不会惹爸爸妈妈生气。可是自从皓皓上了中学之后，情况就发生了改变。有一天皓皓放学回到家里，妈妈已经把饭都做好了，正在等他回来吃饭。看见皓皓回来，妈妈就说：“皓皓，你去把爷爷奶奶叫来，该吃饭了。”可是皓皓却说了句：“不，我不去。”妈妈听了这话就说了他几句，可他竟然跟妈妈吵了起来，还顶嘴。妈妈不禁想：皓皓一直是个好孩子呀，怎么上了初中就变坏了呢？

心理学研究发现，孩子3～6岁和7～12岁期间会有两次特殊的心理发育时期，这两个时期他们都表现出叛逆的特点。如果你的孩子在这两个时期没有表现出特别叛逆的现象，妈妈反而要思考孩子的成长中是不是出现了什么问题。而孩子7～12岁这一年龄段正处于“第二抗逆期”。由于孩子之间的发展不平衡，所以这个抗逆期可能出现在小学高年级，也可能延迟到高中初期。这段时期的孩子处于生理和心理发展急剧变化的时期，他们对父母的管教深为反感，甚至会在行为上发生反抗。有的学者也把这段时期称为“心理断乳期”，国外有的心理学家则把它称作“为从父母的束缚中解放出来而战斗的”的时期，或叫“心理烦恼期”。可见，孩子在这一时期的心理问题比较多，比较复杂。

第二抗逆期产生的主要原因是孩子对自己的发展认识超前，而父母对他们发展的认识滞后。简而言之就是孩子认为自己已经长大了，而父母认为孩子还小。所以这个时期的孩子会觉得父母非常不理解自己，认为父母很主观，很自以为是，根本不关注他们的感受。这一时期他们的交往也逐渐地从与成人的纵向交往转向横向的同龄人交往。那么孩子为什么会产生自我认识超前的现象呢？首先是孩子的身体在这一时间段加速成熟，使他们产生了“成人感”——自以为已经成熟。但是事实是，虽然他们的身体日益接近成人，但是他们在知识、经验、能力方面并没有成熟。这就造成了成人感与半成人现状之间的矛盾，这种矛盾是造成抗逆期的主要原因。

在心理方面他们的自我意识飞速发展，因此他们要求在精神生活要摆脱成人，以独立人格出现。

他们所处的社会环境也会对他们的思维意识产生影响。进入中学以后，学校环境和教与学的要求都发生很大的变化，这种更高的要求，就势必激励他们产生“长大成人”的责任感。而且，他们在这时候非常在意自己在同龄人中的地位，希望得到别人的尊重和接纳，他们为此要争取独立自主的人格。当自主性被忽视或受到阻碍，人格伸展受阻时，就会引起反抗。

面对孩子的种种反抗行为，妈妈要做的是学会勇敢放手。因为这个时期的孩子喜欢反抗父母，有的时候甚至会为毫无道理的事情为难父母。这时候父母要学会从束缚中解放孩子，让他们为自己的反抗负责任。比如有时候孩子可能会非常生气地冲你大吼，说：“你为什么总是要叫我起床，我都这么大了，起床的事情不用你管！”这时候妈妈要做的不是冲着孩子大吼大叫，或者泪水涟涟地控诉孩子不知好歹，而是安静地走开，第二天不要叫他起床。经过迟到的教训之后，他自然会自己对自己负责。其实这是一个让孩子成长的大好机会。

虽然孩子有了独立的意识，但是因为孩子的经验不足，所以很多事情还是需要父母从旁保驾护航的。但是父母不要生硬地提出自己的观点，而是要用旁敲侧击的方式去引导孩子，否则只会引起孩子更严重的反抗。

其实，如果父母处理得当，随着孩子的逐渐成长和理解能力的逐渐增强，他们的反抗心理会逐渐消失。

掌握技巧，让孩子安全度过抗逆期

对于处于不同抗逆期的孩子，家长需要用不同的技巧来帮助帮助孩子。具体说来，在第一抗逆期的时候，家长在教育孩子的过程中需要注意以下几点：

1. 首先要给孩子树立好脾气的榜样

孩子的模仿能力是很强的，而他们最常模仿的就是自己的父母。如果父母的脾气都很大，常常遇到一点小事就大发雷霆，动不动就气得脸红脖子粗，这样不能控制自己脾气的父母往往也带不出能够很好控制情绪的孩子，因为父母是孩子最好的榜样，父母对待事情的态度往往会被孩子照搬到自己身上，这也是为什么很多人都说“孩子是父母的镜子”的原因。

2. 父母的教育要一致

每个家庭中都应该建立固定的习惯和秩序，父母在孩子的教育问题上一定要保持一致。对待孩子的同一个行为，千万不要采取不同的方法处理，这样会让孩子在生活中变得无所适从。即使父母有不一样的教育理念，也一定要避开孩子私下讨论，达成统一，绝对不要在孩子面前争论谁的教育方法更先进、更有效。

3. 父母要理解孩子，多站在孩子的角度去思考

父母要在情感上多多与孩子进行耐心、真诚地交流。在交流的过程中要注意孩子的情绪。当孩子出现抗逆行为时，父母不要怒气冲天，而是应该先平静下来站在孩子的角度去理解一下他的感受和想法，然后跟孩子确定自己的理解正确与否，如果正确，再对孩子的行为进行引导。家长最好养成与孩子谈心的习惯，时时关注孩子的思想状况和动态。

4. 给孩子提供展现自我的机会

处于第一抗逆期的孩子有了较强的独立意识，此时家长应该鼓励孩子自己动手做一些力所能及的事情，并且要尊重孩子的劳动成果。即使孩子第一次做得不好，也不要当着孩子的面帮助他重做，因为这样只会打消他自己动手的积极性。

5. 对孩子的脾气不能一味忍让

虽然此时孩子发脾气情有可原，但是如果对孩子这种行为一味退让的话，时间长了，孩子就会把反抗作为一种手段来试图控制父母并达到自己的目的，这无形中反而会促进孩子养成常发脾气的坏习惯。

孩子的“第二抗逆期”又被称为“危险期”，这是说 7 ~ 12 岁这一年龄段的孩子对父母的管教极为反感，甚至会在行为上产生对抗。对这个时期孩子的教育，父母要注意以下两点：

1. 把“他律”变成“自律”

好孩子不一定是听话的孩子。当孩子不听话的时候，家长可以和孩子进行交谈，把自己的约束潜移默化为孩子内心的自我要求，变成“自律”，孩子的反抗意识就会得到缓解，同时这也有助于孩子的独立发展。

2. 不要压抑孩子，也不要放纵孩子

压抑孩子的反抗并没有多大作用，反而可能会引起孩子更大的心理反抗。“哪里有压迫，哪里就有反抗”，这个道理在家庭教育中也是适用的。当然，对孩子也不能过度放纵，当孩子出现严重的原则性问题的时候，父母一定要进行教导，不能任由孩子发展下去。如果孩子能够顺利地度过这两个抗逆期，那么他们的心理健康、智力发展以及意志力、创造力都会得到很大的发展，所以父母一定要重视这两个孩子的教育，一定不要在这两个时期让孩子误入歧途。

让孩子时刻感受你的爱

心理学家将人出生后的前 3 年称为人类的“早产现象”，这是因为人在出生的时候不能像有些动物那样，拥有一个成熟的大脑，生下来不久就能跑会跳。但是也正是拥有了这种“人类的早产现象”，人类才拥有了高于其他动物几万倍的智慧潜力。而在这 3 年中促进智慧发展的最好刺激就是母爱。

如果一个孩子在生命的最初时刻没有感受到无时无刻的母爱，那么他的生理和智力水平的发展以及社会适应能力等方面都会受到严重的影响，轻则发展缓慢，重则会出现各种生理和心理上的病变。

有人曾经对缺少母爱的孤儿院孩子进行了智力和心理方面的研究。研究结果发现，孤儿院的婴儿不仅死亡率高，即使侥幸活，他们的身上也会出现各种问题，比如啼哭、冷漠、笨拙、退缩和缺乏活力。这是因为这些孩子长时间躺在自己的小床上，没有人理睬，只能孤孤单单地长大，以至于很多孩子两岁的时候，智商却仅仅相当于一个正常发育的10个月大的孩子。

所以，在孩子智力和心理发展的关键时期，妈妈一定要时刻让孩子感受到自己的爱，要经常向孩子表达爱意，而不是把它们藏在心里。

妈妈和孩子的交往态度和行为以及婴儿天生的气质决定了孩子的依恋类型。如果妈妈是一个负责任、充满爱心的妈妈，那么孩子能够形成安全型的依恋；如果妈妈冷漠，与孩子关系疏远，那么妈妈永远不可能与孩子建立健康良好的依恋类型。另外表达母爱的方式有很多，妈妈要尽量多地待在孩子身边，有时间就多多抚摸孩子，给孩子做做婴儿体操，并且用温柔的话语多多和孩子聊天，这会在无形中给孩子带来很大的鼓励。

随着孩子的长大，孩子所需要的爱的类型也在变化。如果说3岁之前的孩子需要妈妈每时每刻地照顾，那么3岁以后的孩子就开始需要妈妈给他“松松绑”，给孩子更多的自由。

如果孩子很小的时候，你就把自己的希望全都寄托在孩子身上，时常对他说:“爸爸妈妈这辈子可就指望你了！”为了实现自己的梦想或者期望，你让孩子早早就背上了梦想的枷锁，在他们应该痛快游戏的时候，你带着他们穿梭在各个辅导班和兴趣班之间，还自以为为孩子做出了很大的牺牲。你从来都没有想过这样的爱对孩子来说太苛刻了，他们要用自己的一生去满足你的愿望，他只是你的一个工具。所以妈妈要按照孩子的需要来付出爱，而不是按照自己的想法去付出爱，那样只会让孩子被爱压得无法呼吸。

爱孩子的爸爸妈妈，不仅会用行动来表达对孩子的爱，而且还会用合适的语言去表达对孩子的爱，让孩子对父母的爱有一个直观的感受。比如，当孩子拿着一幅画欢快地跑到你的面前，你可以对孩子说：“孩子，你太棒了！”这比你在外拼命挣钱给他们创造更好的物质生活更加重要。对于孩子来说，父母的表扬和肯定才是最珍贵的。

其实，不仅是鼓励，对孩子的批评同样能够体现爱的含义。如果不分青红皂白对孩子的行为一律采取鼓励的态度，那么最终会把孩子引向失败的人生道路。而在孩子犯错误的时候，用温和的态度指出孩子的错误，并在以后监督孩子改正，这才是对孩子负责任的爱。

《左传》里面有这样一句话：“父母之爱子，则为之计深远。”是的，为了孩子的一生幸福，父母要及时给予孩子正确的爱，只有为了孩子未来的爱才是对孩子真正的爱。只有得到了这样的爱，孩子才能够为自己的人生负责，依靠自己的翅膀搏击天空，创造未来。

第二章　成长期孩子的情绪秘密

孩子怕黑，这是心理问题吗

怕黑是孩子普遍存在的问题，轻度的怕黑是正常的，但是如果孩子过分怕黑，甚至惧怕黑夜，将会影响孩子性格的正常发展。孩子怕黑并不是天生的，基本发生在3岁以后，是孩子开始初步接触社会并渐渐开始懂事以后才出现的。很多家长对于孩子的怕黑问题总是不太重视，认为孩子还小，怕黑是正常的，等到发现孩子有些过分怕黑的时候，却不知道该如何做，没有及时查出孩子怕黑的原因，也没有对孩子进行引导，从而让孩子产生心理上的疾病。

孩子对黑暗产生恐惧很大程度上来源于条件反射，如果孩子曾经在黑暗中受到过惊吓，或者看过或想象过某些存在于黑暗中的事物，就很有可能将黑暗与这些负面形象联系在一起，形成条件刺激。当孩子再次进入到黑暗的环境中的时候，孩子就会触景生情，产生恐惧心理。

然而，很多父母或者孩子的监护人在照看孩子的时候，不愿意让孩子在晚上外出，就会编造一些关于黑夜鬼怪的形象来吓唬孩子，从而阻止孩子外出。或者给孩子讲一些关于黑暗和鬼怪的故事，让孩子看一些关于黑暗和鬼怪的电视节目和故事书等等，这些都有可能是孩子对黑夜产生恐惧心理的来源。

当然，孩子由于年龄比较小，他们只能想到自己看到的事物，但是怕黑的孩子已经知道看不见的东西也是有可能存在的，只不过是因为黑暗遮住了这些事物，人们没有办法看到罢了，这说明这样怕黑的孩子对事物有了更为深刻的认识，只不过，孩子受到年龄的限制，心理发育还不成熟，还没有达到唯物论的阶段。所以，他们不会明白，原本不存在的东西，并不会在黑暗中滋生出来。因而孩子很有可能会想象有怪兽或者凶恶的大狗藏在黑暗的地方，白天喜欢的玩具也有可能在夜晚变成怪物……这就导致了孩子不敢在黑夜外出，害怕任何黑暗的地方。孩子的恐惧心理在很大程度上来源于他们丰富的想象力和无法区分现实与梦幻，等到五六岁之后，孩子才能清楚地认识到什么是真实的，什么是虚幻的。

还有一种原因是孩子单纯地模仿。不可否认现在有很多年轻的父母自己本身就很怕黑，尤其是妈妈，在带着孩子走夜路的时候就会显得十分紧张和焦虑。这种不安的情绪很容易就会“传染”给孩子，从而加剧孩子怕黑的心理。由于孩子的学习能力特别强，很容易模仿父母的行为，所以有可能也会变得胆小怕黑。

如果孩子怕黑十分严重，就很可能并不只是心理的问题，很可能是孩子患有夜盲症。英国格拉斯哥眼科专家戈登·达顿在《英国医学杂志》上描述了他所遇到的患有先天性夜盲症的孩子，这些孩子虽然在光线充足的环境下能看见东西，但是在黑暗中几乎什么也看不见。他发现，这些孩子无一例外地对黑感到极度的恐惧。夜盲症是缺乏维生素 A 引起的一种眼疾，患者在暗环境下或者夜晚视力很差，甚至完全看不见东西。如果孩子真的极度怕黑，父母不要只是责怪孩子胆小，如果很严重的话要及时带孩子请教医生，诊断孩子是否属于夜盲症。

豆豆的妈妈发现3岁的豆豆突然变得很怕黑，晚上不敢单独睡觉，上厕所也要妈妈跟着才敢去，要不然就算是尿裤子了也绝不去厕所。就算爸爸妈妈都在身边，如果有一个房间没有开灯，他也是坚决不进去，更别说晚上让他自己在一个房间里了，总是大人走到哪里他就跟到哪里。吃完晚饭，妈妈去刷碗，豆豆也跟着去厨房，妈妈去洗衣服，他就站在洗漱间门口看着，就是不肯自己在客厅看电视，妈妈说房间都是相通的，妈妈完全可以听得到豆豆说话，也可以看到豆豆，可是豆豆还是不敢自己在客厅。

天一黑，豆豆就会变得特别慌乱和害怕，妈妈问他害怕什么，他只是摇头，却说不出为什么，问急了就会哭起来。睡觉的时候还不允许妈妈关灯，一定要开着灯睡觉，有时等豆豆睡着了，妈妈就把灯关上，可是有时豆豆会半夜醒一次，看到没有开灯就会吓得大哭。有一次，家里的保险丝断了，整个房间一片黑暗，这下豆豆可害怕了，哇哇大哭起来，无论妈妈怎么安抚都没有用，等爸爸把保险丝接上，房间重新亮起来，豆豆才慢慢停止了哭泣。

爸爸妈妈一直以为豆豆这么怕黑是因为他的胆子太小了，觉得他随着年龄的增长会慢慢地好起来，可是这种情况并没有随着时间的推移而有所好转，反而更加严重，豆豆的爸爸妈妈也开始担心孩子是不是有什么问题。

很多家长都会像豆豆的爸爸妈妈一样困惑，不明白为什么孩子突然在某一个时间点开始变得怕黑了，然后很多父母就会想当然地认为孩子是胆小，等年龄大了就自然会好。然而，有的孩子即使上小学了还是会怕黑，这就需要父母了解孩子怕黑的原因，是生理上的还是心理上的。如果是生理上的原因就要带孩子去医院接受治疗。如果是心理上的原因，不是很严重的话，父母可以通过及时的引导，帮助孩子战胜恐惧。

首先，父母应该要明确孩子产生恐惧心理的原因。比如，当孩子害怕黑暗的时候，不要只是安抚孩子，更不能批评或者嘲笑孩子，而是应该先弄明白孩子害怕的是什么，要认真和孩子沟通，了解孩子恐惧的来源，之后才能对症下药；当孩子倾诉的时候，千万不要嘲笑孩子，要认同他的恐惧并及早加以疏导。避免孩子因为害怕被嘲笑而不再与家长沟通。

其次，可以将黑暗与美好的事物联系起来，比如，。可以带孩子在夜空下散步，观察美丽的星空，给孩子讲月亮上的嫦娥和玉兔，或者在黑暗中和孩子做一些有趣的小游戏，让孩子明白即使在黑暗中也可以有很多乐趣，也可以保持愉快的心情。当然，在晚上给孩子讲故事的时候，尽量不要讲一些有关黑暗的恐怖的故事，以免加剧孩子恐惧的心理，而是尽量讲一些美好的故事，让孩子建立黑暗＝美好的条件反射。这样孩子就不会再对黑暗感到害怕。

他很喜欢模仿，有办法解决吗

几乎所有的父母都会发现，孩子在某一个阶段十分喜欢模仿大人，无论是语言还是动作，抑或是性格，他们都会去模仿。对此，很多家长喜忧参半，孩子愿意模仿自己良好的行为，这让父母非常欣慰；但是孩子对一些不良的行为也模仿得很起劲，父母很担心长久下去会对孩子的成长不利，可是面对孩子热衷于模仿的事情，父母实在不知道该不该阻止。

从心理学上来讲，模仿是每个人都具有的一种心理机制，或者说是一种本能。在我们的日常生活中，我们每一个人都正在模仿或者有过模仿的行为，即有意或者无意地效仿和再现与他人类似的行为。可以这样说，“模仿效应”在孩子的教育中非常重要，它是最基本的学习手段，也是我们人类创造发明的基础。孩子生下来的时候就像一张白纸，之所以会学会各种各样的本领，有了自己的思想以及行为方式，在很大程度上都要归功于孩子的模仿行为。由此可见，养育孩子，就应该培养他们的模仿能力，当然，还要引导孩子多模仿良好的行为。

因此，对于孩子的模仿行为，父母实在不必太过担忧，模仿是孩子的天性，也是孩子的学习方式。孩子的模仿行为大多数是受到好奇心理的驱使而发生的，而且整个模仿过程也是孩子在学习的过程。好的习惯可以经由模仿而成功保留，坏的习惯如果不加以制止也可能会遗留下来，从而对孩子的成长产生不利的影响。因此，对于孩子的模仿行为，父母们要多重视，及时引导，要知道孩子的模仿对其一生的成长都有非常重要的影响。

孩子在小的时候，接触的事物非常有限，懂的知识也很少，但是随着孩子年龄的增长，接触事物的范围不断扩大，视野变得更加开阔，看见别人玩什么自己也会想要玩，在玩的过程中孩子开始通过模仿现实生活中、电影、电视剧或者书本中的行为来积累经验，并逐步固化为自己的行为。其实孩子在很小的时候就已经开始模仿，比如孩子的牙牙学语，就是对成人交流说话的一种模仿，但是孩子由于年龄小，只能模仿一些简单的行为动作。而当孩子到了三四岁的时候，他们的模仿能力会有很大的发展，模仿得也更加惟妙惟肖，对模仿的兴趣更是有增无减。

文博最近非常喜欢模仿大人的动作，就算是大人打一个喷嚏，他也会有模有样地学一下。坐在沙发上看电视的时候，看到爸爸抬头，文博也立刻抬起头；爸爸的手机响了接了个电话，文博看到后立刻拿起茶几上的电视遥控器装作打电话的样子，还煞有介事地说话；妈妈说钟表不准了，让爸爸看一下是不是哪里坏了，文博看到爸爸在修，他也非要修东西，拿着螺丝刀找出自己的玩具汽车认真地修了起来；爸爸修完之后伸了个懒腰，小家伙立刻放下螺丝刀，学着爸爸的样子也伸了个懒腰。这一系列的模仿，把妈妈逗乐了，爸爸却不知道做什么好了，无论他做什么文博都要学一学。

有时候，文博也会跟这妈妈学。有一次吃饭的时候，妈妈喊他："文博，洗手吃饭了。"正在玩积木的文博听到后就说："文博，洗手吃饭了。"洗完手到了饭桌前，妈妈说："坐下。"文博就说："坐下。"妈妈夹了一块肉放在文博的碗中说："多吃肉长得快。"文博也学着妈妈的样子夹一块肉放在妈妈的碗中说："多吃肉长得快。"妈妈笑着说："不要学我！"文博也笑着说："不要学我！"看到文博这样说一句学一句，妈妈只好不说话只吃饭了，文博也立刻开始好好吃饭，不再说话。

原本学一些这样的行为或是妈妈的语言都没什么，有时妈妈还觉得这样会让文博学会很多的事情和一些语言的表达。但是前不久，文博在看电视的时候动画片里有一些卡通人物在打架，一个小人伸手就打了另一个小人的头一下，后来文博在与小朋友玩的时候学着电视上的样子，伸手就打了一个小朋友的头一下，那个小朋友立刻就哭了，文博还开心得不得了，还对人家说："这样打不疼，电视上都没哭，你干吗哭啊？"弄得妈妈赶紧给人家道歉。可是又不能阻止孩子看电视，现在的电视节目，就算是动画片也是有很多的暴力镜头，文博又这么爱模仿，妈妈真担心文博会学坏呢。

模仿对孩子的生长发育以及认知能力都有很大的影响。因为这个时期的孩子受到心理发育的限制，判断能力非常差，还不具备分辨好坏的能力，他们只是对一些感兴趣的行为和语言进行模仿，却并不知道自己模仿的行为是好的还是坏的，而是照单全收。就像例子中的文博这样，他对爸爸妈妈还有电视中的行为动作都会去模仿，但是却无法分辨好坏，以至于打人的行为他也会去模仿，还觉得十分有趣。

所以身为父母，应该在孩子喜欢模仿的时期为孩子提供良好的"模仿环境"，并以身作则，做个好榜样，因为孩子最初模仿的和最喜欢模仿的就是父母的言行举止了。比如父母在心情烦躁的时候不发脾气，更不会直接骂出脏话，而是用深呼吸代替，尤其是在孩子面前，一定要注意自己的言行。这样孩子就会模仿父母，使得孩子在遇到类似情形时可以快速平静下来。

另外，现在的媒体发展迅速，电影电视已经是孩子每天都会接触的东西，而这些影视作品中经常会有些比较暴力或者其他比较负面的行为。所以，父母尽量陪着孩子一起看电视，对于其中的暴力行为，父母及时向孩子解释，并引导他们学习正确的行为，摒弃和排斥这些不良举动。比如在看到打架的场景时，父母可以对孩子说：“你看这些人被打得多疼啊，打人是非常不好的行为，坏人才会这样做，我们要友善对待身边的人，不能和这个人一样去打人啊，要不大家都不喜欢你了。”而一旦发现孩子有这样的行为，父母要及时纠正，不要一味打个马虎眼就过去了，孩子长大了自然就会懂事了，但是这些行为的不可模仿性要靠父母在孩子小的时候一点一滴地纠正，才能让孩子牢牢记住，为孩子日后的健康成长打下好的基础。

通过模仿，孩子不仅能够学会各种各样的技能，更好地了解这个世界，获得许多的认知经验，还可以在模仿的过程中获得许多愉悦的情绪感受。所以，模仿对于孩子的成长有着深远的意义，父母应该想办法让模仿发挥最好的效用。当然，即便模仿这么重要，父母也不宜全盘鼓励孩子的模仿行为，而是要适时培养孩子独立自主的能力，鼓励孩子发表不同于他人的意见，进行独立活动，有自己的思考和想法，这样才能开发孩子的创造性思维。

5 岁了还随身携带玩具熊，怎么回事

许多家长应该都有这样的经历，就是孩子忽然特别喜欢某一样物品，可能是纽扣、手帕、玩具，或者是小被子、小枕头之类的东西，以此来满足对母亲的依赖，提升自身的安全感。他们往往非常喜欢这个物品，甚至要随身携带，而且拒绝父母为他换一个新的。

其实，这是孩子对物品产生了依赖心理，是孩子在成长过程

中出现的非常正常的现象。这些物品只是孩子情感的慰藉物，只要孩子不是一天24小时抱着，依恋程度比较浅，没有影响到孩子正常的生活作息，父母就可以不用太过担心，等孩子稍微长大一些，情况一般就会自行好转。当然，如果孩子的这种依恋的程度比较深，走到哪里都要带着不离身，这样情况就相对比较严重了，可能会影响孩子的心理发展。对此，父母就需要高度重视，孩子的这种极度依恋某种物品的行为可能与孩子缺乏安全感有关。

由于孩子依恋的物品大多数是比较柔软和可接近的，孩子可能将它们当作自己父母的替代品，尤其是在父母不经常在孩子身边的情况下，孩子更有可能由于“肌肤饥渴”而过度依赖某种物品，想象这是爸爸妈妈在陪着自己。还有就是孩子的父母感情不和，父母经常吵架或者对孩子有一些较为暴力的行为，以及孩子和亲人的离别等，这些刺激都有可能会让孩子丧失安全感，从而将自己封闭起来，把自己的情感转移到固定的物品上，而不愿与人沟通和交流。

也有一些家长会担心孩子的这种恋物可能会让孩子产生“恋物癖”。在这里我们要区分一下，恋物癖是性欲倒错的一种，指在强烈的性欲望和性兴奋的驱使下，反复收集一种物品，比如内衣、内裤等，并以此得到性兴奋和性满足的一种性现象。恋物癖是一种成瘾性心理疾病，属于冲动控制障碍的一种类型，与道德水平和意志力无关。这种病多见于男性，常常会使患者不惜用偷窃、抢劫等非法手段去获取迷恋的物品。恋物癖患者在偷窃所迷恋物品的前后，心理是非常复杂和矛盾的：在没有得手之前，往往感到焦虑、紧张和不安；一旦得手，虽然性心理得到满足，但常常又会憎恨自己的行为从而产生自责、悔恨、痛苦、自卑等心理冲突。因此，患者常有改过之心，而无改过之举。

可以说恋物癖是一种人格心理障碍，而孩子的恋物，只是一定阶段心理上获得的一种满足。如果父母满足了孩子爱的需要，孩子内心感到安全，就不会出现恋物行为。当然，由于恋物癖在男性中发生的概率比较高，父母也要提早进行预防。在男孩3岁之后，应该让孩子单独睡，不要再和妈妈一起睡觉。平时，妈妈不要在孩子面前更换内衣，不要玩弄男孩的性器官，夫妻性生活要避免让孩子看到。

有很多男孩在会有恋母情结，3~5岁是幼儿恋母情结转化的时间。妈妈不要过于溺爱男孩，应该帮助孩子把爱转移到父亲身上，认可并学习父亲的优良品质，这样男孩在就会摆脱恋母情结，形成独立性格，也就避免孩子将来到达青春期以后可能会产生的恋物癖的心理问题。家长也不必过于担心，即使6岁前的孩子有恋物倾向，只要父母引导有方，也能改变和转化过来的。

萱萱的爸爸在萱萱还小的时候，就给萱萱买一个玩具小熊，自从爸爸买了它之后，萱萱就特别喜欢这只小熊，走到哪里都要带着它。并且和它说话，喂它吃饭，睡觉的时候也要抱着小熊才能入睡，更让妈妈不能理解的是，萱萱上厕所的时候也要带着小熊一起去。有的时候，妈妈觉得小熊太脏了，就跟萱萱说洗一洗小熊，萱萱坚决不同意，不愿和小熊分开。妈妈只好趁萱萱睡觉的时候偷偷拿出来，把小熊洗干净晾在阳台上。第二天萱萱醒来看不见小熊，立刻大哭大闹起来，妈妈说小熊在阳台上呢，萱萱就一直坐在阳台上等着小熊晾干了，再抱着它开始正常的活动。

妈妈也试着采取了很多办法，想让萱萱不要再整天抱着玩具熊，有一次，妈妈把小熊藏了起来，告诉萱萱小熊丢了，结果萱萱大哭不止，怎么哄都哄不好，饭也不吃了，嗓子都哭哑了，妈妈没办法，只好又把小熊找了出来。在家里整天抱着小熊还好，可是就算是外出，萱萱也是要抱着小熊，还不允许别人碰。

更让妈妈发愁的是，萱萱已经开始上幼儿园了，她每天都要带着玩具熊一起上幼儿园，如果不让她带着小熊，萱萱就不肯走进幼儿园的门口。妈妈告诉萱萱，别的小朋友都不会整天抱着小熊，要放下小熊和小朋友们玩，但是老师说在班上萱萱也是一直抱着，要是有别的小朋友趁她不注意抱一抱，萱萱就会哭起来。妈妈对此真的是无可奈何，说她也不听，强行把小熊带走也不行，真的是不知道该怎么办好了。

例子中的萱萱走到哪里都要带着玩具熊，甚至上幼儿园也要带着它，这种情况已经属于比较严重的恋物了，很有可能会影响孩子的心理发展。

要想养育一个身心健康的孩子，父母一定要明白，不光要满足孩子的衣食住行，还要关照孩子的内心需要。这样孩子才能健康成长，拥有健全的人格和丰富的精神世界。父母要尽可能地亲自抚养孩子，平时多给孩子一些拥抱、亲吻，多和孩子玩耍。父母的拥抱能让孩子感受到被爱：我在你身边；我爱你；别怕，还有我呢；妈妈去上班，下班就回家陪你；摔倒了不要紧；你很安全……这样，孩子即使喜欢某个玩具，也不会把它当作精神的寄托。

如果父母平时陪伴孩子的时间很少，孩子经常陷入孤单中，那么孩子很容易把情感寄托在自己常玩的玩具上。所以，父母在尽可能地寻找机会与孩子亲近的基础上，还要让孩子的生活变得更加丰富多彩。当然，如果孩子就是玩具不离身，父母也可以告诉孩子，玩具很容易沾染细菌，经常抱着容易得皮肤病，红肿发痒很难受，还要去医院。孩子一般都比较害怕去医院，这样就可以让孩子不再那么迷恋玩具了。

当然，对于孩子正常的依恋行为，家长可以不做过多干预，孩子随着年龄的增长会逐步建立起与同龄人的友好关系，从而放弃这些依恋物品。如果家长粗暴干涉，反而可能会适得其反。只是对于比较严重的情况，比如孩子对物品的依赖已经干扰到孩子的正常生活了，就像例子中的萱萱这样，这就需要家长注意采取相应的措施，帮助孩子建立安全感，否则会使孩子性格孤僻，甚至自闭。当然，在干预的时候要注意采取适当的方法，尽量采取比较温和的方式，和孩子商量或者和孩子一起举办物品告别仪式，等等。让孩子在心情愉快和轻松的环境中慢慢淡忘这种依恋的情结，从而更好地投入现实生活。

孩子很依赖妈妈，该怎么办

孩子都已经上幼儿园了，可是还是经常缠着妈妈，妈妈走到哪里孩子就跟到哪里，一会儿看不到就会焦虑不安，甚至大哭。相信有很多家长，尤其是妈妈都会遇到这样的情况，这其实是孩子对父母的一种依赖心理。家长们对于孩子的依赖，一方面可能觉得孩子依赖自己，很欣慰；但是另一方面，这种依赖又给生活带来很多的不便，也有些担心孩子这样黏人会不会有什么心理问题，因此难免有些担忧。

孩子依赖性强，特别黏人，典型表现为：生活上喜欢依赖他人；情绪上也喜欢依赖他人，尤其是妈妈。孩子依赖心理的产生多半与其所处的环境有关，假如能给孩子一个独立的空间，父母尽可能地让孩子自己做事情，自然能消除孩子的依赖心理。久而久之，孩子就能慢慢脱离对父母的过分依赖，养成自己去做力所能及的事情的好习惯。

在心理学上有一个过度理由效应，一般来讲，大多数人在生活中常会有这样的体验：当得到了亲朋好友的帮助时，会认为这是理所应当的。这种效应体现在孩子身上，当他在家里时，他就会认为爸爸妈妈对他的照顾是理所应当的，所以他在家里表现得特别缠人，但是当他到了幼儿园就会变得乖了。这是因为孩子有足够的理由依赖父母，但却无法像依赖父母那样依赖老师。

心理专家将孩子的依赖心理分为安全依赖心理和不安全依赖心理两种。

安全依赖心理是指孩子对自己的看护人建立了深厚的信任感，认为自己的看护人是爱自己的，并会好好照顾自己，这种依赖有助于孩子的心理健康；而不安全的依赖心理是指孩子意识到他不能完全靠自己的看护人来满足自己的需求，此时孩子更容易与成人或同龄人建立脆弱的人际关系，但是孩子会害怕进入他人的世界，更喜欢独处，而不愿和他人接触。很显然，后一种的依赖心理对孩子的心理发展十分不利，这个时候就需要父母及时对孩子加以引导，尽量帮助孩子建立安全感。

针对孩子的依赖心理，父母们要分清楚孩子的依赖是哪一种，关键要看孩子是否愿意探索周围的环境，当自己依赖的人重新回来时，孩子是否会显得高兴。如果孩子显得很开心，那就说明孩子和依赖对象建立的是一种比较正常而安全的依赖关系。这种安全的依赖关系的培养需要父母尽可能多地照顾孩子，陪孩子做游戏。一个小动作或者小行为都可能会让孩子感受到家长的爱，比如对孩子多一点微笑，多抱一下孩子，亲吻孩子，等等。当然，父母也不要将所有的精力和重心都放在孩子身上，要给孩子一些独立的时间。在离开孩子之前要和孩子说清楚，例如："妈妈先离开一下，马上就会回来。"和孩子说话的时候一定要轻声细语，不要给孩子带来负面的情绪影响，同时父母一定要守时，不要给孩子带来不值得信任和不安全的感觉。

欣桐已经3岁多了，很多事情都已经学会自己做了，穿衣服、穿鞋子、洗脸刷牙、吃饭等等，这些事情她都可以做得很好了。但是欣桐却整天缠着妈妈要这要那，就连玩玩具也要妈妈陪着一起玩，一刻也不能离开妈妈。

现在欣桐早晨起床之后，什么事情都要依赖妈妈来做，无论是穿衣服穿鞋，还是洗脸刷牙，全部都是妈妈的事情，欣桐连配合一下的动作都没有。要喝水了，妈妈把杯子放在桌子上，欣桐伸手够不到杯子，她情愿不喝也不会移过去拿，非要妈妈把杯子放在她的手里才会喝水。吃饭的时候，欣桐要妈妈一口一口地喂她吃饭，而且还吃得特别慢，一顿饭得花费一个小时的时间。玩积木的时候，欣桐非说自己不会玩，让妈妈手把手地教她，才能将积木搭好。

有一天早晨妈妈先起来做饭了，欣桐起床后没有看到妈妈就开始大叫"妈妈"，听到妈妈在厨房之后，鞋也不穿，只穿着睡衣就跑到厨房门口看着妈妈。妈妈皱着眉头说："宝贝，你的袜子就在床头放着呢，你的鞋在鞋架上，自己去把它们穿上好不好？"欣桐倚在门框上说："不穿，我要妈妈给我穿。"妈妈怕她着凉，自己又走不开，就鼓励欣桐说："欣桐可厉害了，自己穿得可好了呢。等妈妈做好饭，欣桐就已经自己穿好了，对不对？"妈妈的这些话仍然没有什么效果，欣桐还是光着脚站着，就是不肯自己去穿。

欣桐还非常爱缠着妈妈，就像个小小的"跟屁虫"一样，妈妈走到哪里她就跟到哪里，就算有的时候妈妈上厕所，她也要站在门口等着。只要一会儿没有看到妈妈，欣桐就会急得哇哇大哭，开始到处找妈妈。所以每天送欣桐去幼儿园的过程让妈妈十分痛苦，因为欣桐每天必定会大闹不止，几乎都是硬抱进去的，每次都要哭上半个小时才罢休。

其实很多孩子的依赖心理正是父母自己造成的。父母总是给孩子提供过于优越的生活环境，把孩子照顾得无微不至，事事都要为孩子代劳。有些孩子想要尝试着用自己的力量来解决问题的时候，父母却认为孩子太小而阻止孩子自己来。其实这是不利于孩子身心健康发展的，也是导致孩子产生依赖心理的主要原因。有时孩子自己去做一些小事情，没有做好的时候，父母就会数落孩子半天，这样就会让孩子失去做事情的信心和勇气。如此一来，孩子下次可能就不会再做了，而是等着父母去做。

因此，父母要反思一下自己的行为，多鼓励孩子自己去做事情，就算孩子做得不好，也应该鼓励一下孩子独立做事情的动机和勇气。当孩子提出自己的主张和看法的时候，父母多肯定、少打击，并对孩子合理的想法给予肯定和支持。这样的话，孩子的自主性就会一天天强起来，依赖他人的习惯就会逐渐消失。

除此之外，有很多父母过于忙碌，没有时间照顾孩子，导致孩子总是担心父母要离开自己，情绪较不稳定，缺少足够的安全感。这样的话，孩子就会更加强烈地在情感上依赖父母，试图通过这种缠人的方式来获得父母更多地关注和爱护。针对这一情况，父母不要吝啬对孩子的表扬和赞赏，在孩子有不依赖的表现时，要及时地给予夸奖，以便强化孩子良好的行为。

当然，孩子有依赖心理也是非常正常的，这是一种来自建立安全感的需要，也是孩子内在的心理需求。所以，当孩子对我们产生依赖的时候，父母或者孩子的看护人千万不要强行推开孩子，而是应该耐心地安抚孩子，并告诉孩子自己不会离开。只有这样，孩子才会建立比较深厚的安全感，在成长的过程中也会更有勇气和胆量。

总之，面对孩子的依赖心理，父母应该针对不同的情况用不同的方法进行处理。孩子的依赖心理在孩子的小的时候是很正常的，这种依赖对孩子的心理成长也是有好处的，所以父母不必过于担忧。当然，如果孩子依赖过度或者出现不安全依赖时，父母就需要注意了。此时，应当努力运用科学的方式方法培养孩子的独立性，但是注意手段不要太过粗暴，要考虑孩子的心理承受能力。

不用幼儿园的餐具吃饭，是不是很任性

孩子虽然还很小，但是脾气一点也不小，还有很多家长们无

法理解的一些坚持，比如有的孩子睡觉的时候要求爸爸睡在左边，妈妈睡在右边，位置错了就会不开心，甚至哭闹着要求爸爸妈妈换过来；有的孩子坐车的时候一定要妈妈给自己开门，如果爸爸开了车门就会要求必须关上，然后让妈妈重新开，等等。如果家长不按照他的要求去做，他们就会大哭起来，而大人往往觉得孩子的要求非常无厘头，不明白孩子为什么这么计较。有的家长会哄孩子几句，如果孩子还是在大哭，就难免抱怨起来“这孩子怎么这么不乖……”

其实，孩子之所以会出现这样的情况，不只是简单的任性，也不是孩子的脾气古怪，很有可能是孩子到了“秩序敏感期”的缘故，这个时期程序和秩序给孩子以安全感，无论做什么事，他们都希望依据自身的秩序感来完成，否则就会要求重来，或者哭着说“不”。

著名儿童心理教育学家蒙台梭利的心理学理论认为：0~4 岁是儿童对秩序的敏感期，在这一时期儿童急切需要一个精确而有规律的环境，只有在这样的环境中，他们才能将自己的知觉归类，然后形成概念，以了解环境并知道如何对待环境。如果程序和秩序被打乱，就会给儿童带来极大的混乱和不适。

著名心理学家皮亚杰的理论认为，3–7 岁的孩子正处于道德认知发展的第二阶段，这个阶段的孩子有一个特点就是，他们认为对规则本身非常尊重和顺从，即把人们规定的规则，看作是固定的、不可变更的。皮亚杰将这一结构称为道德的实在论。而孩子的秩序敏感期一般就是发生在孩子的这一道德认知阶段，秩序敏感期在孩子 3 岁左右发生，也有的孩子会在 2 岁就来到，但是一般到 3 岁之后会发展到执拗的地步。3 岁左右的孩子心智还比较稚嫩，相应的秩序感会比较刻板。孩子们会根据自己的经验，认为秩序中的一切事物都是不可更改的。在记忆中的模式是这样的，现在也必须是这样的。孩子认为秩序是一成不变的，世界是以不变的程序和秩序而存在的，这种程序和秩序进入孩子的内心，成为孩子最初的内在逻辑。

而且孩子还会把这种内在秩序变成一种对外界的要求，一种规则，会把这种规则当作礼物，“送”给亲近的人。秩序感是生命的需要，是大自然赋予孩子的本能。我们不具备更大的能力去把握孩子的内在秩序，但是我们可以知道那是自然法则，是真的、善的、美的。6岁前孩子的各个敏感期其实就是孩子内在秩序的一个外显，是大自然生命规律给我们的提示，我们唯有配合，为孩子营造一个有秩序的外在环境，孩子才能顺利地成长。

家里人发现刚刚3岁的亮亮最近变得特别的“怪脾气”。

吃饭的时候一定要用自己的餐具吃饭，妈妈一直给亮亮用一套小孩的餐具，蓝色的小碗、一双小筷子还有一个小勺子，吃饭的时候都是放在他面前，专门给他用。有一次奶奶来家里，吃饭的时候不知道蓝色的小勺子是亮亮的专属，就直接拿起来用了，这下亮亮可不同意了，大哭大闹说要勺子，奶奶又给他拿了一个别的勺子，亮亮根本就不用，还是不肯吃饭，奶奶只好把蓝色的小勺子洗干净递给他，亮亮这才安静下来，开始吃饭。

不只是在家里这样，亮亮到幼儿园去上学，中午会在学校吃一顿午饭，学校里都是有同样的餐具，家长不用给孩子再准备餐具。但是刚刚去幼儿园的时候，亮亮怎么也不肯吃饭，老师问他饿不饿，他就说不饿，给他夹菜也不要。下午回到家亮亮饿得不行，问老师才知道中午亮亮没有吃饭。妈妈赶紧询问是怎么回事，亮亮说："那里没有我的小碗，也没有我的勺子。"无论妈妈怎么解释都没有用，第二天亮亮还是不肯吃饭。从那之后，妈妈只好每天都让亮亮带着自己的餐具去幼儿园，下午放学再带回来，因为晚上和早上还要在家吃饭。妈妈也给亮亮买了一套完全一样的，原本想着幼儿园一套，家里一套，但是就算款式和颜色都一样，亮亮还是只肯用自己原来的那一套。

很显然例子中的亮亮就是进入了秩序敏感期，认为自己有自己的餐具，不能用其他人的餐具，别人也不能用自己的餐具，这是他在遵守自己的一套规则。虽然很多处于秩序敏感期的孩子都会让父母摸不着头脑，不知道孩子为什么这么固执。但是，如果孩子能够从小就形成良好的秩序感，将对孩子的一生都产生深远的影响。作为父母，应该尊重孩子的这种心理需求，并且尽可能满足孩子在这一阶段的需求，使孩子能够顺利度过这一重要时期。

熟悉的环境、固定的看护人、有规律的生活，会让孩子在舒适愉快的氛围中快乐成长。心理学家蒙台梭利非常强调环境布置的秩序。时间环境、空间环境的布置都要有助于孩子秩序感的建立，这样孩子一生都会受益。

但是需要注意的是，既然知道了孩子的"胡闹"是由于孩子心理的秩序敏感性，就应该尊重自然，无条件地顺从孩子吗？当然不是。

幼年时期的孩子心智还不成熟，他们的秩序感具有刻板性。如果始终不分场合地将自己的秩序观强加在别人身上，也是行不通的。爸爸妈妈要帮助孩子区分“秩序的美感”与“刻板的规则”，让孩子形成正确的秩序感。如果父母意识不到孩子秩序感的刻板性，事事顺着孩子，就容易让孩子形成任性、执拗的个性，反而可能真的会让孩子变成脾气古怪的“小霸王”。

孩子的心灵充满了奥秘。当孩子“胡闹”的时候，如果在不了解的情况下武断地判断孩子“不乖”，那么很有可能会伤害到孩子，也无法从根本上解决问题，使做父母的头疼不已。了解了孩子的心理特点，尊重孩子的秩序敏感，“怪脾气”的孩子其实一点也不难搞定！

看见不喜欢的菜就会吐出来，长大就会好吗

吃饭是让很多孩子的家长十分头疼的事情，先不说把孩子弄到餐桌需要费多大的劲，就算把他逮到了餐桌前，大家开始吃饭，孩子吃不吃得下去也是一个大问题。很多孩子都有挑食的习惯，而孩子的挑食如果不及时矫正的话，不仅会导致孩子摄取营养不足，从而影响孩子的生长发育，还会使孩子养成任性、执拗的坏习惯。但是，很多妈妈都觉得孩子越长大越不听话，让他好好吃饭，他偏偏就不。

其实，这也是孩子在成长过程中的一种正常的心理表现。随着孩子的成长，在生理上，孩子的味觉不断发展，对食物有了更

多更高的要求，讲究新鲜感。而从心理角度来说，孩子长到3岁以后，逐渐开始有一定的独立意识和自我意识，什么食物合他的口味，当然是孩子更加清楚，当有些饭菜不合他的口味的时候，由于孩子受到表达能力的限制，并不能很好地向父母表达自己意见，也不会描述一些自身的心理感受，只会通过不断发展的语言和动作来表示出“抗议”。而我们大人已经习惯了孩子什么都听自己的，这时往往就会觉得孩子不听话，是孩子在任性、胡闹，从而用强迫的方式让孩子吃饭，这只会让孩子觉得吃饭是一件很可怕的事情，势必会产生更加强烈的反抗行为。

因此，对于孩子挑食的行为，父母一定要抓住孩子的心理进行潜移默化的诱导，逐渐让孩子养成良好的饮食习惯。大多数孩子的心理是这样的：我喜欢吃什么就吃什么，什么好吃我才吃什么。因为孩子并不懂得要吃对自己身体好的食物，他们只选择自己认为好吃的食物。了解到孩子的这种心理，父母也就不必着急，更不要用强迫的方式逼迫孩子吃饭了，而是应该采取合适的、委婉的方式，逐渐改变孩子的观念。

文文刚刚上幼儿园，已经3岁了，平常文文也算是听话的好孩子，但是就是有一样让父母十分发愁，就是文文吃饭的时候非常费劲，往往要花费半个小时以上甚至一个小时，夏天还好，冬天的时候饭菜都凉了，文文却还没有吃饱呢。而且，文文还有挑食的毛病，就喜欢吃肉，每次都会吃很多，吃到撑了还想吃，小嘴里塞得满满的都是肉。但是却对青菜十分冷淡，几乎是一口都不吃，水果也是和蔬菜一样的命运，根本得不到文文的青睐。

妈妈总是对文文说，蔬菜和水果很有营养，只有什么都吃，才能长得高高的，但是文文还是我行我素，就是不吃蔬菜和水果。妈妈觉得这样下去，孩子肯定会营养不均衡的，于是就在吃饭的时候喂文文吃一些青菜，但是文文就算吃到嘴里了，还是会吐出来，说咽不下去，再给她吃的时候就难了，总是闭着嘴喂不进去。

妈妈对于文文的挑食实在是没有办法，就跟文文的爸爸抱怨说文文太难伺候了。爸爸笑着说："别说是文文，就是我也觉得菜并不好吃，你每次都是放上油盐水，将菜一炒就出锅，什么菜都是这样的做法，确实不怎么好吃呢。"经爸爸这么一说，文文的妈妈想想也是，自己从来都是这样炒菜，并没有什么别的花样，连大人都吃腻了，何况是孩子呢。

为此，妈妈特意给文文包猪肉白菜馅的包子吃，心想着这样文文就可以顺带着吃些青菜了。等包子刚出锅的时候，文文就说闻着包子可香了，都等不及包子凉了。于是，妈妈就给文文吹吹，将包子从中间将皮剥开，露出里面的馅，凉了一会儿之后，让文文尝一下，文文直说好吃，这下，由于文文挑不出白菜，就把白菜和猪肉一块吃进去了。这一顿饭，文文吃了整整一个大包子。

有了这次经验之后，妈妈就变着花样地给文文做饭：文文说鱼腥味太重不好吃，妈妈就在网络上搜索了一些资料，知道了加柠檬或者姜片能够很好地去掉鱼腥味，这样，文文就能吃鱼了；文文不吃鸡蛋，妈妈就把生鸡蛋打散和面粉混在一起，做成鸡蛋面条或者煎成鸡蛋饼，文文吃得可带劲了。就这样，文文所吃的饭菜就既有营养又很丰盛，挑食的毛病也就好了不少。

从上面的例子我们可以知道文文之所以不愿意吃蔬菜，是因为文文妈妈做的菜并不合文文的口味，而且菜式一成不变，文文自然不会喜欢吃了。因此，对于孩子的饮食，父母要多做一些孩子喜欢的花样，比如把饼切成小动物的形状等。还要多做适合孩子吃的食物，比如把土豆做成土豆饼，多做少刺的鱼等，这样孩子就不会因为吞咽困难而排斥某些食物了。同时，在做菜的时候要经常变换菜式，或者买一些比较可爱的餐具，刺激孩子的食欲。

当然，父母也可以多带着孩子运动和玩耍，在增强孩子体质的同时，也使孩子有个好的胃口，不要总是让孩子待在家里，多带着孩子外出呼吸新鲜的空气，爱玩爱动的孩子才有活力，有了活力才能消耗能量，从而增强食欲。有了好的食欲，孩子自然也就减少挑食的行为了。

除此之外，父母还要尽量帮助孩子形成良好的饮食习惯，规定孩子要在吃饭之前洗手，并留出固定的位置让孩子吃饭。3 岁之前可以用固定的宝宝椅来使孩子养成固定吃饭的习惯。如果孩子稍微大一些了，父母就要以身作则，并召集全家在固定的时间固定的地点吃饭，形成良好的就餐习惯和规律。如果孩子单独离开，不愿意吃饭，父母也千万不要端着碗拿着勺子跟在孩子身后哄着孩子吃，如果他饿了，自然就会回来吃饭，要是错过了饭点儿也不必给孩子准备食物，这样孩子就知道下次要乖乖吃饭了。当然，如果父母用这样的方法来培养孩子的饮食习惯，就不要在非饭点儿的时间让孩子吃饭或小点心，也要让孩子少吃零食，因为这可能会破坏孩子的饮食规律，也有可能破坏肠胃。当然，吃饭定时的同时也要注意定量，不要让孩子一次吃过多的食物，这可能会造成消化不良，也会影响下一餐的食欲。

总之，面对孩子的挑食情况，父母能采取的措施有很多。首先要弄清楚孩子挑食原因，是上一顿吃得太撑了，还是零食吃多了？还是上次吃蔬菜的时候噎着了？还是孩子的肠胃不舒服，没有食欲？弄清楚原因之后，父母就可以对症下药，帮助孩子逐步养成定时定量的饮食好习惯。只有养成了良好的饮食习惯，不挑食不厌食，孩子才能吸收充足的营养，健康快乐地成长。

孩子的心理发展有“关键期”吗

每一位父母都能深切感受到抚养孩子的艰辛，也在见证孩子一步一步地成长。但是，如果父母能够对孩子的成长阶段有更深的了解，明白孩子在每一个阶段会有什么样的心理，应该需要什么要的引导，在孩子每一个成长的关键时期需要关注哪一个方面，那么，孩子就会得到更好的教育，从而更健康地成长。

所谓的关键期，也就是孩子心理发展的最佳年龄，是指某一特定年龄时期，儿童对某种知识或行为十分敏感，学习起来非常容易。如果错过了孩子的这个关键期，就会出现学习上的困难，就有可能对孩子的一生产生不好的影响。从人成长的心理发展来看，幼年是心理和智力发展的关键时期，日本教育家松原达哉曾说：“婴幼儿时期，是孩子一生当中身心发展最显著的时期，如果在这个时期不抓紧教育和指导，掉以轻心，放任自流，孩子的一生就毁了。”意大利的教育心理学家蒙台梭利也认为，在孩子性格发展的关键期，孩子对一定的事物会有高度的积极性和兴趣，并且学习能力也非常强，过了这个时期，这种情况就会消失。

因此，父母在对孩子进行早期教育时一定要抓紧这个关键期，才能收到事半功倍的效果。据相关资料显示，孩子出生 6 个月时最适合学习咀嚼和被喂食干的食物；2 ~ 3 岁是口头语言发展、计数能力（口头数数、按物点数、按数点物、说出总数）发展的关键期；2 ~ 3.5 岁则适合教育孩子遵守行为规则；2 ~ 4 岁是学习语言的关键期；3 岁左右则适宜培养孩子独立生活的能力；3 ~ 5 岁时最适宜发展音乐能力；5 ~ 5.5 岁则是掌握数概念的关键期；0 ~ 6 岁这段时间对孩子动作的形成有较大影响。

晓琴的妈妈一直有一个梦想，就是把自己的女儿培养成优秀的钢琴演奏家，从怀孕开始，妈妈就用钢琴曲来做胎教，在晓琴出生之后，妈妈也都是给晓琴听钢琴曲，在晓琴 3 岁的时候，妈妈就想着开始培养晓琴，给晓琴买了一台儿童电子琴，刚开始的时候晓琴还很喜欢弹，但是没过几天晓琴就不喜欢了。妈妈就开始逼着晓琴弹琴，每天从幼儿园回来之后，妈妈就监督着晓琴弹琴一个小时，这让小琴十分反感，经常哭着要求出去玩。

经过了一个学期，晓琴不但没有学会弹琴，居然变得一看到电子琴就害怕，不是哭就是闹，就是不愿意弹琴，捎带着连关于音乐的任何东西都开始排斥了。妈妈看到晓琴这个样子，感到十分后悔。后来晓琴的妈妈就跟别的家长一起讨论，发现好多妈妈都有这样的苦恼，让孩子学画画，结果孩子什么都干，就是不愿意画画；有的家长想让孩子学舞蹈，结果孩子刚开始还感兴趣，几天之后就再也不愿意进舞蹈室。看来，并不是只有自己遇到这样的难题啊，但是晓琴的妈妈还是不明白为什么孩子会变成这样。

其实，晓琴的妈妈所遇到的问题就是没有在孩子学习的关键期给孩子合适的教育，3 岁的孩子并不是学习钢琴的敏感期，这样逼着孩子学习不但不会有好的结果，反而还可能会让孩子在真正的敏感期到来时也不再喜欢了。所以，父母要做的就是在关键时期因材施教，例如：在孩子 1 岁之前可以主动训练孩子的视力、听力、翻身、爬行和站立的能力，使孩子的反应更加敏捷。另外，在孩子稍微大一点时，可以训练孩子的语言、注意力、动作协调能力，力图促进孩子大脑功能的发育。3 岁左右适宜培养孩子独立生活的能力，这时父母可以利用这个机会培养孩子的独立意识，让他们自己吃饭、穿衣服、系鞋带、洗手，等等，让孩子明白这些事情是可以自己完成的。值得注意的是，除了对孩子智力发展的关注外，父母还应该注重孩子非智力行为方面的问题，比如上课是否专心、协调性是否好，等等。

当然，对关键时期的划分也有其他的分法，但是大多数心理学家都将人生早期看作是智力发展的关键时期。美国心理学家布罗姆曾说：如果将人在 17 岁时达到的智力水平看作是 100%，那么人智力发展的 50% 都来自 4 岁之前，80% 则是在 8 岁前获得的，即大部分智力都来自于人生早期。所以父母们一定要在孩子年幼时就注重对其智力的开发。

在这个过程中父母要注意：智力开发不是一朝一夕的事，不能急功近利，而要循序渐进，遵循孩子生长发育规律和知识本身的难易，由易到难，由浅入深，不超过孩子的实际能力和水平，否则会对孩子的发展起副作用。其次，不同的孩子由于遗传、生活环境、接受教育等方面的不同，其兴趣、能力和性格也不尽相同，所以父母要根据孩子的个性特征因材施教，同时也要注意不要将自己的兴趣强加在孩子身上，给孩子造成负担，而要努力挖掘孩子自身的兴趣激发孩子的热情并增加孩子的信心。另外，父母不要过多地干涉孩子的行为，好奇好动是孩子的天性使然，过多干涉会限制好奇心和进取心的发展，过分保护和干涉有可能导致孩子胆小怕事，缺乏独立性和自立性。最后，父母还可以通过与孩子玩智力游戏开发其智力。由于孩子都喜欢游戏，在玩耍时处于亢奋状态，环境相对轻松，因而学习能力也比较强，学习效果更佳。

孩子变得爱生气、爱发脾气

每个人都会有不同的情绪，会开心，自然也会生气，大人是如此，小孩也是一样。发脾气是一种正常的情绪宣泄，但是，现在很多孩子动不动就会生气，会发脾气，而且不分场合，不分对象，稍有不开心就会发脾气，这就是一种不正常的心理状态了。

生气、发脾气是一种消极的情绪表现。孩子动不动就生气、发脾气，表明他们经常流露出不快乐的情绪。因此，爱生气、发脾气的孩子，心里肯定是不快乐的。而这种不快乐的情绪不断积攒，就可能会造成心理不健康，继而导致心理问题的出现。孩子的情绪有一个不断发展和分化的过程，他们会从最初的哭泣吵闹、生气发脾气变成愤恨、嫉妒等。随着孩子的成长，到了七八岁的时候，孩子生气的表现就会越来越多。他们会把这种情绪表现当作向大人要求的信号。很多孩子在生气的时候会故意大声说："我生气了！"然后嘴巴噘得很高，就是希望父母能够关注自己，关注他们的需求。当父母并没有如他们所愿的时候，他们就会通过发脾气来表达自己的不满，或者为了更大程度地引起父母的注意。

当然，孩子生气有时只是为了让父母多关注自己，或者是为了向父母或者其他人示威的一种表达。但是不可否认，生气、发脾气是一种消极的情绪，当家庭氛围长时间处于紧张状态，或者孩子的情感需求没有得到必要的满足时，他们也会生气。对于孩子来说，爱生气、发脾气不仅会严重损伤他们的情绪和心理状态，有时候也会使大人狼狈不堪，因为孩子的情绪发泄是不分场合的，这让父母十分棘手。因此，父母应该想方设法改掉孩子爱生气和爱发脾气的坏毛病。

与父母对着干是典型的叛逆行为

我们往往会用天真活泼来形容孩子们，尤其成长期的孩子们。可是除了天真活泼，似乎还夹杂着些许让爸爸妈妈无可奈何的"叛逆"。爸爸妈妈不允许做的事情，孩子们偏偏去"触雷"，而且还挺带劲：让他穿衣服，他偏偏喊着热死了；让他慢点走路，他恨不得飞起来；让他洗手吃饭，他抓起馒头就吃，就是不洗手……孩子似乎有意挑战家长的忍耐极限，用反抗行为考验着家长的耐心，常常惹得家长怒火中烧，最后不得不用“武力”来捍卫自己在孩子心中的地位。

实际上，随着孩子年龄的增长，孩子的心理也在不断成熟，不断发展，尤其是孩子在步入小学阶段之后，随着知识的积累、心智的成熟，以及生活经验的增加，孩子对于事情已经有了自己独到的见解和想法。当父母的命令引起孩子的不满时，孩子就会表现出情绪上的排斥，故意与父母作对，这是孩子典型的敌视父母权威，以盲目反抗来发泄不满的表现。父母在了解孩子的这一心理之后，就可以根据孩子心理特征来应对孩子的反抗行为，而不是依靠“武力”。

孩子不断长大，开始把自己与外界事物逐渐分离开，并且有了自己的独立意识，他们希望得到父母的尊重，以显示自己的强大。这是孩子心理的不断成熟，父母应该了解，并支持孩子心理的发展。然而，很多父母看到孩子故意和自己对着干，就一味地打骂孩子，这并不能从根本上解决问题，反而会导致越打越皮，越大越不听话的后果。当出现这种情况之后，父母再想走进孩子的心理世界就不容易了。处理这样的类似情况，家长们不妨参照心理学上的“巴纳姆效应”解决问题。

巴纳姆效应又称为暗示效应。其实，人在生活中无时无刻不受到他人的影响和暗示，借助外界信息来认识自己。而孩子的心理特点决定了他们是很容易受到暗示的群体。孩子与家长对着干体现了孩子的性格刚毅，而暗示效应正好起到“以柔克刚”的效果。让孩子在无形的影响下，“融化”他的反抗行为，自发地改变思想，从而真正改正其与父母作对的行为。

在巴纳姆效应中，情绪低落、渴望被理解的人是很容易被暗示的。当孩子出现故意和父母对着干的情况的时候，孩子的内心世界也是很挣扎的。所以，此时家长应该试着理解孩子的心理以及孩子的内心困扰，通过暗示，让孩子的内心放松警惕，平易接受父母的建议，而不是采取“以毒攻毒”的专横方式解决问题。

第三章　叛逆期孩子更易有情绪

青春期的孩子容易偏激

偏执是青春期孩子中比较常见的现象，这种行为主要表现为孩子比较认死理，只要是自己认定的事情，就不会轻易改变。而且无论是什么样的事情，在什么场合，孩子都会认为自己是正确的，而别人如果与自己想法、做法不同的话，一定是别人错了。所以，思想偏激的孩子做事绝对化，很容易走极端，还不听别人的劝告。

青春期的孩子侧重于感性思维，喜欢凭感性做事，因此，比较容易出现做事偏激、固执的情况，有时还会做出一些很冲动的事情。但是，世界上的任何事情的发生发展都是有一定逻辑的，如果孩子在日常生活中多用理性思维去思考问题，那么做事就不会如此偏激了。比如，一个同学考试的时候没有考好，他就觉得十分丢人，感觉大家都在看他，在笑话他、议论他。因此走路的时候都不敢抬起头来，在很多人面前也不敢说话了。其实，这就是他自己的思想太过偏执。如果理性一点思考，就会明白：有谁会整天没事干天天看你呢？如果有其他同学一次没考好，自己会不会整天关注他呢？事实上，没有人有这个闲情逸致，整天盯着别人看。所以，只要孩子能够理性地想一下，心结就能打开，也就不再偏执了。

琳琳正在读初中二年级，熟悉她的人都明白她的想法和做事都十分偏激，因此，没有人敢招惹她，自然，在学校中，琳琳也没有好朋友。

琳琳读小学的时候，成绩非常好，在家也很听话，出门的时候经常听到大家的夸奖。但是自从升入初中之后，琳琳就变得像个刺猬一样，只要靠近她就会被她刺伤的。而且琳琳的学习成绩也下滑不少，为此，妈妈经常在她放学后问问她的学习状况，琳琳就会生气，大声对妈妈说："你是觉得我不够用功吗？你要是觉得我不努力，你就自己学啊。要不就别管我！"

有一次，在学校里，一个女生走到琳琳坐的位置时正巧吐了口痰，琳琳觉得她一定是故意的，是看不起自己，所以马上站起来就开始质问那个女生："你这是什么意思？你凭什么这么对我？"对方还不清楚琳琳为什么这么问，就说："你发什么神经啊，我怎么了？"琳琳就开始动手打人，后来被来上课的老师拉开才算完。老师问她们为什么动手，琳琳说那个女生骂自己是神经病。

琳琳这就是典型的偏执，这种思想在青春期躁动不安的心理因素的刺激被放大，使之成为易爆的火药库。所以，即使别人一个无意的动作，或者别人无意的一句话，都会在琳琳这里被无限放大，甚至因此而引发一场争斗。

青春期是孩子由少年向青年过渡的一个重要的时期，在这个时期内，孩子的生理、心理都会有很大的发展变化，孩子的情绪变化和心理波动也比较频繁。如果父母不及时去关注孩子、引导孩子，孩子可能就会因此而产生各种各样的心理障碍。偏执，是青春期孩子典型的心理障碍。偏执是青春期孩子典型的心理障碍之一，因为在这一阶段，孩子思想上有了一定的独立性，很多事情自己的想法和看法。但是对于思想相对不成熟的孩子来说，他们的思想和做法，难免都有点固执和偏激。

因此，父母一定要对孩子的各种方面都多关注，发现苗头不对就应该及时引导。很多家长非常注重孩子的吃喝或者穿衣打扮，但是却很少关心孩子的心理健康。因此，父母在关心孩子的时候一定要在关注孩子衣食住行等方面的同时，多关心孩子的心理健康。

孩子情绪总是大起大落

很多父母会发现，孩子进入青春期以后，情绪变化非常大，而且常常是一段时间非常低落，对什么都不愿意理睬，但是几天或者一段时间之后，孩子又像是变了个人一样，又变得十分阳光爱笑了，也不会动不动就生气了，这样两种极端的性格，孩子似乎驾驭得游刃有余，就像是有一个固定的“发病期”一样，时间一过，自己就好了。

面对孩子的这些情绪变化，很多父母都会显得手足无措，既不知道是什么让孩子萎靡不振，也不知道又是什么打开了孩子的心扉，让他们从易怒的小狮子变成了温顺的小绵羊。孩子好的时候固然是好，但是在孩子的“心情低落期”就很难相处，不但会影响到自己的学习和生活，还会影响到与他人的关系。再说，孩子的情绪这样大起大落毕竟不是一件好事，因此，很多父母希望能帮助孩子改正，但是无从做起。

青春期孩子的这种情绪起伏表现在心理学上被称为“情绪周期”。它反映了人体内部的周期性张弛规律，也叫作“情绪生物节律”。有人认为这种周期性的情绪变化是一种精神问题，其实不然。这种周期性的变化只是孩子正常的生理心理现象，就如同人的智力和体力一样，都具有周期性的变化。

小冰自从进入初三之后，妈妈就觉得有点受不了小冰的坏脾气了，可是你说她脾气坏呢，有的时候小冰又非常听话，还会和妈妈交交心，一块儿出去逛逛街，但是可能上午才一块儿出门了，玩得也开心，但是到了下午小冰就会“翻脸不认人”，对妈妈十分冷漠。

前几天小冰要期末考试，小冰每天回到家吃完饭就看书，每次考试的时候，她都会这样积极准备。但是，不只是她紧张，全家都会紧张，爸爸妈妈倒不是怕小冰考不好，而是这几天小冰就像个刺猬一样，见谁就刺疼谁。有天回家，妈妈下班晚还没有做好饭，小冰一看桌子上没有吃的，就开始“咆哮”：“怎么回事啊，想要饿死人啊？”妈妈说一会儿就好了，但是小冰把水杯用力一放，就到自己房间看书了。等妈妈做好饭，让小冰出来吃饭的时候，小冰没好气地说：“不吃！你净耽误事！”

爸爸妈妈觉得小冰马上就考试了，也不想刺激她，就顺着她一点，也没有怪她，本想着等她考完再说。可是，还有两门课没考的时候，小冰忽然就变得乖巧了，回家对爸爸妈妈说话也不板着脸了，妈妈说什么也开始听了。这下轮到爸爸妈妈大眼瞪小眼，不知道该如何做了。

其实，小冰这种大起大落的情绪是青春期孩子的情绪特点之一，青春期孩子的情绪有三个特点：

一是情绪体验迅速。也就是说，这个时期的孩子很不稳定，情绪来得快，去得也快。

二是情绪活动明显呈现两极性。他们的情绪活动很容易由一个面转换到另一个面，甚至由一个极端转换到另一个极端。

三是情绪反应强烈。在情绪冲动时，理智控制作用减弱，很容易做出不计后果的过激行为。

情绪的强烈和不稳定，正是青春发育期的孩子身上普遍存在的现象。当然，这与孩子所面临的压力和挑战有很大的关系。青春期的孩子正是学习的关键时期，本身课业负担就非常重。而这个时期他们的身体开始发育，特别是性方面的发育和成熟，使得孩子积蓄了大量的能量，容易过度兴奋，多种压力交织在一起，而青春期孩子的大脑和神经机制还没有发育健全，调节能力较弱，面对多方面的刺激和压力，孩子很容易产生心理上的不平衡感。孩子还没有学会掩饰和控制自己的情绪，常常喜怒皆形于色，这样的情况下，情绪就忽高忽低，特别不稳定了。

虽然说情绪不稳定是青春期孩子的普遍心理状态，但是情绪波动往往会给孩子的生活带来一定的影响，而低落的情绪则容易使人生病，危害孩子的身心健康。所以，在孩子的成长过程中，让孩子保持稳定而良好的情绪，是父母应该重视的问题。

青春期的孩子如此冷漠

孩子在进入青春期以后，随着自身认知水平的不断提高，孩子对身边的人和事物都有了自己的看法和主见，而且这个时期的孩子往往有点以自我为中心，喜欢自作主张，还不听规劝，不服管教，这就是典型的青春叛逆期孩子的表现。而青春期孩子的叛逆对象一般就是管教自己的家长和老师，尤其是在和家长的相处中，这种叛逆尤其明显。有的孩子是“明目张胆”地和父母对抗，比如直接和父母顶嘴、吵架等等；但是也有的孩子会用沉默寡言来对抗父母，而且对待父母的态度总是冷冰冰的。

另一方面，大多数父母在平常都十分关注孩子的衣食住行，感觉对孩子的关爱无微不至，但是却往往忽略了对孩子感情的关注。当孩子进入青春期以后，很多父母都会发现，孩子和自己之间的对话少得可怜，那个以前总是缠着自己不放的孩子，现在变成了“冷面小姐”或者“冷面先生”。这种现象之所以会发生，不仅仅是因为孩子长大了，和父母之间的代沟也变得越来越大了，更是因为父母忽略了孩子的成长，忽略了孩子的情感需要。孩子长大了，就会有自己的想法和情感，或许也会增添很多烦恼和心事，有时候这些烦恼和心事无处倾诉，就会一直憋在心里，时间长了，孩子就会变得有些压抑，也越来越冷漠。如果这个时候父母主动关心孩子的情感需要，走进孩子的情感世界，帮助孩子排忧解难，或许孩子就会变得开朗、快乐起来！

燕秋是个初中二年级的学生，以前经常缠着妈妈带她出去逛街，或者到妈妈的朋友家去做客，和妈妈的关系很好，但是这半年来，燕秋却对妈妈十分冷漠，没事基本不会和妈妈讲话，只有妈妈问的时候才会回答，而且是妈妈问一句，她回答一句，绝不会多说话。妈妈想要带她出门，每次都会被她拒绝。

每天燕秋放学回到家就吃饭，在饭桌上几乎不说话，偶尔爸爸妈妈问些关于她在学校或者学习的事情，燕秋也是心不在焉地回答，要是问得多了，燕秋就直接放下饭碗不吃了，还说："整天问，烦不烦啊？"说着就回自己房间。在家里她就像个"幽灵"一样存在，整天不声不响的不说，还没有一个笑脸，跟爸爸妈妈欠她钱一样。

时间长了，妈妈心里就犯嘀咕了，这孩子是不是有什么心理疾病了呢？妈妈也知道孩子进入了青春期会有很大的变化，但是整天不说话也不笑，她还真害怕孩子得了什么心理疾病。但是有一天妈妈听到她在自己的房间打电话，听对话应该是和自己同学打的，燕秋不时地哈哈大笑，两个人说了半个多小时才挂电话！看来燕秋不是不说话不爱笑，是对着爸爸妈妈的时候才这样的。妈妈总算放心了，知道孩子并没有什么心理疾病。但是，不免又有点伤心，为什么孩子对同学有说有笑，对自己就是张苦瓜脸呢？

例子中的燕秋对同学有说有笑，对爸爸妈妈却没个好脸色，就是典型的青春期叛逆心理的表现。他们内心还是亲近父母的，但是他们却又觉得自己长大了，很多事情和父母想法不一样了，可能在这之前和父母有过争执，所以出现叛逆心理，但是可能由于自身性格原因，不能直接表达出来，就采用这种"无言"的对抗。

那么孩子为什么跟同学就有话说，也不板着脸了呢？那是因为孩子和同学是同龄人，有共同的语言和爱好，沟通起来也没有障碍，因此很多合得来的同学就会成为知己，彼此之间无话不谈。这其实是青春期的一种自然现象，父母也不用太过介意。

青春期的孩子如此暴躁

青春期是青少年身心发育的关键时期，在这一时期内，孩子经常会表现出缺乏耐性、脾气暴躁的特点，甚至会对自己的父母、亲友、老师、同学等有侵犯性的言行举止。但是，父母也不要觉得是孩子变坏了，或者是孩子生病了，孩子的脾气暴躁，是青春期的一种正常现象。

那么青春期的孩子为什么会出现这样的暴躁性格呢？

从生理学的角度来讲，科学家认为大脑前额叶皮层对感情、道德等情绪有一定的影响，并负责产生行动的神经冲动。青春期的孩子正处于大脑前额叶皮层的发育阶段，并且发育过程伴随着整个青春期。在发育的这一过程中，大脑内会发生一系列的化学变化。这种变化导致了发育期的青春期孩子有感情判断失常、举止暴躁等表现。但是只要顺利度过这一阶段，这种行为就会自己消失了，孩子也就会恢复正常了。

儿童心理学家认为，青春期是孩子自我意识发展的第二飞跃期，自我意识的突然高涨是导致孩子产生逆反心理的第一个原因。随着孩子自我意识的高涨，他们更倾向于维护好自己的形象，从而获得他人的认可和尊重。但是由于种种原因，往往事与愿违、屡遭挫折，于是孩子们的内心就会产生一股怨气，从而导致他们暴躁行为的产生。

小勇在读高中以前，一直是个十分乖巧的孩子，虽然不能说事事都听父母的，但是无论有什么事都会认真听取父母的意见。在学校里，小勇也十分受欢迎，从小就成绩很好，人也十分阳光，和同学们的关系都不错。

但是，就是这样一个阳光的男孩，升入高中就完全变了。原本成绩不错的他升到重点高中以后，班里的很多学生都曾经是学习的佼佼者，大家都非常优秀，这样就显现不出小勇的优势了。这个时候，大家也不会只围着他转了，老师也不会那么重视自己了。这让小勇有点不适应，因此，他处处想要出人头地，但是并不顺利，反而和新同学的关系闹得很僵。

这样的情况下，小勇变得十分暴躁，经常为一点小事情就和同学吵架，有时还会大打出手，好几次都被老师叫到办公室批评。有一次还被请了家长。小勇的爸爸妈妈怎么也没有想到，自己乖巧的孩子会在学校里因为打架而被请家长。但是，不只是在学校里，妈妈也发现小勇最近变了很多，总是爱发脾气，有时妈妈说他一句，他就冲着妈妈大喊大叫，有时还摔东西，家里好几个杯子都被他摔坏了。有次他玩游戏的时候，因为输了游戏就把电脑砸坏了，气得爸爸动手打了他几下。

每次冷静下来之后，小勇也觉得自己做得不对，但是一遇到事情的时候，还是控制不住自己的脾气。

从上面的例子中不难看出，小勇的暴躁脾气就是在自我意识高涨下产生的。从文中可以知道，小勇在以前成绩一直很好，因此很受大家的欢迎和重视，但是，升到重点高中以后，这种优势不复存在，因为每个人都很优秀。在这样的情况下，小勇就在心理上产生了一种强烈的失落感和不平衡感，可是在一时之间他不能改变这种状况，因此心中的怨气就会越来越多，使得小勇就像一个火药桶一样，一触即发。

显然，这种暴躁的性格和行为给孩子带来很多不利影响，不仅在学习上无法静下心来，还会影响孩子的交际。因此，父母在发现孩子出现暴躁情绪之后，应该及时帮助孩子排解这种不良情绪，最好的办法就是帮助孩子把这种不良情绪宣泄出去，这样孩子的心理才会恢复平静。

孤独、自闭怎么办

孩子到了青春期，随着身体上的发育，他们的心理上也产生种种变化。他们对于父母和老师等之前灌输给自己的种种思想产生质疑，有的孩子甚至不再相信大人。他们开始希望自己能够像大人一样拥有自己的天地，但是却得不到支持。于是，孩子就觉得自己干什么都不被理解，就连平时挺要好的同学和朋友，现在也不是那么亲密无间、无话不谈了，自己的一肚子心事，却不知能和谁说。所以，很多青春期的孩子总是会发出这样的感叹："为什么就没有人能理解我呢？我真的好孤独。"

孤独和自闭总是结伴而行，因为孤独而自闭，而自闭又导致了孤独，它们就像是两扇沉重的铁门，把孩子的内心紧紧地关闭起来。孩子的自闭和孤独一般表现为情绪低落、悲观、厌世，严重的自闭则会出现自杀的现象。所以，如果孩子出现孤独、自闭的倾向的时候，父母应该引起重视，加强和孩子之间的沟通，走进孩子的世界，把孩子的内心拉到阳光下。

夏天本是个十分开朗的女孩，整天笑嘻嘻的，似乎整天都没有烦恼。但是夏天上初三之后，妈妈就发现孩子不太爱笑了，开始还以为是还长大了，知道收敛自己的性格了。但是时间长了，妈妈就发觉孩子不太对劲，就算是不爱笑了，也不能连人都不理了吧?

现在的夏天就没有精神的时候，见到人也不说话，就是和自己的妈妈也是能不说就不说，原先那个叽叽喳喳的孩子完全变了个模样。而且以前夏天经常带同学来家里玩，现在也没有人来家里，夏天自己也不出去玩了。每天放学夏天就回家，躲到自己的房间里做自己的事情。说她学习呢，可是成绩还下降了。妈妈觉得肯定是孩子有什么心事了。但是问了夏天好几遍，夏天也不说。

后来妈妈就到学校问老师，孩子最近的表现如何。老师也是连连摇头，说不知道为什么班里的活跃分子现在不活跃了，整天独来独往，也不和同学玩，有什么活动也不参加，就算是集体项目，夏天也是一个人躲在角落中，就是不肯和同学玩。老师建议夏天的妈妈带孩子去看看心理医生，说不定孩子是有了什么心理障碍呢。

后来妈妈看自己开导不见效，就真的带着夏天去看了心理医生，医生说夏天并没有什么心理疾病，之所以出现这样的状况可能是因为孩子处于青春期，这是青春期自闭现象，只要父母多关心、多开导，孩子还是会变回以前的活泼样子的。

青春期孩子产生心理自闭现象一般有两种情况：一种是孩子在儿时的一些特殊的经历造成了孩子孤僻、自卑的性格；另一种是孩子进入青春期以后各方面的压力变大，孩子不得不把自己封闭起来。案例中的夏天应该就是第二种情况，她从小活泼，但是可能在升入初三之后，学业压力变大，或者是父母、老师的期望过高，让孩子承受不了，就开始出现这种自闭现象。

心理学上有一个布朗定律，说的是一旦找到了打开某人心锁的钥匙，往往可以反复利用这把钥匙打开这个人的其他心锁。也就是说，对于孩子的自闭现象，只要找到了问题的根源，一切问题就会迎刃而解。比如孩子因为升学的压力导致心理焦虑，继而产生自闭现象。这种情况下，父母就要想方设法打开孩子的心扉，找到这个根源，然后开导、安慰孩子，帮助孩子排除心理压力。

所以说，针对孩子青春期自闭现象，父母首先要做的就是和孩子交心，找到孩子自闭的根源，和孩子共同面对现实，解决问题。当然，如果孩子的自闭过于严重，父母要及时带孩子去看心理医生。

都是虚荣心在作祟

可能很多父母都遇到过这样的问题：孩子小小年纪就虚荣心作祟，盲目追求与攀比。虽然虚荣心是一种常见的心态，尤其对于青春期的孩子，他们开始有了自己的独立意识，开始看重面子，渴望被关注。但是孩子一旦形成虚荣心，对孩子的成长具有很大的妨碍作用。最重要的是，孩子爱慕虚荣，有碍真正的进步，甚至会形成嫉妒成性、冷酷无情的性格。

教育心理学研究认为，孩子由儿童阶段进入青春期以后，自我的概念开始清晰和明朗，获得他人认可和尊重的欲望变得空前强烈，他们甚至不满意自己的状况，想方设法地来标榜自己、抬升自己，以达到“超越”别人的目的。当然，也有一些孩子是因为自己的家庭经济条件差或者是认为自己长相不佳等原因，而产生自卑感，他们也希望通过一些外在的因素提升自己、增强自信。但是，不管是出于什么样的目的，这些行为都是孩子在青春期虚荣心理增强的表现。

另外，青春期性心理的发展，也促进了孩子虚荣心理的发展。一些少男少女为了增强对异性的吸引和在同性之间的优越感，也很容易变得爱慕虚荣。

小辉的爸爸自己开着一家商贸公司，所以经济条件很优越，原本在小的时候小辉也不懂这些，还是和平常人一样，只买一些自己喜欢的，不在乎品牌。上学的时候也和同学们关系不错，学习成绩也还算优秀。但是，这仅仅是以前，自从升入初中之后，爸爸妈妈就发现小辉在慢慢变化。

小辉以前也常常要父母给自己买这买那的，由于父母比较宠爱他，都是他要什么爸妈就给买什么。但是，现在小辉要的东西却都是有名堂的，穿衣服必须是名牌，不是阿迪达斯就是耐克，要不坚决不穿。可是上学的时候要穿校服，没法展示自己的名牌衣服，小辉就让妈妈给自己买限量版的运动鞋、篮球鞋，这样一双鞋便宜的也得好几百，贵的都上千呢。这还不够，学生不能佩戴首饰，但是可以戴手表啊，小辉可不要什么电子表，一定要让爸爸给自己瑞士名表。前几天又刚买了苹果手机，现在他的电子产品都是苹果的，手机、平板、电脑都是，而且只要出新款，小辉就让爸爸给自己换。

除了这些之外，小辉每天上学放学，都要让爸爸开着家里的名牌车去送。小学的时候他还喜欢和同学挤公交去上学，现在死活不肯自己去，就算是爸爸有事没法去送他，也必须让司机去送。爸爸要是说让他骑自行车去上学，小辉就会大声说："骑那个多没面子啊，我必须要坐宝马车。"

看到孩子这么虚荣，父母总是感到很无奈，可是家里就这么一个孩子，还不想让他受委屈，只能什么都依着他了。

其实，很多时候，孩子的虚荣心和家庭以及父母的教育有很大的关系。现在很多父母溺爱自己的孩子，认为家里只有一个孩子，又有经济承受能力，所以舍得买一些高档的玩具、服装等。就像例子中的小辉的父母，明知道孩子有虚荣心不好，但是又不忍心孩子受委屈，什么都依着孩子，这样自然就助长了孩子的虚荣心。也有的父母不注意孩子的修养和教育，喜欢自己的孩子比别人强，总是喜欢打扮孩子，给孩子很多零花钱来显示孩子的与众不同。也有的家长总是喜欢炫耀孩子，只讲孩子的优点，这样孩子在一片赞扬声中长大，容易形成虚荣心理。

青春期孩子虚荣心理主要有三种表现：一是衣食住行追求名

牌，以此来显示自己的经济实力和所谓的品位。二是爱撒谎、吹嘘自己或家长，比如向同学吹嘘自己，或者炫耀自己家的经济实力等，以此来抬高自己的身价，显示自己的身份、地位。三是争强好胜、不服输，总是认为自己比别人强，如果在比赛或者竞争中输了，就会找理由或者贬低对手，确保自己始终以胜利者的姿态出现。

虽然说虚荣心人人都有，就算是大人也会有一点虚荣，这也是十分正常的，因为每个人都希望得到别人的认可和尊重，渴望自己心理上得到一丝丝的优越感。但是，如果虚荣心理过重的话，就会影响到孩子的心理健康，进而影响到孩子的生活和学习。因此，父母一定要帮助青春期的孩子克服虚荣心理，让其健康成长。

自卑而又敏感多疑的孩子

很多青春期的孩子心理都住着一个魔鬼——自卑。通常，我们都认为，那些自卑的孩子脾气会更加温顺、更听话，但事实往往相反。每个青春期的孩子都是敏感的，但对于那些自信、情绪外显的孩子，他们更善于抒发内心的情感，因而懂得自我排解不良情绪。而那些自卑、内向的孩子，他们会把内心的不快郁结在心中，当他们的自卑处被挖掘出来的时候，他们的脾气就会爆发出来，甚至一反常态。

青春期的孩子大部分时间都是生活在集体中，与很多同学、朋友在一起，这其中有很多人比自己优秀，孩子在集体中容易把自己和周围的朋友、同学相比。当自己的某一面不如他们的时候，孩子的自卑感就油然而生。把这种不如人的想法积压在心中，甚至不愿意与朋友、同学相处。因此，他们往往很敏感，抱有很大的戒心和敌意，不信任别人，一点芝麻绿豆大的小事也会引发一场轩然大波。

梦梦自从上学后就品学兼优，父母为她感到骄傲，经常对着外人夸奖她，在学校里更是受到老师和同学的欢迎。去年的时候，梦梦顺利考上了市里的重点初中。可是，就在梦梦升入初中之后，新同学们都非常优秀，这样梦梦在班里就没有优势了，因此，她整天郁郁寡欢。

梦梦很想好好学习，让自己再像以前一样，让大家羡慕，但是，越是这样想，成绩越是上不去，反而在这几次考试中逐渐下滑。父母对她也有些不满意，现在也不大在别人面前说梦梦的学习了。梦梦的压力更大了，逐渐开始出现烦躁、失眠的状况，在这种情况下，梦梦的成绩下滑得更加厉害，有一次考试成绩出来后，看到女儿还有几门不及格，爸爸生气地对梦梦说："你越长大越笨了吗，不提高也就罢了，怎么还一直下降呢？"

听到爸爸这样说自己，梦梦难过极了，她觉得父母一定对自己失望极了，自己可能真的不是学习的料，因此，梦梦在重压之下产生了一系列身心不良症状：原先的失眠更加严重了，常常半夜了还在看天花板；白天精神总是恍惚，有时还会出现幻听；总是觉得大家都在嘲笑自己，经常忽然捂起耳朵，显得十分害怕的样子；看到同学多看她了一眼，她就说别人在说自己的坏话，就开始与人争吵。最后，学校不得不让她先休学了。

这个时候父母才觉得女儿的确是病了，也意识到了问题的严重性，决定带梦梦去看心理医生。

青春期的孩子本来就敏感多疑，而例子中的梦梦的爸爸说的话深深伤害到了梦梦的心灵。成绩下降，梦梦自己就感到很有压力了，父母不但不鼓励她，还说她笨，她就会觉得父母不再爱她了，也会觉得自己真的就是笨，因此陷入深深的自卑中，而这种自卑又加重了她的敏感和多疑，从而使得她的心态急剧恶化。

那么，对于青春期的孩子来说，到底是什么使得他们自卑、敏感呢?

一种原因是学习成绩不如人：有些孩子因为学习成绩差或者出现下滑而过分自卑，对自己没有信心，经常为自己的成绩或者其他方面的不足而苦恼，有时会因此而离家出走，甚至产生轻生的念头，尤其是考试前后、作业太多或学习上遇到挫折的时候。

另一种是家庭条件不如人：有的孩子，家庭条件不好或者是来自单亲、离异家庭，他们会认为自己矮人一截，生怕被同学、朋友笑话，时间一长，自卑心理也就产生了。

因此，在实际的生活中，父母一定要首先做到自己对孩子谨言慎行，避免无意中伤害到孩子脆弱的心灵。另外，如果孩子出现自卑和敏感的状况，一定要及时引导，避免孩子出现心理疾病。

熊熊燃烧的嫉妒之火

所谓嫉妒心理，根据《心理学大辞典》的解释就是：“嫉妒，是一个人与他人做比较，发现自己的才能、名誉、地位或境遇等方面不如别人而产生的一种由羞愧、愤怒、怨恨等组成的复杂的情绪状态。”

的确，对于青春期的孩子来说，他们已经有了升学的压力，开始明白了竞争的重要性，同时，也会不自觉地喜欢与他人做比较。但是当发现自己在才能、体貌或家庭条件等方面不如别人的时候，就会产生一种羡慕、崇拜、奋力追赶的心情，这是有上进心的表现。但是，因为青春期心理发展尚未成熟，对自己各方面能力还认识不足，遇上比自己能力强的人时就会感到不安，很容易产生嫉妒心理。

嫉妒心理是人性的一个弱点，也是一种常见的心理现象，但是它是一种不良的心理状态。莎士比亚曾经说过：“你要留心嫉妒啊，那是一个绿眼的妖魔！”由此可见，嫉妒心理是多么的可怕。黑格尔也这样说过：“有嫉妒心理的人，自己不能完成伟大的事业，乃尽量低估他人的强大，通过贬低他人而使自己与之相齐。”通过这句话，我们也能清楚地看到嫉妒对人的危害。

小荷正在读初中二年级，成绩属于班里的中游。这个学期班里重新调换座位，她的新同桌是漂亮的蓉蓉，蓉蓉几乎每次考试都考第一名，人也漂亮，大家都很喜欢她。但是小荷却并不喜欢这个优秀的新同桌，因为自从她们两个成为同桌之后，两个人的差距总是那么明显，这让小荷心里十分不是滋味，因此，她非常讨厌蓉蓉。

每次考试成绩公布的时候，大家都会称赞蓉蓉，老师也会在班上夸奖蓉蓉，而小荷的成绩总是不上不下，十分尴尬。所以，小荷总是在背后说蓉蓉的坏话，因为蓉蓉是班里的学习委员，经常出入老师的办公室，因此小荷就跟同学们说老师偏向蓉蓉，早就在考试之前就把蓉蓉叫到办公室，给她看过试卷了，这样蓉蓉才能考第一。

有一次班里组织元旦晚会，蓉蓉多才多艺，不仅在晚会上表演了唱歌，还担任了晚会的主持人。由于平常大家都是穿着校服上学的，这次晚会主持的时候，蓉蓉特地穿了一件非常漂亮的红裙子，很多女生都围着蓉蓉夸她漂亮。这个时候小荷就十分生气，还对身边的同学说："你们看看，蓉蓉就是爱出风头，大家都穿着校服，她偏要穿个大红裙子，不就是个主持嘛，有什么好神气的！"

因为整天这样说蓉蓉的坏话，嫉妒蓉蓉的才能，两个人的关系也不怎么好，所以，虽然有蓉蓉这样一个成绩好的同桌，小荷的成绩也没有丝毫的进步，反而开始下滑。整天想着怎么"诋毁"蓉蓉，又知道自己没有她受欢迎，这让小荷心理十分不平衡，越想越气，为此还出现了失眠的状况，脾气也变得十分古怪，加上成绩下滑，这让父母十分担心。

事实上，嫉妒心理并不是只有青春期的孩子才会有，从幼儿时期一直到成年，每人都或多或少有一点嫉妒心理，只不过是青春期的孩子表现尤为突出而已。例子中的小荷就是这样一种心理，看到自己的同桌成绩比自己好，还受到大家的追捧和欢迎，就在背后恶语中伤对方。而这期间，自己不但没有向优秀的同桌学习，反而出现成绩下滑、失眠等现象，足见嫉妒心理对青春期孩子的危害。

有研究表明，嫉妒心理可让人产生一种“无名火”，使人心情烦躁、心境抑郁。而这种消极的心理情绪超过人体正常的生理限度时，就会造成人体机能的失调，可能会导致疾病的发生。因此，父母一定要警惕孩子这种不健康的心理，及时引导孩子，避免孩子误入歧途、害人害己。

家里多了个叛逆少年

随着孩子成长，越来越多的父母感到前所未有的忧虑和烦恼，对孩子有了越来越多的不解和无奈。曾经的乖孩子转眼间变成了家里冷漠而熟悉的陌生人，曾经和父母无话不说的乖乖女变成了不听父母话的火爆女……很多父母对此感到很困惑，不知道孩子为什么会变成这样。父母想要了解孩子变化的原因，就必须先了解青春期孩子的心理特点。

处于青春期的孩子，对成人仍然将自己看作是小孩子这种行为是非常反感的，他们希望父母以及周围的人把自己看成是一个大人，能够把他们当作平等的朋友，能够理解、尊重他们；并且许多事情他们不愿意和父母商量，而是希望能够拥有足够的时间和空间自由挥洒。

然而，对于那些总是习惯于参与孩子一切的父母来说，孩子的这一心理和行为的变化让他们感到措手不及，总觉得孩子变了，于是就会强行参与到孩子的生活中，干涉孩子的决定，这样的话，孩子就会反抗，亲子关系就会变得十分紧张。

小俊所在的初中是一所名校，就因为小俊从小就非常认真学习，所以才能考上这样的一所学校，现在小俊已经读初二了，成绩也一直不错，但是这段时间却有所下滑，爸爸妈妈以为是孩子的学习负担太重了，偶尔下降一点也是可以理解的，而且小俊从小学习就非常主动，因此，并没有重视。

可是前几天班主任打电话来，说小俊最近一段时间学习情绪不高，上课听讲也不认真，好几次老师发现他在看小说或者玩手机游戏。这是怎么回事呢？小俊一直都非常听话，学习上的事父母根本就不用操心的。于是，爸爸妈妈商量让妈妈和小俊好好谈谈。

然而，谈话的结果让父母十分吃惊，小俊根本就没有好好和妈妈说一句话，一直对妈妈爱答不理的，最后还说妈妈烦，让妈妈闭嘴！妈妈十分生气，可是小俊已经起身到自己房间了，妈妈跟着进去，小俊看到后生气地说："这是我的房间，你怎么不敲门就进来！"妈妈也说："这是爸爸妈妈买的房子，怎么成了你的房间了！"小俊没有想到妈妈会这样说，拿着书包就往外走，还说："好，你们的房子，我不住了，可以了吧？"说着就出门了。

这个孩子是怎么回事？这还是原先那个听话乖巧的小俊吗？妈妈实在不明白，怎么一转眼之间孩子就变成这样了，但是，还是担心小俊，就让爸爸去追小俊了。

很多家长都和小俊的妈妈一样，对孩子突然不听话感到莫名其妙。他们总是在问孩子，把自己的想法告诉孩子，责问孩子，但是孩子究竟在想些什么？最近的心理状况是什么样子？父母往往并没有关注到。

孩子进入青春期以后，他们的身体发育加快、思维成长到一定程度时，开始思考人生、思考自我，开始被身心成长过程中的许多问题所困惑。此时，他们想办法去解脱这些困惑，这是人的生存本能。因此，他们常常出现一些反常的举动。有心理学家曾经做过调查，结果发现，10岁之前的孩子很愿意和父母沟通，他们会把自己的想法说出来。但是进入青春期，尽管父母依然爱着孩子，可是孩子的内心却有了新的问题和想法，他们不愿意和父母交流，而是更愿意和同龄人沟通和交流。这是因为父母总是用"家长"的身份和他们交流，孩子得不到平等和认可，他们感觉不被尊重。

在了解了青春期孩子的心理之后，父母应该可以理解孩子的一些叛逆现象了。当然，在理解的同时，父母也应调整好自己的心态，抛却孩子青春期到来时所带来的烦恼，积极地去做孩子最好的心理医生。

说一句顶嘴十句

在生活中，很多青春期孩子的言行十分叛逆，他们要不就不跟父母沟通，要是偶尔说说话，也是一直顶撞父母，往往父母才说一句，他们已经有十句在等着了，孩子们总是认为自己是对的。而父母为了更正孩子的观点，就会极力发表自己的观点，如果双方都坚持自己的立场，就很容易形成对立的亲子关系。

青春期的孩子情绪起伏比较大，情感变化也很大，并且他们自己可能也很难驾驭。这个时期的孩子们多了很多的心事，却又不知道怎么和自己的父母说，或者不愿意和父母说。而父母出于关心的目的，总是会对孩子的反常表现刨根问底，或者有的父母忙于工作而对孩子的变化漠不关心。不管是过于关心还是漠不关心，都会增强孩子的反抗情绪。因此，父母应该放下架子，与孩子平等沟通，做孩子的知心朋友，争取成为孩子倾吐心事的对象和安慰者。

小米马上要升入初三了，原本小米很喜欢和妈妈聊天，学校里有什么新鲜事或者是同学之间有什么事的话，小米都会回家和妈妈说个不停，以前妈妈还经常听得不耐烦，让小米不要再说了。现在可好，不知道为什么这几个月，小米真的什么都不说了，不仅不和妈妈聊天了，连正常对话也变得“不正常”了。

现在小米每天放学后就躲在自己的房间，不是上网和朋友聊天就是玩游戏，有时回家连个招呼都不跟父母打。有时妈妈进去问问小米晚上想吃什么，小米也是十分不耐烦地说：“随便什么都行。”看着孩子一直在玩，马上就要读初三了，妈妈就有些着急，有时会对小米说不要再玩游戏了，多看看书，小米就会生气：“我自己的事不用你们管。”看到妈妈经常打扰自己，小米干脆在自己的房间门口挂上一个牌子，写着“请勿打扰！”

看到女儿的行为越来越离谱，也不愿意和父母沟通，于是爸爸妈妈决定好好和小米谈一下，就在一天放学后就对小米说开个家庭会议，小米书包一放，就说："我不参加。"爸爸说家里的人必须都参加，并且要讨论的事情就是小米的问题。小米问："我有什么问题？我什么问题都没有，你们自己讨论吧。"妈妈看到小米的态度，生气地说："你这是对爸爸妈妈该有的态度吗？是不是有些不可理喻呢？"小米瞪着眼说："我就是不可理喻！所以你们不要理我了！"说着就进到自己的房间，还把房门使劲摔上。

爸爸妈妈看到这样的小米，感到十分震惊，原先听话乖巧的女儿怎么变成这样了？总是和爸爸妈妈顶嘴，爸爸妈妈说一句也不行！现在的孩子实在是太叛逆了。

那么，青春期的孩子为什么如此叛逆呢？主要有以下三方面的原因：

第一，青春期的孩子由于身体发育而产生了一些属于青春期的独特心理。身体上的变化、第二性征的出现给孩子们的心理造成了一些冲击，他们往往会对此感到十分不安、不知所措，因此，他们就会产生浮躁心理与对抗情绪。

第二，除了身体上的发育并趋于成熟之外，青少年还渴望独立，希望周围的人把自己当作成年人来对待，因此，在面对一些问题的时候他们常常呈现出一种幼稚的独立性。

第三，青春期的孩子，自我意识增强，社会上各种新奇的事物让青少年们产生兴趣，他们要通过表现个性、追求时尚等方式来满足自己的好奇心，因此，常常要让自己显得十分有个性才行。

当然，社会和家庭教育的一些不足，青少年面临的各种压力，以及生活中的无聊情绪等，也是叛逆心理产生的“沃土”。在孩子出现这样的叛逆心理的时候，会有很多不同的表现，会一直和父母对着干，也就会在父母对自己说教的时候表示出自己的不满。

在这个时候，父母也不要一直抱怨孩子不听话，而是反思一下自己，是不是正在挑起孩子的反抗情绪，或者孩子真的是对自己有什么意见。父母要多与孩子沟通，找出原因，并有针对性地找出解决办法。

孩子的心越走越远

很多家长说，自己的孩子原本是个阳光、开朗的孩子，但是不知道为什么，越长大反而越害羞，不愿意和别人交流了，不仅仅是对别人，就是对自己的父母也变得十分冷淡。其实，这是青春期孩子的一种阶段性心理，在心理学上这一现象被称为“心理闭锁”现象，即孩子把自己封锁起来。在这样的阶段，孩子不轻易向外人敞开心扉，变得孤僻，无论是对外人，还是对自己的父母，都显得十分冷淡，这可以说是孩子从不成熟走向成熟的正常心理反应，是青春期发育过程中的阶段性的心理现象。

“心理闭锁”现象的发生虽然是正常的、阶段性的，但是如果不加以引导，任其发展，就会对孩子以后的健康发展产生不良影响。当孩子出现“心理闭锁”后，孩子就不会轻易向别人吐露真情，父母想要了解孩子的心思就变得十分困难，因此，很多父母就会觉得孩子的心离自己很远，总是抓不到。

圆圆今年 15 岁，以前的她每天都笑嘻嘻的，只要见到认识的人都会打招呼，和爸爸妈妈也十分融洽，尤其是和妈妈，就跟好朋友一样，圆圆有什么心事总是和妈妈说，也喜欢跟着妈妈出去逛街或者到别人家去做客。只要是见到圆圆的人都会夸她爱笑、爱说话。

但是，就是这样的一个爱笑的孩子，现在却变得对谁都十分冷淡，见到人也不打招呼了，有时还低着头快步走过去，回到家也不和妈妈说话了，不写作业也是自己在房间玩，或者干脆躺在床上，也不知道想什么，但是妈妈觉得圆圆根本就没有睡着，只是躺在那里而已。等妈妈喊她吃饭才肯出来吃饭，在饭桌上也不说话，爸爸妈妈问一句她才说一句，有时还不回答。

都说青春期的孩子叛逆，但是圆圆并没有其他的变化，也不顶嘴，也不打扮，就是不爱说话，妈妈曾经试着和圆圆“套近乎”，想和圆圆一起出门逛街，但是圆圆从来都不去，也不说什么原因，就只说自己不想去，妈妈再问她就不说话了。妈妈还特意让自己的朋友带着孩子到自己家里做客，朋友家的孩子和圆圆差不多大，但是妈妈喊圆圆出来，圆圆只是到客厅坐一坐就又回去了，连声招呼都没打！妈妈对此感到十分不解和无奈，实在不知道圆圆整天在想什么，也不知道该如何与她好好交流。

很明显，例子中的圆圆正处于“心理闭锁”时期，因此，才会从一个爱说爱笑的孩子变成不爱与人交流，和爸爸妈妈也不说话。出于这一时期的孩子不但与父母不能很好地心灵沟通，即使是在同龄人之间也很难找到

“心心相印”或者说可以产生心理共鸣的朋友。就像圆圆，即使妈妈朋友的孩子和自己年龄差不多，圆圆还是无法和他成为朋友。

心理研究表明，心理闭锁对青春期的孩子的身心发展的危害是显而易见的。在学习上，心理闭锁会妨碍孩子信息的交流，滞碍学习潜能的发挥，降低学习效率，从而严重影响孩子的学习效果与成绩；在心理素质的发展上，心理闭锁将会逐渐削弱孩子的意志力、心理承受能力和整体认知能力，从而危害孩子的身心健康，影响孩子良好心理素质的形成；在人格发展上，心理闭锁让孩子的交际圈大大缩小，使孩子的内心变得狭隘、自私、冷漠，甚至有的孩子还会缺乏同情心和责任感，心理闭锁对孩子健全人格的形成有着极大的危害。

因此，心理闭锁对孩子学习、品质和人格的发展都是不利的，所以，父母必须要重视引导孩子的这种心理，及时调整，让孩子重新打开心扉，学会与人沟通交流。

父母的“嘱咐”变成了“唠叨”

父母本应该是孩子最愿意倾诉衷肠的对象，可是很多父母觉得孩子进入青春期以后，就不愿意和父母交流了，而原先对孩子的嘱咐，也开始让孩子变得不耐烦。虽然处于青春期的孩子渴望倾诉，也渴望被理解，但是他们更像是一个个锋芒毕露的刺猬，这就为孩子和父母之间的沟通造成了很大的障碍。

作为父母，我们应该知道，青春期对于一个孩子来说，就如同暴风雨的夜晚，他们既是多愁善感的，又是喜怒无常的，孩子在这个时期的感情细腻而多变。因此，需要父母更加无微不至的呵护，一不小心，孩子就可能会成绩下滑、早恋或者结交一些不良朋友等。因此，父母都会对青春期孩子的一举一动相当敏感，结果就会是父母不断在孩子耳边嘱咐这个，嘱咐那个，而孩子在青春期都会有自己的主见，因此，就会觉得父母十分爱唠叨。其实，父母应该相信孩子，给孩子独立的空间。有时候孩子的一些作为，父母不认同，但也并不能说是孩子做错了，只要不是什么原则性的错误，不妨让孩子自己去“闯荡”一番。

另外，父母忽视的一点是，这一阶段孩子的独立性增强，总希望得到他人的承认和尊重，希望摆脱父母的约束，渴望独立。他们不愿意再像“小孩子”一样服从家长和老师，他们希望获得像“大人”一样的权利。因此，青春期的孩子，最讨厌的就是父母的唠叨，他们觉得父母这样很啰嗦。

小磊是个高二的学生，是家里的独生子，父母对小磊也是关怀备至，什么事情都想替小磊做好，除了工作，父母几乎把所有的时间都用在了小磊身上。以前小磊也觉得十分幸福，经常跟着爸爸妈妈到处玩，妈妈还和自己一起写作业、一起学习，小磊以前还经常和同学们炫耀呢，别人也都羡慕自己有这样的好爸爸妈妈。可是自从升到高中以后，情况就有些变化了，小磊不愿意再和爸爸妈妈一起出门了，对于妈妈的话也不那么听了。

在上次考试的时候小磊的成绩下降了不少，妈妈就开始有些担心，但是最近孩子都不肯和自己聊天了，妈妈就在吃饭的时候主动问起小磊的学习情况。小磊却不高兴了，说："整天就知道学习，我就得每次都考好才行啊？"妈妈没想到孩子这样回答，赶紧说："当然不是要你每次都考好，但是我们要分析一下考不好的原因啊。"小磊刚夹起来的菜又放下，说："要分析你自己分析，我没什么好分析的。"爸爸在一边看不下去了，就对小磊说："妈妈是关心你，怎么对妈妈说话呢？"小磊把筷子放下，说："我怎么说话了，还让不让人吃饭了？你们怎么这么啰嗦啊。"

小磊说完就回自己房间了，留下爸爸妈妈在饭桌前尴尬，妈妈说："这孩子是怎么了啊，以前学习的事都会和我说，现在怎么还说我啰嗦了？"爸爸看着小磊的房间叹了口气。

其实，很多父母和小磊的父母一样，看到孩子成绩下降就会赶紧找孩子来问清楚。很多孩子在进入青春期以后，本身的学业压力就非常大，而父母只关心孩子的学习，却没有过多地关心孩子的成长，只抓孩子的学习，这对孩子的全面发展很容易产生负面的"蝴蝶效应"。

为此，父母想要和孩子沟通，就需要多关注孩子除了学习以外的其他方面，真正进入到孩子的世界中，与孩子像朋友一样沟通，不要居高临下的威迫感，而是一点一点感染孩子，孩子才能打开心扉，接受父母，才不会觉得父母只是在唠叨。

对父母的话嗤之以鼻

很多父母都感叹，为什么孩子到了初中之后话越来越少、人也越来越叛逆，甚至无论父母说什么，他们总是不屑一顾、嗤之以鼻？是孩子的价值观发生了改变，还是父母真的落伍了呢？其实并不是，青春期的孩子是一个渴望脱离父母庇佑的群体，他们并不能完全独立生存，不能独立面临生存的压力、学习上的困扰等，此时，他们只能“空喊口号”，在“行为语言上”反抗父母，于是，和父母唱反调就成了他们宣告独立的重要方式。

很多孩子在进入青春期以后，就不再像从前那样听话了，不再认为父母说的就是对的。他们总是会对父母的眼光进行挑剔，经常说“俗！”“太土！”等。这些语言和行为都代表孩子进入青春期了，开始有了自己的思想。心理学家发现：孩子在10岁之前是对父母的崇拜期，20岁之前是对父母的轻视期，30岁之前是对父母的理解期，40岁之前是对父母的深爱期，直到50岁才真正了解自己的父母。10岁到20岁之间是代际冲突最为激烈的时期。这个时期的孩子是最让父母操心、担心和伤脑筋的，的确，大多数这个年龄阶段的孩子，都开始质疑父母，并认为父母的思想跟不上时代。这也是孩子对父母的说法嗤之以鼻的原因之一。

兰兰是家里的乖乖女，对爸爸妈妈的话一直都是言听计从，但是自从升入初二之后，兰兰就变了，经常反驳父母，变得十分不听话了。而且还总是“笑话”父母的一些观点和看法。

前几天妈妈说带着兰兰去商场，现在商场很多东西都打折呢，兰兰却说："我这么大了还跟着妈妈，会被人笑话的，你自己去吧。"后来妈妈软磨硬泡才让兰兰出门，结果在商场里，两个人的意见从来没有一致的时候。妈妈看一条粉红色的裙子很漂亮，让兰兰试一下，兰兰却赶紧摆手说："这是什么啊，装嫩呢。我才不穿。"只要是妈妈拿给她的，兰兰都有各种理由拒绝，不是说太土，就是说太俗了。结果母女二人无功而返，还让妈妈生了一肚子气。

兰兰放暑假了，期末考试的成绩也出来了。班里考第一的还是叫晓霞的女孩。妈妈就忍不住说："晓霞这个孩子就是聪明，还懂礼貌，每次见到我就喊阿姨，将来一定有出息。"

兰兰一听，就十分不屑地说："你懂什么呀，她就会装，装可怜、装听话，拍马屁，哪有同学喜欢她啊，就你们被蒙在鼓里不知道罢了。"

没想到兰兰会这样说，妈妈赶紧说："那人家也是第一名，而且每次都是第一，这还是装的？"

兰兰却说："第一有什么用？清华北大毕业的还找不到工作呢，谁还稀罕一个第一啊。"她说完就走了，临走还对妈妈说："你们就是思想落后，唉。"

为什么妈妈挑的裙子兰兰看不上呢？妈妈夸奖晓霞，兰兰为什么要嗤之以鼻呢？其实，这就是青春期逆反心理的表现。我们多次讲到：青春期的孩子独立意识开始慢慢增强，并有了自己的想法，此时，他们希望父母和其他人能够把自己当作大人看待，但是父母眼中他们还只是个小孩子。为了让父母改变这个想法，他们就以唱反调的方式来显示自己。

显然，孩子的这一心理和态度给亲子关系会带来障碍，让很多父母无法适从。但是父母也不要只是认为孩子不懂事，从而更加约束孩子，这一只会适得其反，引起孩子更强烈的反抗情绪。对待孩子的这种态度，父母应该突破传统的固定的教育模式，注意与孩子的沟通，多尊重孩子，平等地对待孩子，和孩子成为朋友，一起进步，孩子就不会再事事针对父母了。

第四章　让孩子适当经受情绪锻炼

增强男孩的自控能力

所谓人来疯，指人类自我表现欲的无端彰显。具有人来疯行为的多为3~7岁的孩子，这个年龄段的孩子由于大脑皮层神经活动的兴奋与抑制尚未达到平衡，兴奋过程强于抑制过程，导致自控力、意志力都比较差。

这个年龄的男孩格外活泼好动，他们会抓住任何机会展示自己，尤其是在不常见的人面前，这种展示让他们更是觉得具有成就感。于是，来家里做客的亲戚、朋友就成了他们的最佳展示对象。

为了吸引客人的注意，“人来疯”的男孩会将自己活泼、表现力强的特点卖力表现出来。不过由于他们的判断能力差，他们无法从别人的回应中判断自己的行为是否正确。即使家长对他们过分的行为加以阻拦，他们尚不完全的意志力也无法控制住自己。所以，我们就时常能看到这种景象：孩子又叫又闹，家长急得满头大汗却劝阻无效。

很多家长为孩子的“人来疯”犯愁，抱怨孩子太顽皮，无法管教。其实，随着孩子身体系统的发育，到了10岁以后，这种行为就会慢慢好转，乃至消失，家长无须过分担忧。孩子会“人来疯”，也与社会经验少有关系。现在的孩子，尤其是生活在城市的男孩，平时很少有与外人接触的机会。试想，如果家里整天来来往往都是人，那么男孩又怎么会对客人抱有如此大的兴趣，非要进行一番“自我展示”呢？“人来疯”的男孩往往生活环境都比较单调，他们天性对世界充满了好奇，喜欢探究人与人交往的秘密。不过，由于缺乏经验，他们还不能很好地掌握与人交流的技巧，出现出格的行为是可以理解的。

家长不要因为孩子“人来疯”就对其大声斥责，甚至予以严惩。孩子也有自尊心，男孩如果为此感到羞愧，会反抗得更加激烈。家长可以选用其他方式对孩子进行约束。比如当家里来了客人之后，让男孩跟客人问好，然后告诉孩子：“先去别的房间玩玩具或者看会儿书，一会儿客人和爸爸妈妈说完话要看你表演。”这样，孩子就会乖乖地自己待着。等与客人聊完天后，记得一定要叫孩子出来进行表演，满足孩子的表现欲。

如果这种方法对男孩无效，家长即可指出“××小朋友在来客人时很乖很听话，妈妈很喜欢他”。然后对孩子的撒娇行为冷处理。等客人走后，再告诉孩子他错在哪里，还可以配合罚站一会儿、不给他买某个玩具等惩罚措施。

当然，纠正男孩“人来疯”还得从根源做起，即多让男孩与外人接触，让男孩熟悉待人接物的技巧。平时家长可以多带男孩去公园、商场、图书馆等场所，增加与人群接触的机会。等孩子熟悉了人与人的交往后，就不会再出现“人来疯”的行为了。

帮孩子克服厌学的心态

不知道什么时候开始，刘晨觉得每天都只是在做一件事：学习，学习，还是学习。每天的生活也似乎变成了三点一线的简单重复：课堂，食堂和寝室。

英语课开始，打开英语教科书，老师开始讲一堆英语语法，带读课文，然后做练习，再讲解；轮到数学课，打开数学教科书，老师又灌输一大堆数学公式，然后是似乎总不会做完的应用题，做题，再讲解；再到语文课，打开语文教科书，老师写了一堆不认识的汉字——刘晨就不明白，为什么从小学学到现在一直有不认识的字，怎么也学不完？然后讲解段落大意，揣测作者的写作意图（天啊，他为什么要这么写关我什么事），总结中心思想，布置作文，自己写……

刘晨感觉自己很像个重复作业的机器，不明白这样做有什么意义，也不知道这个机器的零件哪天就要坏掉，停止不走；真是讨厌这样没有目标，没有方向，更糟糕的是，之前制订的学习计划和目标一直完成不了。上次月考的成绩又出来了，刘晨的名次不但没有提前，反而落后了。这可怎么办啊?

刘晨越来越不想学习了。他甚至想：我是不是智力比别人低？还是根本不适合学校的学习生活啊?

刘晨现在的状态，有个专门的名称：厌学。厌学是个很普遍的现象，家长用不着担心是孩子智力出现了问题，因为厌学和智力水平是没有关系的。也就是说，如果男孩出现了这种厌学的情绪，不是他不聪明，不适合学校的学习，相反，如果能像刘晨这样思考问题，反倒证明了男孩的智力水平没有问题，因为他懂得了反思，懂得去思考学习的意义，只是因为一时没有找到答案而苦恼。总的来说，厌学的原因有两类：内在原因和外在原因。内在原因常常是由于男孩在学习过程中的消极情绪体验和自我认识存在偏差；而外在原因则往往是社会、学校、家庭等外部环境的不良影响。

无论是哪个年级的哪个班，班里多多少少都会有一些厌学的学生。他们日常表现为对学习失去兴趣；不认真听课，不完成作业，怕考试；甚至恨书、恨老师、恨学校，旷课逃学；严重的还发展到当老师在课堂上管教他时，他会公然地反抗甚至辱骂、殴打老师。孩子会出现这种情况，除了对为什么要学习这个问题求而不解产生厌学外，还因为自己制定的学习目标短期内得不到实现，产生了焦虑情绪，所以进一步加重了厌学的想法。那么，又该怎样消除厌学情绪呢？

首先，家长应该引导男孩找到学习的乐趣。因为，假如学习是男孩的乐趣所在，那学习的意义就是乐趣。假如男孩认为它是负担，那它就变成了负担。

关键是男孩自己怎么认为的。家长要告诉孩子，学习相对于游戏而言，确实是一件枯燥的事情，可是绝不是无意义的重复。要知道：知识在于积累。在青少年时期，有了对各科知识的日复一日的慢慢积累，才有日后对知识的应用和创新，才有可能成为对社会有用的人才，也才有可能实现自己的梦想。

再说男孩成绩不进反退的事情。问问孩子，他虽然订好了计划，可是有没有切实地按计划执行呢？就算他按计划执行，认为自己很努力了，可是排名还是在往后掉的话，他有没有想过，别人也许比他更努力？

学习有时候会出现“高原效应”，也就是说有一段时间学习看上去进步很慢，甚至几乎停滞不前。处于高原效应的学生有的在很短的时间内，比如一两周，就能走出来，有的则要很长，甚至要一两年。这个视个人情况而定。家长要告诉男孩不要害怕，暂时性的退步，不代表什么，也不意味着他就进入可怕的一两年的“高原效应”了，更不能因此而产生厌学心理。

引导孩子想想：反正也要学，怀着高兴的心情也是学，怀着厌恶的心情也是学，为什么不怀着高兴的心情学呢？而且，就算出现了学习上的“高原效应”，只要调整计划，放松心情，然后切实地坚持计划，那么走出“高原效应”的时间不会很长。男孩一旦渡过了这个难关，成绩将会更上一个台阶！

无论聪明还是笨，勤奋最重要

任何目标都是需要经过认真地付出才能够实现的，勤奋努力的习惯最好从小就培养，越小越好。父母在夸奖男孩勤奋努力的同时，也就是在鼓励他继续努力去挑战更高的目标，通过这样的方式可启发男孩认识到对自己的责任，开阔人生。

美国近期的一项研究得出结论：如果一个孩子总是自认为很聪明，很有可能在面对挑战的时候想回避。在一项实验中，老师让幼儿园的孩子们回答问题，她对其中一部分孩子说：“你们答对了 8 道题，你们很聪明。”而对另一半孩子换了种说法：“你们答对了 8 道题，你们确实付出了巨大的努力。”接下来，这个老师分别给两个部分的孩子布置新任务让他们自己选择，一种是他们在完成的时候也许会出现一些差错但是最终可以学到一些东西，另一种是他们有把握一定可以做得好。结果那些被夸奖为“聪明”的孩子大多都选择了后者，而那些被夸奖为“努力”的孩子则大多数选择了前者。

夸奖自己的孩子聪明，会有一个缺陷：孩子在潜意识中认为是由于自己聪明才会一帆风顺，逐渐对自己的感觉良好，想着自己的将来一定是只会成功，不会失败。时间长了之后，就容易对自己的评价不那么客观了。如果他把事情做得很好，他就会认为只是他聪明罢了，一旦他受到了挫折，他的第一反应很可能就是“我并不聪明”，随之对一切都失去了兴趣。这样的孩子将来走上社会之后就会感觉自己有点输不起，甚至会导致终生一蹶不振。

所以，我们最好赞美自己的孩子“勤奋”，当我们在夸奖他勤奋的时候，其实就是在鼓励他继续努力去寻求更多的挑战，这样男孩在遇到挫折的时候便不会气馁，他会始终认为自己努力去做的事情是一件值得的事。

尼克松的家境并不富裕，一家人只能靠种地糊口。父亲在自己的菜园里辛勤劳作，供养着一家人。母亲则是一个有着文化修养的伟大母亲，更多地承担了教育子女的责任。自尼克松出生后，她就用自己的智慧和耐心教育他。在尼克松6岁上学之时，母亲早就教会他读一些书籍了。尼克松9岁时，父亲卖掉了屋子和菜园、果园，把家搬到了惠特尔。父亲十分勤劳，靠自己的双手辛勤耕耘，努力改变全家人的命运。终于，他有了属于自己的加油站，后来又办起了杂货店，并专门出售自家制的馅饼和蛋糕，将尼克松母亲的手艺绝活推向了市场。

父母的勤劳对尼克松产生了很大影响。他很早就帮忙操持家务，做些力所能及的事，父母经常拿“你必须汗流满面，才能糊口”这句话来教育他。尼克松把这句话牢牢记在心底。尼克松很快就成了家里的得力帮手。在父亲和母亲辛勤劳动的带动下，尼克松充分认识到只有劳动才能创造一切，才能满足自己的需求。给家人帮忙让尼克松深深体会到了劳动的快乐和成果。尼克松回忆，他每天早晨4点钟就起床，5点赶到洛杉矶第七街菜市场。他自己挑选水果和蔬菜，把价钱还到最低，选购好的货物用马车送回家，等这些货物洗净、分级，放到店铺后，接着在8点钟去上学。尽管很辛苦，但每次劳动后，尼克松都感到一种轻松和快乐。因为他靠自己的努力，得到了收获。

童年的经历使他一生都保持勤劳，尼克松终生都谨记父母教给他的那句话：靠自己的付出来实现人生的目标。尼克松的父母告诉他说：人生的目标要靠自己的付出才能实现。在父母的带动下，尼克松也养成了勤奋用功的习惯，这为他以后的成功打下了坚实的基础。

在人生的旅途中，有许多聪明的人常常在最后变笨了，而原本被认为是笨的人，却常常在最后变得聪明了。勤奋的人不一定会成功，但是如果你要取得成功，就永远离不开勤奋。在一个学校或者是在一个班级中，通常有两类学生是容易受到老师喜爱的：一种是非常聪明又非常勤奋的，另一种是不算聪明却非常勤奋的。可见，勤奋的孩子，走到哪里都会招人喜欢。作为父母，不应该为男孩的低智商而气馁，也不要为男孩的高智商而沾沾自喜，而是应该将视角转移重视自己的孩子是否努力勤奋，把这种理念传递给男孩，让他们感受到只有努力才能获得父母的认可和夸奖。

优秀男孩必备的情绪智力：专注

一个人的精力和时间本来是很有限的，在这种情况下，如果选不准目标，到处乱闯，几年的时间会一晃而过。男孩如果想取得突破性的进展，就该像学打靶一样，迅速瞄准目标；像激光一样，把精力聚于一束。一个人只要“咬定青山不放松”，长期专注于某一事业，他通常就能成为这方面的专家、成功者。

法国的博物学家拉马克，是兄弟姐妹 11 人中最小的一个，最受父母宠爱。他的父亲希望他长大后当牧师，送他到神学院读书。可他却爱上了气象学，想当个气象学家，整天仰首望着多变的天空；没多久他又在银行里找到了工作，想当个金融家；后来他又爱上了音乐，整天拉小提琴，想成为一个音乐家；这时，他的一位哥哥劝他当医生，于是他又学医 4 年。一天，拉马克在植物园散步时，遇到了法国著名的思想家、哲学家、文学家卢梭。受卢梭的影响，“朝三暮四”的拉马克，确定了自己的奋斗目标，他用 26 年的时间，系统地研究了植物学，写出了名著《法国植物志》。后来，他又用 35 年的时间研究了动物学，成为一位著名的博物学家。

世界上许多伟大事业的成就者都是一些资质平平的人，而不是那些表面看起来出类拔萃、多才多艺的人。为什么会出现这种情况呢？其实，在生活中我们处处都可见到这种情况，一些年轻人取得了远远超出他们实际能力的成就。很多人对此疑惑不解：为什么那些看上去智力不及正常孩子一半、在学校里排名末尾的学生却获得了巨大的成功，并在人生的旅途中把我们远远地抛在了后面呢？其实，那些看起来智力平庸的人，往往能够专注于某一领域、某一事业，并长期耕耘不辍，最终实现自己的目标；而那些所谓的智力超群、才华横溢的人，总是喜欢毫无目的地四处游荡，等到蓦然回首时，仍旧一无所有。

文学大师歌德曾这样劝告他的学生："一个人不能骑两匹马，骑上这匹，就要丢掉那匹，聪明人会把凡是分散精力的要求置之度外，只专心致志地去学一门，学一门就要把它学好。"鲁迅也说："若专门搞一门，写小说写十年，做诗做十年，学画画学十年，总有成功的。"纵览古今中外，凡杰出者，无一不是具备超常的专注力。

法布尔为了观察昆虫的习性，常达到废寝忘食的地步。有一天，他大清早就俯在一块石头旁。几个村妇早晨去摘葡萄时看见法布尔，到黄昏收工时，她们仍然看到他伏在那儿，她们实在不明白："他花一天工夫，怎么就只看着一块石头，简直中了邪！"其实，为了观察昆虫的习性，法布尔不知花去了多少个日日夜夜。数学家陈景润数十年如一日地研究"哥德巴赫猜想"。清代著名画家郑板桥，作画 50 余年，始终"咬定青山不放松"，专画兰竹，不画他物，终于成为擅画兰竹的高手。还有徐悲鸿擅画马，齐白石擅画虾，黄胄擅画驴，而古人唐伯虎拿手的则是仕女画。画猫专家曹今奇，从 8 岁起学画，专画猫，他画的猫曾在中国大陆首屈一指，连许多国外商人也向他高价订购"猫画"。如果他们想行行拿状元，恐怕只能是白白浪费时间。那么，男孩怎么才能培养专注的习惯，克服"今天想干这个，明天想干那个"的朝三暮四的毛病呢？家长可以提出以下几点建议供男孩借鉴：

第一，找到真正的兴趣所在。兴趣，是推动学习的重要内在动机，往往可以决定一个人一生的道路。有了兴趣，男孩才可能废寝忘食，全神贯注地去做。

第二，不要因一时不出成效而动摇。许多男孩一心想学有所成，这种心情是可以理解的。但过于急切地盼望成功，则容易走向歧途。

第三，不要为别的有趣的事物诱惑。无论学习还是做事，最忌精神不集中，而白白浪费了许多时间。正确的做法是认准自己的目标，心无旁骛地努力。

第四，不要怕艰辛，要舍得吃苦。有些人对爱因斯坦在物理学领域的杰出贡献羡慕不已，却很少琢磨他床下几麻袋的演算稿纸；有些人对 NBA 球员的声誉津津乐道，却很少去想他们每人究竟洒下了多少汗水。因此，千万不要光羡慕别人的成果，要准备下些苦功才行。

第五，控制自己的情绪、心态。男孩应学会尽量少受外界干扰，即便受了干扰，也要及时“收回脑子”，这也是锻炼专注力的一个重要方面。

懂得快乐的孩子才能驾驭人生

不快乐的人即使看到阳光也不会感受到它的灿烂，所以忧郁的眼睛只会看到灰色。不快乐的人在遇到困难的时候总是把问题往不好的方面想，继而退缩、停滞不前。不快乐的人不自信，不会镇定地迎接挑战。不快乐的人遇到问题时往往惊慌失措，毫无主见。

你的孩子是否有这样的时候？或悲观忧郁，或在困难面前退缩迟疑和惊慌失措？如果是，那么你的孩子需要学习快乐的智慧。因为快乐的人始终拥有积极乐观的心态，因此也就拥有积极思考和主动应对的动力，也就会具备对人生的掌控能力。

张山和张义是兄弟俩，很小的时候他们就失去父母，相依为命。哥哥张山整天闷闷不乐，总是抱怨生活。弟弟张义却乐呵呵的，快乐地忙来忙去。不幸的是，一次火灾从天而降，虽然得救，但他们却被大火烧得面目全非。

哥哥经常唉声叹气："被烧成这样，我以后怎么见人？还怎么养活自己？还不如死了算了。"弟弟则经常劝哥哥："我们能捡回这条命，就证明我们的命很珍贵，我们是幸运的，应该让我们的生活更有意义。"

哥哥一直自卑自闭，他无法面对别人对他的嘲讽，对生活完全失去了信心，最后吞食了大量的安眠药，结束了自己的生命。弟弟张义却时常提醒自己："我生命的价值比谁都高贵。"无论遇到多大的冷嘲热讽，他都咬紧牙关昂首挺过去，坚强乐观地生存下来。别人见到的他始终是一副快乐的样子。

一天，弟弟为别人送货，途中见到一个人不小心滑进河里，他救起了这个人。为了报答救命之恩，这个人决定帮助他。凭借着诚信经营，张义从一个积蓄微薄的送货司机，逐渐发展成了拥有一个有数百万资产的运输公司的老板。

相同的经历，同样的不幸，却有着不同的命运，理由很简单，就是看是否拥有快乐的心情和乐观的心态。不幸不可避免，但是命运却由自己掌控。用悲伤的眼睛看世界，又如何能看到生命中的阳光？威廉·詹姆斯曾说过："这一代最伟大的发现是：人类若改变本身的心态，就能使生活本身发生变革。"所以，作为父母，培养一个懂得快乐、有着乐观心态的孩子尤为重要。普希金说过：一切都是暂时的，转瞬即逝。因此，在我们身处顺境时，要学会惜福与感恩；身处逆境时，要学会坚忍和等待，要相信逆境只是暂时的。告诉自己：一切都将会过去。懂得了快乐，你的孩子就能主宰自己的人生。

家长对于女孩的赞美要有创意。当孩子表现很好时，不要只是说“很好”。赞美要具体一些，说出细节，指出有哪些地方让人印象深刻，或是比上次表现更好，例如，“你今天主动跟警卫伯伯说早安，真的很有礼貌。”不过，赞美时也要注意，不要养成孩子错误的期待。有些父母会用礼物或金钱奖赏孩子，让孩子把重点都放在可以获得哪些报酬上，而不是良好的行为上。父母应该让孩子自己发现，完成一件事情所带来的满足与成就感，而不是用物质报酬来奖赏她。

教导她关怀别人。快乐的女孩需要能感受到自己与别人有某些有意义的连接，了解到她对别人的意义。要发展这种感觉，可以帮助孩子多与他人接触。你可以和孩子一起整理一些旧玩具，和她一起捐给慈善团体，帮助无家可归的孩子。也可以鼓励孩子在学校参与一些义工活动。专家指出，即使在很小的年龄，都能从帮助他人的过程中获得快乐，并养成喜欢助人的习惯。

鼓励她多运动。陪你的孩子玩球、骑脚踏车、游泳。多运动不但可以锻炼女孩的体能，也会让她变得更开朗。保持动态生活可以适度舒解孩子的压力与情绪，并且让孩子喜欢自己，拥有较正面的身体形象，并从运动中发现乐趣与成就感。

让孩子感受到生活的美好

有人说生活枯燥乏味，有人说生活盲目空洞，还有人看着耀眼的太阳，还在抱怨阳光没有温暖。很多时候，不是生活不给我们惊喜，而是我们的心不愿意静下来去感受。所以灰色的心情下看到的任何事物都是灰色的。生活并不会像想象中那样单调和没有颜色，生活的美好正等待着每一个人一点点去挖掘。

塞尔玛陪伴丈夫驻扎在一个沙漠的陆军基地。丈夫奉命到沙漠里去演习，她一个人留在陆军的小铁皮房子里，天气热得受不了——在仙人掌的阴影下也有华氏125度。她没有人可聊天——身边只有墨西哥人和印第安人，而他们不会说英语。她非常难过，于是就写信给父母，说要丢开一切回家去。

她父亲的回信只有两行，这两行字却永远留在她心中，完全改变了她的生活。这两行字是：两个人从牢中的铁窗望出去，一个看到的是泥土，一个看到的是星星。塞尔玛一再读这封信，觉得非常惭愧。她决定要在沙漠中找到星星。塞尔玛开始和当地人交朋友，他们的反应使她非常惊奇，她对他们的纺织、陶器非常感兴趣，他们就把最喜欢但舍不得卖给观光客人的纺织品和陶器送给她。塞尔玛研究那些引人入迷的仙人掌和各种沙漠植物、动物，又学习有关土拨鼠的知识。她观看沙漠日落，还寻找海螺壳，这些海螺壳是几万年前在这沙漠还是海洋时留下来的。原来难以忍受的环境竟变成了令人兴奋、流连忘返的奇景。是什么使这位女士内心发生了这么大的转变呢?

沙漠没有改变，印第安人和墨西哥人也没有改变，但是这位女士的念头改变了，心态改变了。一念之差，使她把原先认为恶劣的情况，变为一生中最有意义的冒险。她为发现新世界而兴奋不已，并为此写了一本书，以《快乐的城堡》为书名出版了。她从自己造的“牢房”里往外看，终于看到了星星。

生活中总是存在很多美好的事物，让你的孩子像塞尔玛一样去发现沙漠中的星星，那就首先要给他快乐的心情，培养他乐观的心态，然后再带领着她去触摸和感悟世界。

卡尔·威特小时候，甚至还在妈妈肚子里的时候，父亲老威特就特别注重对孩子进行美感的培养，老威特总是带着威特一点点地认识生活，让威特的眼睛里总是焕发出迷人的光彩。“在妻子的妊娠期，我让怀孕中的妻子沉浸在爱中，沉浸在优美的音乐、优美的大自然与美术作品间，欣赏文学作品尤其是诗歌，生活在舒适雅致和睦美满的家庭环境里，所有这些带给母亲的感受都会通过遗传传递给胎儿。

“在对威特的教育中，我经常带他去大自然，让他亲自感受大自然的一山一水，一花一草，让自然的美丽精致呈现在他的面前，以此来启迪他的心灵，并唤起他对人的品德的爱慕。社会生活也是教育威特的一个重要方面，我经常会引导他在生活中感受人与人之间的友爱和谐。我和妻子还注意家庭环境的营造，努力让威特生活在一个和谐、自由、充满爱的环境中。威特充满了朝气，他总是好奇地看着这个世界，我们要做的就是带他走进来。”

生活就像一幅美丽的画卷，所有的美丽会在我们的眼前徐徐展开，但是别忘了带着发现美丽的眼睛，让你的孩子浸入生活，感受那一份美好吧。

心中充满阳光，世界才不会黑暗

心中充满阳光，世界在我们的眼里就不会黑暗。即使身处逆境，阳光心态也会给我们带来希望。

一位老画家画技炉火纯青，尤其是他画的鸭子极为传神。有人问：“听说您曾受到迫害，当时那样恶劣的环境下，您是怎么提高自己的画技的呢？”“那时我被下放到农村放鸭子，那段时间受尽了别人的嘲讽，连亲人也冷若冰霜。起初我满是绝望，但慢慢地，我发现所有的鸭子弯弯的眼睛看起来就像含着无尽的笑意。我心里顿时温暖起来，毕竟还有这一百多只鸭子在冲我微笑。久而久之，我便喜欢上了鸭子，我观察着它们的一举一动，在心里不断勾勒，画技自然就提高了。”老画家笑着说。

无论我们的处境如何，世界是怎样黯淡，生活总有它温暖的一面。只要心中充满阳光，就不惧怕生命中的磨难。心中有希望，就永远不会被打败。孩子的成长之路上，有顺境，也有逆境，有成功，也有失败，对其态度的不同，发展方向也会大不相同。霍金就是一个很好的例子，他不能行走，不能说话，也不能写字，但他并没有放弃，而是充满追求，从而受到千百万人敬仰。你的孩子是否总是受到一点挫折就退缩了？害怕挫折不是最终的解决办法，应鼓励她振作精神，继续前进，否则她会认为这是个黑暗的世界，从而裹足不前，走向绝望。

当你毕生的积蓄在大火中瞬间化为灰烬时，你一定会悲痛欲绝。但是，一位老人的反应却让众人大吃一惊。一场大火吞噬了他毕生的研究资料和所有的财物，他却高兴地告诉夫人和孩子：“看，也许我们这一辈子也就见到这么一回。”

这就是爱因斯坦，虽然这场大火让他的心血化为乌有，但是大火并没有摧毁他，他以超然的态度看着自己的心血的离去，几年之后，他又“东山再起”。

爱因斯坦的态度让人钦佩，罗斯福的心态更让人折服。美国总统罗斯福家被盗，家里一片狼藉，很多东西不见踪影。朋友写信安慰他，劝他不必太在意。罗斯福给朋友的回信上说：“亲爱的朋友，谢谢你的来信，我现在很平静。感谢上帝，让贼偷去的是我的东西，而没有伤害我的生命；感谢上帝，让贼只偷去我部分东西，而不是全部；感谢上帝，最值得庆幸的是，做贼的是他，而不是我。”爱因斯坦和罗斯福的精神和态度很值得我们每个人学习。人生之路，坎坷不平，拥有阳光心情，快乐心态的人才能积极地面对各种不幸，并战胜它。所以让心里充满阳光吧。打造“阳光小美女”，家长的理解与支持，信任与鼓励，都是让女孩快乐的源泉。让孩子在一个充满欢声笑语、有充分自由的家庭成长，更容易让她树立不怕艰难的决心，笑对困境。

一起日光浴。阳光的温暖能给万物生命的力量。让孩子多到室外去，体会大自然的温情，是给她的身体注入最原始活力的绝妙方法。家长们不妨多多策划一些郊游，和孩子一起晒晒太阳吧。

如何应对消极情绪

有个年轻人去微软公司应聘，而该公司并没有刊登过招聘广告。见总经理疑惑不解，年轻人用不太娴熟的英语解释说自己是碰巧路过这里，就贸然进来了。总经理感觉很新鲜，破例让他一试。面试的结果出人意料，年轻人表现糟糕。他对总经理的解释是事先没有准备，总经理以为他不过是找个托词下台阶，就随口应道：“等你准备好了再来试吧。”

一周后，年轻人再次走进微软公司的大门，这次他依然没有成功。但比起第一次，他的表现要好得多。而总经理给他的回答仍然同上次一样：“等你准备好了再来试。”就这样，这个青年先后 5 次踏进微软公司的大门，最终被公司录用，成为公司的重点培养对象。如果这个年轻人在前几次受到拒绝之后就失落放弃，便不可能获得最终的成功。

也许，我们的人生旅途上沼泽遍布，荆棘丛生；也许我们追求的风景总是山重水复，不见柳暗花明；也许，我们前行的步履总是沉重、蹒跚；也许，我们需要在黑暗中摸索很长时间，才能找寻到光明；也许，我们虔诚的信念会被世俗的尘雾缠绕，而不能自由翱翔；也许，我们高贵的灵魂暂时在现实中找不到寄放的净土，那么，我们为什么不可以以勇敢者的气魄，坚定而自信地对自己说一声“再试一次”！

曾有人做过实验，将一只最凶猛的鲨鱼和一群热带鱼放在同一个池子，然后用强化玻璃隔开，最初，鲨鱼每天不断冲撞那块看不到的玻璃，奈何这只是徒劳，它始终不能过到对面去，而实验人员每天都放一些鲫鱼在池子里，所以鲨鱼也没缺少猎物，只是它仍想到对面去，想尝试那美丽的猎物，每天仍是不断地冲撞那块玻璃，它试了每个角落，每次都是用尽全力，但每次也总是弄得伤痕累累，有好几次都浑身破裂出血，持续了好一些日子，每当玻璃出现裂痕，实验人员马上加上一块更厚的玻璃。后来，鲨鱼不再冲撞那块玻璃了，对那些斑斓的热带鱼也不再在意，好像它们只是墙上会动的壁画，它开始等着每天固定会出现的鲫鱼，然后用它敏捷的本能进行狩猎，实验到了最后的阶段，实验人员将玻璃取走，但鲨鱼却没有反应，每天仍是在固定的区域游着。它不但对那些热带鱼视若无睹，甚至于当那些鲫鱼逃到那边去，它就立刻放弃追逐，说什么也不愿再过去，实验结束了，实验人员讥笑它是海里最懦弱的鱼。

不要被假象迷惑住你的智慧的灵光，经历了痛之后依然要执着，那才是坚强的！成功往往就在于最后一秒的坚持中。

耐心倾听，循循善诱。家长面对孩子的失落情绪，最重要的是要有耐心倾听。让孩子把心中的委屈和不满都表达出来，舒缓了她们的情绪之后，再加以疏导。为她们认真地分析原因，和她们一起寻找正确的方法，为她们树立信心。

注意孩子的求救信号。很多孩子在遭受挫折之后，变得沉默，不爱吃东西，这些都是她们对家长发出的求救信号。如果家长们工作太忙，忽略了这些表现，或者说没有引起足够的重视，孩子的心理会受到较大的伤害。因此，家长们平时应该多关心女孩们的“小举动”，有的时候，并不是没有新衣服穿、想吃好吃的东西那么简单。家长们切忌简单处理，草草了事。

让女孩永远有乐观的心态

乐观是一种心态。平日里，一个人从小到大，无疑会经历无数大大小小的事情，顺境与逆境、快乐与悲伤、理想与现实，等等。值得开心的时候，开心是自然的，而不顺心的时候，想要开心起来可能会难许多。人要想开心的时候多一些，关键还是心态，如何面对每天所发生的一切。

一切的和谐与平衡，健康与健美，成功与幸福，都是由乐观与希望的向上心理产生与造成的。忧愁、顾虑和悲观，可以使人得病；积极、愉快和坚强的意志和乐观的情绪，可以战胜疾病，更可以使人强壮和长寿。

乐观本身就是一种成功。乌云后面依然是灿烂的晴天。种子不落在肥土而落在瓦砾中，有生命力的种子绝不会悲观和叹气，因为有了阻力才能磨炼。

培养女孩乐观的心态，是她一辈子幸福的砝码。世界上有一批虽身处逆境，心态乐观，自强不息，奋斗向上，最终获得辉煌成就的人。古希腊著名演说家德摩斯梯尼，原先患有口吃病，幼年结巴，语音微弱，演说时常被人喝倒彩。他始终对自己信心百倍，为了克服疾病，每天清晨口含小石子，呼喊练习，终于成为口若悬河、辩驳纵横的演说家。

德国著名天文学家开普勒。4 岁时出天花，留下一脸麻子的后遗症，后又患猩红热，高烧烧坏了眼睛，成了高度近视。他终身受疾病折磨。但他从未失去自信，在贫病交加中大无畏斗志昂扬 20 余年。建立了行星运动三定律，为牛顿发现万有引力打下基础。美国著名的女作家海伦·凯勒，幼年因病造成又聋又瞎。她自信自强，14 岁攻克多种外语，通晓德、法、古罗马、希腊文学。20 岁考入著名的哈佛大学。塔哈·侯赛因，埃及作家，文学评论家，3 岁时就双目失明，他顽强自信，留学法国，成为埃及历史上第一位博士。作品有小说《鹧鸪的叫声》《不幸的树》《失去的爱情》和自传性的《日子》等。还写有文学评论《阿拉伯文学史》等大量作品，被誉为“阿拉伯文学支柱”。在逆境中不失乐观，古今中外屡见不鲜：屈原被流放写成《离骚》；孙膑受刑后著《孙膑兵法》；司马迁遭宫刑写《史记》；贝多芬耳聋后谱出《英雄交响乐》；奥斯特洛夫斯基在失明、瘫痪中写出《钢铁是怎样炼成的》；张海迪幼年因病高位截瘫，她自信努力，成为作家、翻译家；被誉为科技“铁人”的高士其，在病情不断恶化，从半身瘫痪到全身瘫痪，失去讲话能力的情况下，创作了 60 多万字的科学小品和科普论文，创作了两千多行诗歌，著述新书十几本。

和他人融洽相处者的内心世界较为光明美好。父母不妨带女孩接触不同年龄、性别、性格、职业和社会地位的人，让她们学会和不同类型的人融洽相处。当然，孩子首先得学会跟父母和兄弟姐妹融洽相处，跟亲戚朋友融洽相处。此外，父母自己应与他人相处融洽，做到热情真诚待人，不势利卑下，不在背后随意议论别人，给孩子树立一个好榜样。

即便是天性乐观的人也不可能事事称心如意，也不可能永远快乐。父母最好在孩子很小时就着意培养她们应付困境、逆境的能力。要是孩子一时还无法摆脱困境，还可以教育孩子学会忍耐，或在逆境降临之时寻求另外的精神寄托，如参加运动、游戏、聊天等。

拥有自信与快乐性格的形成息息相关。对一个因智力或能力有限而充满自卑的孩子，父母务必发现其长处并发扬光大，并审时度势地多表扬和鼓励。来自父母和亲友的正面肯定无疑有助于孩子克服自卑、树立自信。家庭的气氛，家庭成员之间的关系，在很大程度上会影响女孩性格的形成。研究表明，孩子在牙牙学语之前就能感觉到周围的情绪和氛围，尽管当时她还不能用语言来表达。可以想象，一个充满了敌意甚至暴力的家庭，是培养不出开朗乐观的孩子的。

不要对孩子限制过严。作为父母，当然不能对孩子不加管教、听之任之，但是控制过严又可能压制儿童天真烂漫的童心，对孩子的心理健康产生消极作用。不妨让孩子在不同的年龄阶段拥有不同的选择权。只有从小能享受选择权的孩子，才能感到真正意义上的快乐和自在。

鼓励孩子多结交朋友。不善交际的孩子大多性格抑郁，因为时时可能遭受孤独的煎熬，享受不到友情的温暖。不妨鼓励孩子多交朋友，特别是同龄朋友。本身性格内向、抑郁的孩子更适宜多交一些开朗乐观的朋友。

培养孩子各方面兴趣。一个孩子如果仅有一种爱好，就很难保持长久的快乐感觉。试想：只爱看电视的孩子一旦晚上没有合适的节目时，心头必然会郁郁寡欢。相反，如果孩子兴趣广泛，看不成电视时可读书、看报或做游戏，同样可乐在其中。

让女孩远离自卑

不是每个女孩都能成为备受瞩目的焦点。大部分的孩子，都是以普通人的身份成长着。在每个群体中，总是有那么几个孩子，她们经常受到老师、其他成年人的夸奖。面对着这样的落差，有些女孩会产生自卑的心理。自卑的心理暗示会慢慢积累，导致孩子做事丧失信心，举步维艰。家长们应该尽量避免这种情况的发生。1914 年 7 月 4 日，在美国西雅图市举行的国庆庆祝活动现场，出现了一架飞机，在空中做着各种精彩的表演。人群中爆发出一阵阵掌声和呐喊——20 世纪初期，飞机还是一个绝少有人接触的新鲜事物。

飞机降落后，飞行员马罗尼便被潮水般的人群围住了。人们不但羡慕他的勇敢，更是对飞机这个怪物能够翱翔于高空充满了好奇。这时，马罗尼笑着问周围的群众："有谁愿意和我一起飞上天去试一试吗？"连问 3 遍，无人应声——对飞机这种新鲜事物，人们好奇的同时，也对它生有无穷的恐惧：这东西飞在空中，上不着天下不挨地，谁知道它会不会摔下来？

这时，一个青年人勇敢地站出来，大声对马罗尼说："先生，我想我可以同你一起飞上天！"飞机在马罗尼的操纵下，稳稳地飞上了天空，然后在空中做着各种精彩的动作。那个青年人尽管平生第一次飞上天，心里有些害怕，可还是好奇地问这问那，不住地观察马罗尼驾机的每一个动作。20 分钟过后，在人们的欢呼声中，飞机稳稳地降落下来，青年人面带微笑走出机舱，他大声向周围的人们呼喊："真的不错，可以上去试一试！"观众包括飞行员马罗尼都为年轻人的勇气报以热烈的掌声。这个年轻人从此对飞机产生了浓厚的兴趣。不久，他就萌生了制造飞机的念头。在好友的帮助下，他用当地廉价的木材制造新型的轻便飞机。1916 年，这个青年人制造出了世界上第一架浮筒式小木飞机。在人们惊讶的目光中，青年人亲自驾着自己研制的飞机进行飞行试验，一举成功！此后，这个青年人在西雅图郊区正式成立了"太平洋航空产品公司"，1917 年改名为"波音公司"。这个敢于挑战蓝天的青年人就是"波音"公司的创始人——威廉·爱德华特·波音。90 多年来，波音公司始终致力于新产品、新技术的探索和开发，从民用飞机、军用飞机到航天飞机、运载火箭、全球通信卫星网络、国际空间站，成为全世界最大的航空航天公司。第二次世界大战中赫赫有名的 B–17（绰号"空中堡垒"）、B–29 轰炸机以及东西方冷战时期著名的 B–47 和 B–52（绰号"同温层堡垒"）战略轰炸机，美国空军中比较出名的 KC–135 空中加油机以及 E–3（绰号"望楼"）预警机均是波音公司的产品，就连美国总统乘坐的专机"空军一号"也是由该公司出产的波音 707 以及波音 747 改装而成的。

不管这个世界上有多少"不可能"，只要敢于"站出来"，敢于"站起来"，那么就会有创造奇迹的诸多"可能"！梦想翱翔、敢于翱翔的人，才能最终在万里长空纵横驰骋、自由翱翔。鼓励孩子的信心，是摆脱孩子自卑心理的最有效手段。

农夫家养了三只小白羊和一只小黑羊。三只小白羊因为有雪白的皮毛而骄傲，而对那只小黑羊不屑一顾："你自己看看身上像什么，黑不溜秋的，像锅底。”“依我看呀，像炭灰。”“像盖了几代的旧被褥，脏死了。”不但小白羊，连农夫也瞧不起小黑羊，常常给它吃最差的草料，时不时还对它抽上几鞭。小黑羊过着寄人篱下的日子，也觉得自己比不上那三只小白羊，常常伤心地独自流泪。初春的一天，小白羊和小黑羊一起外出吃草，走得很远。不料寒流突然袭来，下起了鹅毛大雪，它们躲在灌木丛中相互依偎着，不一会儿，灌木丛和周围全铺满了雪，一片雪的海洋。它们打算回家，但雪太厚了，无法行走，只好挤作一团，等待农夫来救它们。农夫发现四只羊羔不在羊圈里，便立刻上山找，但四处一片雪白，哪里有羊羔的影子。正在这时，农夫突然发现远处有一个小黑点，便快步跑去。到那里一看，果然是他那濒临死亡的四只羊羔。

农夫抱起小黑羊，感慨地说：“多亏小黑羊，不然，羊儿可能要冻死在雪地里了。”

每个孩子都有值得骄傲的一面，也许你们家的女孩不漂亮，但她有善良的品质；也许她学习成绩差强人意，但她有着敏感的洞察力；也许她做事情比较慢，那说明她考虑问题比较谨慎；每个孩子都有着值得肯定的一面。家长们平时一定要注意，不要夸大孩子的缺点，忽视、无视孩子的优点。变相地肯定，帮助孩子树立起自己能够驾驭方向的信心。正确客观地评价孩子的成绩，不要一味地说丧气话。

梦想并非遥不可及，丑小鸭历经千辛万苦、重重磨难之后变成了白天鹅。是金子早晚会发光。命运其实没有轨迹，关键在于对美好境界、美好理想的追求。人生中的挫折和痛苦是不可避免的，要学会把它们踩在脚下，每个孩子都会有一份属于自己的梦想，只要他们学会树立生活目标，在自信、拼搏中，他们会真正地认识到自己原来也可以变成“白天鹅”，也可以像丑小鸭一样实现心中的梦想，人只要有了梦想，那么，困难也不再是困难了。

如果你家有个爱抱怨的男孩

“事情怎么会这样呢？真是烦人！”“我这次考试没考好，全都怪昨天晚上！”“考试题出成这样，老师根本就是在为难我们。”“太讨厌了！”这是不是你的孩子经常挂在嘴边的话？一些男孩在心情不愉快的时候，抱怨的话好像不经过大脑自己就到嘴边了，然后心情就会变得很沮丧。在这样一种精神状态下，不难想象，他犯错误的概率自然要比别人高，许多新的烦恼又在后边等着他，那么他又开始新一轮的抱怨——沮丧——出错——倒霉。抱怨只是暂时的情绪宣泄，它可做心灵的麻醉剂，但绝不是解救心灵的方法。

告诉你的孩子：遇到问题，抱怨是最坏的方法。罗曼·罗兰说，只有将抱怨环境的心情化为上进的力量，才是成功的保证。也有人说，如果一个人青少年时就懂得永不抱怨的价值，那实在是一个良好而明智的开端。绝大部分男孩还没修炼到此种境界，那么最好让他们记住下面的话：如果事情没有做好，就千万不要为抱怨找借口。

古人云：人生之事，不顺者十之八九，常想一二。这句话的意思是说人活在世上，十件事中有八九件都会使人不顺心，但要常去想那一两件使人开心的事。每个人都会遇到烦恼，明智的人会一笑了之，因为有些事是不可避免的，有些事是无力改变的，有些事情是无法预测的。能补救的应该尽力补救；无法改变的就坦然面对，调整好自己的心态去做该做的事情。一名飞行员在太平洋上独自漂流了20多天才回到陆地，有人问他，从那次历险中他得到的最大教训是什么。他毫不犹豫地说："那次经历给我的最大教训就是，只要还有饭吃，有水喝，你就不该再抱怨生活。"

人的一生总会遇到各种各样的不幸，但快乐的人却不会将这些装在心里，他们没有忧虑。所以，快乐是什么？快乐就是珍惜已拥有的一切，知足常乐。而抱怨是什么？抱怨就像烟头烫破一个气球一样，让别人和自己泄气。

抱怨属人之常情。"居长安，大不易"，难道不许别人说一说苦闷吗？然而，抱怨的不可取之处在于：你抱怨，等于你往自己的鞋子里倒水，使行路更难。困难是一回事，抱怨是另一回事。抱怨的人认为自己是强者，只是社会太不公平，如同全世界的人合伙破坏他的成功，这就可能把事情的因果关系弄颠倒了。喜欢抱怨的人在抱怨之后，心情非但没变轻松，反而变得更糟，怀里的石头不但没减少，反而增多了。常言说，放下就是快乐。这也包括放下抱怨，因为它是心里很重而又无价值的东西。人们所以倾心于那些乐观的人，是倾心他们表现出的超然。生活需要的信心、勇气和信仰，乐观的人都具备。他们在自己获益的同时，又感染着别人。人们和乐观——包括豁达、坚韧、沉着的人交往，会觉得困难从来不是生活的障碍，而是勇气的陪衬。和乐观的人在一起，自己也就得到了乐观。家长要让男孩明白，抱怨失去的不仅是勇气，还有朋友。谁都恐惧牢骚满腹的人，怕自己受到传染。失去了勇气和朋友，人生变得很难，所以抱怨的人继续抱怨。他们不知道，人生有许多简单的方法可以改变现状，闭嘴是其中的真谛之一。许多人都抱怨过处境的繁难，发现无济于事之后便缄口了。抱怨相当于赤脚在石子路上行走，而乐观是一双结结实实的靴子。让总是抱怨自己倒霉的男孩，不要用沉重的欲望迷惑自己，不要总是看到他还不曾拥有的东西，而要静下心来，放下心灵的负担，仔细品味他已拥有的一切。学会欣赏自己的每一次成功、每一份拥有，男孩就会发现，自己竟会有那么多值得别人羡慕的地方，幸福之神已在向他频频招手。

王女士曾遇到过这样一件有趣的事：一天深夜，她突然接到一个孩子打来的电话，对方的第一句话就是："我烦死他们了！""他们是谁？"王女士问。"他们是很多人，我的同学、老师、爸爸妈妈。"王女士感到突然，于是礼貌地告诉他："你打错电话了。"但是，这个孩子好像没听见似的，继续说个不停："我学习不好，老师非常不喜欢我，同学们也都疏远我，爸爸妈妈听不进去我说的话！"尽管这中间王女士一再打断他的话，告诉他，她并不认识他，但是孩子还是坚持把自己的话说完。最后，他对这位素不相识的王女士说："阿姨，您当然不认识我，可是这些话已被我压了多时，现在我终于说了出来，我舒服多了。谢谢您，对不起，打搅您了。"原来王女士充当了一个听筒的角色。

故事中的小男孩举动看似错乱，实际很正常。小孩子也会有很多烦恼，总要有一个倾诉、宣泄情绪的地方，而且消极情绪往往是蓄之愈久，越沉重压抑。实际上，每个男孩在一生中都会产生数不清的意愿、情绪，但最终能实现、能被满足的却并不多。对那些未能实现的意愿、未能满足的情绪如果被压制，就会产生一种心理上的能量，这种能量如果没有释放出去，它自身不会丝毫地减少。即使男孩在压抑、克制阶段意识不到它的存在，也只说明它从“显意识层”转移到了“潜意识层”，对男孩的潜在影响依然存在，而且一直在找机会真正发泄出去。

对于这样的情绪，最好的办法是疏导，而不是堵塞。因为堵塞只能是暂时的，到一定程度就会造成“决堤”，那时情况失控，就更严重了。消极情绪得不到宣泄与缓冲，不仅会影响男孩的心理健康，还会引起身体上的一些疾病，像高血压、心脏病、胸闷等都是由于消极情绪长期累积而致。其实只要把那些不愉快的事情说出来，心情就会感到舒畅，因此表达能起到一定的情绪安定作用。我国古代，有许多人在遭到不幸时，常常有感赋诗，这实际上也是使情绪得到正常宣泄的一种方式。男孩的消极情绪是一定要宣泄出去的，但是“宣泄”不是让情绪的“洪水”到处泛滥，比如，允许孩子一有怒气就大动肝火，一有痛苦就大哭大闹，一有冲动就蛮干一通。这种不正确的宣泄方式反而激起了新的不良情绪。家长要让孩子明白，宣泄一定要合理，尽量不要指责别人，而用诉苦的方式，更容易博得别人的理解。或者引导孩子将消极情绪转移到另外一件对任何人都无害的事上，比如听音乐、做运动、写日记、游玩等，都是很好的宣泄方式。

男孩有暴力倾向怎么办

阳阳是幼儿园里的一个小朋友，他最大的理想就是当一名警察。班上有一个小朋友长得高大结实，有点小霸道。阳阳想，一对一肯定打不过，就和幼儿园里的几个小朋友一起去“围攻”他。不过，阳阳有时候表现得过于爱和人打闹，晚上爸爸下班回来，阳阳总会扮演奥特曼，让爸爸扮演怪兽，然后“奥特曼”把“怪兽”打败了。每每看到阳阳玩得开心，爸爸心里也有些许的担忧，儿子会不会有暴力倾向呢？

对于2~3岁的男孩来说，攻击性的行为常常是没有任何理由的。好动好斗是男孩的本性，他会用一种玩的心态试探自己的行为能力。不过家长要对自己的男孩提高警惕，随便打人可就不对了，如果发现男孩在外面和人打架，家长一定要及时了解原因，并进行教育和引导。再者就是男孩的年龄过小，并不适合给他看奥特曼之类题材的影片。因为他们不会真正理解影片的主题，只会对那些充满暴力的打斗动作产生兴趣。还有男孩会以游戏的名义和父母打打闹闹，没有分寸，形成习惯之后，男孩就会经常对周围的人大动拳脚。

如果男孩出现了这种暴力的倾向，父母首先要做到自己不能打孩子，如果父母动手打孩子，恰是向孩子表明了攻击是解决冲突的方法。那么面对孩子的暴力倾向，父母应该怎么做最合适呢？

第一，首先要保持冷静。如果父母情绪失控出现了过激的语言或行为，就会对男孩起反作用。

第二，向孩子表明你的意见。如果家长亲眼看到了自己的男孩打了别的小朋友，要立刻过去关心一下被打的小朋友。

第三，分析男孩打人的原因，认可他的感受。有的时候，男孩暴力的原因就是为了得到自己想要的玩具。父母可以平静地对孩子讲道理：“我知道你想要那个玩具，但是我们不应该打人，对吗？”不需要讲太长的道理，男孩都可以接受。

第四，教会男孩用语言表达自己的渴望。男孩天性就不善言辞，他们有时会不知如何表达出他想要一个东西，就会直接采取行动，这也是男孩暴力倾向的一个原因。作为家长，可以给男孩提供一个替代攻击的方法，告诉男孩：如果下一次遇到同样的情况，不可以打小朋友，而是去跟他说“让我玩玩你的玩具”。

第五，对男孩积极的行为提出表扬。如果男孩表现比以往有了进步，家长应该及时给予表扬：“这次没有打人，表现真棒！”得到表扬之后的男孩将表现得更加出色。

第六，在游戏中引导男孩。几乎所有的男孩都喜欢玩打仗游戏，因为他们盼望自己成为一个真正的男子汉。对于男孩的游戏，家长千万不要感到头疼，更不可以给孩子的游戏拆台，而是要在他们的游戏中赋予道德的内容，比如提示他们玩在地震中救人的游戏，或者扮演医生救助伤病员。男孩可以在游戏中感受到道德的力量，同时也树立了保护弱者的意识。

“忧郁”是一种病

文海今年才 15 岁，担任学生委员。由于平时学习压力大，而且由于内向又很少有真正交心的朋友，文海这几年来有一种难以言状的苦闷与忧郁感，但又说不出什么原因，总是感到很迷茫，一切都不顺心。即使遇到喜事，他也毫无喜悦的心情。过去回家后常常和父母去看电影、听音乐，但后来就感到一切索然无味。

他深知自己如此长期忧郁愁苦会伤害身体，并且影响家人心情，但又苦于无法解脱，而且还导致睡眠不好、多噩梦及胃口不佳。有时他感到很悲观，甚至想一死了之，但对人生又有留恋，有很多放不下的东西，因而下不了决心。他的父母知道他的忧郁心理比较严重，总是想方设法讨他欢心，经常和他谈心，陪他听音乐，给他讲一些幽默笑话，可是没什么效果。文海很容易因为天气的变化而伤感，太阳好的时候他总是怕阴天，阴天的时候总是怕太阳不出来。同学们见他总是这么多愁善感，还总是写一些很忧郁的文章来表达他的心情，于是送给了他一个绰号——“忧郁诗人”。

人们都认为忧郁是一种高贵的精神品性，是一个良知者应有的文化基调，所以它在美学和哲学上都具有不可估量的意义与价值。从美学上看，忧郁情结同浪漫的悲剧感休戚相关。朱光潜说：“浪漫主义作家突出的特点之一是热衷于忧郁的情调，叔本华和尼采的悲观哲学可以说就是为这种倾向解说和辩护。”他在《悲剧心理学》中系统阐释了忧郁的美学意味，论证了它的合理性：“忧郁是一般诗中占主要成分的情调。”“在忧郁情调当中有一种令人愉快的意味。这种意味使他们自觉高贵而且优越，并为他们显出生活的阴暗面中一种神秘的光彩。于是，他们得以化失败为胜利，把忧郁当成一种崇拜对象。”

但是过度忧郁是一种病态心理，也就是人们常说的抑郁症。很显然，故事中的文海是被抑郁“缠上了”。抑郁心理是以心境低落为主，与处境不相称，可以从闷闷不乐到悲痛欲绝，甚至变得漠然。常常伴有厌恶、痛苦、羞愧、自卑等情绪，严重者可出现幻觉、妄想等精神病性症状。对大多数人来说，抑郁只是偶尔出现，历时很短，时过境迁，很快就会消失。但对有些人来说，则会经常地、迅速地使他们陷入抑郁的状态而不能自拔。

然而，在多数人眼中，抑郁仿佛永远在他处，与自己无关。事实并非如此，据世界卫生组织估计，几乎每30个人当中，就有一个人正经受着抑郁症的困扰，每15个人当中，就有一个曾经面对过这种疾患，并且男性比女性更容易患上抑郁症，其比例为2∶1，并且抑郁症还具有一定的遗传性。但若没有重大事件的刺激，孩子和父母一般不会同时患上抑郁症。所以即使自己患有抑郁症，也不必忧心忡忡。

避免孩子遭受不必要的打击，能很好地让他远离抑郁症。抑郁症危害也比较严重，一旦被抑郁缠身，便会很难挣脱，有的甚至抑郁情绪反复发作，时好时坏。并且六成以上的抑郁症患者有过自杀的行为或想法，15%的抑郁病人最终自杀。现代医学认为抑郁症发病一般不是单方面因素引起的，而是遗传、体质因素、神经发育和社会心理等因素共同作用的结果。家族病史、婴幼儿期没有得到足够的爱、突发灾难、长期精神压抑等，都是致病因素。

所以在养育男孩的过程中，要注意孩子的心情，一旦发现孩子有抑郁的心理，要根据抑郁形成的原因，及时解除孩子身上的“抑郁魔咒”。让孩子保持一种快乐的心态去生活。虽然引起抑郁的原因多种多样，引起每个孩子抑郁的事情也都有所不同，但调节抑郁的方法有很多。其实，平时的休闲活动都可以在一定程度上调节抑郁情绪。下面介绍几种实用的小方法，不妨一试：

第一，随意涂鸦：父母引导孩子把引起他忧郁的事情画出来，比如，因为想念双亲而忧郁，就把双亲慈祥的面孔画出来，不要计较像与不像，只要倾注全部感情去画。如果讨厌一个人，也可以去画他，把你厌恶的感情也画进去。

第二，写下随想：当孩子心情不佳时，不妨拿起一支笔，抒发胸中的情感，将心情诉诸纸上，会有释放的感觉。写完之后最好不要回头去看，否则忧郁的情绪会循环往复，无法自拔。

第三，亲近自然：当你感到无助和抑郁时，不妨置身于自然之中，感受自然的鸟语花香，忘记现实的烦恼。

第四，妙用便利贴：把鼓励自己的话，写在便利贴上，贴在自己一眼就能看到的地方，不时提醒和鼓励自己，便不会感到孤单和萎靡不振。

第五，聆听音乐：虽然音乐的确能够达到调节抑郁的目的，但不同的人最好根据自己的喜好来选择音乐。

第六，欣赏绘画：绘画是一种美的艺术，欣赏绘画是一种高尚的审美情趣。不论欣赏者的文化水平高低，都能从优美的绘画形象中得到美的享受，受到启发和教育。观赏绘画是一种有益于人体身心健康的活动，特别是当孩子心情忧郁的时候，看山水、花卉、鸟兽、松竹之画，会让他心情好转。当孩子难以入眠，或心情不顺畅，或烦躁不安，此时观画，可养心神。翻看山水画集，见到那一座座宏伟的大山，就会被大山拔地而起、直耸云天的气势所感染，就会被大山的深沉、稳健、镇静所感化，会因百丈悬流飞瀑而兴奋，也会被千姿万态的异石奇景所迷，亦为鸟语花香所醉。心入画中，置身其间，心旷神怡，可起到消除抑郁的作用。

第七，创造家庭好环境：良好的家庭环境是使得孩子免受抑郁侵害的保护伞。父母应避免长期在孩子面前吵架、向孩子诉苦、给他讲一些悲观的想法。

在美国有一位颇负盛名，被称为传奇人物的教练——伍登。他在全美 12 年的篮球年赛当中，替加州大学洛杉矶分校赢得 10 次全国总冠军。如此辉煌的成绩，使伍登成为大家公认的有史以来最称职的篮球教练之一。

曾经有记者问他:“伍登教练，你在赛场上总是精力充沛，是什么力量支持你取得今天这么辉煌的成就呢?”伍登很愉快地回答:“每天我在睡觉以前，都会提起精神告诉自己：我今天的表现非常好，而且明天的表现会更好!”“就只有这么简短的一句话吗?”记者有些不敢相信。伍登坚定地回答:“简短的一句话?这句话我可是坚持了20年!重点和简短与否没关系，关键是在于你有没有持续去做，如果无法持之以恒，就算是长篇大论也毫无帮助。”伍登那积极与执着的态度不单只是表现在篮球上，他对其他的生活细节也持同样的态度。有一次他与朋友开车到市中心，面对拥挤的车潮，朋友感到不满，继而频频抱怨，伍登却欣喜地说:“这里真是个热闹的城市。”

朋友好奇地问:“为什么你的想法总是异于常人?”伍登回答:“一点都不奇怪，我是用心中的‘眼睛’来看待事情。不管是悲是喜，我的生活中永远都充满机会，这些机会的出现不会因为我的悲或喜而改变。只要用积极的态度去面对生活中的大事小事，我就能够掌握机会，激发更多的潜在力量。”伍登积极的生活态度给了他生活的激情与工作的动力，让他在收获成功的同时也收获了一种健康的生活方式与生活态度。

但很遗憾的是，在家庭教育中，态度往往是父母和孩子所忽略的，其实，积极的态度可以激发人体内最大的“快乐因子”，这可以让我们，也可以让孩子在面对问题的时候保持乐观的心态，在一种无形的力量的牵引下继续向前。在此基础上父母也应该让孩子知道，态度的秘密——它左右着孩子的每一次选择，最终也将决定孩子的一生。态度是一种力量，可以激发人体内在的潜能。

每个男孩的身上都潜伏着巨大的力量，这种能量一旦激发,就会给他们的人生带来无法想象的改变，而态度就是激发这种能量的导火索。一旦男孩们意识到这种力量的存在，并以更加积极的态度运用它，他们就能够改变自己的人生。无数成功人士的奋斗历程已经验证：成功是由那些抱有积极心态的人所取得的，并由那些以积极的心态努力不懈的人所保持。拥有积极的心态，即使遭遇困难，也可以获得帮助，事事顺心。

可见，培养男孩积极的“阳光心态”势在必行。那么，父母应该怎样培养男孩的这种心态呢?

第一，引导男孩认识自己。很多男孩子都希望找到正确的生活态度与生活方式，拥有快乐的生活。而要拥有这一切，他们迫切需要做好自我分析，因为只有了解自我，才会走好自己的人生之路。当他们弄明白自己所要的前景以及自己的相关条件时，就会努力实现他们的愿望，也就能达到他们所期望的，正所谓“心有多远，你的世界就有多大”。社会心理学家研究发现，善于给自己的生活做出计划的人往往比较勤奋、进取，擅长理性思考，对生命成长的每一个阶段都能谨慎把握，采取正确的生活态度，一般都能主宰自己的命运，成功也自然和他们有缘。但是，所有的一切都因为自己而开始，这足以说明让男孩认识自我有多重要了。积极的心态要从认识自己开始。你的孩子可能解不出那么多的数学难题或记不住那么多的外文单词、成语，但在处理班级事务方面却有特殊的本领；你的孩子在物理和化学方面也许差一些，但写小说、诗歌是能手；也许孩子分辨音律的能力不行，但有一双极其灵巧的手。如此一来，父母让孩子在认识到自己长处的前提下，如果能扬长避短，认准目标，抓紧时间把一门学问认真地做下去，久而久之，自然会结出丰硕的成果。相反，如果对自己没有清醒的认识，就不可能用正确的态度去面对学习和生活，就容易导致悲剧的发生。

第二，激发男孩的潜意识。潜意识到底是什么？弗洛伊德有一个十分形象的比喻，人的心灵即意识组成仿佛一座冰山，露出水面的只是其中一小部分，代表意识，而埋藏在水面之下的绝大部分则是潜意识。人的言行举止，只有少部分由意识掌握，其他大部分都由潜意识主宰。潜意识具有无穷的力量，它隐藏在心灵深处，能够创造魔术般的奇迹。爱默生说："在你我出生之前，在所有的教堂或世界存在之前，潜意识这种神奇的力量就存在了。这是一个伟大的、永恒的真实力量，是生命运动的法则。"只要你让孩子牢牢抓住这个能改变一切的魔术般的力量，就能够治愈男孩心灵的创伤，愈合他身体的伤痛，摆脱他心中的恐惧、失败、痛苦和沮丧。他们所要做的一切就是将自己的精神、情感与他们所期待的美好愿望结合为一体，富有创造力的潜意识会为他做出安排。"

第三，让行动促使男孩形成积极的态度。父母需要让男孩明白，实际上态度与行为是一种相互作用的关系，态度可以作用于行为，行为还可以反过来作用于态度。如果男孩的态度是乐观的，其行为也会向着积极的方向发展；如果他们的行动是积极主动的，就会大大地促进正确态度的形成。行动能带来回馈和成就感，也能带来喜悦，使他们得到自我满足和快乐；如果他们想寻找快乐，如果他们想发挥潜能，如果他们想获得成功，就必须积极行动，全力以赴地把想法付诸实践。这样才能在行动中养成阳光的心态。

第五章　做好情绪管理才能成就好孩子

不要让女儿陷入孤僻的陷阱

随着经济发展，年轻的家长工作压力普遍增加，用于陪伴孩子的时间骤减，孩子很可能因为过多地独处而通过电视等媒体形成性格定势。很多年轻父母虽然学历都不低，但仍然对家庭教育缺乏最起码的知识。他们未参加过任何形式的家长座谈会或培训，所读家庭教育书籍也仅仅局限在 3~5 本之间。因此自己没有能力和方法来增进父子或母子关系。

研究表明，父母感情不和、家庭冷暴力是威胁当代儿童精神健康的重要因素之一。缺乏父母关爱或过于严厉、粗暴的教育方式，使子女感受不到家庭的温暖，会变得畏畏缩缩、自卑冷漠、过分敏感、不相信任何人，最终形成孤僻的性格。而缺乏必要的社会交际技能和方法，也会让孩子在人际交往中遭到拒绝或打击，如耻笑、埋怨、训斥，使她们的自主性受到伤害，便把自己封闭起来。越不与人接触，社会交往能力就越得不到锻炼，结果就越孤僻。

孤僻症可能使孩子失去主动思维，在认知的学习中孩子们可能变得被动、不再爱动脑筋，更不利于孩子将来抽象思维的发展。孩子变得沉默寡言、行为举止怪异，学习能力、思维能力、交际能力、判断能力等下降。丧失交流能力，长期不与人交流或答非所问导致交流能力下降，严重者会逐渐丧失交流能力。

父母注意自己平常对孩子的评价和态度。父母要是动不动就批评、否定孩子，甚至指责训斥孩子，孩子就会丧失自尊心和自信心，会认为自己很笨或行为不好，几经反复，这种自我体验就会沉淀下来，使孩子形成自卑孤僻的性格。总认为自己什么都不会、都不行，谁都不如，从而一个人缩在一旁不敢出声、心情压抑。所以父母对待孩子要尽量采用一些积极的评价，比如“虽然你不是做得最好的，但妈妈仍要表扬你，因为你是最努力的一个了。”“你要是再加把劲的话，一定做得更好！”这样注意评价，多肯定和鼓励孩子，如爱抚、夸奖，都会收到出乎意料的效果，使孩子自信、开朗起来。

增加孩子的“参与”意识。父母要多与孩子进行情感交流，鼓励孩子陪同父母外出采购、参与做饭或帮邻居取报、取奶、送信等，以让其与人进行交往及培养其助人为乐的品德。帮助孩子在她的圈子中建立良好的人际关系，为以后的社会交往打下坚实基础。教育孩子学会关心他人。在家庭教育中，父母要经常鼓励孩子、同学、邻里友好相处，使孩子在与别人相处的过程中，学会与人平等、友善、和谐地交往。鼓励她们多参加集体活动，让孩子感受集体主义精神，淡化以自我为中心的小我意识。

父母对孩子要既爱又严，建立规范。在日常生活中，父母要爱严结合，建立规范，不要给孩子养成自私自利、眼里只有自己没有他人的坏毛病。教育孩子心中要有他人，为别人着想。在家里懂得关心父母、老人。在外面，引导孩子去关心别人，关心左邻右舍，关心、帮助同学，尊敬老师，在公共场所关心他人。当孩子做得对时，父母要及时给予肯定、赞许、表扬的回复，表现出为孩子的行为而感到自豪，让孩子觉察到自己做了符合道德标准的行为，产生积极的情绪体验，她就会再接再厉的。

帮助孩子克服依赖心理。父母应该要求孩子克服依赖性，促其自理，帮之自强，教之自立，从日常生活、劳动做起，让孩子养成爱劳动的习惯，培养其独立能力。自立的孩子，不但能克服孤僻，而且不管到哪里都会受到欢迎的。

没有爱，就没有教育。爱是生命的主旋律，父母要帮女儿树立安全感与自信心，鼓励她发展自己的特长，赞扬她的进步和成绩。不要对孩子提出过高的要求，只要她能达到力所能及的目标就可以了。

要让孩子避开孤僻的陷阱。为孩子创设一个良好的家庭氛围。如果父母双方不和睦，经常吵架的话，孩子的心灵就会受到创伤，或者得不到应有的关怀和培养，就会因此而整天沉默寡言、闷闷不乐，从而性格变得孤僻。因此，家长应给孩子创造出一个和睦、融洽、民主的家庭环境，让孩子真正感到自己是家庭中的重要一员，让孩子体验到家庭生活的温暖和欢乐。

扩大孩子的生活空间。家长应让孩子从“自我”的小圈子里走出来，让孩子多与邻居的孩子一起玩耍、游戏、生活。父母可以利用节假日之类的业余时间带孩子到游乐园、动物园、公园等地方玩；带孩子去串门、走亲戚，减少孩子对不同人、不同情境的陌生感，增强其交往欲望和兴趣，性格就会朝着活泼、开朗、大方的方向发展。

在一条南北走向的峡谷上，西坡长满了松、柏、女贞等树，而东坡只有雪松。造成这种景象的原因其实很简单，东坡的雪总是比西坡的雪下得大，当雪积到一定程度的时候，雪松那富有弹性的树枝就会向下弯曲，直到雪从枝上滑落。这样反复地积，反复地落，雪松完好无损。其他的树因无此本领，便无法在东坡存活。

我们从小所接受的教育是“永不低头”“永不言败”，否则你就是懦夫。其实，“学会低头”是一种人生智慧。面对外界的压力，雪松尽力地去承受，当承受不了的时候，暂时弯曲一下。能屈能伸，刚柔相济，正是这种气度和风范，使松树经受了一场场暴风雪的洗礼。

被称为“美国之父”的富兰克林，年轻时曾去拜访一位前辈，那时他年轻气盛，抬头挺胸迈着大步，一进门，头就狠狠地撞在了门框上。出来迎接他的前辈看到他的狼狈样，笑笑说：“这是你今天拜访我最大的收获。要想平安无事地活在这世上，你就必须时时记得低头。”从此，富兰克林把“记得低头”作为毕生为人处世的座右铭，最终功成名就。而唐朝的柳宗元严正刚直，抨击官场丑恶锋芒四射，结果遭到种种打击，在事业上遭到严重挫折，还被逐出京城长安，流放到南方边境。到了晚年，他才有所感悟。因此他说：“吾子之方其中也，其乏者，独外之圆者。固若轮焉，非特于可进，亦可退也。”意识到自己行事不够圆滑，总是一味地高调，不懂得避让，因此不但没有惩奸除恶，还使自己的事业受到了极大的影响。

一个人固然不能没有自己做人的准则，但一味“方正”，不会“圆通”，该“低头”的时候不能“委曲求全”，就不能进退自如，而会陷入被动。只有强度而没有弹性和韧性的钢材称不上好钢；负重前进的车轮，必须是圆形，还得加上润滑剂。我们在为人处世上倘若过于“有棱有角”，直来直去，凡事没有变通的余地，一味刚强，一味强撑，只会给自己带来不必要的伤害甚至牺牲。

低头不是妥协，而是战胜困难的一种理智的忍让；低头不是倒下，而是为了更好更坚定地站立。该低头时就低头，调整一下目标，改变一下思路，就能巧妙地穿过人生荆棘，发现柳暗花明又一村的无限风光。

要让女孩懂得，能屈能伸并不是忍辱负重，适当的低头并不代表屈辱。女孩子的自尊心很强，千万不要让她们觉得所谓的“屈服”是一种耻辱，能屈能伸是为了更好地达成目标。家长要培养孩子正确理解成功的涵义。

言传身教很重要。如果父母都是强势的人，那么子女很容易性格倔强。如果父母都是善于有所退让以达到更好效果的人，孩子也会从父母身上深刻理解到这种品质。比如在谈到各自工作的时候，应该避免表现出强硬的立场，而是应该多谈论一些认识并分析、解决问题的方法，这样，孩子们耳濡目染，能更直观地认识到适度低头的益处。

良好的自制力——当面对诱惑的时候说“不”

幼儿园的老师给孩子做了一个抵制诱惑的糖果试验：给每个孩子发一块巧克力糖，告诉他们要等 20 分钟后才能吃，如果按照要求做，就可以再得到一块糖。结果有的孩子抵制不住巧克力糖的诱惑，没过 20 分钟就把糖吃掉了，而有的孩子却能转移注意力，去玩游戏或看书，坚持等 20 分钟后再吃，最终得到两块糖。老师进一步观察发现，这些得到两块糖的孩子在老师上课时，极少打断或插嘴；兴奋、激动做事、生气或沮丧时，能让自己很快冷静下来，极少做出鲁莽的举止，有耐心，自觉性强。而那些只吃到一块糖的孩子却没有上述特点。

这项研究结果告诉我们，一个人要取得卓越成就，实现人生目标，应具备控制冲动、抵制诱惑的能力，而这种能力是可以通过后天培养教育来获得的。

日常生活中随处都可能遇见“诱惑”，个人面对它时是会忍不住想要立即满足一己的欲望，还是会克制蠢蠢欲动的私欲，尽力做出符合伦理价值的行为？正清楚地显现出此人“人品”的高下！

心理学的研究告诉我们：个人在面对诱惑情境（如糖果实验）时，较能自我克制、愿耐心等候，以得到更大的奖励者，在长大成人之后，也是较受欢迎、较勇敢自信、较可靠负责者。可见“抗拒诱惑”的能力，是师长们在教养过程中，不可掉以轻心的一环。个人的能力再怎么卓越，专业知识再怎么丰富，如果在生活中经不起诱惑，则他便有可能利用一己的能力、知识做起内线交易、掏空公司资产之类的损人利己行为，终究难以获得大众信任，无以承担重责大任。在亲子互动过程中，管教方式是要视孩子的不同年龄与其身心发展状态而调整的。但“不能放纵”与“不能滥用权力”则是用以贯穿所有不同方法的核心原则。道理就在于个人能否培养出自我克制的习性与抗拒诱惑的能力，是与这两个原则密切相关的。让我们形成这个共识：“爱孩子，就是要从小培养他有抵制诱惑的能力。”

延缓满足是测定孩子自我控制水平的一种手段，缺乏自控力的孩子常常不能等待一段时间以得到自己更想得到的东西。为此，家长可采用延缓满足的方式，训练孩子的自控力。如把一盘诱人的草莓放在孩子面前，孩子马上想伸手去拿，这时可对他说：“先把它们画在纸上再吃，好不好？”多创设一些此类情境，训练幼儿有意转移注意力，使他能够控制自己的行为，逐步学会自我控制的能力。

给孩子树立一个延缓满足、善于等待的榜样也能有效改善孩子的自我控制水平。善于模仿、易受感染是儿童的重要特点，让孩子学习那些不为小奖励所动而选择延缓后得到更大奖励的孩子，慢慢便会养成善于等待，善于控制冲动的习惯。家长应该给孩子树立良好的榜样，父母不能等待、情绪不稳定时，孩子也往往难以抑制自己的冲动。

在培养孩子的自控能力时，家长要坚持说理和奖励相结合，让孩子学会用道理来控制自己的行为。同时，尽量不要对孩子的努力给予可观的物质奖励，应帮助孩子建立一种内在的奖励制度，让他对自己做好的事情感到满意。真正的自控来自于孩子的理解，也许刚开始讲道理时，孩子并不能真正明白，但随着经验的积累，意识逐渐内化为一种原动力时，孩子自然也就明白了其中的道理。在日常生活中培养孩子的自控能力可从日常生活中的点滴小事入手。如孩子在玩玩具时，看到家长端出一盘香喷喷的蛋糕，他丢下玩具想马上就吃。这时，家长可制止他，要求他先把玩具收拾好，把手洗干净，才可以吃蛋糕。在生活习惯养成方面，如要求孩子不挑食、准时睡觉、准时起床等，做到长期一贯要求，不做无原则的迁就，培养孩子的自控能力。

在游戏中培养孩子的自控能力。如果孩子回家后，喜欢做模仿幼儿园学习、生活的游戏，这时家长可让他扮演老师的角色，像老师一样有耐心有礼貌。在交通安全教育的游戏中，让他扮演交警，要求他像交警一样笔挺站立 15 分钟，指挥交通。喜爱游戏是孩子的天性，在游戏中培养孩子的自控能力，往往能取得极佳的教育效果。

不要成为爱抱怨的女孩

当一个人的嘴巴停止表达负面的思想，心灵就会产生快乐的念头。一个人的心灵就像一座意念工厂，随时都在运作，若是负面的想法缺乏市场，工厂就会重建改组，转而生产快乐的思想。有的时候，人生所历经的磨难，恰恰是生活赐予的财富。正是这些磨难使人变得更加成熟强大，更真切地感受幸福。

不抱怨生活，将收获快乐的人生；不抱怨家人，将拥有惬意的生活；不抱怨工作，将体味成功的喜悦；不抱怨同事，将享受和谐的环境；不抱怨朋友，将品味真挚的友谊。当然，不抱怨并不是漠视错误的存在。灵修导师托利在《一个新世界》中说：为了助人改正而告之别人的错误与缺点，不能与抱怨混为一谈。我们也不能为了防止抱怨，而容忍不良的品质和行为。告诉服务生：你的汤是冷的，请加热——只要你专注于当下的事实就不会有自我中心的问题；“你竟敢把冷掉的汤端给我？”——这就是抱怨了。想一想，如果一个女孩满腹牢骚，满嘴抱怨，即便她再美丽优秀，她在别人眼中的形象都会大打折扣。抱怨会让女孩变得阴沉，对生活容易不满足，幸福感会很低。这样的女孩，周围的人都会回避她，对她以后的生活都非常不利。

格雷厄姆说：绵羊每咩咩地叫一次，它就会失掉一口青草。你抱怨越多，消极的思想出现的次数越多，你就越难摆脱破坏你健康心态的敌人，你就越难摆脱破坏你幸福的敌人。告诉女孩，抱怨之前先想想其实很多事情并没有我们所抱怨的那么严重，抱怨的习惯一旦养成，就很容易跟随一个人一生。因此，家长尤其要注意孩子这方面的表现，当发现孩子出现负面情绪的时候，要及时纠正。要告诉孩子，想抱怨之前，先想想：这件事情真的有那么糟糕么？我真的除了抱怨，就没有别的办法面对了么？这样，积极情绪会逐渐建立，从而使负面的牢骚慢慢地消退，直到孩子养成良好的习惯。

家长积极健康的心态很重要。家长们一定要注意，当你们抱怨的时候，女孩们正在你们的身边观察着你们。如果家长自身的态度积极乐观，遇到问题很少抱怨，在这种家庭成长起来的孩子心态一般都会很健康。所以，当我们教育孩子的时候，也要同时反省自己，是不是平时牢骚太多！

反省与进步紧密相连

《论语》中《学而》篇记录曾子说的话："吾日三省吾身。"经常反省自身，才能够补不足。认识到自身的缺陷，才能及时调整，不断完善自我。

妮妮很喜欢小金鱼，家里鱼缸里的金鱼经常被她背着爸爸妈妈拿出来玩。爸爸妈妈偶然看到时很生气，但是妮妮对爸爸妈妈的教育根本就听不进去，仍是我行我素，爸爸妈妈决定让孩子自己认识到自己的错误。

过了不长时间，鱼缸里的金鱼因为被妮妮拿出来玩，都死了，爸爸妈妈并没有去批评妮妮，也不买新的金鱼。爸爸妈妈问妮妮："你知道我们为什么不买新的金鱼吗？"妮妮想了想，说道："因为我把金鱼捞出来给弄死了。爸爸妈妈你们去买吧，我知道错了，我再也不把它们捞出来了。”

爸爸妈妈很高兴孩子意识到自己的错误了，就带着孩子一起去买了金鱼。此后，妮妮再也没有把金鱼弄死，而且在其他小朋友想要捞金鱼的时候，妮妮还会给他们讲金鱼也是小生命，要爱护它们。妮妮的进步爸爸妈妈都很欣慰。

再来看这个故事：老师来思思家里家访了，因为最近思思上课总是爱睡觉，无精打采的，老师来看看是不是家里发生了什么事情。思思的妈妈立即意识到孩子是因为玩游戏睡觉晚，才导致现在的状况。妈妈向老师道了歉，将老师送走后，妈妈没有立即批评思思，而是将电脑从她的卧室中搬走，还以减少她一个月的零花钱作为惩罚。思思虽然很不高兴，但她也知道这次自己的错误在哪里，也甘心接受了妈妈的惩罚。通过这件事情，思思真正认识到了很多事情是不对的，她有意识地控制了自己的游戏时间，成绩也慢慢提高了。

父母要让孩子懂得，如果是自己办错了事，就该自己负责，从而使其引以为戒。有的孩子弄坏了别人的文具，父母会为犯错的孩子掏钱，让她为同学买新的；有的孩子打球时打碎了邻居家的窗户，妈妈主动拿钱补偿，这样的做法只会助长孩子不负责任的恶习。父母不要事事为孩子承担，孩子做错了事情，要鼓励孩子认真分析错误，主动承担后果，同时，父母还要允许孩子为自己辩解，当然，给孩子辩解的机会，并不是教孩子推卸责任。孩子在辩解的过程中，不仅让父母了解到了事情的真实情况，还锻炼了孩子的反省能力。让孩子自觉地对自己有害于社会或他人的行为感到羞愧和内疚，是一种改变其行为的合理方式。羞愧和内疚是主要的负面道德情感，这种情感体验会更加深刻地促进孩子的反省，其教育效果远比父母直接的正面教育有效得多。

父母可以尝试从正反两个方面唤起孩子的反省意识，在生活中经常为孩子灌输诸如正直、善良、勇敢等正面道德情感，也让孩子体验羞愧、内疚等负面道德情感，而且羞愧、内疚等负面道德情感与正面情感相比，更能在孩子的心中留下深刻的记忆，可以促使孩子不断自我反省，区分好坏、是非和美丑，从而改正自己的错误。

让孩子学会总结经验教训，其实就是在帮助孩子养成自我反省的习惯。孩子将别人心爱的玩具弄坏了，小朋友不和孩子玩了，孩子如果会想："如果是我的玩具被他弄坏了，我会怎么做？"当孩子开始这样想的时候，她就已经慢慢地在学习自我反省了。另外，孩子考试成绩好的时候，她也会在心里对自己最近的表现进行评价和定位，然后将好的行为付诸实践，取得更优异的成绩；如果孩子的成绩不理想，遭到很多人的批评，她也会想自己哪些地方做得不够好，应该如何改善。孩子将结果和过程结合在一起进行自我反省的时候，她们再次行动时就会先考虑再行动，并且会对自己有个更清楚的认识，也会自己判断事情的结果会是怎样，如果最后事情的结果和自己的预想出现偏差，她们就会反思自己的行动了，从而调整自己的状态。

家长不要总是越俎代庖。很多父母喜欢替女孩做总结，这无疑会掺杂成人的主观价值观，还代替了孩子思考，剥夺了孩子自己反省的空间，是不可取的。父母要引导孩子进行自我总结和自我反省。这样孩子会乐于接受，从思想上对自己的坏习惯进行反思。

家长的批评要适当。当孩子做错事时，父母不要一味地斥责，这样容易引起孩子的反感，甚至会激发起孩子的逆反情绪。父母可采用冷静的态度，从侧面引导孩子进行自我反省，认识自己所犯的错误，从而帮助孩子形成正确的是非观念。父母也不要在外人面前指责孩子，对孩子的批评要符合实际情况，不要夸张，做过多更坏的推断，这样才会真正让孩子学会反省。

告诉女孩：说“对不起”真的很管用

孩子在游乐场玩得正开心，突然哭着向你跑过来，你忙问原因，孩子委屈地说：“刚才有个小朋友踢到我的腿了。”“他不是故意的吧。”“可是他没有和我说对不起。”“对不起”这三个字虽然看起来平平常常，但却蕴藏着无穷的力量。

试想，当你在路边散步时，突然被一个骑自行车的人给撞到了，正当你怒发冲冠准备发火的时候，那人轻轻地对你说声：“对不起！”你要生的气是不是就生不起来了。在我们的生活中，当我们相互之间发生了什么不愉快的事情时，如果我们都能够做到礼貌，时时多讲两句对不起，许多大事就可以化小，小事便可以化无了。

而且，更重要的是，让女孩学会说“对不起”，其实就是教育孩子要勇于承担自己的责任。一个做错了事而不敢去承担的人，就是一个没有责任感、没有价值感的孩子，她无法找到自己的生命在社会中的地位与重要性，也找不到前进的方向，就失去了创造成就的动力，最终将一事无成。这样的孩子是可悲的，这样的妈妈也是失败的。

迪亚坐在靠近门边的书桌前写作业，外面风很大，作业本被风吹得“啪啪”直响。于是迪亚不得不一次次跑去关门，每次关上没多久，一阵猛烈的风就又把门吹开了。这时，邻居有事来找妈妈，她没有进门，便和妈妈俩人站在大门外闲聊起来。恰巧此时门又被风吹开了，迪亚跑过来用力关门，只听外面传来一声痛苦的叫喊声。迪亚打开门惊恐地看到，门外的妈妈五官痛苦地扭曲在一起，看到迪亚出来，妈妈暴怒地冲她扬起了手。原来，刚才妈妈的手放在门框上，迪亚突如其来的关门，差点把妈妈的手指夹断。迪亚吓坏了，以为这次一定免不了一顿暴打。但是妈妈的巴掌一直没有落下来，迪亚的脸颊感受到的也仅仅是一阵掌风而已。

事后，手指受伤的妈妈对迪亚说：“当时我实在痛得厉害，原想狠狠地打你一个耳光。但是，转念一想，是我自己把手放在夹缝处的，错的人是我，凭什么打你？”

迪亚的妈妈用自己的行动告诉了迪亚一件事情，那就是要勇于承担自己的责任。有的妈妈认为女孩做错事时道不道歉并不重要，只要孩子下次注意就可以了，但是当错误产生时，妈妈一旦无原则地让步，对孩子姑息放任，其实就是变相地提示孩子，自己的错误可以不用承担。

每个人都不是天生就具有责任感的，责任感都是在适宜的条件和环境下萌发的，并随着年龄的增长和心智的逐渐成熟而形成的。因此说，家庭是孩子责任感赖以滋长的土壤，妈妈对待孩子的态度以及教育方法，是孩子的责任感能否形成的重要条件。为了教育好自己的孩子，妈妈需要注意以下几点：当女孩犯错时，家长一定要她说“对不起”当孩子犯了错误时，千万不要偏袒她们，而是应该让她们为自己的行为担起责任。逃避责任，只会让孩子留下人生的硬伤，甚至一错再错。比如孩子吃饭的时候打翻了自己的碗，要向妈妈说“对不起”；不小心踩到了小朋友的脚，也要马上道歉，说“对不起”。

要给孩子做最好的表率。妈妈错怪孩子的时候，也要勇于向她们道歉。比如你发现自己晾在阳台的衣服不翼而飞了，你以为是孩子淘气藏了起来，便不听孩子的解释，把她教训了一顿，当你发现衣服其实是被风吹到了楼底下的时候，不能就这样算了，你应该马上向她道歉，孩子便能感同身受，下次自己遇到这样的事情，才会勇于承担。以身作则，是教育孩子的最好方法。

教孩子做一个和善的人当自己受到触犯的时候，要勇于原谅别人的错误，学会换位思考，比如在餐厅吃饭，一个小朋友不小心把饮料泼在了孩子身上，这个时候可以教孩子想一想，如果你是她的话，一定已经非常内疚了，我们就不要再责怪她了。让孩子做一个大气、宽容的人，才能得到幸福和快乐。

做事贵在善始善终

曾经有个老木匠准备退休了，他告诉他的老板自己年纪大了，不想再做盖木房子的工作了，他知道退休收入会少些，但还是决定退休，想和老伴儿过过清闲的退休日子，享受晚年的生活。虽然他也会惦记这段时间里，还算不错的薪水，不过他还是觉得需要退休了，生活上没有这笔钱，也是过得去的！

老板舍不得他的好工人走，问他看在多年的交情上是否愿意再帮忙盖“最后一栋房子”。老木匠答应了，但是看得出来老木匠的心已经不在盖房子上面了：他用的是次料，出的是粗活，手工非常粗糙，工艺做得更是马马虎虎。老木匠终于草草地完成了“最后一栋房子”，他请老板来验收。

老板来到房子前面，见到老木匠，手里递过一把钥匙给老木匠，拍拍老木匠的肩膀，诚恳地说：“这是你的房子，是我送给你的退休礼物！”木匠惊呆了，他震惊得目瞪口呆，羞愧得无地自容。《诗经》中说：“靡不有初，鲜克有终。”意思是说做人、做事没有人不肯善始，但很难善终。细细体味此言，其中的确蕴涵着深刻的哲理和警示。对于孩子们来说，学习一门新的语言，培养对音乐的爱好，参加舞蹈班等，最初都是热血沸腾的。但是很多孩子随着学习的深入渐渐觉得苦、累、枯燥，于是中途放弃。只有那些坚持到最后的孩子，才有可能出类拔萃。培养孩子们知难而进、坚持不懈、善始善终的精神，是让孩子通往成功之路的关键。

人们都说：好的开头是成功的一半。这只是一个善始，要真正的成功，善终才是美丽的结局。做任何事都需要善始善终的精神，谁能笑到最后，谁才是最美。能够善始善终的人必定是有用之人，定能为社会的进步做出贡献。爱迪生发明灯泡时，为了找到最佳的灯丝材料，先后用了上千种不同的金属材料。不幸的是一次大火将他的实验室化为灰烬，一切资料都变成一缕青烟，但是他没有灰心。经过不懈的努力，最终灯泡成功面世了。善始善终需要恒心、毅力做后盾。女孩只要能善始善终，定会得到成功的青睐。家长缺乏教育孩子独立担当的意识，过度照顾，包办太多，不让孩子做事，做不完做不好就替她做，就难以养成善始善终的习惯。

逼孩子做她不感兴趣的事情，或者要孩子机械重复做单调枯燥的事情，就不能激发孩子做事的热情，做事就难以善始善终。批评指责过多，表扬激励过少，孩子的自我评价就很低，感到自己这也不行那也不行，缺乏自信心，也就缺少把事情做到底、做好的勇气。要想孩子做事善始善终，首先要使孩子对所做的事有兴趣，“兴趣是最好的老师”。有了兴趣，才可能激发孩子善始善终的欲望，把事情办好。在家庭事务和学校生活中定岗定位，对自己的行为敢担当，做事做到位。有责任感的人才能有始有终做好事情。

孩子完成任务要表扬鼓励，让孩子体验成功的快乐；没把事情办好，要寻找原因，避免无休止地指责埋怨，以保护孩子的自信心。制订计划，奖惩分明善始善终，恒心和耐心是必要条件。要帮助孩子制订计划，确定目标，规定要求，做出奖惩，持之以恒，这样才能激发孩子做事有始有终，善始善终。家长的定期督促有助于孩子的坚持孩子好奇心强，什么都想去摸摸、去试试，但是随意性很强，做事总是虎头蛇尾或有头无尾。所以教给孩子做的事情，哪怕是很小的事情，爸爸妈妈也要有检查、督促以及对结果的评价，以便培养孩子持之以恒、认真负责的好习惯。例如，当孩子要养些花草动物时，家长在答应前，可以让孩子承诺定时浇水或给小动物喂食等。

胖子和瘦子进行踩铁轨走路比赛，看谁走得又快又远。胖子体胖、腿短，瘦子体轻、腿长。大家异口同声说：“不用比了，胖子肯定输，瘦子肯定赢。”然而比赛结果大出人们意料：胖子赢了，瘦子输了。

原来，瘦子低头走在窄窄的铁轨上，盯着两脚，越看心越颤，越走腿越软，越走越后悔，走一步摇三摇，当然走不快，也走不远。

胖子呢？圆滚滚的大肚子挡住了往下看的视线，既然看不到铁轨，他只得朝前看，朝前走。他也看不到脚下的危险，自然不会后悔这次比赛，自然走得轻松，一会儿工夫就将瘦子甩得远远的。这个故事不正是说明了向前看、不后悔，才能走得远、走得快吗？世界上没有时光机，因此，我们不要幻想着吃后悔药，做过的事情，如果感觉不正确，那么我们也应该放眼未来，争取在日后矫正路线重新制订计划。

家长要注意，成长期的孩子因为性格还没有成熟，挫折很容易让她们失去信心。所以一定不能让孩子沉溺在后悔中，而是应该鼓励她们朝前看，为她们多树立信心。后悔并不能改变事实，反而会增加心理负担，让女孩留下阴影，举步维艰。把眼光放向前方，投向未来，并不是说盲目乐观，而是要在未来调整思路，弥补过去的失误。家长对于孩子的选择，一定要鼓励她们坚持下去。

身高仅 1.55 米的邓亚萍手脚粗短，很多人说她不是打乒乓球的材料，但她从没有后悔自己的选择，凭着苦练，以罕见的速度、无所畏惧的胆色和顽强拼搏的精神，13 岁就夺得全国冠军，15 岁时获亚洲冠军，16 岁时在世界锦标赛上成为女子团体和女子双打的双料冠军。1992 年，19 岁的邓亚萍在巴塞罗那奥运会上又勇夺女子单打冠军，并与乔红合作获女子双打冠军。1993 年在瑞典举行的第四十二届世乒赛上与队员合作又夺得团体、双打两块金牌，成为名副其实的世界乒乓球坛皇后。邓亚萍的出色成就，改变了世界乒乓球坛只在高个子中选拔运动员的传统观念。时任国际奥委会主席的萨马兰奇也为邓亚萍的球风和球艺所倾倒，亲自为她颁奖，并邀请她到洛桑国家奥委会总部做客。1997 年后，她先后到清华大学、诺丁汉大学和英国剑桥大学进修学习，很多人质疑她运动员的身份是她进入这些学校学习的通行证，但是她依旧没有退缩，以优秀的成绩获得英语专业学士学位和中国当代研究专业的硕士学位。

家长不要一味指责孩子。教育孩子的时候，千万不要出现这样的词汇："你看，叫你不听话，现在后悔了吧？"不要让孩子产生心理暗示，一味受到指责，沉溺在后悔和内疚中。可以让她们吸取教训，训练她们自己分析错误的能力，为未来制定正确的目标。多给女孩讲励志的故事多给女孩讲励志故事，通过真实的人物事件加强她们对未来的信心和把握。让她们和年长的人多交谈，不要只局限在狭隘的视野范围之内。

消除女孩的多疑心理

有一棵大树，上面有个鸟巢住了两只鸟——一只公的，一只母的。它们为了储存冬季的粮食，采了很多水果回来，将巢放得满满的。

有一天，因为阳光很强，这些水果被晒得脱水而使体积变小了。公鸟从外面采果回来时，看到原本满满的水果，怎么变少了呢？就对母鸟说："我们一同辛苦地采水果，为什么你独自吃了而不告诉我？"母鸟说："我没有吃啊！"公鸟说："水果明明减少了，你怎么说没有吃呢？"母鸟委屈地说："我真的没吃啊！"公鸟一生气就用嘴一直啄母鸟，啄得它遍体鳞伤。母鸟受不了这样的虐待，伤心地飞走了。之后，忽然下了一场大雨，水果因雨水浸泡又膨胀起来，和原来一样占满了鸟巢。这时公鸟才知道自己误会了母鸟，觉得很后悔！它在鸟巢旁一直啼叫，希望呼唤母鸟回来。虽然昼夜不停地呼唤，但是再也看不到母鸟的踪影了。

这则故事，可以警惕我们：信任是待人处世不可或缺的因素。凡事要冷静思考，要懂得包容、体贴他人；莫让“疑念”占据自己的心而言行失当，造成遗憾。有宽大的心量，做人做事才能圆融，也才能保持心境的安宁自在。希望大家时时多用心，在日常生活中努力自我锻炼开阔、坦诚及慈悲的胸襟。

孩子的多疑，大多来自对成人世界的不信任。如果家长对自己的孩子不信任，也容易造成孩子对家长、对外界世界的不信任。孩子世界是成人世界的折射，孩子多疑，不是孩子的错，是因为成人世界太多疑。

两个才 4 岁多的孩子在井边玩儿，那井在村中间的小竹林旁，有 4 米深，井沿很低，只 40 厘米。一个孩子掉了下去。

另一个孩子看见井边有根长长的竹竿，竹竿一端有个铁钩子，是大人挂水桶用的，她立即将竹竿伸到井中，用钩子钩住了玩伴的衣服领子。一边扯开嗓子大喊“救命”。成人赶来了，落井孩子得救了。可就是这样机智又勇敢的小小“司马光”，也有人质疑。竟然有人问：是不是你把她推到井里去的？孩子瞪大眼睛，使劲摇头。成人多疑，甚至怀疑女孩。孩子多疑，成人不以为然，甚至觉得孩子聪明，可以少吃亏，将来少上当受骗。

大家庭，除夕宴，孩子给老人拜寿，成人给孩子发压岁钱，其乐融融之时，忽然出现让众人瞠目结舌的一幕。有个 5 岁的孩子，当场拆开一个红包，抽出百元大钞，一张，一张，对着灯光看。孩子的母亲尴尬地训斥道：这孩子，钱有什么好玩儿的？孩子理直气壮：我看看是不是假钞。一家人哄堂大笑，甚至有人表扬孩子的聪明。小孩子得意洋洋，认为自己的怀疑精神受到了肯定。

这种情况其实非常危险。孩子受到鼓励，性格很容易朝着趋利方向发展，为了受到更多的肯定，这种所谓的“小聪明”会变本加厉，很可能造成多疑。多疑的女孩子，会因为计较太多失去原本的快乐。家长要注意培养女孩对美好的感知能力，通过音乐、美术等艺术方面的学习，让女孩在获得知识的同时感知世界的美好。

让女孩确信你的爱。有的时候孩子总怀疑父母不爱自己，这种对亲人的信任缺乏会导致女孩对一切事物的不信任。因此，家长应该多用肢体语言如拥抱，多与女孩聊天，建立孩子对家长的信任感。当孩子在家庭中感到信任，感到幸福，会最大限度地避免陷入多疑的症结。

帮孩子克服优柔寡断

早晨，一只山羊在菜园子外面徘徊，它想吃里面的白菜，可是有一道栅栏把它挡在了外面，它进不去。这时，太阳徐徐东升，斜照着大地，在不经意中山羊看见自己的影子很长很长。它以为自己很高大，于是便想：我这么高，干吗不去树上吃果子呢？可是当山羊走到果树边的时候，已是正午，太阳当头，山羊看见自己的影子很短，心里想：“我的影子这么短，看来还是去吃白菜的好。”于是它又匆匆忙忙转身往回跑。等跑到菜园子的栅栏外时，太阳已经偏西，它的影子重又变得很长很长。“我干吗非要回来呢？”山羊又想，“凭我这么大的个子，吃树上的果子是一点问题也没有的。”

有时候，我们也有像山羊的那一种想法，想想这个也好，想想那个也不错，可最后呢却是像山羊那样一无所获，因此，只要你做出了自己的选择，就不要轻易改变，否则会一事无成。非洲草原上，金合欢树尽情地舒展开树冠，犹如一把硕大的遮阳伞。树下鲜嫩的青草吸引来了一群黑斑羚，在它们看来，这里无疑是理想的休憩场所——既可以享受到荫凉，又能够品尝可口的美味。当然，对于植食动物而言，危险也是无处不在的。瞧！不远处的草丛中，就埋伏着一头猎豹。

猎豹从逆风处，蹑手蹑脚地向羚羊靠近——这是大型猫科动物在捕猎时所采取的惯用伎俩，并且每次都需要事先盯上某一只猎物，然后对准它猛冲过去。这一回，猎豹心想：“数量这么多，我到底应该盯住哪一只呢？看——那只，单单顾着低头吃草，暂时丧失了警惕，就去抓它吧。哦，不，在它身旁，还有一只雄性，头上仅剩下一只犄角，另一只角，估计是在打斗中被对手折断的，想必这羚羊的反抗能力，会大大下降，大概不难捕捉。嘿！还有更好的呢，那只倚在树干上的羊，膘肥体壮，看哪！它身上的肉多么厚实。捕猎的目的不就是为了吃到更多的肉嘛，我杀死了它，能饱饱地吃上一顿，两天内都不用再为进食发愁了！再等等，还有更合适的吗？”这时，树顶的狒狒们居高临下，它们发现了猎豹的身影，便立即发出警报。黑斑羚顿时集合在一起，朝一个方向撒腿猛跑。猎豹见此情景，只得遗憾地接受眼前的事实，它晓得：追捕已经来不及了，而出其不意的伏击及短距离冲刺——才是它的撒手锏。猎豹来到树下，它不像花豹那样掌握爬树的本领，它只能仰面指责狒狒们多管闲事破坏了它的计划，使它失去了几乎到手的美餐。其中一只狒狒回答道："你真活该！谁让你犹犹豫豫的，在草丛里蹲了这么半天，也不发动攻击。假如你能找准时机，该出手时就出手，那你此刻早就尝到羊肉的滋味了。"

处事优柔寡断是人的性格和思维判断不确定造成的。父母应注意培养女孩的果断和魄力，避免她形成优柔寡断的性格。不要对女孩管束太严。管束过于严厉，会让孩子只懂得顺从，循规蹈矩，失去自己判断事情的能力，遇到事情的时候，很容易举棋不定，错失良机。

鼓励女孩自己做决定。很多家长喜欢帮孩子决定一切。当孩子提出异议的时候，往往以她们年幼不成熟为理由进行否定。这样，孩子真正自己面对问题的时候，就会怀疑自己的能力，优柔寡断。家长们应该以大方向引导为主，可以通过诱导孩子思考，形成正确的思维判断模式。

磨炼孩子的坚强意志

意志品质主要靠后天的教育培养。一个幼儿和小学低年级孩子会表现出意志品质的初步状态。小学三四年级开始，意志品质的各个因素发展很快。因此，必须从小抓紧意志品质的培养，一点也不能放松。那么，父母们应该怎样进行培养呢？有专家表示：意志品质应在家庭教育的实践行动中培养。

尝试成功，体验成功的快乐，是激发孩子进取心的又一要素。目标十分重要。没有目标便没有动力。但目标必须适当，目标过低没有推动作用；目标过高而达不到，便会挫伤信心。因此，父母应协助孩子制定适当的目标。

一般而言，性格懦弱的孩子，意志品质大都较为脆弱，做父母的就更应放手让她自己活动，积极鼓励她，有意识地培养孩子克服困难的能力。而对于天性活泼、好表现自己的孩子，也要多指点，多约束，给她创造“逆境”，多设障碍，以磨炼孩子勇于克服困难的品质。教女孩勇敢地面对困难，让女孩与挫折握手言欢。

面对挫折，要做得更好。但孩子经受挫折并不是越多越好。在挫折教育中，有一种似是而非的说法：“要让孩子在不断的挫折中接受挫折教育。”似乎孩子经受的挫折越多越好，其实这是一种误区。心理学家们这样为挫折定义：“挫折是个人从事有目的活动时，由于遇到障碍和干扰，其需要不能满足时的一种消极的情绪状态。”既然挫折是一种消极的情绪状态，就绝不该是越多越好。因为，过多的挫折，会使孩子失去自信心，变得自卑和软弱，所以，挫折教育无论是数量和质量，都不应该超过必要的限度。孩子需要激励。哈佛大学心理学家威廉·詹姆士研究发现：一个没有受激励的人，仅能发挥其能力的20%～30%，而当他受到激励后，所发挥的作用相当于激励前的3～4倍。这些激励不仅要来自于外部（父母），更要由内部（孩子自己）发出——自我激励。毅力也称意志力或坚持力，是成才者必须具备的重要品质之一，日本家长普遍十分重视孩子毅力的培养。

孩子看“小人书”时，不妨要求她们从头至尾看完后再换另一本。孩子画一幅画时，务必请她们有始有终。孩子学洗自己衣服时，绝对不准借口累或手疼而半途而废。长此下去，习惯便成自然，“坚持”也不再是难以克服的困难了。在物质条件过分优裕环境中长大的孩子大多缺乏毅力，因此可有意让孩子吃点苦，如上学挤公交车、在赤日炎炎下赶路，等等。

女孩的兴趣常常会很快转移，因而不少孩子今天学钢琴、明天学电脑、后天再学绘画，到头来却什么都没有学好。心理学家指出，这种“三天打鱼，两天晒网”式的学习对培养毅力往往起负面影响。培养女孩自己解决问题的能力虽然，孩子在进行尝试中会遭遇失败的经历，但父母是不能为了“爱”她而代替她从事探索活动，仍应让她独自活动。只有让孩子学着自己解决所遇到的困难和障碍，等女孩最终实现目标后，她才会在兴奋中体验那份成功和满足，从而达到增强孩子克服困难的勇气和具有不达目的不罢休的决心的目的。及时鼓励，哪怕是点滴的进步。不要把女孩看扁，她们成长的过程中需要被发现、被肯定、被激励。要让孩子体会成就感，要挖掘女孩的潜能，就要懂得为其喝彩。因此，对于孩子的点滴进步，父母都应及时给予肯定和奖励，而不是等到孩子完全达到要求后再表扬。父母应善于发现孩子的点滴进步，告诉孩子“你真棒”。

培养一颗勇敢的心

勇敢是每个女孩必须具备的品质。在成长的过程中，父母不应该把孩子完全包裹在羽翼下小心地保护起来，而是必须让女孩们知道，独立地面对困境的勇敢品质，才是健康成长、取得成功的关键。

中国的父母，在女孩出嫁之前，都把她们当成小孩子，当出现问题的时候，总是代为解决。这种让孩子与现实世界脱节的培养教育，造成了很多孩子缺乏心理承受能力，无法面对挫折困境的事实。孩子总是有需要独立面对世界的一天，对于女孩来说，不应该让“柔弱”再成为主宰她们的性格。勇敢的品格，需要从小开始培养。小到摔倒了让孩子自己爬起来，大到面对困境的时候，可以让孩子独立地思考问题，获得解决的方案。

身为家长，应该相信，女孩们的勇敢，并不差于男孩子。我们熟知的体操运动员桑兰，不正是乐观面对逆境的勇敢女孩的代表吗？勇敢并不是不经思索的莽撞盲从，而是面对逆境时坚定乐观的心态。家长不应让孩子在遇到困难的时候轻易地放弃，更不能教孩子如何回避问题。正确的做法，是鼓励孩子正视问题，认真思考。一旦做出了选择，就要坚持下去，用坚强的意志力，支撑起勇敢的心。培养女孩勇敢的心，要从点滴做起。孩子摔倒了，不要马上过去扶起来，而是鼓励她们自己站起来；班级的小测验没有考好，不要一味地批评，而是要鼓励她们坚持学习，争取下次有好的成绩；教孩子基本的生存技能，即便有一天灾难来临，她们也会临危不惧。小到生活的琐事，大到生存的考验，每一个瞬间，家长都有机会去培养女孩们勇敢的品质。勇敢的女孩懂得如何更好地照顾自己，照顾身边的人。勇敢的女孩，能够冷静地处理问题，正确地对待人生不同的阶段。女孩拥有了勇敢的心，才能成为自己的主宰！

和孩子一起战胜挫折

孩子在成长过程中，总会遇到大大小小的挫折。也许有的挫折在大人看来微不足道，但是在孩子眼里却是天大的难题。在孩子面对挫折的时候，父母的做法很重要。

6 岁的冬冬今年上一年级了，学校离家不算远，步行需要 20 分钟，骑电动车 10 分钟就到了。妈妈为了锻炼冬冬，决定让他每天独自步行上学放学。

可是冬冬的爷爷奶奶不同意，因为冬冬是独生子，是爷爷奶奶带大的，他们对冬冬宠爱得不得了，生怕他受一点委屈。在冬冬爸妈的劝说下，爷爷奶奶好不容易才答应，让冬冬自己上学放学。

刚开始，冬冬还挺兴奋，觉得每天在路上跟小伙伴一起有说有笑地走着，比坐爷爷的三轮车有趣多了。可是有一天，在冬冬放学的时候突然下起了雨，虽然他带了雨伞，但是鞋子全湿了，好不容易才走到家，还得了严重的感冒。

妈妈认为这件事根本不算什么，可是冬冬的爷爷奶奶非常生气，说什么也不让冬冬一个人上下学了，爷爷坚持每天用电动三轮车接送冬冬，遇到天气不好的时候，还会带上雨伞、厚外套、大围巾，生怕冬冬冻着。这样一来，冬冬每天上学放学都舒舒服服的，再也不用挨冻了。

人生不可能是一帆风顺的，无论在哪个年龄段，都有可能遭遇各种各样的挫折。所以，父母有必要培养孩子的抗挫折能力，有意识地锻炼孩子，丰富孩子的人生经验。就像案例中的冬冬，本来他完全可以自己走路上下学，从而锻炼自己的独立能力，可是因为爷爷奶奶的过度保护，他失去了这样一个学习机会。其实，父母完全可以让孩子独立完成一些事，即使在这个过程中遭遇挫折，父母也不能因此让孩子半途而废。

那么，在孩子遭遇挫折的时候，父母应该怎么做呢？

1. 倾听孩子，和他一起想办法

当孩子遭遇挫折时，父母要及时倾听孩子的诉说，并且积极地与孩子一起讨论解决问题的方法。在沟通的过程中，父母可以指出孩子目前存在的问题，但是千万不能否定孩子，抱怨孩子做错了，因为这样会大大打击孩子的自信心和勇气，很容易让他变得懦弱胆小，一点打击也承受不了。在孩子每一次遇到挫折之后，父母应该耐心地与他沟通，并且和他一起想办法解决问题，这样，孩子就更愿意与父母沟通并且听取父母的意见和建议，长大后也会成为一个自信、勇敢、快乐的人。

2. 适当安慰孩子

孩子在遭遇挫折和打击的时候，心情往往会非常低落。这个时候，他们就需要来自父母的安慰和鼓励。这种时候，父母可以温柔地拍拍孩子的肩膀，对孩子说“你已经做得很好了，努力就好”“在爸爸妈妈眼里你永远是最棒的”。如果孩子情绪还是非常低落，说明这件事对孩子的打击比较大，此时父母可以带孩子出去玩耍，或者带他吃一顿美食，借此分散孩子的注意力并且安抚孩子的情绪。如果孩子依然闷闷不乐，父母可以带孩子去寻求心理医生的帮助。

每一个孩子在遭遇挫折后，都能重新振作起来。只是父母有时候对孩子太不放心，认为孩子非常弱小。其实，只要正确引导，及时沟通，鼓励他们勇敢面对困难，孩子就能茁壮成长。

如果男孩对未知充满怀疑

生活中有这样一群男孩，他们责任感强，老师说:“今天打扫教室的同学一定要记得关窗子啊。”他们绝对不会像活跃型孩子那样等玻璃被狂风打碎才想起老师的话；他们感情细腻，多愁善感，看到红叶落下便会悲叹生命的可悲；他们还有一颗特别谨慎小心的心，当你说:“今天的阳光真灿烂。”他们也要多想一下:“这话有其他意思吗？”他们做起事来很少有果断干脆的时候，因为对未知的怀疑和想象，他们的口头禅一般是“虽然……但是…”和“如果……”这类男孩与天性活泼的男孩相反。活泼的孩子最大的特点是把事物的积极面放大，而他们的特点是善于把事情坏的方面无限放大，一直沉浸在悲伤和难过中度日；活泼型孩子往往责任心不强，老是丢三落四，而他们一旦负责起什么事情来，就会认真做好；活泼型的孩子大大咧咧，对人毫无防范之心，而他们有着很强的猜忌心，警戒心很重；活泼型的孩子有什么烦恼都说出来，而他们则喜欢把自己的心当成一口很深的井，胆怯和孤单常把心中的创意和感情压抑。不过，怀疑型男孩身上有个最大的优点，那就是忠诚，他们忠诚于自己认定的事情，为了达到目标，他们可以不求回报，牺牲自己的利益。而且他们不像其他性格的孩子那样追求即刻的成功和回报。和其他性格的孩子比起来，怀疑型孩子的洞察能力是最强的，他们能够轻易洞察到身边的朋友谁心里高兴却装作若无其事；谁内心悲伤却面无表情。这对活跃型的孩子来说，是他们无论如何都想不明白的："这些家伙怎么像装了雷达，我想什么都逃不过他的眼睛。"因为超强的洞察力，所以怀疑型孩子总是能够轻而易举地明晰自己身边的情况哪些有利、哪些不利。他们习惯于放大事物的缺点，忽视事物的优点，他们就是看到杯子里的半杯水会感叹"怎么只剩下半杯了"的那一类人。

任何一种性格都有各自的优点，但也都有各自的缺点。中年人之所以显得成熟，正是因为他们经过生活的磨砺，已经把性格上的棱角磨平，性格渐渐趋于完善。因此，要想让孩子成为受人欢迎的人，就要想方设法帮助他们克服性格上的缺陷，发扬性格上的优点，做一个性格完善的人。

男孩的焦虑源自父母反复无常的情绪

小龙是一个胆子很小的男孩，他从小生活在爷爷奶奶身边，爷爷奶奶对他呵护有加，关爱备至。那时的小龙活泼开朗，常常逗得爷爷奶奶哈哈大笑。小龙6岁的时候回到了父母身边生活，爸爸脾气比较暴躁，小龙在他面前经常吓得什么都不敢说，不敢做。

一天，家里来了客人，爸爸让小龙给客人倒水，一不小心，茶杯摔在了地上，爸爸当着客人的面劈头盖脸地骂道："你真是个笨蛋！"生性敏感的小龙羞愧得无地自容，眼泪大滴大滴地往下掉。当天晚上，小龙做了一个噩梦，梦见爸爸恶狠狠地瞪着他，并用手指着他的鼻子大骂。从那以后，小龙只要看到爸爸就紧张，越紧张越是出错，每当这时，爸爸都毫不留情地加以训斥。小龙最后患了恐惧症，每天晚上做噩梦，一点儿风吹草动都会令他紧张得不行。

小龙的父母是爱他的，这一点毋庸置疑，但是父母无法控制自己的情绪，常常以粗暴的打骂来发泄情绪。他们一般是在父母阴晴不定、时好时坏的情绪中度日的。父母不高兴的时候，可能毫无原因地就对他们大发雷霆，高兴的时候，又可能对他们有求必应。在这样反复无常的生活中，孩子变得敏感多疑，时刻在对父母脸色的察觉中生活，于是他们最早学会的是揣测父母的态度，在这个察言观色的过程中，他们也学会了犹豫，以此来检查危险信号，他们童年的无助经历，直接在焦虑中导致了怀疑特质的产生。焦虑是一种可以转移的情感，最后完全可能发展成一种不敢面对他人、不敢面对权威的恐惧。我们还会发现，焦虑引起的压抑和恐惧会在其他领域反映出来，到最后和最初引起焦虑的问题已经没有关联。所以一定要让孩子在一个平和的环境中成长，尽量减少他们的焦虑感。父母之间的恩爱、和睦的家庭氛围能够为男孩的身心成长注入生机与活力，增加男孩对生活的信心与勇气。在一个良好的家庭氛围的影响下，男孩一定可以健康、茁壮地成长。那么父母应该注意什么呢?

第一，不要总是用命令的口气和孩子说话。

第二，父母要勇于承认自己做错的地方。

第三，正确对待孩子的反抗情绪。

第三点需要特别注意。有些家长高兴时，孩子提什么要求都满足，可当自己情绪不好时，即使孩子没有错也要批评一番。如果家长对孩子的态度经常是情绪化的，那家长在孩子面前就会失去权威。随着孩子的成长，他已经有了自己的想法和看法，所以家长在管教孩子时经常会遇到孩子的反抗情绪。这种情绪通常通过愤怒、反抗、抵触的态度表现出来。在教育孩子时，本来孩子让父母说几句便可没事了，但孩子一顶嘴，很多父母便可能会勃然大怒，而说教也可能升级为一场打骂。其实，反抗是孩子精神成熟的重要标志。从根本上讲，孩子自立、有主见就意味着要脱离父母并且开始产生与父母相异的想法，当然，其中有些想法可能会与父母近似。然而，即使这样，他们也不会囫囵吞枣地听信父母，而是将其纳入自己的思维框架中进行选择，接受自己认为可以接受的部分。不服从父母，甚至与父母发生争执，都是伴随着孩子的独立性增强而自然发生的现象。

总之，父母要注意的是，男孩在真正长大之前，做事情总是欠考虑，往往采取较为激进的做法，比如激烈地反驳家长。某段时期男孩总是感情用事，这时做父母的也不要与孩子计较，而要在孩子面前保持冷静。这一点对于孩子的成长极为重要。

让男孩改掉“只想不做”的坏习惯

不少男孩满怀雄心壮志，但是缺少行动力。于是我们看到，他们对成功充满了渴求，却最终一事无成。有这样一个故事：有一个人向一位思想家请教：“你能成为一位伟大的思想家，成功的秘诀是什么？”思想家告诉他：“多思多想！”这个人满心欢喜，回家后躺在床上，望着天花板，一动不动地开始“多思多想”。一个月后，这个人的妻子跑来找思想家："求您去看看我丈夫吧，他从您那儿回来后，就像着了魔一样。"思想家就去看这个人，这个人爬起来问思想家："我每天除了吃饭，一直在思考，你看我离伟大的思想家还有多远？"思想家问："你整天只想不做，那你思考了些什么呢？"那人说："想的东西太多，头脑里都装不下了。""我看你除了脑袋上长满头发，收获的全是垃圾。""垃圾？""只想不做的人只能生产思想垃圾。"思想家答道。

只有行动起来，才有成功的机会，才会在实际行动中找到处理问题的最佳办法，才会在行动中找到适合自己的生活方式。但是对于一些只想不做的男孩来说，只想不做正是他们最容易犯的毛病。他们的口头禅通常是："我当时真应该那么做，可是现在后悔也晚了。"机会来到的时候，他们经常说："我要等等看下面的情况如何。"对于有些孩子来讲，这似乎已经成为他们习以为常的一种生活方式。

不过，男孩们不肯行动的原因却各有不同。有些男孩总是用带有怀疑的目光看待周围的一切，他们害怕未知路上有危险的东西，于是用思想代替行动，在采取行动的时候常常犹豫不决。而另一些男孩往往喜欢沉迷于不切实际的幻想中，他们永远在自己的理想国度中自我陶醉，所以往往不屑于行动。

他们的性格缺陷使他们养成了只想不做的习惯，于是拖延、迟缓让他们失去了成功的机会。那么应该如何让孩子勇于行动呢？重视孩子的动作敏感期（0~6 岁）。在某一时期，家长会发现孩子某种动作发展比较迅速，比如他突然知道该把东西往嘴里塞，喜欢捏东西，到处爬，会走了到处走，等等。这些都是动作敏感期的表现。在这个时期，孩子的手、眼协调能力能够得到良好的训练，如果错过了这个关键的机会，以后孩子的行动协调性就会受到影响。当孩子的行动能力明显低于同龄人的时候，他们的思想也一定会受到身体的影响，变得缓慢而无力，到最后便懒于行动了。

在孩子的动作敏感期，父母应该注意培养孩子的行动能力，比如在宝宝心情好的时候，可以利用一些小玩具的左右摆动，来吸引宝宝做头部动作。而爬这个动作对于训练宝宝的前庭平衡感最有助益。爬行可以很好地促进宝宝的行走动作，父母可以经常拉着宝宝的手引导他爬行或是站立行走，同时利用一些小玩具、小游戏对他站立行走的动作加以鼓励，以引导宝宝多走路。父母应让孩子充分运动，使其肢体动作正确、熟练，并帮助左、右脑均衡发展。

成功学专家拿破仑·希尔说：“不甘做平庸之辈的人，必须要有一个明确的追求目标，才能调动起自己的智慧和精力，全力以赴，为自己的目标而行动。”目标是男孩成功路上的里程碑。目标能给他们一个看得见的靶子，当他们一步一个脚印去实现这些目标时，就会有成就感，就会更加信心十足。所以，当男孩渐渐长大，父母应该从孩子的自身特点出发，为他们制定一个可以实现的目标，让它来激励孩子养成马上行动的好习惯。比如说孩子想考 100 分，父母就可以为孩子制订一个详细的计划，让孩子一天做一点，慢慢来实现。总之，在现实生活中，只有付诸行动的孩子，才能在行动的过程中获得生活经历。即使行动的方向有误，他们也会从中吸取教训，使自己在今后的人生道路上有更多的经验应付类似的困难。

训练男孩学会等待

每个人都会面对诱惑。成功的人之所以成功，就是因为他们能够约束和克制自己的冲动。家长培养男孩抵制诱惑的能力就格外重要。

一个人的成功，最大的障碍往往不是在外界，而是在于自己的内心。一个能够获得成功的人通常都具备顽强的精神和胜于常人的自控心理。增强男孩的自控力，可以帮助他们抵御外界的种种诱惑，保持心灵上的坚定和纯洁，更加有利于他们朝着心中的目标努力。

1960 年，美国的心理学家米卡尔曾做过一个“果汁软糖”的试验：他将一群 4 岁的孩子留在房间里，每人都发了一块糖果，然后告诉他们“我有事要出去一会儿，你们可以马上吃掉软糖，但如果谁能够坚持到我回来之后再吃糖果，我会再奖励他两块。”说完之后，米卡尔就走了出去。实际上，他在暗中观察这些孩子的表现。

有的孩子会很急躁，看到米卡尔走了之后就迫不及待地吃掉糖果。而有的孩子就等到了最后。尽管对这些孩子来说等待的时间非常漫长，但是他们会想尽各种办法让自己撑下去。有的孩子闭上眼睛，避免看到那块诱人的糖果；有的孩子努力想让自己睡过去。

20 分钟之后，米卡尔回来了，他奖励了这些能够坚持到最后的孩子。这次实验并没有结束，米卡尔又对这些孩子进行了长达 14 年的追踪调查。

最后，米卡尔把自己的调研结果公之于众，发现：自制力不同的孩子在情绪和社会性方面的差异表现非常明显。在那次实验中抵制了诱惑的孩子长大之后对社会的适应能力较强，较为自信，人际关系也更好，能够更加从容地面对挫折。而那些不太能抵制诱惑、较为冲动的孩子则缺乏这些好的特质，并且表现出了一些负面特征，他们不太愿意与人接触，性格优柔寡断，容易因为挫折而丧失斗志，容易对人产生不满甚至是与人争斗。

面对如今这样一个信息多变、文化多元、物质极大丰富的现代社会，男孩们早已经是眼花缭乱了，他们对周围的一切充满了好奇，任何的诱惑都可能使他们沉迷其中。再者由于男孩面临着沉重的学业负担，厌学情绪强烈，使得电脑、电视等成了男孩的“避难所”。如何让男孩拒绝诱惑、抵制诱惑，是每个家长都关心的问题。

要想让男孩学会抵制诱惑，首先家长要学会反思。当男孩出现了问题，家长可以先反思自己。很多父母将大部分的时间都用于工作、家务和娱乐，很少花时间和儿子耐心地沟通。当男孩的精神需求得不到满足时，他自然就会寻求替代品，于是电视、电脑成了男孩的精神麻醉剂。

有的家长自己不和儿子交流，也不鼓励男孩多交朋友。男孩的充沛精力得不到发泄，就会被各种诱惑吸引，一不留神就会掉进诱惑的陷阱。所以，家长也要反思一下自己在平时是否考虑到了男孩的感受，给予了他们足够的精神满足。

高尔基说：“哪怕是对自己的一点小小的克制，也会使人变得强而有力。”

德国诗人歌德说：“谁若游戏人生，他就一事无成，不能主宰自己，永远是一个奴隶。”一个人要想成为能够主宰自己命运的强者，成就一番事业，就必须对自己有所约束、有所克制。因此，对男孩的自控教育是家庭教育必不可少的内容之一。

但是人的自制能力和自我管理能力并不是天生的，它和人的其他能力一样，都是后天开发出来的，每个人的自我管理能力都是可以不断提高的。尤其是孩子的自控能力在日常生活中会逐渐提高。作为父母要有意识地提高男孩的自控力，专家给出了以下几点建议：

第一，告诉男孩要对自己多分析。

找出自己在哪些活动中、何种环境中自制力差，然后拟出培养自制力的目标步骤，有针对性地培养自己的自制力；同时对自己的欲望进行剖析，扬善去恶，抑制自己的某些不正当的欲望。

第二，从日常生活小事做起。

人的自制力是在学习、生活、工作中的千百万件小事中培养、锻炼起来的。许多事情虽然微不足道，但却影响到一个人自制力的形成。如早上按时起床、严格遵守各种制度、按时完成学习计划等，都可积小成大，锻炼自己的自制力。

第三，进行暗示和激励。

自制力在很大程度上表现在自我暗示和激励等意念控制上。意念控制的方法有：在孩子开始紧张的活动之前，反复默念一些建立信心、给人以力量的话，或随身携带座右铭，时时提醒、激励自己；在面临困境或诱惑时，利用口头命令，如“要沉着、冷静”，以组织自身的心理活动，获得精神力量。

第四，要男孩经常进行自省。

如当他们学习时忍不住想看电视时，马上警告自己管住自己；当遇到困难想退缩时，马上警告自己别懦弱。这样往往会唤起自尊，战胜怯懦，成功地控制自己。

儿童心理学

儿童沟通心理学

启 文 编著

中国出版集团
中 译 出 版 社

图书在版编目（CIP）数据

儿童心理学 . 儿童沟通心理学 / 启文编著 . -- 北京 : 中译出版社 , 2019.12（2022.5 重印）

ISBN 978-7-5001-6141-7

Ⅰ . ①儿… Ⅱ . ①启… Ⅲ . ①儿童心理学 Ⅳ . ① B844.1

中国版本图书馆 CIP 数据核字 (2019) 第 282248 号

儿童心理学

儿童沟通心理学

出版发行：中译出版社
地　　址：北京市西城区新街口外大街 28 号普天德胜大厦主楼 4 层
邮　　编：100088
电　　话：（010）68359827，68359303（发行部）；（010）68002876（编辑部）
电子邮箱：book@ctph.com.cn
网　　址：http://www.ctph.com.cn
总 策 划：张高里
责任编辑：李　颖
封面设计：青蓝工作室
印　　刷：金世嘉元（唐山）印务有限公司
经　　销：新华书店
规　　格：880 毫米 ×1230 毫米　1/32
印　　张：30
字　　数：550 千字
版　　次：2019 年 12 月第 1 版
印　　次：2022 年 5 月第 2 次

ISBN 978-7-5001-6141-7　　　定价：149.00 元（全 5 册）

前　言

在现实生活中，许多父母经常与孩子在一起，却对孩子的一些行为表现熟视无睹或者视而不见。大多数父母忙于自己的事业发展，为生活琐事所累，他们很少有时间来观察孩子、了解自己的孩子。他们都想培养出优秀的孩子，既希望孩子自己幸福，也希望孩子能给他人带来幸福。然而许多父母却常常游走在焦虑与疑虑之间：他们焦虑，是因为教养孩子太费心费力，却苦于找不到好的方法，提起孩子的教育就头痛，甚至比上班还令人心力交瘁；他们疑虑，是因为一部分人对教育孩子有自己独到的见解，甚至说起教育方法也是头头是道，但是却一样没能培育出出类拔萃的孩子。

其实，根本原因在于在这些父母的心中没有形成对孩子正确、全面的认识。这里最大的问题莫过于对儿童内心的无知。事实上，儿童每一种言行举止，都可以在心理学中找到对应的揭秘法则。著名的心理学家弗洛伊德曾经说过，任何人都无法保守他内心的秘密，即使他的嘴巴保持沉默，但他的指尖却喋喋不休，甚至他的每一个毛孔都会背叛他。可以说，无论是有意还是无意，人的一切行为都是心理的映射，儿童也是一样。只有抓住他行为背后的心理才是解决问题的关键。

如何化解亲子之间的代沟？那就是父母需要站在孩子的角度，理解对方。常常听到孩子这样抱怨："父母根本不理解我们的需要，他们想说的就说个没完，而我想说的他们却心不在焉。"孩子有着这样的烦恼是普遍存在的，其实，孩子的内心有着许多想法，他们也有欢乐、有苦恼、有意见，如果父母没能主动走进孩子的内心世界，孩子有了意见没有得到及时的交流，那么父母与孩子之间的鸿沟就会越来越大。

英国教育家、思想家洛克指出：“教育上的错误比别的错误更不可轻视，教育上的错误正如配错了药一样，第一次配错了，绝不能借第二次、第三次再去补救，它们的影响是终身洗刷不掉的。”家庭教育也是一样的道理，父母是孩子的第一位老师，担负着教育孩子的责任，这时候，父母首要的任务就是观察并了解自己的孩子。

无疑，沟通是维护家庭关系的重要桥梁，且在家庭教育中占据了重要席位。许多父母光顾着为工作忙碌，而忽视了孩子的成长，不知不觉间造成亲子之间难以逾越的鸿沟，那么，如何才算是成功的亲子沟通呢？这就需要懂一点儿童沟通心理学。儿童心理往往支配着儿童的行为，父母不仅要教育孩子，改变孩子的行为习惯，还要疏导孩子的心理问题。假如父母能根据孩子的心理因势利导，那将会起到事半功倍的教育效果。

如果父母能了解一点儿童沟通心理学，很多问题都将迎刃而解。所以，想要成为称职的不烦恼的父母，就要学习儿童沟通心理学。反之，如果父母不了解自己孩子的心理，那么在孩子的智商、情商教育上，就会出现很多问题，轻者事倍功半，重者甚至出现反面效果。因此，有专家呼吁，父母必须要懂一点儿童沟通心理学，做自己孩子的心理医生。当父母成为孩子的心理医生，父母对孩子的教育就会事半功倍。

本书列举了许多关于孩子成长的小事例，目的是深入浅出地向读者介绍儿童沟通心理学的知识，帮助家长更好地了解孩子、解决实际问题。不过，事例中的人物均为化名，这点需要提醒读者注意。

目 录

第一章 正确的亲子沟通，开口前要先读懂孩子的心理……1
小孩子的心理不简单……1
何谓幼儿敏感期……3
0~1 岁婴儿期：建立基本信任的关键阶段……6
3~12 岁为何叫“水泥期”……8
孩子在童年需要经历哪些心理体验……10
孩子的每个第一次都很重要……13
孩子有三个不快乐期……16
第二章 高效的亲子沟通，要及时发现沟通难题……18
经常对父母说，“我只想一个人待着”……18
孩子想要自己去旅行……22
孩子竟然说“说了你们也不懂”，怎么办……26
为什么他总是不理解我对他的好……30
孩子经常跟家长唱反调……33
孩子变成了呛人的“小辣椒”……35
第三章 情感式沟通：听对了才能得到孩子的理解，说好了才能赢得孩子的信任……38
放低姿态，把倾听当作一种愉悦……38

用温和的态度来对待孩子……41
尊重孩子的说话权……44
耐心地听孩子把话说完……47
鼓励孩子说出内心的想法……50
不要随意打断孩子的诉说……52
善于听出孩子的弦外之音……55
第四章　尊重式沟通：爸妈蹲下说话，孩子才愿意沟通……58
与孩子积极沟通、平等对话……58
每天要有和孩子“单独在一起说话”的时间……60
“蹲下来”和孩子说话……63
尊重孩子的说话权，做会“听”的妈妈……66
“80/20”——与孩子对话的黄金法则……68
肢体语言比说教更重要……71
积极倾听，耐心地听孩子把话说完……73
用孩子的眼睛看世界，孩子才会懂你……75
争辩有理顶嘴无罪，亲子沟通更容易……78
让孩子服从你，不如让孩子理解你……81
遇事要与孩子商量……85
第五章　和解式沟通：叛逆不是错，不打不骂教出好孩子……88
“有心无痕”的批评和表扬才能对孩子生效……88
制定惩罚，不如先规定纪律……90
对感受要宽容，对行为要严格……92
出了问题：要回应，不要反应……94
给孩子指导，不是批评……97

说教和批评会产生距离和怨恨……100
宽容比惩罚更有力量……102
最大的谎言：打是亲，骂是爱……105
被吓出来的儿童神经衰弱……108
多一点引导，少一点控制……110
永远用温和的态度对待孩子……112
不用命令的语气跟孩子讲话……114
伤害孩子的话永远别说出口……116
不要对孩子一味指责……119
改小错才能免大过……121
第六章　激励式沟通：建立孩子的自信心，让孩子的热情燃烧起来……124
罗森塔尔效应：夸奖带来效益……124
不轻易否定孩子……127
把赏识孩子当成需要……130
相信孩子：你一定能行……132
多使用肯定句……135
注意持久强化鼓励效果……137
孩子的伤疤不能揭……139
有针对性地赞扬孩子……141
欣赏孩子的“小聪明”……144
适当预支表扬很重要……146
真心表扬，不会失效……149
激励和表扬要体现在日常生活中……151

趁热打铁：表扬要讲究时效……153
盲目表扬会适得其反……156
赞赏需要谨慎……159
第七章　引导式沟通：变强制为引导，让孩子远离心理阴影……162
引导孩子行为时要避开的禁忌……162
引导孩子学会沟通的艺术……165
不是孩子没主见，是家长太强势……167
让孩子学会对自己负责……170
让孩子有“说话”的机会……173
鼓励孩子发出自己的声音……176
让个性腼腆的孩子大声说话……179
教孩子聪明勇敢地说“不”……181

第一章　正确的亲子沟通，开口前要先读懂孩子的心理

小孩子的心理不简单

君君一个人在堆积木玩，由于他太小，还不能把握好平衡，积木堆得没多高就倒了，一旁照顾他的爷爷看见了赶忙跑过来帮着宝贝孙子重新把积木堆好。爷爷原本是担心君君看见倒了的积木大哭大闹才帮他堆好的，没想到爷爷的这一举动反而让君君大哭起来，怎么劝都劝不好，这让爷爷手足无措。君君边哭边把爷爷堆好的积木给推翻了，爷爷以为是自己堆得不够好，所以又重新堆了一遍，结果君君哭得更凶了，用脚把刚堆好的积木又踢翻了。爷爷也忍不住了，大声训斥君君，说他不懂礼貌、刁蛮、任性。家里的其他人知道事情经过后也都一个劲地责怪君君，觉得爷爷很是委屈。

妈妈刚给3岁的嘉嘉买了一辆粉红色的自行车，嘉嘉迫不及待地骑着小车到院子里去“展示”，结果碰到了自己的好朋友虎虎，虎虎也想玩，就对嘉嘉说：“嘉嘉，能不能把你的车子借我骑骑？”嘉嘉想了想说：“好吧，谁让咱们是最好的朋友呢！”虎虎可开心了，可是，才骑了一会儿嘉嘉就过来了：“虎虎，我要回家了，妈妈说

不能在外面玩很久，下次再给你玩吧！”嘉嘉很顺利地把车子要了回来。事实上，嘉嘉的妈妈根本就没有说过这样的话。

娜娜已经喝了很多冷饮了，可是还是一个劲地跟爸爸要，又哭又闹的，结果把爸爸惹怒了，甩手就进自己的书房了。娜娜还是第一次看见爸爸这么生气，要知道爸爸平时可是最疼自己的啊，她站在门外撒娇地叫着爸爸，可是爸爸还是不理她。娜娜想了想就去找奶奶，奶奶看着自己的宝贝眼睛都哭红了，心疼得不得了，不停地责怪娜娜的爸爸，结果娜娜对着书房很大声地说：“奶奶，不能怪爸爸的，是我自己不乖，爸爸平时可好了，我最喜欢我的爸爸了！”这些话让刚刚还在生气的爸爸听得美滋滋的，自个儿坐在书房里乐。

这样的事情在生活中真的是数不胜数，一方面，孩子的举动让大人们诧异，最简单的小孩子有时却比大人还要复杂；另一方面，一些闹剧也常常会让家长们哭笑不得。当自己的孩子出现不好的行为时，家长们常常会担心是不是自己在教育孩子的过程中做得不够好，而使孩子产生了不良的倾向。比如，人们会认为例子中的君君太任性了，小小年纪脾气却很大；嘉嘉又太有心计，为了将自己的自行车要回来竟然用妈妈做挡箭牌骗自己的好朋友；娜娜从小就这么圆滑，使小诡计讨得爸爸的喜欢。这些在家长们看来都是恶习，很多家长面对孩子的这种行为时都特别不理解，照常理来说，孩子的性格和行为要么是遗传的，要么是受环境影响，可是自己家里没有一个人有这样的特点，加之孩子又小，也没有接触很多外面的人，怎么会变成这样呢？

其实，小孩子们的这些行为都是正常的，之所以会引起人们，尤其是家长的紧张，并不是孩子真的做错了什么，而是一直以来人们都认为孩子是极其单纯的，孩子们应该变成的模样与现实中真实的表现之间出现的落差让家长们难以接受。当然，相比于成人来说，小孩子还是简单的，即使他们的行为在家长看来很“世俗、圆滑、狡猾”等，他们的出发点也绝对不是家长所想的那样。

孩子的每一种行为都是可以解释的，比如，例子中的君君，他大哭大闹，不珍惜爷爷的劳动成果并不是在使小性子，而是渴望长大。他只是觉得自己能堆好积木，希望自己能独立地完成自己喜欢做的事情，当自己出现暂时的失败时，他们需要的是获得大人的鼓励和信任，而不是马上就把事情做完。嘉嘉和娜娜也并不是圆滑、有心计，他们的动机很单纯，不仅没有恶意，而且还能从中看出他们的小聪明。

小孩子的心理也确实很不简单，他们正处在开始形成自己的性格、培养各种习惯的时期。如果对孩子们的一些行为处理不当，不仅对孩子没有帮助，反而会挫伤他们的积极性，影响他们的健康成长。

何谓幼儿敏感期

意大利著名教育家蒙台梭利指出，幼儿在成长的过程中会在一段时间内只对某些事物感兴趣而拒绝接受其他事物，这个时期就是所谓的幼儿敏感期。如果家长在敏感期时给孩子提供有效的帮助，会收到最佳的效果。

幼儿阶段是众多能力发展的关键时期，会出现很多的敏感期，虽然发展是连续的，很难十分精确地找出具体的时间，但如果认真观察幼儿的行为，就会从细微之处看出端倪。

2 岁的蒙蒙最近总是无缘无故地大发脾气，又是摔东西又是哭闹，爸爸妈妈可真是急坏了。平时又上班又要照顾孩子的父母本来就特别辛苦了，现在孩子又老不听话，真让这对年轻的爸爸妈妈不知如何是好了。为了能尽快解决问题，小两口决定将近来的生活梳理一下，看看究竟是什么导致了孩子的脾气大增。结果，他们发现生活中唯一的变化就是讲故事、洗澡和睡觉的顺序不同了。以前都是爸爸先帮蒙蒙洗完澡之后，妈妈一边陪她睡觉一边给她讲故事，但最近由于爸爸工作比较忙，所有的事情就由妈妈一个人做了，而且为了节约时间，妈妈都是在给蒙蒙洗澡时把故事给讲了，然后跟蒙蒙一起睡觉。会不会是这些生活习惯的改变让蒙蒙一下子无法接受呢？于是，爸爸特意抽出时间帮蒙蒙洗澡，然后像以前一样，妈妈陪她睡觉时给她讲故事。结果让他们两个既喜出望外又大吃一惊，蒙蒙竟然不闹了！他们从来没有想过这么小的孩子会对生活习惯如此在意。

故事中的蒙蒙可能正处于秩序的敏感期，当自己熟悉的生活节奏和顺序发生变化后，一时无法适应，从而会出现脾气大增的现象。如果这种变化持续的时间再长一点，可能蒙蒙就会慢慢适应新的生活，用新的秩序代替以前的秩序。

秩序敏感期一般出现在 2~4 岁，通常的表现与生活习惯有关。比如，芊芊在 1 岁多时还老是把自己的玩具到处乱扔，无论大人们怎么说都不听，可是到 2 岁多时，家人发现她很自觉地将玩具有秩序地放在玩具房里，而且如果别人不小心碰乱了还会特别生气。

除了秩序敏感期外，幼儿阶段还是很多能力发展的敏感时期。蒙台梭利认为，幼儿阶段有九种敏感期：

语言敏感期（0~6 岁）：从开始对话语产生反应，到注视大人说话时的口型，再到自己开始牙牙学语，幼儿对语言的敏感是毋庸置疑的，如果引导适当，孩子在几年之内就能掌握大部分的母语。

秩序敏感期（2~4 岁）：对顺序、生活习惯、自己的东西等敏感。

感官敏感期（0~6 岁）：孩子的各种感觉在妈妈肚子里就有所发展。在幼儿时期，这种发展就更加敏感了，一些教具的设计和开发就是专门针对孩子感官能力发展的。

对细微事物感兴趣的敏感期（1.5~4 岁）：大人和孩子看到的世界是不一样的，有时候小孩子的观察力比大人们的更加细致，从而能发现不易被发现的精彩之处。

动作敏感期（0~6 岁）：从一个小生命开始形成到出生到慢慢长大，他们的动作也慢慢变得精细、复杂，0~6 岁的孩子经历了躺、坐、站、滚、爬、走、握等一系列的发展变化，对动作相当敏感。

社会规范敏感期（2.5~6 岁）：这个阶段的孩子往往在家待不住，他们总是吵着嚷着要出去玩，跟一大群小伙伴玩，这时家长就要开始慢慢给孩子灌输有关社会规范的知识了，培养孩子一些礼节，使他们能在与别人的交往中应对自如。

书写敏感期（3.5~4.5 岁）：识字、写字常常被家长们看作是孩子有没有长大的一个标志，当家长们在一起聊天时，也常常会提到孩子的这些能力。

阅读敏感期（4.5~5.5 岁）：随着人们对孩子重视的程度越来越

高，商家们也抓住机会出版了很多幼儿的读物，比如绘本，这些读物可以陪着孩子一起度过阅读的敏感期。

文化敏感期（6~9 岁）：通俗地说，就是对文化知识的敏感期，如果家长引导适当，可以激发孩子强烈的学习欲求，为以后的学习提供有力的动机。

敏感期是幼儿本色发展的反应，不仅对幼儿能力的发展有重要作用，还会影响到其性格、品质等的形成。在这个时期，家长的尊重、鼓励、支持、信任等对孩子的发展起着不可忽视的作用。

0~1 岁婴儿期：建立基本信任的关键阶段

小宝的出生给全家带来了极大的惊喜，可是，随之而来的“麻烦”也愁坏了所有人。由于小宝的爸爸妈妈希望在自己的经济条件宽裕时再要孩子，所以生小宝时年纪都比较大，精力也不是很充沛。虽然他们早就已经考虑到了这一点，在孩子还没出生时就请了一个保姆，但妈妈还是尽量自己带孩子。原本以为自己付出这么多后，宝宝跟自己会慢慢有默契，谁知道孩子完全不领情。无论白天还是晚上，他总是会“无缘无故”地大哭，而且不管自己怎么劝怎么哄都没有用，奇怪的是，如果孩子跟保姆一起玩却很乖，即使哭了也能马上被保姆哄好。这让妈妈很伤心，每次看到自己的孩子在保姆怀中乐呵呵的样子心里就不是滋味。

为了弄懂宝宝的生活规律，妈妈决定向保姆“取经”，不过碍于情面，她选择在暗地里观察保姆与孩子之间的交流。当孩子哭时，妈妈想孩子一定是饿了，可是保姆却第一时间看了看尿裤，果然是尿尿了，于是马上给宝宝换上了干净的尿裤；不一会儿宝宝又哭了，一旁的妈妈猜测这回肯定是饿了吧，结果保姆只是轻轻摸了摸宝宝，跟他说了几句话，宝宝就不闹了；接下来，宝宝每哭一次，保姆都能很快地找到原因，然后喂奶、陪他玩、哄他睡觉……这让妈妈大为吃惊，在她看来孩子的哭声都是一样的，怎么就能区分出哪一次哭是饿了、哪一次哭是尿湿了，她再也忍不住了，亲自向保姆请教。原来保姆在多年照顾孩子的过程中积累了丰富的经验，对宝宝的每一次哭闹等都十分敏感，知道宝宝的微笑代表什么、大叫又代表什么，甚至不同的哭声也代表着不同的需求。宝宝在有新的需要时，发出的信号都能被保姆准确地捕捉到，而妈妈却做不到，这样一来，就不难想象为什么宝宝跟保姆之间的默契要多于跟妈妈了。

例子中的小宝虽然很小，但从他的表现中可以看出，他已经开始懂得信任了，在他看来，保姆就是值得信任的人。根据心理学家埃里克森的观点，0~1 岁的婴儿正处于人格发展的第一阶段，即基本信任对基本不信任阶段。这个阶段的婴儿非常软弱，他们无法用语言与成人交流，表达出的愿望也得不到成人的理解。如果在这个过程中抚养者能够爱抚婴儿，敏感地接收到婴儿发出的各种信号，及时地予以回应，婴儿在满足了自己的基本生理需要的基础上就会渐渐地形成一种信任感，反之，则会在混乱中对外界不信任，没有安全感。

宝宝在这一阶段有没有形成信任感不仅影响着与抚养者之间

的关系，还对宝宝今后的性格、行为等有深远影响，比如，在婴儿期的信任危机如果得到积极的解决，成年后的性格就倾向于乐观、自信、开朗、信赖等；如果得不到积极解决，就多倾向于悲观、烦躁、抑郁、多疑、猜忌、嫉妒等。

所以，孩子的每一次看似无理取闹的行为都是有正当理由的，那些都是他们向外界发出的信号，是他们特有的语言。如果父母无法领会，不仅不及时地提供条件满足他们的需要，反而还斥责孩子，对孩子信任感的形成及以后性格的发展就会产生负面的作用。

3~12岁为何叫“水泥期”

有一定生活常识的人都知道水泥的特性，当往粉末状的水泥中加入水时，人们可以按照自己的需要去任意改变水泥的形状；当水泥渐渐凝固时，改变就不那么容易了；而当水泥凝固后，再想改变就很难了。心理学中将3~12岁这个阶段叫作“水泥期”，这与水泥本身的特点相符，而且还根据儿童发展的特点进一步将3~6岁称为“潮湿的水泥期”，7~12岁称为“正凝固的水泥期”。

有数据表明，孩子85%~95%的性格在3~6岁的阶段形成，由于此时孩子的性格处于起步阶段，可塑性非常强。在这一时期中，父母的引导和外界环境的影响对孩子性格的形成就显得十分关键了。

如果你有一个处于这一阶段的孩子，可能经常会为他们的行为发怒，他们动不动就大发脾气、哭闹、摔东西等，而你能做的要么是妥协，要么就是用家长的权威制止他们的任性，结果孩子可能由于你的纵容变得更加任性，或者在你的严厉制止下变得胆怯、内向。

此外，这一时期孩子们的害羞也是家长经常担忧的问题，不少家长都反映，自己的孩子在家里时还挺能说的，一直也就认为孩子是一个外向型的性格，没想到只要带他出门，孩子就躲在自己的身后，别人跟他打招呼也十分腼腆。这种现象在3~6岁的孩子中十分常见，他们常常会觉得自己没有能力独立完成一些事情，在面对外人时，也无法应对自如，渐渐地就会形成“我做不到”“我不行”等观点。如果这些观点根深蒂固，就会影响孩子今后的性格发展，他们害怕出错，害怕挑战，在面对挫折时可能会一蹶不振，倾向于变得内向、自卑、退缩。所以，家长要关注孩子性格的形成和发展，在平时的生活中要给孩子适当的鼓励，多与他们交流和沟通。比如，当孩子准备做一件之前从来没做过的事情时，家长要做的不是害怕孩子会失败而制止他，或者由自己代劳、帮助孩子完成任务，而是用言语鼓励孩子，相信孩子有能力跨出新的一步；当出现问题后，与孩子一起找出解决的办法，并在一旁给孩子打气；完成任务后，要不吝啬自己的夸奖，无论成果完不完美都要予以表扬，毕竟他们是在挑战自己，而且通过夸奖可以鼓励他们以后在类似的任务中再接再厉，做得更好。

随着进入小学阶段的学习，孩子到7~12岁时性格已经形成了大约85%，各种生活和学习习惯也渐渐塑造起来。虽然孩子没有以前那么任性了，但随之而来的一些恶习却也在慢慢滋生，最常见的就是做作业拖拉。他们在写作业时总是不断地磨蹭，边写边玩，很多家长也因此会严厉地责怪孩子。不过，造成孩子不积极完成作业的原因不仅来自孩子本身，还与家长有密切的关系。一些家长可能在陪孩子做作业的过程中自己就没有耐心，或者一味地纵容孩子，助长他们的不良习惯。

不合群是这一阶段的孩子中又一经常出现的问题。进入学校后，孩子与社会中其他人之间的交集越来越多，如何处理与同学、老师等的关系变得十分紧要。如果孩子没有学会良好的人际交往技巧，无法与人正常交流，不仅会引起负面的情绪，还会对学习造成消极的影响，更为严重的是会影响性格的发展，使他们变得自我封闭、敌对、具攻击性。

很多儿童学家都认为性格依赖于后天的培养，虽然在人一生的发展过程中性格都可能发生改变，但“水泥期”孩子性格的发展是最快的，也是最稳定的，而且通过此时他们的一些性格特点还能预测他们未来的发展。所以，无论是家长还是教师，都要密切关注孩子性格的形成和发展，为他们创造良好的环境，引导他们掌握必要的交际技巧和应对挫折的方法，以免在“水泥凝固”时留下遗憾。

孩子在童年需要经历哪些心理体验

提到童年，几乎每一个人都能回忆起几件让自己念念不忘的事情，而且这些回忆大部分都是美好的。

随着社会的发展和生活水平的提高，人们能够享用的资源越来越多，按理说现在的孩子所能体验到的快乐也比以前的孩子多，可是每当听到自己的爷爷奶奶或者爸爸妈妈讲起他们小时候的乐事时，后一代人总是会觉得自己在童年期的经历要逊色很多。在他们的生活中，“上课”“补习”“兴趣班”“考试”“过级”等字眼成为出现频率极高的词，优越的环境和资源并没有带给孩子真正的快乐，相反增加了他们很大的负担，让许多人的童年过得“苦不堪言”。很多家长都持有这样的观点：“现在的竞争太激烈了，如果不从小就培养孩子各方面的能力，等他们长大了就会没有立足之地。只有从现在开始吃得苦中苦，才能在日后成为人上人。”殊不知，过度地压抑孩子天性的发展不仅不利于孩子的成长，还可能引起种种心理问题，起到适得其反的作用。

心理学家们发现，童年期的经验对于人一生的发展都具有极其重要的作用，它不仅是人们无法逾越的阶段，也是关键的阶段。人们的大部分性格特点、人生观、价值观、思维方式、兴趣、爱好、情感倾向等都在这一阶段形成，而这些能力和倾向的培养是受周围环境和生活经验影响的。所以，对于童年期的孩子来说，让他们获得各种心理体验，并从中获得成长是重中之重。

爱的体验是任何阶段都需要经历的，心中没有爱的人不仅是可悲的，也是可怕的。如果在这一时期孩子们能够感受到来自身边人的爱，在他们的影响下也会渐渐学会去爱别人，变得善良，有爱心，容易沟通，乐于助人。相反，如果孩子所体验到的只是冷漠、虚伪、无情等，即使他们本性十分善良也会慢慢变得不近人情，不仅不会爱别人，对任何人都充满敌意，甚至会自暴自弃，连自己都不爱。

快乐的体验也是必不可少的。对于儿童来说，最大的快乐莫过于开心地玩，所以游戏在童年期中占有十分重要的地位。似乎在大人眼里，小孩子到处跑、到处玩就是调皮捣蛋，但事实上，从儿童发展需要上看，游戏就是他们的工作。儿童在游戏的过程中能强健自己的身体，在与其他伙伴交流的过程中学会人际交往的技巧，一些开发智力的游戏还能增长儿童的见识，培养他们的想象力、创造力等。如果儿童全身心地投入到了游戏中且获得了快乐，这种积极的情绪体验对孩子保持健康的心态有重要的作用。所以，对于孩子的“贪玩”，家长应该慎重对待，有些孩子可能真的是比较调皮，需要家长进行督促和引导，但有的孩子对玩的欲望是正常的，不仅不应该横加干涉，还要创造良好的条件使他们在游戏中获得最大的快乐。

随着孩子们慢慢长大，他们开始有能力独立地从事一些活动，所以独立性和责任感是儿童必须要经历的体验。最开始儿童可能对责任并不了解，当遇到困难或失败后，不会从自己身上找原因，而把责任全都推到其他人身上，这也是他们以自我为中心的体现。当他们在家里时，这种“耍赖”可能往往被家长们纵容，但当与自己同龄的孩子一起时，责任就无法顺利推卸了。在孩子犯下错误时教育他们勇于承担责任不仅不会挫伤他们的积极性，而且还能帮助他们认识到问题的所在，提高自己解决问题的能力。此外，责任感还是一种良好的品质，对于健康人际关系的建立和维持等有推动作用。有一幕场景相信大家都不会陌生：小孩子摔倒在地，家长赶紧上前扶起宝宝，一边狠狠地践踏刚刚摔倒的地方一边说：“宝宝没事，都怪这块地，我已经帮你打过它了。”对于出生一两年的孩子来说，这样的做法可能有利于帮助他们平复情绪，但当孩子长大后依然事事都为孩子找一个替罪羊就有碍于他们的成长了。

除了爱的体验、快乐的体验和责任的体验之外，童年期的孩子需要经历的心理体验还有很多，比如成功、自信、宽容、信任等，而且，让孩子适当地体验一些消极的情感对他们的成长也是有帮助的。

总之，童年期的孩子既是发展迅速的，也是十分敏感和脆弱的，在教育和培养孩子的过程中要尊重他们发展的规律，让他们经历他们应该经历的事情，让他们从中获得新的体验和成长。

孩子的每个第一次都很重要

教育家约翰·洛克说:“教育上的错误比别的错误更不可轻犯。教育上的错误和配错了的药一样，第一次弄错了，绝不能借第二次、第三次去补救，它们的影响是终身洗不掉的。”

从洛克的观点可以看出，孩子的第一次对他们一生的发展都有着不可磨灭的影响。我国教育家陈鹤琴也有类似的观点，他认为:“无论什么事，第一次做得好，第二次就容易做得好；第一次做错，第二次就容易做错。儿童种种坏的习惯都是由于开始学时，他们的教师或父母没有留意去指导他们的缘故，以致后来一误再误，成为第二天性；所以要把小孩子教好，必定要在第一次时就教好。所以，对于第一次的动作，做父母和教师的要格外留意指导，以免错误。”不同国家的教育家提出的观点却是如出一辙，可见孩子的第一次的确值得人们重视。生活经验也告诉人们要慎对孩子的每一个第一次，否则可能酿成不可挽回的恶果。

沟通从第一次发声开始

从宝宝带着清脆的哭声呱呱落地开始，他们就在不停地摸索着与周围世界沟通的方式，在大人们看来，毫无意义的一个声音也许就是孩子们发出的信号，饿了、渴了、尿湿了、想活动了等等。渐渐地，他们开始能叫爸爸、妈妈了，这种变化无疑让家长万分欣喜。从发出第一声响到第一次叫爸爸、妈妈，孩子们在声音上的众多第一次还承载着更深层次的东西，这是他们努力尝试与大人们沟通的结果。所以，在这个沟通的过程中，如果家长对孩子们发出的信号不敏感，把孩子的咿呀学语仅仅当作他们的自言自语，那么久而久之孩子们就会不愿意再去尝试交流了，这对孩子语言的发展及和谐亲子关系的形成是相当不利的。

认识世界从第一次好奇开始

对于刚出生的孩子来说，纷繁的世界是新鲜的，也许他们从未想过多年后自己会和这个陌生的世界融合在一起，而一个人究竟能与世界多亲近取决于他能否接受新的事物，在这个过程中好奇心就必不可少了。好奇心让人们对世界时刻保持新鲜感，推动自己不断地通过努力获取新的知识和信息，但并不是每一次好奇都会带来成长。比如，当孩子第一次对新鲜的事物萌生了一种探求心理时，这种好奇心表现出来后如果没有获得支持，那么他获取新信息的积极性就会大打折扣，甚至从此对外界漠不关心；相反，如果第一次好奇心得到了家长的支持和鼓励，并且通过探索了解了自己从来不知道的东西，这种成就感和满足感就会促使他们去了解更多的东西，取得更大的进步。当然，为了孩子的安全和健康，当孩子对一些具有危险性的东西感兴趣时，家长还是要用合适的方式加以劝导的。

爱的品质可能源于孩子第一次关心、第一次助人

身边人无微不至的关心可能会让孩子体验到爱，从而影响着他们自己的行为，但孩子第一次表现出自己的爱可能就是一次很不起眼的助人行为、一句简简单单的关心的话。

2 岁的帆帆一个劲地吵着妈妈睡觉，可妈妈还有很多工作没有完成，于是妈妈就哄着帆帆自己睡，一开始她还能很有耐心地说，但帆帆完全不听，妈妈忍无可忍对着帆帆大发脾气，弄得帆帆不停地哭。这时妈妈也意识到自己的行为有些过激，就停下手头的工作陪帆帆，当了解了儿子的本意后，妈妈懊恼万分。原来，帆帆是担心妈妈太累了，“姥姥说不按时睡觉的孩子不是好孩子，而且还会生病，妈妈也要睡觉”。

这个例子中的妈妈将孩子的爱当作是一种无理取闹，给孩子带来了伤害，幸运的是妈妈最终还是发现了问题，将不良的后果降到最低。

恶习来自于对第一次犯错的纵容

在教育孩子的过程中，家长对孩子第一次撒谎、第一次偷窃等不良行为的忽视和放纵可能使孩子走上犯罪的道路。很多青少年犯罪都是由于在犯错后得不到家长的引导，或者由于家人的溺爱滋长了自己的不良倾向导致的。“小时候偷针长大了偷金”，讲的就是如果在孩子小时对他们的“小偷”行为不以为然，等到孩子长大后成为“偷窃犯”再进行教育就来不及了。当孩子出现不良行为或有这种倾向时，家长置之不理或一味纵容是不负责任的表现，家长的暴力制止也是不理智的。对于涉世不深的孩子来说，他们对于外界的各种诱惑不能坚定地抵制，犯错是不可避免的，所以家长要有的放矢地对待孩子的错误，引导他们及时改正。

第一次微笑，第一次独自出门，第一次与别人一起游戏，第一次讲故事……对于宝宝来说，他们的每一天都是新的，有无数个第一次伴随着他们的成长。家长们只有用心去爱、去包容、去引导，才能让孩子们健康成长。

孩子有三个不快乐期

很多家长都纳闷，为什么自己努力为孩子创造好的生活条件却没有带给孩子快乐，甚至换来的是孩子们的不满和反抗。家长常对孩子唠叨：“你看你们现在的条件多好啊，想当初我们因为穷连书都读不起。”没想到，孩子却很快地感叹：“天啊，什么时候咱们家能再变穷啊！”可见，孩子们想要的生活跟家长们一直以来努力给予的生活是不相符的。对于家长来说，有机会好好学习就是莫大的幸福，但对于孩子来说，这种优越的条件不仅没有带来快乐，相反，还是烦恼的源头。

有儿童学家认为，孩子最可能在6岁、12岁、16岁三个年龄段感觉到不快乐。从这些数字中很容易发现一个规律，它们都与学校环境有关。

6岁是孩子准备从幼儿园进入小学的阶段，他们必须面临一个全新的环境。虽然6岁到7岁看似没有多大的变化，但幼儿园的教育与小学教育是有很大区别的，后者主要强调的是知识的传授，比前者有压力，所以在这一转变中，孩子的角色也会发生很多的变化。有些孩子对于这一时期的到来十分憧憬，而且迫不及待地希望自己也能像大哥哥大姐姐那样领着新书、坐在明亮的教室里学习。对于这些孩子来说，他们无疑是快乐的，环境的转变让他们体验到了快乐而不是压力。但并不是每一个孩子都能如此幸运，面对即将到来的新环境，有些孩子会感到前所未有的恐惧和压力——好不容易适应了幼儿园的生活，现在又不得不改变，而且，这时家长可能也会有意无意地施加很多压力，不停地告诫他们要好好学习，否则就会如何如何。这在无形之中增加了孩子的恐惧感，让他们变得更加不快乐。

12 岁是即将从一个学习环境过渡到另一个环境的年龄，从熟悉到陌生的焦虑和恐惧无疑也是引起这个年龄段的孩子不快乐的原因之一，但更为重要的应该是学习上的压力。虽然义务教育已经在我国推行多年，但随着知识地位的日益提高，人们对教育的重视程度也在提高，由此带来的是激烈的教育资源的竞争。为了上好初中，家长们可谓费尽心思，创造一切可以创造的条件，这些让本来就处于高压之中的孩子更加紧张。此外，这一时期的孩子身心正在经历着急剧的变化，如果没有足够的准备，可能让他们措手不及，甚至会出现很多心理隐患。

16 岁也是让孩子很容易体验到不快乐的时期，严重的可能会走向犯罪的道路，这从大量的新闻报道中可以看出。但他们的一些违法犯罪行为并不能说明他们是邪恶的人，而只是因为处于这一特定年龄的人在面对困惑时做出了错误的选择，一时失足酿成了恶果。

快乐或不快乐并不是某一阶段所特有的现象，每一个时期都可能出现不快乐的情绪体验，甚至在同一时期既有快乐也有不快乐，只是对于儿童来说，在 6 岁、12 岁、16 岁三个时期更容易滋生这些负面的情绪。

孩子的不快乐自然会牵动家长的心，如何让他们快乐地度过这些情绪上的“危险期”是家长一直以来都在想方设法解决的，但有些家长往往只关注孩子的物质需要，忽视了对孩子精神上的安抚。其实，对于成长中的孩子来说，精神上的支持和鼓励更为重要。所以，当孩子表现出不快乐的迹象时，家长应该及时地与之沟通，和孩子一起顺利渡过难关。

第二章
高效的亲子沟通，要及时发现沟通难题

经常对父母说，“我只想一个人待着”

现在的孩子都是独生子女，孩子的成长越来越受到父母的重视，很多父母也开始了解和孩子沟通的重要性，但是，却也有父母觉得十分不解，孩子小的时候还可以和自己无话不说，就像朋友一样相处，但是为什么孩子一长大，竟然开始排斥与父母交流，逐渐开始疏远父母，很多时候父母想要关心孩子，想和孩子沟通一下，结果却惹得孩子厌烦起来，甚至孩子还会说想要自己一个人待一会儿，不让父母打扰自己！这是怎么回事呢？难道真的是孩子长大之后开始厌烦父母，不喜欢自己的父母了吗？

其实，父母完全不必有这样的担忧，孩子想要一个人待一会儿是孩子正常的心理需求，并不是厌烦家长了，更不是讨厌家长。其实，孩子在逐渐有了自我意识之后，就开始会有自己的想法，也需要时间和空间来完成自己的思考，这个时候，孩子和我们大人思考的时候一样，不希望自己被人打扰，所以，他们希望自己待一会儿。例如孩子在幼儿园玩耍学习了一整天之后回到家里，他非常需要安静地独处一会儿，仔细回想一下自己一天的活动，只有动静结合才能让孩子的神经得以舒缓，对孩子的健康成长是非常有利的。因此，父母不要只是抱怨孩子不和自己亲近了，只要孩子思考完成之后，孩子自然会主动和自己的父母交流的。因此，给孩子营造一个安静轻松的环境，让孩子可以回顾自己白天学习的内容和玩耍的游戏，不但可以培养孩子的记忆力，也可以让孩子学会反思，并得以放松。如果父母寸步不离地陪着孩子，可能会打扰孩子的思路，破坏孩子的放松气氛。

而对于更大一点的孩子更是如此，孩子越大，需要思考的东西就会越多，他们需要一个安静的环境来完成自己的思路，这个时候父母如果强行和孩子交流，只会打断孩子的思路，让孩子十分厌烦。其实，不管是多大的孩子，都需要自己独处的时间，他们会通过这段独处的时间练习或者思考东西，很多父母认为孩子还小，能有什么需要思考的呢？对于大人来说可能是非常简单的问题，但是对于年龄小的孩子来说，他们却需要经过一番思考才能想明白。即使是刚刚学会爬行的孩子，他们也需要自己不断探索，将能够抓到的东西都塞到嘴里尝一下，或者左顾右盼地去捕捉能够引起他们自己注意得东西。孩子通过这样的玩耍，开始独立思考，探索自己与周边环境的关系。这个过程父母是帮不上忙的，而且在这样一个独处的过程中，孩子不但可以放松自己，也可以从中学习很多东西。如果孩子一个人玩腻了，他们自己就会通过哭闹来引起父母的注意，这个时候父母再陪孩子玩耍就可以了。

当孩子逐渐长大，有了自己的独立意识之后，他们更会认为通过自己学会的东西远比父母教给自己要好得多。很多父母都会遇到这样的现象，三四岁的孩子总是喜欢标榜自己的能力，都是会说“我的”“这是我……”这样的语言，说明孩子希望凸显自己的能力，他们开始有自己的思想，希望通过自己的探索来认识这个世界。这就需要父母给他们独处的时间，给他们自主探索的机会。

凯凯已经上小学了，凯凯的妈妈是接受过高等教育的人，她非常注重亲子关系的培养，从凯凯很小的时候开始，妈妈就把凯凯当成一个平等的朋友一样对待，非常尊重凯凯的意见，因此凯凯也很愿意和妈妈在一起沟通，有什么事情都会告诉妈妈，也很喜欢和妈妈一起玩游戏。后来凯凯逐渐开始明白一些道理之后，妈妈经常和凯凯聊天，母子两个人常常一聊就是半个小时，就像是好朋友一样。妈妈常常为和儿子这种良好的关系感到自豪。

但是，在凯凯上了小学之后，妈妈明显感到凯凯的时间有些紧张，但是为了维持原先的良好关系，妈妈还是每天都抽出时间和凯凯说说话。但是凯凯小学之后的作业增多了，很多时候凯凯要写一个小时才能写完，写完就该吃饭了，吃完饭凯凯还要看动画片，能分给妈妈的时间有些少了。妈妈就趁凯凯写作业的时候，过去给凯凯倒杯饮料，或者给凯凯拿个水果，有时还会在凯凯身后看看他的作业完成得怎么样了……这让凯凯有些厌烦，觉得妈妈总是这样，会打扰自己完成作业的，自己的注意力总是会被妈妈打断，因此，有的时候，凯凯实在忍不住了，就对着妈妈说："你就不能让我一个人待一会儿吗？"

听到凯凯这样的话，妈妈先是一愣，接着感到有些伤心，自己想要和孩子建立好的关系，想要多关心一下孩子，想和孩子说说话，为什么孩子会把自己往外赶，想要一个人待一会儿呢？是孩子讨厌自己了吗？还是自己哪里做错了，让孩子生气了呢？以前，凯凯可是从来没有这样对待过自己啊。

相信有很多父母会遇到这样的情况，自己忙前忙后想要让孩子更加舒服一些，或者跟孩子说说话，想要多了解一些孩子的情况，但是孩子却希望能自己待一会儿，好像很烦自己的父母一样。其实，任何年龄阶段的人都需要独处的时间，并不是只有大人才会有这样的想法，孩子也是需要的，父母根本也不用担心，孩子只是在思考，或者需要安静的环境，等他们思考完了，自然还是会喜欢和父母说话的。

当然，父母不要以自己的眼光来判断孩子的行为。可能孩子感兴趣的事物，有很多在父母的眼中是平凡无奇的东西，但是在孩子的眼中却充满了吸引力。因此，父母不要自己认为没有意思的事情就不让孩子去做，不要限制孩子的活动，除非是对孩子有危险的事情，否则父母应该尊重孩子，让孩子自己去探索。

当然，父母在给孩子留下独处的空间的时候，也应该让孩子明白要尊重父母独处的权利。因为，不排除现在有很多的孩子特别黏父母，离开了父母便会又哭又闹。这样的孩子更需要独处，父母可以和孩子设立一些彼此的约定，让孩子知道父母也希望在忙了一天之后能够有放松的时间，这是每个人都有的需求，并不是父母整天都要围着孩子转，孩子也应该学着自己想办法来探索周围的世界。可能刚开始的时候，父母和孩子约定给彼此的时间很短，只有 5 分钟或者 10 分钟，在孩子慢慢习惯之后，再按照具体的情况延长独处的时间。

父母给孩子足够的自由时间，让孩子可以到处游玩和闲逛，或者自己在房间中思考，让孩子不断发现和开发更多新奇的事物，不过，在这个过程中，父母也要保证孩子的安全。在家中尽量让孩子远离尖锐的物品和跟电有关的物品。当然，在家里孩子独处的时候，父母可以给孩子提供一块小黑板或者一张纸，让孩子可以随时将自己的所思所想表现出来。

孩子想要自己去旅行

现在很多父母觉得不理解孩子的想法，不明白孩子整天都是在想什么。确实，现在的孩子都觉得自己的父母根本就不理解自己的想法，有的孩子甚至想，爸爸妈妈根本就不信任自己，总是把自己当成小孩子，以为孩子不能自己照顾好自己。但是孩子觉得自己已经长大，已经是大人了，不用什么事情都听父母的安排了，所以，想要摆脱父母的监管，想要过自己希望的生活。于是，有的孩子提出想要自己出去玩玩，也就是自己去旅行。孩子认为现在科技发达，通信方便，所以爸爸妈妈根本就不用担心自己的安全。但是父母却不这样想，父母除了考虑孩子的喜好，更担心孩子的安全，这是孩子自己并不太注意的方面。孩子总是把自己当作大小人，认为自己已经足够强壮以应对外面世界的风险，有些孩子甚至对社会上的危险完全没有概念。这也就难怪父母会担心孩子的安全问题，而不让孩子自己出门或者出去旅行了。

但是，孩子到了青春期以后，心理逐渐成熟，自我意识不断增强，有了很多自己的想法，开始怀疑父母的一些思想。为了彰显自己的独立，孩子开始和父母对着干，开始出现逆反心理。这些都是孩子青春期时期大多会出现的一些现象。而且，这个时期的孩子由于心理需求不被父母理解，自己也开始想要摆脱父母的束缚。于是有的孩子开始想要外出呼吸自由的空气，还要求自己一个人外出旅行。父母当然以不安全为由阻止孩子。于是亲子之间就会出现一些矛盾，孩子和父母都坚持己见。

当然，孩子的想法和父母的想法并不相同，有很多孩子想要一个人出去旅行是为了缓解压力，也有很多孩子只是觉得一个人旅行十分新奇。大家都应该明白，孩子的好奇心理自小就有，就因为这种好奇心理的存在，才让孩子主动探索到了很多知识。但是现在孩子长大了，他们探索的范围也在不断扩大，所以才有了自己出去旅行的想法，想要有一些特别的经历。这是因为孩子在成长到一定的阶段时，有了自己的想法和看法，对外面的世界也开始有了自己的理解。同时，孩子更有好奇心和欲望来探索未知的世界，再加上自我意识的驱使，孩子很有可能会想要一个人出去旅行，这样既能满足自己探索世界的好奇心，也能锻炼自身的能力。

所以说，孩子的想法还是好的，父母对此应该报以理解的态度，这是孩子正常心理需求驱使的结果，父母应该对此感到欣慰，孩子提出这样的需求，说明孩子对世界有探索的欲望，并且能力图自立。当然，父母的担忧也是可以理解的，毕竟孩子还没有成年，在很多事情的处理上孩子还是不够成熟和稳重的，再说孩子的自我保护意识也不够强。不过，父母也不必一竿子打死孩子这种要求，而是可以和孩子好好交谈一下，说清楚自己的顾虑，让孩子了解自己的苦心。

依依今年刚刚升入初二，学习的课程增加了很多，妈妈也发现了原本还算是比较开朗的依依最近总是心事重重的样子，最近一次月考的成绩也不是很理想，依依就有些受到打击，在家里说话也少了，妈妈喊她出去逛逛街也不愿意出去，整天把自己关在房间里学习，可是经过一个月的学习，再次月考的成绩还是不理想。依依可能有些受不了这样的结果，这几天心情烦躁，却又不知道该和谁吐露心事，以前还和妈妈无话不说的依依，自从上初中以后也逐渐不愿意和妈妈聊天了，因为她觉得自己的很多想法妈妈都不理解，两个人很难想到一块去，妈妈总是把自己当成小孩子，可是自己已经是中学生了，不是小孩子了。

后来，依依听到有同学自己出去游玩，特别开心，还能放松心情，心里羡慕不已，想到自己现在的心情，的确也很适合出去散散心。于是，就和妈妈提出想要出去旅游，也不去远的地方，只是去市周围就可以了。开始的时候妈妈以为是依依想和爸爸妈妈一块出去，就和依依商量去哪里好，但是依依说是自己想出去玩，不是和爸爸妈妈一起。一听依依的想法，妈妈立刻就否决了，先不说去的远不远，光是安全问题妈妈就十分不放心，妈妈认为依依是个女孩子，而且今年也才 13 岁，根本就没有安全意识，也没有能力判断别人是好是坏，自己出门太危险了。

但是依依却告诉妈妈："我已经不是小孩子了，有足够的能力应付外面的事情，你就让我去吧，我一定会注意安全的。反正我现在也没有心思学习，你就让我一个人出去走一走，散散心，回来之后也可以更投入地学习啊。"虽然说出去玩一下确实可以释放学习压力，但是妈妈还是不同意依依一个人出去，必须有爸爸或者妈妈带着出去才可以。而依依却觉得如果和自己的爸爸妈妈一块出去，就没有了释放压力的意义了，爸爸妈妈肯定会唠叨自己。于是妈妈和依依互不相让，母女两个也陷入了冷战之中。

就上面的例子来说，初二的孩子因为课程增多，学习上有压力是非常正常的事情，但是压力若不能得到很好的排解，很有可能会对孩子造成困扰并危害孩子的心理健康。孩子想要一个人出去走走也是可以理解的，但是孩子一个人出去玩，父母肯定不会放心。父母可以和孩子商量一个折中的办法，既然孩子不愿意和父母一块旅行，而父母又担心孩子一个人出去会有危险，可以和孩子商量让孩子和几个同学结伴旅行。压力大家都有，但是有压力才有动力，要让孩子学会采取合适的方法来缓解压力，况且一个人旅行并不是唯一的办法，父母还可以帮助孩子找到更多的排解压力的方法，这样孩子不用去旅行也一样可以排解自身压力，从而好好学习了。

当然，如果孩子提出自己去旅行的要求，父母也不用太慌张，要根据孩子的具体情况采取不同的应对方法。如果自己的孩子在现实生活中思维缜密，并且行动力和自理能力都很强的话，父母也是可以允许孩子到比较近的地方去旅行，但是也要嘱咐孩子和保障孩子的安全问题。如果孩子的自理能力并不强，思维也不够缜密，父母则不要轻易答应孩子的要求，但是也不要以激烈的言辞坚决反对，最好能让孩子主动意识到自己还没有足够的能力单独应对突发状况，只有在积累足够的经验之后，才有能力一个人旅行。父母要与孩子心平气和地沟通和交流，不要严厉斥责或者无视孩子的想法，而是要逐步正确引导孩子认识自己，并对整个社会有更加全面而成熟的了解。

孩子竟然说“说了你们也不懂”，怎么办

孩子非常在乎父母是否真的关注自己，也喜欢父母多关心自己，当孩子心里有疑惑和不解的时候，第一时间想到的询问对象也就是自己的父母。所以，很多孩子小的时候都喜欢缠着自己的爸爸妈妈问这问那的，就好像是孩子的脑袋里面装着十万个为什么一样，而父母就是他们的百科全书，好像无论是什么样的困难和问题，只要有父母帮助，就都可以迎刃而解。

但是随着孩子年龄的增长，孩子找父母问问题或找父母倾诉的情况越来越少了，这一方面是因为孩子在成长，也逐渐明白了很多事理，而且孩子的心理逐渐成熟，他们认为自己已经懂得很多了，没有必要再向父母请教了；但是另一方面，父母该反省一下是不是自己没有专心给孩子解答疑惑，静下心来倾听孩子的心声，这才导致孩子再也不愿意把心扉对父母敞开，和父母进行沟通了呢？

很多父母都以自己很忙为理由，忽视了孩子在成长期这一阶段的心理需求，使得孩子觉得父母不理解自己，而父母又觉得现在的孩子不理解父母，不愿意和父母沟通。曾经有一项针对 100 名学生的问卷调查，调查结果中，认为父母理解自己的学生仅占 44%，有 56% 的学生认为父母并不理解自己，其中 10% 的学生更是认为家长“根本不能理解自己”。许多学生都认为家长只是关心自己的成绩而并非他们本人，而且家长喜欢唠叨也让孩子不堪忍

受。有 55% 的学生选择“家长的唠叨是最令自己痛恨的事情”，调查发现，许多父母看到孩子没有考到高分就会批评孩子，根本不管考试难易程度，也不会听孩子的解释，只是唠叨和强调孩子的成绩。这也难免会让孩子觉得父母不理解自己，不关心自己，甚至都没有想要理解和接纳自己的欲望，因为有时候孩子说了，父母也不相信孩子，还以为孩子是在给自己找借口。

当然，也不排除现在有很多孩子进入青春期以后，开始有了自己的思想，开始有了想要摆脱依赖父母的想法。

心理学家发现，12~17 岁这个年龄阶段的孩子是最让父母担忧，最不让人省心的。很多这个年龄阶段的孩子，为了证明自己已经长大了，证明自己的思想是成熟的，他们开始质疑自己的父母，认为父母的想法太老土、观念跟不上时代的潮流等，因此，在遇到一些问题的时候，他们不再参考父母的想法。父母与孩子认识上的差异会加剧彼此之间沟通的难度。

当孩子遇到烦恼和困惑的时候，最应该找的就是自己的父母，但是由于代沟和沟通不畅等原因，有近 60% 的孩子选择自我解决，其中又有将近一半的孩子表示遇到烦恼只会“闷在心里”。还有的孩子用看小说、玩游戏，甚至自虐的方法来排遣困扰。我们相信父母都是善意的，都是为了孩子更好地成长，也许有的父母想法老土，跟不上孩子的潮流脚步，但是父母的初衷一定是为了孩子好的。但是因为父母和孩子的想法不一样，或许有的时候父母有些过于强势，加上孩子正处于青春期这样的一个叛逆时期，彼此互相不理解，不退让，只会让孩子离父母越来越远，孩子逐渐不再信任父母，有的时候孩子还会说一句“说了你们也不懂”将对话完结在刚刚开始的时候。

茜茜今年13岁，已经是个中学生了，经常和好朋友一起玩，一起交流心得。但是对自己的爸爸妈妈却十分冷淡，几乎没什么事情就不会和爸爸妈妈说上几句话，有的时候，妈妈想要茜茜陪着自己出门逛逛街，但是茜茜总是会一口回绝，说："我们的眼光不一样，你还是自己去逛街吧。"茜茜每次回到家都是在自己的房间里面玩电脑，和自己的朋友聊天，妈妈想要了解一下她最近的学习情况，茜茜不耐烦地回一句："就知道问学习，能不能有点别的内容啊？"根本就不回答妈妈的问题。妈妈觉得茜茜都上初二了，课业应该很紧张了，就不让茜茜玩电脑，让她多学习，茜茜却说现在谁还用看书学习的啊，都是用电脑来学习，说妈妈太老土了，什么都不懂，就知道瞎指挥。

有一次，茜茜的好朋友妞妞来找茜茜玩，茜茜就跟妞妞抱怨自己的妈妈一点也不理解自己，简直没有办法和妈妈沟通："我妈不爱看书，我给她看我最喜欢的《青年文摘》，她却责怪我不好好学习，净看些没用的书，你说这能没用吗？她就是什么都不懂。她还把我的课外书都没收了，说这些都是闲书，不利于好好学习。她从来就不顾及我的感受，总是强迫我干这干那，小时候强迫我学画画、练琴，现在又监督我学习，跟她说什么她也不懂，就是老一套！"妞妞则是一副我懂的样子："我太理解这种感受了，我妈也是这样，总是不分青红皂白就下结论，还不让我解释，时间长了我也懒得解释了，她爱怎么想就怎么想吧。跟他们真是不能沟通，现在我都懒得跟他们说话了。"

父母们如果听到自己的孩子这么评价自己，会有什么感想呢？父母总是认为自己做的一切都是为了孩子好，自己吃的盐比孩子吃的米还要多，所以理所应当地可以替孩子决定一切，可以命令和强制孩子做事，还说这是为了孩子好。但是父母想过孩子的感受了吗？当孩子和你说“你们都不理解我！”“说了你们也不懂”的时候，孩子就已经对和父母沟通产生厌倦和排斥了，父母是不是应该反省一下自己，是否错过了和孩子好好沟通的机会呢？当孩子满心希望和你倾诉衷肠的时候，你是不是会借口自己很忙或者很累，将孩子一把推开？或者根本不听孩子的话，直接下判断？这样的次数多了，孩子自然不愿意再和父母沟通了，因为孩子觉得没有人愿意静下心来认真听他们说话。

当然，为了能够和自己的孩子有效沟通，避免孩子说的父母却不懂，父母也应该紧跟孩子的脚步，多学习现代知识，这样才能和孩子无障碍地沟通。为了和孩子保持良好的互动，父母应该多抽出时间陪伴孩子，并让孩子感受到自己的关心和关注，这样也会让孩子更有安全感。比起物质，孩子更需要父母精神上的关怀，父母要及时发现孩子情绪的波动，并多与孩子谈心。当然，在谈心的时候，也不要总是站在自己的角度上思考问题，而是应该多询问孩子的意见，不要让孩子觉得自己被忽略了。

父母在和孩子沟通的时候，不要预设自己的立场，要将自己放到孩子的位置上，以孩子的思维方式来思考问题，让孩子觉得自己被理解和接纳了，之后再提出一些比较委婉和中肯的意见，关键是不能让孩子觉得反感。在沟通时，父母可以先保持多倾听少说话的原则，不要在孩子说话的时候打断孩子，免得孩子产生心理顾虑。在孩子受了委屈时，父母要及时安慰孩子，让孩子感受到自己的关爱，化解孩子心中的紧张和不快的情绪，建立积极的人生观和价值观。

为什么他总是不理解我对他的好

很多父母觉得自己做的每一件事都是为了孩子好，但是很多时候孩子却并不领情。其实，这只是孩子和父母之间的沟通出了问题。如果父母和孩子沟通不好的话，很容易就会出现父母觉得孩子一点也不理解自己，而孩子反过来也会觉得父母不懂自己这样的现象发生。这是因为双方站在不同的立场，而且生活和成长的背景都不同，父母和孩子之间很容易就会出现代沟。尤其是当孩子进入青春期以后，孩子的心理逐渐成熟，自我意识的增强使得孩子试图独立，并坚持己见，这时孩子和父母可能会有不同的想法，如果双方不进行良好的沟通，都只是按照自己的规则行事，那么必然会产生矛盾和误会，双方可能都会认为对方不理解自己。有很多时候，父母仗着自己年长、经验多，或是觉得自己是权威，就武断地替孩子做决定，认为自己比孩子思考得更全面，而且自己这么做正是为了孩子好，这本是无可厚非的，孩子有什么理由不听自己的话呢?

但是父母却忽略了一点，孩子已经长大了，孩子的心理已经发生变化了，开始有了自己的想法，而且孩子认为自己的想法是正确的。当父母忽视孩子的想法的时候，孩子就会觉得自己没有受到父母的尊重。在某些情况下，父母认为自己做的是对孩子好，但是实际情况可能并非如此。父母不是孩子，可能并不知道当时事情发生的条件和实际情况，不问孩子的想法而自以为是地替孩子做决定，难免会引起孩子的反感。只有双方都认同，都接纳时，沟通才是最有效的，这种表达爱的方式才算是成功的。父母自以为对孩子好的事情，在孩子看来却并非如此。因此，父母应多倾听孩子内心的想法，了解孩子到底是怎么想的，为什么会抵触自己认为的“为孩子好”的决定。或许在听到孩子的解释时，父母会恍然大悟，察觉自己想法的错误。

所以说，了解孩子是教育孩子的前提。其实，想要了解孩子，并不是很困难的事情，父母只要平时多观察孩子的一举一动，关注孩子的情绪变化，认真体会孩子的各种心态，仔细考虑孩子的各种要求，了解孩子的内心世界，就不难弄清楚孩子的一些行为与问题。正所谓“知彼知己，方能百战百胜”，对孩子的一些行为和问题有了清楚的分析和了解之后，父母应该如何引导孩子，如何与孩子进行沟通，就是一件很简单的事情了。

晚晴是一个非常漂亮的女孩，多才多艺，会跳舞，还会弹钢琴，到了初中以后，晚晴的钢琴表演已经非常成熟了，很多同学都听过晚晴弹琴，大家都说跟电视上的表演家一样厉害。虽然，大家有些夸张，但是晚晴的确是个非常有表演天赋的优秀人才。晚晴自己也非常希望能有更好的发展，但是爸爸妈妈都希望晚晴能在学习上下功夫，而不是在这些才能上。

初中之后，晚晴的课业负担就重了，没有那么多的时间来发展自己的兴趣爱好了。而且爸爸妈妈也对她的学习有很大的期望。学校里有专门的老师教钢琴课，愿意学特长的学生可以去学，这样考高中的时候还好考一点。晚晴也想去学，但是爸爸妈妈坚决不同意，认为只有学习好才是真本事，那些都是些旁门左道，不值得一提。于是，晚晴经常偷偷在放学后跟着学习钢琴的同学到琴房去练习一下。为此有好几次晚晴的作业都没有完成。后来爸爸发现了晚晴的秘密，结果在家好好教育了晚晴一番，晚晴觉得自己的爸爸妈妈十分不理解自己，不尊重自己的爱好和选择，于是，就不再听爸爸妈妈的话，经常不上课去跟着同学们练习钢琴，成绩也下滑了很多。

在一次期末考试之后，晚晴的成绩已经落到了班里的后半段，爸爸妈妈整个暑假都把晚晴关在家里，不允许她外出，让她在家里学习。有同学来找晚晴玩，爸爸妈妈也不让晚晴出去，晚晴觉得自己在同学面前非常丢脸，爸爸妈妈实在有些太过分了。当天晚上开始，晚晴就用不吃饭来向自己的爸爸妈妈表示抗议，但是爸爸妈妈却觉得晚晴不知悔改，而且以为孩子饿一顿两顿也没有什么事情，就没有管晚晴，晚晴觉得自己的爸爸妈妈一点也不关心自己，只是想让自己学习好给他们争面子。当天晚上晚晴就割腕自杀了，等爸爸妈妈发现的时候，晚晴已经没有了呼吸。

如果晚晴的爸爸妈妈不再固执，如果他们对孩子有足够的了解，发现孩子的特长，鼓励孩子发挥自己的特长，去追求未来的梦想，结局也许就会不一样了，这个孩子也许会大展身手，走上舞台，取得辉煌的成就。正如一位教育心理学家所说：“成功就是选择，一个人如果选择了适合他的道路，他就会成为天才，成为幸运儿。但如果一个人选择了不适合他的路，他也许就成了蠢材，甚至成为一个悲剧。”晚晴的命运就是如此，由于她的父母为她选择了一条不适合她的道路，让她无所发展，最终选择了自杀这样一个悲剧。

所以说，教育孩子的前提是了解孩子，这是教育最基本的原则。孩子的成长是有规律的，孩子的心理是不断发展的，虽然孩子是千差万别的，但是教育的原则却是相同的，那就是根据孩子的心理特点进行培养。

所以，在父母和孩子的沟通出现问题的时候，父母一定要先反思自己，是不是没有尊重孩子，是不是没有询问孩子的想法就替孩子做了决定。如果父母以为孩子年龄小，没有自己的想法，就直接为孩子做了决定，或者命令孩子做事情，孩子会认为父母不尊重自己从而产生逆反心理。此时，父母或许就会觉得自己明明是为了孩子好，孩子为什么就是不理解呢？家长作为成年人，具有分辨是非的能力，但是孩子的年龄小，可能确实没有家长考虑得全面，但这并不是说家长就是权威，一定就不会出错。孩子有自己的想法，家长不妨让孩子自己去尝试，不要以权威的口吻否定孩子的想法，更不要以“我是为了你好”为由强制孩子听自己的话。当然，如果孩子要做的事情具有危险性和不可执行性，父母可以平心静气地和孩子沟通，向孩子耐心地解释自己的理由，以理服人。

孩子经常跟家长唱反调

孩子在小的时候，还没有形成自己的想法，心理发育也不成熟，自我意识差，所以，在小时候的孩子大多数都很听父母的话，父母也已经习惯了孩子听从自己的命令。但是，从孩子 3 岁之后，孩子就会逐渐形成自我意识，在 3~6 岁时，会进入心理发展的第一个“叛逆期”，孩子的自我意识逐渐萌芽，越来越有主观能动性，对家长的指挥和安排开始具有自己的想法，不再一味顺从。这时就会出现很多令家长头疼的现象：孩子开始闹独立，你让他往东，他偏偏就往西，处处与父母唱反调。

等孩子过了这段年龄就会又变得顺从起来，但是等孩子到了七八岁的时候，又会经历一次这样的叛逆期，都说“孩子七岁八岁讨人嫌”，的确是这样，七八岁的孩子心理上的自我意识进一步发育，他们在好奇心的引导下开始独自探索这个世界，对于爸爸妈妈这样那样的要求开始试图挣脱，为了显示自己的独立，他们就开始与父母或者老师对着干，这就是孩子经历的第二个叛逆期。

还有很多父母都会有这样的体会：孩子进入中学以后，似乎长了许多的“本事”：孩子越来越不听话，脾气倔强，一句话不如意就会和大人吵起来；还有的孩子与父母对着干，甚至还会持续很长一段时间。孩子这段时间的叛逆行为比小的时候更为严重，持续的时间也更长，因为这个年龄的孩子心理已经逐渐成熟起来，有了自己的思想，认为自己已经是大人了，不需要父母时时刻刻对自己耳提面命了，希望父母把自己也当成大人来对待。然而，孩子在父母的眼中始终都是小孩子，而且父母也已经习惯了什么事情都替孩子做决定，于是就会发觉孩子太叛逆，心理学上把青少年的这段时期称为“逆反期”。

孩子叛逆期的到来，是他们的生理、心理快速发育的结果。心理的发育使孩子自认为已经长大，凡事想独立、自我决定，所以当孩子面对紧张的学习、升学的压力以及父母那无休止的催促行为时，就会产生逆反心理。心理学家认为，孩子的这种行为其实就是对父母“权威”的挑战和反抗，以及对自我独立人格的追求。

一般来说，孩子成长的过程中，都会经历这样的三次叛逆期，在这三次叛逆中孩子会经历三次大的心理上成熟的飞跃，是孩子逐渐成长的标志。而这其中最重要的就是孩子青春期的叛逆期，孩子的这次叛逆持续的时间最长，对孩子的成长影响力也最大。对于孩子和父母来说，青春期都是令人烦恼的过渡年龄。当然，想要孩子在这个时期成长得更好，父母在孩子的这一叛逆期的作用十分重要。正如德国儿童心理学家罗德·谢尔所说："父母在这个过程（青春期）中的作用就像蹦床的床面，因为为了能够找到自我，青少年必须首先把那些比他们更有权力、有关系的人重重地震动一次。"所以，对于处在叛逆期的青少年来说，父母应该对其心理加以正确引导，这将使他们终身受益。相反，如果处理不好，将会影响孩子未来的心理发育和健康成长。

孩子变成了呛人的"小辣椒"

"现在的孩子越来越难管了！"有不少父母抱怨说，"稍不如意，牛脾气就上来了。打也不听、骂也不灵，哄他吧，他还更来劲！"生活中，确实有不少这样的孩子。心理学家认为，孩子爱发脾气是家庭教育不当引起的。

李医生夫妇最近被儿子的坏脾气折磨得头疼。儿子奇奇 7 岁，才上小学二年级，脾气却暴躁得厉害，稍不如意就大发雷霆，大喊大叫；即使是跟他讲道理，他也听不进去，如果父母不按照他说的去做的话，他就一直吵闹、哭喊、在地上打滚，手里有什么东西都会顺手扔出去。

为此，李医生夫妇想尽了办法，他们打他，苦口婆心地教诲他，罚他站墙角，赶他早点儿上床，责骂他，呵斥他……这些都不管用，一有事情奇奇还是会大发雷霆，暴躁脾气依然如故。

这天，奇奇看到邻居家小朋友拿着一个变形金刚，奇奇觉得很好玩，就跟那个小朋友一起玩了起来，两个人玩得很开心。很快，吃晚饭的时间到了，那个小朋友被他妈妈叫回家了，奇奇也只好依依不舍地回家了。

回到家里，奇奇就跟妈妈讲："妈妈，你给我买个变形金刚吧。"

"你的玩具箱里不是已经有两个了吗？"妈妈很奇怪。

"我想要邻居家小朋友那样的。"

"那等明天爸爸出差回来了带你去买吧。"

"我不！我就现在要！"奇奇的愿望没有得到满足，大声喊了起来。

"你这孩子，我晚上还得去值夜班呢，哪有时间去给你买啊。来，奇奇乖，咱们吃饭了。"

"我不吃，我就要变形金刚。"奇奇的倔脾气又上来了。

"快点儿吃饭！吃完了我要去上班！"妈妈生气了，说话的语气重了点儿。

"砰——"令妈妈没有料到的是，奇奇竟然把饭桌上的一碗米饭推到了桌子下，碗的碎片和米饭撒了一地。

妈妈很生气，拉过齐齐，狠狠地朝他的屁股上打了两巴掌。这下，可是捅了马蜂窝，奇奇躺在地上“哇哇”大哭起来。

妈妈又着急又生气，眼看着上班时间就快到了，可奇奇还躺在地上撒泼，她不知如何是好了。

生活中，确实有不少像奇奇这样爱发脾气的孩子。心理学家认为，孩子爱发脾气是家庭教育不当引起的。特别是独生子女，如果从小家人就事事以他为中心，孩子要什么就给什么，久而久之，孩子就会养成遇事爱发脾气的习惯。比如，他想要一个玩具，而父母不想买给他，他就会大哭大闹，此时，父母既想管教，又怕孩子受委屈，结果可能就会对孩子“俯首称臣”。这样反而会让孩子形成一种错觉：只要我大哭大闹，他们就会让步，我的愿望就能实现。如此下去，就会形成恶性循环，孩子逐渐就养成了乱发脾气的坏习惯。

此外，有的孩子乱发脾气，可能是从父母那里学来的。父母是孩子最早的启蒙老师，也是孩子最好的老师。父母日常所表现出来的好品质，孩子会受到潜移默化的影响。但是，一些父母却没有给孩子做好示范作用，有的父母遇到不顺心的事情，常常会大发雷霆，甚至有时候还会将怒气撒到孩子身上。这种行为模式往往会被还缺乏辨别能力的孩子加以效仿，于是孩子就会翻版父母的处事方式，遇到问题或困难时，也会大发雷霆。

每个父母都不希望自己的孩子是一个随意发脾气的孩子，可事实上发脾气是孩子成长过程中的必经之路，如果家长引导得不好，孩子就会像奇奇一样，养成乱发脾气的习惯，变成一个暴躁的孩子；引导得好的话，孩子发脾气就会成为每一次教育孩子成长的契机。

第三章　情感式沟通：听对了才能得到孩子的理解，说好了才能赢得孩子的信任

放低姿态，把倾听当作一种愉悦

其实，每个孩子都有希望父母关注和倾听自己说话的渴求。作为父母，对于孩子的这种渴求当然也应当尽力去满足，并且在倾听孩子说话的同时，放低自己的姿态，不做指导者，给予孩子平等和尊重，这样更能使孩子感受到你是在乎和关心爱护他的，这对于发展孩子的语言能力来说至关重要。

“知心姐姐”卢勤在她的《好父母，好孩子》一书中就给我们讲过这样一个自己亲身经历的故事。

每次孩子回家，总是兴致勃勃地给我讲幼儿园里的事，不管我爱听不爱听。儿子需要一个忠实的听众，而妈妈是最合适的人选。

遗憾的是，开始我没有意识到孩子的这个需求，总觉得听孩子说话，浪费了我写稿子或思考的时间。所以，每次孩子和我讲话，我总是做出很忙的样子，眼睛左顾右盼，手里还不停地翻动着书报。

没想到，我的忙碌给孩子的语言带来了障碍。由于他是个思维很快的孩子，为了在有限的时间里把话说完，

就讲得很快，慢慢地讲话就变得结结巴巴。

这引起了我的注意，我也开始注意改变自己，尽量抽出空来，倾听孩子讲话。

可见，父母学着倾听孩子说话，对孩子语言能力的发展是有重要影响的。此外，对于那些不听话的孩子，也只有放下姿态，倾听他们说话，父母才可能真正地了解其不听话背后真实的想法。

在现实生活中，当遇到孩子不听话的时候，大多数父母都只会摇头、吐苦水：孩子内心究竟是怎么想的？他怎么什么都不肯告诉我？然后抱怨孩子不懂事。

实际上，要想打开孩子的心门，探究他的内心世界，父母能做的就是放下自己的姿态来倾听。

耐心倾听孩子的诉说，让孩子体会到关爱和温馨，这才能使孩子与父母更加亲近。许多父母虽与孩子朝夕相处，但却不曾真正了解孩子的想法。如果父母不了解孩子的想法，那就很难有效地应对孩子的不听话行为。

父母要想纠正孩子的不听话行为，就需要放下姿态，亲近孩子，倾听孩子，走进孩子的内心。

晨晨今年8岁，是一名小学三年级的学生，上课老是调皮捣蛋，老师和同学们都很头疼。晨晨的父母更是头疼。他们对晨晨总是各种训导，可是晨晨依旧是我行我素。

有一天，晨晨的妈妈在收拾晨晨书桌的时候，发现了他夹在书里的纸条，纸条上写着："爸爸妈妈从来都不听我说话，不了解我心里想什么，不关心我。"晨晨妈妈突然意识到，孩子调皮捣蛋可能只是想引起父母的注意和关心。

于是，等晨晨放学后，妈妈专门找他谈话。

“晨晨，来跟妈妈聊会儿天，好吗？”

“你又要训斥我了吗？”

“不是，这次，你说，我听。”

“真的？”

“真的。”

“可是，说什么呢？”

“那就说说你为什么在学校里调皮捣蛋的事情吧，还有为什么会这么做呢？”

晨晨便很认真地对妈妈说起了自己在学校里如何调皮捣蛋，还有为什么要如此。

妈妈便问晨晨：“如果我们以后都能认真地听你说话、关心你，你是不是就不再调皮捣蛋了？”

晨晨点了点头。

每个不听话的孩子心里都有一个声音，只要做父母的放低姿态就一定能听得见。

此外，对于建立和谐的亲子关系而言，父母放低姿态来倾听孩子说话也是必不可少的。没有人喜欢跟一个高高在上的人整天讲自己的心事，孩子也是如此。

欣怡已经上初中了，却很少体现出对父母的叛逆情绪，相处融洽，周围的同学和老师也都夸她是一个优秀的孩子。

邻居们更是羡慕欣怡的父母有这样一个乖巧的孩子，几乎每天，他们都可以看到欣怡的妈妈和欣怡坐在小区楼下公园的草地上开心说笑的场景。

“哎哟，欣怡妈妈真是好命，欣怡这么听话，跟妈妈好像是朋友，我们家依依什么事情都不愿跟我说，我们母女就像陌生人。”依依的妈妈对欣怡的妈妈说。

“阿姨，其实，不仅我听妈妈的话，妈妈很多时候也听我说话呢。”欣怡抢着说道。

“其实，要想和孩子成为朋友，就应该听听孩子内心的声音。这时候，不妨坐下来，坐在孩子身边，很愉悦地倾听孩子说话，试想孩子怎么会不愿意跟你说自己的心事呢？对不对，欣怡？”欣怡的妈妈一边对依依的妈妈说，一边摸着欣怡的头。

“对！”欣怡高兴地回答道。

总之，放低姿态，倾听孩子的诉说，对父母和孩子而言都是有益处的。那么，父母应该如何放低姿态，倾听孩子的心声呢？

用温和的态度来对待孩子

父母对孩子的态度非常重要，这会直接影响到孩子对自己的看法、孩子的智力及能力发展，甚至会影响到孩子的行为及道德发展。可惜大多数的父母都意识不到这些，他们觉得自己的态度和孩子的发展没有必然联系。

但实际上，孩子的各种行为都会受到父母态度的影响，甚至孩子的一些品质也都会受到父母态度的影响。

曾经有一位教育专家说过：“提到才智，那么评价就等于成就。”父母对待孩子的态度对孩子的能力形成往往会有巨大的影响。如果父母认为自己的孩子很优秀，那么孩子也会积极地朝着优秀的方向努力。

兵兵上小学的时候成绩优异，这让爸爸妈妈引以为荣。但是自从他上了初中之后，可能是有一些不适应，学习成绩就不如从前了。

自从兵兵学习成绩下降之后，家里就充满了火药味，爸爸妈妈对他的退步感到十分不安，有时难免在话语中透露出焦急。为了帮助兵兵赶快提高成绩，妈妈到处打探哪里的补习班好，然后为兵兵报名学习，一个学期下来，花掉了好几千元，但是兵兵的成绩却不见有什么长进。眼瞅着兵兵成绩一路走下坡路，爸爸妈妈对兵兵说话也开始刻薄起来。

“看看人家怎么这么好命，不花一分钱，孩子照样考前几名，我怎么就生了这么笨的孩子，花多少钱也换不来好成绩。”妈妈有时会这样抱怨。

“看看人家孩子多好命，爸爸妈妈不是厂长就是干部，我怎么这么倒霉，投胎到这么普通的家庭。”兵兵显然不买妈妈的账，开始顶嘴。不过，听兵兵这么一说，妈妈也是哑口无言。

爸爸妈妈对兵兵的这种尖酸态度，让兵兵很不满意，也很寒心。他觉得没有了爸爸妈妈的鼓励，也失去了上进的动力。

其实，父母对孩子的态度不仅会影响到孩子的智力发展和学习，还会影响到孩子能力和人格的发展，比如说孩子的社会适应能力、人际交往能力、自主能力、独立能力等等。人的这些能力是在童年时代奠定基础的，父母对待孩子的态度，对孩子在这些方面能力的形成有巨大影响。

父母是用温和的态度鼓励孩子去和其他孩子交往，还是限制孩子的交往？是有意让孩子在某种环境受到挫折，得到锻炼，还是害怕孩子受到挫折，把孩子保护起来？当孩子受到挫折是帮助、鼓励孩子，还是讽刺、嘲笑孩子，甚至让孩子在挫折面前逃避？这都将对孩子造成重大的影响。

苏晴的父母都是心理学专家，他们深知父母的态度对孩子成长的影响，因此在教育孩子的过程中很注重自己的态度。

每次苏晴犯了错误，惴惴不安的时候，她的妈妈总是先安慰她，然后很温和地给她陈述事情的利害关系。父亲也积极地帮助苏晴改正错误。

今年苏晴被评为市级三好学生，老师在开家长会的时候，请苏晴来给全班的同学做一个演讲。站在讲台上的苏晴说："现在的我能成为一个优秀的高中生，我觉得除了老师的辛勤培养，我更需要感谢爸爸妈妈的培养，不管是我有意无意犯了严重的错误时，还是我胆小怕事需要人鼓励时，他们总是用一种温和的态度对待我，从来不曾大声训斥我。这给了我自信，也给了我温和的性格。"

很多家庭教育方面的专家都发现，如果父母对孩子持有消极、粗暴的态度，就可能造成孩子的行为向不良或不健康的方面发展。反之，如果父母对孩子持有积极、温和的态度，就会使得孩子的行为向良好、健康的方面发展。

只有在父母温和、细心的鼓励和帮助下，孩子才能建立起较好的自我评价和自我意向，建立起自信心，从而很好地发展出自主能力、独立能力和其他社会能力，为一生奠定良好的基础。

这种温和的态度对孩子的影响在孩子犯了错误的时候最为重要。一般而言，当发现孩子犯了错时，父母如果能注意控制自己的情绪，从孩子的角度出发，用温和的态度对孩子讲清楚问题的后果，让孩子认识到自己的错误，孩子就会积极主动地去改正错误。

很多父母也想用温和的态度对待孩子，但往往控制不住自己的情绪。那父母要怎么样才能控制好自己的情绪呢？

尊重孩子的说话权

露露是个小学生，今年已经上四年级了。她从前是个活泼开朗的孩子，不过现在总爱一个人发呆。为什么会这样呢？露露的老师经过几次家访，才知道露露为什么会变得如此沉闷。

原来，以前露露有个习惯，每天放学回家之后，就会兴高采烈地把学校里发生的趣事都说给爸爸妈妈听，但是露露的爸爸妈妈只关心露露的学习，对露露说的那些话毫无兴趣，甚至觉得露露的那些话一点儿用都没有，简直就是在浪费时间，大多数的时候都要阻止露露说这些学校里的故事。刚开始的时候爸爸妈妈阻止露露的讲话态度还比较温柔，妈妈会蹲下来，对露露说："好了，孩子不要说了，去看书吧，乖！"这时候的露露也都是悻悻地回到自己的房间中。

有一次，露露又忍不住说了班级里发生的事情，正说得兴高采烈之时，性格本来就有些粗暴的爸爸突然打断她："跟你说过多少次了，让你别说那么多废话，你还说，有完没完啊。写作业去！"露露被吓坏了，没说完的话也不敢说了，一个人心惊胆战地回到自己的屋子里去了。

后来，露露在家里的话越来越少，不过她的学习成绩也没有因此而提高，性格却变得越来越沉闷。

露露这样的情况并不少见，很多家长都不重视孩子说的话。家长们总是以大人自居，自以为是地认为小孩子就应该怎样怎样，甚至用自己的意见来教训孩子，这些做法都是非常不妥当的。亲子之间的沟通交流是影响亲子关系、影响孩子性格发展的重要方面。

很多家长会习惯性地忽视孩子的讲话，不尊重孩子的说话权，不重视倾听孩子的心声，时间久了，就会严重影响亲子关系。

更为重要的是，话语权得不到尊重的孩子，慢慢地就不再跟父母分享自己生活和学习中遇到的问题了，作为父母也就很难知道孩子心里真实的想法，而这样对孩子的教育也是非常不利的。

美美9岁了，上小学三年级，平时就是一个安静内向的孩子，很少主动去找父母说自己的心事。有一次，数学考试不及格的美美被老师当着全班同学的面讥讽为白痴。美美很伤心，回到家里，很想跟妈妈说说今天学校发生的事儿。

“妈妈，我有事情想跟你说。”

“学校里的事情吧，不是说了吗，不要每天回来就一个劲地讲你们学校的事情。”

“可是，妈妈……”

“好了，美美，妈妈很忙，去写作业吧。”

美美默默地回到了自己的房间。想想白天发生的那件事情，她很害怕上第二天的数学课。

从此以后，每次上数学课，美美都担惊受怕，数学成绩也一落千丈。

试想一下，如果在那天晚上，美美的妈妈没有以忙为借口而不听美美说话，事情又会是怎样的呢？也许妈妈就会了解到美美对数学课的恐惧，会帮助她去正确面对。

不尊重孩子的话语权，也会影响孩子其他能力。家长如果不能尊重孩子的话语权，想打断就打断，一方面不利于孩子语言能力的提高，另一方面也容易让孩子产生自卑心理。所以，尊重孩子的话语权，让孩子自由地说出自己内心的想法，对孩子的成长至关重要。

下面总结了一些家长习惯性的不当行为，可以对照一下，你是否也有类似问题：

（1）从来都不注意孩子倾诉的需求，当孩子主动找你说话的时候，总是以忙为理由，不愿意去倾听。

（2）当孩子兴致勃勃、滔滔不绝地讲话时，你总是习惯将其打断。

（3）能够在生活方面将孩子照料得很好，但在真正平等地对待孩子、注意孩子自尊方面做得很不够。

（4）如果孩子在学习和生活上有什么问题，不愿意听他们的倾诉，更不愿意帮他们分析原因。有时根本不等孩子把话说完，轻则呵斥，重则打骂，孩子也就只好将话又咽了回去。

家长在教育孩子的过程中应该谨慎地避免以上习惯性不当行为的出现。我们都知道，人和人之间的沟通无非就是倾听和诉说，如果家长不尊重孩子的话语权，无疑是给自己和孩子的沟通筑了一堵厚厚的“墙”。

如果想要孩子敞开心扉和自己聊天，那么就先从尊重孩子的话语权开始吧。

耐心地听孩子把话说完

每个孩子都有自己的心声，但未必能像大人期待的那样表达清晰，作为家长一定要耐心倾听，这样才能真正了解孩子的想法和感受。

当孩子在说话时，要用眼睛看着他，表现出你有兴趣听。当实在忙时，要和孩子说明，并约定好可以交流的时间。如果家长在某一重要原则上表示不同意孩子的看法，应告诉孩子不赞同他的什么观点，并说出理由。但是在提出反对意见时不要过于武断，应等孩子说完他要说的话后再评断。即使孩子说得不对，也要控制住火气，不妄下定论。

家长耐心地倾听孩子的诉说，不仅有助于了解孩子真实的想法，还能够让孩子把更大的兴趣投入到谈话中去。相反，如果家长没有耐心倾听孩子的诉说，孩子对谈话的兴趣也很容易就降低了。

欣欣5岁了，是一个活泼可爱、讨人喜欢的姑娘，她的父亲是财税局的一名工作人员，妈妈是幼儿园的老师。欣欣每天从幼儿园回来总是叽叽喳喳地说个不停，妈妈也总是很愿意听欣欣说。

这个暑假，欣欣跟着妈妈去了乡下的姥姥家里，看到了很多让她觉得吃惊不已的事情。刚回到家里，她就跑到爸爸的书房。她很想把这些事情告诉爸爸。

"爸爸，我跟你说，我看见萤火虫了，一闪一闪的，很漂亮的。"欣欣一边说一边还挥动着手臂做了一个飞翔的姿势。

"哦。"爸爸继续把头埋在自己的文件中。

"爸爸，我也看见了核桃树、苹果树、桃树，很多树啊。"欣欣看爸爸头也没有抬起来，兴趣就开始降低了。

"哦。"爸爸还是继续看他的文件。

欣欣站在爸爸桌子旁边，看了爸爸好久，转身泪眼汪汪地从爸爸的书房走了出来。

父母不只是在孩子有话说的时候要耐心倾听，在孩子有问题要问的时候更应该耐心。

爸爸带着女儿去动物园里玩，女儿很兴奋。一个劲儿地问爸爸各种各样的问题。

“爸爸，爸爸，鸟儿怎么能在天上飞，老虎怎么就飞不了呢？”

“因为鸟儿有翅膀，老虎没有呀！”

“爸爸，爸爸，狮子是从哪里来的呀？”

“从大草原上来的。”

“爸爸，爸爸，大象的鼻子怎么那么长呀？”

“好了，你这孩子怎么这么多乱七八糟的问题，别问了。再问下次就不带你来动物园了。”

女儿立马闭上了嘴巴，不敢再问了。

我们都知道，孩子对世界充满好奇，他们的脑子里也经常充满各种问题。大多数父母在孩子问第一个问题的时候还是充满耐心的，如果孩子连问三个问题，一些父母往往就会不耐烦了，粗暴地打断孩子，不让孩子再问了。这种做法其实极大地伤害了孩子的好奇心。

家长在和孩子交谈时，还有一些细节需要特别注意：如家长一边忙自己的事情，一边听孩子说话；随意打断孩子说话；随意打断孩子的提问。这些行为都会让亲子沟通大打折扣。

静下心来，耐心地听孩子把话说完，走进孩子的世界，回答孩子的问题，这样才能创造更多与孩子交流的机会，才能真正地做到教育好孩子。否则，所谓的“教育”只能称为抚养。

鼓励孩子说出内心的想法

在家庭教育当中，很多父母都认为培养孩子的独立性是一件很重要的事情。可是独立的第一步从哪里开始呢？那就是父母应该允许孩子有自己的观点和看法，并且鼓励孩子说出来，甚至当孩子的观点和自己的想法有冲突的时候，鼓励孩子与自己争辩。

当一个人对很多事情开始有了自己的想法时，就说明他开始慢慢地独立思考。因此不要阻止孩子说话，要知道在当今社会，培养一个会说话的孩子比培养一个会听话的孩子更重要。当一个孩子说出自己想法的时候，实际上也是其思考和加深对周围事物理解的过程；如果一个孩子能与父母争辩，那么就意味着他自我意识不断增强和心智日益成熟。

没有一个孩子的思想是在一夜之间能够变成熟的，他们需要一个成长和提高的过程，在这个过程中，他们很渴望说出自己的想法，有时候也难免会和父母发生争论，这就要求父母摆好自己的心态，不要为了维护自己所谓的“权威”而冲昏头脑。

君君今年刚上初一，他是一个活泼好动的男孩，课余时间特别喜欢体育运动，尤其是踢足球，但是他的父亲认为孩子踢球会耽误学习，时时敦促他好好学习。

这一天，君君和几个伙伴踢球玩，回家稍微有些晚了，他害怕挨骂，赶快和伙伴们一起往家走。

果不其然，他刚走到路口，就看到爸爸已经在楼下等着。爸爸看到他的第一句话就是：“成绩不怎么行，玩起来倒是很有劲，我看你将来怎么考大学。”

爸爸的话让君君觉得很没有面子，他争辩道："我今天的作业都完成了。我很久没有痛快踢球了，今天破例晚一点儿，你也不用这么生气吧。"

"今天破例，明天破例，以后就不用学习了。我生气还不是为你好。你还敢在外人面前跟我顶嘴，翅膀硬了是不是？都不知道你以后想怎样。"

"爸爸，你根本就不知道我在想什么！"

就这样，君君和伙伴们闷闷不乐地各自回家，完全没有了先前的愉快气氛。

孩子有自己喜欢的娱乐活动，这本来是再正常不过的事情，但是家长却认为这是不务正业，不由分说地对孩子大加责备。

其实，故事中的君君已经向爸爸表示了自己是以学业为重，是在做好作业之后才去踢球的，但是父亲却因为反感孩子"顶嘴"的行为，完全不顾及孩子内心的想法就断定他是在动摇自己的家长权威，因此引发了父子之间的巨大矛盾。

在鼓励孩子说出自己内心的想法时，最忌讳的就是拿家长的权威去压孩子。有些时候，孩子可能会迫于家长的权威，说出一些违心的话，甚至不惜撒谎。

18岁的杨刚要考大学了，对于自己未来学什么专业，杨刚心里早有了打算，他准备报考社会学。因此当爸爸问他时，他几乎是不假思索。

爸爸听了，半天轻轻说了一句："那个专业就业很不好，希望你慎重考虑一下金融学。"说完转身回到了自己的房间。然后杨刚就听到了房间里爸爸和妈妈争吵的声音。

原来，妈妈支持杨刚的决定，爸爸反对，希望儿子能去学就业前景比较好的金融学。刚开始父母只是偶尔争吵一下，后来争吵的次数越来越多。

有一次，杨刚实在受不了父母每天这样争吵了，于是就对爸爸妈妈说："好了，你们不要吵了，我想了一下，觉得金融学也不错，就报金融学吧！"

殊不知，这只是杨刚的一个谎言，他还是坚持自己的喜好，在填报志愿时填写了社会学，只是当父母知道时，已经无济于事了。这件事让杨刚的爸爸生气了好久，他想不到儿子竟然会欺骗他。但是，志愿也已经报了，他也无可奈何。

总之，父母在教育孩子的过程中，只有鼓励孩子说出自己内心的想法，才有可能让自己的教育起到积极的作用。那么父母怎样鼓励孩子说出内心的想法呢?

不要随意打断孩子的诉说

于涛的妈妈是一个爱唠叨的人，一看到他有什么表现不合她的意，就会说个不停。可是她却很少停下来听听孩子的意见和说法，在孩子向她倾诉的时候总喜欢打断孩子的话。

有一次，于涛的学校举行校运会，于涛参加的是长跑，在这项比赛中，他跑出了全校第一名的好成绩。晚上，他拿着奖状和奖品兴高采烈地回到家，看到妈妈在家，便忍不住想跟妈妈分享一下自己的喜悦。

“妈妈，我们学校今天举行了校运会，我参加了长跑。参加长跑的很多人都是高年级的，水平很高啊。”于涛说得津津有味。

此时妈妈正忙着打扫屋子，似乎没听清楚，就说了句：“嗯，快去写作业吧。”

“可是，我今天还是跑了第一名，在前两圈的时候，我前面还有好几个人呢，我以为自己要跑倒数了，谁知却后来居上……”没等于涛说完，妈妈就打断他说：“你这孩子，叫你去写作业，你没听到啊！整天就知道不务正业。跑步好有什么用？重点大学能因此就要你了？”听完妈妈的话，于涛觉得很没意思，悻悻地走了。

在成人的交际中，我们知道随意打断别人的话是不礼貌的行为，但在与儿童的沟通中，却容易忽略这一准则。结果，有不少家长就像于涛的妈妈一样，根本就没有耐心听完孩子的诉说，随意打断孩子的话，令孩子失去了倾诉的欲望，不愿意多跟父母交流自己的想法、分享自己成长的经历，影响了和谐亲子关系的建立。其实，和孩子建立良好的亲子关系并不难，不随意打断孩子的说话，就是一个简单而实用的方法，能起到完全不同的教育效果。

如果父母总是随意打断孩子的话，就会造成诸多消极的影响：一是会让孩子觉得自己得不到父母的尊重，长此以往，他们就会习惯于把话藏在心里，不肯对父母说；二是会让孩子觉得自己和父母的地位是不平等的，自己说的话得不到重视，时间长了，孩子就会与父母产生对抗情绪，以致双方相互不信任，沟通困难；三是可能会影响孩子语言表达能力的提高和性格的发展，一些孩子可能会因此而变得自卑、内向、沉默寡言。

琪琪是家里的独生女，但是却没有一点娇滴滴的姿态，相反很像个男孩子，平时大大咧咧、外向活泼。同学们都给她起了一个外号叫“琪哥哥”，她自己对于这个外号也欣然接受。

在学校，琪琪学习成绩还不错，老师也经常夸奖她。尽管这样，但琪琪的父母总觉得一个女孩子必须要做一个淑女，这样才能有气质、有未来，因此他们打算改变琪琪的这种性格。

以前，琪琪回来的第一件事情，就是对爸爸讲一讲她今天又做了什么让同学们吃惊的事情。有一天，琪琪依旧兴高采烈地回到了家中，看到爸爸坐在客厅里看电视，就扔下书包，跑向了爸爸。

“爸爸，我告诉你一件事情。”琪琪边说边走向爸爸。结果琪琪还没有走到爸爸跟前，爸爸突然站了起来。

“琪琪，我现在要跟你说一件事情，那就是我希望你以后每天回到家里能安静点，不要喋喋不休。”

“你先不要打断我，听我说完，再听你说嘛。”琪琪委屈地嘟着嘴说道。

“以后，你要是每天回到家中继续说个不停，我会一直打断你说话，直到你不再说为止。”

“你们这是干吗呀？为什么不让我说话呀？”琪琪突然大声哭了起来，可是爸爸依旧不为所动。

后来琪琪果真如她的父母希望的那样安静了下来，再也不跟父母说自己的事情了。

有调查显示，70%~80% 的儿童心理问题和家庭环境有关，特别是与父母对孩子的教养和交流沟通方式不当有关。为了帮助孩子健康成长，父母不仅需要平时多与孩子沟通和交流，更应该在双方对话的时候多点儿耐心倾听，少打断孩子说话。

善于听出孩子的弦外之音

相信很多成年人都有这样的经历，有时候会因为不好意思，选择用一种很隐晦的方式表达自己想说的话，可是还是满心希望听这话的人能听出弦外之音。

其实，不只是成年人，孩子也会有这样的时候。随着年龄的增长，孩子的语言表达能力会不断提高，他们希望得到话语权，希望被尊重、被认可，尤其是对于父母，他们的期待也就更多一些。但是有些时候，孩子又会常常出于一些特殊的原因不愿意将心中的想法直接告诉父母，而是用一种特别的手段。此时的父母应该细心观察孩子的举动，揣摩并理解孩子话中的弦外之音。

李铮是某市重点中学的一名学生，不仅在班上担任班长职务，还在校学生会任职，可以算得上是一个出类拔萃的学生。可最近，向来自信乐观的李铮却有了心事，原来，他在不知不觉中对班上的一名女生产生了好感，他觉得有些困惑和迷茫，于是想把自己的心事跟妈妈说说。

一天晚上，妈妈正在电脑前加班，看妈妈已经快忙完了，他走过去，没有直接说自己的事情，却试探性地问：“妈，你累了吗？”

“儿子，妈妈不累。”

“妈，你晚上回家还要工作，一定很辛苦，我给你捶捶背吧！”

“儿子，妈妈知道你懂事，可我现在还没忙完呢。”

听了妈妈的话，李铮知趣地走开了。后来，妈妈转念一想，觉得儿子今天的举动异常，应该有什么事情想跟自己说，于是，她放下了手中的活儿，说：“儿子，妈妈忙完了，你有什么想跟我说吗？”

于是，李铮把自己的问题和困惑向妈妈诉说了一番，经过妈妈的开导和教育，他顿时觉得轻松了很多。

在日常生活中，做父母的要多关心和了解孩子，尤其对于那些性格偏于内向、说话喜欢拐弯抹角、不善于表达的孩子，父母在交流的时候要尤其注意观察。这类孩子的内心想法和感受可能不像自己表达的那么简单，也许有着更为深层的内容。

另外，作为父母还可以通过孩子一些肢体语言、情绪以及习惯的突然变化来推测孩子是不是话里藏话。比如一个平时大大咧咧的孩子突然说话小心翼翼，这时候父母就要小心了。孩子心里可能还有一些无法直接开口的话等你去听呢。

只有听出了孩子所说的话的弦外之音，才可以更好地了解孩子的需求，有针对性地帮助孩子解决问题。

其实，要做到这些，也不是很难。下面是给家长的一些技巧：

第一，要认真倾听孩子诉说。只有认真地倾听孩子说话，让孩子感受到你是关心他的，他才会慢慢地打开自己的心门。如果一开始就不认真听孩子诉说，孩子也会将你拒之门外。

第二，在与孩子的交流中，要仔细地观察孩子的表情、肢体动作等等。孩子的内心其实是藏不住事情的，稍微有风吹草动，他们就会在情绪上或者肢体上表露出来。只要父母细心地观察和留意，一定可以感知到孩子的内心。

第三，多站在孩子的角度上想问题。孩子问问题的时候多半是从自己的角度出发，比如，他们问父母每年被遗弃的孩子有多少，其实，他们关心的并不是这个，而是自己会不会被遗弃。

每个父母都想通过和孩子的交流走进孩子的内心世界，那么就请父母多观察孩子，留心孩子的动作和神情，善于倾听孩子说话的弦外之音。

第四章 尊重式沟通：爸妈蹲下说话，孩子才愿意沟通

与孩子积极沟通、平等对话

真正的沟通是建立在平等的基础上，有了平等，才有尊重。家庭教育不是简单的“家长教育子女”的单向过程，而应是家长与子女之间的双向互动的过程。因此，家长要想真正走进孩子的内心，必须学会与孩子积极沟通、平等对话。

现在许多父母都认为自己辛苦挣钱，在物质方面满足了孩子的要求，就已经足够了，却往往忽视与孩子间的精神交流。要知道，仅是物质的充裕并不能满足孩子的所有需求，他们更需要的是与家长有更多的交流以及家长能够放下姿态与孩子进行平等对话。

很多时候，父母与孩子无法进行充分沟通就在于，父母更多的是站在教育者的立场上，而不是站在心理交流的立场上。这样常会使孩子们感到父母根本就没有认真倾听他们的感想，甚至会认为父母根本就不关心、不理解他们，因而他们也就不愿意与父母进行交流。

有的父母在与孩子交流过程中，往往不自觉地便处于领导地位。这种交流方式使父母根本不关心孩子的感受和想法。这样会对孩子产生这样一种暗示：父母总是强大的、聪明的，父母的需

求是更重要的。它抑制了孩子的情感表达，使孩子对父母的话根本不感兴趣。

有些父母习惯于对孩子进行说教，所谓的交流也不过是父母一方的演讲。这类父母最爱用的词是“你应该怎样怎样”“你不应该怎样怎样”。当父母采用这种方式与孩子交谈时，往往会发现孩子拒绝交流，因为他们知道父母听不进自己的话，索性不再讲出自己的真实想法了。

还有的父母与孩子交流的障碍是责备。比如：“我告诉你什么来着？我早就知道这事儿迟早会发生。”“如果你早听我的……”“你怎么这么笨。”在父母的批评、训斥、贬低、责备声中成长的孩子，往往不愿与父母讨论问题，因为他们知道，不管他们怎样努力，都不会得到父母的夸奖。

其实，要想打开与孩子交流的大门，最重要的是要使交流显得坦诚和有效，父母应该让孩子感觉到自己对孩子的尊重，在平等的气氛下，投入真诚、耐心的态度，这样才能让孩子敞开心扉。

现实中，总有父母抱怨，搞不懂孩子的一些行为，不清楚孩子的想法，你不妨试试以下几个方法，你就会发现，读懂孩子的心思并不是一件难事。

1. 平等相处

父母很少能够真正做到与孩子平等相处。比如小明已经 5 岁了，在家里，父母叫他做事情时常常会这样说，“去把杯子拿来”“把报纸拿来”“赶快去弹钢琴”。虽然有时候小明很愿意去做这些事情，可是总是听到这样的话，反倒没有动力了。

孩子虽小，但同样不喜欢命令式口吻，喜欢受人委托。“把杯子拿来”和“帮妈妈把杯子拿来好吗”两句话，在大人听起来差不多，但孩子的感受却会有很大的不同。如果父母总是难以忘记自己“教育者”的角色，就会在和孩子沟通时难以保持平等的地位，“你要”“你应该”“你不能”等词语会常常挂在嘴边，这样，孩子就渐渐失去了与家长交流的愿望。

2. 学会倾听孩子

父母在与孩子沟通时候，往往只顾自己“畅所欲言”，这其实是在堵塞孩子的耳朵，让他们闭嘴，发展下去就会演变成为最常见的错误——说教。孩子也有渴望交流的愿望，他们也希望自己的话能被好好倾听。

如果父母能够全神贯注地听孩子说话，这能让孩子觉得父母很在意听他说话，孩子感到受到尊重和鼓励，会很愿意说出自己心里的感受。

很多家长对于沟通问题的认识往往处于一个误区，就是认为只要家长说的话孩子听了，这就是沟通。真正的沟通是建立在平等的基础上，有了平等，才有尊重。家庭教育不是简单的“家长教育子女”的单向过程，而应是家长与子女之间的双向互动的过程。

因此，家长要想真正走进孩子的内心，必须学会与孩子积极沟通、平等对话。

每天要有和孩子“单独在一起说话”的时间

一个读初中一年级的男生曾对老师说：“我很害怕放假。”老师很奇怪，因为孩子们总是盼望假期快一点到来。在老师的追问下，他说：“放假在家里，父母都上班了，只有我一个人在家，我很孤独也很害怕，没有人和我说话，爸爸妈妈根本不重视我，他们回到家里只会问：'作业写完了吗？''这一天你都干什么了？'他们从不知道我在想什么，也不和我聊天。晚上睡觉我从不拉上窗帘，因为我要和星星、月亮说话。我很想上学，因为学校里有同学，和同学在一起我感到很开心。”

一项“家庭教育大调查”显示，60%的妈妈每天与孩子相处的时间有4个小时左右：亲子共处时，最常从事的活动是：35%的在一起看电视，25%的妈妈在辅导孩子学习，剩下的则是游戏等。而妈妈每天和孩子说话的时间，则缩短在半小时以内，而且说的内容多是“教导性”的。

在这种情况下，家庭教育出现了“想要”和“需要”之间的落差，妈妈最想要的是：孩子功课棒、才艺佳、听话又乖巧。所以妈妈花时间与精力最多的，还是处理“课业与升学的压力”“孩子学习的状况”等问题，然而对孩子最希望与妈妈分享的“心情和情绪”，他们的心愿就是妈妈能多和他们说说话，而不是总问：“你今天的功课完成得怎么样？”“今天你学会什么了？”

许多妈妈觉得给孩子吃好的、穿好的，关心关心他的学习，孩子就会感到很幸福。其实不然，要让孩子感到幸福，绝不仅仅是提供物质上的满足，更重要的是与孩子在精神上有很好的沟通。而每天抽出一定的时间陪陪孩子，就是与孩子进行精神交流的最好渠道。科学研究证明，最有威信的妈妈就是那些每天能安排一些时间和孩子说话的妈妈。

上班族妈妈们常常在跟时间赛跑，有时回到家时，孩子已经睡觉了，然而，聪明的妈妈仍能挤出时间陪陪孩子，和孩子聊聊天，分享他的心情、心事。即使能陪伴孩子的时间很短，但只要注重质量，仍然能让孩子感受到你对他的关心，建立良好的亲子关系，而当孩子得到妈妈的爱与关怀的时候，孩子的稳定情绪与自信心就会持续成长。下面这个妈妈就想出了一个聪明的方法：

我把抽出时间与儿子交流，列为每天的工作内容之一。我回家晚，就强迫自己每天中午抽出半小时，作为与儿子固定的“煲电话粥”的时间，在这点时间里，我用电话与儿子联络，问儿子学习有什么困难？老师对他有什么要求？在学校表现出色不？需要妈妈给什么帮助？开始，儿子吞吞吐吐，不太爱讲，但经不住我启发和开导，他便把学校的困难，与同学的交往，甚至有哪个同学欺负他等等，都讲给我听。我帮他分析原因，指点做法，引导他正确处理，使他感到每次与妈妈“煲电话粥”都很愉快、都充满喜悦和信心。慢慢地，每天中午，我不打电话去找他，他就会给我打电话，向我汇报学习上的困难，讲述生活中的趣事、思想上的困惑。他还调皮地称中午时间是“妈妈时间”，是“热线时间”。

另外，注重与孩子的情感交流，是妈妈与孩子成为知心朋友的前提，在与孩子交流的时间最好选在吃饭时和睡觉前，因为这是孩子情绪最为平稳的时候。一个母亲，她从孩子很小时，就注意和孩子的情感交流。每天在孩子上床时都要问问他：“今天过得开心吗？”孩子长大后，就形成了在睡前和妈妈沟通的习惯，有什么不顺心的事就像朋友一样告诉妈妈。有了这样的感情基础，孩子就容易接受妈妈的建议和忠告，很容易跟妈妈建立起朋友的关系。

职场妈妈在工作时，可以暂时把孩子交给保姆、老人或是学校，但是谁也取代不了妈妈在孩子心目中的地位，你一定要多挤点时间陪陪小孩，因为孩子需要和妈妈“单独在一起说话”的时间，他需要从和你的说话中知道你对他的爱，从而获得安全感和幸福感，同时，他也需要可以依赖的你来帮助他分担一些喜悦痛苦。如果缺少妈妈的陪伴与沟通，孩子就容易“情感饥饿”。“情感饥饿”的孩子特别喜欢撒娇、任性，偶尔还会做出一些古怪的行为，以引起妈妈对他的注意，又或者极端地自闭内向，郁郁寡欢。当孩子出现这些情况以后，妈妈才发现自己的失职，而后悔不已，但也许已经来不及了，因为弥补受到伤害后的亲子关系，赶走孩子的“情感饥渴”，要花很长很长的时间，甚至永远也不能实现了。

“蹲下来”和孩子说话

在一个圣诞节的晚上，一位年轻的妈妈，带着5岁的女儿去参加圣诞晚会。热闹的场面，丰盛的美食，还有圣诞老人的礼物……妈妈兴高采烈地和朋友们打着招呼，不断领女儿到晚会的各个地方，她以为女儿也会很开心。但女儿几乎哭了起来，妈妈开始还是很有耐心地哄着，但多次之后，女儿坐到地上，鞋子也甩掉了。

妈妈气愤地把女儿从地上拖起来，训斥之后，蹲下来给孩子穿鞋子。在她“蹲下来”的那一刹那，她惊呆了：她的眼前晃动着的全是大人的屁股和大腿，而不是自己刚才所看到的笑脸、美食和鲜花。她明白了女儿为什么会不高兴，她“蹲下来”的高度正是女儿的身高。这一次，她知道了，只有“蹲下来”和孩子一样高，妈妈才能理解孩子的感受，妈妈才能真正和孩子沟通。

众所周知，只有两头高度差不多，水才有可能在中间的管道里来回流动，如果一头高，一头低，水就只能往一个方向流了。孩子与妈妈的交流也是相同的道理。如果妈妈总是站着面对孩子，妈妈与孩子的距离，就不仅是身高上的几十厘米，而是一代人与一代人之间的距离，是一颗心与一颗心之间不能沟通的距离。所以，“蹲下来”和孩子说话，妈妈与孩子才有可能平等地交流。

“蹲下来”，不只是指在生理的高度上尽量地和孩子保持相同的高度，而更重要的是指在心理上的高度要平等，是以平等的态度和眼光，用认真而亲切的态度，把孩子看成一个需要尊重的独立的人。因为只有在心理上妈妈不再居高临下，与孩子完全处于平等时，孩子才会把他的真实想法告诉你。这就是孩子为什么喜欢把心里话对自己的朋友说，却不愿与妈妈说的原因。

其实，是否“蹲下来”与孩子说话，只是一种方式问题，重要的是在妈妈心中，是否把孩子真正当作和自己一样，是具有独立人格的个体，这才是问题的本质。

美国精神病学家威廉·哥德法勃曾经说过:“教育孩子最重要的，是要把孩子当成与自己人格平等的人，给他们以无限的关爱。”家庭内部民主平等的人际关系是孩子心理健康的“维生素”。尊重孩子，认识到孩子也是一个独立的人，有自己的情感和需要，放下做妈妈的架子，使孩子觉得妈妈和自己是平等的，这是妈妈为了孩子的健康成长而所应做的。

可是，在我们的生活中却常常可以看到妈妈站在那里，大声呵斥孩子："过来！""别摸！""去！去！去！别烦我！"从说话态度来看，妈妈用居高临下、命令式的语言语调和孩子说话显得很威风，可在孩子心目中的妈妈，却并不可敬，这样的沟通效果自然不好，而且妈妈很容易在孩子心里失去威信，久而久之妈妈说的话孩子也不会听，甚至孩子还会在心中产生厌恶妈妈的情绪。

无数事例证明，妈妈以居高临下的姿态来关心孩子，反而会使孩子产生逆反心理。只有妈妈转变姿态，像对待朋友那样去关爱子女，才有可能让孩子感受到平等。

妈妈只有"蹲下来"和孩子说话，真正同孩子建立一种平等尊重的朋友关系，才能使彼此拉近距离，相互敞开心扉，更好地进行沟通和交流。

无论孩子的想法多么幼稚，也无论听起来多么没有道理，妈妈也要学会耐心倾听，让孩子尽情倾诉。妈妈还应该再学会多问一些为什么，比如孩子为什么会产生这样那样的想法，孩子为什么会认为自己的想法有道理，孩子为什么不赞同妈妈的看法，等等。

只要这样做了，妈妈与孩子之间的沟通和交流才会越来越多，越来越通畅。也只有这样，妈妈对孩子的教育才会越来越容易，妈妈同孩子之间的紧张关系才会越来越改善，家庭才会越来越和睦。有句话叫"家是休息的港湾"，这句话不仅针对夫妻如此，针对妈妈如此，同样对于孩子们也是如此。

总之，"蹲下来"和孩子说话，是增强孩子独立意识的有效方式。"蹲下来"说话，不仅仅是一种行为的表现，还是一种教育观的体现。只有怀着崇高的责任心和热切的期望才能"蹲下来"；只有把孩子看作是平等的个体才能"蹲下来"。

而只有"蹲下来"，妈妈才能平视孩子，才能获得和孩子坦诚交流的机会，才能真正明白孩子心中所想以及他们行为的真实动机。

尊重孩子的说话权，做会“听”的妈妈

露露是小学四年级的学生，最近，张老师发现露露变了。

露露以前活泼开朗、上课积极发言，现在却变得沉默寡言，总是一个人发呆，学习成绩也下降了。老师经过细心的了解，才知道了露露不爱说话的原因。

露露以前是个很活泼的孩子，每天放学回家后，都会把学校发生的趣事说给妈妈听，可露露的父亲是个对孩子要求非常严格的人，他把全部希望都寄托在露露身上，希望露露将来能考上大学，出人头地。

因此，妈妈对露露的学习抓得特别紧。他们觉得露露说这些话都没用，简直是浪费时间，因此露露兴高采烈地说话时，父亲总是会打断他：“整天只会说这些废话，一点用也没有，你把这心思放在学习上多好，快去做作业！”

一次露露说班里发生的一件事，正说得兴高采烈时，父亲说：“说了你多少次了，让你别说这些废话，你还说，再记不住，看我不打你！”吓得露露一个字也不敢说，回到自己房间里去了。

慢慢地，露露在家里话越来越少了，每天放学都闷在自己的房间里，因为父亲也不让她出去玩，渐渐地，她的性格也就变了。

从露露的情况来看，亲子之间的沟通交流是影响亲子关系、孩子性格发展的重要方面。许多妈妈都忽视了与孩子的交流。不重视对孩子的倾听，时间久了，不良的影响就会表现出来。

各位妈妈检查一下，平时的你是否有以下行为：

不注意孩子倾诉的需求，当孩子有话与你说时，总是以“忙”为由，不去倾听。孩子兴致勃勃地诉说时，你经常不耐烦地将其打断。

生活中，大多数妈妈对孩子在生活上十分关爱，可在真正平等地对待孩子、注意孩子自尊等方面做得却很不够。

孩子学习和生活上有什么问题，在向妈妈诉说时，稍不如意，就被打断。妈妈不让孩子把话说完，轻则斥责，重则打骂，对此，孩子只能将话咽回去。据某一项调查，70%以上妈妈承认没有耐心听孩子说话。

一旦孩子的想法得不到妈妈的重视，他们只能把自己的秘密埋藏在心里，做妈妈的也就很难知道孩子的所思所想，这样对孩子的教育就会无所适从。

孩子的说话权得不到妈妈的尊重，久而久之，孩子就会与妈妈产生对抗情绪，以至双方相互不信任，沟通困难。

妈妈不让孩子把话说完，一方面不利于孩子语言表达能力的提高，另一方面也使孩子产生自卑情绪。孩子对着妈妈诉说内心的感受，是提高表达能力、增强社会交往能力的极好机会。

孩子都渴望有人听自己说话，在大多数的情形下，孩子与妈妈不能沟通，就是因为只有人说话而没有人听。如果妈妈们能多尊重孩子的说话权，对孩子的倾诉多一点耐心，不急于打断孩子的话，那么孩子遇到事情时就会乐于向妈妈倾诉，与妈妈建立良好的沟通。

当孩子说话时，无论妈妈有多忙，一定要用眼睛看着孩子，不要随意插嘴，尽量表现得你听得很有兴趣。让孩子发表他的观点，完整地听他所讲的话，如果你在某一重要原则上表示不同意他的看法，应告诉他你不赞同他的什么观点，并说出理由。

在提出反对意见时不要过于武断，不应否定一切。即使孩子是在胡说八道，也要控制你的火气，不妄下定论，直到完全理解清楚。

妈妈应尽可能地与孩子交流。而且，应该试着用不同方法使得孩子愿意与妈妈交流。作为妈妈，在倾听孩子说话时，理应更加细心，更加富有同情心。妈妈应该努力地尊重孩子，从而营造出更加友好的语言氛围。

同时，妈妈应该学会正确“听话”，不打岔、不否定、不责备，以便孩子可以畅所欲言，也便于妈妈看清孩子的内心世界，在此基础上才能创造更多与孩子交流的机会。

每个孩子都有自己的心声，需要有个会“听话”的妈妈来倾听。妈妈尊重孩子的说话权，积极做个会“听话”的妈妈，才能够真正了解孩子的想法和感受，亲子之间才能良好沟通，建立和谐的关系。

“80/20”——与孩子对话的黄金法则

作为妈妈的你是否经历过这样的情况：当你拖着疲惫的身体，努力地打起精神，准备和孩子好好沟通沟通时，不是被孩子三言两语给打发了，就是被噎得半天回不过神来。不但不能达到了解孩子的目的，还惹得一肚子气，逐渐丧失了和孩子谈话的兴趣，以至于越来越不了解孩子，越来越不知道该怎样教育孩子。因此，妈妈一定要学会与孩子交谈的技巧，而这个技巧，就是有名的“80/20 法则”。

1897 年，意大利经济学家帕累托偶然注意到英国人的财富和收益模式。他发现，社会上的大部分财富被少数人占有了，而且这一部分人口占总人口的比例与这些人所拥有的财富数量具有极不平衡的关系。于是，帕累托从大量具体的事实中归纳出一个简单而让人不可思议的结论：如果社会上 20% 的人占有社会 80% 的财富，那么可以推测，10% 的人占有了 65% 的财富，而 5% 的人则占有了社会 50% 的财富。这样，我们可以得到一个让很多人不愿意看到的结论：

一般情况下，我们付出的 80% 的努力，也就是绝大部分的努力，都没有创造收益和效果，或者是没有直接创造收益和效果。而我们 80% 的收获却仅仅来源于 20% 的努力，其他 80% 的付出只带来 20% 的成果。

显然，“80/20 法则”向我们揭示了这样一个道理，即投入与产出、努力与收获、原因与结果之间，普遍存在着不平衡关系。小部分的努力，可以获得大的收获。起关键作用的小部分，通常就能主宰整个组织的产出、盈亏和成败。

所以，我们做事情应该要把自己的精力花在重要的少数问题上，因为解决这些重要的少数问题，你只需花 20% 的时间，即可取得 80% 的成效。而和孩子谈话，亦是如此。

妈妈和孩子能够顺利地交流思想，对于相互之间保持良好关系非常重要，妈妈都希望孩子和自己讲讲他们内心的感受，这样妈妈就可以理解和帮助他们。如果我们问妈妈："你经常与孩子交流吗？"得到的回答常常是："当然啦，我们经常说，可他一点也不听。"

其实，妈妈所谓的交谈，其中很大一部分是唠叨、批评、说教、哄骗、威胁、质问、评论、探察、奚落……这些做法不管出发点是多么好，都只会使相互间的关系更加紧张和充满敌意。试想，如果孩子是你的朋友，你总是板起面孔不管不问地说一大堆，你们的友谊还能维持多久？

妈妈们常常犯一个重要的错误，就是她们说得太多。她们过早地对孩子进行长篇大论式的谈话，并且还常用一些孩子听不懂的词。那些在孩子很小的时候就开始对他们讲大道理的妈妈发现，随着孩子年龄的增长，他们变得越来越不好管教。当他长到十几岁时，他的妈妈又试图用严厉的惩罚来对待他们，但是已经听惯了大道理的孩子会比一般的孩子更不接受这种惩罚。

所以，要根据孩子的年龄和成熟程度把握好谈话的"度"。美国著名的成功学大师在教导人们怎样对话的时候，建议我们把80% 的时间留给对方来发言，把剩下的 20% 的时候拿来提一些能够启发对方说下去的问题。可以说，对话的过程重在倾听，妈妈们更是要懂得这个法则。

一般而言，最好对年龄小的孩子侧重管教，而对大孩子则多交谈。例如，告诉 2 岁的孩子电源是危险的，不能碰，就不如把他的手一把拉开并严厉地说"不能碰"，更能使他立即理解你的意思。

可是，如果你不对一个 13 岁的偷偷抽烟的孩子详细地解释尼古丁的害处，而是简单地责罚他，那么将不能收到好的效果。在这些青少年的世界中，他们需要大量的空间去表达自己、需要耐心的听众。妈妈们多多倾听，让他们说出自己的想法，并且及时解答他们的疑惑。这就像大禹治水，重在疏导，而不是想办法用东西堵塞。

当孩子厌烦了你的话语，甚至一听你的谈话就蒙着耳朵钻进被子里，不妨巧妙地运用 80/20 的黄金法则，作为妈妈的你就会发现其实我们可以花最少的力气取得最好的效果。

肢体语言比说教更重要

妈妈与孩子之间的沟通障碍其实很大程度来自肢体语言。妈妈的表情、口气和交谈时的肢体动作传达感情的程度决定了亲子之间的沟通质量。

心理学家认为，在人际交往中，肢体语言能比说教传递更多的信息。我们用语言所传达的信息不会超过所有信息的 30%，而其余 70% 的信息是通过非语言的方式进行表达的。而在与年龄较小的孩子交往时，这种比重相差更加悬殊。据研究，在孩子语言能力没有成熟前，妈妈与他交流时，这种非语言的表达方式能占 97% 的比重。

其实孩子对于妈妈的表情的敏感程度，远远超过了妈妈的想象。曾经有这样一个实验：让妈妈面无表情地看着 6 个月大，正在笑的孩子，结果，不一会儿，孩子就不再笑了。当妈妈离开后，再次回到孩子身边时，他根本就不看妈妈，故意不理会妈妈。实验证明，面无表情或郁郁寡欢的妈妈会很容易刺伤孩子的心。孩子虽小，但他却能清晰地从妈妈的表情、动作上感觉到妈妈的态度。

大一点的孩子更不用说了，他们更善于观测妈妈那些语言之外的东西。因此妈妈在与孩子的交往中，不仅要留意自己的身体语言所传达的信息，也要学会读懂孩子的身体语言。

一个5岁的孩子撒了谎，对妈妈说:“窗帘不是我弄脏的。”他很可能会在说完之后立刻用一只手或双手捂住自己的嘴巴；如果不想听父母的唠叨，他们会用手捂住自己的耳朵；如果看到可怕的东西，他们会捂住自己的眼睛。当孩子逐渐长大以后，这些手势依旧存在，只是会变得更加敏捷让别人越来越不容易察觉。而在教育孩子的过程中，妈妈可以适当地运用肢体语言，这样可以强化妈妈口头语言的使用效果。特别是对年龄偏小的孩子来说，妈妈的肢体语言可以使他们柔弱的心灵受到莫大的安慰，例如，一个鼓励的眼神、一个温暖的拥抱，都会使他们觉得温馨，具有安全感。

又如在一些日常的小事中，妈妈也常可以利用肢体语言缓解孩子的心情。

孩子想妈妈了、被别的小朋友欺负时，可以把孩子搂在怀里，脸贴着脸，缓缓地拍着他的背部，嘴里可以轻轻地说些安慰话，孩子那颗惊恐失措的心会渐渐趋于平静。同时，在和孩子谈话时蹲着，让孩子平视你，当他说话不着边际时，妈妈都微笑着等他说完再发表见解，可以伴些手势和面部表情，使孩子觉得自己像大人一样被尊重。

或者和孩子玩游戏时，调皮的孩子故意耍赖，妈妈要么刮他们的鼻子，要么摸摸他们的头，再不然就亲亲他们……这时候孩子们开心极了，他们会围着妈妈又蹦又跳，显得异常的开心。

总之，除了正常的语言交流外，妈妈给予孩子的一个适时的拥抱或者一个轻轻的吻，都可以很好地激发孩子的积极性，让他们体会到妈妈的可亲可敬。而且对于那些调皮捣蛋的孩子来说，当他们犯了错误的时候，妈妈一个严厉的眼神，也许比责骂更有效果。

妈妈的一颦一笑，甚至同一句话使用的不同口气，都可以成功地向孩子表达自己的感情。适当地运用肢体语言，多给孩子一份关爱，妈妈们就一定会多收获一份欢乐，就让妈妈们多用一些肢体语言拉近与孩子之间的距离吧！

积极倾听，耐心地听孩子把话说完

一位母亲问她5岁的儿子："假如妈妈和你一起出去玩时渴了，一时又找不到水，而你的小书包里恰巧有两个苹果，你会怎么做呢？"

儿子小嘴一张，奶声奶气地说："我会把每个苹果都咬一口。"

虽然儿子年纪尚小，不谙世事，但母亲对这样的回答，心里多少有点失落。她本想像别的父母一样，对孩子训斥一番，然后再教孩子该怎样做，可就在话即将出口的那一刻，她突然改变了主意。

母亲握住孩子的手，满脸笑容地问："宝贝，能告诉妈妈你为什么要这样做吗？”

儿子眨眨眼睛，满脸童真地说：“因为……因为我想把最甜的一个留给妈妈！”

那一刻，母亲的眼里隐隐闪烁着泪花，她在为儿子的懂事而自豪，也在为自己给了儿子把话说完的机会而庆幸。

可以想象，如果上文中的妈妈开口训斥了孩子，那么她很可能听不到孩子的内心想法了，这样的误解和责怪不仅伤害了孩子的心灵，还破坏了良好的亲子关系。然而生活中，这样做的妈妈很多很多，所以才有那么多母子之间沟通有问题。其实，很多时候，妈妈多有点耐心听孩子把话说完，就能起到完全不同的效果。

耐心听孩子说完，是一种积极的倾听，但是积极倾听不完全是指默默地在一边听对方说话。积极倾听的核心是以平等的姿态，鼓励对方说出真心话。倾听者要暂时忘记自己或把自己的评判标准放一边，不管你对对方的言语或行为持赞成、欣赏还是批判、反对的态度，都要无条件地接纳对方，积极倾听关注更多的不是话语，而是对方的心理。积极的倾听不仅要感同身受地去体会对方的心情，而且要引导对方抒发情绪，宣泄不满、愤懑、悲伤、快乐、喜悦……

妈妈平日在生活上非常关心孩子，可在真正平等地对待孩子、关注孩子心理健康方面做得却很不够。孩子遇到一些问题，在向妈妈诉说时，不是经常被打断，就是不被重视，甚至是被指责。所以孩子只能将很多话咽回去。有时，妈妈只是机械地听孩子诉说，体会不到孩子在倾诉时的情绪，这种情况下，孩子的想法得不到妈妈的重视，他们只能把自己的秘密埋藏在心里，做妈妈的就很难知道孩子的所思所想，这样妈妈对孩子的教育就会无所适从。另外，妈妈不尊重孩子的说话权，久而久之，孩子就会对妈妈产生反抗情绪，导致亲子沟通出现问题。一份调查显示：70%~80%的儿童心理卫生问题和家庭有关，特别是与妈妈对孩子的教育和交流沟通方式不当有关。另外，妈妈不懂得倾听孩子，也会从侧面限制他语言能力和社交能力的发展。

要学会积极倾听，最简单也是最重要的就是当孩子说话时，无论你有多忙，一定要用眼睛看着孩子，不要随意插嘴，尽量表现出你听得很有兴趣。让孩子发表他们的观点，完整地听他所讲的话。对于青春期的孩子更是如此。

很多青春期的孩子往往有较强的逆反心理，他们不喜欢听妈妈说话，更不愿向妈妈倾诉心事。但是如果他们向您谈起自己的往事时，请千万要耐心、感同身受地去倾听。他告诉妈妈，证明他在努力向妈妈敞开心扉，试图缩小与妈妈的心理距离。当他们说出曾经所受的伤害时，就应当去接受，去理解，去发现更能治疗“伤疤”的方法。如果你在某一重要原则上不同意他的看法，应告诉他你不赞同他的什么观点，并说出理由。当孩子被积极倾听了，他也更加愿意倾听妈妈的话。

用孩子的眼睛看世界，孩子才会懂你

深冬的早晨，在一个犹太社区中心健身房外的走廊里，有个2岁的男孩突然大发脾气：他一下子趴到地下，又哭又叫，两脚乱踢，两手乱抓。而他的母亲就在他身旁却一句话都不说，放下手里的包袱，先蹲下，再坐下，后来索性全身趴在地上，使她的头和儿子的头成了一个水平线，两个人的鼻子也碰在一起。走廊里来来往往的人很多，大家都小心地绕开他们，尽量不去注意他们；母子两个旁若无人地趴在那里好半天。最后，孩子脸上的愤怒慢慢消失，显露出平静，哭叫声变成了耳语，终于把哭红的小脸靠在地板上，他的妈妈也同样把脸靠在地板上。孩子看母亲，母亲就看孩子。最后孩子站起来，母亲也站起来。母亲拿起丢下的包袱，向孩子伸出手来。孩子抓住了母亲的手。两人一起走过了长长的走廊，到了停车场。母亲打开车门，把孩子放在儿童座上扣好，亲了一下他的额头。孩子的情绪已经变得非常安稳甜蜜。而在这整个过程中，当母亲的居然没有说一句话。在一旁一直跟踪观察他们的作者，简直要情不自禁地为这位母亲鼓掌！

这是《一岁就上常青藤》的作者薛涌讲述的发生在美国街头的一幕场景，母亲专心致志地趴在地上，仿佛要尽自己最大的努力从孩子的角度来理解他发脾气的原因。正是由于这一点点虔诚的努力，两个人建立了默契的沟通，孩子平静了下来，而这位母亲自始至终没有说一句安慰孩子的话。也许你会感到很奇怪：既然母亲一句话都没有讲，是什么力量安抚了孩子原本不平静的脾气呢?

这位妈妈的法宝，就是用孩子的眼睛看世界，与孩子感同身受。而与孩子交流，首先最重要的就是要懂得用孩子的眼睛来看世界。在日常的生活中，可能很多人都有这样的经验：当我们被人理解之后，内心就会感到温暖有助而心心相印，在这种情况下的人通常容易打开心扉畅所欲言。而当一个人感到自己不被人理解的时候，内心就会感到委屈孤独，什么都不愿意说，甚至是刻意疏远别人。成人都如此，更何况是孩子？所以，妈妈在爱护孩子、在教育孩子的时候，也应该设身处地地把自己放在孩子的角度考虑他是否可以接受。

很多妈妈为与孩子沟通感到头痛：孩子心里有秘密不会告诉你；孩子遇到了难过的事情不会找你诉说，甚至是孩子遇到了困难都不愿意找你来帮助。难道我们不爱自己的孩子吗？他们为什么却要对我们充满了敌意呢？你的至理名言，被孩子当成了耳旁风；你苦口婆心的训导，让孩子感到心烦意乱。这到底是为什么呢？作为妈妈，如果不懂得从孩子的角度来和他交流，那一定会使沟通出现重重的障碍。

有一位妈妈，对自己的孩子很是头痛，因为她的孩子深深迷恋于游戏机不能自拔。爱子心切的母亲怀着恨铁不成钢的心情，每当看到孩子总会劈头盖脸地训斥一番，可是她不曾想过，孩子怎么会甘之如饴地接受她的责骂呢？虽然妈妈是出于对孩子的爱护，但是却不可能收到良好的效果，反而会加重孩子的逆反心理。

另一位妈妈就很懂得教育的艺术，她在教育孩子之前用心体会了儿童的心态，虽然对孩子沉迷于游戏的状况感到担忧，但是却使用了让孩子可以亲近的方式，比如用儿童式的语言问孩子："你今天的手气怎么样？有没有破纪录？"通过这样的问法，我们可以轻松得知孩子现阶段对游戏的痴迷程度，而且不会让孩子有所警觉。结果，这个孩子兴致很高，说："我今天打到了 10000 分。"这位妈妈的问话传递出的信息并不是对游戏的厌恶，而是好奇，所以让孩子觉得妈妈对游戏也很感兴趣，因为你们对同样的事物感兴趣而愿意和你交流，只要愿意和你沟通，以后的说服就会变得容易很多。

同时，当妈妈试图努力让自己用孩子的角度来看问题的时候，他们也会逐渐意识到应该学着用妈妈、老师的眼光来理解世界，这样，妈妈的价值观念，才能很好地传递给孩子。

如果妈妈细心地感受孩子的人生，不剥夺孩子自由的呼吸空间，那么孩子就能和妈妈好好沟通，就能听得进去妈妈的教导。所以，妈妈应该懂得用孩子的眼睛来看世界，努力让自己通过孩子的视角让他们掌握基本的做人原则，并鼓励他们用这样的原则来理解大人。

争辩有理顶嘴无罪，亲子沟通更容易

随着孩子年龄增长，到了3~4岁时，其独立欲望明显增强。他们开始意识到自己的存在，不愿处处被人压制，不满足于模仿成人，而是要求独立思考，独立行动。如果妈妈对孩子照顾过多，干涉过多，就会使他们特别反感。其突出表现是不听指挥，自行其是，经常跟妈妈顶嘴，令妈妈头疼。随着年龄的增长，大概到了7~8岁，孩子和爸爸妈妈顶嘴的事就多了起来，到了11~12岁时，孩子几乎会天天和妈妈顶嘴。所以，如果不能够从一开始就很好地解决孩子顶嘴的问题，以后做妈妈的就会更加头疼了。

现在的孩子接受教育较早，看书看报多，接受知识多，他们的知识面比妈妈当年要宽得多。这直接的结果是判断是非的能力强了，要求独立的心理强了。还应该看到，顶嘴也是他们表达自己判断的一种特定方式。孩子追求独立性，强调自己判断是非的能力，这与孩子的“不良品行”是不能相提并论的。孩子表达自己的判断，不可能像大人那样圆滑和委婉。所以对孩子的顶嘴，妈妈不要一概斥之为不礼貌，不尊敬长辈，要区别对待。

其实，争辩是有理的，顶嘴也是无罪的，而且合理的争辩顶嘴有利于亲子沟通。孩子也是讲道理的，你与孩子争辩，孩子觉得你讲道理，会打心眼里更加爱你、尊重你、信赖你。你要孩子做的事，他通过争辩弄明白了，更会心悦诚服地去做。所以，孩子与妈妈争辩，不要怕丢了妈妈的面子，不要担心孩子不听话，不尊重你，与你为难。要鼓励孩子把真心话说出来，尽管会引起争执，但是也是有利于互相了解和沟通的，如果孩子不与妈妈争辩，而是把心里的想法隐藏起来，反而会造成两者之间的隔阂和沟通障碍。

另外，如果一个孩子从来不与人争辩，看上去总是一副与世无争的样子，那么这个孩子的勇气、进取心和正义感就很值得怀疑了。妈妈在教育孩子的时候，更要注重孩子是否以自己的观点来和妈妈进行争辩讨论，这样有利于判断孩子的独立思考、辩论的能力。

心理学家认为："能够同妈妈进行争辩的孩子，在以后会比较自信，有创造力，也会更合群。"试想，如果一个孩子处处、事事都按妈妈的话去做，按照老师的话去做，而没有自己提问题的心理空间，这样培养出来的孩子能有创新意识吗？能有创新能力吗？所以说，应该允许争辩，不要介意孩子顶嘴，这看起来是管教态度，实际上是教育思想和理念的一种反映。

但是，如果孩子顶嘴习惯成自然，也不利于他的学习和成长，甚至会影响长大成人后的人际关系。对于孩子的顶嘴，专家开出如下"药方"，"药方"的主旨是，要从妈妈自身做起：

（1）建立和谐的家庭氛围。如果家庭成员彼此间缺乏尊重，动辄脏话满嘴，或者互相说些“抬杠”的话，孩子一旦具备了一定理智水平，就会从心底里不尊敬妈妈，顶嘴便成了家常便饭。家庭成员之间要相亲相爱，互相关怀，即使存在分歧，也尽量不在孩子面前争吵，而是通过协商解决。

（2）尊重孩子要求独立的愿望。放手让孩子自己去干、去做、去想，妈妈尽可能为孩子提供活动机会，创造活动环境。不一味地要求孩子按照成人的模式行动，当孩子有了一个与众不同的设想，做了一件从来未做过的事，妈妈应积极支持，及时赞许。

（3）引导孩子说理，为自己申辩。固执地要求孩子按照自己的要求去做而不顾及孩子的感受，这样孩子会感到很委屈。发扬家庭民主，给孩子更多的发言权，首先要允许孩子申辩，鼓励孩子申辩。既然你批评孩子，就应允许孩子有这种权力。这样的好处是让孩子感到无论做什么，有理才能站稳脚跟，对发展孩子的个性很有利。

（4）培养孩子良好性格品质。妈妈要教育孩子尊重长辈，启发孩子对别人的意见要多动脑筋，认真考虑后再讲话，以培养稳重、忠实，善于克制自己的良好的性格品质。

（5）注重与孩子的精神交流。每个孩子都渴望得到成人的理解，妈妈应学会经常听听孩子的意见，努力理解他们的感受，并用“我想……”来表达自己的意见和评价，使孩子感到妈妈的温存、抚爱，从而乐于接受妈妈的意见。

（6）妈妈的教育方式不能简单粗暴。妈妈教育孩子时，不要用命令的方式，而应以友善的态度启迪孩子，避免枯燥的说教。如果只是发号施令和严厉训斥，孩子一时会被妈妈的威风吓住，做听话状，但他再稍大一些，则不会买妈妈的账了。

（7）批评教育孩子切忌唠叨。妈妈对孩子的不当言行，有责任做必要的提醒、忠告，乃至严肃的批评，但必须言简意赅，切忌一味重复，有的妈妈缺乏这方面的知识，说话抓不住重点，反反复复唠唠叨叨，让孩子十分厌烦，这也是引起孩子顶嘴的原因之一。

妈妈与孩子争辩，能活跃家庭气氛，在交流中，表现出一种亲情和友爱，拌嘴、争辩是重视对方的一种方式。所以说，应该允许争辩，不要介意孩子顶嘴。

让孩子服从你，不如让孩子理解你

最近，文文对新热播的电视连续剧很是着迷，为了让看电视和完成作业两不耽误，文文决定一边看电视一边做作业，结果她的作业本上到处可见醒目的叉叉。

“文文，不可以再看电视了，回屋里去写作业。”妈妈不得不对文文下“最后通牒”。

文文听了妈妈的话，心中很是不爽，唉声叹气地抱怨说:“我真是一个倒霉的孩子。”妈妈听了之后，诧异地推推眼镜仔细地看着自己的孩子，不知道她为什么要这样讲。

“实在是不公平，为什么你们大人就没有家庭作业?为什么你们白天在外面忙碌一天之后晚上回到家可以休息，我怎么就不行？”文文实在是想不明白，“做学生是最辛苦的，我也想和你们一样上班，这样的话我晚上就可以休息了。”

对于文文的话，妈妈一时不知道如何向她解释，因为工作并不是像她想象中的那样简单，也是需要承担责任和风险的。可是，文文从来都没有体谅自己的妈妈，反而觉得自己是最辛苦的。

现在有很多孩子和文文一样，不知道自己的妈妈每天都在忙些什么，不知道他们吃的、穿的、用的东西是从哪里来的，反而觉得他们吃好、穿好、用好是天经地义。甚至有一些不懂事的孩子认为妈妈不需要去尊重。

很多妈妈总是认为只要孩子吃好穿好，听话懂事就行了，她们不愿意让孩子了解自己工作生活的辛苦，也没有给孩子理解自己的机会，自顾自地觉得自己为孩子撑起了天，孩子就应该服从自己，但是，孩子并不认同这个道理，他们并不会认为自己就一定要服从妈妈。其实，让孩子服从你，不如先让孩子从内心理解你，这对亲子沟通来说很重要。当孩子对妈妈付出的辛劳越是了解，就越是会从内心理解和尊重自己的妈妈，也才能真正心服口服地听从妈妈的劝告。否则的话，孩子会觉得自己所获得的一切是理所应当。

《新文化报》的记者曾经在一地区的3所省重点中学发了280份问卷调查，结果令人震动：

问题一：你的袜子谁来洗？

95%妈妈或其他长辈洗；5%自己洗。

问题二：你认为妈妈辛苦吗？

22%一般；59%很辛苦；19%不辛苦。

问题三：你常与妈妈沟通吗？

22%经常；26%偶尔；52%几乎从不。

问题四：你给妈妈做过饭吗？

20.5% 没有；66% 有过一两次；13.5% 经常给妈妈做饭。

问题五：你常对妈妈说感激的话吗？

39% 是；20% 只是偶尔；41% 几乎从不。

问题六：妈妈不高兴时，你安慰过她吗？

62.2% 有；5.4% 没有；32.4% 有一两次。

问题七：你为妈妈洗过脚吗？

17% 洗过几次；20% 只洗过 1 次；63% 从来没洗过。

问题八：你觉得应该回报帮助过你的人吗？

20% 没考虑过；62% 应该；18% 不用。

问题九：遇见教过你并常批评你的老师，你会说话吗？

86% 不理她（他），假装没看见；14% 会主动上前打招呼。

在这份问卷调查中，有 52% 的孩子表示自己几乎从来不和妈妈沟通。对于“你认为妈妈是否辛苦”的这个问题，有 19% 的孩子觉得妈妈不辛苦。“我一点也看不出妈妈辛苦。他们每天早上起来给我做早饭，然后送我上学，晚上再来接我回家。天天如此，从来没有听他们说过自己很辛苦啊。”妈妈只是没有把生活的辛苦和沧桑挂在脸上，孩子们就以为自己的妈妈一点都不辛苦。而在对“你常对妈妈说感激的话吗？”在这个问题上，41% 的孩子选择从来没有，并且认为：“他们是我的爸爸妈妈，对我好是自然的。别人的爸爸妈妈也对自己的孩子很好啊，我又有什么特别吗？”

其实，当妈妈与孩子之间是相互尊重、相互理解、地位平等的时候，孩子就能更好地感受到妈妈对自己的爱，妈妈为自己做出的牺牲；当孩子完全从属于妈妈的时候，他们就会无视别人为自己做的一切了。确切地说是他们没有自己。

如果你的孩子也是这样，那就应该想办法引导自己的孩子认真考虑一下：妈妈每天不仅要做好自己的工作，还要费尽心思照顾全家人的生活，即使面临着工作和家庭的经济压力，也很少跟孩子提起，实在是很不容易。当妈妈空闲的时候，可以给孩子讲一讲他们工作的情况，让孩子了解妈妈工作的艰辛，做到心中有数。无论妈妈是从事什么职业，都是靠自己的双手在劳动，都是凭自己的本领在吃饭，都值得孩子敬重。当孩子对妈妈付出的辛劳越了解，才越会从心里相信和敬重妈妈，才会真正心服口服地理解妈妈。

或者，妈妈还可以试试以下的一些方法。

（1）教育孩子学会理解，凡事除了从自身的角度考虑之外，还要推己及人，以他人的观点观察一下，这样才能不失偏颇。

（2）和孩子建立亲密的沟通，让孩子了解妈妈的烦恼和辛苦。可以在晚饭的时候和孩子多聊聊天，让孩子也能了解自己在工作中遇到的问题。

（3）教育孩子珍惜妈妈的劳动，让孩子也参加到一些简单的劳动中来，在劳动的过程中让他体会到做任何事情都不是轻而易举的，必须付出努力，并让孩子理解妈妈对他的期望以及为此所做的一切。

当孩子不能理解妈妈的苦心时，妈妈应该静下心来与孩子进行交流，告诉他你的困难、辛苦以及工作的状况，让孩子去理解你、关心你，这样才能有利于孩子的健康成长。

遇事要与孩子商量

英国教育家斯宾塞说过:“对孩子要少下命令，命令只有在其他方式不适用或失败时才用。要像一个善良的立法者一样，不会因为去压迫人而高兴，而因为用不着压迫而高兴。”

商量的魅力在于，使自己学会从别人的角度思考问题。两代人的沟通，最重要的是相互理解、相互尊重。而实现相互理解、相互尊重的方法就是学会商量。

孩子也有受尊重的需要。如果妈妈喜欢与孩子商量，孩子就会非常乐意与妈妈交流，反之，孩子则会产生逆反心理，封闭自我。

学会与孩子商量，在子女的教育中还有更为重要的一个方面。那就是对孩子提出的要求，我们不能满足或不应满足时，不应粗鲁而简单地拒绝:“不行！不准你去！”或者在妈妈提出的要求，儿女不同意时，你也不应简单地采用命令方式:“这事已经决定了！”

妈妈学会与孩子共同商量既可以增加相互的理解，也可以避免家庭中一些无谓的争吵；而且更重要的是它可以教会孩子在社会上怎样做人和与人共事。因为我们在日常生活和工作中，只要与人相处，分歧是不可避免的。

随着孩子年岁的增长，子女在喜好和兴趣，甚至交友诸方面看法都会与妈妈有分歧。这时妈妈对子女的一些喜爱与兴趣绝不能简单地禁止。而应在充分尊重的前提下与子女商量，以求得共识或找出正确解决的途径。美国成功学家卡耐基说过，用“建议”，而不下“命令”，不但能维持对方的自尊，而且能使他人乐于改正错误，并与你合作。

葛莹是一个喜欢与孩子协商的妈妈，对此，她非常自豪，她曾经在日记里写道：女儿好像从没撒过谎。因为她不必撒谎，在家里可以无话不谈，就是说得不好，也不会受到指责。我习惯和女儿商量她的事以及家里的大小事。我们经常坐在一起聊天，而且我们的观点竟是惊人的接近，很少有相左的时候。

"商量"这个词，在母子、母女之间的使用率一般应是不高的，而我们却是将其当作准则。面对任何事情，我不摆母亲的架子，她不使独生女的性子，商量的格局便形成了，还在孩子很小的时候，便约定俗成。比如她看中了一个玩具，我觉得不妥，便和她商量可不可以不要，强压她可不服，糊弄缺乏诚信，商量是最佳途径，她一般能接受，欢天喜地放弃初衷。

我家里的所有抽屉都没有锁，女儿可以翻着任何东西，可以随便拿到钱。她很小就尽知家底，我也不对她保密。信任是家庭宽松环境的重要因素。

我内心的不快也愿意向女儿透露，我拿不定主意的事情乐于征求她的意见，她还小的时候我便将诸如选择购房这样重大的事情和她商量。

喜欢与孩子商量的妈妈是民主的妈妈。在这样的家庭氛围中，孩子渐渐会养成民主的习惯，都愿意主动与妈妈进行沟通，这样的亲子关系是非常令人羡慕的。那么，妈妈应该怎样运用商量来促进亲子关系呢？

（1）多些商量，少些命令：妈妈不管要求孩子做什么事情，一定要注意用商量的口吻，而不要用命令的口吻。比如，提醒孩子做作业时，你可以说："你现在是不是该做作业了，做完作业就可以看会儿电视。"而不要说："赶紧去做作业！"或"还不去做作业呀？"

商量的语气对孩子来说非常重要，孩子会认为你尊重他，关心他的感受，从而对你产生好感和信任，促进亲子沟通。

（2）凡事都要学会商量：不管什么事情，尤其是涉及孩子的事情，妈妈都不要自作主张，要学会与孩子商量，取得孩子的同意和认同。

（3）孩子的事情一定要与孩子商量：随着孩子的不断成长，孩子的事情一定要放手让孩子自己去选择，妈妈不可替孩子包办，即使妈妈有自己的想法，也要通过商量的方式，把自己的意见传达给孩子，让孩子权衡利弊后再做出选择。

每一个孩子都会出现与妈妈意见不一致的情况，孩子们都希望妈妈能够尊重自己的意见，毕竟，许多事情都需要孩子付出努力才能实现。如果妈妈忽视了孩子的主观能动性，一味地用妈妈的威严来压制孩子，孩子即使口头上同意了，内心也无法产生努力的动力，在这种情况下，孩子已经感觉简直就是受罪，怎么还可能与妈妈和睦共处呢？

总之，妈妈凡事要学会与孩子商量，这样不仅可以增加相互之间的理解，避免许多无谓的争吵，而且还能够教会孩子为人处世，促进孩子健康成长。

第五章　和解式沟通：叛逆不是错，不打不骂教出好孩子

“有心无痕”的批评和表扬才能对孩子生效

明明早晨喝完牛奶，随手把空牛奶盒从教室的窗户扔了出去，正巧打着楼下的一位学生。事情反映到老师那里，乱扔盒子的明明被班主任叫到了办公室。

“你知道这种行为的严重后果吗？”班主任厉声质问。

“老师，我错了，我以后再也不往楼下扔东西了！”这时，明明眼里的泪水已在打转。

“幸亏你扔的是纸盒，如果是铁盒、砖块呢？还不把人家脑袋砸破？”

“万一砸出人命来怎么办？”

…………

班主任连连质问、斥责，由纸盒而铁盒而砖块而人命开始，说了一大堆，越说越严重，越说越玄乎，似乎还不满足，仍想继续“发挥”，但这时，明明已变得充耳不闻，表情淡漠了。

生活中有很多妈妈也会像这位老师一样，唠唠叨叨地对孩子批评一番，她们经常抱怨，为什么孩子总是听不进去教诲，对批评一点都不能虚心接受。那是因为长篇大论的批评已经超出了孩子的承受范围，致使他们感到麻木或是厌倦了。这好比孩子一次只能吃两根雪糕，你非得一次逼他吃掉十根，那他自然因为吃腻了而从此对雪糕丧失兴趣。

当人的机体在接受某种刺激过多、过强或时间过长的时候，人会调动“自我保护”的本能，出现自然的逃避倾向。这种现象被人们称之为“超限效应”。

“超限效应”在家庭教育中时常发生。如：当孩子考试失败时，妈妈会一次、两次、三次，甚至四次、五次重复对一件事作同样的批评，使孩子从内疚不安到不耐烦最后反感讨厌。被“逼急”了，就会出现“我下次还这样，不学了”的反抗心理。又或者孩子是一个大大咧咧的人，他偶尔会把房间弄乱，而妈妈时不时都在念叨孩子不爱整洁、邋里邋遢，久而久之，孩子心生厌倦和反叛，他故意不打扫不整理，以此来响应妈妈的批评。

其实妈妈的本意是好的，想通过强调这个问题，使孩子记忆深刻，下次不再重复犯同样的错误。可是妈妈这种喋喋不休的说教、嘱咐、训斥，最终导致孩子出现了“超限效应”，不但无动于衷，反而异常反感。孩子本身对自己的错误是有内疚之感的，但是如果妈妈咬住孩子的错误长久不放，过多重复的批评就会导致孩子产生厌倦之情。当厌倦淹没了悔恨自责，孩子就只记得对妈妈的不耐烦，而千方百计地为过错找借口，失去对错误的悔意。所以，孩子听不进去批评，妈妈要反思一下是否你对孩子的批评超限了。

在教育中，不光是多批评会引发超限效应，多表扬也是如此。

表扬过多以后，孩子会变得麻木，对称赞丧失兴趣，从而失去上进的动力。过多的称赞不仅会变得不值钱，甚至会使孩子认为妈妈很“虚伪”。所以，无论是表扬还是批评，都要掌握一个度。过少是妈妈的失职，过多则是妈妈的失误。

在表扬孩子时，妈妈要善于抓住孩子的“闪光点”，及时捕捉孩子的每一次、每一点进步，“对症下药”地对孩子的行为进行表扬，并要适可而止。点到为止、暗香余留的表扬是对孩子有持续吸引力的表扬艺术。当批评孩子时，妈妈更要讲究艺术。要切记：孩子犯一次错，只能批评一次。如果他再犯同样的错误时，可以变换角度来说他。比如，孩子放学后写作业，每次写完后都不把书收拾到书包里，你可以批评他。但当他答应做到而又没有做到时，你可以和他一起想办法，比如建议他在“记事本”上记住每天要做的这件事。批评孩子，既要让他认识到自己的错误并心存自责，又要鼓励他下次积极改进，这才是批评的高级境界。

制定惩罚，不如先规定纪律

内科医师有一句座右铭，大概意思是：“首要原则是不伤害病人。”妈妈也需要类似的规定来帮助自己，在约束孩子守纪律的过程中，不要对孩子情感上的快乐造成伤害。

纪律的关键在于寻找惩罚的有效替代手段。

布莱克夫人要去给那些犯过过失的男生上第一次课，她很担心。当她轻快地走上讲台时，她绊了一下，摔倒了，课堂里爆发出哄堂大笑。布莱克夫人没有惩罚那些嘲笑她的学生，而是慢慢站起来，直起身子，说："这是我给你们的第一个教训：一个人会摔倒趴下，但是依然可以再站起来。"教室里寂静无声，孩子们接受了这个教训。

这样的方法，所有的妈妈都可以仿效，使用智慧的力量，而不是用威胁和惩罚来影响孩子的行为。

当妈妈惩罚孩子的时候，孩子会怨恨妈妈，当他内心充满愤怒和怨恨时，是不可能听得进妈妈的话，不可能集中注意力的。在训诫孩子时，任何可能会导致愤怒的行为都应该避免，而那些会增强自信、增强自尊，并且尊重他人的方法应该大力提倡。

为什么当妈妈惩罚孩子的时候，会激怒孩子？不是因为她们不和蔼，而是因为她们不懂得方法。她们没有意识到她们的哪句话是有破坏性的。她们很严厉，是因为没有人告诉她们如何在不骂孩子的前提下处理棘手的问题。

一天，儿子贾宏从学校回到家，一开门就朝妈妈大声嚷嚷："我恨我的老师，她当着我朋友的面冲我大声叫，她说我说话扰乱了课堂秩序，然后她惩罚我，让我整堂课站在大厅里。我再也不要回学校了！"儿子的怒气让这位妈妈失去了平静，于是她不假思索地把心里所想的话脱口而出："你知道得很清楚，你应该遵守纪律，你不能想讲话就讲话，如果你不听话，你就会受到惩罚，我希望你已经得到了教训。"

当妈妈如此回应了儿子的烦躁情绪后，儿子也非常生妈妈的气。如果那位妈妈没有说上面那些话，而是说："站在大厅里多尴尬啊！当着朋友的面冲你嚷嚷也很让人丢脸！怪不得你要生气。没有人喜欢遭到那样的对待。”这样同情的回应说出了贾宏的烦躁情绪，会消除他的怒气，让他感到妈妈对他的理解和爱。

有些妈妈会担心，如果他们承认孩子的烦躁，提供情感上的急救，会给孩子传达出这样一个信息：他们不担心孩子的不良行为。但是，就像上面提到的妈妈一样，她儿子的捣乱行为是发生在学校里，而老师已经处理过了。她苦恼的儿子从她那儿需要的不是额外的训斥，而是同情的话语和理解的心情，他希望妈妈能帮助他消除心烦。

纪律就像外科手术，需要精确，不能随意下刀，不能草率地抨击孩子。不端行为和惩罚不是对立的两个方面，不能互相抵消，相反，它们会互相滋养、互相增强。惩罚无法制止不当行为，只会让肇事者在躲避侦查上更有技巧。当孩子受到惩罚后，他们会想办法更加小心，而不是更顺从，或更有责任心。

所以，妈妈们可以通过纪律使孩子自愿接受限制和改变某种行为。从这个意义来说，妈妈的训诫可能最终带来孩子的自律。通过认同妈妈和妈妈体现出来的价值，孩子内心会获得自我调整的标准。

对感受要宽容，对行为要严格

教育孩子的目标是什么？是帮助孩子成为一个正派的人，一个受人尊敬的人，一个富有同情心、能承担责任、关心他人的人。如何教化孩子？要使用人道的方法，在妈妈们努力教育孩子待人接物、为人处世时，要想有效果，就不能伤害他们的感情。

孩子从经验中学习。他们就像湿水泥，任何落到他们身上的话都能造成影响。因此，重要的是，妈妈们对孩子的感受要宽容，但对他们的行为要严格，要学会跟孩子谈话时不要激怒孩子，不要对他们造成伤害，不要削弱孩子的自信，或者让他们对自己的能力和自我价值失去信心。

对待孩子的不良行为要严格，但是，对所有的感受、愿望、欲望和幻想，应该宽容对待，不管它们是积极的、消极的、还是矛盾的。像我们所有的人一样，孩子无法禁止自己的感受，有时候，他们会感觉到贪婪、色欲、自责、愤怒、害怕、悲伤、欢乐和恶心。尽管他们无法选择他们的情感，但是他们有责任选择如何、何时表达这些情感。

无法接受的行为并不是无法容忍的。试图强迫孩子改变无法让人接受的行为，结果是令人失望的。但是，依然有许多妈妈问自己无效的问题：怎么才能使孩子做家务呢？怎么才能使孩子专心做作业呢？怎么才能让孩子打扫自己的房间呢？怎么才能说服孩子在外面待的时间不要晚于她规定的时间呢？怎么才能让孩子的日常表现正常呢？

妈妈需要知道唠叨和强迫是没有用的。强制性的方法只能导致怨恨和抵触，外部压力只会带来违抗和不从。妈妈不应该把他们的意志强加在孩子头上，应该理解孩子的观点，帮助他们专注于解决麻烦，这样，妈妈才更有可能影响孩子。

例如，刚刚的妈妈对他说："刚刚，你的老师告诉我们你没有做家庭作业，能告诉我们出了什么问题吗？有什么我们能帮忙的吗？"

不管 11 岁的刚刚怎么回答，妈妈已经开启了一个对话，将会找到难题的源头，这样，就可以帮助刚刚承担起做家庭作业的责任。

孩子需要一个清晰的界限：什么行为是可以接受的，什么行为是不可以接受的。没有妈妈的帮助，他们很难不依照他们的冲动和欲望行事。当他们知道被允许的行为的清晰界限时，他们会觉得更加放心。

对妈妈来说，限制比强迫执行这些规矩要容易得多。当孩子向这些限制挑战时，妈妈应该学会灵活处理。妈妈希望孩子开心，当妈妈不允许孩子违反规则时，孩子可能会觉得不再被爱了，会觉得内疚。

“今天晚上不许再看电视了。”当12岁的冰冰想看的电视节目将要开始时，她的妈妈说道。冰冰很生气，喊道：“你真小气！如果你爱我，你会让我看我最喜欢的节目，它马上就要播出了。”母亲想要让步，对她来说，很难拒绝这样的请求。但是她决定不能有这个先例，她强制执行了她的规定。

因为有很多规定很难强制执行，所以妈妈要把规定按优先次序排列，并且让这些规定越少越好，以保证规定能够得以顺利执行。

出了问题：要回应，不要反应

在许多家庭中，妈妈和孩子之间的激烈争吵有一个规律的、可预见的顺序。孩子做错了什么事，或者说错了什么话，妈妈对此做出无礼、侮辱的反应。孩子则用更糟糕的行为来回答。妈妈再反击，高声恐吓，或者粗暴地处罚。

这样的方式解决不了问题。当孩子出现问题时，妈妈们正确的做法是回应，而不是反应。

10 岁的雷特保证给家里洗车，但是他忘了。最后他才想起来，试图做好工作，但是已经来不及了，没有完成。

妈妈对儿子说："儿子，这车还需要再洗洗，特别是车顶和左边。你什么时候能做？"

雷特说："我可以今晚洗。"

妈妈微笑着点点头："谢谢你。"

雷特的妈妈并没有批评他，而是告诉了他一些事实，语气没有丝毫的不敬和贬低。这让雷特完成他的活，而不会对妈妈生气。想象一下，如果雷特的妈妈批评了他，试图教育他，雷特的反应会有什么不同呢？

妈妈问："你洗了车吗？"

雷特说："洗了。"

妈妈开始不高兴了："你确定？"

雷特撒谎道："我确定。"

妈妈生气了："你居然说你洗完了？你就是敷衍了事，你从来都这样。你只想玩，你觉得你能这样过一辈子吗？你要是工作了，还是像这样草率马虎，连一天都干不了。你太不负责任了！"

这样的结果，不仅伤害了雷特的自尊心，而且对他身心发展也不好。

从一些小意外里，孩子可以学到很宝贵的教训。孩子需要从妈妈那里学会分辨什么是仅仅让人不愉快、让人讨厌的事情，什么是悲剧和灾难。许多妈妈对打碎了一个鸡蛋的反应就像打断了一条腿似的，对窗户被打碎的反应就像心被敲碎了一样。对于一些小事，妈妈应该这样跟孩子指出来："你又把手套弄丢了，这很不好，很可惜，不过这不是什么大灾难，只是一个小意外。"这就是所谓的小意外，大价值。

丢失了一只手套不需要发脾气，一件衬衫扯破了，也无须像希腊悲剧里那样让孩子自己动手解决。

相反，发生小意外时，是传授孩子价值观念的好时机。

> 8岁的黛安娜把妈妈戒指上的诞生石弄丢了，她伤心地哭了起来，妈妈看着她，平静而坚定地说："在我们家，诞生石不是那么重要的。重要的是人，是心情，任何人都可能弄丢诞生石，但是诞生石可以重新替换。你的感受才是我最关心的。你确实喜欢那个戒指。我希望你能找到合适的诞生石。"

但是，当遇到孩子行为不当时，妈妈往往意识不到是不安的情绪导致了那样的行为。在纠正他们的行为之前，一定要先处理他们的情绪问题。

所以，当孩子遇到问题或遇到不开心的事时，这时候妈妈们最好的做法是回应孩子，让孩子心有慰藉，而不是做出反应、质

问孩子。可大多数妈妈都没有养成向对方敞开心扉的习惯，甚至不知道孩子的感受以及如何去感受，

如果让孩子说出自己的感受很难，那么如果妈妈能够学会倾听在他们愤怒的外表下所隐藏的担心、失望和无助，将会有很大的帮助。妈妈不要只针对孩子的行为做出反应，而是要关注他们心烦意乱的情绪，帮助他们应付难题。只有当孩子心情平静时，他们才能冷静地思考，才能做出正确的举动。

所以，妈妈的批评对孩子是没有益处的，它只能导致气愤和憎恨。而更糟的是，如果孩子经常受到批评，他们就学会了谴责自己和别人；他们学会怀疑自己的价值，轻视别人的价值，学会怀疑别人，甚至导致人格缺陷。

给孩子指导，不是批评

批评和评定性的称赞是双刃剑，两者都是在给孩子下判断。为了避免下判断，心理学家不会发表批评意见影响孩子，而是指导孩子。在批评孩子时，妈妈会攻击孩子的人品和性格。而指导孩子时，妈妈陈述问题以及可能解决问题的方法，但不会针对孩子本人发表任何观点。

一旦孩子说错了什么或是做错了什么，妈妈立刻摆出一副严厉的样子对孩子指手画脚，同时带有无礼甚至是侮辱性的批评语言。结果不但没有让孩子心服口服地接受批评，反而引起孩子的反感和顶撞。

吃早餐的时候，7 岁的罗文在玩一个空杯子，正在餐

厅看打扫的妈妈对罗文说:“你会打碎它的,不要玩了,你不知道打碎了多少东西。”

罗文自信地说:“放心吧,不会打碎的,我保证。”刚说完,杯子就从手掌间滑落在地,摔得支离破碎。妈妈生气地说:“你应该放声大哭。真是个大笨蛋,屋里东西快要被你摔光了。”

罗文显得毫不罢休,他说:“你也是个笨蛋,你曾经打碎了最好的盘子。”妈妈一听这话,气得从餐厅里冲出来:“你竟敢说我是笨蛋?你太没礼貌了!”

罗文说:“是你先没有礼貌的,谁叫你先叫我笨蛋的。”妈妈简直气得无话可说:“不许说话,马上回到你的房间去。”

罗文看着妈妈生气的样子,来劲了:“来啊!逼我啊!”

这种行为激怒了妈妈,她一把抓住他,狠狠地将他打了一顿。罗文一气之下离家出走,直到深夜才回来,把全家人急得一晚上没睡好觉。

也许,这件事情让罗文得到了教训,他以后再也不玩空杯子了。但是妈妈也应该得到教训,那就是应该用善意的语气指导孩子,使孩子避免再次犯错,而不是用暴力教训孩子。

其实,在孩子玩杯子的时候,妈妈完全可以提醒儿子“小心摔了杯子,割伤了手”,然后对孩子说:“玩皮球是个不错的选择。”或者当杯子打碎时,妈妈可以帮助孩子处理玻璃碎片,顺带说:“杯子很容易打碎,以后注意点哦。”这种和气的话很可能让罗文为自己的过错感到惭愧,继而会因为自己闯了祸而产生歉意。

在没有斥责，没有巴掌的情况下，他甚至可能会在心里思考，并自己得出结论：杯子不是用来玩的。

当孩子出现错误时，批评对孩子往往是没有益处的，它只能导致怨恨和反感。而且，如果孩子老是受到批评，他就学会了谴责自己和别人，他就学会怀疑自己的价值，学会怀疑别人的价值，导致人格缺陷。所以，妈妈应该给孩子更多的指导而不是批评。妈妈可以从以下几个方面做起：

第一，孩子犯错之后，指导孩子处理问题。当孩子不小心碰翻了果汁，打破了杯子时，妈妈首先要做的不是批评孩子的错误，而是指导孩子怎样处理错误导致的问题，妈妈应该告诉孩子应该如何清理破碎的玻璃杯，如何把地板拖干净。

第二，孩子犯错时，不能辱骂孩子。无论孩子犯了怎样的错，你都不能辱骂孩子，如果你经常在孩子犯错后辱骂孩子，孩子就会朝你所骂的样子发展，假如你骂孩子是个坏孩子，他会慢慢变成真正的坏孩子；假如你骂孩子是个笨蛋，孩子真的会变成笨蛋。所以，如果你真的想让孩子在犯错之后改过自新，就要杜绝辱骂孩子，你只需实事求是地指出孩子的错误，告诉孩子怎么做就可以了。

第三，要及时和孩子交流，让孩子知道错误。孩子犯错了，你可能还不清楚原因。那么你需要和孩子进行交流，让孩子告诉你他是怎样犯错的，这便于你针对孩子的错误提供指导性的意见，最终帮助孩子改正错误。你可以对孩子说："现在没有必要惩罚你，而要搞清楚你是怎么犯错的，这样你才不会犯同一个错误。"让孩子明白，你并没有惩罚他的意思，他才可能放下心理包袱，和你进行交流。

每个人都希望得到指导而不是批评，孩子同样有这样的心理。

这就要求妈妈在教育孩子的时候，多用善意的指导和关爱代替批评和责骂，这样孩子才会虚心地接受妈妈的教育和引导。

说教和批评会产生距离和怨恨

2005年，曾发生了一起轰动全国的杀母案。学生徐某，中午刚吃过午饭，见母亲屋里开着电视，想看一下然后去上学。母亲一看见儿子脚步停在电视机前，便马上把脸阴下来说："马上就要大考了，你这次要考全班前10名。"徐某一听到排名，心里便咯噔一下。那是因为徐某初进高中时，排名第44，到了高一下学期，一跃升到第10名，母亲很高兴，要他以后每次考试都不能低于前10名。谁知越是想考到越考不到，到了高二上学期，徐某期中考试成绩排在了第18名，母亲回家后用皮带把徐某狠狠打了一顿，还又哭又闹，说："以后你再踢足球，就打断你的腿。"

徐某一想到这里，心里就堵得慌，于是，便说："很难考的，这不太可能。"徐母声调又升高了几度："那还看电视？还不去用功学习？"徐某说："我已经够用功了。"徐母毫不让步地说："期末考试不考前10名的话，你自己看着办。你自己考虑，进不了前10名，以后怎么考重点大学？"接着便是不停地讲排名，讲重点大学一类的话，徐某被母亲搞得脑袋发涨。

他背起书包准备上学去，免得再听母亲唠叨。谁知母亲依然不依不饶地说个不停，徐某此时是又怕又烦，他走到门边时，突然看见鞋柜上有把木柄榔头，随着母亲的唠叨声，他心烦得血冲头脑，一下子失去了理智，他只想让母亲停止这种使他精神崩溃的唠叨，甚至是永远停止，他下意识地挥起了榔头……

悲剧就这样偶然而又不可避免地发生了。

在这个惨案中，孩子的残忍固然让人痛心，但徐母的教育方法同样值得我们反思。试想，如果例子中的徐母能够换一种谈话或者是聊天的方式引导徐某学习，而不是唠唠叨叨地逼着他必须考前 10 名的话，如果徐母细心一点，多注意孩子的情绪变化的话，或许悲剧可以避免。

妈妈常常因为跟孩子的对话而感到失望，因为他们毫无头绪，就像那段著名的对话所说的那样。“你要去哪儿？”“出去。”“干什么？”“不干什么。”那些想努力讲道理的妈妈很快发现这样会让人疲乏不堪，就像一个母亲说的那样：“我一直努力地跟孩子讲道理，说到我脸都绿了，但是他还是不听我说，只有我冲他喊时，他才会听我说。”

孩子经常拒绝跟妈妈对话，他们讨厌说教，讨厌喋喋不休，讨厌批评，他们觉得妈妈的话太多了。8 岁的大卫对他的妈妈说：“为什么我每次问你一个小问题，你都要给我那么长的答案？”他向他的朋友倾诉说：“我不跟我妈妈说任何事情，如果我跟她说，我就没有时间玩了。”

一个对此很感兴趣的研究者无意中听到一段妈妈和孩子的谈话，他惊奇地发现，他们两个人几乎都不听对方在说什么，他们的谈话更像两段独白，一段充满了批评和指令，另一段则全是否认和争辩。这种沟通的悲剧不是因为缺乏爱，而是缺乏相互尊重；

不是缺乏才智，而是缺乏技巧。

所以，说教和批评只会引起孩子的逆反心理，而无助于问题的解决。妈妈应该注意运用聊天的方式和孩子沟通。同时应该重视孩子行为后面隐蔽的心理问题，因为孩子们发怒或者调皮捣蛋往往都是有其隐秘的心理原因的，当他表现出烦躁、故意顶撞妈妈或者说粗话等不良行为时，许多妈妈往往并没有注意到他这种行为背后所隐藏的深层心理意义，而只是厉声批评孩子。这种批评就不能对症下药。

因此，当孩子做出让人生气的事情时，妈妈首先要做到不是批评责骂，而是弄清孩子心里的想法。看看造成孩子这样做的原因是什么，然后再有针对性地给孩子以指导。

宽容比惩罚更有力量

宽容，有时候比惩罚更有力量。对人宽容，是做人的一种美德。而对孩子们宽容，则不仅是美德，还是一种教育艺术。

孩子涉世未深，难免会犯错，有时孩子犯错并非是有意的。儿童期是犯错误最多的时期，与成年人的犯错不同，孩子们大多不会明知故犯。也许，孩子出于好奇或无知，也许孩子不能像成年人一样控制自己的行为，这时妈妈需从心底里宽容孩子的过错。

此外，孩子在看待问题上，常常容易夸张或放大自己的问题，以为自己犯了错，妈妈再也不会喜欢自己了，如果妈妈再不能给孩子宽容，他可能会感到绝望。另外，如果因为一些无意的过错训斥、处罚孩子，不利于感化和教育孩子，成年人也会因此失去孩子们的信任。

格雷斯上初三年级的一个星期六，提出要去庆贺同学的生日，并在人家那里吃晚饭。虽然母亲不愿意女儿晚上出去，可又体谅她对友情的珍惜，并且答应了人家，一旦爽约是挺难为情的。所以，妈妈装作平静的样子同意了，问格雷斯几点回家，她答应晚上8点之前。当时她家刚迁入新址，妈妈不放心女儿夜归，与她约定晚8点在地铁车站等她。

那是一个寒冷的冬天。妈妈准时赶到地铁车站，等候女儿归来。不料，等了1个小时，也不见她的身影。妈妈又担心又气愤：言而无信，不知其可，今后再也不能信她了！妈妈伸长了脖子，冻僵了身子，心里却火烧火燎。

又过了20分钟，格雷斯终于出现了。隔着好远，可以听见她急促的喘息声。显然，她是跑着冲出地铁口的。

妈妈使劲儿克制住自己的情绪，平静地问："回来了。"

"对不起，老妈，我回来晚了。"格雷斯一脸愧意，一边走一边解释。原来，那位同学家又远又不靠车站，而女儿去时迟了，人家不让早走，加上归时又找不着车站，又等车又倒车，折腾下来就耽误了不少时间。

妈妈宽容地笑了，说："没关系，谁都可能碰上特殊情况，你回来就行了。"随后妈妈又与女儿分析，学生过生日，选在中午比晚上好，否则让多少人着急呀？而且大黑夜里东奔西走，也不安全，岂不扫兴？女儿听了连连点头，还夸妈妈很理解人。母女俩感情一下贴近了许多。

孩子做事不妥当或犯了错误，常常与他的生活经验不足有关，或者说与其社会化程度低有关。对于孩子做事的特点，妈妈们务必给予理解，做出合乎情理的分析，而不宜夸大问题的严重性，更不应曲解孩子的动机。

同时，孩子犯错误之后，往往有后悔自责之意，是接受教育的黄金时刻。此时，如果以宽容之心与和颜悦色，同其剖析事情原委及是非曲直，孩子可能字字入心、声声入耳，成为进步的一个推动力。相反，如果不问青红皂白，猛批猛打，不许辩解，孩子也可能因恐惧而撒谎、抗拒甚至出走等等，使问题复杂化，甚至演化为一场悲剧。

也许可以说，宽容是一种智慧，是一种特殊的爱，是一种胜过惩罚的教育。

当然，教育也需要惩罚，惩罚不是体罚，是教育惩戒，是让孩子学会为自己的过失负责任。没有批评和惩罚的教育是不完整的教育。当然，批评和惩罚要讲艺术，事实上宽容就是一种深层意义上的“惩罚”。

然而，现在的妈妈对孩子往往缺乏一种宽容的胸襟。孩子有了过错，要么责怪谩骂，要么讽刺、体罚，要么干脆撒手不管，这都是不能宽容孩子的表现，这样的教育也无法产生积极的效果。

如何化惩罚为宽容，在孩子心中留下更好的印象？给妈妈们提出以下建议：

（1）保护孩子的自尊心。适当的时候给孩子个台阶下，或者为孩子保守秘密。批评孩子时首先肯定其某些良好动机是十分必要的。

（2）鼓励孩子以后不要犯类似的错误。与孩子分析教训所在，适当提出希望，告诉孩子错在哪里，怎样改正。

（3）与孩子一起评论是非曲直。如确实是孩子的错误，应该帮助其认识到错误，然后促其改正；如果不是，妈妈应反思自己的教育方式和态度，心平气和地与孩子交流。

（4）不要操之过急。孩子改正错误需要一个过程，妈妈要有耐心，不要期望孩子立刻就能把错误改正过来，应该允许孩子在改正过程中有一定的反复，可以多多留意孩子在一段时期内的变化。

宽容的力量更强大，“恨铁不成钢”的妈妈们，选择以宽容之心对待您的孩子吧！您将看到孩子身上闪耀着比以往更夺目的光彩！

最大的谎言：打是亲，骂是爱

这周末，萌萌全家进行大扫除。小轩、可可都来帮忙。不过萌萌今天的心思可没在劳动上。她边干活边想着去划船的事。

不料，一个不小心，便闯了祸。爸爸最喜欢的大花瓶被她打碎了。萌萌一下子愣在了那里。她想：“这下闯大祸了，爸爸一定会骂我的！”爸爸一向比较严厉，想起爸爸接下来要拉长的脸，萌萌手忙脚乱地逃离了“现场”。

眨眼到了吃晚饭的时间，爸爸妈妈见萌萌还是没有回来，便分头去找。妈妈在小花园里发现了萌萌。她正和小伙伴们玩得不亦乐乎。

“萌萌，回家吃饭了！”妈妈柔声叫她，但萌萌不敢回家。

“今天是淘气的小轩打碎花瓶的。妈妈，咱们今天能不能晚点回家呢？”萌萌央求妈妈。

妈妈早看出了她的心思，便告诉她：“今天打扫卫生，你是咱家做得最好的，你爸还一直对你赞不绝口呢！此外，你爸爸最近一直嫌那个花瓶大，摆到哪儿都占地方，这下好了，家里显得不那么挤了！你爸爸说早就想扔了。不过呢，以后劳动的时候要注意啊！”萌萌听了妈妈的话，羞愧地低下了头，她想：“我以后可不会犯这样的错误了！”当她回到家时，爸爸并没有训斥她，而是说：“萌萌，把碎片打扫干净吧，否则扎到脚就不好了。”

萌萌飞快地去拿扫帚和簸箕。从此她无论是劳动还是学习都变得细心了。

萌萌妈妈的处理方式可以说是明智的，她没有因为孩子闯祸而愤怒，也没有让孩子承受闯祸后的“恐惧”，而是用一种温和的方式，让孩子记住“前车之鉴”。

而现实中很多妈妈每每发现孩子的错误，不分青红皂白，便冲着孩子大喊大叫，甚至对孩子拳脚相对。事实上，这种方式收效甚微，因为人们的情绪判断遵循“情绪判断优先定律”，孩子记住当时的“恐惧”，而忘了对错误的判断与反省。

所谓的“情绪判断优先定律”，即指情绪会优先于理性，影响人们的判断。无论是好情绪还是坏情绪都会首先影响到人的行为。当孩子闯了祸之后，他心里其实很痛苦，很内疚。在他这种糟糕的心态下，妈妈的打骂对他来说，只会感到反感，他会觉得妈妈并不爱他，爱的是那些已经损失的钱和物。在这种境况下，他根本就无心改正错误。暴力教育从来就不会让孩子变得顺从，也不会让他变得聪明和懂事，只会使他走向堕落和消沉。

所以，妈妈在与孩子交往过程中要学会“先处理情绪，后处理事情”。比如在孩子处于不愉快状态时，他就会将所有外界信息“拒之门外”，这时妈妈无论说什么，他都很难接受。但是，如果妈妈先处理体谅孩子的感情，宽容和安慰孩子，先处理好他的情绪，使他处于良好的情绪状态下，那么问题就会轻而易举地得到解决。

中国人历来信奉“棍棒底下出孝子”。其实，这种粗暴的家教方式只能摧残孩子的心灵。从表面上看，打骂可以使孩子暂时克服自己不正确的欲望和控制不正确的行为，但是，不能从根本上解决问题，弄不好还可能使孩子养成说谎的毛病，变得阳奉阴违，父母面前不做、背后做。同时，打骂会污辱孩子人格和扼杀孩子个性，还容易使孩子丧失自尊心，失去生活支柱，逆来顺受，畏首畏尾。那些被打骂的孩子，随着年龄的增长，虽然已看不见他们身体上挨打的伤痕。但在他们的内心，仍然保留着幼年时挨打的痕迹，这些痕迹会造成孩子的不自信、缺乏安全感等后遗症，对孩子的个性发展和人生发展都会产生消极的影响。

打骂孩子造成终生遗憾的事情时有发生，孩子不堪忍受打骂上吊自杀的有之，离家出走的有之，父母失手打死孩子的有之。事实证明，“打是亲，骂是爱”是最大的谎言。教育孩子只能说服，不能压服，只能用爱交换爱，用信任交换信任。打骂教育，是一种畸形的家庭教育方式，在现代的家庭中，应该避免出现。

被吓出来的儿童神经衰弱

一个在解放军医院工作的医生说："我们医院里，每年开学后一个月，都会有很多学生过来就诊，得的就是神经衰弱。"他介绍说，头痛、头晕、胃口不适是典型的儿童神经衰弱。孩子和成年人一样，一旦思想压力大，也会患上神经衰弱症。他接触过一些小学三、四年级的儿童，要么头痛头晕，要么脾气暴躁，上课精神涣散，要么胃口不适。

医生的话让人很震惊，原来我们的孩子也正面临着神经衰弱的威胁，许多应该处于"无忧无虑"的童年的孩子，竟然患上了儿童神经衰弱症。这是为什么呢？

儿童神经衰弱主要产生原因是长期精神紧张，学习负担过重，成绩不良，家庭环境不如意，或患有贫血、传染病、中毒、体质弱及性格急躁、小心眼等。表现为入睡慢、睡眠浅、梦多、爱急躁、常常感到头痛或头部发热、头晕、食欲不振、怕声音、怕光、胸口发热、手脚麻木、容易疲劳等等。

精神紧张是最主要的原因，而孩子之所以会精神紧张，往往是因为妈妈的恐吓引起的。据统计，全世界有65%的神经衰弱症儿童患病都是因为妈妈的恐吓！小孩子生性爱动，马虎容易犯错，而妈妈往往就因为这些小事而责备孩子，或者是以某种可怕的后果来恐吓孩子，最终造成了孩子的心理疾病。

有一个小女孩成绩不好，老师说她上课听讲不太认真。回到家里，妈妈就开始说："现在不好好读书，将来你就去捡垃圾好了。"下楼扔垃圾时，妈妈还故意让孩子去看看垃圾箱里有些什么，好好想想以后要怎么捡垃圾。孩子看到垃圾箱里面有很多剩饭剩菜、动物的粪便、各种生活垃圾，这些脏东西让她心怀恐惧，她心想这么脏的垃圾怎么捡啊！

于是孩子对垃圾箱产生了阴影，她从来不去扔垃圾，路上碰到垃圾箱她也远远地迈开，经常梦到自己在脏兮兮的垃圾箱里面捡垃圾，这简直成了她挥之不去的噩梦……

其实，女孩的妈妈并不是想把孩子吓出毛病，只是想刺激一下孩子，让孩子警觉起来。可是，妈妈原本的一番好意却成了孩子的心病。因为这种过度的刺激，超过了孩子的承受范围，最终让孩子心理失衡，造成了孩子的心理疾病。

妈妈给孩子适当的压力是应该的，但前提是不能超过孩子的负荷，不能伤害孩子的心，更不要随随便便就恐吓孩子。要知道，孩子的压力本来就很大了，他在学校面对着学习、与同学相处的压力已经很大了，他需要妈妈对其进行疏导，而不是加压，更不是妈妈的恐吓和侮辱。

大人如果神经衰弱了，放轻松，减少压力是最好的治疗方法。孩子也是一样，当孩子神经衰弱时，妈妈要多给孩子一些温暖的鼓舞，帮助他们渡过成长中的一道道难关，要帮助孩子改变恶劣环境，减轻思想负担。另外，你还可以鼓励孩子积极努力学习，安排好学习、文娱活动，保证睡眠，多参加集体户外运动，增强体质，克服胆怯、心窄的性格，从而建立起克服困难的信心与勇气。但是最重要的，就是不要恐吓你的孩子！

多一点引导，少一点控制

控制是一种奇妙的东西，它是一种与生俱来的本能，隐藏在每个有思想的物种体内，人更是甚之。在家里，妈妈永远都想控制孩子，她们的初衷是对孩子的爱，这爱可以创造伟大的亲情，也可以创造家庭的不幸。因为，很多妈妈借助“爱”的名义来控制孩子。

总结家庭中利用爱的名义控制孩子，从而给孩子心灵成长带来不良影响的现象如下：

“你是我生的，你是我养的，所以你该……”

这种让孩子背上还债的负担，是最常见的控制。按照序位，序位高的妈妈，不能要求序位低的孩子按照自己的模式生活，孩子有选择权力的前提是没有心灵的沉重枷锁。

“你不听话，我养你容易吗？真不如当初不要你了……”

养育孩子等于受苦，还有威胁；迫使孩子以自己的命运进行补偿，威胁式的控制让孩子从小便没有安全感。

“我活得不容易，我的生命是悲惨的……”

这是隐性的控制，也是负面效应很大的控制。这种动力会迫使孩子将自己的生活变得更差以寻找心灵的平衡。或者“你不听我的话，我真命苦……”妈妈有时以自己多么“命苦”，来要挟孩子听话，孩子被迫进行补偿，往往带来孩子悲剧性的性格命运。

以上种种对孩子的控制，大多假借“爱”的名义。中国的多数妈妈总是认为什么都管，让孩子完全按妈妈的思路去做，便是对孩子最完全的爱。其实不然，在孩子年龄还小时，思想和经验还都不足以独立处理自己的人生大事时，妈妈是孩子的监护人，他们有责任也有权利来要求孩子按妈妈的思路去做一些事情，尽管有时候孩子并不情愿去做，但他们的能力不足以摆脱妈妈对他的控制。

那么，妈妈应该如何做才能使孩子“少一点控制，多一些引导”呢？

（1）妈妈应该克制自己的控制欲望。如果妈妈对孩子的控制欲比较强烈，建议妈妈首先应该把心态放平和。对孩子有期望是好的，但不要在孩子面前时时处处表现出来，不要急躁，有时候按照对的思路去做了，一时没看到成效，也不要太着急，继续做下去就行了。

（2）尊重孩子，给孩子自由。妈妈尊重孩子，孩子才能尊重妈妈。有的妈妈只希望孩子对自己言听计从，而不能有观点或者申辩一下，否则就对孩子大声训斥。这种孩子长大后很可能是一个人云亦云的人，没有自己的观点。

（3）给孩子一些成长空间。给孩子一些成长空间，离孩子稍远一点观察。孩子的成长应该顺其自然，不应该脑子里有个框框，孩子应该怎样怎样，更不能强硬改变，而应该利用一些生活场景，尽量提供一些孩子发展的外部环境，尽量正确的诱导孩子。

（4）培养孩子独立思考和判断的能力。独立性是一种习惯，是在生活中慢慢养成的，如穿衣穿鞋、吃饭洗手这类小事。孩子做任何事情，都会碰到次序、步骤的问题，也有效率和结果的不同，这就是因果关系，就是逻辑。更复杂的独立思考、判断的习惯是在独立意识的基础上，在感觉经验和知识的积累中形成的，或许孩子大一些妈妈才会比较关注这一点，但这种能力不是说有就有的，更多的是长期训练之后形成的一种对环境和面对事情的反应习惯。如果孩子从小就没有这种习惯或能力，可以肯定地说，长大后也不会有。

（5）引导孩子的生活态度和价值观。当孩子逐步具备了事物的简单意识之后，几乎每时每刻都在对外界事物和信息进行着判断和选择。妈妈通过孩子在一点一滴的小事中的不同做法的选择加以引导，就可以逐步培养乐观、向上的生活态度和良好的价值观。

作为母亲，当然不能对孩子不加管教、听之任之，但是控制过严又可能压制孩子天真烂漫的童心，对孩子的心理健康产生消极作用。所以，要对孩子多些引导，不妨让孩子在不同的年龄阶段拥有不同的选择权。只有从小能享受选择权的孩子，才能感到真正意义上的快乐和自由。

永远用温和的态度对待孩子

妈妈的态度不仅影响孩子自己对生活的看法，还会影响孩子智力和能力的发展，影响孩子的行为和道德发展。妈妈会给孩子的成长提供大量的实践材料。孩子的各种行为都受妈妈态度的影响和强化。孩子处理事物的方式，对待人际关系的方式，自尊、自信、自主性、意志力等都与妈妈的态度有关。

妈妈对孩子的态度不仅影响孩子智力发展和学习，也影响孩子其他能力和人格的发展。如孩子的社会适应能力、人际交往能力、自主能力、独立能力等。人的这些能力是在童年时代奠定下基础的，妈妈对待孩子的态度，对孩子在这些方面能力的形成有巨大影响。妈妈是用温和的态度鼓励孩子去和其他孩子交往，还是限制孩子的交往；是有意让孩子在某种环境受到挫折，得到锻炼，还是把孩子保护起来，害怕孩子受到挫折；当孩子受到挫折是帮助、鼓励孩子，还是讽刺、嘲笑、忽视孩子，甚至让孩子在挫折面前逃避，都将对孩子造成重大的影响。

妈妈对孩子持有消极粗暴的态度，就会影响孩子的行为向不良或不健康的方面发展，妈妈对孩子持有积极温和的态度，就会影响孩子的行为向健康的方向发展。只有在妈妈温和的态度下，在妈妈的鼓励和帮助下，孩子在社会能力方面才能建立起较好的自我评价和自我意向，建立起自信心，从而很好的发展出自主能力、独立能力和其他社会能力，为一生奠定良好的基础。

当发现孩子犯了错时，妈妈要注意控制自己的情绪，从孩子的角度出发，用温和的态度对孩子讲清楚问题的后果，让孩子认识自己的错误，当然还可以用温和的语气进行适当的批评。

很多妈妈也想用温和的态度对孩子，但往往控制不住自己的情绪。那妈妈要怎么样才能控制自己的情绪？

（1）妈妈要控制情绪，平衡心态。当孩子犯了错误或做出一些令妈妈难以接受的行为时，有些妈妈一时过于激动，控制不了自己的情绪，打断甚至不听孩子的解释，就对孩子采取训斥或粗暴的打骂。的确，孩子在妈妈的大吼大叫下，或许会表现得听话、服从，但这样的手段会使妈妈逐渐无法控制局面。初期会让孩子受到惊吓，影响稳定的情绪和心理发育。逐渐就会使孩子有错也不向妈妈说，采取隐瞒、撒谎等方法来逃避妈妈的斥骂，久而久之也会像妈妈一样以同样的手段对待别人。

（2）要学会对孩子的错误“冷处理”。妈妈打骂孩子往往是自己急了的时候，因此要学会“冷处理”，所谓“冷处理”就是在自己着急、上火、生气时不要教育孩子，自己先消消气，等心情平静了再教育孩子。而当孩子也处于生气、激动的时候，也不适宜进行教育，应该等孩子平静下来再用温和的态度进行教育。这样才能防止粗暴型教育，才能冷静地、客观地处理孩子的各种问题。

（3）不要让自己的坏情绪感染孩子。妈妈还应该注意自己日常生活中的情绪对孩子的影响。不要在孩子面前表现出消极的情绪，那样会使孩子处在一种不和谐的家庭环境中，受到妈妈的消极情绪影响而导致情绪上也发生变化。

总之，妈妈需要用温和的态度对待自己的孩子。当妈妈为孩子的错误烦恼时，不妨静下心来，平静地分析孩子的错误，用温和的态度耐心地对待孩子，只有用温和的态度对待孩子，孩子才能更健康茁壮地成长。

不用命令的语气跟孩子讲话

家庭教育专家卢勤女士认为，“成人世界”与“孩子世界”沟通的钥匙，不仅仅掌握在孩子手中，而是妈妈和孩子每个人手中都有一把，而最重要的是妈妈手中的钥匙。妈妈要想和孩子沟通，需要学会一件事——经常从孩子的观点上来思考，从孩子的角度来观察、决定事情，这是对孩子最大的尊重。她说：“与其用命令的方式对孩子指东指西，不如蹲下来好好和孩子说话。”

妈妈能在家庭中创造一种平等民主的“空气”，这是孩子的幸运。在这样的家庭里，孩子会觉得妈妈是自己的朋友，而不是高高在上的权威。

谢美娟就是个聪明的妈妈，她对这一点就深有体会。

有一天，女儿莉莉回家晚了，谢美娟帮女儿拿下肩上的书包，陪女儿吃饭，告诉女儿这是特意为她准备的。谢美娟告诉女儿，她已在窗口看了很多次，盼着女儿回来。女儿说，她陪同学买东西去了，所以回来晚了，并向妈妈道歉。

谢美娟说："孩子，妈妈知道你是一个有责任心的好孩子，相信你不会惹麻烦，但妈妈牵挂你，担心遇到交通方面的问题或别的什么事情。以后，最好先打电话回来说一下。"

女儿高兴地亲了一下谢美娟："妈妈，你真好！"

谢美娟从孩子的角度出发看待孩子的过失，使孩子能感受到妈妈对她人格的尊重，感受到她与妈妈在地位上的平等。在我们周围，有许多妈妈喜欢用成人的思维方式来看待孩子的行为，喜欢用命令的方式和孩子讲话，这是不科学的。

孩子本身就是一个独立的个体，有自己的思想，自己的人格和尊严，他们都希望妈妈能够给予他们尊重和平等。妈妈只有和孩子站在同一水平线上，孩子才有可能感受到平等和尊重。

平等地和孩子说话，是培养孩子独立意识的有效方式。

有的妈妈在家里总爱摆摆为人母的架子，对孩子呼来唤去，常用命令的语气对孩子说："把我的眼镜拿来！""不要动那本书！""今天晚上不准出去玩！"当时倒是够威风、够痛快的，可是这些妈妈逐渐地会发现，孩子们慢慢地不吃这一套了，而是常将妈妈的一道又一道命令当耳旁风。

经常用命令的语气对孩子说话的妈妈，应该了解：命令并不是一种好的教育孩子的方式。

命令并不比积极的暗示对孩子更有效，而且命令让妈妈的教育行动不能留下回旋余地。

例如妈妈命令孩子去睡觉，偏偏孩子是置若罔闻，只管自己玩自己的，而妈妈一时也拿这些小淘气没办法。这样次数多了，孩子就觉得不听妈妈的命令也没什么，那下次也就更不会听了。如果妈妈明白孩子的心理，这样对孩子说："呀，这东西真好玩呀！可惜时间不早了，乖孩子应去睡觉了。要不你再玩5分钟，就去睡觉，好吗？"这样既夸孩子乖，又是用征询的口气同他说话，孩子感到受到了尊重，也许到不了5分钟就乖乖地睡觉去了。而且这样为妈妈留下了余地，即使孩子暂时不听话，也不至于激得妈妈为了自己的威严而去与孩子大动肝火。但妈妈一旦向孩子发出了命令，那是一定得让孩子服从的，不然不利于以后的教育。

所以，妈妈对孩子一定要注意说话的语气，千万不要用命令的方式。在具体的家教实践中，妈妈首先要对孩子的心理进行一番"研究"，然后想想自己在孩子这样的年龄，遇到同样的事时是怎样想的、怎样做的。这样就可发自内心地理解孩子，而从更高的角度看问题，解决问题的方法自然会得到改善。

伤害孩子的话永远别说出口

也许你从来没想到过，自己随便说出来的一句话，会对孩子的心灵产生多么重大的影响。你所使用的语句可能让孩子更加乐于合作，更加自信，但也可能令他们感到挫败和失去信心。

因此，作为母亲应该多说能解决问题并让孩子快乐的话语，应该永远拒绝那些伤害孩子的话溜出自己的嘴唇。

经常遭受“语言伤害”的孩子，心灵会比其他的孩子更扭曲，即使成年之后也会出现较多的行为障碍和个性弱点，难以适应社会。为了孩子健康成长，妈妈要对不良语言的严重后果予以高度关注，不要以为区区几句过头话不会对孩子造成多大危害，气急之下就口不择言地说许多刺激孩子的话，对孩子造成了心理伤害，却浑然不知。

妈妈作为孩子的“第一任老师”和“最亲近的朋友”，要明白这样的心灵伤害甚至比肉体的伤害更严重，切不可让孩子感觉“最亲近我的人伤我最深”，因而疏远、躲避妈妈。

作为一位母亲和祖母，龚丽枚也面对过这样的尴尬和冲突。

有一次，她和女儿带着6岁的外孙到西班牙度假。在一家商店里，外孙非要买滑板，但妈妈说：“你已经有两个了，不能再买了。你这个人，怎么这样贪得无厌啊！”

小男孩一下就躺在地上尖叫起来：“我就要，现在就要！”

龚丽枚说：“作为一个孩子精神心理专家，我感到十分羞愧，我就走出去了。”

在外面站了一会儿，龚丽枚觉得自己应该做些什么，就进去对外孙说：“我知道你很伤心，很生气，有的时候生活就是这么让人沮丧。不过我有个好主意，你愿意试试吗？”

小男孩觉得外婆理解他，又想尽力帮自己，就停止了尖叫。

龚丽枚说："你想要滑板，可我和你妈妈都不愿意给你买。我们可以到别的商店看看，有没有商店愿意把它作为礼物送给你。"

小男孩高高兴兴拉着外婆的手来到另一家商店，外婆把他介绍给售货员，问是否能满足孩子。售货员说："不，我们没有。"

两人走了 4 家商店都碰了钉子，到了第五家，小男孩说："我不买滑板了，我还是玩家里的那个吧。"

碰到案例中的情况，通常情况下妈妈的反应都是会说"你不应该尖叫""不许哭"。但是作为一个人，出现这些情绪是正常的。妈妈应该尊重孩子的情感，允许他们表达，否则，就会造成对孩子心灵和情感的伤害。

怎样才能避免对孩子造成情感伤害呢？其实，妈妈要避免对孩子的"语言伤害"，并不是件难事。

首先，要多鼓励孩子，采用积极性语言教育孩子，时时刻刻注意不对孩子说伤害他们的话，尤其是在"恨铁不成钢"或气急的种种情况下，更要保持理智，控制好情绪，努力做到和风细雨、循循善诱。

其次，要做好自我调整，以平常心看待自己的孩子，根据孩子的生理、心理特点，因材施教。避免说出诸如："你怎么越大越……""你都这么大的人了，竟然还……""你怎么就不能像人家……那样呢？""我刚才是怎么跟你说的？"之类的话。这些话语都会刺伤孩子的自尊和心灵。

再次，讲究批评的艺术，要以提醒、启发来代替指责、训斥。如用"我相信你可以做得更好"鼓励孩子有更努力的动机，用

“没关系，慢慢来，尽力而为”帮助孩子调整焦虑、紧张的情绪，等等。

总之，“良言一句三冬暖，恶语伤人六月寒”，同样是语言，功效却截然不同。妈妈们若要科学地教育孩子、关爱孩子，就该多用“良言”，禁用“恶语”，以免对孩子造成“语言伤害”，酿成无法挽回的过错。作为妈妈，为了孩子，从现在开始，改变自己的说话方式吧。

不要对孩子一味指责

在生活中，不少妈妈可以经常听到其他的妈妈这样说自己的孩子：“我这个孩子，一点都不争气，学习不用功，在家里做作业慢吞吞的，一点上进心都没有，从来没有见过这样的孩子。你看某某家的孩子多好，学习用功，成绩又好，学习上一点都不用妈妈操心，我这孩子该怎么办啊？”

我们相信，这些总是抱怨、指责孩子，或总在孩子面前说别人的孩子是天才、别人的孩子是金子的妈妈，目的是激发自己孩子的上进心，结果却事与愿违。

成年人如若整天面对的总是批评，也会失去自信心，工作起来也没有兴趣。连成年人都尚且如此，所以批评对孩子的影响就更大了。

欣欣从小学2年级就开始练小提琴，已经十多年了。一方面出于自己的爱好，另一方面一直寄希望于文艺特长能对高考录取有利。

一次，欣欣正在练琴，妈妈在旁边监督，发现她的手形不对，就用一根小棍挑起她的手腕，大声训斥："跟你说过多少次了，手形不对，你怎么总是出错啊？"

欣欣马上改了过来，但是不一会儿，手形又不对了，妈妈又大声训斥她。这次欣欣也有点着急了，对妈妈说，"我练不好，我不练了！"说完就跑了出去。

其实刚开始练琴时，欣欣很有积极性，每天都主动要求练琴，并且很努力。但在妈妈一声高过一声的训斥中，弹琴变成了欣欣最讨厌的事情。后来，她对钢琴完全失去了兴趣。

有很多妈妈和欣欣的妈妈一样，她们经常会在孩子学习一项新事物时，密切注视孩子的一举一动，一旦发现有错，立即十分着急地加以纠正，甚至训斥、打骂孩子，非要让孩子做到分毫不差才行。其实，如果妈妈只是采取批评、挑剔的态度来矫正他们的错误，无形间将强化孩子的错误行为，甚至让孩子产生严重的自卑心理。

因此，妈妈对孩子应该多鼓励，经常告诉孩子，他是妈妈的骄傲，只要他努力一定能行。孩子取得成绩时一定要及时表扬。那对待孩子的错误，妈妈应采取怎样的措施呢？

（1）不要埋怨：妈妈如果只是一味地埋怨，致使孩子的心情越来越坏，焦虑不安，严重的会产生抑郁表现。还有些妈妈只顾自己嘴上痛快，怎么有理怎么说，甚至让话语偏离事实，对孩子很不公平。

（2）平静对待：有的妈妈看到孩子的错误，就大肆指责孩子，甚至不分青红皂白地罗列罪名，只要是平时做得不对的、不好的，有关无关的都扯进来。本来孩子心情就很沉重，这时妈妈非但没帮他们解脱，反而火上浇油，使孩子更加委屈，更加烦闷，甚至感到绝望。这对孩子改正错误不会起到任何作用。反之，妈妈应该和风细雨，帮助孩子调整心态。

（3）科学指导：对孩子的盲目冲动心理，要给予指出。有针对性地指导其正常活动。帮助他们理智地超越情感，培育高尚情操。

（4）把握尺度：在对孩子的教育过程中，妈妈应把握好度，既不要一味地乱指责，也不能盲目地瞎表扬。在发现孩子有问题时，千万不要再给他贴"标签"。因为，很多孩子自身有了缺点后，他们也感到矛盾、彷徨、痛苦，这个时候你还去给他贴"标签"，说他"自毁前程""完全不理解妈妈的苦心"等，事实上总是出现截然相反的效果，孩子要么更不理你、更烦你；要么马上离你而去，把他的房门关得更紧；更糟糕的是，有时还会冲着你吼："烦死人！不要你管！"

所以，妈妈们，面对孩子的错误，指责是不能解决问题的，只能增加孩子的心理负担。妈妈应该把埋怨教训的口气换一换，把训斥和苛责放一边，尝试着换用不同的方式与孩子交谈，努力改进亲子关系，这样才能逐步把孩子引导到正确的轨道上来。

改小错才能免大过

妈妈教育孩子要赏罚分明，孩子做得好要给予奖励，但孩子做错事时也一定不能姑息，哪怕只是小错也要进行适度的处罚，这样孩子才能正视自己的错误，及时改正。

5岁的欢欢虽然是个女孩子，但喜欢玩火，只要是与火有关的东西，例如火柴、打火机，甚至于家里的炉灶她都要去摆弄摆弄。

欢欢的爸爸自己也喜欢各式各样的打火机，从气体、电子式到机械式打火机，甚至还有古老的“火镰”……对于欢欢玩火的行为，爸爸妈妈从来没有给过任何处罚，他们觉得玩火也不是什么大错，看着女儿熟练地使用各种打火机，欢欢的爸爸甚至还得意地说：“瞧，我的女儿就是像我！”

可是有一天，欢欢在家里玩一个爸爸刚买来的打火机时，一不小心把自己的帽子烧了个洞，脸上还蹭上了不少黑灰！欢欢的妈妈看到女儿的狼狈样，非但没有狠狠地教训她，反而笑得喘不过气……

几天后，妈妈带欢欢去农村的姥姥家，一不留神，欢欢居然和几个表兄弟一起玩起火来，不知什么时候开始，姥姥家的草垛已经燃起了熊熊大火！欢欢的爸爸跑来，怒发冲冠，拉过欢欢来就是一顿痛打！

通过欢欢的故事我们可以了解到，一些妈妈有时也会认为孩子的小错并无大碍，不用小题大做。

一般人认为，孩子犯了小错可以不问，犯了大错就必须加以批评，其实不然，小错更应该引起妈妈的重视。

孩子的判断能力远不及大人成熟，他时常会犯错误。但是，即使是孩子，也具有区分好坏的基本判断能力，如果犯了严重的错误，内心深处一定会有所察觉。虽然不知原因，他也会自问是否做错了。

除了及时指出孩子的过错，还要注意方式。如果妈妈在一旁呵斥，孩子刚刚萌发的反省心也会一下子化为乌有，进而产生反感，破罐子破摔，如此就会带来相反的效果。

当孩子遭到较大挫折，换句话说，当孩子处在成长的关键时刻时，妈妈当场数落，不如给孩子留下自我思考的机会，等事情过后，再慢慢“细问”：“那件事怎么样了？”“当时觉得很困难吧？”有了反思的机会，孩子才有可能从各个角度去检讨错误，并从中吸取教训。

相反，当孩子犯了小错误，就应“随时确认”，及时给予批评警告。有时，孩子未必能意识到自己的错误，如果不加以纠正，小错很可能演变成大错。因此，不断纠正小错误，才能做到防患于未然。

如果妈妈对孩子的一点小过错不断纵容，也会累积成大过。因此，妈妈在教育孩子时，一定不要纵容孩子的小过错，要不然只会害了孩子。

我们在这里对妈妈的忠告是：面对孩子的小错误，妈妈要立即纠正，正所谓“堵蚁穴而保千里之堤”。如果孩子犯下小错误，当妈妈的不能立即纠正，一旦孩子犯下大错误便后悔莫及了。

如果孩子犯了错误，在他的意识里，他会感觉到自己做了错事。此时，妈妈应当抓住孩子“我犯错误了”的心理，立即进行有效的教育和行为上的纠正，这样一来，孩子就不会再犯这类的错误。

在日常生活中，妈妈不要有觉得孩子犯些小错无妨的意识。在孩子已经犯错时，要及时提出批评，但切忌过于严重或夸大。妈妈在发现孩子犯下比较严重的错误时，不要“大发雷霆”地惩罚孩子，应该仔细帮助孩子分析错误的原因，让他意识到错误的严重性，自己在反省中得到教训，避免日后重犯。

第六章　激励式沟通：建立孩子的自信心，让孩子的热情燃烧起来

罗森塔尔效应：夸奖带来效益

美国著名的心理学家罗森塔尔教授曾经做过这样一个实验。

他将一群小白鼠很随意地分为A组和B组，他告诉A组的饲养员说，这一组的老鼠非常聪明，同时又告诉B组的饲养员说这一组的老鼠智力中等偏下。几个月后，罗森塔尔教授对这两组老鼠进行穿越迷宫测试，发现A组的老鼠居然真的比B组的老鼠要聪明很多，它们能够先走出迷宫并找到食物。

通过这个实验，罗森塔尔教授得到了启发：这种效应会不会发生在人的身上呢？于是他来到一所普通中学，在一个班里随便走了一趟，然后就在学生名单上圈了几个名字，告诉他们的老师说，这几个学生智力很高，很聪明。

过了一段时间，教授又来到这所学校，惊奇地发现那几个被他很随意选中的学生现在真的成了班上的佼佼者。

为什么会出现这样的现象呢？

这是因为，罗森塔尔教授是著名的心理学家，在人们心中有很高的权威，老师们对他的话都深信不疑，因此就对他指出的那几个学生充满了信心，经常称赞他们。

而学生也感受到了这种期望，认为自己是聪明的，从而提高了自信心，就真的成了优秀的学生。

称赞会给孩子以极大的鼓舞，而父母的表扬与其他人相比产生的作用会更大。心理学家经过实验发现，孩子总是在无意中按父母的评价强调自己的行为，以期得到父母的表扬和认可。

有一位母亲在擦桌子的时候，她一岁多的小孩子蹭过来，学着妈妈的样子，手里拿着一块布，在桌子上抹来抹去。其实，这么小的孩子，完全没有做家事的概念，他只是单纯地模仿而已。

这位母亲则抓住了这样一个夸奖孩子的机会："小伟真懂事，这么小就想帮妈妈擦桌子，将来一定是个优秀的孩子。"

孩子听到妈妈这样讲，马上来了精神，在桌子上抹得更带劲了。妈妈擦完桌子之后，告诉孩子："以后擦桌子的时候要注意，这些边边角角也要擦干净，那就更好了。"孩子很满意地点点头。

因此在日常的教育中，家长应该对孩子多一些表扬，少一些批评。对孩子的一些想法和行为，不能按照成人的标准来判定，应该发自内心地赞美孩子，如“你真棒，我小的时候没有你这样有创意”。这样，孩子进步就会越来越快，也会把父母当作自己生活中的良师益友。如果父母只是一味地指责，甚至是狠狠地训斥，那孩子的无限潜能就会被父母的训斥声所淹没。

鼓励是自信的酵母，夸奖是自信的前提。要让孩子变得更加优秀，最有效的方法就是及时地夸奖和鼓励。夸奖能使孩子坚定自己的信心，从而更加努力地为成功找方法。

可能有家长会有这样的疑问：如果一味地夸奖孩子，让孩子很骄傲怎么办？如果今后听不了批评的话怎么办？孩子将来不听话很难教怎么办？

这种顾虑很正常，而且这种现象也的确会有。夸奖孩子其实是有要领可循的，有些方面一定要夸，而有的方面一定不能夸。

有个小女孩长得很漂亮，所有的人看到她都会赞不绝口：“你真是太漂亮了！”

这种话听得多了，小女孩便以此为骄傲，慢慢地添了很多坏习惯，整天不停地照镜子，头发每天都是一洗三梳。后来父母意识到了这一点，就提醒孩子要把心思放在学习上，但是已经无济于事。

还有一个小女孩，非常聪明，可以背很多的英语单词。有一天家里来了客人，奶奶对小女孩说：“我们念英文给叔叔阿姨听好不好？”接下来，奶奶就问小女孩苹果怎么说，小女孩说apple，又问雨伞怎么说，小女孩都是对答如流，这样一直问了很多。小女孩突然对奶奶说：“奶奶，你知道大象怎么说吗？”奶奶愣了一下，说：“我怎么可能会知道。”没想到，小女孩当着众人的面对奶奶说：“奶奶，你怎么这么白痴啊。”

上面两个例子中的小孩，就是听众人的夸奖太多了，以至于忘乎所以，不仅自视甚高，甚至看不起长辈，这就有悖我们夸奖的初衷了。

我们夸奖孩子，为的是让他能更加健康地成长，所以夸奖应该是侧重于孩子的好习惯、好态度、好品格。

比如一个孩子天天坚持写日记，得到夸奖之后，会坚持得更好；一个孩子很懂得让着自己的小弟弟，得到夸奖之后就会变得更加懂事。而对于孩子的天分、长相这些内容，就不需要一次次地夸奖。

夸奖具有启发性和鼓励作用，但夸奖过多，会带给孩子压力，形成焦虑。所以夸奖要适可而止，而应用欣赏、交谈、聆听等方式代替过多的夸奖。总之，我们不能让孩子在受责备的环境中成长，但是也不能让他们整天泡在赞美里，要学会适度夸奖。

不轻易否定孩子

比起夸奖，批评要更加慎重。尤其是不讲求方法的批评，对孩子人生的打击有着不可估量的影响。

有一个男孩，在他15岁的时候就被关进了少管所，一个记者了解了他的成长经历，觉得他其实是一个挺可怜的孩子。

这孩子小时候有些顽皮，常常受到父亲的打骂，在班里也常被老师当着全班同学批评、讽刺、嘲笑。慢慢地他开始处处与老师对着干，不久就被校长在全校点名批评，回家后再次被父母打骂。在这样的恶性循环里，他最后沦为罪犯。

“一个孩子在成长中没有遇到一点爱的温暖，却总是遭遇到充满恶意的批评，试问他怎么能改掉自己的坏毛病呢？”这个记者在后来的报道中写道。

是呀，孩子有错难免，如果家长只会打他，学校老师也总是批评他，那么这孩子会怎样呢？他得不到鼓励和支持，他消极到了极点，他觉得自己永远不能重新来过，于是就彻底地放弃了自己。因此，作为父母，在教育孩子的过程中，别总是否定孩子、打击孩子。

简单、粗暴的责骂不但不能使孩子从心底认识到自己的错误，体会到父母对他们的关怀，而且最容易引起孩子的反抗。这种叛逆心理一旦形成就会造成父母和孩子间的隔阂和冲突，孩子越来越不听话、越来越叛逆，越是批评他，他越是和你对着干……

对于孩子来说，他们由于不成熟、自我约束力差、自我纠错能力差，所以在成长过程中不但错误百出，而且经常犯同样的错误。

有些家长对孩子过于苛刻，孩子一出错，就频繁地批评，意图把孩子“骂”醒。但不管是苦口婆心地骂，言词激烈地骂、还是语重心长地骂，这种带有批评成分的教育效果都不十分理想。原因是什么呢？那就是没有人喜欢一直被否定，孩子尤其是如此。因此在批评孩子的时候，不妨换一种方式，试试“三明治”，这样孩子就比较容易接受。所谓“三明治”是指把批评的内容夹在表扬之中，从而使受批评者愉快地接受批评。

这种现象就如三明治，第一层是认同、赏识、肯定对方的优点或积极面；中间这一层夹着建议、批评或不同观点；第三层是鼓励、希望、信任、支持和帮助。

这种批评法，不仅不会挫伤受批评者的自尊心和积极性，而且还会使其积极地接受批评，并改正自己不足的方面。

此外，父母还需要注意的是，在批评孩子的时候，一定不要攻击孩子的人品和性格，侧重指出孩子在某件事上的错误之处并和孩子一起找到解决问题的办法。简单地说，就是对事不对人。

14 岁的乔楠热情开朗，非常讲义气，喜欢结交各种各样的朋友。有一次，同班的王伟被隔壁班的一名大个子同学欺负，乔楠很生气地带着王伟去找隔壁班的大个子理论，最后，竟然打了起来，乔楠失手将王伟的头打伤了。

“你这孩子，怎么就把同学的头打伤了？什么时候变成这样子了？一身的流氓气！”乔楠的妈妈知道这件事情后赶到学校，大声地批评起了乔楠。

乔楠很委屈。他觉得自己只是不小心，妈妈怎么能说自己是流氓呢？于是就不想听妈妈说话了。

不得不说，很多父母在孩子犯错以后，总是急于批评孩子，以为这样孩子就可以知错了。殊不知，不当的批评方式只会让孩子更加委屈，也起不到任何教育效果。

因此，家长们一定要谨慎地批评孩子，注意要对事不对人。试想一下，故事中乔楠的妈妈如果告诉乔楠“帮助同学是正确的，但是不能因此而和别的同学打架，更不能把人打伤”，乔楠还会感到委屈吗？会听不进去妈妈的话吗？

把赏识孩子当成需要

孩子就像一棵小树苗，他们渴望被赏识，渴望被肯定，就像树苗渴望春雨一般。赏识和肯定会让孩子更加自信和快乐。因此，父母应该把赏识当成孩子成长过程中的一种必需品。

也许有的父母担心，一味地肯定孩子，会不会让孩子变得禁不起挫折和批评？还有的家长担心给孩子的肯定太多，会让孩子变得特别在意别人怎么看自己。其实这些想法的产生，是因为没有把赏识和表扬区别开来。赏识和表扬还是有区别的。表扬是把注意力放在孩子身上，而赏识则更加注重孩子所做的事情。

有的父母觉得赏识就是说好听的，或者简单戴高帽子，其实是一种错误的理解。孩子的成长离不开家长的赏识，如果家长总是将对孩子的肯定不说出来，会令孩子感到失望和不满。相反，如果家长总是能肯定孩子，用一种赏识的眼光看待孩子，对于开发孩子的潜能有着相当大的益处。

蒋方舟是90后的杰出代表，2012年从清华大学毕业后被《新周刊》聘用，担任《新周刊》的副主编。一个22岁的少女，毕业即担任副主编，是一个让人吃惊的事情，很多人都觉得蒋方舟是一个天才。

然而儿时的蒋方舟并未表现出过人的天赋，在妈妈眼里，她甚至要比同龄孩子迟钝许多。幼儿园老师反映，蒋方舟内向，不喜欢唱歌跳舞，不像其他小女孩一样爱打扮和出风头。妈妈就想让女儿学点才艺，于是将她送去学电子琴，可是没几天蒋方舟就不学了。不学就不学，妈妈不再勉强，从那以后再也没给女儿报任何兴趣班了。

后来，蒋方舟上幼儿园大班时，班上要准备一次英语汇报演出，老师放假回家了几天，再回来孩子们的英语全都忘了，唯有蒋方舟还记得很清楚。老师便让她当小老师来教其他孩子，蒋方舟居然教得很好。妈妈很惊喜，她开始笃信，女儿确实有语言天分。于是，就有意识地让她多看一些书，还鼓励她去写一些东西。每当妈妈发现蒋方舟写的文章中有好句子时就大声赞扬，在妈妈的赞美声中她越来越喜欢文字，开始涉猎大量的书籍，9 岁的蒋方舟就以《打开天窗》赢得了众人的关注，后来也是由于文学上的长处被清华大学破格录取。

蒋方舟很幸运，有一个懂她、赞美她、支持她、发现她优点的母亲。不难发现，蒋妈妈最大的育儿秘籍就是赏识孩子、赞美孩子。

但是不少父母总有这样一个观念，那就是“我的孩子还不够好”，怎么去赏识他呢？其实，每个孩子都有值得称赞的地方，许多父母之所以觉得自己的孩子不够好，主要原因是对孩子的期望过高，已经超过了孩子年龄段应有的能力。所以他们表现一般时，家长就会觉得孩子很差劲，或者没有什么天赋，甚至会出言批评他们。三年级以下的孩子写作文的能力都很一般，这时候如果大人觉得“你写得还没有我好呢”，孩子的自信心和积极性就会受到影响，甚至不愿意写作文，害怕作文考试。

如果家长拿孩子的昨天和今天比较，多看看孩子的进步，就能找到一些孩子的优点、进步来鼓励他。这样的话，孩子会更加有信心。“我发现你说话越来越有条理了”“你讲的故事真有趣”，这样一些具体的表扬和赏识能帮助孩子建立信心。

家长在和孩子交流的时候，若能表现出对孩子的欣赏，他们才能拥有成就感，而有成就感的人就容易对自己产生信心，有信心的人就能爆发出更多的潜能。肯定孩子、赏识孩子，实际上就是为孩子的成长搭建平台。

有一位著名的国际妇女活动专家说：“现代人类最本质的动力不是追求物质与器官的享受，不是满足生理上的需求，而是满足成长的需求和发挥个人最大的潜力。”

总之，懂得赏识和赞美的家长，才能给予孩子及时的鼓励和赞美，获得赞美的孩子才会一点点做得更好，才能一步步在赏识中走向美好的未来。

相信孩子：你一定能行

有不少父母在教育孩子的过程中都有过这样一种矛盾的心态：当孩子想要独自一个人去上学时，心里很高兴，但是又很害怕。高兴的是孩子终于有了独立的一面，害怕的是孩子遇到危险怎么办。

然而，不得不提醒的是，父母的这种犹豫不决可能会直接导致孩子对于自己能力的怀疑。一个教育家就曾提醒过父母：在教育孩子的过程中，父母一定要表现出对孩子能力的相信，不然，当父母犹豫不决时，孩子就已经失去了信心。一般来说，父母对孩子的信心会使孩子更加有动力、更加自信。

有一个孩子，从小家里人都说他勇敢，他也就自觉不自觉地把自己当成勇敢的人。一个星期天，母亲带他去公园玩。公园里有一座天桥很高很高，桥板又窄又长，两边围着护网。虽然如此，走上去还像走钢丝一样，令人心惊胆战的。刚开始走上天桥，他很害怕，母亲鼓励他说："你行，想上去就上去吧！"在妈妈的鼓励下，孩子走上桥，自己给自己打气，心里想着"我不怕，一定能行"，一步一步地试，终于勇敢地走了过去！那种惊险的感觉让孩子觉得自己真行。

这就是相信孩子产生的力量。其实，孩子的"行"与"不行"，很大程度上取决于小时候父母怎么看待他们——是相信孩子一定行，还是打击孩子让他们泄气？每个孩子都有很多潜能，而这些潜能的发挥与父母对他们的赏识是分不开的，如果父母能对孩子投以欣赏的眼光，孩子的兴趣就有可能转化为特长，甚至创造奇迹。

思琪和诗雨是同班同学，两个人都很喜欢打乒乓球，水平也差不多，这次都被选为学校的代表，去参加市里的乒乓球比赛。比赛的前一天，思琪和诗雨都很紧张。

在思琪的家里，思琪对妈妈说："妈妈，我很紧张，你说我能打好吗？"

"当然，我们思琪是最棒的！"

"真的吗？妈妈你这么相信我？"

"对，我相信我们思琪一定可以为学校争光！"

可是，在诗雨的家里，诗雨很紧张地对妈妈说："妈妈，我有些紧张，我觉得我可能打不好。"

"反正我和你爸爸也没指望你打好，打得好的多着呢。"妈妈边打毛衣边对诗雨说。

结果比赛结束后，思琪得了冠军，诗雨则没打进半决赛。

父母认为孩子"行"还是"不行"，对孩子的一生有着很大的影响，如果父母相信孩子"行"，并用一种赞赏的目光来看待孩子，孩子也会对自己更加有信心。可是，如果父母对孩子表现出"不行"的表情，孩子就会开始怀疑自己，认为自己真的不行。

此外，需要注意的是，很多父母认为孩子"不行"，更多的是出于一种对孩子过度的担心和保护，不得不说，这对孩子能力的发展有着很大的伤害。万一孩子一个人上学走丢了怎么办？万一孩子被高年级的同学欺负怎么办？在这种一系列的担心之下，父母理所当然地认为孩子不行，于是就替孩子包办了很多事情。可是，父母有没有想过，有些事情孩子总是需要一个人去面对的，如果父母这么一直都不相信孩子，那孩子什么时候才可以真正地长大呢？

永琪今年8岁了，上下学一直都由妈妈接送。有一天，永琪很想一个人独自去上学。

"妈妈，我不想让你送我上学了，能让我一个人去吗？"

"不行，万一遇到坏人了怎么办？万一迷路了怎么办？"

“不会的，我们班上有好几个同学都是一个人去上学的，老师夸他们很勇敢。”

“那是他们离家近，总之，我不放心，也不相信你有那个能力一个人去上学。”

就这样，永琪的妈妈拒绝了永琪的请求，但是，这让永琪开始怀疑自己是不是真的没有能力独自一个人去上学，甚至觉得自己跟同学一比，真是太胆小了。

每个人都渴望自己能得到他人的肯定，对孩子来说，尤其如此。因此，这就需要父母时时提醒自己：“相信孩子的潜力是无限的，不需要父母事事代劳，相信孩子是坚强的，不需要父母事事保护，我们需要做的，就是相信孩子一定行，给他鼓励，给他赏识，让他更加勇敢地前行！”

多使用肯定句

很多细心的家长在教育孩子的过程中都会发现一个奇怪的现象，不管是面对孩子的提问还是给孩子讲道理，孩子总是喜欢家长用一些肯定的语句，而那些否定的语句大多会招致孩子的反感。

孙郁是一个非常不自信的孩子，经常会问他妈妈一些问题。

“妈妈，你觉得我这次语文考试能考好吗？”

“妈妈，你觉得我运动会能得奖吗？”

“妈妈，你看看，我的毛笔字有进步吗？”

孙郁的妈妈常用否定句来回答这些问题，希望可以激起孩子奋进的心，结果孙郁越来越不自信了，表现得也更加差劲了。

孩子需要父母的肯定，尤其是父母在回答孩子的问题时，多使用肯定句对孩子来说就是一种鼓励，这种鼓励会增加孩子的自信，让孩子更加勇敢地前行。其实，不仅仅是孩子，即使是成人，在获得别人的肯定后都会多一分自信、多一分动力，而这种自信与动力往往可以带给人们期待的结果。

多使用肯定句，不仅仅可以在孩子对自身有疑惑时增加孩子的自信，在给孩子讲道理时，孩子也比较容易接受。很多父母对孩子总是不自觉地使用一些否定句，如“不能去做什么”，建议也很像命令。

小宇 8 岁了，是一个十分好动的男孩。

“小宇不要乱动别人家的东西，这是不礼貌的。”

“小宇，老师说你上课的时候又乱动，你怎么总是喜欢上课乱动呢，这样不好，知道吗？”

“小宇，走路的时候不要弯腰。”

可是，小宇却没有听进妈妈讲的话，也没有改正自己的缺点。

“你怎么就听不进我讲的话呢？”妈妈说。

“你那是命令，哪里是讲道理？”小宇回答。

小宇的妈妈愕然了。原来孩子一直都以为自己是在命令他。于是，她换了一种说法。

“小宇，妈妈觉得你一定会成为一个懂礼貌的孩子的。”

“小宇，上课的时候安静点，你才能听懂老师所讲的内容。”

“小宇，腰挺直，这样看起来你会精神很多哦。”

妈妈发现小宇慢慢地改正了一些缺点，心里喜滋滋的。

一位西方的教育家曾经说过：“你想把一个孩子送进哈佛的唯一的诀窍就是，时时刻刻准备好去肯定你的孩子。”是的，一个在肯定中成长起来的孩子一定是一个自信快乐的孩子，而这样的孩子在面对困难的时候比自卑沮丧的孩子更加勇敢坚强。因此，在这里给父母一个小小的建议：多使用肯定句，肯定孩子，让孩子更加勇敢地去面对自己的未来。

注意持久强化鼓励效果

心理学家赫洛克曾做过一个十分有意义的实验：他把106名能力相等的孩子分为四组，第一组为表扬组，每次练习后都给予这个组的孩子表扬和激励，即使他们的表现一般；第二组为受批评组，每次练习后都对这些孩子严加训斥，即使这些孩子中不乏表现优异者；第三组为受忽视组，每次练习后对这个组的孩子基本不予评价，只让其在一旁静听前两组所受到的批评与表扬；第四组为控制组，既不给予这个组的孩子任何表扬与评价，也不让他们听到对前两组的表扬与批评。

通过一段时间的练习，然后让被试者再做一组难度相等的练习题，每天做15分钟，共做5天。之后分别检测四组被试学生的学习效果，结果发现受表扬组的学习成绩明显高于其他组，其次是受批评的，再次是被忽视的，最差的是被控制组。

通过这个实验，赫洛克告诉我们：如果想要一个人表现得优秀一些，持久的鼓励是很重要的。

在约翰逊2岁之前，母亲丽贝卡就让他从石板上学会了认字和写字母。3岁的时候，他就熟知鹅妈妈的故事，熟悉朗费罗和丁尼生的诗。4岁，约翰逊就能拼出“爷爷”“丹”（家里的一匹马）这样的单词。丽贝卡花了大量的时间来开发孩子的心智，而且经常告诉朋友和亲戚，他是个智力超常的孩子。从现代教育学的观点来看，贝丽卡这样做给约翰逊一种强烈的心理暗示，对培养其自信心具有积极的作用。

丽贝卡为约翰逊树立正面榜样，并用不断的鼓励来塑造儿子的性格，同时也激发儿子身上的优点。约翰逊则用行动实现了丽贝卡的愿望。

约翰逊在28岁时赢得了一次国会特别选举，从而进入国会，成为最年轻的议员。丽贝卡写信祝福，并告诉儿子自己永远支持他。

而在约翰逊看来，母亲丽贝卡的爱和鼓励是他不断进取的永远动力，正如他于1956年的母亲节，在寄给母亲的信中写的那样：“有你做我的母亲我是如此幸运——你有如此美好的精神，还有无限的爱的奉献。你一直是而且永远是我的动力，无论我是什么或将成为什么，所有那些好的方面都应该归功于你，谢谢你长久以来坚持不懈地鼓励我。”

通过这个故事可以得知，父母长久以来坚持鼓励约翰逊，最终让他成了最年轻的议员。现实生活中有不少父母却总是喜欢给予孩子负面的评价，并认为，这是在让孩子认识自己的不足，并进一步提升。却不知道这些负面的评价会严重打击孩子的自尊心和自信心，孩子长期受到这些话语的影响，就会在心理上形成负面的自我表象，久而久之，就会固化成他们的行为特点。

偶尔鼓励孩子一下，固然可以使孩子获得惊喜，但是要想让孩子取得长久的进步，就必须注意鼓励效果的持久强化。美国的一个学校采用发“代币券”的形式褒奖学生，如果老师要褒奖学生的某种良好行为，就会给这个学生发一张价值若干元的代币券。这张代币券可以在学校的小卖部换取同样价值的小商品。如果学生不马上兑换代币券，或将自己的良好行为保持一段时间，抑或又有新的良好行为，他就可以到教师那里换取一张面值更大的代币券。如果学生仍不兑换，并持续保持良好行为，教师的褒奖方法则仍根据以上原则类推。

这种做法使学生的良好行为得到了持久强化。这是因为该校的做法契合了心理学中“期望与效应”理论，即人做某事的积极性等于成功概率和价值判断的乘积。也就是说，奖励的同时要给予学生一定的期望，这样才会收到比当下良好行为更好的效果。

孩子的伤疤不能揭

在现实生活中，有不少父母老是喜欢揭孩子的伤疤，认为这样就可以让孩子改正错误的习惯或者行为。然而却发现，不但没有让孩子改掉错误的习惯或者行为，反而让孩子和自己越来越疏远。

张华和陈默是表兄弟，两个人在同一所学校上学，两家住得不远，所以两家人往来比较密切。有一天，张华的妈妈带着张华到陈默家玩，此时陈默的妈妈正因为孩子的数学考试成绩不理想而训斥孩子。

“你怎么搞的？怎么又考得这么差？都不知道你平时是怎么学习的，我都要被你气死了！”陈默的妈妈大声地训斥着陈默。

陈默不说话，低着头，似乎也在为此觉得羞愧。

“唉，孩子考试考不好是常有的事情，下次考好了就行了。”张华的妈妈觉得这样训斥孩子很伤孩子的自尊心，就急忙劝解。

“唉，你不是不知道呀，他小学的时候学习还是不错的，可自从进入初中以来，他的成绩就开始退步了。”陈默的妈妈向张华的妈妈说道，然后又转过身来训斥陈默。

“下次考好？哼，我看你下下次都很难考好。你想想看，这个学期你哪次考试让人满意了？去年期末考试的成绩就很糟，数学没有及格，英语也考得很不好。这学期的期中考试你还是没有长进，英语还是只考那么点分，数学仍旧是不及格，你丢不丢人啊？”妈妈对着陈默又是一阵数落。

“其实我也想好好学的，我也不想这样的！”在妈妈的强势下，陈默的辩解很无力。

“那你还不好好反省一下，下次考好点，不要总是不及格了，很丢人的。”看到妈妈当着表弟和姨妈的面这样批评自己，陈默觉得很不好意思，于是没有再说什么，低头进了房间。

在孩子的成长过程中，挫折与失败总是难免的，有些失败会随着时间的流逝被淡忘，但是有些失败却成为他们心里的阴影。这时候，就需要父母的鼓励和安慰，帮助孩子走出失败的阴影。

可是，在现实生活中，我们还是能看到不少父母像陈默的妈妈一样，反复提孩子失败的经历，随意揭孩子的伤疤，这无疑会给孩子的心灵带来伤害，而且对父母来说，也不是一件好事情。

站在孩子的角度说，揭孩子的伤疤会让孩子想起从前失败的经历，进而加重他自卑失落的心理。很多父母总是故意提起孩子的失败或者挫折，想以此激励孩子努力，这是一种非常错误的观点，这不仅不会给孩子以激励，相反还会让他备受打击。试想一下，如果一个人失败的经历总是被反复提起，那他的信心该如何建立呢？他只会被失败带来的失落感困扰，从而更加自卑失落。

每一次的失败，就像一个伤口，如果父母希望孩子心理的这个创伤赶快好起来，就不要随意揭孩子的伤疤，相反，要尽量给孩子鼓励和安慰，才能让孩子尽快走出阴影，重获自信。

有针对性地赞扬孩子

强强是一个内向的小男孩，平时比较胆小，从小学到初中，上课从不敢积极回答问题，做什么事情也都不自信。后来，妈妈听从一个教育专家的意见，采用了赏识教育的方式。

“我儿子真棒！”

“我儿子真聪明！”

“真是一个好孩子！”

起初，在妈妈的赞许和鼓励下，强强的进步非常明显，可过了不久之后，妈妈发现强强是自信了，但似乎渐渐对称赞不敏感了，无论自己怎样鼓励赞美，他都提不起劲，有时候，他还很容易“翘尾巴”，经常因为骄傲自满而听不进别人的意见。

这时候，强强的妈妈开始反思自己的赞扬是不是错了，于是又去咨询教育专家。专家就问她如何表扬孩子，强强的妈妈就如实回答了，教育专家告诉强强的妈妈，之所以会出现这种情况，是因为她以往总习惯于用抽象的表扬来肯定孩子，孩子得到了赞扬是很高兴，却不知道自己受表扬的原因。在明白了这点之后，强强妈妈改变了做法，尝试着拿把“尺子”来赞美孩子，如常会用“这幅画画得真好！”“今天你帮妈妈打扫了卫生，值得表扬”之类的话语夸奖孩子，孩子的进步又很明显了。

在家庭教育中，多肯定和赞美孩子的表现对于促进孩子的成长是很有帮助的，但与此同时父母还应该注意，赏识教育不能毫无限度和标准，父母应该学会拿把“尺子”称赞孩子，即以一个统一的标准来看待孩子的表现，并具体说出孩子值得肯定的地方。

美国心理学家里维斯博士认为，赞扬应当在孩子完成某一个值得肯定和鼓励的行为时进行，而且要恰如其分。如果误用欣赏和表扬，不仅不能起到教育的效果，还会适得其反。例如，如果经常使用类似“你今天表现得不错”等抽象性语言，孩子就很难明白受表扬的原因，容易养成骄傲、听不得半点批评的坏习惯。

表扬是一门艺术，运用不好是无法达到激励孩子进步的效果的，所以，身为父母，应该掌握表扬的艺术，具体来说，父母可以从如下方面去努力：

（1）表扬要注意个性。对性格内向、个性懦弱、能力较差的孩子就要多肯定他们的成绩，增强他们的自信心。反之，对虚荣心强、态度傲慢的孩子则要有节制地运用表扬，否则将会助长他们的不良性格，影响他们的进步。

（2）表扬要具体。表扬得越具体，孩子越容易明白哪些是好的行为，越容易找准努力的方向。如孩子洗了手绢，可以夸赞他洗得真干净；孩子收拾了玩具，可以表扬他收拾得真整齐。只要孩子有进步就要鼓励，有好的表现就要赞扬。只要留心，总会找出具体理由来称赞与表扬孩子。

（3）在表扬孩子时应掌握好方式。表扬、鼓励的方式有很多，如购买图书、玩具、衣服、糖果、饮料等物质奖励；点头、微笑、搂抱、竖大拇指等动作、表情奖励；恰如其分的语言表扬；等等。只有适合孩子的表扬方式才能收到最好的效果。

（4）夸努力不夸聪明。

努力是孩子的付出，而聪明是天生的。如果家长总是夸孩子聪明，就会让孩子觉得，他成功的原因是因为聪明，而聪明不聪明并不是他自己能够改变的。这样夸他，反而会让孩子更加依赖自己的聪明，而忽略了努力的部分。

（5）表扬和建议相结合。

孩子做事情不可能做得十全十美，如果只是表扬，那么并不能有效地帮助孩子改变做错的部分，反之家长可以先表扬，然后提建议，这样的话孩子便好接受些，也能够向着更好的方向发展。

适度的表扬，给孩子创造一个积极成长的环境，对于培养他自信乐观的品质有着积极的作用，而且还有助于父母和孩子之间形成和谐的亲子关系。身为父母，可以试着去学会这门“魔术”。

欣赏孩子的“小聪明”

在一个父母俱乐部中，有位年轻的妈妈讲述了一个困扰：两岁半的孩子学会了耍“小聪明”：到了该睡觉的时候，为了和妈妈多待一会儿，不断制造出各种不睡的理由；为了让妈妈抱一下自己，假装自己身体很不舒服。于是，这位年轻的妈妈就很担心自己的孩子会不会变得狡猾起来。

其实，这位母亲的担心是多余的，要知道，从一个想吃就吃、想哭就哭的孩子成长为具有丰富思想和独立思考的人，是一个渐进复杂的过程。孩子充满好奇地探索着外部世界，也同样充满好奇地探索着自己的“社交方式”，孩子的这种“小聪明”相对于“直接要求”来说，已经是高级手段了。随着孩子年龄的增长，他们的“聪明”就会慢慢表现到日常的学习生活中了。

薛政就读于某市重点中学，在读初二，他家住在市中心的一个高档小区，家境很好。尽管如此，薛政从没放松对自己的要求，学习成绩一直不错。刚读初二时，由于英语教材的难度增加了，他觉得学起来有些吃力，成绩也退步了不少。可一段时间之后，这种状况突然有了明显改观，而薛政学英语的兴趣更浓了，他的父母觉得有些诧异。

“儿子，最近发现你学习英语的热情很高嘛，可前段时间你还说学英语很吃力。”爸爸好奇地问。

“嘿嘿，这可是个秘密，我找到了学好英语的捷径。”薛政说。

“哦，什么捷径，能跟爸爸说说吗？”

“我发现咱们小区里住了不少外国人，他们的英语水平都很高。最近一段时间，我每天放学后总是想办法多跟他们交流，这样在他们的指导和帮助下，不仅我的口语进步了，英语综合能力也提高了不少。而且，我从中还发现了英语学习的好方法和乐趣，所以就进步了。”

“儿子，你真聪明，这真是个学习英语的捷径。”听完孩子的话，爸爸不禁为儿子感到高兴。

“小聪明”其实就是孩子处理事情时的智慧，但对很多家长而言，如果孩子的“小聪明”用在了提高学习、办事效率等行为上，一般是不会反对的，也许还会进行表扬，但用在其他方面，则如临大敌，生怕孩子会变坏。

冲冲今年上初三了，他是班里的体育委员，也是学校篮球队的队员。一直以来冲冲很想要一个自己的篮球，可是冲冲的父母却总是因为各种各种的原因没有买，这让冲冲很伤心。他虽然从父母给的生活费中能节省一些，然而对于买篮球这件事，那点钱还是不够。

有一天，冲冲感冒了，很难受，可是父母都要去上班，没有时间陪冲冲去医院。于是冲冲的爸爸就给了冲冲一些钱，让他自己去医院打针吃药。聪明的冲冲突然想到了可以通过装病来向爸爸要钱，来买个篮球。于是，即使感冒好了以后，冲冲还是装着感冒很严重的样子，骗取爸爸的钱。不料没过多久，这个诡计就被爸爸识破了。

爸爸看到年纪小小的孩子就想方设法地骗人，就狠狠地打了冲冲一顿。这让冲冲很生气，把自己关在房间里不说话，直到爸爸道歉，冲冲才走出了房门。这时候，冲冲的妈妈对他说："孩子，你爸爸意识到他打你不对，但你有没有意识到自己也犯了错误呢？虽然你很想要一个篮球，想的这个办法也很聪明，可这是不诚实的表现。对不对？"冲冲点了点头，意识到自己的错误了。

聪明的孩子会事事多想办法，难免把自己的才智用偏。身为父母，既要看到孩子表现出来的机智的一面，又不能纵容他们碰触底线，以引导他们将这种聪明发挥到正途。

适当预支表扬很重要

在现实生活当中，恰当地给孩子"戴高帽"是一种很有效的方法。这个"高帽"并不是虚假的表扬和一味地护短，而是"预支"表扬，为孩子的行为指明目标，增加希望，增强他的信心。

小樱生活在一个相对民主的家庭，她的父母都是高校老师，虽然平时对她的要求也比较严格，但在家庭生活中，父母尊重小樱的意见，也十分重视对其各方面能力的培养。

在小樱刚读初一的时候，妈妈就任命她为“家庭管家”，让她帮忙管理家庭事务，参与家庭决策。

在过新年前，家中的三位成员都想添置新东西，妈妈想买双新鞋子，爸爸想买台新电脑，而小樱想买个新手机，三人各抒己见。

“我也觉得三个人的愿望都满足是最好的，但以咱家目前的经济情况，这样做的话以后就可能要过一段拮据的日子了。”妈妈说。

“是啊，我们都明白。”爸爸和小樱一致说。

“那还是让我们的‘家庭管家’来决定吧。我相信她是一个懂事的孩子，一定会做出正确的决定。”

小樱听后，仔细地想了很久，最终做出了决定：“还是先给妈妈买鞋子吧，这个最便宜。之后，可以给爸爸买电脑，爸爸的工作需要它，然后再给我买新手机。”

听到女儿的决定，父母由衷地感到高兴，因为女儿又懂事了很多。

与成人一样，孩子也喜欢听到赞美的话，希望得到别人的认可，甚至喜欢有人能给他“戴高帽”。

小樱的父母给了她一个“家庭管家”的头衔，并且能经常为她创造参与家庭事务的机会。在小樱看来，这不仅是父母尊重自己话语权的表现，也是父母对自己能力的肯定和信任，所以她很乐意接受父母的任命，并且在处理问题时能以“家庭管家”的身份来思考和做出决定。

而且，小樱在担任“家庭管家”的同时，还体验了管理家庭事务、协调家庭成员利益等的不易，从而能更好地体会到父母持家的艰辛。另外，在这个过程中，她不仅增强了自信，各方面的能力也得到了锻炼和提高。

父母根据孩子的特点和优势适当地给孩子“戴高帽”，并不是说父母可以任意夸大孩子的优点，盲目地进行表扬，而是希望父母能以一种尊重和平等的姿态来对待孩子，突出孩子在家庭生活中的重要作用，多给孩子一些施展才华的机会，让孩子在这个过程中体验成就感，实现自我价值。

在运用“戴高帽”的方式表达对孩子的积极肯定和赞许时，父母还应该注意如下的一些问题：首先，在运用这一方式时，父母应该掌握适度的原则。“戴高帽”的赞美方式通常在一定程度上是对孩子能力的肯定，但在表达方式上多少带有一些夸大的成分，如果过多地使用或是经常夸大孩子的表现，孩子就有可能因此而忘乎所以，这对孩子的成长十分不利。

其次，父母应该根据自己孩子的性格特点决定是否选用，对于那些比较羞涩、自信心不足的孩子，父母可以适当地使用“戴高帽”的方式，以激起孩子的自信心和成就感，帮助其不断进步；而对于那些平时就很骄傲、容易自满的孩子，父母最好还是少用为妙。

真心表扬，不会失效

有些父母不吝表扬，可久而久之却发现，孩子听多了赞美和表扬，产生“抗体”了，赞美和表扬已不能像以前那样让他们激动、兴奋。而当孩子遇到挫折和失败，受到批评的时候，往往会无法承受压力。

晓彤是个浓眉大眼的小男孩儿，自小聪明伶俐、活泼可爱，大人们都特别喜欢他，对他疼爱有加。在赞美声中成长起来的晓彤难免有些骄傲，他觉得自己就是天底下最棒的。而当他慢慢长大后，他不再喜欢家长们的称赞了，因为他听腻了，而且也觉得大人们有点夸张，大人们无论如何鼓励赞美，他都提不起劲。大人们都摸不着头脑，谁也没有想到称赞对晓彤竟没有了效用。

当表扬失效的时候，并不是说表扬本身不行，而是表扬缺乏感动，缺乏实质的内容。因此家长们不妨多多反思一下自己，看看自己表扬孩子时是不是也犯了下面的错误。

家长们应该反思的第一点就是：自己的表扬是不是流于形式了，所以孩子才不会兴奋了。比如“很好”“还可以”“还行”之类的话对于优秀孩子来说，是没有意义的。对于不够优秀的孩子来说，这种浮于表面的夸赞也不会让他们产生自豪感，甚至觉得自己是被嘲笑的。许多家长常常用“你是个好孩子”之类的话来称赞孩子。这种总体的、笼统的赞美，起不了引导孩子正确自我估价的作用，因为他们不知道自己好在哪里。家长应当对孩子具体的行为进行及时具体的表扬，就很有可能产生意想不到的效果。

王力在班级里属于比较容易被忽略的类型，学习成绩一般，也没有特长，虽说参加过几次学校的运动会，但是都没有获得过好名次。但是他有不错的品质：诚实，热情，见义勇为。

有一次，在放学回家的路上，他很机智地帮助一个低年级的小孩子摆脱了坏人的纠缠。小孩子的父母亲自去王力家道谢，并夸奖他是一个勇敢的好孩子。

小孩子的父母走了之后，王力的妈妈很骄傲地对王力说："真是难以相信，这样的一位大英雄竟然是我的孩子，你是妈妈最大的骄傲。"

"妈妈，我真的是你的骄傲吗？"

"当然！"

"可是我学习很一般，也没有什么特长。"

"一个勇敢的孩子，即使在学习上遇到困难也是会去克服的，我相信你的学习成绩会变好的。即使不能变好，在妈妈眼里你也是骄傲！"

听了妈妈的话后，王力很感动，也下定决心更加努力地学习。从那以后，这个原本在学校不算优秀的孩子学习更加认真了，成绩有了明显的进步。

家长们需要反思的第二点就是：自己的赞美是不是太多了。再好的药也不能滥用，否则会对人产生不良影响，赞美也一样。有些父母知道赞美孩子有着各种奇效之后，就使劲地给孩子用这味药，结果惹得孩子很反感，反而起到了不好的效果。第一个故事中的晓彤就是一个很好的例子。而且，如果父母对孩子赞美过多，慢慢会导致孩子失去自我评价的能力，他的情绪和注意力都会建立在别人对他的评价之上。

此外，家长们还要注意，表扬不仅要看结果，更要看过程。有的孩子经常好心办坏事。比如说有个孩子吃饭之后想自己刷碗，但是不小心把碗打破了。这个时候如果家长不分青红皂白一顿批评，可想而知孩子的内心会非常委屈，以后也不敢再主动做家务了。如果家长能够冷静下来说："你想自己主动做事情很好，但是厨房的地很滑，要小心。"孩子的心情就会很放松了，今后他也一样喜欢自己的事情自己做，还会非常乐于帮助别人做其他事情。因此只要是孩子"好心"就要表扬，然后再帮他们分析造成"坏事"的原因，告诉他们如何改进，这样也会收到好的效果。

激励和表扬要体现在日常生活中

激励可以让一个平凡的孩子表现得很优秀，赞扬可以让一个自卑的孩子逐渐认可自己。每一个孩子都渴望得到他人的激励和表扬，这对于孩子的成长来说是不可或缺的滋养，因此，父母应该尽量多多激励和表扬孩子，而且要尽量将这种激励和表扬体现在日常生活中。

美国有一个家庭，母亲是俄罗斯人，她不懂英语，根本看不懂儿子写的作业，可是每次儿子把作业拿回来让她看，她都说："棒极了！"然后小心翼翼地把儿子的作业挂在客厅的墙壁上。客人来了，她总要很自豪地跟人炫耀："瞧，我儿子写得多棒！"其实儿子写得并不是很好，可客人见主人这么说，便连连点头附和："不错，不错，真是不错！"

儿子受到鼓励，心想：我明天还要比今天写得更好！于是，他的作业一天比一天写得好，学习成绩也一天比一天提高。

事实上，每个孩子都可能成为非凡天才，但这种可能的实现，取决于父母和老师能不能像对待天才那样去爱护、期望、珍惜孩子。孩子的成长方向取决于父母和老师的期望。

对孩子鼓励多，孩子的进步就快。鼓励是自信的酵母，夸奖是自信的前提，自信是信心的基础，没有自信就没有信心，夸奖不仅仅表明了父母对孩子的信心，同时也坚定了孩子对自己的信心，只有孩子对自己充满了信心，他才会为成功找办法，不为失败寻借口。

父母在表扬孩子时尽量体现在日常生活中的每一件事情上，不要把注意力只放在学习成绩上，从其他方面鼓励和表扬孩子，会给孩子带来真正的自信，而这种自信也是可以影响到学习成绩的。

豪豪今年上小学五年级，学习成绩不怎么样，他为此感到很自卑，觉得自己不是学习的料。但是，豪豪很喜欢自己动手去做一些小东西，豪豪的妈妈为此经常批评他，认为他不务正业。

有一次，豪豪期末成绩又考得很糟糕，回到家后，一个人默默地用爸爸给他买的小木头做起了小房子。豪豪的爸爸看了豪豪做的小房子，吃惊地对豪豪说：

“儿子，你真棒，竟然做出了这么精致的小房子！”

“爸爸，一个小孩能做出这样的房子，他真的很棒吗？”豪豪吃惊地问爸爸。

“当然很棒，这么难的事情都能做好，他一定也能把其他事情做好。”爸爸继续鼓励豪豪。

“学习成绩也会变好吗？”

“只要努力，就会进步的，相信自己。”

听了爸爸的鼓励后，豪豪有了一些自信，相信自己也可以把学习成绩提高。果然，后来，豪豪的成绩进步了不少。

每一个孩子都有自己擅长和不擅长的事情。可是，大人往往都很功利地看待孩子的这些优点和缺点，只用学习成绩好坏来衡量。

学习只是孩子的一个方面，情绪控制能力怎样、是否懂礼貌、能不能帮助父母做家务……生活中有更多侧面，等待家长去观察、去挖掘！

趁热打铁：表扬要讲究时效

美国著名的儿童教育专家讲了这样一个故事：

克里亚特夫人去卫生间，看见自己的儿子亨特又把他的牙刷扔在台子上了，就对他喊道：“亨特，你怎么又把牙刷扔在外面了，我不是告诉过你牙刷用过后要放到杯子里吗？”

亨特正在玩自己的玩具，听见了妈妈的话就随口应付说：“我知道了。”

克里亚特夫人见儿子并没有认真听她说话，就打算再强调一下，以巩固效果。

“亨特，你过来一下。”

“干吗呀？”亨特很不情愿地放下玩具走了过去。

“把牙刷放到杯子里去。”

亨特很快放好了，转身就走。

“以后记住了。”

“知道了。”

第二天，亨特把牙刷放到了杯子里，但是母亲没有注意到，第三天，牙刷又放到了台子上。

“亨特，你又没有把牙刷放到杯子里，怎么搞的？”

“我以为你不记得了！”亨特有点赌气地说。

“什么叫我不记得了？”母亲不解地问。

“因为昨天我的牙刷是放在杯子里的，你什么也没有说。”

通过这个故事，我们看到了父母不仅要学会称赞和表扬自己的孩子，还应该打铁趁热，及时进行表扬。

因为当孩子表现良好、做出了成绩，或者取得进步的时候，是十分希望得到肯定和赞许的，此时孩子几乎将所有的精力和期待都放在了这件事情上，所有的兴奋点也全部集中在这件事情上。

父母此时趁热打铁，给以称赞，孩子的成就感就能最大限度地得到满足，从而能巩固孩子的良好行为，增强孩子的办事热情。

著名的儿童教育家陈鹤琴就曾说过："无论什么人，受激励而改过是很容易的，受责骂而改过是不大容易的。而小孩子尤其喜欢听好话，而不喜欢听恶言。及时有效的好听话，对孩子改过有着不可估量的作用。"

笑笑虽然已经上初中了，可平时的生活起居一般都是由妈妈料理的，家务事也通常由爸爸妈妈分担，笑笑从不过问。今年，眼见妈妈的生日就要到了，笑笑想给妈妈送一份特别的礼物。想了很久，她决定在妈妈生日的那天承担家里的全部家务，这样可以让妈妈多休息一下。

妈妈生日的当天正好是周末，可妈妈要加班。笑笑在家先是把所有衣服都用洗衣机洗干净了晾好，之后又把家里收拾得很整洁，然后把地板打扫得干干净净。做完这一切后，她已经累得筋疲力尽，此时正好妈妈回来了。

"妈妈，你有没有觉得家里有什么变化？"笑笑急切地问妈妈，想得到表扬。

"好像没什么啊！"妈妈环顾了一下四周，"哦，家里显得宽敞整洁了一些，地板也干净了。"

笑笑还等着妈妈继续说完，之后称赞和表扬一下自己，谁知妈妈却放下包又去电脑前忙了。笑笑很泄气，劳动的热情严重受挫。虽然吃晚饭时妈妈也就此表扬了笑笑，但笑笑一点快乐的感觉也没有了。

此外，父母及时的鼓励也可以培养孩子的自强心。

三岁半的多多很认真地画了一幅画。

多多：妈妈，来看我的这个房子画得怎么样？

妈妈：妈妈正忙着呢，让你爸爸看。

多多：爸爸，过来一下，看我画的画。

爸爸：我忙着呢，找妈妈去。

孩子失望地离开。

…………

每个人都很期待自己的付出可以获得回报，这几乎是人的天性。孩子在自己努力表现的时候，也希望可以得到父母的夸奖，这是孩子正常的心理渴求。因此，父母在孩子表现好的时候，不妨及时给孩子夸奖，满足一下他们的这个心理。

盲目表扬会适得其反

孙静今年8岁了，是一个十分活泼好动的孩子，经常把家里弄得乱糟糟的。这天早晨她却静静地坐在床上，陷入了沉思，像个天使。她的妈妈想，孩子真乖，应该表扬一下她。于是，她就对孙静说："静静今天真乖，是个好孩子，我为你感到骄傲。"

结果片刻之后，孙静立马从床上跳了下来，把被子从床上拉到了地上，还一个劲地用脚踩。孙静的妈妈气得都快发疯了，搞不懂刚才还安静的孩子怎么一下变成了这个样子，难道是她表扬错了吗？

几个星期之后，孙静说出了那天她突然大发脾气的原因，原来她那天早晨安静地坐在那里是因为她正在想要怎么样才可以使家里更乱，结果妈妈却表扬了她，这让她很羞愧，于是就又发起了脾气。

很多父母都相信“好孩子是夸出来的”，认为夸奖会带给孩子自信，让他们有安全感。可事实上，不当的夸奖也有可能导致紧张或行为失当，就像故事中的孙静一样。那为什么会出现这种情况呢？

原因主要有以下两点；

第一点，父母夸奖时，并没有仔细了解孩子当时的心态。故事中孙静的妈妈看到孙静安静了下来，就以为她变乖了，殊不知她在酝酿着更大的“阴谋”。于是，孙静不得不用一种不当的行为来反对妈妈的赞扬，她想显示出那个喜欢把家里弄得乱糟糟的她才是真实的自己。

第二点，父母的一些评价过于夸大，这让孩子有些不安。孩子为了减轻自己的负担，可能会选择用不当的行为来坦白。

莉莉今年12岁了，长得很漂亮，大大的眼睛，白皙的皮肤。她平时很少做家务，有一天妈妈不在家，莉莉闲得无聊，就把家里的桌子凳子都擦得干干净净。妈妈回家后看到莉莉的行为，就不住地夸奖她：“你真是妈妈的好帮手。好女儿，没有你妈妈可怎么办呢？真是一个漂亮的天使。”当莉莉听到妈妈说“好女儿，没有你妈妈可怎么办”时，心里充满了恐惧和不安。

等到第二天，妈妈再让她去做家务的时候，她就死活不肯做了。

为了防止不当表扬引起孩子不当的行为，父母在表扬时一定要注意方法，讲究策略。那么，表扬和鼓励需要哪些技巧呢?

第一，表扬生活细节。

比如，不要只在孩子考了100分时才说上一句“考得不错”。这样，孩子受表扬是理所当然的，表扬的激励作用也就发挥不出来了。父母应多注意生活细节，从细节中表扬孩子。如：今天确实不错，你学习了两个半小时。这样的话，可让孩子感受到爸爸妈妈的无微不至，因为能注意到他细小的进步。

第二，夸奖要有限度。

对孩子的夸奖绝不能过于夸张，过分夸奖或炫耀孩子的长处，容易使孩子产生比谁都强的心理，不允许或不能接受别人超过自己。大人在夸奖孩子时一定要实事求是，不要夸大其词，并在表扬孩子时指出不足之处。

第三，要戒除孩子的功利心。

当孩子因为做好一件事情受到称赞时，就会期待下次再完成同样的事情后，家长继续夸他。如果单纯是为了获得夸奖而努力，这并非是一个正确的心理状态，还很容易滋生孩子的功利心。

所以，随着孩子年龄的日益增长，家长可以逐步减少夸奖的次数，让孩子在成长过程中认识到自己把事情做好是理所当然的事情。

第四，给孩子进步的时间。

在获得家长的称赞之后，孩子很希望以后能够多多得到家长的夸奖。在此需要提醒家长的是，不要因为孩子一次表现很好，就期待孩子每次表现都好。对于学龄前的孩子来说，他们的各种能力都不够成熟，很多行为的出现都是不可预期的。说到底，孩子的成长和进步都需要一定的时间和空间。所以，我们应该容许孩子偶尔出现失常的表现。如果期望太高，反而会给孩子带来压力。

赞赏需要谨慎

古人云："数子十过，不如赞子一功。"说的就是在教育孩子的过程中，与其一味地批评，倒不如学着去表扬，可能会收到更好的效果。现代的心理学专家也发现了赞赏孩子的重要性，因此，不少心理学家提醒父母，要学着适当适时地赞赏孩子，这样能使孩子产生积极的情绪体验，获得愉悦的成就感，产生自信，从而在原有的基础上变得越来越好。但是，心理学家同时也强调，使用赞赏一定要谨慎，不能随意，因为随意使用赞赏不但起不到预想的效果，有时候还会适得其反。因此，西方家庭在赞赏孩子的时候都很谨慎。

一个中国教授就曾经说过他的一次亲身经历：

> 刚被派到美国没多久，就收到同系的哈尔教授的邀请，他邀请我去他家吃饭。按照中国人的思维，我给哈尔教授夫妇买了礼物。我知道这位教授有一个小女儿，刚刚过了 8 岁的生日，于是顺便也买了一个漂亮的洋娃娃给她。
>
> 刚到哈尔教授家，把洋娃娃递给小女孩，小女孩就非常礼貌地向我问好，说很喜欢我送给她的洋娃娃，很

感谢我。我笑着说“不用客气”之后，见这个满头金发的小女孩非常可爱又懂礼貌，于是就顺口夸了这个小女孩一句“你真漂亮”。可是小女孩离开后，哈尔教授非常严肃地说:“你伤害了我女儿。”

刚听到这句话我非常吃惊，赶忙询问原因，因为我并没有觉察到自己伤害到了这位可爱的女孩。然后就听哈尔教授一本正经地对我说:“你对我女儿的赞赏太随意了，这会伤害她，因为漂亮是天生的，不是她努力得到的。你可以夸她懂礼貌，这才是她该得到的赞赏。你这种赞赏的方式，对她的成长是不利的，有时候还会给她造成伤害。”这时候我才恍然大悟，也意识到自己刚才确实是有些随意了。于是就很抱歉地对哈尔教授说了一句“对不起，下次会注意的”。

其实，在生活中，我们也常常会听到这样的赞赏。比如，夸一个孩子唱歌唱得好，很多人会说“你的音色真美”，好像他唱歌好听全是因为他有好嗓子而和他的努力没有半点关系。这样的赞赏就太过于随意，收不到好的效果，有时候反而会让孩子感到努力的无效性，甚至会认为自己的优秀是天生的，从而产生骄傲心理，瞧不起其他的同伴。如果几个孩子在场时，这样赞赏表现好的孩子，还会给那些偶尔表现不好的孩子造成一些心理压力，导致他们不敢轻易表现自己，因为害怕被贴上不好的标签。

美国前总统林肯说:“人人都需要赞赏，你我都不例外。”不错，每个人都需要赞赏，可是，这赞赏必须是真心诚意的。没有人喜欢别人无缘无故地赞赏自己，孩子也是一样。无缘无故的赞赏不但收不到好的效果，有时候还会让人觉得你有所企图或者给对方造成很大的心理压力。心理学上有一种期望激励理论，它要求赞赏和奖励要以绩效为前提，意思是一个人只有在先做出绩效时才能给予赞赏和奖励，这样，赞赏和奖励才会刺激这个人继续努力，获得更大的成绩。因此，家长一定不要无缘无故地去赞赏孩子。

苏子旭今年上小学二年级，学习成绩中等，以前他的妈妈很少夸奖他。有一天，他的妈妈听了一个教育专家的演讲，教育专家一直在强调赞赏对于孩子成长的重要性，于是苏子旭的妈妈也决定从那以后要多多夸苏子旭。

"我们家子旭其实可聪明了。"

苏子旭回家后，听到妈妈这句话觉得莫名其妙，就没有回应她。可是，每天回家后，他的妈妈都要对他说这样一句话，这让他觉得妈妈一定是故意说反话，讽刺他。

有一天回家后，他终于忍不住了。

"我不聪明，我很笨！"他哭着对妈妈喊道。

"你为什么会有这种想法呢？"

"那你为什么会觉得我很聪明呢，我什么事情都没有做。"

这时候，妈妈开始意识到自己这种不当赞赏带给孩子的压力了。

赞赏会给孩子送去希望的光，让他们获得温暖和能量，家长一定要全身心投入、细心地观察，同时也要谨慎地给予孩子赞赏，这样才能让孩子在有益的赞赏中健康成长。

第七章　引导式沟通：变强制为引导，让孩子远离心理阴影

引导孩子行为时要避开的禁忌

经常有家长抱怨，说孩子不听话，一件事讲好几遍也听不进去。不讲吧，孩子的不良行为得不到纠正；讲吧，孩子又嫌自己唠叨。真是很头疼。

其实家长应从自身找原因，唠叨的家长往往是缺乏自信、性格软弱的表现，对自己讲过的话、做过的事不放心，才会一遍遍地重复。孩子生长在这样“唠叨”的环境中，很难形成良好的个性。

有位老师，问过孩子们这样一个问题：“你们最喜欢什么样的爸爸妈妈？”结果比较集中的回答是：

“平时不多唠叨，而当我心里有事时，他们——”

“说得上话！”

“救得了急！”

“解得了闷！”

…………

面对孩子的不良行为，家长要有耐心去引导他们，在引导的

过程中，有一些行为禁忌需要注意：

第一，不要一直在孩子的耳边唠唠叨叨。假如认为有必要重复地说，那就要改变唠叨的语气，换成提醒的口吻。唠叨让人很厌烦，易招致怒气，提醒的语气听起来则有帮助的意味，表示家长是和孩子站在同一边的。

没有人喜欢被控制，也没有人喜欢他人在自己的旁边一直指手画脚告诉他应该怎么做，特别是如果这个“吩咐”并不有趣。家长越逼迫，孩子就越抗拒，不管他年纪多大。但这并不是因为他不想做、不想改，只是对家长这种持续的唠叨感到很反感。

持续不断的叨念只会导致家长和孩子之间的对抗，制造矛盾。

杨璇今年10岁了，学习成绩不错，也很开朗活泼，几乎没有什么事情需要家长操心的。可最近杨璇却对妈妈很是反感。

原来，上周杨璇对妈妈说她的眼睛看黑板有些模糊，于是杨璇的妈妈带她去医院体检了一下，发现杨璇已经近视了，而且近视度数高达三百多度。杨璇的妈妈不得已给杨璇配了一副眼镜。可妈妈还是觉得，杨璇这样小就近视了，实在让她担心。

于是，杨璇的妈妈开始在杨璇耳边唠叨。

当杨璇刚坐到书桌前，她就开始说：“注意姿势，估计你这眼睛近视，就跟你看书姿势不对有关系。”当杨璇刚打开电视，她又开始唠叨：“离电视远一点，不要窝在沙发上看电视，对眼睛不好。”每次上学前，都要叮嘱一下杨璇：“写字看书注意姿势，不要让眼睛的近视再加深了。”

杨璇每次一回到家里，总觉得耳边有那么几句话飘来飘去："坐好""注意姿势""近视就要注意"。

终于有一次，杨璇实在受不了妈妈的唠叨了，摔门去了同学家。

聪明的父母从不规定孩子应该做什么、不应该做什么，而是放手让孩子去做。如果没有做好，也会耐心地帮他分析原因，鼓励他不要灰心，尽力而为。

第二，在这个过程中，学会尊重孩子也很关键。自尊心是影响孩子健康成长的重要心理因素，如果自尊受到伤害，他们会产生心理障碍，如自卑感和对抗心理等。因此，父母必须注意保护并培养孩子的自尊心。

在生活中，要注意孩子的点滴进步，及时加以肯定和鼓励。对孩子的缺点和错误要宽容，要给孩子说话和申辩的机会；即使是批评，话也不宜多。有些父母"苦口婆心"，类似"我像你这么大的时候""你怎么就不能学学人家"之类的话一天要唠叨好几遍。绝大多数子女对这种说教式的谈话都采取"缄默不语，心不在焉"的对策，而且觉得自信和自尊受到了打击。

第三，也是最重要的一点，切不可对孩子进行体罚。很多家长在进行了苦口婆心的教育之后，若孩子依旧我行我素，没有改掉自己的坏习惯，情急之下就会对孩子进行体罚。体罚也许可能改掉孩子的坏习惯，可是会对孩子造成一生的阴影。

小涛是一个十分调皮的孩子，父母带他去亲戚家做客的时候，他总是跑来跑去，喜欢把别人家的东西翻来翻去，父母觉得这样很没有礼貌，经常对小涛说不要乱动别人家的东西，可是，小涛还是没有改掉这个习惯。

有一次，爸爸带小涛去他的同事家里玩，小涛一不小心打碎了同事家里一个很精美的花瓶。爸爸一气之下，当众给了小涛一顿暴打。后来，小涛去别人家里玩，再也不调皮和乱翻别人家里的东西了。可是同时，他每次去别人家的时候，开始变得唯唯诺诺，干什么都要看一下父母的眼色。

不错，控制孩子的不良行为的确很重要，可是不能为了控制孩子的不良行为，而影响孩子正常的心理发展。

引导孩子学会沟通的艺术

孩子会把世界看成是一种关系，他们小小的思维当中已经存在关系式的生活方式，他们天生喜欢和人说话，喜欢和人交流。

琪琪虽然是一个漂亮的小女孩，但她天生就有一种男孩的性格，像男孩子那样喜欢爬上爬下，甚至一些小男孩都不敢玩的体育项目如单杠、双杠等，她都敢玩，而且玩得很出色；她有点看不起那些受了委屈、挨了批评就哭哭啼啼的小女生，相反，妈妈爸爸的批评、指责往往对她不起作用……

对此，琪琪的父母很忧虑：这孩子怎么就没点女孩气呢？

其实，琪琪父母有点杞人忧天了，虽然琪琪大大咧咧的性格有点像小男孩，但这种性格却有很多好处：女儿不像别的小女孩那样敏感、爱哭，做父母的要省心很多。

而且最重要的一点是，这种大大咧咧的性格恰恰是琪琪人际交往的优势所在，会使她拥有很多朋友。

不管是女孩还是男孩，他们都喜欢与那些不计较细节、性格有点大大咧咧的孩子交朋友，而且他们还给出了几乎一致的理由：与这样的孩子一块儿玩不会累，而且可以玩得很开心。

所以，父母应该尽量培养孩子的这个特点，不仅鼓励他多交朋友，还要帮助孩子克服斤斤计较、小心眼的毛病，这样的话，孩子会有更多的朋友，会玩得更加开心，这对他以后的发展将会有很大帮助。

因为孩子的天性更加倾向于关系式的生活方式，所以父母可以多挖掘有助于他社交的品质，孩子会很容易开发并利用这些天赋，更好地融入朋友堆当中。

有一位妈妈这样说道：

> 女儿小时候是我们小区的孩子头，她总喜欢带着一帮孩子玩，孩子们有了什么纠纷也总来找她解决。有一次我看见她处理两个孩子的矛盾——他们并不比女儿小，但是他们都对女儿的能力表示赞同——两个孩子很快就表示和解，继续愉快地玩耍。
>
> 很明显，我的女儿具有交际的天赋，于是，在以后的日子，我刻意地把女儿的这种天赋引发出来：带她接触更多的人，让她来招待客人……
>
> 现在，女儿自己经营着一家企业，她的员工以她为

荣；她还拥有一个幸福美满的家庭，丈夫的事业没有她那么成功，但这也没有损害他们之间的感情。

一旦发现了孩子的天赋，父母就要积极地把它引导出来。这样，他们所具备的天赋才会成为其终身的财富。

当孩子表现出与他人交往时的恐惧感和厌恶时，父母应该耐心细致地和孩子交流，并且帮助孩子缓解紧张感，给予孩子积极的鼓励。同时，家长要想开发孩子的人际交往能力，也要从多方面入手。

（1）激励孩子的交往兴趣和欲望。

家长最好多鼓励孩子花费一定的时间和精力去和同龄人聊天、游戏、出游，不要忽视孩子在这方面的实践。当孩子想要找其他小朋友玩的时候，就支持他。如果孩子对与人交往表现出恐惧和厌烦时，就要耐心细致地和孩子交流，帮助孩子缓解紧张感。

（2）为孩子的人际交往创造条件，树立榜样。

良性的人际交往需要正确的交往动机和一定的交际技能，在这些方面，父母都应该成为孩子的好榜样。

（3）重视对孩子心理素质的培养。

与人交往，需要良好的心理和人格素养，比如说善良、真诚、守信、开朗、率直、理解他人，等等，这需要家长在日常生活中有意识地加以培养。

不是孩子没主见，是家长太强势

很多父母都有过这样无可奈何的时刻：

“今晚我们吃什么？”“随便！”

“这两件你喜欢哪一件？”“随便！”

“周末李阿姨要把弟弟寄放在我们家，你看着点儿他。”“随便！”

不管说什么，孩子都是一句“随便”。

也许，下面这位教育专家的亲身经历可以给做父母的一些启发：

有一天，有位热情好客的家长邀请我去某某高级酒店共进晚餐，顺便认识一下她的儿子，解决一些问题。其实，我不太喜欢在饭桌上说什么教育，当时也有其他事情脱不开身，但这个语气坚决、果断的家长，简直就是以命令和通知的语气说，希望我晚上准时到场，万事俱备，就等我开饭。

见到那个孩子的时候，我真吓一跳，那位家长看起来十分娇小，但她的儿子却十分高大。我在家长的安排下坐到孩子的旁边。

那孩子很沉默，一直都是他的妈妈在滔滔不绝地向我介绍她自己的工作、丈夫的工作，今天怎么怎么忙，实在没有别的时间等。她讲到口渴，停下来喝水，我便问旁边的小伙子：

“在哪个学校读书啊？”

“噢，他在市一中。”

“你们几点放学？”

“他们四点半就放了，也是从学校直接过来的。”唉，这妈妈真爱说话。

“爸爸在什么单位？”

“崔老师，我刚不是说了吗，他在建行上班呢。”

“你们老家是哪儿的？”

“他们是延吉那边的，爷爷那辈搬过来的。”

我实在忍不住了，就轻轻地碰了碰那位母亲，结果，这大姐说：“儿子，你往里面去点，挤着崔老师了。”

…………

饭后，妈妈说：“崔老师，你看我们家孩子长得不错吧，就是不爱说话，对什么都无所谓，哪像一个十几岁的青年啊。”

我诚恳地说：“大姐，真不是你家孩子不爱说话，而是你自己说得太多了。你看我问他的问题，都被你说完了，他还说什么呢？”

不是孩子没有主见，是根本不能有主见。孩子表达不好，因此在他说之前家长抢先说了。孩子的决定欠考虑，因此，决定早就下了。孩子呐喊，无视；孩子反抗，打压。终有一天，孩子悄无声息了，当然，又继续充当被指责对象——沉默寡言，没有主见。

强势没有好坏之分，对孩子过于强势就是把孩子推到弱势群体里！

让孩子学会对自己负责

调查显示，许多企业在选择职工的时候，“责任”是他们考虑的首要原则，没有老板喜欢不负责任的员工。

父母也希望自己的孩子是一个负责的好孩子。可是，很多父母的所谓的负责，是让孩子在成长的过程中学会对他人负责，而忽略了对自己负责。

汪洋是家里的老大，父母总是告诉他要照顾弟弟，这是他作为哥哥的责任。有一次，弟弟很想吃苹果，于是哥哥就偷偷从邻居家里拿了一个。结果被妈妈发现了，大声地训斥了一顿。

“你不是说照顾弟弟是我的责任吗？我这是在履行我的责任。”汪洋委屈地对妈妈说。

妈妈看着汪洋委屈的样子，觉得这样大声地训斥孩子是有些过分。于是，她蹲下来，很温和地对汪洋说：“是让你照顾弟弟，可是你知道吗，如果为了照顾弟弟去偷东西，就是对自己不负责任了。”

“对自己不负责？”汪洋有些疑惑。

“对，对自己不负责。一个人如果为了照顾别人而做一些坏事，这就是对自己不负责。”汪洋的妈妈说道。

其实，要让孩子学会对自己负责，也不是一件很难的事情，专家给家长提出以下的建议：

首先，要逐渐培养孩子独立自主的意识。其实，随着年龄的增长，孩子的独立自主意识会慢慢地显示出来，父母需要做的，就是尊重孩子的成长规律，不要给孩子太多保护，让孩子对父母太过依赖。

李嫣已经8岁了，可是父母总是觉得孩子还太小，很多事情都不让她去做。

“妈妈，能让我一个人去上学吗？学校离家很近，我坐公交车一会儿就到了。”

“不行，现在社会这么乱，还是让爸爸开车送你去吧。”

“妈妈，能不能让我自己来整理书包？”

“算了，还是妈妈帮你吧，这样能快很多，省时间哦！”

就这样，李嫣习惯了什么事情都不做，都让妈妈去做。

其次，当孩子犯了错误时，父母不要替孩子包揽过失，要让他自己去承担。每个孩子都会犯错，而犯错也是一个成长的契机，聪明的家长会利用这个机会，让孩子有意识地为自己负责。如果总是认为孩子还小，而大包大揽，孩子不但错失了成长的机会，可能还学会了推卸责任。

白杨很喜欢看《哈利·波特》，动不动就把家里的拖把骑来骑去。他已经弄坏了3支拖把了，这让他的妈妈很头疼。

有一天，他的妈妈语重心长地对他说：“白杨，你已经弄坏了家里3支拖把了，你得为你的行为负责任。我决定以后再也不会批评你骑着拖把跑来跑去了，但是如果拖把被你弄坏了，我会直接从你的压岁钱里扣除买拖把的钱，知道吗？我想，你应该为你自己的行为负责。”

听了妈妈的话后，白杨便很少骑着拖把在屋里走来走去的了。

最后，培养孩子严格要求自己的意识。一个人能严格要求自己，是对自己负责的体现。在外界的压力下，很多人都可以表现优异，但需要自律的时候，可能就需要标准和约束。

阿娇是一个很可爱的孩子，同学们都很喜欢和她玩，老师也觉得阿娇表现很好，上课的时候总是端端正正地坐在那里，认真地听课。

可是，回到家中的阿娇却是另外一个样子，坐没有坐姿，站也没有站样。

“娇娇，为什么你可以在学校里表现那样好，连老师都夸你，可是回到家里，连个坐姿都没有？”妈妈问阿娇。

“学校的时候有老师监督，回家了老师又不监督我。”

“这样的想法可不对哦，就算没有老师监督，你自己也得严格要求自己！”

“为什么呀？”

“你想一下，如果你一直在家里坐没有坐姿，站没有站样的，久而久之，就会养成习惯，会影响你去学校以后的表现。还有，若看书写字姿势很不正确，会严重伤害你的眼睛。即使你在学校里坐得端正，如果在家里看书写字都趴在桌子上，眼睛还是会近视的。你说对不对？”

“嗯，好像对。”

“那以后一定要严格要求自己，好吗？”

阿娇点了点头。

让孩子有“说话”的机会

有些父母，在餐厅点菜、买衣服、买鞋帽时，都会有意识地让孩子有发言和选择的机会。不过更多的父母更习惯这样说：“这个味道不错，吃这个吧！”“这个更可爱。”“这件很适合你，买这件吧！”将自己的意见强加给孩子，久而久之，孩子就会逐渐失去主见。

有不少父母担心孩子会做出一些不正确的事情，因此剥夺了孩子发言做主的权利，把自己的想法强加给孩子。虽说父母的出发点是为了孩子好，但他们的这种做法往往得不到孩子的认同和理解。倔强的孩子会在这个问题上和父母争辩，性格相对内向的孩子虽然表面上一言不发，然而却在心底里对父母产生了抵触情绪。

还有一些父母往往会不自觉地把自己年轻时没能实现的理想寄托在孩子的身上，希望孩子能够帮助自己实现。如果这一愿望与孩子自己的愿望相同，这种寄托就会成为督促孩子奋斗的动力，但如果这种寄托并不符合孩子的愿望(这种情况更容易出现)，父母的这种寄托就会成为孩子成长的负累。如果家长无视孩子的愿望，将寄托强加在孩子身上，那就有可能毁掉孩子的一生。

一位中考刚结束的学生，与妈妈发生了分歧。这个学生的爸爸妈妈都是知识分子，希望自己的男孩将来也能像自己一样当个教授或医生什么的，因此他们坚持让男孩上高中。但儿子酷爱艺术，想考音乐学院。最后妈妈占了上风，私自给他在一所高中报了名。妈妈以为给男孩报了名，男孩就会死心，乖乖地在学校念书。然而事情并不像他们想的那样，在上学期间，儿子经常逃课，深夜与其他同学一起翻出学校围墙到网吧上网，最后被学校开除了。

被学校开除，男孩显得很高兴。有人问他为什么被开除了还高兴，这个男孩说道："我根本不喜欢这所学校，我想上音乐学院，可妈妈坚决反对，我只好逃课、上网借此消磨时光。现在我被开除了，他们就得把我送到音乐学院了。"

这个故事对家长们有什么启发吗？作为家长又应该从中悟出些什么道理呢？

其实，道理很简单，那就是在家庭教育中，孩子的事情让他自己决定，家长最好只是提出参考意见，而不是做决策。不要让孩子一味地跟从父母的决定，而应该让孩子用自己的意志取舍或选择事物，令其有自我决定的机会，并在决定事物的过程中，培养出自主性、积极性、自律性。

作为父亲，美国前总统西奥多·罗斯福曾写信给自己的儿子小西奥多，信的大概内容是：

在你做决定的时候，最好的情况是你做出了正确的决定，其次是做出了错误的决定，最差的就是你什么决定都没做。我们每个人都是独立的个体，所以做人要独立，要敢于做出决定。即使失败了，也没关系，因为你已经能做自己的主人了。记住：只要学会独立，总有一天你会取得成功的！

让孩子学会如何做决定，是培养孩子高度责任感的重要一步。而在孩子学会如何做决定的之前，应该让孩子在跟自己有关的事情上有发言权。

在我还是个孩子的时候，我的父亲就告诉我说："你是这个家庭的一分子，所以你有权对家庭的事情发表意见，尤其是关于你自己的事情，明白吗？"当时的我似懂非懂地点了点头。

我还记得我第一次参与家庭事务，是在我上小学五年级的时候，爸爸妈妈问我同不同意爸爸辞职，因为这会关系到我和弟弟上学的问题。于是，我就问爸爸："如果你辞职了，我们是不是就没有学可以上了？"

"不是，但是你们会换一所小学，学校的条件没有现在的好。"

"其实，我很喜欢我现在的学校。"我对爸爸说。

后来，爸爸就没有辞职，而是等到我上初中以后才辞职。那时候我和弟弟都在上寄宿学校，我们不需要跟着爸爸去他工作的地方，他会每周末回家，我们也只能每周末回家。

慢慢地，随着我和弟弟长大，我们开始越来越像个男子汉，周围的邻居都夸我和弟弟是有主见、有责任感的好孩子，我想这跟我爸爸从小就给我们发言权密不可分。

没有一个人可以一下子长大，成长是一个缓慢的过程，父母在这个过程中应该尽量让孩子对自己的事情有发言的机会。不管他们说得对或错，都会培养孩子的能力，这对于他们日后走上社会是一笔财富。

鼓励孩子发出自己的声音

在这个社会，不管是男生女生，如果想在未来的事业中取得自己的成就，必须具备的一个品质就是独立。这种独立包括能力上的独立和思想上的独立。而能力上的独立主要是指，一个人在成年以后可以不依靠父母独自养活自己的能力。

至于思想上的独立，则表现为，一个人对社会上很多事情有自己的看法，敢于对事情发出自己的声音，不人云亦云。

很多父母也希望自己的孩子长大后成为一个有独立的能力和独立的思想的人，教育专家给出的建议就是：从小就鼓励孩子发出自己的声音。

其实，鼓励孩子发出自己的声音，不仅仅是培养孩子独立性格的要求，对于培养孩子的思辨能力也有着重要的作用。

著名的教育家丰子恺曾经说过：鼓励孩子在和大人交谈的过

程中发表自己的见解，对于锻炼他们的思辨能力有着十分重要的作用。

英国政坛的“铁娘子”撒切尔夫人也曾表示，自己的父亲从小就鼓励自己对于一件事情要勇于发出自己的声音，甚至鼓励她和自己争辩。也正是基于此，才培养出她强大的政治气场。

鼓励孩子发出自己的声音，就是鼓励孩子勇于说出自己的想法，尤其是在一件事情上和父母持不同意见时，父母甚至可以允许孩子和自己争辩。

一位心理学家经过多年的研究得出结论：争辩是孩子走向成熟之路的重要一步。

能够同父母进行真正争辩的孩子，在以后会比较自信，更富有创意和领袖气质。孩子争辩的时候，表明他在组织语言表达自己的观点，并要分析对方的观点，找到破绽加以辩驳。

这至少有两点好处：一是促进大脑发育，二是增加家庭互动氛围，更利于孩子各方面的成长。

小宇今年上小学三年级，担任班级的班长，把班里的事情都处理得井井有条，得到老师和同学们的一致好评。可是，小宇的同桌筱筱性格却恰好跟他相反，做事情没有自己的主见，唯唯诺诺。于是老师就建议筱筱的妈妈向小宇的妈妈取一下经。

“那是因为，我一直都鼓励他对于任何事情都要有自己的看法，敢于发出自己的声音，甚至鼓励他和我争辩。”小宇的妈妈对筱筱的妈妈说道。

“和你争辩？这难道不会慢慢地助长孩子不尊重父母的习惯吗？”筱筱的妈妈吃惊地问小宇的妈妈。

“当然不会，只要你尊重孩子，让孩子说出自己想说的话，他也会尊重你的。”小宇的妈妈笑着说道。

很多父母都担心允许孩子和自己争辩，会慢慢助长孩子不尊重父母的习惯。其实，孩子争辩并不是不尊重父母的表现，既然真理只会越辩越明，父母又何须担心自己的威严会在争辩中消失呢?

但是提倡争辩，并不是说让孩子胡搅蛮缠、随心所欲、口不择言。争辩是在讲明自己的道理，一旦孩子违背了这个原则，父母就应该制止。另外，争辩也不是凡事都要争论，那只会让生活陷入混乱。让孩子争论，是让他发表有价值的观点，生活中应有的基本原则，是不提倡争辩的。

同时，作为父母，在和孩子争辩的过程中，应该放下自己的家长权威，把孩子当作一个独立的个体。

如果父母一直放不下做父母的架子，不允许孩子挑战自己作为家长的权威，即使允许孩子争辩，孩子还是会心存畏惧，不敢放心大胆地和父母辩论。

每个父母都希望自己的孩子能成为一个独立有主见的人，可是，这种独立和有主见的精神并不是一蹴而就的，而是一个人在成长的过程中慢慢累积培养起来的。

因此，父母从小就要鼓励孩子发出自己的声音，这样孩子长大后才有可能成为一个有主见的人。

让个性腼腆的孩子大声说话

英国有这样一句谚语：“那些生性腼腆的孩子都是真正被上帝宠爱过的孩子。”我们不知道这些孩子是不是真的曾经受过上帝的宠爱，但是我们知道，在很注重人际交往的现代社会，一个生性腼腆的孩子很难得到更多人的帮助和宠爱的。

森森就是一个比较腼腆的孩子，虽然今年已经上初中了，可是从来不敢在班上发言。最让父母头疼的是，他见到熟人也不敢主动打招呼，而是远远地就躲开了。

“教了多少遍了，见了人要主动问好，但现在都还是学不会，真笨！”每当此时，妈妈回到家都要训斥森森一番。

“过来，这是李阿姨，快向阿姨问好。”妈妈跟森森说，森森却一直怯生生地扯着妈妈衣角，躲在妈妈的背后不肯出来。

“为什么别人都能回答出来问题，就你连话都不敢说？这是怎么回事？”爸爸质问的声音极大，儿子泪涌了出来。

面对这个腼腆的孩子，森森的爸爸和妈妈实在是无奈至极，对孩子的未来也很是担忧。

生活中，像森森一样的孩子有很多。这些青少年面对老师、面对爱慕的人、上台演讲前、面试时、比赛前、照相时等，常常感觉紧张、脸红、心跳、发抖，学习或工作中总是惴惴不安，神经绷得如一张满弓，唯恐出了差错……

上中学的小宇以前是个性格很活泼的人，现在见人就怕。面对熟悉的人从对面走过来，内心不知道应不应该和对方打招呼，紧张的情绪就会产生。他发现嚼口香糖可以缓解说话紧张，所以现在一天到晚都要嚼口香糖。他晚上失眠越来越严重，每天觉得自己很难看、声音很难听，所以很少和人交流，看到有人在很流利地谈话就嫉妒。每天要照镜子很多次，不敢笑，也不敢大声说话。学习注意力不能集中，不能回答老师的问题，人际关系非常紧张。

斯坦福大学的心理学家菲力普·G. 津巴多在《腼腆：事实与对策》一书中提出这样一个研究结论：如果一个孩子从小就很腼腆，而父母却对此漠不关心，那么孩子很可能一生都会这样腼腆下去。

这样的性格给孩子带来的后果是什么呢？津巴多认为，很多性格腼腆的人会终身不婚或者推迟结婚。而且性格腼腆的人大多数收入比较低，他们给人的感觉是无力承担有重大责任的工作。很多性格腼腆的人即便身怀绝技也会因为社交障碍而难以谋到好的职位。

具体来讲，不敢在别人面前大胆说话的原因主要有两种：

第一种，不想露丑。这些人的想法是：只要我不在他人面前暴露自己的短处，别人也就不会知道我的缺点，而一旦在众人面前说话，自己的粗浅根底、拙劣看法都会暴露出来，那么从此以后，哪还有自己的立足之地？所以，不说话更稳妥。

第二种，不知道该如何组织说话的内容，就像被硬拉到一个陌生的世界一样，所以会感到惊惶。

而大体来说，性格腼腆者也分为后天和先天两种类型。有些人生来内向，他们说话低声细语，见到生人就脸红，甚至常怀有一种胆怯的心理，举手投足、寻路问津也思前想后。而大多数是由于教育不当等后天的因素引起的性格腼腆。有些家长对孩子的胆小不加引导，当孩子见到生人或到了陌生的地方，便习惯性地害羞、躲避，没有自信心。孩子随着年龄的逐渐增长，自我意识逐渐加强，敏感于别人对自己的评价，希望自己有一个“光辉形象”留在别人的心目中，为此，他们对自己的一言一行非常重视，唯恐有差错。这种心理状态导致了他们在交往中生怕被人耻笑。

“我总是不敢在人面前讲话、发言，那会使我心跳加快，脑中一片空白……”有人坦然承认自己说话胆怯，而且对此颇为苦恼。

家庭是孩子练习说话的第一个场所，因此父母一定要注意对孩子的引导，尤其对于天生性格腼腆者。在家中，父母可以有意识地鼓励孩子将自己从书中看到的童话故事或者寓言故事等讲给自己听，当孩子讲不出来的时候，也不要对其大声呵斥，要多多提醒、多多鼓励。

在注意家庭培养的同时，也应该鼓励孩子多和同学交流，鼓励孩子广结良友，与朋友频繁往来，这是练习口才的又一途径，对于孩子克服腼腆的性格有着积极的作用。

教孩子聪明勇敢地说“不”

家长在教育孩子的过程中，也应该让孩子明白这样的道理：一个主动掌握着自己命运的人，一个不被别人左右的人，一个敢于挑战自我、突破自我的人，一定是一个懂得如何说“不”的人。只有学会说“不”，才能把握住每一个机会去展现自己，去尝试改变。

凯梅从小就是一个老好人，很少对别人说“不”。这种性格在她的学生时代带给了她不少的麻烦，但她却并没有改变。大学毕业参加工作不久，她的这种性格就给她招来了更大的麻烦，这让她很心烦。

她的姑妈决定给凯梅上一堂人生课。于是她的姑妈就假装来到她工作的城市看她。凯梅陪着姑妈在这个小城转了转，就到了吃饭的时间。

当时，凯梅身上只有50元，这已是她所能拿出来招待对她很好的姑妈的全部资金。她很想找个小餐馆随便吃一点，姑妈却偏偏相中了一家很体面的餐厅。凯梅没办法，只得随她走了进去。

俩人坐下来后，姑妈开始点菜，当她征询凯梅意见时，凯梅只是含混地说：“随便，随便。”此时，她心中七上八下，放在衣袋中的手紧紧抓着那仅有的50元钱。这钱显然是不够的，怎么办？

可是姑妈似乎一点也没注意到凯梅的不安，她不住地夸赞着这儿可口的饭菜，凯梅却什么味道都没吃出来。

最后的时刻终于来了，彬彬有礼的服务员拿来了账单，径直向凯梅走来，凯梅张开嘴，却什么也没说出来。

姑妈温和地笑了，她拿过账单，把钱给了服务员，然后盯着凯梅说：“傻孩子，我知道你的感觉，我一直在等你说‘不’，可你为什么不说呢？要知道，有些时候一定要勇敢坚决地把这个字说出来，这是最好的选择。我这次来，就是想要让你知道这个道理。”

女孩的姑妈教给了女孩一个道理，那就是在该拒绝的时候要聪明勇敢地说“不”，尽管说“不”代表“拒绝”，但有些时候，说不也代表“选择”，而且是一种必需的选择。

家长应该从孩子还小的时候，就给孩子灌输一些必需的观念。

（1）说“不”是你的权利，你不要因此而自责。很多孩子经常会因为拒绝了同学或者朋友的请求而惴惴不安，害怕同学和朋友因此而疏远自己。这时候，就需要家长告诉孩子，说“不”是一个人的权利，尤其是对一些过分无理的请求，如果这个人是真心把你当朋友，他也一定不会因为你行使了自己的权利就疏远你的。

（2）每个人都有一个自我的存在，不要因为害怕拒绝而丢失了自我。家长应该告诉孩子，当对一些人或者一些事情说“不”的时候，不仅仅是一种拒绝，更是一种选择，选择不去做怎样的人，或者不去做怎样的事情。每个人的一生都会受到无数的诱惑，只有那些勇敢地对这些诱惑说“不”的人，才能成就自己的人生和事业。而且勇敢说“不”并不一定会给孩子带来麻烦，反而是替孩子减轻压力。如果一个人想活得自在一点、有原则一点，就得勇敢地说“不”。

（3）对于自己力所不及的事情，勇敢地说“不”，是对自己负责也是对他人负责。生活中经常出现这样的例子，明明自己不一定能做好，但是不好意思拒绝或者为了保住自己的面子而答应了别人，结果最后不但没有帮到别人，还有可能伤害了自己或者别人。可以说，这是对自己和他人都不负责的表现。

此外，需要家长注意的是，让孩子勇敢地说“不”，不仅仅是让孩子学会拒绝别人的索求，也是学会拒绝别人的给予。家长要让孩子知道，人生的道路很漫长，坎坷之途谁都有。人，最终还是要靠自己站起来，越过这个坎，磨难将是孩子的一笔财富。

总之，学会拒绝是一种自卫、自尊，学会拒绝是一种沉稳的表现，学会拒绝是一种意志和信心的体现，学会拒绝是一种豁达、一种明智。学会拒绝，孩子才能活得真真实实、明明白白，才能活出一个真正完美的自己。

儿童心理学

儿童行为心理学

启 文 编著

中国出版集团
中 译 出 版 社

图书在版编目（CIP）数据

儿童心理学 . 儿童行为心理学 / 启文编著 . -- 北京 : 中译出版社 , 2019.12（2022.5 重印）

ISBN 978-7-5001-6141-7

Ⅰ . ①儿⋯ Ⅱ . ①启⋯ Ⅲ . ①儿童心理学 Ⅳ . ① B844.1

中国版本图书馆 CIP 数据核字（2019）第 282254 号

儿童心理学

儿童行为心理学

出版发行：中译出版社
地　　址：北京市西城区新街口外大街 28 号普天德胜大厦主楼 4 层
邮　　编：100088
电　　话：（010）68359827，68359303（发行部）；（010）68002876（编辑部）
电子邮箱：book@ctph.com.cn
网　　址：http://www.ctph.com.cn
总 策 划：张高里
责任编辑：李　颖
封面设计：青蓝工作室
印　　刷：金世嘉元（唐山）印务有限公司
经　　销：新华书店
规　　格：880 毫米 ×1230 毫米　1/32
印　　张：30
字　　数：550 千字
版　　次：2019 年 12 月第 1 版
印　　次：2022 年 5 月第 2 次

ISBN 978-7-5001-6141-7　　　定价：149.00 元（全 5 册）

中 译 出 版 社

前言

父母是孩子的守护天使，也是这个世界上最爱孩子的人。

但是，有很多父母不了解孩子，他们常常为孩子的一些行为感到困惑。有时候，孩子会无缘无故大哭起来；有时候，孩子会出现乱扔东西、打人、骂人之类的“坏毛病”；还有的时候，孩子会突然手舞足蹈，开心大笑……为什么孩子会出现这些行为呢？

孩子的内心世界并没有我们想象的那样简单，他们也有自己的小心思、小秘密。解读儿童的内心世界并非难事，只要父母细心观察孩子的一举一动，就可以更加了解孩子。在观察的同时，家长需要掌握一些儿童心理学相关的知识，才能完全读懂孩子行为背后的小秘密，因为儿童的心理和成人的心理是不同的。

孩子的行为有很多种，有些父母由于不了解儿童行为心理学，常常错把孩子的正常行为当成错误行为，去责骂甚至惩罚孩子，长此以往，很容易影响孩子的心理健康发展。比如看到孩子打人、骂人，就立刻去阻止并大声呵斥，而没有关注孩子这样做的原因——是到了某个敏感期或者叛逆期了，还是在传达自己的情绪？教育是一门很深的学科，要通过表面去看问题的本质，不能只通过表面现象就轻易下定论。当孩子出现种种奇特的行为时，父母应该积极思考探究，只有了解孩子的真实想法，才能正确地引导孩子。所以，学会读懂孩子的行为，是每个父母应该具备的能力。

可能在很多读者眼里，心理学是一门深奥难懂的学问。而父母最需要的，并不是专业性的理论和生涩难懂的专业术语，而是最实用的方法。为了让广大读者更好地理解儿童行为心理学的核心，本书用通俗易懂的语言阐释了儿童行为背后的种种原因，并为广大读者提供了丰富的真实案例（需要注意，本书案例中的人名均为化名）和新颖的教育方法，将高深的心理学理论变成通俗易懂的文字，深入浅出，为广大父母提供系统的心理学知识。

相信读者只要阅读本书，并将书中的知识付诸实践，就可以成为合格的父母，并培养出健康、快乐、幸福的孩子。

目　录

第一章　读懂孩子内心，才能读懂孩子行为……1
孩子为什么爱扔玩具……1
孩子为什么总是说“不”……3
“人来疯”宝宝在想啥……5
偷东西的孩子就是贼吗……8
怎样剪断妈妈的“小尾巴”……10
孩子为什么离不开他的破枕头……12
孩子总是欺负同学怎么办……14
孩子得了“多动症”怎么办……16
第二章　孩子的“破坏”行为要理解……19
孩子打人有原因……19
骂人的孩子不一定是坏孩子……20
我的孩子是个“破坏王”……23
孩子为什么故意“考砸”……25
孩子犯了错误总是辩解怎么办……28
孩子遇到困难只会哭鼻子怎么办……30
孩子任性其实是一种心理需求……32

如何巧妙应对孩子的“十万个为什么” ……34
孩子是在自残吗……37
喜欢爬楼梯的孩子……39
第三章 孩子的语言行为有深意……41
孩子爱上了骂人、说粗话……41
对悄悄话着迷的孩子……43
孩子有点口吃……45
孩子似乎有点“自私” ……47
第四章 孩子叛逆行为背后的心理……52
喜欢和小朋友争抢玩具……52
对插孔情有独钟……54
“垒高”成了孩子的新游戏……56
孩子乐于给物品找主人……58
孩子总是与父母对着干……59
孩子似乎有点“暴力” ……61
第五章 孩子行为习惯释放的信号……63
孩子就是不洗手……63
孩子总被欺负怎么办……65
电视不是保姆……67
孩子们都在网上干什么……69
儿童沉迷电脑游戏怎么办……73
孩子为什么爱追星……75

第六章　多注意孩子的心理健康……79
孩子似乎有些抑郁……79
他嫉妒学习比他优秀的同学……83
避不开的“叛逆期”……87
犯错误后，他开始对家长撒谎……90
消除孩子的虚荣心……94
自卑的孩子没有自信……98
孤独和自闭关上了孩子的心门……102
第七章　孩子成长过程中的情绪问题……106
孩子爱生气、爱发脾气……106
做事莽撞的孩子该怎么引导……109
个性倔强的孩子该如何引导……112
和父母讲条件说明孩子思维独立……115
孩子与父母顶嘴要一分为二地看待……118
孩子受不了批评不全怪孩子……122
七八岁的孩子不讲卫生……124
第八章　孩子的学习行为都是心理问题……128
没人看得懂的文字……128
孩子爱上了阅读……130
孩子成了“十万个为什么”……132
比“网瘾”还可怕的“考试瘾”……134
帮孩子改正做作业爱磨蹭的习惯……136
学会消除孩子的焦虑心理……140

跟网络结合，他会越来越喜欢学习……144
培养孩子独立思考的能力……148
帮孩子克服厌学情绪……151
缓解孩子的学习压力……154
偏科的烦恼……158
第九章　良好的社交能力助力孩子成长……162
孩子没有倾听的耐心……162
他变得比小时候自私，不喜欢分享……165
让孩子学会自己处理与同学的矛盾……169
他不喜欢跟人合作……173
他是别人眼中没有礼貌的小顽童……177
社交恐惧症是心理疾病吗……180

第一章
读懂孩子内心，才能读懂孩子行为

孩子为什么爱扔玩具

宋梅家的孩子9个月了，最近开始了一个新游戏——扔玩具，见什么扔什么，而且越扔越开心。只要东西拿到手上，他常常不遗余力地扔出去。宋梅以为是孩子不小心把玩具掉在地上的，于是就弯腰去把玩具给他捡起来，但是每次刚把玩具还给孩子，他又会用尽力气扔出去。这样反反复复好多次，宋梅才发现原来是孩子在故意扔东西，于是就不再理他了。可是看到孩子眼泪汪汪地用手指着地上的东西，宋梅只好又一次次地去把玩具捡起来给他。

很多9～10个月的孩子都会出现扔东西的情况，妈妈们总是苦不堪言。其实孩子喜欢扔东西并不是存心捣乱，而是这个时期孩子的年龄特点决定的，这是一件好事，因为扔东西代表着孩子长大了，他开始了对世界的探索。

儿童心理学家认为，“扔东西”是孩子学习过程中的必经阶段。到了一定的年龄，孩子就会对事物的因果联系非常感兴趣。

比如偶然把球扔出去的时候，孩子发现球是滚动的。

开始他并不知道是自己的原因引起了球的滚动，但是经过多次的“偶然”，孩子就发现了“必然”，发现自己扔的动作引起球滚动的效果。这让孩子意识到自己具有某种力量，并且发现自己和其他物体存在着某种关系。同时，在扔东西的过程中，孩子还意识到了自己与动作对象存在区别，这是自我意识发展的第一步。而孩子在扔东西后，东西总会掉到地上，并且不同的东西会发出不同的声音或者产生不同的改变，这对孩子来说是很新鲜的体验，于是就有了对世界最初的探索。

另外，孩子总是反复地扔东西也可能是想向大人显示自己的力量，渴望得到大人的表扬。刚出生的时候，孩子的手部动作还不灵活，不能够拿住东西。但是随着个体的发展，他发现自己不仅能够拿东西，还可以把东西扔出去了。这让他异常兴奋，认为自己又学会了一项大本领，所以经常非常高兴地多次重复，同时也希望引起爸爸妈妈的注意，给予他表扬。

当然并不是所有的扔东西都是孩子在探索和发现新世界或者显示自己的力量，有时候他们是想向大人传达某些信息。比如当孩子把自己手边的东西扔在地上的时候，他可能是因为自己长时间没人关注，于是想吸引家人过来和他一起玩；如果他把盖在身上的被子扔在地上，很有可能是告诉爸爸妈妈他热了，父母要细心留意孩子的需求。而在这种扔东西的过程中，孩子和父母就建立了“授受关系”，也为孩子最初的社交活动拉开了序幕。

为了孩子的健康成长，爸爸妈妈应该充分满足孩子“扔”的欲望，为孩子提供扔东西的环境。

当然，当孩子把大人贵重的手表或者手机丢出去的时候，也千万不要发火，因为孩子不像大人那样有“爱惜物品”“不把东西弄坏”的意识。所以，为了防止孩子造成不必要的损失，父母最好把贵重物品或者易碎的东西保管好，放在孩子拿不到的地方，然后可以让孩子玩一些不容易摔坏的玩具，比如铃铛、小球等。

但是凡事都有一个限度，在孩子扔东西的时候，父母可以制定一些必要的规矩。例如可以告诉孩子球可以扔着做游戏，但食物就不能扔在地上。如果你不能花许多时间为孩子捡东西，那么可以让他坐在铺有垫子的地板上，自己去玩扔东西。当孩子自己爬过去或走过去把东西拾起来的时候，要及时给孩子鼓励，这样可以避免孩子养成“丢”东西的坏习惯。

孩子喜欢扔东西，父母不必烦心，这只是一个很短暂的过程。当孩子学会正确地玩玩具和使用工具后，他的兴趣会逐渐转移到更有趣的活动上，“扔东西”的现象会自然消失。

但是如果孩子到了两岁左右，仍然喜欢随意扔东西，那么就应该让孩子改变这个坏毛病了，因为这个时期已经不再是孩子扔东西的特定时期了。

孩子为什么总是说“不”

妈妈带着刚满3岁的女儿丫丫和她的表哥去踏青，路上，妈妈说：“丫丫，让哥哥拉着你的手走，这样不会摔倒。”丫丫想都没想就很坚决地吐出了一个字：“不！”妈妈听了，就继续劝她说：“哥哥拉着你会很安全的！”丫丫还是倔强地说：“就不！我就不！”于是妈妈就让丫丫表哥主动去牵丫丫的手，这下可把丫丫气坏了，竟然大哭起来，不仅把哥哥的手甩开了，还一屁股坐在地上不走了……丫丫妈妈真是奇怪起了："女儿最近怎么总是这样反常呢，这么倔强，情绪也很暴躁，以前那个温顺可爱的女儿去哪里了呢？"

正常情况下，一周岁左右的孩子就已经可以步行甚至小跑，他们发现自己即使没有妈妈的帮助，也可以去自己想去的地方。与此同时，孩子也开始对各种新鲜事物产生兴趣，思维也逐渐形成，并且开始试着表达自己的意见。

当孩子两岁左右的时候，运动能力、思维方式以及语言能力的发展让孩子学会表达自己的想法和主张。这时候的孩子，任何事情都希望亲自去做，很讨厌大人的帮助，比如洗脸的时候会拨开妈妈的手；还不会用筷子，却偏偏要自己拿筷子吃饭，如果帮他摆正拿筷子的方法，他还显得很不耐烦，会大发脾气。

妈妈总是突然发现原本乖巧可爱的孩子怎么好像变了一个人一样，无论要求他做什么，他都是一样的回答，"不！"很多妈妈为此烦恼不已，还有可能会打孩子。

其实当孩子说出"不"的瞬间，妈妈就应该意识到自己的孩子长大了！孩子说出"不"说明他正在形成自我意识，从此开始逐渐独立，不再任何事情都依靠妈妈了。"不"可以说是孩子向妈妈发出的独立宣言。

面对孩子的独立，妈妈应该高兴并且支持孩子的尝试。当孩子开始说"不"并且一切都要自己去尝试的时候，妈妈一定不要批评孩子的失误，更不能对孩子的失误冷嘲热讽。比如当孩子拨开你的手一定要自己吃饭，最后却打翻了饭碗时，妈妈千万不能说："非要自己吃，打翻了吧？"这是对孩子独立要求的否定，会延缓孩子自我意识的形成。如果妈妈不顾孩子的想法，总是用命令的态度来对待孩子，会让孩子感到耻辱，还会磨灭他想独立完成某一事情的意识，结果只能是父母自己吃苦头。因为如果孩子小时候不能表达自己的主见，到了容易产生困惑的青春期甚至成年后，他可能会因为情绪不能自控而出现更大的问题。

当孩子自我意识形成的时候，他很可能会提出很多无理的要求，这个时候妈妈要怎么办呢？难道就听之任之？当然不是，这就需要妈妈开动脑筋去引导孩子形成好习惯了。比如，当孩子自己不会穿衣服，给他穿上后他又偏偏哭着要脱下来坚持自己穿的时候，妈妈不要训斥孩子是在制造麻烦，而是要表扬他能够自己试着做事情；妈妈也可以不跟孩子说自己的目的，只把孩子放在特定的环境里。比如孩子应该睡觉的时候，妈妈可以直接把孩子抱到床上，这样就可以减少被孩子拒绝的机会。如果孩子仍然大喊：“我不睡觉！”妈妈可以说：“不是让你睡觉，你可以在床上玩一会儿。”

其实父母如果意识到孩子的反抗是长大的体现，每天都为孩子的成长而感到高兴，这样不论抚养的过程多么艰难，父母也不会感到累，反而会体验到看着孩子成长的乐趣。

“人来疯”宝宝在想啥

“小麻雀”是王爸爸送给女儿的昵称，这个孩子从小就活泼好动，今年已经4岁了，虽然依然是个小淘气，但是也能坐下来安安静静地玩玩具或者看看书。爸爸经常觉得女儿长大了，开始懂事了，非常开心。可是，每次带女儿去亲戚家，或者参加婚宴，又或者家里来了客人的时候，小家伙就会马上恢复“小麻雀”的本性，变得特别兴奋，欢呼雀跃，大喊大叫。一会儿打开电视，把音量放到最大；一会儿上蹿下跳，模仿动物的叫声；一会儿又把洋娃娃抱出来，在客人面前玩过家家……如果爸爸妈妈制止她这种行为，她反而会闹得更厉害。

相信很多家长都遇到过这种尴尬的场面，甚至平时乖巧、礼貌的孩子也不例外，一旦有客人来了就无理取闹、撒野，弄得父母很难堪，不知如何是好。为什么孩子会出现这种“人来疯”现象呢？

儿童心理学家认为，家长溺爱或者严厉管束都有可能会造成“人来疯”现象。

我们知道，现在的孩子大多数是“独生子女”，平时就是全家围着孩子转，无限制地满足孩子的一切要求，导致孩子“自我为中心”的意识特别强。孩子觉得自己的地位“至高无上”，而且已经习惯了这种待遇。但是，在家里来了客人或者到别人家里做客时，父母的关注的焦点发生了转移，把主要精力放在招待或应付客人身上了，对孩子的行为和心理状态没有平常那么敏感，孩子一下子感觉到自己从“宝座”上摔了下来，心理落差很大，所以要通过任性、不听话等方法来引起父母、客人的关注，这实际上是在提醒父母：还有我呢，不要把我忘记了。

过度严厉的管束也会引起孩子的“人来疯”现象，平时家长不让孩子与外界接触，孩子就像笼中的小鸟，被抑制了爱玩的天性。如果家中来了客人，而且客人还夸奖孩子活泼，这时候家长又很宽容，不好意思当着客人的面训斥孩子。孩子会敏感地感觉到这种变化，利用这个机会来解放自己。

另外父母要反思自己的家庭生活是不是过于乏味，日复一日，气氛单调，所以有人来做客才会打破往日的平静，给孩子带来强烈的刺激，使孩子变成“人来疯”。

那么，面对孩子的“人来疯”，父母应该怎么做呢？

首先，父母应该改善家庭教育方法，平时要多给孩子机会与外界接触，多与人交往，以减少看见客人时的新鲜感。家里有客人来时，让孩子与客人接触，学会问好和招待，使孩子懂得一些待客之道。同时还要注意把孩子介绍给客人，这样可以使孩子感觉到不受冷落，大人们交谈的时候，如果不需孩子回避，就尽量让他参加；如果需要孩子回避，也不要把孩子单独支到一边，可以派出父母中的一个去陪他。

其次，当孩子发生“人来疯”的行为时，家长不要急于改变这种情况，因为直接的说教可能会使孩子产生逆反心理。为了改正孩子的“人来疯”情况，家长应该试着和孩子玩在一起，等孩子丧失了戒备心之后，再有针对性地慢慢沟通和解决问题，而不要只是一味强硬地要求孩子改正。

另外，在批评孩子的时候，也要注意方法。如果孩子还小，家长应该抓住时机及时教育，让他清楚自己错在什么地方。要对孩子讲清楚，这种行为是对客人的不礼貌，大家都不喜欢。但是最好不要采取过激的态度，因为那样不仅会让客人尴尬，孩子也听不进去。如果孩子比较大了，最好不要当客人的面教训他，因为这时候的孩子自尊心很强，如果当着别人的面批评他，揭他的短，会让他觉得很难为情。

最后，家长也可以利用孩子的“人来疯”，引导孩子在客人面前展示自己的优点和其他特长，出于一种爱在别人面前炫耀自己的心理，孩子在客人面前的表现往往比平时好。

偷东西的孩子就是贼吗

小童今年5岁，聪明伶俐，是个帅气的小男生。这天下午放学后，妈妈把他从幼儿园接回家，就去厨房准备晚饭了。客厅里响着轻柔的音乐，一向顽皮的小童，今天居然也安安静静地在屋子里看起了画册。

妈妈从厨房里探出头来："小童今天好乖哦。"小童拿起画册，兴冲冲地说："妈妈，这本故事书好好看！"

看到那本书，妈妈的脸沉了下来，原来，并没有人给他买过这本书。"你怎么会有这本书呢？"小童紧紧抱着那本书，喊道："这是我的！"

"瞎说，爸爸妈妈没有给你买过这本书。"

"我的……是爷爷买给我的。"

爸爸回家后，妈妈把这件事情告诉了他。

晚饭后，爸爸对小童说："小童，我们去看看爷爷好不好？"

小童一听，似乎明白了爸爸的意思，连忙说："我明天还要上学呢，不想去了。"

"爷爷给你买了这么好看的书，不去谢谢爷爷多没礼貌啊！"爸爸又说。

小童见事情没法再隐瞒，就羞愧地道出了事情原委："今天下午，我看见欢欢的桌子上放着这本书，我很喜欢，就趁她不注意拿回来了。爸爸，我错了……"

“这怎么得了，才5岁的孩子就学会说谎，还偷别人的东西，长大以后还不知道会怎么样呢……”妈妈指着小童怒气冲冲地说。

在这种情况下，很多父母都会担心自己的孩子有小偷小摸的倾向，其实这不过是情绪发育过程中的正常现象。著名心理学大师皮亚杰认为2～7岁儿童思维属于“前运算阶段”，是从表象思维向抽象思维过渡的阶段。处在这一阶段的孩子，往往分不清什么是“你的”“我的”“他的”，他觉得只要是自己喜欢的东西，都可以把它带走，年龄越小，这种现象就越普遍。因此，我们不能把孩子的“顺手牵羊”称之为“偷窃”。

但是对孩子的这种行为听之任之也是不可取的。必须让孩子知道，在没有得到许可的情况下，拿走别人的物品是绝对错误的行为。妈妈必须在孩子的世界里建立“所有权”的观念——让孩子清晰地知道，什么是别人的，什么是自己的。同时也要让孩子知道，在拿别人的东西之前，需要得到对方的同意。

其实，建立所有权观念，应该从小做起。在家里，应该有明确的“所有权”概念，这个东西是爸爸的，那个东西是妈妈的，这个东西是孩子的。另外，要建立孩子的所有权概念，妈妈还要学会尊重孩子的所有权。例如当需要拿孩子拥有的物品时，要先征得孩子的同意，归还时还要对孩子表示感谢；如果有小朋友想要借孩子的物品，告诉他们这个东西是孩子的，让他们去征求孩子的意见……一旦孩子感到自己的所有权得到了尊重，那么他在不知不觉中也就学会了尊重他人的所有权。

怎样剪断妈妈的“小尾巴”

4 岁的男孩天天最近经常缠着妈妈，成了一个不折不扣的“小尾巴”和“醋坛子”。

天天以前都是自己睡觉，最近忽然要求妈妈和他一起睡。有一天，妈妈给他讲完故事，看他已经闭上了眼睛，便想悄悄离开，不料妈妈刚一动身，他就猛地睁开眼睛，拉住妈妈的衣服央求道：“妈妈，我想和你一起睡。”

另外如果妈妈带着他到公园，他也不愿意离开妈妈去和其他的小朋友玩。如果勉强去和小朋友玩了，一旦看到妈妈在对某一个小朋友笑，就会马上冲过来抱着妈妈，对那个小朋友“示威”：“这是我的妈妈！”

妈妈对此非常发愁，她想儿子这么黏人，长大之后怎么成为一个有担当能独立处理问题的男子汉呢？

其实这是一个很正常的现象。因为这时候的孩子进入了情感表达的敏感期。当孩子到 4 ~ 5 岁的时候，他的情感世界就会被父母的爱唤醒，他对情感也产生了更加深刻的认识。所以，这个时候的孩子特别喜欢跟妈妈和爸爸在一起，总是喜欢和父母黏在一起，感受来自父母的温暖。这就是为什么孩子会忽然变得特别依恋妈妈的原因。

此外，这时候的孩子还希望父母能够把爱都给他，不能分心，否则他就会怀疑父母是不是不再爱自己了。所以如果妈妈去忙别的事情，或者跟其他的小朋友稍微亲近些，甚至妈妈笑着跟别人说话他都会很难过，会马上跑过去阻止妈妈去做这样的事情，有的时候甚至会哭闹不止。

那么这时候的父母应该如何满足孩子的情感需求，让孩子顺利地走过情感敏感期呢？

首先父母要尽量满足孩子的心理需求。当孩子处在情感敏感期的时候，一般都会表现得比较“脆弱”，所以父母一定要理解孩子，尽量去满足他的心理需求。比如当孩子晚上要求妈妈抱着他睡觉的时候，如果妈妈同意，他的感情需要就得到了满足。其实，表面看来是孩子要求妈妈抱抱，孩子真正的意思却是说自己想要得到妈妈更多的爱，当妈妈哄孩子睡觉时，可以一边拍着孩子一边说：“妈妈喜欢宝宝，妈妈会永远爱宝宝的！”

这样孩子的心理需求就得到了满足，孩子就会很快安然入睡。

其次，父母要给孩子表达感情的自由。因为孩子的语言能力发展并不完善，但是他们又急于表达自己的情感，所以情感敏感期的孩子总是喜欢亲吻父母，会经常往父母的怀里钻。其实，这不仅是孩子向父母索取爱的过程，也是向父母表达爱的过程。这个时候，父母应该高兴地接受孩子的感情，配合孩子，一定不要用自己的主观意识去解读孩子的行为，或者根据自己的心情去回应孩子。

不过值得注意的是，虽然孩子对妈妈产生依恋是正常的而且是成长过程中的必要阶段，也为孩子将来能够成功地与他人和睦相处打下基础，但是孩子的这种依恋不能长时间地存在下去。随着年龄的增长，到了上小学的时候，孩子还是强烈拒绝和父母以外的人亲近，这个时候就属于过度依恋了。这种过度依恋对孩子来说并不是好现象，所以，妈妈千万不要因为孩子眼里只有自己而感觉甜蜜。要知道，这种甜蜜的背后隐藏的是孩子成长的问题。

孩子为什么离不开他的破枕头

两岁的小哲有一个蓝色的枕头，这个枕头从小哲一出生就陪伴着她，小哲非常喜欢这个枕头，时时刻刻都离不开它，甚至有时候去奶奶家过夜也要抱着自己的破枕头去。

现在这个枕头的枕套已经破了，而且看上去很脏，妈妈就自作主张换了一个新枕套。不料小哲发现之后大哭大闹，一定要原来的那个枕套。妈妈没有办法，只好把那个旧枕套补了一下还给了小哲。

孩子依恋枕头或者布娃娃的行为是一种典型的儿童恋物现象，但是父母不必害怕，因为这绝对不是个别现象，很多小孩子都会出现这样的恋物现象。这种恋物现象与孩子早期的生活是分不开的。幼儿时期的孩子会通过各种感官体验来满足探索世界的需求或者安抚自己的情绪，比如，吸奶嘴、手指是为了满足口腔吸吮的欲望，抚摸被角、毛巾、毛毯、棉布等物品是为了寻找触觉的舒适感。

一般来说，8 ~ 9 个月大的孩子就会开始对柔软、触感好的东西表现出强烈的喜爱，比如衣服、毯子、玩具娃娃等。这些物品被称作“过渡期对象”，它们能给孩子带来心理安慰。在孩子的心里或者潜意识中“这些东西就是妈妈，妈妈是我的”。

为什么这些物品被称作“过渡期对象”呢？这是因为此时的孩子正处在离开妈妈、获得精神独立前的过渡状态，如果孩子想要离开妈妈、获得独立，就必须找到能暂时代替妈妈的东西，而这些东西就是孩子们眼中的“无价之宝”，是无论什么东西都取代不了的。

孩子在睡觉或者承受较大心理压力的时候，会表现得更加依恋这些物品。比如，当孩子身处医院等让他感到害怕的环境中或者是陌生的地方，他就会通过抚摸喜爱的物品来让内心安定下来。

通常情况下，孩子在 4 岁左右注意点得到转移，对过渡期对象的需求也就不会那么强烈了。在孩子 4 岁前强行阻止恋物行为会给孩子造成压力，因此是不可取的。

如果孩子长大之后依然有恋物行为并且还出现了性格孤僻、不善交际和忧郁敏感的情况，这就要引起爸爸妈妈的注意了。因为只有当孩子与父母没有形成良好的依恋关系时，他才会对一件物品产生病态的依恋。如果孩子对父母的信任感减弱，孩子的恋物行为就会变得更严重。这时候父母要去请教专业的医生，并且要为孩子准备“迁移载体”，使孩子无法对依恋物“专情”。当然，最重要的是加大对孩子的感情投入，增加与孩子的接触和互动，让孩子形成安全感。修补好出现了问题的亲子关系才是解决孩子病态恋物癖的根本。

如果孩子只是单纯地依恋某件物品，并没有出现性格上的缺陷，那么父母其实也没有必要紧张，只要未来孩子的配偶不介意，父母也没有必要强行制止这种行为，因为那可能只是孩子形成了一种习惯而已，并不是心理问题。

孩子总是欺负同学怎么办

8 岁的轩轩散漫、冲动、好斗，言行极具攻击性，一年级下学期就闻名全校。成绩门门红灯高挂，调皮捣蛋得出奇。老师见他头疼，同学见他害怕，上课破坏纪律，下课欺负同学，一会儿把同学的球抢过来扔掉，一会儿把女同学正在跳的橡皮筋拉得有十来米长，一会儿又故意用肩去撞对面过来的同学。如果谁说他一句，他就会对他拳打脚踢。

孩子之所以欺负人，其实是调动了自己的心理防御机制，将自己所遭受的虐待和承受的痛苦转移到别人的身上并从这个过程中取得自己心理上的平衡。孩子往往不懂得如何恰当地运用心理机制，那些曾经受过家庭虐待、遭受父母遗弃的小孩多数会选择这种心理防御机制。他们不敢或没有机会将父母带给他们的愤怒直接返还给父母，就把这种愤怒转移到另一个对象上去了。这些“替罪羊”多为更加弱小的孩子，甚至是一些小猫、小狗等宠物。

孩子转移不安的方法通常是采取攻击性行为，也就是欺负别人。攻击性行为不单单指动手打架，它在不同的年龄阶段有不同的表现形式。幼儿园阶段主要表现为打架，是一种身体上的攻击；稍微长大一些的孩子更多的会采用语言攻击，谩骂、诋毁，有意给对方造成心理伤害。从性别上来分析的话，采取暴力攻击的多数是男孩，女孩以语言攻击居多。

通常具有这些暴力行为的孩子，家庭都不太和谐。培养出暴力孩子的家庭通常也有暴力父母，孩子经常会被父母的暴力手段惩罚，使孩子产生一种抵触情绪，并把这种恶劣的情绪“转嫁”到别的人身上，找别人出气；有时候父母喜欢看一些暴力电影，经常玩暴力游戏，这也会在无形中影响孩子的行为。此外，家长过度的溺爱也会铸就这种惹事“小霸王”。有时候，父母看似为孩子好的一句话也会引起孩子的暴力行为。

有儿童心理专家曾经提出过这样一个观点：那些总是去欺负别的小朋友的孩子，其实是觉得自己非常弱小。的确，只有那些觉得自己非常弱小的孩子，才会通过欺负别人的方式来证明自己的强大。但是很明显，孩子的这种自我意识是非常不健康的。

那么，有哪些因素使得孩子把自己定位为弱小的人呢？不管家长愿不愿意承认，家长都要对此负有不可推卸的责任。总是有些家长认为，自己的批评可以使孩子变得强大，但事实却正好相反，孩子不仅没有变得强大，他反而会觉得自己是不被父母接受的孩子，在这个复杂的世界中只有自己才能帮助自己，这让孩子顿时觉得自己很渺小。同时家长的批评让他对人际关系产生很强的恐惧感，这种恐惧感很有可能会伴随他一生。在人际关系恐惧感的影响下，他不会交朋友。但是如果孩子错过了学习如何交朋友的最佳时机，他以后都不会在社会交往中有很好的表现。

为了改正孩子的攻击行为，父母应该以身作则，停止自己的那些攻击性言行，创造良好的家庭气氛；要注意有暴力镜头的电影、电视，不让孩子玩有攻击性倾向的玩具；不要鼓励孩子的攻击性行为，要引导孩子进行换位思考，让孩子慢慢放弃用暴力解决问题的想法。

孩子得了“多动症”怎么办

5 岁的明明是个很难管教的男孩。他几乎没有一刻安静的时候，总是动来动去，即使是在房间里，也总是不停地跑跑跳跳，不是撞到茶几，就是打翻杯子。他出门之后再回家，腿上总是青一块紫一块的，连自己都不知道是什么时候磕的。他吃饭的时候也不老实，总是扭来扭去的，不能安静地吃东西。连睡觉的时候，他都在不停地动，一会儿踢开被子，一会儿把枕头弄到地上。

明明的妈妈听人说，得了多动症的孩子就是这样“屁股长钉子”，怎么也坐不住，因此她觉得孩子患上了多动症。但是医生说，明明只是活动量过大而已，并没有多动症。

那么，什么是多动症呢？它和活动量过大有什么区别呢？

活泼好动是儿童的天性，也是他们的可爱之处。但是日常生活中有些孩子不是活泼好动，而是不听家长、老师的劝阻，不分时间、地点地乱动乱跑，这些儿童很可能就是患上了儿童多动症。

儿童多动症又称为注意力缺陷障碍，是一种以注意力缺陷和活动过度为特征的行为障碍，一般在学龄前出现，其中男孩多于女孩。

多动症的主要表现就是活动过度，多动症儿童经常不分场合地过多行动；但不是所有的活动量过大都是多动症，那只是多动症的一个表现而已。多动症患儿的行动往往没有目的性，做事经常有始无终。而活动量大的孩子行动是有目的性的，自己还会对行动进行计划。

此外，注意力不集中也是多动症的一个显著特点，与正常儿童相比，多动症儿童极易受外界的干扰而分散注意力，总是不停地从一个活动转向另一个活动。他们在任何场合都不能较长时间集中注意力，即使是在看动画片的时候，也不能专心去做；而那些仅仅是活动量过大的孩子，在做自己喜欢的事情时，是能够全神贯注的。

情绪不稳、冲动任性，易激动、易冲动等都是多动症儿童的典型特征。有研究表明，80% 的多动症儿童都喜欢顶嘴、打架、纪律性差，有的甚至还有说谎、偷窃、离家出走等行为。同时由于注意力不集中，多动症儿童还常常出现学习困难，但是要注意的是多动症儿童的智力发育是正常的。

多动症如果得不到及时治疗，将会影响一个人生活的各个方面。青春期时，患儿就会出现一系列问题，如逃学、反社会行为等。到成年期，虽然很多患者会发展出一套行为机制来隐藏多动症症状，但是他们依然无法避免多动症带来的影响：难以与他人融洽相处，因此社会关系紧张；很难较好地完成工作任务，因此无法维持固定的工作并且收入低。

那么面对患有多动症的孩子，妈妈应该采取什么样的方法来最大限度地减少多动症带来的影响呢？

去医院检查，听听医生的分析。如果确定孩子患有多动症，就要配合医生进行治疗。目前对多动症的治疗主要是药物治疗，但是要在医生的指导下进行，家长不能胡乱给孩子用药。

另外还有一系列的心理治疗方法，妈妈要协助孩子完成。首先是提高孩子自我控制能力。妈妈可以试着给孩子一个简单的题目，让孩子在完成题目之前做好一系列的动作。

首先停止其他活动；然后看清题目，听清要求；最后，回答问题。这种训练可以随时随地进行，比如当孩子要看书的时候，让孩子自己把书本、凳子摆好，打开台灯，完成这一系列动作之后再看书。需要注意的是，在进行自我控制训练时，任务要由简到繁，时间要短到长，自我命令也要由少到多。

另外在生活中，多动症儿童的父母还要注意以下几点：

（1）要正视孩子，不能歧视他，要有耐心地教导。

（2）对孩子的要求要适当。不要用对正常孩子的要求来要求患有多动症的孩子。要先把他们的行动控制在一定范围内，然后再慢慢提高要求。

（3）多动症儿童的注意力本来就很难集中，因此在孩子吃饭、做作业时，父母千万不要主动分散他们的注意。

最重要的是，多动症患儿的父母一定要明白爱才是影响孩子治疗效果的决定性因素。

父母应该全面了解孩子的病情，关心孩子，爱护孩子，这样孩子才能逐渐好转。

第二章
孩子的“破坏”行为要理解

孩子打人有原因

王莉很苦恼地跟好朋友抱怨：“我们家宝宝最近不知道怎么回事，简直变成了一个‘暴力分子’。他总是喜欢打我的脸，打我的头，有时候会狠狠地拽着我的头发不放手。对他奶奶也是，下手特别狠。而且他只打和他亲近的人，邻居哄哄他，抱抱他，他都不会动手。”

相信很多小宝宝的妈妈都会有这样的烦恼，这是为什么呢？是低龄的孩子都有“暴力倾向”吗？

关于这一点，儿童心理学家为孩子做出了辩解：

婴幼儿打人的行为是他们表达爱的一种方式。每个孩子都能感受到家长对他的爱，可是因为孩子还没有掌握语言，也不知道怎样更合适地表达自己的爱，所以他们只能用最简单的表达方式——打人，来向亲近的人传递自己的感情。

不过这是对于年龄很小还不会说话的婴儿来说的。随着孩子年龄的增长，尤其是孩子能够自己走路和说话之后，很多家长就不再像孩子小时候那样去关注孩子的每一个动作和每一个表情了；

但孩子对家长关注的需求却丝毫没有减少，这时候孩子难免会产生失落感。如果孩子偶尔一次打人被父母发现，父母大多会教育孩子打人是不对的，但是孩子却发现打人原来是吸引家长注意的一种方式，只要他有打人行为，就可以成功地获得父母的关注。因此，打人的行为就成了孩子吸引家长注意力的一种手段。因此，如果家长对孩子的打人行为不那么敏感，那么孩子就不会用这种手段来吸引家长的注意，也不会把打人变成一种习惯。

对于孩子打人，家长应该分情况解决。

当孩子用打人表达爱的时候，家长应该教会孩子正确的表达爱的方式，比如亲吻、拥抱、握手等。

对于这些年幼的婴儿来说，他们还没有灵活地掌握语言，也不会用其他的方式来表达自己的爱。所以，在这种情况下，家长最应该做的就是教会孩子正确地表达自己的爱，而不是把注意力放在孩子打人这种行为上。

孩子学会了表达爱之后，忽然又出现了打人现象，那这时候父母就要反思是不是自己给孩子的关注不够多，导致孩子为了吸引家长注意而打人。家长要注意的是，虽然孩子长大了，活动的范围也变广了，但是孩子对大人关注自己的需求并没有减少，家长不要因为孩子可以自己玩就减少对孩子的关注。

骂人的孩子不一定是坏孩子

第一次听到孩子冷不丁地说出“我打死你”“你是猪”等或者说脏话时，大多数父母想必都是心头一震，大声斥责：“你这是跟谁学来的？”“谁教你的？”这些不好的话当然不会是孩子自己想出来的，而是孩子听见别人说，然后才跟着学会的。

孩子听到别人说的话以后会跟着学，这就是学习语言的过程。骂人、说脏话也是一样的，孩子并不知道自己所说的话的意思，他们只是在重复自己刚刚学到的语言。另外，当孩子学会骂人说脏话的时候，这意味着他的社会关系正在扩大，已经超越了单纯的家人范围。家长们不必为了孩子骂人、说脏话而过分担心，认为孩子有什么问题，要认识并接受孩子的这种成长过程。但是这并不是说家长可以允许孩子用脏话来表达想法，当孩子骂人、说脏话的时候，家长要告诉他如何正确地表达自己的思想。

在孩子两岁半左右的时候，孩子的自我意识开始萌芽。这时候，孩子忽然惊奇地发现：语言能让人发脾气，能让人伤心落泪……正是因为这个原因，孩子开始快乐地试验语言的力量。其中骂人、说脏话也是他们体验语言力量的一种方式。

由于家长对这些骂人的话和脏话非常敏感，当孩子使用这些语言时，家长或者会强行制止孩子，或者会对孩子大发雷霆。家长的这种表现反而让孩子更加深刻地感受到了语言的力量，体会到了语言所带来的快乐，所以他们就更加喜欢使用这些语言。

那么，面对孩子这些骂人或诅咒的语言，家长应该如何科学地对待呢？

一天早上，郑丽正在给3岁的女儿穿衣服，女儿忽然来了一句：“臭妈妈，你真坏！你弄痛我了！”郑丽也是心头一惊，但是脸上没有表现出来，反而平静地对孩子说：“衣服穿好了，快去洗漱吧！”女儿脸上露出有些惊奇的表情，但她不甘心，不停地喊着：“臭妈妈、坏妈妈……”郑丽假装没有听到，仍然忙着手里的家务。最后，女儿终于沉不住气了，她一边摇妈妈的胳膊，一边对妈妈说:“妈妈，我在说‘臭妈妈’！”

郑丽依然一脸平静:“是，妈妈听到了。乖女儿，我们该吃早餐了吗，去吃饭吧！”

女儿有些奇怪地结束了这个无趣的游戏。

之后的一段时间里，女儿开始全面地运用这种语言，叫奶奶叫“老臭奶奶”，叫爷爷“臭老头”，有时候还会专门跑到有些严肃的爸爸面前喊道:“臭爸爸！笨爸爸！”

但是全家人都对此没有反应，依然该怎么对待孩子还是怎么对待孩子。原来，郑丽已经偷偷跟全家打过招呼了：不管孩子运用多么“恶毒”的语言，我们都不做出任何反应。

没过几天，女儿终于彻底放弃了这个无聊的游戏。

孩子第一次说脏话的时候，大部分情况不是为了表达生气的情绪，而是淘气。

他只是发现语言具有力量之后，一边试验语言的力量，一边与身边的人玩激怒你的游戏。但是如果家长对孩子的游戏不做反应，孩子很快就会主动放弃这个没意思的游戏。

对待 2 ~ 6 岁这一年龄段孩子的骂人行为，家长们没有必要对孩子发怒或者急于纠正孩子的行为，而是应该对孩子的这些语言不做任何反应。但是如果孩子长大后并且已经明白骂人的目的之后还出现这种情况的话，妈妈就应该用非常严肃的语气指出孩子这样做是不对的，并且让他不再重犯。

我的孩子是个“破坏王”

在刘老师的心理咨询室里，坐着小亮母子俩。

小亮是一个聪明伶俐，又很调皮的小家伙，讲起话来手舞足蹈，有意思极了。小家伙在咨询室里一点儿都不害怕，反而做出各种各样奇怪的表情，惹得刘老师哈哈大笑。

看着小亮的“表演”，妈妈觉得又好气又好笑，她问道:“刘老师，我这孩子是不是有多动症？您看他这样子，没有一刻能安静下来。我们家里的东西几乎被他拆了个遍，现在弄得家里垃圾一大堆，简直就成了废品收购站。刚开始的时候，他只是拆拆闹钟等小东西，因为都是小东西，我们也没在意，心想坏了再换一个就是了。后来，这孩子就变成了见什么拆什么，前几天把我的电脑主机给拆了，还把一些主要零件也弄坏了，害我花了2000 多块钱才修好。为此我狠狠地揍了他一顿，原以为他会改好，可是安分了几天他又开始折腾了。我们这工薪家庭哪经得起他这么折腾啊。”听完妈妈的诉说后，刘老师给小亮做了检查，排除了小亮有多动症的可能。那么小亮为什么这么爱搞破坏呢？

有很多孩子像小亮一样，非常喜欢把家里的闹钟、收音机、电视等拆开，看看这些东西为什么能工作，会发出声音；有一些孩子的破坏行为则表现为经常扔他人的玩具和文具；还有一些孩子喜欢在墙壁上乱涂乱画、摔东西等。这一切在妈妈们眼中都是搞破坏的行为，但是这些行为其实是有很多类型的，妈妈应该细心地去观察，不能粗暴简单地采取打骂形式来应对孩子的破坏行为。

像小亮那样看到闹钟能走、收音机会唱歌、电视机能显示画面等新鲜的东西就想知道原理的孩子，其实是强大的求知欲在吸引着他“搞破坏”，他们对这些现象往往十分好奇，想了解其中的究竟。这些孩子中可能有些愿意与妈妈共同探讨，有些孩子则愿意自己动手去弄明白。如果父母总是没有时间和孩子一起来探讨这些东西，或者指导孩子去拆卸，那么这些孩子的行为在许多妈妈眼里就变成了具有极端破坏力的行为。

而那些喜欢拿别人的物品撒气的孩子，有可能是因为遭到了别人的欺负或者讥笑，但是又没有人帮助他正确地处理，他内心想反抗，又不敢付诸行动，于是只能把怒气指向别人的物品，通过破坏这些物品来发泄自己心中的不满。

还有一些家庭中，孩子没有得到妈妈足够的关爱，没有感受到家庭的温暖。在这种情况下，孩子就有可能通过破坏物品来发泄心中的怒气，同时期望以此引起妈妈的注意。

还有一些是在溺爱的家庭中长大的孩子，长期为所欲为，也有可能会产生摔门、摔椅子、撕衣服等破坏性行为。

当发现孩子出现破坏性行为时，很多妈妈的反应首先是愤怒，然后不分青红皂白地对孩子一顿打骂。对孩子的这些行为，妈妈首先要做的应该是耐心地与孩子交流，找出孩子出现破坏行为的深层原因。

如果孩子的破坏性行为是出于好奇，妈妈就不应该责备孩子，以免抹杀孩子的学习兴趣。这时候，妈妈可以跟孩子立一个规定，对于一些比较便宜的物品，妈妈可以提供参考书，让孩子单独进行探索；对于一些较为昂贵的物品，比如电脑、电视等，妈妈可以抽出时间与孩子进行共同研究。让孩子能够在成人的指导下进行研究，这不仅能减少物品的损坏情况，还能更好地满足孩子的好奇心，增强孩子的兴趣，而且也可以让孩子学会适当约束自己的行为。对于那些通过破坏来报复、发泄内心不满的孩子，妈妈可以与孩子共同商讨解决问题的可行途径，使孩子明白破坏他人物品的报复行为并不是解决问题的有效办法，从而学会采用更恰当的方式来解决问题，既不破坏自己与同伴的关系，同时也能够很好地表达自己内心的愿望。

有些长期被溺爱的孩子一旦父母没有满足他的要求，他就会赌气，故意损坏东西，以此来要挟大人，发泄对父母的不满。对于这种故意破坏物品的行为，家长绝对不要姑息迁就，既要严厉批评，也要让孩子为自己破坏物品的行为负责。比如故意摔坏玩具，就至少在半年内不买新玩具；砸坏了碗碟，告诉孩子两周内不能吃他最爱吃的冷饮，省下的钱用来买新的碗碟。这样的孩子受到惩罚后，就会在脑海里留下深刻印象，就不敢再由着性子发脾气了。

孩子为什么故意“考砸”

一位心理学专家曾经说过：“医生的孩子经常生病，老师的孩子不爱学习，是我在咨询过程中经常会遇到的案例。”

小枫是一个初三的学生，他学习很努力，在一般的随堂测验中总是表现出色，但是一到了大考试，像是期中、期末考试，他就总会考砸，几乎没有例外。

小枫的父母都是教师，他们想尽了各种办法，但就是无法帮孩子提升大考时的心理素质，无奈之下，妈妈带着儿子来看心理医生。

母子俩见到心理医生后，妈妈先发了一通感慨："我是优秀教师，在全市都很有口碑，我教出了那么多优秀的学生，但就是教不好自己的孩子，我觉得自己很丢脸。"说完这番话，她用"恨铁不成钢"的眼神看着小枫。小枫把头垂得很低，不肯看妈妈的眼神，也不和心理医生对视。

听完妈妈的话后，心理医生请她离开咨询室，留下小枫做心理咨询。在妈妈离开的一瞬间，小枫把头抬起了一点，而且脸上的那种羞愧马上就消失了，取而代之的是一种倔强的神情。

心理医生一下子看出小枫那倔强的表情下面隐藏的是对妈妈的不满。小枫说在家里感到很压抑，爸爸妈妈总是太在乎他的成绩。每次大考结束后，拿到成绩单，发现成绩不怎么样时，他的心里一开始总是闪过一丝快感，然后才会觉得又考砸了，又让爸爸妈妈失望了。

听小枫这么说，心理医生顿时明白了，实际上小枫内心深处其实是想考取好成绩的，这种一闪而过的快感才是问题的根本原因。

心理医生对小枫的妈妈说最好别再盯着小枫的学习，放手一段时间。小枫的妈妈犹豫了很久，但还是答应试一试。结果中考结束后，小枫以优异的成绩考入了市重点高中。

案例中小枫在大考中成绩不佳的原因是他对父母教育方式不满的表达，他的潜意识中存在着这样一种心理：你们最在乎这个，那我就偏偏不给你这个。但是你们不能怪我，我努力了，肯定是你们教我的方式有问题。其实很多青少年也存在和小枫一样的心理，只不过是没有意识到而已。他们只是隐隐约约地在拿到糟糕的考试成绩后闪过一丝快感，或故意做错一件事，因为“捣乱”被批评后反而会得到一种满足。

其实这些都是典型的“被动攻击心理”。这种心理就是用消极的、恶劣的、隐蔽的方式发泄自己的不满情绪，以此来“攻击”令他不满意的人或事。在孩子当中，最常见的表达方式就是有意无意地做错一些事情，惹得父母特别生气。结果，父母对孩子进行一番攻击。看上去是父母攻击了孩子，实际上是孩子在内心深处故意惹父母生气。

这种心理其实很不健康。当事人不能用恰当的、有益的方式表达自己的不满。

尽管他们知道应该与人沟通，寻找解决办法，但是却极不愿意去做。更不愿大大方方地表达出来。而是采取只有他自己才清楚的、将事情越弄越糟的“宣泄”方式来使自己的心理获得某种平衡。这种不健康的心理行为如不及时纠正，必将严重化。当孩子进入社会时，他会把最初只针对父母的被动攻击心理演变为比较恶劣的人格心理。

一般出现“被动攻击”情况的孩子，他们的父母都会有以下三个共同点：第一，对孩子的期望很高；第二，对孩子的控制欲望非常强烈，生怕孩子遇到任何挫折，于是希望尽可能完美地安排孩子的一切；第三，不允许孩子表达对父母的不满，他们认为孩子最好的优点就是“听话”。

这三个特点结合在一起，会让孩子感到窒息，并对父母产生深深的不满。要改善这一点，最好的方式就是“适当放手”，即父母给孩子制定一个基本的底线——认真生活不做坏事，然后让孩子去选择自己的人生，只在非常必要的时候才去帮助孩子。

而且，父母还要注意自己家庭中的沟通氛围，要保证孩子在家里可以直接对父母表达情绪和不满。因为如果孩子心中产生了不满，却又被禁止表达，那么他们就会采用这种“被动攻击”的方式表达出来。

因此，要消除孩子故意“考砸”和“捣蛋”的行为，最好的办法是做个理解孩子的父母，尊重他们的思想，让他们为自己做主，允许他们有自己的秘密，给予他们充分自由独立的空间。

孩子犯了错误总是辩解怎么办

田女士是一个讲民主、尊重孩子的妈妈，一般不会强迫女儿做什么事情，女儿也因此思维活跃、能言善辩，不过现在田女士却面临着一个困惑：女儿越来越喜欢狡辩，无论做什么事总有自己的理由，不愿意听取父母的建议。比如，孩子见到田女士的好朋友从来不叫阿姨，田女士告诉她这样不礼貌之后，她还是不叫，而且还列举了各种理由：我不喜欢叫；我不喜欢这个阿姨；我当时想睡觉等。几乎所有的问题，只要她不想做，都有很多理由。田女士不禁为孩子的表现担心起来。

在一个民主自由、喜欢讲道理的家庭中，孩子比较容易养成能言善辩、自作主张的行为习惯，相应地，也容易变得不愿意听取别人意见，喜欢一意孤行。好的教育应该让孩子既有主见，又能听取别人的合理意见，并对自己的行为做出调整。这样的孩子对自己和他人的意见具有较强的分辨能力，不至于演变成顽固地坚持自己想法的人。

讲道理是值得提倡的教育方法，但是为什么很多父母感到给孩子讲道理没有用呢？

对于孩子来说，尤其是12岁以下的孩子，他们的心理发展特点是以形象思维为主，还很难理解许多抽象的名词概念，因此这时候对孩子的教育应该以行为训练为主，最好不要用讲大道理的方式进行。比如当孩子不喜欢叫“阿姨”的时候，不必讲很多为什么不叫“阿姨”是错误的大道理，只要培养孩子礼貌待人的行为习惯就好。

另外家长还要反思自己是不是在某些时候对孩子的狡辩表示了赞赏的态度。比如有时候，孩子“狡辩”之后，家长会说：“你这小嘴还挺能说！”“你还挺有主意！”还有的家长会用假装生气的态度对孩子说：“不许狡辩！”但是内心却存在对孩子的欣赏。这种潜在的欣赏比直接的表扬更让孩子有快感，于是他知道了：反驳父母的建议反而能获得父母的好感，所以不听取父母建议的习惯就这样形成了。

此外，父母还要注意的一种情况是，虽然在大多数情况下，父母的要求和做法都是正确的，但还是不能忽略孩子的态度和意见。现在是个多元化的时代，教育的难度增大了。但是我国多年形成的文化中，总是希望孩子听话。可是如今的孩子有了自己的思想，对家长不再言听计从，有时候甚至还会对着干。面对这种情况，家长应该与时俱进，转变观念，和孩子一起成长。时代进步了，不能把自己看不惯的事物通通当成“大逆不道”。

要对孩子进行正确的引导，学习与孩子沟通的技巧，建立良好的关系，而不是单纯地责怪和打骂。

父母应该常常鼓励孩子说出自己的想法，不要以“小孩子不懂什么”为理由剥夺孩子表达自己的权利。如果孩子长时间得不到尊重，就会变得不自信，失去应有的创造力；或者会变得非常叛逆，无论什么事情都要进行狡辩，与父母关系恶化。父母在给孩子提出建议时，应该为他留下一定的自由选择空间，让孩子感到配合父母的建议是快乐的、身心愉悦的，这样的话他合作的积极性就会提高。

孩子遇到困难只会哭鼻子怎么办

常听到家长说，孩子一遇到困难就哭，比如玩积木、拧瓶盖什么的，只要是弄不好，就会大发脾气，开始大哭。

两岁多的欣欣在玩新买的积木，这种拼插的塑料积木是她第一次玩，由于拼插的接口不一，需要仔细观察找准相对应的接口才能拼插好，这对她而言是一次新的挑战。玩了一会儿后，欣欣碰到困难了——两块积木怎么也插不进去！欣欣小脸憋得通红，用尽全身之力再试一次，还是不行！她气急败坏地把玩具往地上一扔，大哭起来，“这个玩具不好，拼不进去，我要扔掉它们！”

很多孩子遇到困难也像欣欣这样，喜欢哭或者发脾气，比如扣子总是扣不上、玩具总也插不进、剪纸老是剪不好，碰到这样的挫折时，烦躁得不得了。孩子为什么一遇挫就哭呢？

这是因为孩子年龄小，各项能力还不足，某些事情大人能轻而易举地完成，对于孩子却无比艰难。这时，大人要做的是安慰他，告诉他做不好是因为他还是个小孩子，力气不够，手还不够灵巧，等他多多练习就会做好的。孩子慢慢会明白他做不到不是因为自己不够好，只要多多练习和时间够长的话，他最终能成功。

每个父母都希望自己的孩子能够独自面对社会的压力，越能抗压，说明孩子越强大。

其实，锻炼孩子的抗压能力时，家长不必刻意制造挫折，只要利用生活中的挫折顺势而为即可。孩子在遇到挫折哭闹时，家长要充分信任孩子，相信孩子有抗挫折的能力。

孩子在克服困难后会产生成就感和自豪感，感觉到自己的“力量”，并激发下次面对挫折勇于挑战的信心。

但是，中国的父母，却非常乐意去干那些为孩子扫清前进障碍的活。其实，每个孩子遇到困难时，都有一种强烈的内心需求：想通过自己的力量去思考、探索、克服，哪怕这个过程历尽千辛万苦。所以孩子碰到成人在提供不必要的帮助时，他们会反抗会哭泣。但是如果成人长期给予孩子不必要的帮助，孩子就会依赖于成人的帮助，不去尝试、不去探索，更不去自己思考了，遇到困难直接找大人求助，自己不会解决。这种情形才是令人担忧的。

在孩子看来，不必要的帮助等于成人在对他说：你不行，我帮你。这样，他不会认为你在帮助他，他感觉到的是你的不信任和轻视。孩子只有通过自己一次次错误和失败的尝试而解决问题后，才能得到自豪感和成就感，从而建立自信。这比成人对他说“你真棒”要有用很多。

有些成人意识到了不必要帮助的弊端，但是有时候克制不住帮助孩子的冲动，尤其是看到孩子做某些事情完成得很糟糕或是让我们胆战心惊的时候，就会情不自禁地对孩子施以援手。比如当孩子笨拙地提起裤子，裤子没有整理好的时候，妈妈会情不自禁地想帮孩子把裤子整理好；又比如孩子颤颤巍巍跨小水沟，似乎又跨不过去的时候，家长忍不住一把把孩子提起来，帮他跨过去。这样其实破坏了孩子独立完成一件事情的完整性，给孩子传递的信息是：孩子什么都不会做，什么都做不到，要在大人的帮助下才会成功。

所以，家长要尊重孩子所做的努力，尊重孩子的劳动成果，哪怕这个结果不太完美，甚至有些糟糕。在当今世界，事业的成败、人生的成就，不仅取决于人的智商、情商，也在一定程度上取决于人的抗挫折能力。不仅是成功，幸福的人生一样要有较强的抗挫折能力，这样在任何挫折面前才能泰然处之，永远乐观。

孩子任性其实是一种心理需求

生活中，经常见到一些孩子特别任性，为达到某种目的哭闹不止，把家长搞得精疲力竭。

4 岁的明明看到邻居小弟弟的电动小汽车与自己的不太一样，他急于探究这种区别存在的原因，于是明明可能会在夜里无休止地哭闹着，任性地坚持要妈妈给自己买一辆一模一样的小车来延续自己的探索活动。

一个3岁的孩子正兴高采烈地玩气球，妈妈不小心给碰破了，孩子会顿足大哭，怎么哄都哭闹不止。

人们往往把这种任性归咎于家长对孩子的娇惯，其实这种结论过于简单和武断。

美国儿童心理学家威廉·科克的研究表明，孩子任性是一种心理需求的表现，与父母的娇惯没有必然的联系。他指出，幼儿随生理发育，开始逐渐接触更多的事物，但对这些事物的正确与否，他们却不能像成人那样做出准确和全面的判断。孩子只会凭着自己的情绪与兴趣来参与，尽管有些参与行为会对他们不利。

独立性萌芽期的幼儿，对一切事情都想亲力亲为、弄个透彻。这原本是好事，但是，孩子肯定有他的幼稚性和不成熟性，不可能像成人一样理性。因此，孩子的这种“亲力亲为”的心理行为，往往会不合情理地表现出来，这就导致了我们所说的任性。家长有时需要进行换位思考，从孩子的角度看待他们的行为表现，对其要求不可包办代替或断然拒绝。而要根据当时的实际情况采取不同的措施区别对待，毕竟孩子任性有时也是一种心理需求，应该得到尊重。

但是，绝大多数家长是以成人的思维更多更全面地考虑结果，却往往忽略了孩子的情绪和兴趣。实际上，这些兴趣与要求也正是孩子心理需求的一种表现形式。这些事情表面看起来是孩子太任性，在无理取闹，其实真正的原因是孩子的好奇的心理需求没有得到满足。当这种心理需求得不到安抚和满足时，孩子只能以哭来表示抗议。

随着孩子的成长发育，他们越来越多地接触更多的事物，这些事物带给宝贝很多意想不到的困惑，为了解开自己心头的疑问，宝贝总希望通过自己的方式来解决问题。如果明明哭闹的时候，妈妈能够问明原因并理解他的这种心理需求，并及时表扬明明爱动脑筋，再讲清楚当时的情形下为什么无法满足他的要求，大概孩子就不会哭闹了。

另外，3 岁的孩子正兴高采烈玩的气球，被妈妈不小心给碰破了，孩子便哭闹不止。

妈妈会认为孩子任性，无理取闹。如果妈妈当时可以从孩子心理的角度去分析，便会明白这是因为孩子已经把这个彩色气球拟人化，把它当作自己的玩伴，气球破了，“玩伴死了”，自然会使他伤心欲绝。婴幼儿的这种心理得不到理解和安抚时，无奈中只得以哭闹来抗议。

总之，面对任性哭闹的小儿，对其进行严厉的批评毫无意义，父母应该把重点放在分辨孩子的哭闹原因上，再想些帮助他的办法。否则，孩子的任性就会越来越严重，这实质上是一种与家长对抗的逆反心理，多因家长初始没有理解和重视他们的心理需求所致。所以，年轻的家长应该多了解孩子的心理，从而理解和接受孩子的心理需求。

如何巧妙应对孩子的“十万个为什么”

孩子总是有着无比强烈的好奇心，他们从不管自己问的问题是不是可笑，也不会去想爸爸妈妈能不能回答自己的这些问题。尤其是当孩子到了快要入学的年纪时，他们会变成一个“十万个为什么”。他们见到什么问什么，想到什么问什么。“为什么有的豆子是青色的，有的却是黄色的？”“为什么妈妈穿裙子，爸爸从来不穿？”“天为什么是蓝的？”“月亮为什么不会掉下来？”“我们为什么会有5个手指？”“我是怎么来的？”……

如果妈妈对孩子的问题能够认真、充分地解答，孩子会感到被尊重，好奇心也得到发展。所以，妈妈应该保护好孩子的好奇心，认真回答孩子的每个问题。如果当时实在没有时间和精力去解决孩子的问题，也要记住在自己空闲的时候，给孩子解答。有时候，孩子问的问题可能自己也解决不了，或者给孩子解释不清，那么应该告诉他，这些是自己不能解答的，或者告诉孩子等到他长到一定的年龄，才能听懂这些东西。

但是，实际生活中，当孩子们不断地问“为什么”时，妈妈一般都会不胜其烦，就算有耐心的妈妈，也未必有能力一一解答孩子的问题。

所以，在问问题的时候，孩子们常会“碰壁”：“小孩子，不懂的不要乱问！”“不是告诉你了吗？你怎么这么事多？”“你怎么这么多事？我也不知道！”……于是，这个小家伙伤心地走了，他这才知道原来问问题需要一些条件，原来问问题是错误，原来大人也有不知道的时候……于是，很多小孩子都乖乖地闭上了嘴巴，看到一些新鲜的事情，也不会马上就大喊“妈妈，那是什么？”所以，我们会发现，孩子越长大，问题也就越少了，家长也不必费尽口舌地告诉他，这是什么，干什么用的，为什么会出现这样的现象。

总之，解脱了！

可惜的是，孩子天生的好奇心在问题消失的时候，也随之慢慢消失了。这是一个失败教育的开始。随着好奇心的泯灭，孩子就不再去主动认识世界，自然而然地，孩子认识世界的能力也降低了。同时，他们也很少再有主动获得知识的快感。随之而来的，他也就失去了本身应该具有的独创性，而这才是他们人生中重要的东西。一个人没有了好奇心，没有了独创性，也就没有了主动认识问题、解决问题的能力。

其实，妈妈回避孩子不断问问题的心理虽然可以理解，但是不能提倡。妈妈在孩子心中的威严并不完全建立在“博闻多识”这一条上，对事情的态度、对孩子的信任和尊重、在工作上取得的成绩、夫妻之间的评价都会影响到孩子对妈妈的认识。如果妈妈在平时的生活中很积极，面对家庭的困难也毫不气馁，对爸爸和孩子都呵护备至，常常得到邻居的称赞，那她在孩子心目中就会有很好的形象，即便遇到问题不会回答，孩子也不会因此改变对妈妈的崇拜。

另外，承认错误是一种勇气，承认自己的无知更需要勇气。当妈妈在孩子面前真实地说出自己也不知道的时候，孩子与你的距离会更近。当然，承认自己不知道还只是回答问题的第一步，如果只说一句“我也不知道”就走人了事，会让孩子感到失望。怎么办呢？当孩子的提问兴致在没有回答的情况下大减时，妈妈不妨说：“虽然我现在不知道答案，但是我知道在哪里可以找到答案。让我们去图书馆寻求神秘的答案吧！”听到妈妈的这番话，孩子会马上兴奋起来，想去图书馆探个究竟。

不要因为怕自己丢面子，怕在孩子面前没有权威，随便编个答案告诉他。这对孩子没有任何好处。在他没有知道事情真相之前，会把你的答案当真理，告诉别的小朋友。

这样，带给他的很可能是嘲笑和讥讽，而在他知道真相之后，就会不相信你了。

独立解决问题的能力是拉开人与人之间的差距的重要指标，当孩子向你提出难以回答的问题时，不要回避或假装知道，尽管把真实的情况告诉他，让他学会独立解决问题，这样的他才能成长得更扎实、更健康。

孩子是在自残吗

孩子为了达到某种目的，有时会出现用头撞墙或地板，打自己耳光等伤害自己身体的行为。妈妈说一句“不行”，孩子就能哭得背过气去。

这是因为，孩子周岁后开始明白“不行”这句话的意思了。于是，当自己的要求得不到满足时，他们会用头撞墙、扔东西来表示心中的不满。但是，这和大人们认为的带有明显目的性的自残行为不一样，这不过是无法自如地控制情绪的一种表现。

就像有断奶期一样，在情绪发育的过程中，孩子也有一个表现厌恶和负面情绪的阶段，这是孩子发育过程中的自然现象。虽然存在个体差异，但 1 岁半前的孩子不可能完全掌握调节冲动的能力，还处于熟悉和学习的阶段。因此，周岁前的孩子只会用过激行为表现与愤怒相关的情绪，对于这种现象，父母要给予理解。

孩子心里生气，却不知道该如何表达，所以才会打自己或是用头撞墙。这里并没有“这样做，妈妈就会注意我”的意思，因此只要妈妈注意安抚孩子的情绪，孩子一会儿工夫就会好转，仿佛什么都没有发生过一样。

从大脑的发育过程看，故意让妈妈发火或目的性的“自残”行为多发生在孩子 36 个月以后。36 个月后的孩子再出现打自己或撞墙等行为，才可能是有意的。但这种情况下，仍然应该先了解上述行为发生的原因，并从根本上解决问题，不分青红皂白就批评孩子是错误的。这种情况下，妈妈应该采取如下解决措施：

（1）不要吓唬孩子，注意安抚情绪：对于孩子缺乏自控而出现的行为，不要吓唬孩子，而是尽可能去安抚他的情绪。过于严厉的训斥只会让情况继续恶化。比如，如果孩子有故意用头撞墙的习惯，可以在房间里事先铺好垫子，反复撞了几次后，他们就没兴趣了。

（2）引导孩子自己收拾残局：这种方式可以告诉孩子，他们的行为会带来怎样的后果，必须对自己造成的后果负责。孩子正处于自我意识的形成阶段，会对自己的行为感到自责。在收拾残局的时候，孩子可以减轻这种自责，也有利于孩子自我意识的开发。

（3）不要被孩子的情绪影响：孩子发生过激行为的时候，妈妈千万不能被孩子的情绪影响。妈妈乱发脾气，只会进一步刺激孩子，导致更加极端行为的发生。

因此，妈妈需要做出理性的判断，耐心对待。这时候，不妨深吸一口气，静静等待孩子平复紧张的情绪。一般情况下，用不了 10 分钟，不用大人劝，孩子就会安静下来的。这时候再对他说："这样发脾气可不好呀！"可能效果会更好。即使孩子听不懂妈妈的话，他们也会知道自己的做法是解决不了问题的。而且，他们会明白妈妈不会理睬这样的行为，做了也没用，只是使自己更不高兴而已。慢慢地，他们就会改变做法。有时候，为了观察自己不在时孩子的行为，或者希望孩子自己恢复平静，妈妈甚至会故意躲起来。其实，诱发孩子自残的一个重要因素就是孩子离开父母后的不安全感，所以这样做只会刺激孩子，是绝对错误的。

总之，即使孩子还听不懂很多话，妈妈也要让他明白他的行为是错误的。周岁前后的孩子还不能完全听懂妈妈的话，但是通过妈妈的表情或者动作能够明白什么该做什么不该做。如果耐心地给孩子讲道理，孩子也会意识到自己做错了事。妈妈讲完道理后，要一如既往地抱抱孩子，让孩子知道虽然他做错了，但是妈妈能够理解他的行为，而妈妈对他的爱是永远不会改变的。

喜欢爬楼梯的孩子

在走的敏感期中还有一个特殊的时期，就是孩子对攀爬楼梯的敏感期，这一敏感期一般在两岁之前出现。在这个敏感期中，孩子开始喜欢在楼梯爬上爬下，他们先用手判断上下楼梯之间的空间距离，然后试着用脚来判断。因为成年人总是会担心孩子这样做会有危险，并且觉得孩子用手触摸楼梯非常不卫生，所以常常阻止、破坏这一敏感期的正常发展活动，对于大多数孩子来说，这一敏感期往往会滞后到两岁半甚至3岁才出现。

两岁半的彤彤家住的是平房，所以她在两岁之前并没有走过楼梯，有时去商场也都是坐电梯，而且是由妈妈抱着的。彤彤的妈妈是名老师，在今年放暑假的时候就带着彤彤去小姨家住了一个多星期，小姨家的房子是两层的，每次上楼或者下楼都是要经过楼梯的。第一次走楼梯，彤彤显得有些胆小。

早晨起床后要到楼下吃饭，彤彤站在楼梯边上，一动不动地盯着楼梯看。妈妈走到她的身边，伸出手，彤彤赶紧把自己的小手放在妈妈的手里，然后跟着妈妈一起走了下去。之后彤彤爱上了爬楼梯，每天都反反复复地爬着玩。

当孩子把所有的注意力都放在一件事情上，并反复地重复这件事情时，我们就可以知道，孩子的敏感期到来了。在彤彤反复上下楼梯的时候，父母就应该知道彤彤走的敏感期中关于上下楼梯的敏感期到来了。大人走路或者上下楼梯都是有目的的，但孩子却是没有目的的，他们只是在练习，因此会不断重复地上下楼梯。著名教育家蒙台梭利说过，孩子走的敏感期是孩子的第二次诞生。从孩子出生开始，经历了抬头、坐起、爬的全部过程。在孩子第一次尝试着通过自己的努力而迈出第一步时，孩子的身体就开始走向独立了。

当然，孩子也不是一直在走，当孩子一旦学会了走路，那么孩子就不会想要自己走路了，他开始重新从母亲的怀中寻求温暖，于是他想尽一切办法让你抱着他。这个时候，孩子走的敏感期已经过去了。

第三章 孩子的语言行为有深意

孩子爱上了骂人、说粗话

很多孩子在刚刚开始学说话的时候并不懂得什么样的话是好的、礼貌的，什么样的话又是不好的、没有礼貌的。所以他们只要觉得好玩就会说。但是，随着孩子对父母或者其他人的话的模仿，孩子有时就会发现，有些话说出来能让人产生很强烈的情绪变化。

比如，他会模仿妈妈对别的孩子说“小调皮”，然后就会发现大人对他这句话特别注意，有时还会哈哈大笑，他就会觉得很有意思；或者他模仿妈妈的话对别的小朋友说“我揍死你”时，小朋友就会哭着跑开，而家长就会生气，会教训他，这让他体会到了说这样的话的力量，然后孩子就会“迷恋”上说这样的话。

当然，孩子对它的使用是随心所欲的，他们并没有什么坏的想法。父母如果了解孩子的这种心理，就不会对孩子的这种行为过分担心了。

峰峰已经有两岁半了，妈妈总是觉得峰峰特别调皮，除了睡觉，几乎没有安静下来的时候，但爱玩是孩子的天性，因此并没有刻意阻止他。但是，最近几天，妈妈觉得峰峰有些过分了，因为他好像喜欢上了骂人。

晚饭后，峰峰想要去广场玩，可是妈妈还有很多家务要做，就对峰峰说让爸爸陪他去，可是峰峰坚持让妈妈去，看到妈妈不去，就噘着小嘴说："坏妈妈！"妈妈有点生气，就拉着脸说："你刚才说什么？"看到妈妈生气，峰峰没有害怕，反而说得更多了，什么"臭妈妈""笨妈妈"的都出来了。妈妈扬起手来假装要打他，峰峰就边跑边对着妈妈做鬼脸，还是说着那样的话。每次都是这样，只要妈妈越说他，他就会说得越起劲。

不只是对妈妈会这样，妈妈下午下班回来后，邻居经常会跟妈妈告状，说峰峰今天又怎么骂人了，有时是骂别的小朋友，有时连大人也会骂。晚上妈妈就会教育峰峰不要再骂人了，可是峰峰总是嬉皮笑脸的，转过头去就忘了，还是照样。这让妈妈一时间头疼不已。

其实，这是孩子在语言敏感期中经常会出现的状况，大多数孩子都会经历这样的一个时期。当孩子说出这种似乎很伤人的话时，对方往往会有比较强烈的情绪波动，爸爸妈妈可能会生气，要是其他的小孩子还可能会被吓哭。对于这样的结果，孩子非常乐意看到，因为这会让他们感觉到语言的力量，他们也会发现使用这样的语言，会引起更多人对他们的关注，甚至孩子还会因为得到更多人的关注而有自豪的感觉。

所以，爸爸妈妈也不要太过在意，而且，孩子不管是"骂人"，还是说了一些类似诅咒的话，孩子都并没有那样的本意，他们说那样的话，其实并不知道这句话的真正含义，只是觉得他们这样说，人们就会立刻有反应，他们就觉得十分好玩，十分新奇，于是，他们就不停地重复这种行为，仅此而已。这样的行为在几个月之后自然就会消失，只要度过了这样的敏感期，孩子就不会不停地说这样的话了。

当然，说脏话是不对的，如果父母不加以管教的话，也可能会让孩子形成说脏话的习惯，长大之后更加不好改。但是，父母也要讲究方式方法，采取有效的措施来制止孩子，帮助孩子健康成长。如果父母肯用一些简单的语言讲解，两岁的孩子已经可以理解一些浅显的道理，能分辨简单的是非曲直，所以，父母可以和孩子讲道理，当然一定要用孩子能够听得懂的语言，告诉孩子说脏话是一种不文明的行为，大家都不喜欢说脏话的孩子，这样孩子慢慢就会理解和接受的。

对悄悄话着迷的孩子

孩子在两岁左右的时候是他们运用语言的敏感期。一般在两岁的时候，孩子已经基本掌握了语言的发音，他们会慢慢发现很多不同的语言表达方式，并且可以尝试这些不同的表达方式，他们会对此感到新奇。在这样的心理作用下，孩子就会出现一个接一个的奇怪行为，这些都是有阶段性的，可能这两天孩子喜欢大声喊话，过两天又会迷恋上说悄悄话。对此，父母要了解孩子的心理，尽量配合孩子的行为，让他们得到心理的满足。

讲悄悄话是两岁多的孩子探索语言魅力的一种形式。他们可能会突然神秘地趴在妈妈的耳边说一些小秘密，而且一定会在说完之后，期待地问妈妈“听到了吗”。如果这个时候妈妈说没有听到，孩子就会再重复刚才的动作，直到妈妈说听到了为止。这时，妈妈就要理解孩子的这种心理，尽量满足他们，配合他们，和孩子一起感受两个人建立秘密空间的神秘感。

小雪才刚刚两岁多，但是在大人眼中却是一个机灵鬼，人小鬼大，主意多。最近，小雪又有了一个新的爱好，就是说悄悄话。她经常站在妈妈面前说："妈妈，你过来，我跟你说……"但是却并不大声说出来，非要让妈妈弯下腰，她凑在妈妈的耳朵前，举起小手半捂着嘴说，说话的声音也总是非常小，说完了再变回正常的音量，问妈妈听见了吗。如果妈妈摇摇头表示没有听到，小雪就会不厌其烦地再说一次悄悄话。

说悄悄话有时会让孩子觉得十分自豪，他们着迷于这样的神秘感中，还会要求别人也一样小声说话，可能他们觉得这样具有一种不被别人知道的神秘感，可以引起他们的兴趣。如果这个时候，父母不能了解孩子在这个敏感期中的这种心理，就有可能对孩子的这种行为耐不住性子，让孩子大声说话，孩子便会失去诉说的乐趣，也就不会再说了。就像小雪一样，原本希望和妈妈说悄悄话的，但是妈妈因为听不到而让她大声说的时候，她就涨红了脸，不再说了。

因此，这个年龄段孩子的父母，一定要了解孩子这段时期的心理特点，试着用孩子喜欢的方式交流。这样才能与孩子好好沟通，同时可以提升孩子的语言能力，还可以满足孩子的心理需求。

当然，有的孩子说悄悄话是出于一种防备的心理，在众人面前或者是有陌生人在的时候不敢说话，于是就找可以信任的人来说悄悄话。对于这样的孩子，家长要有意识地锻炼孩子的说话能力，在一些公共场合，尽量鼓励孩子大声说话。

孩子有点口吃

任何事物的发展都是有规律的。虽然孩子在两岁的时候已经可以说出差不多20个词汇，并且可以进行基本的对话和交流，但是毕竟由于年龄小，心理发展极其不成熟，语言表达能力也处于流畅表达的初期，想说的话虽然可以表达出来，但是流畅程度却并不理想，有时还不能完全表达出来。这是因为孩子在这个年龄阶段，由于受到心理发展和大脑发育的限制，还不能迅速选择与自己的想法相匹配的词汇。

当然，面对这个年龄段的孩子的“口吃”，父母不必担心害怕，因为这个时候的“口吃”并不是真正意义上的口吃。真正的口吃是一种心理恐惧症。它并不是什么器官的功能性疾病，而是一种心理疾病。而孩子在语言发展初期表现的这种口吃，只是语言与思维的合理脱节。随着孩子的成长，当他们掌握的词汇量足以表达他们的思想的时候，当他们的心理逐渐发展，已经可以选择合适的词汇表现自己思维的时候，孩子“口吃”的现象就会消失。

毛毛虽然只有两岁，但是基本上什么都会说了，还经常和妈妈顶嘴呢。自己有什么想法，也会告诉妈妈。但是，毛毛只能说非常简单的句子，只要句子一长，毛毛就会不自觉地“口吃”起来，而且越是急于表达的时候，这种情况就会越严重。

有天下午妈妈在厨房做饭，毛毛从外面跑回家，着急地喊："妈妈，妈妈——"妈妈听到毛毛的声音有些着急，还以为出了什么事情，就赶紧从厨房出来，看到毛毛气喘吁吁的样子，连小脸都涨红了，就问他："怎么了，毛毛？"毛毛因为有些着急，也有些兴奋，他说："妈妈，我……我……告诉……你……你，那……那个……有个人……嗯，那……"

说了半天，毛毛也没说明白，妈妈还急着去做饭，就打断了毛毛，说："毛毛不要急，慢点告诉妈妈，有一个人怎么了？"可是毛毛可能要说的是刚才在外面遇到的事情，有些长，不知道该怎么表达，所以说起来还是口吃。妈妈看着这样的毛毛很是着急，就大声说："别结巴！好好说话！"

毛毛并没有觉得自己口吃了，也没有发觉自己说话慢，看到妈妈这样凶巴巴，就更加着急了，结果，什么也不敢说了。

显然毛毛的妈妈有些吓到孩子了，因为孩子并不会觉得自己是"口吃"，他只是在思索用什么样的词来表达自己的想法。所以面对这个年龄的孩子所出现的这种现象，父母一定要有耐心。孩子慢慢就会找到适合的词句，然后经过几次"口吃"之后就会把自己的意思表达出来，这个时候父母再根据听到的话慢慢重复一遍孩子想要表达的，然后再让孩子说一遍，这个时候孩子因为已经理清楚了，就可以比较顺畅地表达了。如果孩子不会表达或者表达的意思不对的时候，父母可以纠正孩子，告诉他们正确的词语，让孩子再重复一次。这样经过几次训练之后，孩子不会感觉到自己有“口吃”的毛病，心理上也不会受到伤害，词汇量还会不断增加。

孩子似乎有点“自私”

在孩子两岁多的时候，很多家长就会发现，当其他小朋友来家里玩耍的时候，自己的孩子不愿意和别人分享自己的玩具，也不愿意让别人看他的故事书，就算是自己平常不喜欢玩的玩具，只要别的小朋友拿起来，孩子就会立刻抢回来，坚决不允许别人动他的东西。自己的东西不让别人玩也就算了，当带着孩子去户外玩耍的时候，只要见到别的小朋友手里的玩具好玩，就会跑过去不由分说地抢过来，还振振有词地说：“我的！”然后强行占为己有，妈妈总是被孩子弄得十分难为情。

这就是孩子开始在心里构建一个自我，开始出现自我意识了，他们会逐渐把自己和周围的环境和人区分开。当然，这个年龄阶段的孩子心理发展极其不成熟，还不能清楚分辨什么是自己的，什么是别人的，所以有时就会抢夺其他小朋友的东西。

笑笑虽然是个刚刚3岁的孩子，但是却十分“自私”，妈妈拿她也是一点办法也没有，每天都给她讲道理，让她学会分享，但是一点效果也没有。

平常的时候笑笑也经常到邻居家玩，每次去都是玩小妹妹的玩具，有时对于喜欢的玩具还非要带走，妈妈每次都强迫她给小妹妹放下，如果想玩的话第二天可以继续来玩，但是不能带回自己家里。但是笑笑根本不听，非说玩具是“我的，我要拿回去”，妈妈觉得十分不好意思，邻居笑着说让她拿回去玩玩再送回来嘛，一听到这样的话，笑笑就开心地拿回家了。

但是如果小妹妹到笑笑家玩，笑笑有那么多玩具，却一个也不让小妹妹玩，人家拿一个，笑笑就抢过来，说：“这是我的。”就算是自己原本不想玩的玩具，这个时候也变得好玩了，统统要回来自己抱着。到最后小妹妹一个也没有拿到，就气呼呼地走了。等小妹妹走了，笑笑也就不玩玩具了。

有的孩子在这个年龄阶段已经开始上幼儿园了，但是即使是在幼儿园中，他们上学时所带的东西也坚决不允许别人碰一下，就连老师也不准拿他们的书包，就算是帮忙也不可以。有的孩子书包里的东西太多，自己又小，可能会背不动，但是他宁愿自己拖着书包走，也不愿意让老师帮忙背，就是因为这个书包是他的，他必须亲自拿着。当然自己带来的零食更是不愿意与别人分享了。在这个年龄阶段的孩子，什么都是“我的”，好像他们唯一的事情就是看着自己所有的东西，除此之外的任何事情都不重要了。

这些时候父母常常感到不解，甚至感到难堪，觉得没法改变和说服孩子，甚至习惯性地把孩子的这些行为解释为孩子自私的表现。如果这种现象再持续下去，家长就会说，我的孩子怎么越来越自私了，什么都不让别人动，动不动就说“这是我的，这是我的”。实际上这个时候孩子的表现跟自私是毫无关系的，我们一定要区分清楚自我和自私的关系。自私是指在利益上发生冲突时，我们选择了损害他人利益，而满足自己的利益，这种行为才叫作自私。那么自我呢？指的是一个人可以按照自己的意愿、情感、心理和意志的需要行使自己的计划、支配自己的行为。那么，孩子为什么会有这样的表现呢？

孩子在一出生的时候，是没有自我的，他和世界浑然一体，孩子的成长过程就是一个心理自我建构的过程。在这个心理建构的过程中，最初孩子是通过占有属于自我的东西来区分自己和他人的，当孩子占有了自己的东西，当这个东西完全属于他的时候，孩子才能够感觉到“我”的存在，这也是孩子的自我诞生的标志。

此时的父母应该满足孩子的这种心理需求，不要谴责孩子的行为，这样，我们就给了孩子一个构建自我的良好环境。

1 ~ 3 岁被心理学家埃里克森称为“自主与羞怯和怀疑的冲突”的阶段。在这个阶段，孩子会主动形成一种与外界的关联感，尝试着去认识自己的能力。他们渴望控制自己的心理需要和倾向，争着抢着要自己洗脸、洗手、穿衣服，喜欢按照自己的意愿去探索外面的世界。如果此阶段父母没有干涉孩子，让孩子去做想做的事情，孩子就获得了自主，就会觉得自己是独立的，很容易形成自信的人格。

孩子在 1 岁左右的时候，还处于认识自己身体的阶段，他们开始感知自己的身体不同于外界物体。到了两岁以后，孩子就可以到处跑了，他们的探索欲望更加强烈，心理成长也更快，迫切地想要展示自己的实力。到了这个时期，孩子就喜欢用“不”“我自己来”来反抗别人。到了 3 岁的时候，孩子的自我意识会更强烈，喜欢自己动手做事情。所以，对于这个时期的孩子，如果做的事情没有什么危险，完全可以让孩子自己去做，父母顶多教教孩子怎么正确操作。

朗朗马上就要3岁了，但是妈妈发现朗朗还不如小的时候听话了，现在越来越难管教了。吃饭前，妈妈说："朗朗，洗小手了！"朗朗把手往身后一背，说："不洗小手！"妈妈刚一转身，他抓起一个馒头就往嘴里塞。

这孩子从前挺有礼貌的，但是那天家里来客人的时候，妈妈让他打招呼，他嘴巴一闭就是不吭声。妈妈和客人聊天的时候，他又做出各种夸张的动作，妈妈让他不要做了，他噘着嘴说："不要。"搞得妈妈非常尴尬。

妈妈告诉朗朗不能碰插板、插座什么的，有危险。可是朗朗就喜欢在电源旁边抠抠摸摸，害得妈妈只得每次用完电器就拔掉电源，并把插座堵上。而且最近，不知道朗朗从哪里学来了一句口头禅，总是说："我不，我就不！"有时候还歪着脖子好像故意和妈妈叫板似的。妈妈气急了就忍不住打朗朗的小屁股，可是看着小人儿哭得厉害，妈妈就忍不住心疼了。

但是过不了多久，同样的事情还会再上演。妈妈说："每次孩子的脾气上来，都把我气得火冒三丈，忍不住动手打他。可是每次打完我既心疼又后悔。我真的一点儿办法都没有了！"

其实，上例中的妈妈要是懂得孩子的心理发展过程，知道孩子在3岁左右会进入一个什么样的阶段，会有什么样的表现，那么她的情况就会好多了。

在孩子3岁左右的时候，自我意识的进一步发展，使得他们开始抗拒和拒绝别人的行为，开始有意识地表达自己的意志，比如用说"不"来显示自己的强大。他们陶醉在自己发出"不"这个声音的快乐感觉里。不管是和父母、老师还是小朋友在一起，也不管自己到底喜欢不喜欢、愿意不愿意，他们都用“不”来回答。

孩子为什么热衷于说“不”呢？这跟孩子的心理发展阶段有关系。这一阶段的孩子自我意识迅速增强，在这之前，孩子的自我意识还不成熟，他们时常会把自己和周围的事物混为一体。随着语言和运动能力的发展，他们与周围环境的接触越来越多，自我意识也就逐渐形成了。于是他们开始学会表达自己的愿望和要求，他们希望自己拿主意，构建自己能够主宰的疆域。他们之所以会用“不”来反抗父母，无外乎是希望自己的行为得到父母的认同，希望自己对这个世界饶有兴致的探索不受到限制和干涉，让自己充分地发展自我。

所以当孩子开始频繁地说“不”来拒绝你的时候，不要把孩子的行为定性为“不知好歹”，更不要对孩子进行惩罚，而是把这个当作孩子长大的信号，给孩子做想做的事情的机会，不去触碰孩子的底线。这样做不但利于孩子自我意识的形成和发展，还有利于孩子各项能力的提高。

第四章
孩子叛逆行为背后的心理

喜欢和小朋友争抢玩具

孩子在两三岁的时候刚刚开始建立“我”的概念，此时，正处于自我意识萌芽的时期，这个阶段的孩子还不能将自己跟其他的事物完全区分开来，当然也不会站在别人的角度去思考问题。因此在孩子的眼中，只要是自己喜欢的，就可以成为“我的”，自己也就可以随便玩。因此，父母会发现此时的孩子经常会抢夺其他小朋友的玩具，自己的玩具不舍得给别人，但是别人的玩具只要喜欢就会去抢。

似乎大家都有这样的一种心理，就是别人的东西总是比自己的好，孩子也是一样，越不是自己的东西，对他们的吸引力就会越大。有的时候同样的玩具在自己家里根本不会玩，但是看到别的小朋友玩得开心，他就会觉得这个东西非常好玩，就想要这个玩具。如果父母把自己家里的同样的玩具拿出来，孩子并不喜欢，只是喜欢别人手中的那一个。

池池已经两岁零8个月了，但是最近池池有一个行为让妈妈十分生气，就是看到其他小朋友手里拿着什么好玩的玩具或者自己没有见过的新鲜玩意，就会一声不响地抢过来，抱在自己的怀里，有时玩完会再还给人家，但是如果自己没有玩够的话就会直接拿回家。

有一次妈妈带着池池在楼下玩，池池拿着玩具挖掘机在挖绿化带中的土。正好有一个小男孩也在那里玩，小男孩手里拿着几个小汽车在玩。刚开始的时候，池池只是蹲在路边，拿着自己的挖掘机看那个小男孩玩，但是可能觉得小汽车很好玩，看着看着就走到男孩的身边，伸手拿过一辆小汽车就自顾自地玩起来。那个小男孩一看自己的玩具被人抢走了，就哇哇哭起来。妈妈听到哭声就过来要求池池把玩具还给人家，可是池池把小汽车抱在自己的怀里，死活不肯松手。

最近池池经常这样，有时干脆把别人的玩具直接拿回家，家里现在还有好几件别人的玩具呢。妈妈打也打了，骂也骂了，实在不知道该怎么教育这个霸道的孩子。

当然，从上面的例子中，我们也可以看到，虽然孩子在这个年龄的时候还有很多的道理并不懂，有些行为也是因为到了这样的一个自我意识的敏感期才会产生，但是这样的抢夺行为，对孩子并没有好的影响。如果父母放任不管的话，长此以往孩子就会真的形成了霸道、任性的性格，对孩子心理的健康成长是十分不利的。因此，对于孩子的这种行为，父母首先要抱着理解的态度，不能责怪孩子，或者处罚孩子。但是，也不能任其发展。

其实，孩子的这种任性的、霸道的行为并不是不能教育的。在孩子强行抢走别人玩具的时候，父母要及时介入，告诉孩子：这个是别人的玩具，你可以玩，但是必须征得别人的同意。经过劝说，孩子可能就会懂事地去问别人的意见。当然，有的孩子比较执拗一点，可能并不会听从父母的建议，执意去抢夺，这个时候父母可以为孩子提供一个好的方法，比如拿自己的玩具和别人交换着玩，给孩子树立一个交换的意识。

对插孔情有独钟

在儿童心理学家蒙台梭利看来，有两样东西与人的智慧密切相关，那就是舌头和手。当孩子能够自由地使用自己的手时，手就成了他展示智慧的工具。

孩子用手去抓东西、扔东西等，那就是孩子在用手探索。随着孩子的成长，他就会用手去插孔，像插吸管、钥匙、瓶塞等，而且会反反复复地去做这个动作。实际上，孩子用手去插孔来探索空间也是在提升他的动作能力，锻炼他的手与眼睛的协调能力，同时也锻炼了手部的肌肉，增强了他的专注力。

在空间敏感期时，孩子出现插孔等行为是十分正常的，这表明孩子的手有足够的灵活性。

刚刚3岁的齐齐每天都会有很多玩具，而且这些玩具还在不断地变多，妈妈并没有给齐齐新买玩具，这些玩具都是齐齐自己搜集的。原来是夏天到了，很多人都会喝饮料，街上也有很多别人扔掉的饮料瓶子、奶盒子之类的东西，齐齐都会搜集起来带回家，然后就会玩很长时间。你可能会问，这样的东西有什么好玩的呢？但是对于齐齐来说，这些东西却比妈妈买的玩具小汽车还要好玩，他每天都会不厌其烦地把吸管插到饮料盒的插孔里，然后再拿出来，再插进去，就这样他可以安静地玩上一个小时。

有些饮料盒子的插孔非常小，齐齐的小手无论如何都对不准那个小孔。但是齐齐也不生气，就一直努力去尝试。后来经过不懈努力，他好不容易才把吸管插了进去，齐齐自己还长长地呼了一口气，就好像刚才一直是屏住呼吸的一样。

现在齐齐已经很容易就能把吸管插到饮料盒的插孔里了。尽管如此，齐齐还是对这件事情非常感兴趣，每次到街上，只要看到饮料盒子就会带回家。有时也会带回一些盖着盖子的饮料瓶子，齐齐就会把盖子都拧下来，然后自己再盖上去，拧下来的时候容易，但是往上盖的时候却常常出现差池，这个时候，齐齐又会发扬他不放弃的优点，一点点地摸索，直到最后成功盖上并拧紧。

很多家长看到孩子无缘无故地到处插孔时，就会感觉孩子是在捣乱，有时会不耐烦地呵斥孩子。这些父母显然是不了解孩子在这一敏感期的心理，只是想把孩子培养成一个听话的、循规蹈矩的孩子，于是才会想方设法地约束孩子的这些“破坏性”的行为。

但是很多父母眼中的乖宝宝的感受空间的能力、想象力、创造力、智力潜能、动作协调能力都会比较差。其实，孩子到处插孔的行为并不是孩子在捣乱，只是孩子探索空间的正常表现。父母只要欣赏孩子的游戏过程就好，但也可以适当地引导孩子，切记不要呵斥，更不能打骂孩子。

“垒高”成了孩子的新游戏

孩子通过抛撒、移动物体来探索空间，感知他和物品、空间的关系。

孩子在1岁多的时候就能把积木垒得高高的，而且也会推倒积木，当妈妈的因此也会觉得孩子十分可爱，并为孩子的这一举动开心不已，孩子就会对这件事情更加感兴趣。但是这个时期的孩子对垒高有兴趣大多是因为父母等的反应，他们喜欢这样的反应，而不是对垒高这件事情本身感兴趣。

孩子在3岁左右的时候，往往垒高就成了他们非常喜爱的一种游戏。他们会把积木一块一块地垒起来，然后推倒、再垒高、再推倒……不厌其烦。不仅仅是积木，有时他们还会把家里的东西搬到一起，摞起来，然后推倒、摞起来、推倒……其实，垒高是对空间感受的一个过程，这个敏感期有可能会推迟到孩子的小学阶段。

可以这样说，将物品垒高的过程就是一种积极主动的思维过程和心理不断发展的过程。在不断地垒高、推倒、重垒的过程中，孩子逐渐建立了三维空间感，并促进了孩子的视觉、触觉、想象力和创造力的发展，同时促进孩子心理的成熟和大脑的发育。

“哗”的一声，两岁半的希希又将豆子撒了一地。这已经是第三次了，妈妈看了一下满地的豆子，再看看兴高采烈的希希，就知道暂时不能指望她能将豆子归位了。妈妈就走过去把豆子再收起来，希希很快就发现妈妈在不停地将豆子归拢，这个发现让希希更起劲地将豆子撒到其他的地方。伴随着豆子“啪啪啪”落地的声音，希希的脸上露出微微的惊喜。

不只是豆子，希希还喜欢把积木堆高再推倒。一天下午，希希认真地把积木一个一个摆好，再一点一点摆上去，逐渐加高了高度。但是，还没有垒到多高的时候，积木就自己倒塌了，虽然希希很喜欢推倒积木，但似乎并不喜欢积木自己倒下去，于是赶忙又开始重新垒高。这次，希希拿着积木，有些迷惑，不知道该怎样摆才不会倒塌。这时妈妈就给希希指了指体积大一点的积木，希希就把大的积木放在下面，再在上面逐渐放小的。果然，这次没有半途就倒塌。

在妈妈的帮助下，城堡很快就垒完了。看着高高的城堡，希希开心地笑着，但是没有几秒钟，希希就伸手将城堡推倒了，自己还开心地拍着手哈哈大笑。每次希希都会把全部的积木推倒，一个都不剩，然后就开始新一轮的搭建工程。每次这样反复垒高、推倒、再垒高、再推倒……这样希希可以玩一整个下午，乐此不疲。

由于孩子是通过物体的位置来感知空间的，而且孩子对空间概念的理解都是在游戏中获得的，所以，父母可以借这个机会让孩子了解更多的空间概念。就如上面例子中的希希，在垒高的过程中感知空间，在和妈妈一起玩游戏的过程中了解空间概念，让孩子明白大的物体放在下面就会比较牢固的道理。

同时，在拿物品并垒高的过程中，孩子的肢体肌肉也能得到良好的锻炼，手、眼、脑的并用也逐渐趋向协调。所以，父母要支持孩子的垒高游戏，不要因为自己觉得这样重复的游戏没有意思，就禁止孩子垒高。

孩子乐于给物品找主人

其实秩序敏感期，最早在孩子三四个月大的时候就出现了，但是因为孩子不会表达，而妈妈又对此不太了解，所以很多情况下，妈妈常常会误解孩子的意思。当孩子3岁左右的时候，他就会对秩序非常敏感，而且，这个时期的孩子已经善于表达了。

对于处于这个敏感期的孩子来说，秩序真的很神奇，他们会把所有的东西都按照原有的顺序摆放，因为在他们看来，周围的环境就是一个彼此相连的整体，已经在他的头脑中留下了深刻的印象，这就是秩序。只有在有秩序的环境中，孩子才会感到安全。这是这个时期孩子的心理特点，父母了解了孩子的这一心理特点，也就明白了孩子为什么如此执着于秩序。因为在那种没有安全感的环境中，孩子很难对周围的环境进行有效的认知，所以他们常常会哭闹。

贝贝3岁了，她的秩序感非常强，家里的东西都要按照一定的顺序摆放，吃饭的时候每个人都有每个人的位置，不仅自己必须坐在那个位置上，还不允许爸爸妈妈交换位置。除此之外，家里的每样东西，贝贝都知道它的主人是谁，只有主人才能用，如果别人用了，贝贝就会生气。

有一次妈妈下班回家后换拖鞋，正好爸爸的拖鞋就在一边，就直接换上了爸爸的拖鞋，这下贝贝可不允许了，对妈妈说：“这是爸爸的拖鞋，你不能穿，不能穿！”非让妈妈换下来不可，可是妈妈下班有些累了，就没有理贝贝的要求，直接坐在沙发上了，贝贝就走到妈妈身边给妈妈脱鞋，抬不动妈妈的腿就开始哭。最后妈妈没办法了，就换下来了，这下贝贝才不哭了，自己把爸爸的拖鞋放回原来的地方。等爸爸回家后就赶紧跑到爸爸的身边，把爸爸的拖鞋递上去，还不忘向爸爸告妈妈的状。

上面例子中的贝贝是在给物品找主人，这是3岁左右的孩子处于秩序敏感期时的一种常见的表现。由于孩子需要一个有秩序的环境来帮助他们认识事物并熟悉环境，所以他们就会喜欢给物品找主人，并且认为他所遵守的原则每个人都应该遵守。到了秩序敏感期的年龄阶段，孩子对这个陌生的世界已经开始有了自己的感知与认识，在他的脑海中逐渐形成了一些固定的秩序。一旦他所熟悉的规则被打乱，孩子就会无所适从，甚至因此感到焦虑，用哭泣、发脾气来要求物归原主。

孩子总是与父母对着干

三四岁的孩子在很多方面表现为与父母作对，当然，并不是真的与父母作对，而是孩子已经进入人生中第一个心理反抗期——执拗敏感期。孩子的执拗敏感期来源于秩序感，这个时期的孩子有一个明显的特征：凡事都要听我的，都是我说了算。如果父母拒绝他，他就会变得非常烦躁，哭闹不止。

康康现在3岁多，是个十分可爱的小男孩。但是呢，康康的性格很倔强，妈妈常常说康康非常“拧”。有时候，康康本来玩得好好的，却突然因为一件很小的事情就闹起来，而且怎么哄都不行，哭得相当厉害。唯一的方法就是必须把康康带回原来的地方，让他按照自己的意愿重新做一遍，他才会停止哭泣。

一个星期天，门铃响了，康康快步跑过去要开门。可是，他还没有走到门口，奶奶已经将门打开了，姑姑高兴地走了进来，一把抱起康康。然而，康康见到姑姑并没有表现出一副开心的样子，反而“哇”的一声大哭起来，好几个人劝都劝不住。过了一会儿，康康稍微冷静下来了，他非让姑姑走出去再按一次门铃。这下，所有人都明白了，妈妈只好让姑姑按照康康说的，转身走到门外，关上门，假装刚刚来到家里。当门铃再次响起来的时候，康康亲自走过去重新把门打开了一次，这下康康才高兴地让姑姑抱着了。

为什么孩子会在执拗敏感期表现出性格急躁、乱发脾气，那么“拧”呢？父母想要和这个时期的孩子和平相处，就应该了解孩子形成执拗敏感期的原因，了解孩子的心理变化和心理需求。首先，因为孩子自我意识的增强，他会发现自己与世界并不是一体的，而是分离的。随着他生活范围的进一步扩大以及探索能力的不断提升，孩子就会发现，自己能控制的事物越来越多，他就会体验到自我的强大力量，从而敢于向父母挑战。

还有就是因为在这个年龄阶段的孩子的思维是直线型的，在孩子的眼中，世界上的事物是以不变的程序和秩序存在的，是不可逆转的。孩子在做某些事情的时候，他的头脑中会形成预先的设想，假如这些设想被人打破，他就会特别气愤。这时，父母应该理解孩子的这种思维发展过程，顺其自然地对待，孩子的逻辑会逐渐发生变化。

孩子似乎有点“暴力”

通常从3岁开始，随着孩子自我意识的不断加强，自我意识与他人意识逐步分化，孩子对父母的建议和指令常常会不听从、固执己见，甚至开始反抗，心理学家称之为执拗敏感期。

另外，3岁的孩子心智发育还不成熟，他们的情绪控制能力还比较弱。他们一旦感到自己的心理需求没有得到满足，就会用很直接的方式，比如哭闹，甚至是攻击的方式表现出来，我们大人往往会认为孩子是在故意作对。其实，孩子只是忠于自己的想法，并不是针对某个人。3岁的孩子思维水平还不高，也不够灵活，他们的做法常常让我们觉得呆板，再加上他们的时间观念不强，做事情的忍耐度不够，凡是想要做的事情就想要立刻完成，达不到目的就会反抗。

早晨起床的时候，3岁半的楠楠吵着要穿那双有米奇图案的鞋子。平常楠楠就爱穿那双鞋，但是妈妈昨天就把鞋刷了，现在还湿漉漉的呢！

于是，妈妈就对楠楠说：“那双鞋子太脏了，妈妈已经帮你刷了，现在还很湿呢，不能穿，我们穿小白鞋好不好？”可是楠楠根本就不听，大声说：“我要穿米奇，我喜欢穿米奇！我不穿小白鞋！”一边大声说着，一边把妈妈递过来的一双小白鞋扔到地上，死活不穿。

妈妈觉得楠楠实在是无理取闹，再磨蹭下去上幼儿园就该迟到了，就对着楠楠的屁股打了两下。楠楠马上就哭了起来，却也没有再大声吵吵了，而是坐在床边让妈妈给她穿上了那双小白鞋。

谁知道，中午放学后，妈妈去幼儿园接楠楠的时候，老师竟然向楠楠的妈妈告状说：“今天这孩子不知道是怎么了，趁着别的小朋友不注意，就用手使劲拍小朋友的屁股，拍完就跑开，这一上午就把好几个小朋友打哭了！”

很多孩子在执拗敏感期内会出现暴力行为，对身边的人进行攻击，而孩子之所以会出现这样的行为，一定是因为他受到了自认为不公平的待遇。不可否认，孩子就是环境的一面镜子，大人怎样对待他，他就会怎样对待别人。就像上面例子中的楠楠一样，她之所以会打小朋友的屁股，就是因为自己被妈妈以同样的方式打了屁股。由此可见，父母的暴力行为是会在孩子的身上延续的。

因此，对待孩子的执拗和反抗行为，父母一定要合理疏导，只要不是原则性的问题就尽量满足孩子的要求，让孩子顺利度过这一时期，切忌使用暴力让孩子屈服。

第五章
孩子行为习惯释放的信号

孩子就是不洗手

一般来说，孩子对洗手这件事情都是不太感兴趣的，所以，每次让孩子做这件事时就像是打仗一样，总是不能安安静静、顺顺利利地完成。这个时候，妈妈总会想尽一切办法，有时会用玩具哄着孩子，或者是给孩子讲道理，但是，即使是这样孩子也不会乖乖地去洗手，就算软硬兼施之后孩子最终勉强地完成了，却弄得大人孩子都筋疲力尽，心情也不好。相信这是许多妈妈每天都会遇到的难缠事，非常让人头疼，却又束手无策，总不能让孩子不洗手了呀。

很多家长认为这是孩子故意跟父母作对，其实，家长应该首先了解一下孩子不喜欢洗手的原因，有的孩子不喜欢洗手可能是曾经的经历给孩子造成了心理阴影所致。比如，洗手的水太凉或者太热，孩子手上有小的伤口碰到水就会疼，或者是大人在替孩子洗手的时候用力过大等。这个时候，父母就应该区别对待，排除影响孩子洗手的外因。这就需要父母仔细观察与分析，排除各种有可能导致孩子身心受损的原因。

就在一个月前，3岁的娟娟每到吃饭的时候都会乖乖地去洗手，根本不用爸爸妈妈提醒，也不用他们帮忙。可是，最近一个星期以来，娟娟就像是变了一个人一样，每次吃饭的时候都不愿意去洗手。于是，每次因为吃饭洗手这件事，妈妈和娟娟之间总是会有这样的一番对话：

"宝贝，吃饭前是要洗手的，我们一起去洗手好不好？"

"不好！"娟娟说得很坚决。

"妈妈去拿毛巾给你擦一下手好吧？"妈妈接着说。

"不擦！"娟娟依然挺倔。

"你看看你的小手这么脏，吃东西很不卫生的，来，我们去洗一下。"妈妈还在坚持。

"不洗！"娟娟这次说得更干脆。

"不洗就不让你吃饭！"妈妈下了最后的通牒！

"就吃！"娟娟才不管那一套呢。

妈妈也知道这样耗下去不是办法，就拉着娟娟到洗手池旁边强行给她洗手。但是，娟娟还是反抗，她毕竟没有妈妈的力气大，所以，妈妈还是给娟娟洗了手。每次这个时候，娟娟都是一脸的痛苦，有时还会哭起来。

当然，在日常生活中，父母还要注意运用正确的方式方法，让孩子自愿地洗手，而不是在孩子不情愿的时候，强迫孩子去做某件事情。当孩子对洗手有恐惧心理的时候，可以加点娱乐项目，比如，唱唱儿歌，比一比谁洗得干净等。当然，三四岁的孩子已经可以听懂一些浅显的道理，父母可以用孩子可以理解的语言给孩子讲一些不洗手的危害，让孩子认识到洗手的重要性，从而自愿地洗手。当孩子表现好的时候，父母要及时给孩子表扬和鼓励，让孩子逐渐形成爱洗手的好习惯。

孩子总被欺负怎么办

很多家长会发现，自己的孩子总是会与小伙伴产生矛盾与摩擦，并为此担忧不已。其实，家长大可不必如此忧心。任何人的交往都不是一帆风顺的，只要是交际，就难免会产生摩擦，成人在交际过程中也经常会有摩擦，更何况是不会隐藏自己情绪的孩子呢？孩子往往是有什么样的心理，就会表现出什么样的行为，所以，在不高兴的时候，在产生矛盾的时候，孩子不会隐藏自己心里的不满，会直接把自己的情绪表现出来，产生摩擦也就成了在所难免的事情。

当然，当孩子之间出现摩擦的时候，肯定会有一方是处于弱势的，那么就会受到强势一方的欺负，很多家长就会产生这样的疑问："孩子在幼儿园的时候总是会受到别人的欺负该怎么办呢？"

遇到这样的情况，有些家长就会这样教育自己的孩子："你傻呀，他们打你，你不会打他们呀！"但是，在这里我们要说，家长的这种教育只会起到消极的教育效果，这样的方式不仅会使孩子对于人际关系更加恐惧，而且还会影响孩子自我意识的发展，对孩子心理成长十分不利，使孩子产生自己非常弱小的心理反应。这种对人际关系的恐惧心理有可能会伴随孩子一生。

洋洋从小就是身体比较瘦弱的孩子，虽然个子和同龄的孩子差不多，但是由于身体比较瘦所以力气也就小很多。在家里的时候还好，一般都是妈妈带着洋洋出去玩，如果发现小朋友之间出现矛盾要打架的时候，妈妈就会和其他的家长一块儿教育他们，拉开他们，所以，洋洋也没有受到过什么严重的伤害。

但是自从洋洋上幼儿园之后，身边没有妈妈了，洋洋在和小朋友出现矛盾的时候，总是会吃亏，由于一直受到妈妈的保护，洋洋确实也不会打架，所以妈妈经常在下午来接他的时候发现洋洋身上脏乎乎的或者是脸被别的小朋友抓破了。

妈妈很是生气，但对方是只有3岁多的孩子，妈妈也就不好说什么。回到家里妈妈就对着洋洋生气地说："你傻呀，别人打你你不会还手吗？他怎么打你，你就怎么打他呀。"

可妈妈越是这样说，洋洋越是胆小，开始的时候还会跟在别的小朋友身后，试探着一块儿去玩耍，但是，现在他总是一个人在一个地方玩，再也不愿意和小朋友玩了。虽然这样不受伤了，但是洋洋也不开心了，不愿意去幼儿园了。

从上面的例子可以看出，由于妈妈教育方式的错误，使得洋洋对人际关系产生了恐惧的心理。他觉得别人都很强大，只有自己是弱小的，如果自己与他人交往，就会受到欺负，因此不敢和别的小朋友交往。这对洋洋以后的人际关系产生了十分不利的影响。如果父母不及时帮助孩子纠正这样的心理，让孩子逐渐敢与别人交往的话，孩子长大以后也会恐惧交际的。

孩子在这种人际关系恐惧心理的影响下是不会主动去交朋友的，他对人与人的关系的探索就会提前结束。如果一个孩子在人际关系敏感期没有学会如何交朋友的话，那么家长也不要指望孩子将来能在处理人际关系时如鱼得水。

虽然一般来讲，父母不应该过多地参与到孩子的人际交往中，因为这样常常会打乱孩子对人际关系的自然探索。但是当孩子在自己探索的过程中出现问题，而这个问题孩子自身无法解决的时候，父母还是要给孩子提供一定的指导和帮助。但是这种帮助应该是有利于孩子人际关系的发展的，而不是像上面提到的那种会带给孩子消极影响的方式。毕竟这一阶段的孩子都是直接表达自己的情绪和心理的，孩子之间出现打架等行为也是非常正常的现象。

电视不是保姆

嘉嘉的爸爸妈妈工作都很忙，所以白天的时候嘉嘉总是和爷爷奶奶待在一起，奶奶爱看电视，尤其是电视剧，嘉嘉也经常和奶奶在一起看电视。过了一段时间，嘉嘉的爸爸妈妈发现孩子对任何事情都提不起兴趣，但是只要电视机一打开，他马上就会兴奋地跑过去看电视。有的时候家里来了其他的小朋友，他也不去和这些小朋友一起玩，最多看看他们，然后仍然是一个人坐在电视机前，沉浸在自己的世界中。嘉嘉的爸爸妈妈对此十分苦恼。

很多孩子喜欢看电视，有些家长也很乐意把孩子交给电视“看管”，因为孩子在看电视的时候都是安安静静的，不会给家长添麻烦，家长会轻松很多。但是我们要提醒所有的家长，电视可不是一个称职的保姆，它会对孩子产生很多负面的影响。

首先电视是一个单向传播信息的传播方式，不能够与孩子形成互动，在看电视的过程中，孩子丝毫不需要思考，这对孩子的成长是十分不利的。电视所传播的信息大多是跳跃式的，孩子只能从中得到一些零散的、不系统的知识；而且任何一个学习过程都伴随着思考，电视却不会给人留下思考的空间和时间，长此以往，孩子的想象力和创造力就会下降，最终孩子也会因此失去读书和学习的兴趣。

电视还会降低孩子语言能力和沟通能力。孩子沉湎于电视这种让人被动接受的媒体，会讨厌自己思考，不喜欢用语言表达自己的想法，只喜欢用眼睛看、用耳朵听。如此循环往复，孩子的语言发育就会出现问题。因为语言发育必须通过与别人沟通才能完成，只是被动地看和听是无法学好语言的。如果孩子把大量的时间用在看电视上，那么，他与外界交往的机会就大大减少，长时间的独处也会使孩子的心理发育产生障碍。

另外，电视画面的变化速度很快，这些画面不断刺激孩子的视觉神经，孩子接受的刺激强度过大，很容易使情绪受到影响。比如当孩子在电视上看到血腥和暴力的画面时，孩子可能产生不安和恐惧，这种负面的情绪会影响孩子相当长的时间。如果家长没有对电视节目进行筛选就把孩子放到电视跟前，这就更可怕了。因为小孩子是最善于模仿的，他们还不懂得区分好与坏，也不清楚自己模仿的东西有什么意义，因此他们很可能去模仿电视中的一些暴力场面，而这些会影响他们未来的行为模式。

此外还有研究发现，爱看电视的孩子兴趣单调。如果孩子长期坐在电视机前面，外界的事物很难引起他的兴趣，带他去学习画画、弹琴、下棋等，他经常会半途而废。这是因为培养兴趣的过程是一个艰苦的学习过程，而看电视却是娱乐消遣的过程，会让孩子的精神长期处于松散的状态，两相对比，孩子必然对这些需要付出脑力和体力才能获得的知识和技能产生排斥。

此外，孩子迷上看电视后，不仅会有损视力，对身体的其他方面也会产生不良影响。

消化功能不好的孩子，长时间坐着不动看电视会发展成厌食，不利于生长发育；而消化能力很强的孩子，吃饱后坐着不动就会发胖。

人的精力都是有限的，在这件事情上付出得多了，在另一件事情上的精力必然就少了，所以希望每个家长都能从小培养孩子的好习惯，不要为了贪图一时的轻松把孩子丢给电视，让孩子把所有的精力都投入电视中，孩子需要在行走、观察、触摸中认识世界，感受世界，只有这样，他们才能健康成长。

孩子们都在网上干什么

为什么越来越多的孩子沉迷于网络难以自拔？网络究竟有什

么吸引力让孩子无法抗拒呢？他们在网上都做些什么呢？

李先生的儿子最近三天两头地往网吧跑。一天，李先生悄悄跟踪儿子到网吧，发现儿子在语音聊天室里，用污言秽语交流谩骂……李先生看到这些心急如焚，他专门到学校向孩子的老师了解情况：原本就成绩不佳的儿子现在成绩越来越差，性格内向，很自卑……

儿子放假后，李先生马上放下手头的工作，带着孩子出门旅游。一路上，他一直细心地照顾着儿子，跟儿子说心里话……当儿子问他为什么对自己这么好时，李先生说："我是你爸爸，你是爸爸的儿子，爸爸不对你好还能对谁好啊？以前爸爸工作忙，对你关心太少，你可别生爸爸的气啊！"这一番话说得孩子眼眶都红了。旅游回来后，儿子变得比以前爱说话了，也不再往网吧跑了。

把网络当作逃避现实的出口是儿童上网的一种常见现象。这类孩子通常性格内向，在现实生活中又得不到理解和关爱。如果再加上因为长相、身材，或学习成绩不好而遭受打击，他们很容易去网络中寻找慰藉，逃避现实。针对这种情况，家长应该找出孩子沉迷网络的根本原因，高度重视孩子的内心世界，与孩子建立良好的亲子关系。在与孩子沟通交流时，要讲究方法和技巧，单纯的说教只会适得其反。

还有一种孩子是因为空虚、无聊或者纯粹只是为了跟同学们保持同步才走进网络的。这类孩子不一定成绩不好，而且上网目的性也不是很强，大部分只是在网上“闲晃”。对这类孩子，家长应该加强孩子的安全防范意识，除了平时多向孩子灌输如何让保护自己的方法之外，也要多注意孩子的上网动态，通过孩子的言行了解其内心变化。

儿子今年上初一，是一个贪玩的孩子。最近他一直叫嚷，要安装新游戏。这引起了爸爸的警觉，他趁着儿子去上学的时候，把电脑中的游戏软件全都删了，取而代之的是一些学习软件。儿子回来之后，免不了吵闹一番。后来，张先生儿子说带儿子玩个“更好玩的游戏”——制作幻灯片。果然，聪明好奇的儿子很快就迷上了这个新鲜游戏，看着亲手制作的“卡通电影”，他总是觉得特别有成就感。

故事中的儿子是一个典型的把网络当作娱乐场所的孩子。对待这样的孩子，父母可以不必强行把他从网络中拉回来，而是要有意识地引导他去发现网络中更有意义的东西，也可以像文中的爸爸一样，把将来可能会用到的学习软件当成一种“游戏”介绍给孩子，当孩子对有意义的新奇东西感兴趣的时候，就不会总是沉迷于网络游戏了。

其实在现实生活中，让孩子们不能放弃的不是网络，而是在网络世界中的那份自由，这里没有责备，只有奖励；做错了、做不好，不但没有惩罚还可以从头再来；在这个世界中希望永远比失望多。

面对孩子喜欢上网这件事情，家长们不能暴跳如雷，冲孩子大发脾气，也不要走到哪里都抱怨自己的孩子上网成瘾，是个网虫。事实上，很多孩子的情况往往没有父母所说的那样严重。

父母要试着改变对上网的态度，当孩子沉迷网络，屡劝不听的时候，要试着走进孩子的内心去理解他。

儿子迷恋上了网络之后，经常躲在自己的房间里不出来，作息时间和家人也产生了冲突，以致很长时间妈妈都没有见过他的面。看到儿子这种情况，妈妈下定决心要学会上网。不久以后，这个原本连电脑开关都找不到的妈妈学会了发送电子邮件。

而她的第一封电子邮件就是发给儿子的："老妈很关心你，可最近总是碰不到你，所以发个邮件问候你一下。有时间来和我们一起吃早饭吧！"信的最后还附注了一句："我发觉，电子邮件这个东西确实蛮方便的。"

结果当天这位妈妈就收到了儿子的回信，儿子在信中显得兴高采烈："老妈，真没想到你会给我发邮件！我好开心！放心，明天我会和你们一起吃早饭！"

这个做法很好，让孩子意识到父母是理解他的，不是毫无道理地完全排斥网络的，这样不仅拉近了亲子距离，而且父母以后再去引导孩子利用网络的时候也会更有说服力。

孩子们爱上网络的世界，很可能是在网络世界中找到了家庭生活中所缺乏的一些东西，所以父母看到孩子沉迷网络的时候，应该审视自己的教育是不是出现了问题。同时要改进和孩子的沟通方式，让孩子能够无所顾忌地说出自己的想法，而不是让他到网上去倾吐心声。

儿童沉迷电脑游戏怎么办

肖钢是从一年前开始玩网络游戏的，那个时候中考刚结束，可以暂时歇口气。暑假里，没什么人玩，他就开始试着上网玩游戏，几乎在接触网络游戏的同时，肖钢就迷上了这种游戏。用他自己的话说就是："没想到网络游戏这么好玩！""我简直不能想象不能玩游戏的日子会是什么样的。"

肖钢在现实生活中是一个比较腼腆的男孩，学习成绩也只处于中游，在学校里属于不起眼的学生。但是，在那个虚拟世界里，他是众人仰慕的大侠，有机会成为大富翁。

在现实中没有办法实现的梦想，在网络游戏中似乎唾手可得。

不过，他也为此付出了相当大的代价。升上高中后，肖钢的成绩一落千丈，几乎每次考试都排在倒数的位置。家人一直以为是他不适应高中的教学方式，没有找到适合自己的学习方法的原因，却不知道他是偷偷地把时间都花在了玩游戏上。关于这一点，他掩饰得很好。每天放学后，他从不在外面逗留，总是准时回家。回家后除了吃饭，总是在自己的房间里埋头苦干，摆出一副努力学习的样子。父母看到肖钢这样，感到很欣慰，但是他们忽略了肖钢房间里那台可以上网的电脑。

提起沉迷网络，很多父母最头疼的可能就是沉迷于网络游戏了，有的甚至一见孩子开电脑就冲过去监视，或者一见孩子玩游戏就大加责骂，这其实是不可取的。爱玩是孩子的天性，父母无权剥夺也剥夺不了，因为电脑游戏已经成为当代青少年生活中不可或缺的一部分。无论家长喜不喜欢，他们最终都会去玩的，所以，在让不让孩子玩电脑游戏的问题上，家长已经不需要做决策了。这是时代的趋势，家长们挡是挡不住的。

另外如果孩子的同学们都在玩，当其他的孩子在一起交流游戏中的体会时，自己的孩子只能呆呆地站在一边插不上话，久而久之，孩子就会变得孤僻、内向。家长们要明确一种观点，孩子的成长是建立在游戏上面的，孩子们总该玩点什么。既然电脑游戏能让孩子那么着迷，那么其中一定包含着巨大的快乐。电脑游戏也只是个游戏，它不是毒品，它的本质和家长们小时候玩得游戏没有任何区别，只不过这个游戏更有趣更复杂，而且采用了不同的载体而已。家长们小时候肯定也会有和小朋友做游戏忘了回家吃饭的情形发生，现在孩子对电脑游戏的喜欢和家长小时候喜欢游戏是一样的，但是现在的孩子很难找到那么多小伙伴一起游戏，所以只能在电脑上和虚拟的对象一起玩要。

如果孩子被剥夺了玩要的权利，他极有可能就坐到电视机前面消耗时间了。与电视相比，电脑游戏至少是一个需要互动和智力投入的过程。

很多家长可能会反对这种说法，然后会列举出很多青少年因为沉湎于电脑游戏不能自拔的故事。看起来，这些事情似乎都是青少年出了问题，但是根本问题出在家长的教育上。

对游戏有兴趣和病态的“成瘾”是两种状态，绝大多数孩子属于前者，很多事业上很成功的人也很喜欢玩电脑游戏，所以并不是游戏本身的问题，而是孩子缺少自我管理的能力才使事情变得不妙的。

想让孩子学会自我管理，就不要经常告诉孩子你要这样，你要那样。家长为孩子做的计划的确很合理，但如果总是不厌其烦地提醒孩子该做什么不该做什么，实际上你就已经把管理的责任担起来了，这样的情况下，孩子哪里还有机会自我管理呢？

对于少数游戏成瘾的孩子来说，家长们就更要反思自己的教育了。如果孩子长期只活在游戏世界里，那么只能说明游戏外的世界让他感到不快乐。如果说这样的孩子因为游戏耽误了人生，那么即使他的生活中从来没有电脑出现过，他也会沉迷在其他事物中躲避现实世界中的不开心。

所以，面对电脑游戏，家长们要做的不是一味阻止，而是让孩子学会自我管理。这些游戏可以让孩子感到快乐，增加与同学们交流时候的话题。同时家长要注意的是引导孩子玩健康有益的游戏，最好是单机游戏，因为单机游戏总有结束的时候，而网络游戏就像一个无底洞，永远没有终点。有些时候，家长甚至可以把自己精心挑选的游戏推荐给孩子，这样总比孩子无目的地乱玩要好得多。

孩子为什么爱追星

说起孩子追星的疯狂，很多家长都不能理解。其实每一代人都有自己的偶像。20 世纪 70 年代，青少年心目中的偶像可能是董存瑞、黄继光等革命先烈；80 年代初，青少年的偶像可能是爱因斯坦、爱迪生等科学大家。社会发展到现在，青少年的偶像则主要是体育明星和娱乐明星。

一个小女孩曾经向自己的好朋友抱怨：

“我喜欢一位男歌星，他的歌声特别好听，听到他唱歌我就能忘掉所有烦恼。可是我妈妈却不理解，还嘲笑我‘你可真没出息，喜欢个唱歌的，还是个男的，真肮脏！’我当时就哭了，我只是喜欢他唱的歌，喜欢他的笑容，我怎么肮脏了？”

从这封信里，我们看到的是两代人对于追星的不同理解。可能女孩妈妈那一代的人都以崇拜某个科学家为傲，女儿这一代则更喜欢娱乐圈的俊男美女。青少年心理问题专家认为其实两代人都没有错，但是随着时代发展，母亲应该试着去理解自己的孩子，偶像崇拜是青少年时期的过渡性需求和标志性行为。在一定程度上，追星对于孩子的成长是有意义的，父母一定要给予理解，把追星当作一件“十恶不赦”的坏事严加禁止是完全没有必要的。

那么，孩子爱追星仅仅是因为那些名人的外表吗？还有没有更深层次的原因呢？

其实孩子追星在很大程度上存在着“从众心理”，别人喜欢这个明星，如果我不喜欢是不是别人就会讨厌我？别人都在追星，如果我不追星，是不是会显得太过另类？青春期的孩子心理状况往往非常复杂，一方面渴望得到同伴的认可，另一方面需要形成自我确认，而追星恰恰能满足孩子这两方面的心理要求。

我们也都听说过“随大流”这个词，从心理学上来说，“随大流”的本质就是“从众”心理，也就是想与多数人采取相同行动的心理。那么人为什么会有从众心理呢？首先，生活的经验告诉我们，个人所需要的大部分信息都是要从别人那里获得的，而众人似乎总是正确的。其次，人们都有害怕脱离群体的心理，每个人都希望群体喜欢他、接受他、优待他，因为这样就可以和群体融为一体，也可以在群体中谋取利益；反过采，如果与群体的意见不能保持一致，群体则会讨厌、虐待甚至驱逐他。

在人类社会中，从众心理既能产生积极作用，也能产生消极作用。在特定的范围内可以使群体保持一致，协调群体内成员的言行，这是从众心理的积极作用；但是另一方面从众心理也有弊端，就是在众人并不正确的情况下，它会误导我们，使我们变得人云亦云，丧失主见。

对于这种“随大流”的追星，父母要教导孩子别人有的东西自己不一定要有；别人做的事情也不因为人多就是对的，每个人要有自己的思想和判断力。

另外由于孩子的认知和心理发展的特点，他们更容易被名人表面性的形象所吸引，也正是基于这个原因，他们喜欢的名人大多数是经常在媒体上露面的歌星和影星。

在生活中，由于名声的影响，他们对大众往往有更大的影响力，这就是“名人效应”。

比如南唐的李煜喜欢小脚，就导致了后世的缠足风，这种情况一直延续到民国；而在信息高度发达的今天，明星的穿着打扮、言谈举止，也很容易成为潮流的风向标，这些都是名人效应的体现。

面对这种情况，父母应该教会孩子正确地评价一个人。要让孩子知道，名人之所以能引起人们的关注，在某些领域必然有自己的过人之处，但是他们并非完人，他们身上也可能有不好的思想和行为；而且在他们不擅长的领域，名人跟普通人并没有两样。所以对于明星的崇拜，应该适度和理性。此外父母还要引导孩子，不要仅仅去关注名人的穿着打扮或者说话方式，而应该去关注这些人成功背后的努力，让孩子学习名人为了自己梦想坚忍不拔的精神。

总之，父母面对孩子的追星行为不应该直接否定和制止，而应该善于发现这些名人的闪光点，让孩子“取其精华，去其糟粕”，最终让这些名人对孩子产生正面的影响。

第六章
多注意孩子的心理健康

孩子似乎有些抑郁

抑郁是以情感低落、哭泣、失望、活动能力减退，以及思维、认知功能迟缓等为主要特征的情感障碍。抑郁是多种不良情感的综合，是痛苦、愤怒、焦虑、悲哀、自责、羞愧、冷漠等情绪复合的结果。由于每个人的心理素质不同，抑郁有时间长短、程度强弱之分。抑郁被称为“心灵的流感”，它是在孩子中存有的一种普遍的“坏”情绪。很多家长和老师在对待抑郁的孩子时，往往会忽略这种情感，只是认为孩子“坏”，于是使很多这样的“坏”孩子都沉浸在抑郁的阴影中无力自拔。

而有抑郁心态的孩子在心理上自我禁闭，外人很难穿透他们的心理壁垒而进入他们的内心世界。他们总是把自己深深锁在自己的枷锁之中，一个人感受着没有任何现实的孤独、自责和种种不快。

由于抑郁是很多情感综合的结果，使抑郁有较大的隐蔽性，很多父母往往只会认为是孩子的脾气坏了一点或者情绪大了一点，而看不出孩子是抑郁了。孩子是单纯的，很多事情都是通过父母来判断而认知的。抑郁对孩子的危害是很大的，这就使得父母对孩子抑郁的关注任重而道远。

阳阳当初是以优异的成绩考到省级重点高中的，但是上了高中之后，阳阳却反复对爸爸妈妈说自己“不想上学”了。而且，阳阳常常莫名其妙地有头疼、胸闷、厌食等不适的症状；阳阳开始变得时常发脾气，每次一发脾气就会在家里的墙上乱涂乱画，有时还会用毛笔写大大的“忍”字，扔得满屋都是。这样的喜怒无常，使得阳阳对任何事情都没有了兴趣，情绪也非常低落，总是想着不再上高中，而是回到自己的初中。

阳阳的父母十分担心，但是无论怎么问，阳阳都不对爸爸妈妈敞开心扉。想到阳阳初中的班主任对阳阳十分关心，和阳阳的关系也如同朋友一般，于是，阳阳的爸爸就去拜托这位老师去了解一下阳阳现在内心的想法。

经过这位老师和阳阳的谈心，父母才知道，原来高中的老师讲课太快，往往是阳阳还没有听明白就过去了。初中之前，阳阳一直成绩优异，几乎每次都是全班第一名，但是现在在班里保持中游都非常困难。每次看到同学们学习的时候，阳阳就会非常着急，自己也拼命地学习，可是却收效甚微。阳阳自己经常会没有理由地就很想哭，于是阳阳经常坐着发呆，很多心事也不知道和谁说。自己的父母一直经常吵架，以前家里经济负担重的时候，父母吵得更是厉害，妈妈还经常心情不好就把气撒在阳阳的身上。这使得阳阳对环境非常敏感，在面对新的环境时缺少情感的依附。他也没有学会如何正确对待焦虑和冲突，因此即使心中不快，也不愿意和父母谈心，更是在家里乱发脾气。功课也因此落下很多，时间又因为发呆和情绪不稳定而浪费那么多，阳阳就觉得自己很笨，考试每次都考不好。

阳阳还对初中班主任说：“我好怀念初中的生活。现在我的成绩不好了，父母又总是唠叨我，我很难过。现在我害怕到学校去，害怕考试，我该怎么办呢？”说着说着，阳阳就又哭了起来。

从上面的例子中可以明白阳阳在心理上自我禁闭，是一种抑郁的心理。抑郁是一种比较持久的、忧伤的情绪体验，并伴有躯体不适和睡眠障碍等问题。抑郁多发生于孩子的青春期，一般女孩多于男孩。

那么，是什么原因造成了孩子的抑郁心理呢？由于孩子的心理各不相同，原因也是复杂多样，如学习压力过大、被同学同伴孤立、家庭不和睦、有抑郁的家人等都可能会造成孩子的抑郁心理。孩子的抑郁情绪的形成也是各有各的原因，有的是长期受到不良情绪的影响；有的是孩子对一些事情的理解存在偏差，当这些偏差经过长时间的强化以后，在他脑海里根深蒂固地被保留了下来；还有的是孩子自己的生活环境或者情感上突然有很大的起伏，这种突然的刺激一下子推翻了孩子原有的对世界的认知，这样孩子就会走向抑郁的泥潭。

对于孩子的抑郁问题，很多父母并没有重视，中国的父母在教育孩子的时候往往对于孩子的精神健康状态重视不足，这就使得孩子的精神世界成了他们教育的盲点。因此，很多父母并不会觉得孩子的抑郁是一种病态，反而是觉得孩子“坏”“不听话”等，而父母的态度对于纠正孩子的抑郁心理将起到决定性的作用。

父母要有一种理念，就是孩子的抑郁状况是很自然的情况，很多人都会有过这种不良情绪，只是个人的抑郁症状轻重有所不同罢了，或者有的人由于程度较轻而被忽略。

当然，当了解孩子的确存在抑郁心理之后也不必感到惊慌，孩子的抑郁心理是可以治疗的。抑郁是孩子在心理上的自我禁闭，孩子自己不能“解放”自己，父母只需要给孩子“输液”“打针”和做一些心理护理，这样孩子自然就会康复。当然，父母在认识到孩子有抑郁情绪之后，还是要多关心孩子，对孩子的矫正也要理性进行，切不可冒进。

具体针对例子中的阳阳而言，父母需要做的就是使孩子在心理上淡化“考试没考好是因为自己没有用，自己笨”；强化“我有很多优点，即使我笨，勤也能补拙”。要使阳阳明白，是不合理的信念导致他情绪上的沮丧和无望，以至于自己在学校时会很紧张。一次考试失利，并不能证明永远都考不好，只要发现学习上的不足，并加以改正，成绩就可以提高。

全面了解阳阳的情况，与阳阳共情、同感、取得其信任，是辅导治疗的关键。给孩子构建新的认知过程并非一蹴而就，是父母全力支持孩子利用自己头脑思维并改进的过程，是孩子重塑自我的过程。在行为问题的矫正中，仅靠孩子构建新的认知是远远不够的，父母必须给孩子一些实用技巧的指导。

因此，对于孩子抑郁的治疗，首先要想办法使孩子在心理上推翻原有的认知，再根据个体的实际情况帮助孩子构建新的认知。当父母构建的那种认知开始进入孩子心理的时候，再用事例或话语激励孩子，以此来强化孩子新的认知，这是矫正孩子抑郁心理成功的关键。需要注意的是，有的孩子意识到了自己得了抑郁症，想要求助于心理医生，可是很多父母不信孩子心理有病，并且认为找心理医生是丢面子的事情，因而加以阻拦，贻误了孩子的治疗时机。

他嫉妒学习比他优秀的同学

嫉妒是一种比较复杂的混合心理，其中包含焦虑、恐惧、悲哀、猜疑、敌意、怨恨、报复、羞耻等心理成分。从本质上来讲，嫉妒是一种不健康的心理状态，它往往会带来竞争、攻击和对立的后果。

当然，一定的好胜心理可以促使孩子在生活和学习中更加努力，但是，如果孩子的好胜心过强，就会发展成为嫉妒心理。嫉妒心理对孩子们的交往具有不良的影响，会妨碍到孩子的进步。嫉妒心过强的孩子，看到别人超过自己就会觉得不服气，心里就会觉得不舒服，甚至会因此而怨恨别人，这样孩子就不能很好地和其他人交往，因此，如果发现孩子的嫉妒心过强的话，父母一定要做好心理疏导工作。

嫉妒是孩子自我意识觉醒的外在表现。一般来说，两岁半之前的孩子暂时还不会表现出嫉妒，但是随着孩子年龄的增长，孩子的心理逐渐发展，自我意识开始萌芽，逐渐意识到了“自我”，就开始与周围的伙伴攀比，对于自己不能达到的目标往往会充满不甘，这个时候，如果别人做到了，孩子对这个“幸运儿”的心理排斥和强烈的妒意就会冒出来了。嫉妒一方面是孩子待人不够宽容的具体表现，另一方面也是孩子自我意识开始觉醒的表现，是孩子成长的副产品。通常，嫉妒情绪强烈的孩子，好胜心也很强，愿意为某一方面超过同龄人而付出双倍甚至更多的努力。父母要做的，就是解决因此而产生的虚荣、攀比、说谎、任性等负面因素，而不是把嫉妒背后的进取动力也一并扼杀。

虽然说孩子的心理发展不成熟，很多事情可能并没有大人思虑周全，但是，孩子的心思却也不一定会比成人简单。嫉妒心强烈的孩子，往往会在心里形成一种不正确的嫉恨。比如，老师在上课的时候表扬了一个表现不错的学生，而另一个表现得差不多的孩子却没有得到表扬，他可能就会表现出闷闷不乐的情绪，因为自己没有得到表扬而感到不高兴。这种不良情绪压抑得久了，这种“不高兴”便会转移到那个表现得好并受到表扬的孩子身上变成了嫉恨。可能这个孩子为了攻击被表扬的孩子，会在老师面前诋毁他，打小报告，甚至扬言和他有仇，为他的失败而幸灾乐祸等。

小月是个漂亮的女孩，今年已经上小学四年级了，成绩一直也十分不错，所以无论是在家里还是在学校中，小月几乎是在一片表扬声中长大的，小月自己也十分好胜，什么都要求自己做到最好，容不得一点不足。

有一个周末，妈妈带着小月到朋友张阿姨家去做客，张阿姨也有一个女儿多多，年龄比小月小一岁，从小就学习绘画，现在绘画水平已经算是这个年龄的孩子中非常优秀的了，好几次参加少儿绘画大赛都是第一名，张阿姨也是引以为傲。

到了张阿姨家里，大家免不了一番客气，家里的墙上有好几幅绘画作品都是多多画的，妈妈看到之后就夸奖了几句，张阿姨也在夸奖多多，妈妈还说希望多多画一幅画送给自己，回家之后也裱起来挂在墙上，几个大人热热闹闹地说笑着，本是一番融洽的气氛，却让小月十分不舒服，她感觉大家都在夸奖多多，却没人说自己，明明自己也非常好，多多的成绩远不如自己呢，小月的心里十分不是滋味，就突然酸溜溜地说："她就是画得再好也成不了凡·高，有什么用啊。"小月的一句话让妈妈十分尴尬，也很震惊，这个孩子怎么这么爱嫉妒啊，大家不过夸人家几句，她就受不了了，以后还怎么和更优秀的人相处呢？

别的孩子受到了表扬，自己就会暗中不服，甚至公开挑别人的毛病，很多嫉妒心强的孩子都会有小月这样的行为。他们不允许别人比自己做得好，也不愿意听到夸奖别人的话，往往去指责别人，或是想办法让别人不如自己；也有的孩子会因此性格逐渐变得古怪起来。这些对成长中的孩子来说都是有害的。

心理学家发现，年龄较小的婴幼儿大多数都有嫉妒的表现，但是，如果孩子到了五六岁，嫉妒心还是特别强的话，父母就必须重视。因为这种毛病如果长大之后还继续存在的话，会带来种种心理障碍和人际关系的不良影响。孩子的年龄还小，即使到了青春期，仍旧是难以做到很好地自我控制，一旦嫉妒起别人来，常常会情不自禁地去伤害别人，小一些的孩子可能会抢别人的玩具，将别人的心爱之物藏起来，甚至打人、推人、踢人等，长大一点的孩子可能会稍微理智一些，但是也会做出一些有害于别人的事情。父母应该让孩子明白，自己这样的行为会伤害到别人的感情，是一种十分不友好的行为，应该引导孩子向对方道歉，鼓励孩子与别人友好相处。

因此，很多父母在发现孩子的嫉妒心过强的时候，认为这种心理对孩子的成长没有好处，进而打压孩子的这种情绪和心理，然而，一味打压只会加深孩子内心的矛盾和扭曲，让孩子的不良情绪无处发泄。父母应该鼓励孩子把这种不良情绪说出来，这才是排解孩子内心压力的最佳途径。如果孩子的嫉妒对象是小伙伴，父母应该鼓励孩子当着对方的面说出自己的羡慕和不甘心，比如，有个孩子钢琴弹得好，别人都会夸奖他，孩子可能就会觉得不甘心，这时可以鼓励孩子对对方说出自己的感受：我很羡慕你有钢琴，还弹得这么好，我只有电子琴，怎么练习可能也赶不上你了，等等。当孩子说出自己的真实想法之后，孩子很有可能会得到对方的呼应和帮助，比如，对方可能会说：那你以后常来我家，我们一块儿练习钢琴，我可以教你弹的。或者对方会说：弹钢琴一点意思都没有，我才羡慕你可以经常和朋友一块儿到处玩呢。无论对方给出哪一种回应，都可以极大地缓解孩子的妒意和压力，不会让孩子自责“我不如他，我有问题”，从而让孩子心理健康地长大。

嫉妒是表现在孩子身上的一种十分典型的毛病，它强烈地影响了孩子情绪的稳定和快乐，影响良好人际关系的建立，因此无论是父母还是老师，应该积极帮助孩子走出嫉妒心理，让孩子的心重新回归纯粹、烂漫。在鼓励孩子友好竞争，争取做到最好的同时，让孩子知道竞争终归是在友好关系的基础上进行的。对于好胜心强的孩子，父母应该小心委婉地询问孩子不高兴的原因，或者多让孩子倾吐心中的不快乐。对于有些好胜心的孩子，多数都有自卑感，觉得自己没什么可取的地方，只知道嫉妒强者，给自己造成心理上的内耗，所以家长应该正确地进行疏导，并加以鼓励，给孩子信心，这样孩子的嫉妒心也就会自然而然地烟消云散了。

总之，培养孩子的心理健康是极为重要的，因为只有从小具有良好的心理素质，才会在今后的生活中不怕困难、不怕挫折。

避不开的“叛逆期”

许多孩子在小的时候在父母的眼中都乖巧可爱，可是随着年龄的增长，心理也不断成长，到了孩子十几岁进入青春以后，就开始喜欢和父母唱反调了，对于父母的话他们总是“左耳朵进右耳朵出”；就是天大的事，孩子也不愿意和父母说……一个孩子在成长的过程中，几乎都会出现这样的状况，而且这种状况往往会持续两三年。很多父母难以接受转变，感觉孩子和自己不亲近了，总是处处与自己作对，在生气的同时还感到十分伤心。其实，父母大可不必过于伤心，叛逆是每一个孩子在成长中一个必然的心理过程，心理学家把孩子专爱和父母、老师作对的这一时期成为孩子的“叛逆期”。

“叛逆期”是一个人从孩童过渡到成人的关键时期，如果父母不加以正确的引导，就会导致孩子的叛逆性格，而且严重者还会因此产生许多病态的性格，比如多疑、偏执、冷漠、不合群、对抗社会等。这些性格如果进一步发展的话，还可能会向犯罪心理和病态心理转化。叛逆起源于孩子自我意识和好奇心的增强，加上现在社会媒体的快速发展，孩子的信息来源十分广泛，社会和媒体的不断冲击，促使孩子对许多东西产生兴趣，他们便要通过表现个性、追逐潮流来满足自我意识的好奇心。当孩子的自我意识和好奇心超出一定程度的时候，孩子就会表现出叛逆的性格，这个“度”超出的越多，孩子就会越叛逆，叛逆的危害也就随之加剧。

叛逆期的孩子，对身边凡是管教自己的人都会表现出强烈的反抗情绪，甚至对社会也会有反抗情绪，他们希望表现出自我价值，想要引起别人对自己的注意，这就使得他们常常会标新立异，追求个性。比如，这个时期的孩子可能穿一些奇装异服，就是要打扮得跟别人不一样，有的甚至希望自己是个“异类”；有的孩子会做一些引人注目、与众不同的事情，或者说一些让人大吃一惊的话等，其实这样的做法无非就是希望自己令别人刮目相看。当然，孩子的这些举动在成年人眼中会觉得有些幼稚，但是正是因为孩子的心理还不成熟，他们的想法难免会有一些让我们大人觉得幼稚的地方。这一方面是因为孩子年少，缺乏适应社会环境和独立思考的能力；另一方面，孩子在这个年龄的时候，独立意识空前强烈，表现欲旺盛。换句话说，就是这个时期的孩子希望在社会上通过展示自己和别人不一样来体现自己的价值。了解到这些，父母也就可以理解孩子在这个时期的种种举动了。

杨乐一直是家里的乖孩子，从小就非常懂事，即使在人人厌烦的七八岁阶段，杨乐也没有让父母操过心。但就是这样的一个乖孩子，在升入初中二年级之后，完全就像是变了一个人，处处与父母对着干，整天让父母头疼不已。

一个周末，杨乐早晨不肯起床，妈妈喊了好几次都没有喊起来，以前他可是每天都按时起床，吃完饭就写作业，写完才出去玩的。于是，妈妈就生气地走进他的房间直接掀开杨乐的被子说：“赶紧起来，再不起来就没饭吃了。”杨乐看到妈妈直接掀被子，生气地说：“不吃就不吃，谁稀罕啊。”说着一把拽过被子倒头就睡。

等到快接近中午的时候，杨乐才起床，洗刷完之后就站在镜子面前打扮，穿着一个破洞的牛仔裤，小小的孩子还穿个花衬衣，妈妈看到后说：“你这是什么打扮，跟个小混混一样，赶紧换下来。”杨乐一边照着镜子打理头发，一边说：“你懂什么，这样才时髦。”妈妈拿了衣服让他换下来，他也不换，妈妈再唠叨，杨乐直接冲着妈妈喊道：“我都多大了，你能不能不要总是管我，以后我的事情不用你管！”说完就摔门而去。

最近杨乐总是这样，妈妈说一句他顶十句，妈妈说多了他就发脾气。真的是越来越不听话了。

就像杨乐的父母一样，很多父母在孩子的叛逆期都会有这样的感觉，孩子似乎变“坏”了许多：频繁地发脾气，与父母总是争吵不断，总是对抗和拒绝父母的要求和原则，越不让他们做的事情他们偏偏去做……似乎每个叛逆期的孩子都会给父母这样的感觉，对于孩子的这些表现，父母如果加以正确的引导，这便不会影响孩子的健康成长，但是如果父母处理不好，将会影响到孩子的心理成熟和身体的发育。对于子女的这段叛逆期，如何正确地进行引导，这是每位父母在家庭教育中都应该注重的问题。

那么孩子为什么在叛逆期总是与父母和老师对着干呢？在叛逆期，孩子的思维方式由儿时的感性思维转变为更加理性的思维，孩子的自我意识也会逐渐加强，处处要体现“我”的存在。但是孩子对事物的理解缺乏深度，体现自我又没有更为广阔的市场，于是他们就会寻找实现自我的环境，因此，离孩子最近的父母和老师就成了“受害者”，他就靠和父母或者老师“对着干”来体现自我。

当然，孩子在叛逆期虽然总是喜欢和父母、老师唱反调，但也不完全是负面的。很多人认为逆反心理会有碍孩子的身心健康，这也不是不对，如果处理不好，的确会有碍于孩子的身心健康，但是，叛逆也并非一无是处，毕竟并不是大多数人认为对的东西就一定是对的，孩子的一些不同的看法和做法，也不一定全然错误。

从上文中我们也可以得知，孩子叛逆的一个原因就是教育存在一定的弊端，而孩子的叛逆正好可以揭露这些弊端，在一定程度上督促人们对孩子的教育方法做出改进。另外，孩子产生叛逆心理，是其天性的自然流露。从另一个方面反映了孩子的自我意识增强，孩子的好胜心强，勇敢，有闯劲，能求异，能创新。现代社会充满了竞争和挑战，迫切需要具有创造性思维、能开拓、能进取的人才。因此，父母要善于发现孩子叛逆心理中的创造性品质和开拓意识，并合理引导。只要引导合理，孩子的叛逆心理是能够发挥积极作用的。

犯错误后，他开始对家长撒谎

很多孩子犯了错误以后总是拒不承认，甚至用撒谎来敷衍父母，这种不诚实和不负责任的表现让家长感到很是头疼。其实，孩子犯错误总是难免的，重要的是孩子犯了错误以后，父母用什么样的方法去教育孩子。父母的教育方法得当，才能让孩子从小养成勇于承认错误的好习惯。

然而，很多家长对孩子苛求完美，他们给孩子制定了很高的标准，要求孩子守规矩，不允许孩子犯错误。一旦孩子犯了错误，父母就会特别急躁，不是对孩子横加指责就是责骂惩罚，根本就不给孩子解释的时间和机会，正是因为父母的这种态度，才让孩子不愿意承认自己的错误，甚至用撒谎的方法意图隐瞒自己的错误。其实我们都应该知道，任何人在成长的过程中都会犯错误，成长本身就是一个不断犯错误、不断更正的过程，而孩子主动承认错误，学会发现和认识错误，并从错误中吸取经验，这才是最重要的。

然而，很多父母并不明白这个道理，而是认为孩子“不打不成才”“棍棒底下出孝子”，因此只要孩子有一点点的过失，不是打孩子就是骂孩子，让孩子在错误面前惶惶而不可终日。中国父母最常见的责备手段就是在打骂之后还要罚站、罚跪、不准吃饭等。其实，这种教育方法不但不能使孩子认识到错误，还会使孩子为了逃避打骂而不讲真话，久而久之，就形成了撒谎的坏习惯。因此，打骂、体罚会给孩子的身体和心理都带来极坏的影响。

当孩子撒谎的时候，不同的孩子会有不同的理由。孩子撒谎，父母要认识孩子这种行为的本质或心理属性，那就是孩子撒谎是因为“趋利”“避害”这两者之一，或者两者兼而有之。

从上文中我们可以得出结论：父母对孩子的错误一味责备是孩子撒谎的原因之一。在孩子刚刚出现错误的时候，很多父母见到孩子有点错误，不是大声责骂，就是用体罚来对待孩子。久而久之，给孩子的感觉就是父母有这样一个习惯：自己有错误，父母肯定会责骂自己。没有哪个孩子不怕父母惩罚的，于是孩子犯了错以后，总是想方设法瞒着父母，如果父母发现了孩子的错误，孩子就会编造谎话来欺骗父母。比如孩子打碎了一个花瓶，他就会想：这下坏了，又要挨打了。于是，为了逃避父母惩罚，他可能就会说是家里的小猫或者小狗上蹿下跳的时候打碎的。所以，孩子撒谎的原因往往就是逃避父母的责备。当父母对孩子错误的责备形成一种习惯的时候，孩子的撒谎也就形成了一种习惯。

奇奇平常放学回家都是喜欢在楼下小区广场上和一群小伙伴玩耍，总是要等到妈妈去喊他吃饭才不情愿地回家。这天和往常一样，奇奇回家放下书包就出去了，妈妈也没有在意，等到做好晚饭之后，妈妈就到广场上去找奇奇。还没到广场呢，就听到一群孩子吵架的声音，妈妈也不禁加快了脚步。

走近一看，奇奇气鼓鼓地和明朗对峙着，明朗用右手捂着自己的左胳膊，但还是能看到明朗的左胳膊上有一排牙印，并且还擦破了点皮。妈妈一看就明白是奇奇又闯祸了，这个孩子就是脾气大。于是赶紧上前去看明朗的伤，还故意吓唬奇奇说：“这可怎么好呀，这么严重得去医院。”然后转过脸来问奇奇：“你为什么咬明朗啊？”奇奇看到妈妈本就吃惊，被这么一问先是一愣，接着说：“我没咬！”妈妈指着明朗胳膊上的牙印说：“都有牙印了，还说没咬？”

奇奇蛮横地说：“没咬就是没咬，我咬的不是这样的，不信，我咬一个你看看。”说着抬起自己的胳膊就要咬下去，妈妈赶紧拉下他的手，说：“你怎么这样啊？太不像话了！”奇奇见到妈妈生气了，还一副不信任自己的样子，便一边哭着一边说：“我就是没咬。”

妈妈觉得应该先带明朗去处理一下伤口，就先稳住奇奇说：“也许真的不是你，不过这里有这么多人看着呢，明朗的伤也已经好多了，我先带他去医务室，等会儿找几个人来证明一下，行吧？”奇奇低着头并没有作声。妈妈继续开导说：“我觉得如果确实是你错了，自己认错比较好，找别人来证明是你的话，那就是错上加错，好孩子应该勇于承认自己的错误。”奇奇还是低着头，不过很小声地说：“那让我想想吧。”妈妈也没有着急，而是先带着明朗处理了一下伤口。妈妈回到广场上，奇奇还站在那里，低着头有些不好意思地说：“对不起，妈妈，我错了，我给明朗道歉，行吗？”“当然行啊，承认错误很好，改正错误更是好孩子。”妈妈笑着说，然后接着问他：“能告诉妈妈，刚才为什么不承认吗？”奇奇说，是因为听到妈妈说还要去医院，有些害怕，觉得自己闯了大祸了，爸爸肯定又要打自己了。

孩子不愿意承认错误，不惜采用撒谎来欺骗父母，多半的原因是看到错误的后果感到害怕了，更害怕父母对自己的惩罚。奇奇不愿意承认错误是因为害怕爸爸回家知道后会打自己。孩子的表现不可能尽善尽美。由于孩子的心理发展还不成熟，自我控制能力也十分有限，一不小心就会犯了错，比如判断失误、记错事情、受人干扰分了心……这些大人如果不给孩子澄清、解释的机会，孩子就会想办法编造借口以逃脱惩罚。

既然知道了孩子撒谎是为了逃避父母对他们的责备，那么父母如果能和孩子民主相处，让孩子把自己正确和错误的行为都告诉父母，然后父母帮助孩子分析哪些是对的，哪些是错误的，耐心细致地给孩子讲解，分析哪些地方做错了，为什么会错，会有哪些危害。这样孩子不仅懂得了道理，而且十分容易接受。父母对孩子没有了责骂，孩子有什么错误就不怕跟父母说清楚了，那么孩子自然就不用说谎了。

所以，父母想要改变孩子说谎的毛病，就必须关注孩子谎话背后的恐惧心理。父母最好能放下长辈的架子，站在孩子的角度，设身处地为孩子想一想，孩子为什么要撒谎？父母对于不诚实的孩子，不能总是责备，更不能讥讽、打骂孩子，那样只会雪上加霜。父母应该要注重和孩子沟通，能成为孩子的感情归宿，孩子自然就会跟父母讲心里话。

消除孩子的虚荣心

现代家中的孩子少，父母总是担心孩子受委屈，于是对孩子总是有求必应。自己孩子的穿的、用的都不能比别的孩子差，别人的孩子买什么自己的孩子也得买，决不能让别人把自己的孩子比下去。于是，在父母无意识的纵容下，孩子的欲望也会无限地膨胀。另外，独生子女的父母对孩子的溺爱也非常严重，在说到孩子的时候总是爱讲孩子的优点，掩盖孩子的缺点，甚至在亲朋好友面前总是夸耀自己的孩子，孩子听到的都是赞美的声音，很少有人指出孩子的缺点和不足，而父母却往往对别人的孩子妄加指责。由于孩子受到年龄的限制，其心理发展还不成熟，对自己的客观评价能力还很差，相信父母的绝对权威，因此，慢慢地，孩子就从父母口中的“十全十美”变成自己心中的“十全十美”，再也容不下别人超越自己。

从上面可以想见，在父母的影响和不正确的教育下，孩子逐渐就会形成虚荣的心理，什么都要比别人好，容不得别人超越自己。这对孩子的成长显然是不利的。由于13岁之前的孩子辨别能力不强，容易受到周围环境的影响，很容易就会产生攀比心理，继而出现攀比行为，而且常常是愈演愈烈，等父母发现孩子行为不妥，想要改变的时候就晚了。孩子的虚荣心理常常表现为下列几种行为：

（1）比美：这常发生在女孩之间，当然男孩也会有类似的比较。比如挑新衣服穿，看见别人穿了一件新衣服，一定要买件更漂亮的；穿了新鞋总是想要展示在大家面前，故意伸着脚，希望会被人注意到，进而夸自己。

（2）比富：现在的生活条件好了，大人尚且喜欢夸耀，何况是孩子，很多孩子喜欢在别人面前夸耀自己家的汽车、新电视，有时也会对别人说自己的爸爸“乘飞机”去了哪里，还给自己买回来什么好东西，妈妈带着自己到哪个豪华的餐厅吃饭了等。

（3）比“能”：这与父母平常的夸奖有关，很多孩子常常被夸奖，就会以“神童”自诩，认为自己什么都会，对别人的能力嗤之以鼻，常在别人面前说：“这有什么厉害的，我还会算几百加几百呢！”这样的孩子爱听表扬，却受不了别人的批评，做什么都喜欢赢，输不起，只要别人比自己好就会大哭大闹，失去心理平衡。

姗姗今年读小学三年级，学习成绩非常好，更是多才多艺，深受同学和老师的喜爱，父母也感到十分骄傲，在家里总是希望把什么好东西都给姗姗；而姗姗自己也非常要强，什么都要最好的，自己的学习好不算，还要让自己穿的要好，用的也要好，不能在同学们面前“丢了面子”。因此，姗姗经常要求爸爸妈妈给自己买这个买那个的，只要同学有了什么自己没有的好东西，就非让爸爸妈妈给自己买。由于就这么一个女儿，爸爸妈妈也一直随着姗姗的性子。可是没有想到，这样的纵容让姗姗逐渐形成了虚荣心理。

一天，老师在班上通知大家请家长参加期末联欢会，要让自己的爸爸或者妈妈来参加。这是第一次开联欢会，大家都有些兴奋，但是姗姗却高兴不起来，以前学校里有什么事都是爸爸来的，但是最近几天爸爸出差去了，还没有回来，而自己的妈妈只是商场里卖鞋的，要是被人认出来自己就丢人了。原来姗姗一直说自己的家庭条件很好，并不想让大家知道自己的妈妈只是个卖鞋的。

于是，姗姗就去找大姨帮忙。姗姗的大姨是名医生，姗姗觉得当医生特别体面，而且姗姗还要求大姨开着姨夫的车去学校，这样自己才会有面子，同学们一定会羡慕自己的。妈妈听到姗姗的大姨说了姗姗找她帮忙的事之后，不仅感到十分伤心，更是感到焦虑和担忧，姗姗才上小学三年级就这么贪慕虚荣了，以后可怎么办啊？

从上面的例子我们可以看出，姗姗之所以形成虚荣心理，与父母的教育脱不了干系。很多父母和姗姗的父母一样，认为家里只有这么一个孩子，经济条件又还不错，就会对孩子的要求来者不拒，从小给孩子买一些高档的玩具、名牌服装，喜欢在吃、穿上让孩子高人一等，反而不注意孩子的修养和品德教育，还有的父母甚至会给孩子大额的零花钱来显示自己的富有和与众不同。父母对孩子一味“吹高”“捧高”，让孩子在一片赞扬声中长大，从来不舍得让孩子经历任何挫折。在这样的家庭环境和教育之下，孩子形成虚荣心理也就不足为奇了。

当然，除了家庭的原因，孩子自身也是有原因的。七八岁的孩子心理还不成熟，还没有很强的辨别是非的能力，客观评价的能力也非常差，因此不能客观评价自己。加上从幼儿时期，孩子就很容易过高地评价自己，以为自己什么都比别人强，这也是孩子自我意识发展中的常见现象。

我们大家都非常明白，每个人多多少少都会有一些虚荣心理的存在，但是过分的虚荣于孩子的发展百害而无一利，不过，当父母发现孩子有过强的虚荣心理时，也不要过于急躁，只是空口说教或者命令式的禁止孩子是无法从根本上解决问题的，父母应该采取必要的方法加以纠正。

父母要注意孩子的心态变化，多给孩子讲道理。要让孩子明白一个道理：与人攀比，拥有名牌衣物，并不意味着拥有了较高的地位，只有依靠自己的努力取得成功，才能获得别人的尊重。教孩子根据自己的需要来买东西，让孩子学会理性消费。可以让孩子知道家庭的收入开支状况，这么大的孩子多少可以理解，这样孩子心里就会明白自己不能花钱大手大脚。当然，如果父母的工作辛苦，可以让孩子见到父母工作的场景，让孩子明白挣钱的不容易，让孩子明白通过自己的劳动来获取报酬，从而让孩子懂得节俭的重要性。

当然，对于孩子的表现，父母要做公正的评价，客观点评孩子，不要过分夸大孩子的优点，也不要隐藏孩子的缺点。对于那些符合道德规范的行为，父母应该给予适度地表扬，对于孩子的缺点也要及时指出并纠正，这样孩子就会明白自己并非十全十美，也是有不足的。这样孩子在以后的生活中就不会觉得自己十分完美，从而听不得批评了。

要消除孩子过强的虚荣心理并不是一朝一夕就可以完成的，父母只有以自己的言行在生活中一点一滴地给孩子做出正确的示范，并通过恰当的时机让孩子感受到虚荣心理过强所带来的烦恼和痛苦，从而自觉地意识到虚荣心过强是不利于自己成长的。

自卑的孩子没有自信

有很多孩子，他们在心里不相信自己的实际能力，害怕在做事时失败，在学习或社会交往活动中也表现出一定的退缩。这样的孩子，在做事情的过程中，只要遇到一点挫折，就会轻易放弃，更是无法说服自己去做一件比较困难的事情。虽然这样的孩子内心也十分渴望成功，但是由于对自己的能力缺乏信心，往往会认为自己不行，就算自己努力去做也是白费力气，失败了还会被人看笑话，不如早早退出的好，他们不去参与任何有挑战性的活动。这样的孩子在集体生活中能不露面就绝对不会露面，也很少主动与同伴交往，一般来说，这样的孩子没有太多的朋友，或者过分依赖于某一个能保护自己的同伴。这种对自己没有信心的孩子，他们的心理往往是自卑的。

从心理学的角度来看，自卑属于一种性格缺陷，具体表现就是对自己的能力和品质评价过低，缺乏正确的认识。孩子过多地否定和贬低自己而抬高别人，影响了对自己正确、客观的判断，不能客观地、正确地看待自己和周围的人和事，就会影响到孩子的健康成长。这种自卑的心理在日常生活中具体体现为胆小懦弱、办事无胆量、畏首畏尾、随声附和、没有自己的主见、一遇到有错误的事情就一味是自己的不好，进而陷入一种自我谴责的泥潭中不能自拔。在这种性格缺陷下，孩子就会像一株生长在阴暗角落里的含羞草，终日见不到光明和希望，只能无助地自怨自艾。自卑对孩子全面的健康发展是极其不利的，长此以往，孩子将会因此丧失勇气和信心，而且，一旦孩子对自己某方面的能力丧失信心，可能就会连带着对自己其他方面的能力也丧失自信，最后造成多方面甚至全面地落伍。如果发展到严重丧失自信心的地步，孩子还会出现更多生理上或心理上的异常。所以父母对此要尤其注意，应该尽快并且彻底地帮助孩子脱离出自卑的阴影。

然而，对于孩子的自卑心理，很多父母由于忙于工作，很少会注意到，或者是根本就无法理解孩子，更谈不上尽早发现而及时补救。更有父母任由孩子的自卑心理伴随孩子成长，他们不知道这样不仅仅会使孩子得不到很好的成长，还会给孩子带来更大的痛苦和折磨。

张林已经上初中了，成绩也非常不错，就是胆子小，最大的问题是上课的时候极少发言，就算是老师点名让他来回答问题，他也是支支吾吾，明明答案说得很对，但他却像是不知道一样害怕。在班里做别的事情也是这样畏畏缩缩的。在家里的时候，妈妈就是让他接一下电话，他也是拿着手机不说话，即使说了，声音小得几乎听不到；家里如果来了客人，张林就躲到自己的房间不肯出来，就算客人中有和他年龄相仿的孩子，张林也不出来和对方玩。妈妈看到张林这样胆小，就到学校和老师商量着改变他这种自卑胆小的状况。

于是班主任特意找他谈话，希望张林当班里的副班长，负责班里的卫生工作，可是张林死活不肯，站在老师面前，一副不知所措的样子。老师坚持让他做副班长，张林竟然流起眼泪来，老师只好作罢。老师建议张林的妈妈先找到孩子自卑的根源，这样才能对症下药。

原来，张林从小体弱多病，妈妈几乎是含着泪水看着他长大的，为此还辞去了自己的工作，专门在家抚养张林。妈妈觉得自己为这个孩子付出太多了，因此，妈妈对张林抱有很大的期望，对张林的要求也非常严格，不允许张林做错事情，不允许他贪玩，更不允许张林的成绩落后于别人。妈妈完全用一个完美的标准来要求张林，只有在他表现得非常优秀的时候，妈妈才会感到欣慰，如果他没有表现好，妈妈就会很生气，就用打骂、挖苦、吓唬的手段来“教育”张林。久而久之，张林自己就不愿意出去玩了，也不愿意说话了，每天就是自己待在房间里学习。刚开始的时候，妈妈感到十分欣慰，觉得张林特别懂事，知道鞭策自己学习，然而，时间长了，孩子就变成了现在的这个样子，想改也不知道怎么改了。

通过上面的这个例子，我们可以了解到父母对孩子自卑心理的形成有很大的作用。在13岁之前的孩子，还不能客观地对自己进行评价，他们更多的是通过父母的态度和评价来认识自己，因而父母的态度和评价，对于孩子自卑心理的产生，具有重要的诱发和强化作用。张林就是这样的一个例子，妈妈在他表现不好的时候总是打骂、挖苦、吓唬他，让张林觉得自己一直不够优秀，因此逐渐产生自卑心理。在父母看来，孩子似乎永远都是无忧无虑的，以为自己把孩子照顾得很好。但是事实上，孩子也有孩子的苦恼，自卑就是其中最可怕的一种。很多孩子在生活上和学习上存在困境，都是因为他们对自己的信心不足，尽管不是本身有什么缺陷或短处，使孩子自惭形秽，仍旧感到自己就是比别人差。自卑的孩子通常会认为自己在某一方面或多个方面不如别人，甚至样样不如别人，常以一种怀疑的眼光看待自己，而且对周围人的言行、态度反应也是格外敏感。这样的孩子在生活中，往往在内心深处隐藏着永不消散的愁云。

孩子自卑心理的形成有着多种原因，其中主要是受家庭环境和他人态度的影响。从这两方面可以看出，父母起到很大的作用。这也就是说，孩子的自卑，父母往往要承担很大一部分的责任。但是在现实中，很多父母意识不到孩子对自己没有信心有时就是自己造成的，他们对孩子的这种心理不去教育也不去引导。孩子并不是生来就有自卑心理的，这种心理是后天教育不当养成的。孩子是脆弱的，他们很容易受到伤害，大人成熟的心理是体会不到的，他们可能觉得自己的举动很正常，对孩子的教育也很到位，父母不知道他们有时正在培养着孩子的自卑心理。

孩子有了自卑心理，如果得不到及时的纠正，不仅有碍于孩子的健康成长，在孩子长大以后也会因为这些不良的情绪而影响到自己未来的家庭。要改变孩子的这种坏的心理状况，最忌讳的就是用批评、斥责的语言，父母要随时随地用语言鼓励孩子去做一件事，成功了，就多加赞赏；即使不成功，也要想方设法使孩子对失败感觉不到太大的压力。在做事的过程中找孩子的优点，使孩子有信心面对事情，这样才能充分发掘孩子的优势和潜能。

只要在矫正孩子的自卑心理时，多给孩子以赞赏，孩子就会慢慢地有胆量面对困难，孩子有信心了，胆子就会大起来，做事就会有主见，一个能干的孩子就会出现在你的面前。

孤独和自闭关上了孩子的心门

现在社会是个快节奏的社会，由于生存的压力，很多父母都在不停地忙碌着，他们很少去关心孩子的内心世界。然而，当孩子长大之后，尤其是孩子在进入青春期之后，一些父母非常渴望知道孩子在想什么，渴望能时不时地与孩子说说心里话。但是经过多次的尝试之后，无数的父母失望地发现，孩子心灵的大门似乎紧紧地锁上了，无论怎么努力都打不开。

然而，在孩子对父母将心门关上之后，各种各样的问题也就随之而来了。

小晨是个刚刚升入初中一年级的学生，父母每天都上班，即使到了周末也总是在加班，所以很多时候都是小晨一个人在家，有的时候遇到问题了，想要问问爸爸妈妈，但是爸爸妈妈下班后都累了，不是敷衍几句，就是直接冲着小晨发脾气。所以，小晨也就不敢问了。慢慢地，小晨就变得不爱说话了，学习成绩也逐渐下降。因为自己上课总是走神，回到家之后有些不会的问题也没法问父母。时间长了，小晨也就失去了对学习的兴趣。

小晨在升初中的时候，成绩自然也没有考好，爸爸妈妈狠狠地说了他一顿，让他以后好好学习。小晨以为爸爸妈妈又开始关心自己的成绩了，也想把成绩往上提，就在课下问同学或者老师，但是自己落下的实在太多了，有时老师也会失去耐心，这让小晨士气大挫，也感到很自卑。回家问爸爸妈妈，爸爸妈妈还说小晨太笨。于是，小晨又重新缩回去了，感觉大人根本就不可靠。

以后再遇到什么问题，小晨谁都不问了，就让问题一直堆积在心中，同学们也都觉得小晨太不爱说话了，有时大家都会觉得班上根本就没有这个人存在。在初中一年级结束的期末考试中，小晨又因为成绩太差，遭到老师和爸爸妈妈的批评，小晨承受不了这样的压力，最终在暑假中选择跳楼，结束了自己年轻的生命。

看完这个故事，我们不禁震惊：是不是现在的孩子心灵太脆弱？是不是孩子太不珍惜自己的生命了？其实，最根本的原因是孩子的心理没有得到健康的发展，由于找不到沟通的途径，找不到解决问题的方法，孩子的心灵被压抑了、被堵塞了、被扭曲了，所以孩子要结束自己的生命，他认为生命的结束就是一种解脱。

在亲子不能很好沟通的家庭，青春期的孩子是孤独的。他们对于生死、对于人生都有了朦胧的认识，但由于心理承受能力弱，往往会将事情想得很糟糕，容易对人生和社会失去信心；对于父母的关爱，他们不再像以前一样感到温暖贴心，而是觉得唠叨刺耳，他们觉得那种关心变成了一种刺探，那些爱护变成了禁锢他们的“紧箍咒”。

据北京某研究所发布的一项最新调查结果显示：有34.9%的孩子对“孤独”感到担心、忧虑。负责这项调查的研究员纪秋发说，在这项历时一年、共访问了北京市1000名大学生与中学生的调查中，他们发现很多孩子经常提及“孤独”“郁闷”之类的词语。

孩子希望自己能够像一个大人一样拥有自己的天地，然而却得不到支持，于是，他们觉得自己干什么都不被理解，就连平时挺要好的同学和朋友，现在也不是那么亲密无间、无话不谈了，自己一肚子心事，不知道该和谁说。所以，很多青春期的孩子总是会发出这样的感叹："我好孤独，为什么没人理解我呢？"

自闭和孤独往往结伴而行，因为孤独而自闭，而自闭又导致了孤独，他们就像两扇沉重的铁门，把孩子的内心紧紧地关闭起来。孩子的自闭和孤独一般表现为情绪低落、悲观、厌世，严重的自闭则会出现自杀的现象，就像上面那个例子中的孩子一样，他选择自杀，在很大程度上就是因为心灵的闭锁。所以，要想孩子健康成长，远离自闭和孤独的心理，父母就要加强与孩子之间的沟通，走进孩子的内心世界。

自闭、孤独的孩子大多数是由家庭环境引起的，当然，也有少数是由于学习或者考试失败而造成的。所以，无论是一个完整的家庭，还是单亲家庭，父母都要找点时间，陪孩子聊一聊，哪怕是极短暂的对话，也会起到非凡的效果。另外，由于长大之后的孩子，特别是青春期的孩子比较敏感，父母的一言一行都对孩子有着很大的影响，所以，父母要给孩子更多的特别的关爱，让孩子体会到这种关爱，从而让孩子逐渐远离孤独和自闭。

另外，性格孤僻、不合群的孩子，常常把自己孤立起来。心理学家认为，一个人在独处时，心理活动就会转入内部，朝向自我。孤独的孩子因为长期独处，所以心理活动的范围变小，活动的内容和范围也会变得越来越窄，孩子也只能翻来覆去在某几个问题上转，再加上孩子的认知是有限的，所以就会发生心理活动走向片面，从而陷入深深的孤独之中而不能自拔。鼓励孩子与他人积极交往，在互相的交往过程中，孩子的注意力会被他人所吸引，心理活动就不会局限于个人的小圈子里面，性格也就会变得开朗起来。

另外，孩子长大之后，无论是身体上，还是心理上都会发生很大的变化。他们逐渐变成了一个小大人，开始自我欣赏。所以，这个时期，父母除了在生活上无微不至地照顾孩子之外，还应该做孩子的好朋友，在心理上给孩子自我发挥的空间，欣赏孩子，赞扬孩子，鼓励孩子，多说一些肯定孩子的话，加强孩子的自信心，就可以使他们的孤独感逐渐减少了。

第七章 孩子成长过程中的情绪问题

孩子爱生气、爱发脾气

每个人都会有不同的情绪，会开心，自然也会生气，大人是如此，小孩也是一样。发脾气是一种正常的情绪宣泄，但是，现在很多孩子动不动就会生气，会发脾气，而且不分场合，不分对象，大事小事稍有不开心就会发脾气，这就是一种不正常的心理状态了。

生气、发脾气是一种消极的情绪表现。孩子动不动就生气、发脾气，表明他们经常流露出不快乐的情绪。因此，爱生气、发脾气的孩子，心里肯定是不快乐的。而这种不快乐的情绪不断积攒，就可能会造成心理的不健康，继而导致心理问题的出现。孩子的情绪有一个不断发展和分化的过程，他们会从最初的哭泣吵闹、生气发脾气变成愤恨、嫉妒等。随着孩子的成长，到了七八岁的时候，孩子生气的表现就会越来越多。他们会把这种情绪表现当作向大人要求的信号。很多孩子在生气的时候会故意大声说：“我生气了！”然后嘴巴噘得很高，就是希望父母能够关注自己，关注他们的需求。当父母并没有如他们所愿的时候，他们就会通过发脾气来表达自己的不满，或者为了更大程度地引起父母的注意。

祥祥是个非常可爱的小男生，今年已经上小学了，学习也很自觉，但是有一点却让妈妈非常发愁，那就是祥祥总是动不动就生气，一天到晚，任何一点小事都可以让他生气，有时还会突然大发脾气！

有时候别人笑他，不管别人笑的啥，他都会生气。跟妈妈一起出去遇见别的小朋友的时候，如果妈妈夸其他的小朋友很乖或者很厉害之类，祥祥也会立刻就生气，不再理妈妈了。有时自己玩玩具的时候，拼装的玩具没有拼好，他也会生气地把玩具扔在地上不再玩了。要是妈妈哪句话没有说对他的心思，他就把嘴噘起来，任凭妈妈怎么叫他他都不理妈妈。因为祥祥总是淘气，妈妈有时就会批评他几句，这可不得了，他就会躲到自己的房间，“砰”的一声关上门，还在里面大声喊：“我生气了！”

有一次，吃过晚饭后祥祥和爸爸在下五子棋。父子两个你一步，我一步，有条不紊地较量着。眼看着祥祥就要赢了，可是没想到爸爸的黑子往中间一放，祥祥的白子就被隔成两段了，还没等祥祥反应过来，爸爸的黑子就抢占了先机，两步下来，爸爸反败为胜。这可让祥祥大为恼火，生气地冲着爸爸喊：“你耍赖，你耍赖！不行，这局不算，重来！”说着就一把把棋盘打乱，嚷嚷着要重来。爸爸说太晚了，不来了，让祥祥准备睡觉了，祥祥拽住爸爸的衣服非让爸爸重来，甚至手脚都用上了，爸爸看着像头愤怒的小狮子的祥祥，真的不知道这孩子哪来这么大的脾气。

和自己的妈妈也是一样，因为上小学之后祥祥每天都要写作业，可是他总是想看动画片，妈妈规定他只有在完成作业之后才能看电视。刚开始的时候，祥祥每天放学回到家就会立刻自觉地去写作业，然后再看动画片。但是没有坚持几天，祥祥就不行了，说是每次自己写完作业之后看不了一会儿动画片就演完了，自己根本就看不了多少。于是，总是找各种理由来看电视。有一次他又在看电视，妈妈看到后就问他作业写完了吗，祥祥眼睛都不离开电视，敷衍妈妈说写完了。结果妈妈一检查，根本就没有完成，只是草草写了几个拼音。妈妈拿着作业本找祥祥质问，祥祥因为看电视被打断就开始生气，噘着嘴坐在沙发上不再说话。

可是妈妈并没有妥协，还是坚持让他写完再看，看到没有回旋的余地，祥祥竟然拿起作业本就撕烂了！妈妈简直不敢相信这么小的孩子竟然有这么大的脾气。这孩子的脾气实在让妈妈头疼不已，不知道怎么做才让他改掉这个爱生气、爱发脾气的坏毛病。

像祥祥这样动不动就生气、发脾气的孩子，在生活中十分常见，而且任何事情都可以让他们生气。有时，大家都知道这个孩子爱生气，就都不计较，有的父母也只是说："大家不要理他，过一会儿就没事了。"也有的父母会批评一下孩子："你怎么这么小心眼呢？他是弟弟，怎么不知道让一让呢？"其实，这样忽略孩子的真实存在的情绪是不对的，爱生气爱发脾气的孩子需要更多的关注，父母应该了解孩子此刻是什么样的心理，从而满足孩子的心理需求，解决孩子的心理问题，让他们不再动不动就生气。

当然，孩子生气有时只是为了让父母多关注自己，或者是为了向父母或者其他人示威的一种表达。但是不可否认，生气、发脾气是一种消极的情绪，当家庭氛围长时间处于紧张状态，或者孩子的情感需求没有得到必要的满足时，他们也会生气。对于孩子来说，爱生气、发脾气不仅会严重损伤他们的情绪和心理状态，有时候也会使大人狼狈不堪，因为孩子的情绪发泄是不分场合的，这让父母十分棘手。因此，父母应该想方设法改掉孩子爱生气和爱发脾气的坏毛病。

做事莽撞的孩子该怎么引导

在孩子稍微大一点，到了差不多上小学的时候，父母就会发现有的孩子学会了认真做事，有条不紊，非常细致；但是有的孩子却不会这样，他们总是毛手毛脚、冲动行事。后者就是我们所说的行为莽撞的孩子。

从心理角度来说，孩子刚刚上小学，也就是七八岁的年龄，这个年龄的孩子往往好动、好斗，对运动有永不满足的心理需求和欲望，因此头上撞个包、衣服被撕破是常有的事。从生理角度来说，这个年龄的孩子由于大脑皮层的抑制机能尚未完全成熟，皮质对皮下的控制和调节作用还很弱，使兴奋与抑制不能平衡，因此很容易冲动。

当然，除了上面所说的孩子生理和心理的原因，知识经验缺乏也是七八岁的孩子行事莽撞的一个原因。比如，有的孩子经常会从高处往下跳，不是扭脚了就是腿青了，他们并不知道从高处跳下去会出现什么样的后果，只是想到什么就去做。还有的孩子拿着刀剪之类的器具玩耍，很容易就会被割伤，他们看到大人可以应用自如就以为自己也可以，而他们本身并没有使用这些器具的经验。很显然，这些都是孩子缺乏相关的知识经验，不能预见其行为的后果而造成。

另外，父母以及爷爷奶奶的溺爱，也是导致孩子行事莽撞的原因之一。现在的孩子大多是独生子女，往往是家里的小皇帝、小公主，家中的长辈总是什么事情都依着孩子，只要孩子稍有不如意，就会大发脾气，乱摔东西。还有的父母不懂得如何教育孩子，动辄对孩子进行打骂，有的孩子就会以打同伴来出气。像孩子的这些行为，如果父母不及时制止，孩子就会逐渐形成莽撞的不良习惯。

吉吉是一个8岁的小男孩，很是顽皮，做事情也是非常鲁莽，常常高度兴奋。不管是在学校里面，还是在自己的家里，只要是吉吉经过的地方，总是乒乒乓乓地响一遍，不是撞到桌子、带倒椅子，就是摔碎碗或者杯子。而且，吉吉还经常做出一些超乎父母意料的事情，让爸爸妈妈十分震惊，因而妈妈总是会训斥他："天啊，你就不能老实一点吗？非得做一些这么吓人的事情做什么！"

有一次，吉吉和邻居家的小弟弟在楼下玩，玩着玩着小弟弟要回家喝水，可是跑回家不一会儿就回来了，对吉吉说自己家的门打不开，没有带钥匙。吉吉听到后立刻带着小弟弟走到门口，说是给弟弟开门。开始的时候吉吉使劲推门，可是没有开，然后就开始大声拍打，一边大声叫喊。可是房间里面依然没有声音。这下可把吉吉惹急眼了，不管三七二十一，把全身的力气都集中在右脚，一脚就要朝门上踹去。正巧邻居去外面买东西回来看到了，及时制止了吉吉，并把门打开了，否则这门“不残也要掉层皮”。

吉吉有一个表妹，经常来找吉吉玩。有一次表妹来玩的时候正好院子里的桃子成熟了，那桃子又红又大，馋得表妹直流口水。看着表妹嘴角的口水，吉吉忍不住笑了，立刻挽起袖子，对表妹说：“我上去给你摘几个下来。”表妹看着高大的桃树说：“这么高，你不害怕吗？”吉吉得意地对表妹说：“这有什么害怕的，你等着，我一会儿就给你摘下来。”说着就“噌噌噌”地爬上去了，吉吉在树上摸摸这个，挑挑那个，正起劲的时候，不小心踩到一根小枝上，人和树枝一起跌落下来，表妹看到哥哥掉了下来，当下就吓得大哭起来。听到哭声的妈妈赶紧跑出来，还以为是吉吉欺负妹妹了呢，看到吉吉躺在地上痛苦的样子，赶紧手忙脚乱地把吉吉送到了医院。检查结果是吉吉的胳膊骨折，要在家养几个月才能康复呢，这下吉吉老实了。

莽撞，是孩子成长过程中不可避免的行为，这也是孩子探索心理的一种需求，可是如果父母长期对孩子的莽撞行为采取忽视的态度的话，就会导致孩子在种种莽撞行为的重复中形成不良的心理、性格、习惯，成年之后虽然心理相对成熟了，但还是会表现出鲁莽、草率等行为以及浮躁、缺乏耐心等心理问题。因此，如果孩子在小的时候做事莽撞，经常因此而伤害自己或他人，一定尽早采取措施，纠正孩子的这种坏毛病。

就像例子中的吉吉一样，总是这样风风火火，这样行事顽皮、不计后果的行为，到最后受到伤害的还是自己。所以，父母应该帮助孩子克服这种莽撞行为。当然，如果能够让孩子变得有耐心，学会等待，那么，孩子自然就不会做事如此莽撞了。

耐心被认为是一个人心理素质优劣、心理健康与否的衡量标准之一，也是孩子未来成功的关键因素之一。行为莽撞的孩子最需要的就是培养他们的耐心，让他们学会等待。

个性倔强的孩子该如何引导

随着孩子年龄的增长，很多父母就会发出这样的感慨：孩子越大越不好管，还不如小的时候呢。相信这是很多家长的心声，原本以为孩子长大了就懂事了，自己就可以放松一点，殊不知孩子长大一点之后，变得个性倔强，说什么都不听，常常惹得父母生气。

可能孩子在三四岁之前，还没有太多自己的想法，但是随着年龄的增长，孩子的心理不断发展，开始出现一定的自主意识，对于事情有了自己的看法和想法，并希望按照自己的想法去做。另一方面，孩子本身受心理成熟度和认知程度的局限，对很多事情的判断还不够准确，这也导致孩子做事情的时候缺乏理性，喜欢固执己见，而且难以被说服。

当然，这也不完全是孩子的问题，很多家长已经习惯了孩子听从自己的话，并不知道孩子长大了，就会有自己的想法，还把孩子当成小宝宝来看待。看到孩子没有按照自己的意思行事，父母就认为孩子的性格倔强，甚至为此大发雷霆。在这样的情况中存在两种可能：一种是孩子的确固执己见地坚持自己错误的想法；

二是孩子本身的坚持是正确的，可能是家长的想法有误。但无论是哪一种情况，家长都要学会控制自己的情绪。因为孩子的年龄有限，他们的心理发育程度也有限，还不能很好地控制自己的情绪和行为，因此需要父母冷静地对待孩子的固执，因为无论孩子的坚持是对的还是错的，在孩子的眼中他们的坚持都是对的，这从另一个侧面说明了孩子做事有主见，这是孩子心理成长的一种表现。如果父母对孩子的坚持大呼小叫、大发雷霆，那么很容易会伤害到孩子的自尊，不但无法解决问题，还有可能引起孩子的逆反心理，破坏亲子关系。

所以，父母在遇到类似的情形时，一定要控制好自己的情绪，语气尽量温和一点、委婉一点，尽量以慈祥和蔼的态度来与孩子交谈。比如孩子非要穿某一件衣服，并且为此大喊大叫，那么这个时候去家长一定不能与孩子一般见识，对孩子叫嚷或打骂，而应当耐心地询问孩子非要穿那件衣服的原因，或者耐心地劝导孩子按照自己的要求去做。当然，只要是无关乎原则的事情，父母完全可以退一步，让孩子按照自己的意愿来做。

圆圆今年 8 岁了，刚刚升入小学二年级，她的脾气一直都比较倔强，但是爸爸妈妈发现这孩子最近有点变本加厉的迹象。

只要是圆圆决定的事情，无论对错，别人都很难改变她的想法，如果妈妈说她一句，她就会立刻顶回十句。只要让圆圆抓住了一点理，她就会反驳得你有口难言，所以家人很少有人敢说她。有一次，圆圆正在写数学作业，爸爸下班回来之后就站在一边看圆圆的作业，发现圆圆的算法是错误的，就对圆圆说："这个算错了，这样算是没法得出正确答案的。”圆圆看着爸爸指的地方说：“我这是举一反三，多角度回答问题，谁跟你一样是死脑筋啊。”一句话把爸爸噎了回去。不过，圆圆算来算去还是算错了，爸爸就教给她正确的算法，就算是这样，圆圆还是一脸的不服气。

圆圆的衣服都是妈妈带着她到商店里她自己挑选，要不然买回来她也是挑出各种毛病。有一次妈妈带她逛街买衣服的时候，圆圆想买一件深色的小裙子，可是妈妈认为深色的小裙子夏天穿起来肯定会热，就建议她买一件浅色的，可是圆圆死活都不肯买浅色的，非要买那件深色的。妈妈很无奈，在圆圆的坚持下只好买了一件深色的小裙子。可即便如此，圆圆还是高兴不起来，噘着嘴不肯理妈妈，妈妈只好左劝右劝，圆圆才算罢休。

当然，圆圆可不是只有在家里对着自己的爸爸妈妈这样，在学校里也是一样倔强。一次家长会的时候，老师就向圆圆的妈妈反映，有一次考试的时候可能由于阅卷失误，少给圆圆算了1分，她自己发现后找到老师非让老师给自己改过来，并且要求老师把她的名次重新排一遍。本来名次已经排好了，再重新排，全班的成绩都要动，比较麻烦，但是无论老师怎么劝说，圆圆就是不听劝，最后老师只得把名次再重新调整了一遍，然后又重新公布。

圆圆就是这样的一个孩子，凡事特别固执、倔强，妈妈曾经试过很多的方法来改变她的这种个性，但是效果并不明显，妈妈也不知道该怎么做了。

孩子的倔强、固执是有很多原因造成的，就像例子中的圆圆，很显然她的这种倔强的性格主要是与她自身的性格有关。从例子中可以看出，圆圆自己认准的事情，别人很难说服她，她有时候甚至会钻牛角尖，就像老师因为一时的失误给她算分的时候少算了，她就固执地要求老师帮她补回分数，并要求重新排名次。对于一般的孩子而言，可能并不计较这1分的得失，就算有的孩子告知老师并让老师给自己补回来，也不会要求老师重新排名次，但是圆圆却无法容忍这个错误。这就说明了圆圆的倔强行为是根深蒂固的，主要是受到自身性格的影响。针对这种情况，父母就要多与圆圆交流沟通，给她讲明白事理，当然，更重要的是在日常的生活中潜移默化地影响她。

和父母讲条件说明孩子思维独立

现在的孩子可能刚刚上小学，甚至还没有上小学的时候，就已经学会了和大人“讲条件”，只要不让看电视就不吃饭，不给买玩具就不好好学习，不带着他去游乐园就不写作业……很多父母拗不过孩子，最后往往在孩子的哭闹声中妥协，结果孩子就会变本加厉，胃口越来越大，为此父母便会后悔不已，觉得不应该在开始的时候就和孩子讲条件，到最后，没有条件就无法安抚孩子了。

孩子逐渐长大，到了上小学的时候，其独立思维能力、自我权利意识以及对他人的心理猜测能力都会大大提高，讲条件实际上就是孩子的心理以及思维逐渐走向成熟的一个标志，也是他们动脑子想办法争取权利的表现。他们不仅能够意识到，自己和父母一样有权提出要求，而且还不断地猜测着父母的心理，跟父母“斗智斗勇”。

孩子养成做事之前讲条件的习惯，跟平时父母的教育方式也有很大的关系。有的父母在孩子还小的时候，为了让孩子听自己的话，按照自己的要求去做事情，就会喜欢提出一些引诱孩子的条件。比如，孩子小的时候可能不肯好好吃饭，为了让孩子能够吃好饭，就对孩子说：“只要你好好吃饭，吃完之后妈妈就带你去玩滑梯。”或者为了让孩子晚上按时睡觉，就对孩子说：“赶紧睡觉，明天给你买喜欢的奶喝，不睡觉就没有哦。”到孩子上学以后，很多父母更是经常对孩子说：“只要考试到前五名，就给你买变形金刚。”这些实际上就是在跟孩子讲条件，久而久之，孩子也就养成了这种习惯。

小花今年刚刚上小学一年级，是一个非常聪明的小女孩，从上幼儿园开始，小花就是爸爸妈妈的骄傲，每次举行什么活动或者考试之类的，小花总是能取得好的成绩，从而得到相应的奖励，幼儿园奖励小红花，上小学之后就会有奖状。除此之外，爸爸妈妈也是每次都奖励一下小花，不是一顿丰盛的大餐，就是一个漂亮的芭比娃娃，或者到游乐园玩一天。不过，小花也让爸爸妈妈越来越感到有些头疼，因为现在小花不管做什么事总是要跟他们讲条件，他们经常被宝贝女儿的“讨价还价”弄得没有办法。

为了让小花好好学钢琴，妈妈曾经与小花达成协议，只要她每天认真练习一个小时的钢琴，就答应小花的一个条件，刚开始的时候效果很好，小花每天都积极练琴，然后提出自己的条件，当然，也不是什么大的条件，不过是多看会电视，买一盒彩笔之类的。但是几个月之后，小花变得做什么都要讲条件，现在就连写个作业也不放过。妈妈喊小花过来吃饭，小花马上就说："你让我看完动画片我就吃，不让我看我就不吃饭。"晚上爸爸喊小花赶快去睡觉，小花立刻提出条件："那妈妈要陪着我睡，还要给我讲两个故事，不讲我就不睡觉！"只要没有答应小花的条件，小花就会噘着嘴说："你们都是小气鬼，这么简单的条件都不答应！"跟她解释她还不听，真是让人哭笑不得。

为了改掉小花的这个坏毛病，妈妈也曾经试着不接受小花的条件，但是小家伙的脾气也是很倔强，就跟妈妈对峙，决不妥协，有时还会用哭闹的方式逼迫妈妈妥协。因此，几次的尝试都没有成功，反而让小花变本加厉，更让爸爸妈妈头疼了。

很显然，小花之所以形成"讲条件"这样的习惯，正是因为妈妈在一开始的时候和她讲条件，才会让她明白了原来可以这样来做事情。很多父母在孩子不听自己的话时，都会习惯性地给孩子一个条件，比如孩子不肯吃饭，就会说"不吃饭就不许看电视"，这其实对孩子会有很大的影响，因为孩子会效仿父母，动不动就讲条件。而且孩子稍微长大一点的时候，心理逐渐发展，心智逐渐成熟，他们开始有自己的维权意识，开始明白自己也是有权利的，于是开始不断提出自己的条件。也有一些父母在孩子不愿意做某件事情的时候，常常会说"你不听我的话，我也……（不满足孩子的某项要求）"，这样，不仅容易让父母失去尊严，甚至还会诱发孩子的报复心理。其实，从一开始的时候就什么条件都不讲，该提出要求的时候直接提出，并督促执行就是了。这样做，孩子在家就不可能学会跟父母讲条件了。

在1927年，鲁迅曾在《无声的中国》一文中写道："中国人的性情总喜欢调和、折中的。譬如你说，这屋子太暗，须在这里开一个窗，大家一定不允许的。但如果你主张拆掉屋顶，他们就会来调和，愿意开窗了。"这种先提出很大很多的要求，接着提出较小较少的要求，在心理学上被称为"拆屋效应"。在亲子教育的问题上也有很多这样的例子，比如有的孩子在犯错误之后，担心父母的惩罚就离家出走，父母很是着急，到处寻找，但过了几天孩子安全回来之后，父母反倒不再过多地去追究孩子原来的错误了。

实际上，在这里孩子的离家出走就相当于"拆屋"，而孩子之前所犯的错误就相当于"开天窗"，孩子用的就是心理学上的拆屋效应。因此，父母在教育孩子的过程中，方法一定要恰当，能被孩子所接受，同时，对孩子的不合理的要求绝不能迁就，从一开始就要避免与孩子讲条件。

当然，孩子习惯讲条件，虽然有很多不利的影响，但这也说明了孩子心理的不断发展，并且已经具有了一定的自主意识，所以"讲条件"未必是一件坏事。当然，我们既不能一味禁止，也不要过于迁就，而应该谆谆告诫，耐心地教育孩子要通情达理。

孩子与父母顶嘴要一分为二地看待

孩子在一天一天地长大，忽然有一天，你会发现这个小家伙不听从我们的号令了，居然鼓着腮帮子噘着嘴开始和我们顶嘴了！相信这几乎是所有父母在孩子成长的过程中必然会遇到的问题。据统计，爱顶嘴的孩子约占 70%，其实这是孩子成长期的一种非常正常的现象。当然，虽说这是正常的现象，并不表示这是一种好的现象或者是不好的现象，对此父母不能放任自流，也不能全盘否定，而是要根据具体情况选择最好的处理方法。

研究孩子的心理学我们就可以知道，孩子成长到了一定的年龄之后，其心理会发生变化，也可以说是孩子心理的成长，他们逐渐有自主意识，有了自己的思维和意愿，对事物也会有自己独到的见解，我们不能说孩子的见解都是不对的，有的时候孩子与父母发生分歧，父母就会对孩子进行压制，结果到最后发现孩子的坚持是对的，所以不能因为孩子与我们想法不一致就认为孩子是错误的。当然，孩子本身在这个时候也不再愿意处处受人压制，不再满足于模仿成人，而是要求独立思考，独立行动。这个时候，如果父母对孩子给予过多的干涉和照顾，就会让孩子产生逆反心理，使得他们特别反感。其突出表现就是不听指挥，自行其是，当他们认为事情不合理或者不对的时候，就会选择用顶嘴的方式来反对父母的言行。

欣欣今年 7 岁多，正处于叛逆阶段。自从欣欣进入这个阶段之后，经常跟爸爸妈妈顶嘴，尤其是跟妈妈，两个人的“战争”就没有停过火。

一个周末的下午，妈妈看着欣欣也没什么事，坐在沙发上看电视，就跟欣欣商量：“欣欣，反正你的作业也写完了，在家里也没什么事情做，不如陪妈妈去逛街买件衣服去吧？”欣欣听到妈妈说的话立刻就反对说：“我才不去和你买衣服呢。”妈妈先是一愣，问她说：“为什么不陪妈妈去啊？”欣欣跟个小大人一样，站起来两手一叉腰，说道：“有两个理由。第一，妈妈，你的衣服已经够多了，我还经常看到你把不穿的衣服送人呢，怎么还要买呢？第二，你每次买衣服都要逛好久，跟着你实在太累了，我不去！”

听完欣欣的“两个理由”，妈妈觉得孩子说得也没有错，就对欣欣说：“那我们就不买衣服，咱娘俩一块儿出去散散步总可以吧？你总是看电视会把眼睛看坏的。”妈妈的这个提议，欣欣倒是赞成。于是妈妈就和欣欣一块儿出去，到附近的公园去转了转，其实也没什么好玩的，转了一圈就往家里走了。在回家的途中，路过一个两元擦鞋店，妈妈看到很便宜，而且走了这一圈，自己的皮鞋也有些脏了，就说进去擦擦鞋，正好可以休息一下。

没想到欣欣又将了妈妈一军：“你和爸爸不是经常说，我们家买房子借了很多钱，大家以后都要节约的吗？两块钱就不是钱吗？”这句话本应该是妈妈用来教育女儿的，现在反而被女儿教育了一番。弄得妈妈真是又好气，又没辙，只好和欣欣一路走回家了。

从上面的例子就可以看出，孩子的顶嘴并不都是无理取闹或者反对父母，他们也是有他们的理由的，这些理由也不一定都是错的。如果我们在教育孩子的时候，只是规范孩子的言行，自己却不去遵守，孩子就会因为大人使用了双重标准而表示强烈的不满，以至于出现顶嘴的行为。正如心理学家所说：“一个没有办法有效地让孩子停止顶嘴的家长，往往其自我的控制能力也较差。”

比如，我们教导孩子不要挑食，而自己却从不吃茄子，那么我们在要求孩子多吃茄子的时候，他们就很可能会说：“你说不要挑食，那你自己为什么不吃茄子呢？”就像例子中的欣欣一样，她之所以会跟自己的妈妈顶嘴，很多时候就是因为妈妈言行不一。

另外，父母溺爱孩子也可能会造成孩子顶嘴行为的产生。如果父母在平时的时候对孩子过分宠爱，则会让孩子对长辈有恃无恐，导致孩子一切以自我为中心，当他们认为父母的言行与平时的溺爱有所不同时，孩子就会产生顶撞行为了。邓颖超曾说：“母亲的心总是仁慈的，但是仁慈的心要用得好，如果用不好的话，结果就会适得其反。”

还有一点就是，随着孩子年龄的增长，他们会不断地接触到更多的新鲜事物，如果父母的教育方式还是一成不变，不与时俱进，就无法适应日益接触新鲜事物的孩子。那么，父母的教育理念自然会被孩子拒绝，他们顶嘴的现象也就无法避免了。

而孩子在顶嘴的时候，很多父母常常不讲方式、不分场合地批评孩子。而且有些批评还十分尖锐，却并不完全正确，这就很容易伤害到孩子的自尊心。父母不要一直以为孩子还小就什么都不懂，随着心理的不断发展，思维方式的不断成熟，孩子已经有了自己的思想，他们的想法可能比父母的想法更好。可是有些父母见不得孩子顶撞自己，认为自己的权威受到威胁，因此不分青红皂白就对孩子大发雷霆，非打即骂，觉得不把孩子的这股“邪劲”压下去，孩子就有可能变坏。然而，强制压迫，虽然可以暂时消除孩子的表面反抗，但他们常常都是口服心不服。渐渐地，就会引起孩子内心的愤恨、埋怨甚至记仇，最终关上心灵深处那扇与父母交流的大门。

如果孩子真的不再与父母交流了，那就有些得不偿失了。孩子的成长离不开父母的正确教导，面对爱顶嘴的孩子，父母要理解孩子在某一段时期的心理特点，在尊重孩子的基础上，采取正确的方式方法引导孩子，让孩子在生理、心理上都健康成长。

孩子受不了批评不全怪孩子

很多人都会用“人小鬼大”来形容现在的孩子，很显然这个形容十分贴切。很多家长在潜意识中总是对孩子的世界持有一种轻视的心理，认为孩子的年龄还小，知识面也非常窄，对世界才只是一知半解。所以，家长们也一直在不自觉地充当着孩子指挥官的角色，不断地告诉孩子哪些是对的，哪些是错的，以此来指挥着孩子的思想和行为。然而，这种命令式的“指教”并不是教育，真正的教育是以平等和尊重为前提的。可能孩子还很小的时候，这种命令式的话可以让孩子听从自己的指挥，然而随着孩子心理的成长，他们开始有自己的想法，当大人和自己的想法发生碰撞的时候，孩子就会出现很多的抵抗行为，而家长的批评则助长了这种抵抗。

批评孩子，其实也是对孩子的一种说服，而说服，是一种有难度的沟通方式，即便说服的对象是小孩也是一样的。在心理学上有一种“飞去来器效应”，即被说服者在反对说服者时，总是采用心灵“盾牌”来抵抗，从而使得说服者无功而返。事实上，说服者应该是通过直接接触和交换意见等方式，使得双方得到情感、思维的交流。这说明：即便说服对象是孩子，即便是在正确地说教，也要让孩子有回馈信息、发表意见的权利。让孩子有机会表达自己的意愿，而不是单纯地做一个执行者或者被说服者。这就是为什么现在的孩子对父母的批评无法接受的原因，因为他们只是一个执行者或者被说服者，而没有机会表达出自己的意愿。

俊俊妈妈为了宝贝儿子的事情可真是没少操心，俊俊从小就非常听话，而且家里就这么一个孩子，妈妈就像对待小皇帝一样的宠爱着他。可是不知道从什么时候开始，乖巧听话的俊俊变得像只好斗的小公鸡一样，只要不顺着他的意愿，他就会乱发脾气，倘若妈妈批评他几句，指正他的行为，俊俊就好像受了莫大的委屈一样大哭大闹地不肯罢休。刚开始，妈妈看到俊俊眼泪婆娑的小脸儿，心疼不已，忍不住就“败下阵”来，不再批评他，而是说很多好听的话来安慰俊俊。俊俊的妈妈想，也许等俊俊长大一些了，他就会懂事了。

可是谁知道随着时间的推移，俊俊不但没有变得“懂事”，反而变本加厉。妈妈只要稍微说他那么几句，他就又哭又闹，不达目的决不罢休。有一次，俊俊又做了错事，妈妈生气地说了他几句，俊俊就又哭了起来，这次妈妈狠下心来，面对俊俊的无理取闹没有妥协，任由他哭闹，结果俊俊哭了很长时间，嗓子都哑了。

从这以后，妈妈再也不敢随便说俊俊了，俊俊做了错事也不敢多批评他了，这下俊俊成了家里真正的小皇帝。可是，有一天早晨俊俊说什么也不去学校了。妈妈只好去学校了解情况，结果老师说，俊俊在学校里个性太过专横，使得他没有办法融入到班级，遭到同学的排斥。另外，平时他上课做些小动作，不认真听讲，老师批评他，他就在班上发脾气，好几次扰乱课堂秩序。这下俊俊的妈妈可犯难了：在家里，俊俊可以像小皇帝一样被宠爱，可是在学校里谁来让着这个霸道的孩子呢？

俊俊的问题在于固执己见，而俊俊妈妈偏偏忽略了俊俊的性格特点，在尝试改变问题的同时，没有挖掘到俊俊的真正意愿，也不去了解孩子的心理，双方之间缺乏沟通，从而使得妈妈的批评反而强化了俊俊的固执行为。当然，面对孩子的错误也不能不分青红皂白就批评，很多家长就是这样，不给孩子任何说话的机会，劈头盖脸就是一顿训斥，以一种居高临下的姿态和专制的角色出现在孩子面前，然而，以这种方式批评孩子一定会引起孩子强烈的逆反心理。

家长们应该了解这个阶段孩子的心理成长特点，孩子在7岁以后，自我意识愈发强烈，因此常有任性、专横、固执的行为出现，家长们应该及时地发现孩子心理的变化以及思维的改变，不要命令孩子或者把思想强加给孩子，更不要一味批评孩子。只要父母和孩子进行适当地沟通和引导，让孩子切实地了解父母的想法，就会避免类似逆反行为的出现。

七八岁的孩子不讲卫生

随着生活条件的不断提高和教育理念的不断革新，越来越多的家长开始关注培养孩子学习以外的能力，对于孩子适应社会的能力以及自身的独立生活能力都非常关注，另外，最让父母重视的就是孩子的健康问题，想要让孩子少生病就要关注孩子的卫生状况，除了吃饭的卫生、生活环境的卫生之外，还有孩子自身的卫生情况也要重视。

虽然说现在的孩子比起上一代的家长小时候，已经变得讲卫生多了，但是仍然有不少的孩子达不到现在社会的卫生标准。

孩子之所以不讲卫生的一个主要的原因就是因为孩子的心理发育还不成熟，在孩子的认知中还没有卫生的观念，不清楚讲卫生有什么好处，或者说不清楚不讲卫生有什么具体的危害，在孩子的心理认知中更多的是关于吃、喝、玩、乐，只要能吃好、玩好，别的都不关心。尤其是对于七八岁的孩子而言，他们的认知范围和活动范围都比小童时期扩大了很多，他们怎么快乐就怎么玩儿，怎么随便就怎么玩儿，而讲卫生对他们而言是一种束缚，也是一种麻烦。就拿每天都必须做的洗脸和刷牙来说，他们觉得自己并没有从洗脸和刷牙的过程中得到任何的实惠，或者是快乐；相反，这对他们来讲简直就是一项必须完成的任务，往往还是被父母逼着必须完成。另外，在孩子的饮食卫生方面，孩子并没有直接感受到不讲卫生给自己身体健康带来的危害，他们只知道饿了就尽快把美食吃到自己的肚子里面，这样让他们觉得自己得了实惠。所以，这个年龄阶段的孩子不洗手就吃饭或者吃其他不健康的零食的现象十分普遍，而且就算是父母三令五申也无济于事。

帅帅今年8岁了，已经上小学二年级了，从小帅帅就聪明，而且活泼好动，嘴也甜，见到人就喊，所以，不管是小朋友还是长辈都很喜欢这个可爱的小伙子。但就是这个人人爱的孩子却让妈妈十分头疼，因为每天早晨帅帅一定会想方设法逃避洗脸刷牙，更别说养成其他的卫生习惯了。

早晨洗脸的时候帅帅总是嫌麻烦，能逃就逃，逃不过就随便用手抹一把脸就算完事了；平时洗澡的时候他嫌洗澡时间太长，在浴室待不了几分钟就往外跑；自己不会剪指甲还不愿意让妈妈帮忙，往往都是指甲很长了还不剪，以至于指甲缝里面藏满了污垢，显得小手总是黑乎乎的不干净；衣服在外面玩的时候总是很快就弄脏了，那也不换下来，都是要妈妈跟在屁股后面管他要……不仅如此，每次妈妈刚刚给帅帅换上干净的衣服，放学回来的时候他的身上肯定已经是脏兮兮的了，泥土、污渍不必说，上面还被他用彩笔画得花里胡哨的，简直就像在搞行为艺术。

不仅仅是不注意自身的卫生状况，就是在公共卫生这方面帅帅也十分不注意，经常随地吐痰。有时候在家里甚至会吐在地板上，为此爸爸妈妈没少批评他，但是他就是不改。在逛街的时候或者到游乐场，帅帅也是经常走到哪里吐到哪里，经常遭受别人的白眼，妈妈都觉得十分不好意思，但是怎么说帅帅也不听。要是爸爸妈妈说得严重了，他也能记住一会儿，但转头就忘了，依旧是我行我素。对此，爸爸妈妈真是拿他没办法。

相信现实中有很多像例子中的帅帅一样的小朋友，他们连洗脸、刷牙都觉得麻烦，这种认知的孩子怎么可能会自觉地讲卫生呢？可是，我们都知道卫生对孩子健康以及孩子良好行为习惯养成的重要性，那么，对于这样的孩子如何让他们变得爱讲卫生呢？主要应该从两方面入手：

一方面是加强孩子的卫生观念。卫生观念是促使孩子讲卫生的基本前提，只有让孩子意识到讲卫生对身体的好处，孩子才会有讲卫生的动力。对于七八岁的孩子来说，他们不讲卫生，除了受不良习惯的影响之外，主要是因为孩子不完全清楚不讲卫生的危害。如果父母能够把这些危害，具体地讲给孩子听，那么孩子对此就不会无动于衷。比如，病从口入，不讲卫生最直接的影响就是危害身体健康，而身体健康事关孩子的切身利益，所以讲清楚这些危害对孩子有很强的说服力。当然，给孩子讲清楚不讲卫生的危害，应该用孩子能够理解的语言来说，可以用直接的事实，也可以用有效的证据，因为没有直接的证据或者真切的感受，很难说服孩子，孩子往往也是不入心的。

另一方面是培养孩子良好的卫生习惯。良好习惯的培养是让孩子讲卫生的重要保障，孩子一旦形成了讲卫生的良好习惯，他就会不由自主地每天坚持，比如洗脸和刷牙等，甚至在某些情况下不做这些事情孩子都会觉得不自然了呢，这就是习惯的力量。而想要让孩子养成讲卫生的习惯，父母首先应该给孩子做好榜样。现实生活中，我们也不难发现，如果一个孩子不讲卫生，那么他的家长也可能不注意卫生方面的问题。父母的生活习惯和卫生习惯对孩子的影响非常直接和明显，大多数情况下父母的言行举止都会潜移默化地影响孩子。换句话说，习惯具有遗传性。如果父母平时穿着干净利落，那么孩子也一定不会邋遢；如果父母平时就不注意卫生，那么孩子也一定干净不到哪儿去。所以，希望孩子变得讲卫生，家长一定要先从自身做起。

第八章
孩子的学习行为都是心理问题

没人看得懂的文字

就像孩子在绘画的敏感期会痴迷绘画一样，孩子在书写的敏感期会迷恋上写字，常常一个人坐在书桌前，一写就是半天，有时还会兴奋地向别人炫耀自己写的字。但是，在这个时期孩子的书写就是乱画，他们会不停地写呀，画呀，但是没有人能够看得懂他们究竟写了什么。

就像一团线条就可以是一幅绘画作品一样，在这个书写的敏感期，一个小黑点或者几条线，就可以是一个汉字，大人看来可能没有任何意义，但是孩子却能讲得头头是道。很多家长看到孩子的字以后可能感觉比甲骨文还要难以辨别，但是，父母应该了解孩子的心理，在这个时期，书写只不过是孩子表达心理的一种方式而已，并不是我们大人意义上的书写。但是，也不能因此小看孩子的书写敏感期，在这个时期孩子对文字的兴趣，如果可以保留并延续的话，会对孩子以后的学习生活产生非常积极的影响。因此，在孩子进入书写敏感期以后，父母要尽量满足孩子心理表达的需求，对于孩子的书写保持鼓励和欣赏的心态，让孩子尽情书写。

英才已经5岁半了，从幼儿园回家之后，既不出去找小伙伴玩了，也不跟在妈妈身后要彩笔画画了，反而会拿着笔趴在茶几上涂涂画画很长时间。“该不会是喜欢上素描了吧？”妈妈产生了这样的想法，但是想到孩子才这么小，应该不会。于是，妈妈就走到英才跟前看看他究竟在干什么。

看到妈妈走了过来，英才兴奋地拿着本子给妈妈看：“妈妈，你快看看我写的字漂亮吗？”原来是在写字！不过孩子写的字真的是比甲骨文还难懂呢，就那么几个线条，还有几个圆圈，实在是看不懂他写的是什么。可是妈妈担心说看不懂会打击孩子的自尊心，于是就对英才说：“哎呀，写得这么好呀，你可以给妈妈讲讲吗？”英才并没有多想就开始给妈妈讲了起来：“妈妈，你看看这个，这个是老K，这个是8，还有这个是小鸭嘎嘎的那个2……”因为英才非常喜欢看大人们打牌，因此写的字也是关于扑克牌的。

虽然妈妈并没有看出来，但还是很认真地听英才在讲解。

当然，任何事情的发展都是有规律的，孩子的心理也是在不断成熟的。父母会发现，随着年龄的增长，孩子书写的内容逐渐有了实际的意义。可能刚开始的时候只是简单的阿拉伯数字，或者“a”“o”“e”等简单的拼音，但是用不了多久，孩子就可以写一些简单的汉字了。

但是不可否认，有很多父母对于孩子的发展有些过于着急，不能慢慢遵循孩子自身发展的规律，因此，当孩子刚开始乱画乱写的时候，不能心平气和地接受，因此常常干涉孩子的行为。很多孩子在写完之后会开心地问父母："你看看我写的是什么？"很显然，孩子觉得阅读他的文字的人能够看懂他写的是什么，但是我们家长往往看不懂，因此很多家长就会开始教育孩子，说孩子是乱写，然后会教给孩子正确的应该怎样写。可是这样就会打击了孩子的积极性，很可能会让孩子失去对书写的兴趣。

当然，父母如果想要引导孩子更好地书写的话，其实不必采用一笔一画教给孩子的方法，而是给孩子做好书写习惯的示范和创造学习的氛围。也就是说，在日常生活中，父母可以有意识地经常用笔写写算算。因为从前面的内容中我们也知道，孩子会模仿父母的行为，因此孩子也就会学着写字。

孩子爱上了阅读

很多父母都会遇到这样的状况，就是带孩子出去玩的时候，孩子开始对广告牌、公交车上的广告或者站点、街道两边店铺的名字等有字的地方非常感兴趣，一路上不停地在问"这个是什么字呀？"或者"那个读什么呀？"等。如果父母耐心地告诉孩子，并重复几遍，很快孩子就能记住，当在其他的地方再发现这个字的时候，孩子就会读出来。这个过程一般发生在孩子5岁左右的时候，这个阶段的孩子非常乐于识字。这个时候的孩子就是对文字着迷，对此，父母要尽量满足孩子的心理需求，满足他们识字的欲望。

在孩子积累的文字越来越多的时候，孩子就不再局限于广告牌了，而是开始对阅读书本感兴趣，于是，孩子就进入了阅读的敏感期。在进入阅读敏感期之后，孩子对阅读的兴趣会变得非常强烈。在这之前，也就是在3岁左右的时候，由于自己不认识字，孩子常常会缠着父母给自己读故事书，但是在孩子5岁多的时候，由于自己已经认识了一些字，他们开始尝试自己阅读，并对此十分感兴趣，常常拿到书本就阅读，就算是一些宣传的纸张他们也会拿起来读一下。

“这个是爆，火爆招募中……”“这个是暑假，暑假来袭。”妈妈在说的时候，曼曼都会认真地听着，还会跟着妈妈念，因为广告牌往往会比较重复，曼曼就会见到一个读一个，等一条街走完，这个字也就认识了。

每天晚上，妈妈都会给曼曼读故事书，妈妈买的故事书上的字非常少，每一页都有一幅画，配上一两行文字，文字也都是非常简单的一两句话。以前都是曼曼和妈妈一起看着书，妈妈读文字，曼曼就看着图画听妈妈读。但是最近她一听妈妈读就着急，说：“我来读，我来读，我给你讲故事。”于是，她就伸着小手指着文字，一个一个地读起来，不认识的字就说“什么”，妈妈就会教给她。就这样读了几天，一本故事书里的3个小故事，她都能自己读下来了！

当然，孩子想要阅读的话，就一定要认识字。所有的孩子都会有一个对识字特别感兴趣的时期，在这个时期，父母要满足孩子对于识字的心理需求。比如孩子在街上走的时候，他会看到什么就读什么，遇到不认识的字就会问自己的父母，总是走一路问一路。对此，父母不要觉得不耐烦，而是应该耐心地回答孩子的每一个问题，最好是重复几遍，或者给孩子多组几个词，加深孩子的印象，这样孩子在遇到这个字的时候，就可以轻而易举地读出来了。这就是在满足孩子识字的心理需求。

等孩子认识的字多时，孩子就会喜欢上阅读，这个时候，父母就可以有意识地帮助孩子养成良好的阅读习惯。可能刚开始的时候孩子会让父母给自己读，父母就可以声情并茂地给孩子读，引起孩子阅读的兴趣。读到孩子感兴趣的地方时，可以停下来，和孩子一起看看书，并问几个问题，让孩子慢慢习惯自己阅读。当然，给孩子阅读的书籍一定要符合孩子的年龄特征，不要太难，最好是图文并茂，这样才能吸引孩子的注意力，从而引起孩子阅读的兴趣。

不可否认，阅读对于任何一个孩子来说，都是有益无害的。有句古语说"开卷有益"，就是这个道理，所以，当父母发现孩子对阅读感兴趣的时候，一定要悉心保护孩子的这一兴趣，让阅读充实孩子的心灵，增加孩子的知识。

孩子成了"十万个为什么"

孩子在 5 ~ 6 岁有一个文化敏感期，这个时期孩子学习文化如饥似渴，当孩子到 5 ~ 6 岁的时候，对物质的基本探索已经不能够满足孩子的精神需求，他们开始转向对人类文化的探索。这是孩子发展的一个规律，孩子在这个时期完全是因为内在的力量让他们对文化的学习有着极大的热情——看见广告牌上的字就问怎么念；喜欢追着爸爸妈妈问：太阳为什么会下山，月亮为什么有时圆有时弯……爸爸妈妈不妨就借这个机会，培养起孩子对科学知识的兴趣来。这样，不但可以培养孩子简单的逻辑思维，也可以培养孩子爱思考、爱学习的好习惯。

好奇心是孩子观察世界、了解世界、懂得世界的媒介，是孩子智力、思维发展的表现。有的父母并不能准确回答孩子的每一个“为什么”，而且孩子的有些问题在大人看来根本就不是正常的问题。因此，很多父母会严厉禁止孩子，虽然这样父母可以避免很多麻烦，但是却会压制孩子的好奇心，扼杀孩子因为好奇而萌发的创造力与探究事物的能力。

凡凡最近就像是一个“问题专家”一样，每天睁开眼睛就会问“为什么”：“为什么玻璃上会有水珠？是谁把水洒在上面的？”等到洗脸的时候也会问：“妈妈，为什么洗脸要用温水？我一点也不觉得凉水凉啊？你为什么说会刺激皮肤？皮肤是什么？为什么会受到刺激？什么是刺激？”就连吃饭的时候也不会闲着，看到爸爸一边吃饭一边看报纸就开始问：“你一边吃饭一边看报纸会不会把报纸也吃掉啊？”有些问题常常让爸爸妈妈觉得很可笑，但是，每次在凡凡提问的时候，爸爸妈妈总是会认真回答。

有一次凡凡从幼儿园回来之后就问妈妈：“妈妈，今天我们老师讲了恐龙的故事，恐龙是会下蛋的，恐龙那么厉害，那它的蛋会不会像大石头一样厉害呢？它的蛋会比鸵鸟蛋还大吗？”妈妈听完凡凡的问题之后，觉得自己确实也说不清楚，但是这些问题都可以从资料上找到答案，于是就对凡凡说：“妈妈也很想知道呢，不如凡凡找找答案，然后告诉妈妈好吗？”听到妈妈这样说，凡凡来了精神。在妈妈的帮助下，他们从网上找到了关于恐龙蛋的资料，自然也就解决了凡凡的问题。

总之，在孩子处于文化敏感期的时候，孩子每天就像是十万个为什么一样，随时随地都会有无穷的问题。对此，父母要为孩子创造宽松的家庭氛围，鼓励孩子提出问题和各种新颖、独特甚至有点可笑的创造性设想，不要阻挠孩子的自由发挥。父母应该告诉孩子：做任何事情都没有标准答案。这样做消除孩子对书本、大人的依赖。在日常生活中，要鼓励孩子自主活动，独立办事，鼓励孩子用新办法来解决问题。

比“网瘾”还可怕的“考试瘾”

东辉是海口一所重点高中高二的学生。他家离学校很近。每天放学后，匆匆吃完饭，他就走进自己的卧室开始学习。一般情况下，他都会学习到凌晨两三点，早上五六点又起床准备上学。妈妈看他这样拼命，总是劝他注意休息，但是无论怎么说都无济于事。他的爸爸还很骄傲地跟别人说：“我们家孩子太爱学习了，不让学还很生气。”

东辉的这种学习状态可以追溯到初中的时候。那时，东辉经常考全班第一名，但他对此很不满意，他一直以考全市第一为目标，对于学习丝毫不懈怠。上初三时，为了考上最好的高中，东辉开始了更加疯狂的学习。初三本来就很紧张，所以东辉的妈妈没有太在意孩子的这一做法，但上了高中后，东辉仍然如此拼命，甚至在暑假期间，他仍然每天都发奋学习。他对自己的要求是，高一就要把高中三年的知识学完，保证自己在这所全国重点高中拿第一。他妈妈当时觉得苗头不对，想带东辉去看心理医生，但东辉的爸爸认为这是孩子太爱学习，不能批评，更不容另眼看待。

但后来，东辉这个高二的孩子身体日渐瘦弱，神情却过于亢奋，终于有一天承受不住，住进了医院。

目前的应试教育压力极大，学生们容易对上学和考试产生消极抵触心理，这很容易理解，而像东辉一样，强迫自己超负荷学习，最终导致身心崩溃，这就属于不太正常的心态了。因为人天生就有“趋利避害”的心理机制，它包含两方面内容：人会对来自外界与自身的压力和不利因素本能性地反抗和逃避；人会对自己想要的东西有着本能性的向往，想占有，想获得，并且会采取一定的行动来实现它。这是一种健康的心理机制。

对东辉来说，学习的压力很大，正常的心理反应应该是逃离这种压力，而东辉却恰恰相反，主动去接近这种压力，这实际上是一种“趋害避利”的心态，是一种不健康的心理机制。东辉的这种“瘾”并不是“学习上瘾”，而是“考试上瘾”。学习上瘾的孩子，享受的是知识带来的快乐，而“考试上瘾”的孩子所追求的，不是追求知识时感到的快乐，而是家长、老师等外部世界的奖励和认可。

家长常常会害怕孩子染上“网瘾”，但很少有人会担心孩子有“考试瘾”，甚至有些家长还希望孩子能有“考试瘾”，认为只要孩子喜欢考试，他就会喜欢学习，就能学到更多的知识了。其实，这种“考试瘾”甚至比“网瘾”还可怕。网络成瘾的孩子，在心理机能上基本上是正常的。这些孩子染上“网瘾”的原因通常是在家里感受不到父母的爱，父母给的压力太大或者在学校得不到老师的关注，所以这些孩子本能地产生“趋利避害”的心理，逃离家庭和学校，进入网络世界寻找温暖；而“考试成瘾”的孩子则颠倒了这种本能，他们几天没考试、不学习就非常难受，这是不正常的心态，干预起来也比较困难。在孩子的成长过程中，如果任由这种心理机制发展下去，他最后一定会成为偏执型人格障碍。成绩将成为他精神上的唯一支柱，一旦这个支柱坍塌，孩子就有可能走向精神分裂。

要防止孩子染上“考试瘾”，聪明的妈妈首先要懂得把孩子的成绩看淡些，不要只根据孩子成绩好坏奖罚孩子。孩子取得了好成绩，那种开心的心情就已经是最好的奖励了，父母完全没有必要再画蛇添足地给予孩子很多外部奖励。外部奖励太频繁，孩子内心的喜悦就会被夺走，最终孩子的学习动机也会变得很不单纯。当然孩子没有取得好成绩的时候，家长也不应该责骂，而是应该给予理解。

此外，妈妈要鼓励孩子多发展其他的爱好，或者让孩子适当地参与家务劳动，总之不要让孩子把追求好的学习成绩当成是人生唯一的任务。只要学习成绩不是孩子唯一的精神支柱，孩子就不会患上“考试瘾”了。

帮孩子改正做作业爱磨蹭的习惯

常听到孩子的家长说，如果孩子做作业的时候不磨蹭，可能孩子的学习效率会更高一些。其实，不管是孩子还是大人，由于惰性的存在，每个人都喜欢磨蹭，只要人的惰性存在，磨蹭就会永远存在于人的思维和行动之中，而我们所能做的就是把磨蹭的破坏性降到最低。而且，对于13岁前的孩子来说，由于孩子的心理成熟度有限，自身的自控能力还十分薄弱，因此，家长更应该加大力度纠正孩子磨蹭的坏习惯。

在学习上，孩子常常会为自己的磨蹭找理由。比如孩子会对父母这样说："现在已经很晚了，我实在是太困了，现在做作业就等于浪费时间，还是等到明天早晨清醒些再写作业吧。"孩子这不仅是在为自己的磨蹭行为找借口，而且他们还不想承认自己的磨蹭行为。也就是说，孩子正在用这些理由来欺骗自己。如果孩子这种自欺欺人的行为成为一种习惯，那么学习计划对于他们是不会起到什么作用的。所以，在孩子那种懒惰思维刚刚露头、磨蹭行为刚刚出现时，家长就应该加大力度把孩子这种惰性思维消灭在萌芽之中。

除了懒惰之外，孩子写作业的时候磨蹭也还有很多原因，有的是因为学习基础差，有的是因为时间观念差，有的是因为学习任务过于繁重，写完这项作业还有更多的作业，孩子为了不写家长额外布置的作业，就在写老师布置的作业的时候故意磨蹭，把时间消耗掉，这是非常常见的一种原因，这就说明，孩子写作业磨蹭，有很多时候是故意的，他们在用这种方式来反抗父母。现在很多父母都抱着望子成龙、望女成凤的心态，生怕自己的孩子会落后于他人，总是想让孩子学习更多的知识，因此在孩子做完老师布置的家庭作业以后，还会给孩子布置一些题目，认为这样孩子会学得更好。这就引起了孩子的反抗心理。13岁之前的孩子大部分还在上小学，爱玩是他们的天性，总是做作业就会让他们没有玩的时间，但是出于父母的威严，孩子并不敢直接反抗父母，于是就用磨蹭来消耗时间，让父母无法给自己布置更多任务。

孩子的反抗心理在七八岁的时候最为强烈，这个年龄的孩子正处于人生中的第二叛逆期。因为这个时期的孩子心理中的自我意识开始发展，渴望独立自主，对一些事情有了自己的想法，并开始辨别是非，他们想要显示自己的独立和强大，而反抗父母，正是可以显示自己强大的好方法。

妞妞上小学二年级，从开始进入小学之后，妞妞就有做不完的家庭作业，老师布置一份，妈妈还有一份。妞妞的成绩算是不错，一般都会在班里的前十名，但是妈妈却觉得自己和妞妞的爸爸小时候都学习很好，妞妞应该也可以学得更好，因此，总是监督妞妞学习，在妞妞写作业的时候也是在一旁看着妞妞。

自从上了二年级下学期之后，妈妈就觉得妞妞的作业似乎“特别多”，有时候妞妞写到晚上 10 点还写不完。妞妞每次写作业的时候，不是摸摸尺子，就是玩玩橡皮擦，要不就拿着笔帽盖上、拔出、盖上、拔出……乐此不疲。有一天晚上写作业的时候，妞妞又是这样不专心，都过了 9 点半了，妞妞还在写，为此，妈妈十分着急。照妞妞的这种速度，就是过了 10 点也写不完，那么她的睡眠时间就不能保证，肯定会影响她第二天的学习的。

妈妈严厉地催促几次，但是妞妞却好像在考验妈妈的耐心一样，仍然是不紧不慢，做做停停，半天也完成不了一道题目。看着妞妞懒散的样子，妈妈怒火中烧，像狮子一样大声冲着妞妞喊起来：“你到底要磨蹭到几点？你是故意的，对不对！今天不写完作业，就别想睡觉！”

看着妈妈那吓人的样子，妞妞“哇”的一声就哭了起来，一边哭一边说：“我早做完有什么用，你也不让我玩。”听着妞妞的辩解，妈妈呆呆地站在那里，又伤心，又生气。

相信妞妞说出了很多孩子的心声，父母不要觉得还小就不懂得找对策，其实孩子的心理远不是我们所看到的那样，在孩子还是婴儿的时候，就会“察言观色”，学会说话后更是懂得做一些让父母会表扬自己的事情，到了七八岁以后，孩子的心理已经成长了不少，对于父母的任务，他们总是想方设法去赖掉。像妞妞在做作业的时候磨磨蹭蹭，其实正是对父母的一种反抗，她是希望妈妈能够明白，自己想要早点做完作业，然后拥有自己玩的时间。因此，当孩子做作业的时候磨磨蹭蹭时，父母千万不能意气用事，一味责骂，这样只会适得其反。要注意总结方式方法，从自身做起，慢慢地调整孩子做作业磨蹭的坏习惯。

如果孩子真的是因为做完之后还有更多的作业在等着自己而故意磨蹭的，父母可以给孩子留一点属于他们自己的时间，作用是显而易见的。只要孩子保质保量地完成了老师布置的作业，父母就将剩下的时间交给孩子自己去安排，让他们做自己喜欢的事情。养成这样的习惯之后，孩子就会抓紧时间完成各项任务，因为早写完就会有更多的时间玩了。久而久之，孩子就会慢慢改掉写作业磨蹭的坏习惯了。

当然，如果孩子对时间没有概念，也可能会拖拖拉拉。解决这个问题的办法只有一个，那就是让孩子自己安排时间。比如什么时间做作业，什么时间玩，清清楚楚地写下来。当然，孩子可能由于年龄小，想问题不可能全面，父母可以在孩子做时间表的时候，提出一些建议，以便时间表能制定得更加科学。

孩子自己做时间表，虽然少不了做作业的时间，但是也会有玩的时间，一般来说，孩子都会自动遵守的。只要孩子能够按照自己的时间表行事，慢慢地，做作业磨磨蹭蹭的坏毛病就会逐渐消失了。

学会消除孩子的焦虑心理

焦虑是一种伴随某种不祥的预感而产生的令人不愉快的情感，严重的焦虑表现为恐惧不安。心理学家曾经做过实验：如果把健康的兔子放在老虎旁边，无论如何照料兔子，兔子在恐惧心理影响下，总会在不久后死去，这种恐惧心理被心理学家成为“兔子效应”。

根据一项心理调查，目前我国有很大一部分学生存在焦虑心理。就像上面所说的兔子一样，学生的焦虑心理也是来自不祥预感而产生的不愉快情感，从而使学生的学习和健康成长受到严重负面影响。存在学习焦虑心理的学生，会不同程度地出现烦躁不安、心神不定、心慌头昏等症状，甚至一见到书本、一进教室就会感到头痛心慌。学习焦虑是因为学习而产生，又反过来直接影响孩子的学习过程和学习成绩。焦虑使得学生害怕和讨厌学习，遇到学习困难就很容易放弃，因而在学习过程中对知识和方法的掌握水平低、不牢固，导致学习成绩逐步下降。不仅如此，学习焦虑还会影响孩子原有水平的正常发挥，表现为考试焦虑，每次一遇到考试就会发挥失常。比如一些学生考试之前异常紧张，吃不好、睡不好，考试的时候大脑一片空白、全身冒汗，会做的题目也做不出，考试成绩自然一团糟。

在现实生活中，考试焦虑是目前孩子存在的最为普遍的心理问题之一。他们大多会感到不同程度的学习困难，诸如记忆力下降、精神不集中、注意力分散等。有的孩子会出现“记得很熟的知识怎么也想不起来”“题目看了很多遍，却不知道是什么意思”等状况。与此同时，孩子身上还会出现一些生理反应，比如容易疲倦、厌食、心跳加速，等等。孩子之所以会出现考试焦虑，大多是由于考前准备不足，对自己缺乏信心，以至于考试前紧张，考场发挥失常。

有心理专家认为，那些学习基础比较差、性格比较内向、学习方法不够灵活的孩子容易产生考试焦虑。他们往往比较敏感、多虑，对自己缺乏自信，很容易产生考试焦虑的症状。根据调查显示，有这种考试焦虑的孩子大多数是中等生和少数优等生。对于中等生来说，一方面他们担心考不好会沦为后进生，会被人瞧不起而有强烈的学习愿望，另一方面，又因为焦虑心理而无法克服学习困难，完不成学习任务，进而担心考不好。另外，对于少数优等生来说，他们过分注重自己的考试成绩，担心自己考不好而影响自己在老师和同学以及父母心中的地位，导致对分数患得患失、焦虑不已，结果就算他们平时的成绩很好，但是在考试前也很容易陷入紧张状态。

张帅刚刚升入初中二年级，是班里的体育委员，别看他热爱体育，但是他的成绩在班里也是不错的，一般考试都在班里的中游以上。在同学们的眼中，张帅也是一个十分阳光的学生，特别爱笑，也爱开玩笑，十分热爱体育运动，每次开运动会，他都是积极参加，每次都能取得不错的成绩。

但是张帅的妈妈却十分了解孩子，妈妈说张帅虽然平时笑嘻嘻的，一副什么都无所谓的样子，其实他十分在乎自己在老师和同学们心中的形象，虽然只是体育委员，但是他对自己的成绩十分在乎，不愿意落在后面。因此，每次考试他都会积极备考，就想着能考出一个好成绩。但是最近几次考试，张帅觉得自己的压力可能有些大，竟然常常在妈妈面前说“我不想考试，我讨厌考试”这样的话。妈妈还发现张帅在家里根本就看不进书，总是在房间里走来走去，要不就是拿着书本看一眼再放下，一会儿再看一眼再放下，这样反反复复，也不知道他在想什么。

结果这几次考试的成绩确实也不是很理想，有一些很简单的题目都做错了。发下试卷来之后张帅就后悔不已，觉得自己不应该是这个水平，发誓下次一定要考好。但是，他考试前的反常举动却越来越多，最近的这一次考试之前，张帅竟然整晚都睡不着，吃饭的时候也不想吃，妈妈还以为张帅生病了，但是也没有发烧，也没有其他不舒服的表现，妈妈真是不知道这孩子到底是怎么了。

后来妈妈听到其他的学生家长说自己的孩子也有这样的状况，怀疑是不是心理出现了什么问题，妈妈这才把张帅的这些反常行为想通了。于是，妈妈就带着张帅去心理咨询室去咨询，还好张帅的考前焦虑不是很严重，经过心理咨询师的开导之后，张帅逐渐就不再害怕考试了。

还好张帅的妈妈及时发现了孩子的焦虑状态，并积极治疗。学生的考试焦虑是学习焦虑的一种，这种焦虑或多或少都会在学生之间存在着，只是大家的轻重程度不一而已，究其原因是他们对自己学习现状的不满和不恰当的期望和比较，不能接受自己的现状，过分追求完美和注重结果，注重浅层次的攀比，以己之短处比他人之长处，体会不到学习的真正意义，有个别学生因承受不了学习压力，会产生恐惧感、厌学症，出现逃学、装病现象。因此，老师，学生以及父母应该正视学习焦虑所带来的负面影响，努力做好学生的心理疏导、缓解压力和焦虑，使学生健康成长。

学生应该要了解学习是一个过程，知识的积累、能力的提高要有一定的积累过程，从量高到质高，欲速则不达。因此，首先要做好眼前的事，注意学习过程，不要过分注重结果，要登上高山，最重要的是登好每一级台阶，要相信“功到自然成”“水到渠成”。另外，在确定自己的奋斗目标的时候，要认真客观分析学习状况、知识掌握程度、各科的优劣势，在年级、班级所处的位置，根据这一分析，务实地制定一个目标，调整自我期待水平，保持一颗平常心，因为每个人的实际情况不同，不要去注意别人如何，自己的现在与自己的过去相比，有进步即可。

当然，孩子也要适当做些心理训练，掌握一定的调节情绪的方法，使自己能够运用意念控制、调整呼吸等方法松弛躯体，调整情绪，转移注意力，提高记忆力，缓解神经过度兴奋，以达到调整心理的目的。

跟网络结合，他会越来越喜欢学习

如今的时代是信息的时代，网络已经成为了人们获取信息和交流的重要渠道。但是，我们也都知道，网络是一把双刃剑，运用得好，它能给人带来很多好处，运用得不好，它能变成魔鬼，让人痴迷甚至陷入难以自拔的深渊之中。所以，要让网络成为孩子的良师益友，就要让孩子在网络中把握住自己。

每一个孩子在初次上网的时候，几乎都会被网络的神秘感吸引。他们小心翼翼地探索着，眼睛里充满了惊奇，内心被信息的大潮激荡着。而我们也应该明白，13 岁之前是孩子成长的关键时期，也是孩子习惯的养成时期。但是这个年龄之前的孩子自控力不足，心理发展不成熟，是非辨别能力较弱，很容易就会迷失自己。因此，孩子的成长是离不开路标的，他们需要父母帮助自己找准方向。可是，在这样的一个容易失控的崭新的领域里面，许多父母偏偏放弃了应该尽的监护和教育的责任，他们为孩子买来了电脑，便让孩子自己去学。不幸的是，许多孩子在网络里成了脱缰的野马，悲剧也因此频频上演。

青少年长期沉溺于上网，会造成角色混乱、道德感弱化、人格的异化、学习的挫折以及健康的损害，导致孩子的心理异常与精神的障碍，还会引发一些社会问题，很多孩子甚至上网成瘾，深陷其中、无法自拔。

网瘾是指青少年对网络有一种莫名的激情，甚至到了痴迷的状态。许多网瘾少年表示“虽然我知道经常上网会影响我的学习，但是，我已经离不开网络了，看见电脑，我就会手痒，忍不住想去玩游戏、聊天”“对网络的迷恋就好像吸毒一样上瘾，戒不掉”。

其实，不少网瘾少年也有戒掉网瘾的想法，但是，每每到了关键时刻，他们却按捺不住内心的欲望。

那么，孩子为什么会这么沉迷于网络呢?

处于青春期的孩子，他们的生理、心理尚未发育成熟，面对一些事情，他们虽然已经能够冷静思考，但是，他们的自控力还是远不如成年人。比如，有网瘾的成年人会自觉地想到自己还有工作要做，他们会果断地关掉电脑。但是青少年就没有那么强的自控力，在网瘾的折磨下，他们只会弃械投降。

除此之外，许多沉迷网络的孩子眼中只有网络，他觉得没有什么东西比网络更有吸引力了，因为只有在网络中，他们才会得到心理的满足感，体会到成就感。其实，这样的孩子可能成绩比较差，人际关系不怎么样，父母也不关心自己，种种挫败感导致了他们甘愿走向虚拟的世界。

心理专家认为，当一个人沉迷于某一件事情而无法自拔的时候，如果这时出现了另一件更有趣的事情，那么，他就会分散注意力。当他开始喜欢了那件更有趣的事情，发现更有意思的时候，他就会脱离之前他那件让他沉迷的事情。其实，对于孩子有网瘾的问题，父母可以采取一些措施，转移孩子的注意力。

当然，网络也并非只有负面作用，前面我们也已经提到过，网络可以给人们带来很大的便捷。网络对于孩子的学习还是有着积极影响的。青少年可以利用网络学习更多的知识，了解一些现代高科技的知识，还可以开阔视野和智力，促进知识的拓展，弥补一些传统教育不能起到的作用。

今年 13 岁的小云今年刚刚上初中一年级，爸爸妈妈觉得小云上初中之后肯定需要查阅大量的资料，而小云的爸爸妈妈都在单位上班，没有太多的时间来给小云解答疑惑，而书房的电脑爸爸经常要使用，怕会耽误小云，于是，爸爸就给小云买了一台电脑，放在了小云的房间里。

自从小云有了属于自己的电脑之后特别开心，每天放学回家写完作业就会玩电脑，有时也会从电脑上查阅一些资料。刚开始的时候，小云非常生疏，也不知道该怎么查阅资料。妈妈就找来了很多科学知识的网站，并教给小云如何查询，怎么登录，没几天，小云就运用自如了。不过小云也经常在电脑上玩一些游戏，有一个星期小云简直迷上了游戏，连作业就不愿意写了，回家就直接玩游戏，很晚才睡觉。妈妈发现之后，觉得这样下去小云的学习成绩一定会受影响，就开始和小云商量，妈妈对小云说可以玩游戏，但必须是在完成作业的情况下，而且只能每天玩 40 分钟。小云看着妈妈有些生气的样子，只好妥协了。

不过小云还是有些不高兴，好几天都超出了 40 分钟。妈妈也知道小云心里有些不服气，就又放宽时间，在周末的时候，妈妈允许小云有两个小时自由上网时间，可以学习知识，也可以玩游戏，于是母女两个达成共识，小云每天都遵守这个约定。于是，每天小云完成作业就会玩游戏，到了时间就关电脑，有时也会继续开着，但不再玩游戏了，而是在查阅一些资料。妈妈也特意找来了一些有趣的网站，有些是跟小云的上课内容无关的，但是对于对小云来说十分有用，小云就从一个科普网站上知道很多生活中的常识呢。这样，电脑成了小云生活和学习的好伙伴。

经过了一个学期，小云的成绩提高了，懂的知识也更广、更多了，而且还学会了好几个游戏，学习、娱乐两不耽误。

可见，只要运用得当，网络对于孩子的成长和学习是十分有帮助的。当然，其中少不了父母的监督和引导。很多家长本身并不懂网络知识，因此对于孩子使用网络也觉得是件有害的事情，因为担心孩子会形成网瘾，而拒绝让孩子接触网络。其实，网络对孩子有很多的好处：

网络信息量很大，信息交流的速度也相当快。青少年可以随意在网络上获得自己的需求，浏览来自世界各地的新闻信息，还有一些书本上没有的知识。在这样一个知识量极大的平台，使青少年学习的领域非常宽广，极大地开阔了青少年的视野，给青少年学习、生活带来了许多便利和乐趣，会让孩子更乐于学习。

网络是一个虚拟的世界，在这个世界中，每一个人都能超越时空，与一些相识或者不相识的人联系和交流，谈论一些共同的话题。由于网络的虚拟性，避免了直接交流时带来的摩擦和伤害，是一个崭新的交流场所。青少年可以借助网络的互动性，通过QQ和微博等方式广交朋友，参加社会问题的讨论。不过，父母还是要帮孩子把把关，毕竟孩子的心理不成熟，很多事情没有办法思虑周全，很容易让不法分子乘虚而入，因此，父母要及时关注孩子的动态，避免孩子上当受骗。

总体来说，只要孩子把握得当，网络对于青少年的作用是利大于弊的。只是，父母也不要忽视网络的消极影响，引导孩子正确使用网络，使网络成为孩子学习上的好帮手，生活中的好伙伴。

培养孩子独立思考的能力

爱因斯坦曾经说过:“学会独立思考和独立判断比获得知识更为重要。不下决心培养思考习惯的人，将失去生活的最大乐趣。”孩子只有善于独立思考，才会有很强的处理问题的能力，而且会从生活中收获良多。所谓成功者大多也都具有个性的思想，以及独立思考和判断的能力。所以，对于处于成长关键期和行为习惯培养的关键期的孩子，父母一定要从小培养孩子的独立思考的能力，让孩子在学习和生活中有更多自己的主见。

良好的思维能力胜过掌握更多的知识，因为知识只有被运用才是有价值的。最好的办法是通过思考得出来的，思考是一切创造的源泉。

一名心理工作者去一所学校调查小学生的自主性状况，在被调查的 150 名学生中，当被问到在学习和生活中遇到的难题，一时解决不了该怎么办时，150 名的学生几乎都是这样回答的：有困难当然是让父母来解决。当被问到今后准备从事什么样的职业时，竟也有 70% 的孩子说要先回家问问父母，自己不知道以后要干什么。独立思考的能力已经是现在很多孩子综合素质中的一个不容忽视的弱项。

孩子在小的时候还没有独立意识，所以自然缺乏独立思考的能力，但是从 3 岁左右开始孩子开始出现独立意识，到了七八岁的时候，孩子的独立意识进一步发展，在 13 岁之前的孩子，是有一定的独立意识的，对于生活和学习中的一些事情，也应该有一定的思考能力，虽然孩子的心理发育不成熟，很多事情自己思考可能没法做到全面、准确，很多父母觉得孩子没有思考的能力，于是什么事情都替孩子想好，让孩子按照父母的想法来做事。结果，孩子年龄很大了还是什么事情都依赖父母，自己遇到任何问题都没有想办法解决的习惯，而是回家问父母。这对于孩子以后的学习和生活会带来极其不利的影响，因为，父母不可能一辈子都给孩子出谋划策。

许多父母出于对孩子的宠爱，事事都为孩子代劳，导致许多孩子没有独立思考的习惯。这样的孩子对父母的依赖性会越来越强，长大之后，很可能会因为缺乏独立思考的能力而成为一个优柔寡断、毫无主见的人。独立思考的能力在一个人的成长过程中是一项很重要的能力。孩子独立思考的习惯是需要从小就开始培养的。

一天，慧慧的爸爸在一本书上看到了德国数学家高斯的故事。当他看到高斯 8 岁的时候就发现了著名的数学定理时，感到十分吃惊。这时，还在上小学三年级的慧慧恰巧走了过来。他喊住慧慧，说："爸爸考你一个问题好不好？""什么问题？"慧慧歪着脑袋天真地问。"从 1 到 100，这 100 个数相加等于多少？你算给爸爸看看好吗？"爸爸便把高斯曾经遇到的问题说了出来。

慧慧拿起纸和笔认真地算了起来，算了好一会儿，她有些着急了，说："这个算起来也太麻烦了吧？"爸爸让她有点耐心，于是慧慧又继续算了起来。

过了很长时间慧慧终于大功告成了："我算出来了，是 5050，对吧？"

"嗯，不错，结果非常正确，但就是时间长了一点，你能不能想出一个又快又能得出准确结果的好方法呢？"

爸爸开始引导慧慧思考。

“算算数能有什么好方法啊？”慧慧有些好奇地问。

“你来看看，这些数字有没有特别的地方，或者是有什么规律呢？”爸爸一边说着，一边在纸上写：“1+100，2+99，3+98……”

慧慧拿过爸爸手里的纸，聚精会神地看了起来。过了一会儿，慧慧似乎发现了什么，也拿起笔开始在纸上写了起来，然后，她若有所思地点点头，惊喜地对爸爸说：“我知道了，爸爸我知道了，这有个规律，从 1 加到 100，一共有 50 个 101，正好是 5050，对不对？”

“对！你看这样是不是简单多了？还特别省时间。”爸爸笑着对慧慧说。

“是啊，这真是一个好办法，爸爸，你太厉害了！”慧慧以为是爸爸想出来的好主意呢。

“可不是爸爸厉害，其实这是德国一个 8 岁的孩子发现的，他的名字叫高斯。他发现这个规律的时候比你还小呢。不过，现在你也发现了，爸爸相信你以后还会有更多更好的发现！”爸爸希望通过这件事情能让慧慧在以后遇到问题的时候更多地去思考。

“嗯，我一定要向他学习，以后我也会发现好的规律的。”慧慧坚定地对爸爸说。

就像慧慧的爸爸一样，父母要善于给孩子提问题，然后通过适当的指导，鼓励孩子得出最后的结论。这样不仅可以让孩子学到许多新的知识，还能培养孩子独立思考的能力和习惯，有助孩子心理的快速发展。

如果一个人会思考，那么在做事情、学习上就容易获得成功。所以，父母要给孩子营造一个思考的空间，放开手，让孩子大胆地去想，并认真倾听孩子的想法。父母不要把孩子的一切都安排得十分妥帖而且周到，要让孩子自己去考虑，这样才有助于培养孩子独立思考的习惯。只有学会了独立思考，孩子才能更好地学习和生活。

帮孩子克服厌学情绪

在现实生活中，有的孩子一提到上学就会感觉浑身难受，出现肚子疼、出汗、失眠等症状，到医院做检查却发现孩子的身体没有问题。这个时候，父母就应该引起注意了：孩子很有可能是得了厌学症。

厌学症是目前青少年儿童诸多学习心理障碍中最普遍的问题，是青少年儿童最为常见的心理疾病之一。从心理学角度来看，厌学症是指孩子消极对待学习活动的行为反应，主要表现为对学习存在偏差，情感上消极对待学习，行为上主动远离学习。患有厌学症的孩子往往会对学习失去兴趣，他们没有明确的学习目的，恨书、恨老师、恨学校，严重者甚至一提到上学就会恶心、头昏、脾气暴躁、歇斯底里。

一般来说，引发孩子厌学症的原因有很多，主观方面，现在的孩子大多数是独生子女，从小养尊处优，自身比较懒惰，怕苦怕累，总是觉得学习是一件很苦很累而且十分乏味的事情，一看到书本就头疼，总是想找机会逃避学习，甚至出现逃课、逃学的情况。也有的孩子在学习上付出了很大的努力，但是由于方式方法的不正确或者不适合自己，因此每次考试的时候成绩却并不理想，他们就会觉得自己并不是学习的材料，于是开始厌倦学习。从客观方面来说，现在社会高速发展，娱乐设施齐全，在校外的网吧、电子游戏室等对孩子的吸引力太大，以至于很多孩子逃课去上网玩游戏。也有的父母对于孩子的期望过高，总是逼着孩子去学习，不给孩子休息和娱乐的时间，造成孩子的负担过重，没有时间放松，使得孩子对学习产生逆反心理和厌倦心理。

开学上初中二年级的康康刚刚没几天就有些不对劲了，以前的康康学习十分自觉，从来不用爸爸妈妈督促，总是回家就先写作业，有时还会主动学习一些课外的知识，他的成绩也一直不错，虽说不是第一名，但也是次次都在前几名，爸爸妈妈也十分知足，并没有要求康康一定要得第一名。

但是前几天放学回家的时候，康康的脸色十分难看，而且这几天康康回家也不写作业了，总是一个人回家就躲进自己的卧室里面，一直到妈妈喊他吃饭才出来，吃完饭就又回房间了，开始的时候爸爸妈妈也以为是他的作业太多，他在写作业呢，直到有一次晚上妈妈拿着水果进康康的房间，看到康康躺在床上发呆，书包还好好地放在桌子上呢。妈妈就随口说了句："发什么呆呀？作业写完了吗？"康康还是在发呆，看都不看妈妈一眼，妈妈有些生气了，就走过去掀起康康盖在身上的被子，说："妈妈问你话呢，写完作业了吗？"没想到康康一下就跳起来，十分生气地大声喊："写作业，写作业，整天就知道写作业，我不愿意写作业，我也不想上学了。"妈妈吓了一跳，不知道康康为什么发这么大的脾气，而且还说不愿意上学了，这不可能是康康会有的想法啊，爸爸妈妈一直觉得康康成绩好，一定不会不愿意上学的。

为了弄清楚原因，妈妈主动给康康的班主任打了电话，希望了解康康在学校的情况。通过班主任，妈妈才知道最近康康在课堂上表现也十分糟糕，整天无精打采的，经常在课堂上看漫画书。

了解到这些之后，爸爸妈妈和康康耐心地谈了一下，原来每次自己考试成绩不错，爸爸妈妈都会非常开心，还经常在亲戚面前表扬自己，这让康康压力十分大，认为只有自己好好学习，成绩好爸爸妈妈才会开心。可是自从上初二之后，很多时候康康觉得很累，老师讲得课很多时候康康根本消化不了，可是课程太多，自己根本就没有时间在课下慢慢消化，问题越攒越多，自己干脆就不愿意学了。

相信很多家长都会遇到这样的问题，原先听话的孩子忽然就不愿意学习了。其实，从上面的例子中也可以看出，孩子之所以不愿意学习，大多还是因为自身的压力太大，加上课程紧张，结果自己就选择“破罐破摔”了。有关心理教育专家也表示，初二的课程比较多，学习内容也相对增加了，难度确实比较大，是初中生产生两极分化的关键阶段。在这一段时间里，学习成绩好的同学开始显山露水，而学习跟不上的同学就很容易产生厌学情绪。

就像上面这种学习跟不上而产生厌学情绪的孩子，父母可以利用双休日和寒假暑假的时间，找一个家庭老师给孩子补补课。不过在请老师之前，孩子应该有充分的思想准备，不能有依赖心理，防止孩子放弃课堂，完全依赖家庭老师的讲解。在帮助孩子克服厌学情绪的过程中，父母应该明白孩子的学习成绩不是一下子就能提上去的，因此对孩子要有耐心，要不怕反复去说服孩子。父母如果对孩子的信心不足，或者对孩子采取放弃的态度，那孩子就可能真的是破罐破摔了。对厌学的孩子，切不可“批”字当头，“罚”字当头。要实事求是地看到孩子的优点和微小的进步，及时给孩子以肯定，使孩子有成功的感受，逐步提高自信心，由“厌学”变成“喜学”，这样孩子的厌学问题就可以解决了。

缓解孩子的学习压力

孩子本应该是无忧无虑的，但是孩子真的就是一点压力都没有吗？不是的，孩子是有压力的，尤其是在孩子上学之后，特别是学习成绩不好的孩子，他们会面临着来自各个方面的压力。但是很多父母并不能看到压在孩子身上的这种压力，甚至有很多父母会认为，孩子只有紧张，紧张，再紧张，才能激发潜能，跟上大家学习的步伐。这也就是大多数人会认为的“有了压力，才会有动力”，殊不知，如果孩子的生活学习中充满了压力，他们就会逐渐丢失自我，甚至出现心理问题。

孩子的心理产生的压力直接影响孩子的学习成绩。很多厌学和逃学的孩子一般都是因为压力过大而学习又跟不上，经常受到老师的批评、父母的责怪以及同学的轻视。面对这几方面的压力，很多孩子索性选择破罐破摔，也就出现了所谓的逃课现象。

所以，父母应该看到孩子的学习压力，要主动给孩子减压，这样就不会使孩子彻底地瘫倒在压力的泥潭中。孩子大都是带着压力来学习的，当孩子的压力达到一定程度的时候，就必须及时地去给孩子排解，不然，孩子就会承受不起，结果就是产生厌学情绪，以至于出现逃学的行为。所以，父母要及时了解孩子的压力，学会给孩子释压。

然而，从本书前面的内容我们也可以知道，在孩子上学之后，孩子心理已经逐渐发展，自我意识加强，开始十分看重自己的自尊心。因此，父母想要给孩子释压，首先要做的就是既能达到给孩子缓解压力的目标，又要保护好孩子的自尊心。现在有些父母见不得孩子有一点点的错，一旦孩子犯错就会使劲批评孩子，恨不能让孩子抬不起头来。要知道父母给孩子多一份尊重，孩子就会多一份自尊，多一份快乐。遇到问题的时候，使孩子要有一个心理准备的时间和心理缓冲的过程。孩子有错的时候父母不要一味批评，父母应该要引导孩子学会反思，看待问题不能片面，应该一分为二。父母要明白，孩子虽然年龄小，但也是一个独立的个体，在人格上和父母等成年人是平等的。

另外，想要给孩子释压还有一点非常重要，那就是父母要降低自己的期望值。这就要从中国的社会现状说起，现在的家庭中，一般都只有一个孩子，孩子从小就是在父母的期望中长大，而中国父母有一个共同的特点就是，很喜欢为孩子牺牲，为了孩子妈妈放弃了工作，爸爸放弃了外出派遣的机会等，这就让父母对孩子的期望更多了一点，希望自己的付出能够有所回报，而最好的回报就是孩子的成功。另外就是很多父母会把自己的梦想加注在孩子的身上，自己当年没有实现的愿望，希望孩子可以做到。因此，每个孩子的身上背负了太多的期望。然而，不可能每一个人都能考上北大、清华，不是每一个人都能成为出类拔萃的精英。父母在看待孩子的时候应该客观一点，应该尊重孩子本身的兴趣，让孩子能够正直、健康地长大才是最重要的事情。

小健是一名初中生，平常是个十分文静乖巧的孩子，爸爸妈妈对这个孩子的期望也非常高，希望他能出人头地，于是对他的要求也就严厉了很多，每天妈妈都会检查他的功课，除了学校布置的作业之外，他还有很多爸爸妈妈给自己布置的任务。所以，每天他几乎所有的清醒时间都用来学习了。到了周末的时候，他还要参加好几个辅导班，一般只有半天属于自己，可是即使在这半天之中，还要完成学校老师的作业，也可以说，他完全没有自己的时间。不过他的成绩确实非常不错，几乎每次考试都是第一名，如果不是第一名，爸爸妈妈就会批评他，给他布置的作业也就更多了。所以，小健感觉自己每时每刻都在学习。

看到身边的同学每天开心地谈天说地，小健非常羡慕，可是因为小健总是有做不完的事情，根本就没有时间和同学们玩，大家也都觉得小健成绩好，整天也不说话，有点自傲的样子，其实小健只是不知道该怎么和大家聊天而已，所以，他在班里连个朋友也没有，这让小健十分痛苦。

在寒假之前的期末考试中，小健的成绩没有考到第一名，只比第一名少了 0.5 分，但是即使这样，开家长会时爸爸还是不开心，从学校回来之后就一直阴着脸。小健知道自己又让爸爸妈妈失望了，所以也不敢吱声。不过从这天开始，小健每天晚上 10 点之前就没办法睡觉了，爸爸找了很多的练习题给他做，还给他报了寒假补课班。每天小健都很忙，就算是除夕的时候爸爸也不允许他放松，还是先完成任务才能玩的。这样的生活压得小健喘不过气来，终于在春节之后的第五天，才刚刚 13 岁的小健从自家的窗户跳下，当场身亡。

案例中，由于过大的心理压力，正处于大好时光的孩子，却选择了结束自己的生命。也许直到这个时候，小健的父母才会明白，考第一不是最重要的，孩子的生命才是最重要的，但是等到孩子没了才想明白有什么用呢？其实，我们经常会在报刊、媒体上了解到青少年自杀的报道，在他们用自己的生命为代价给我们的教育敲响警钟的时候，父母是不是有所觉醒呢？对于身心都处于刚萌芽的孩子来说，沉重的学习压力，是他们难以承担的，于是有的孩子选择了逃避，有的孩子却在痛苦中继续承担着。由此可见，减轻孩子的学习负担，减少孩子的心理压力，是关系到孩子的学习和身心健康成长的重要因素，父母应该认真对待，及时关注和引导孩子。

当然，给孩子减压不只是父母的责任，孩子的学习压力也并不全都是父母给的，也有的压力是学校是老师给的。因此，给孩子减压是学校、社会和家庭共同的责任。当然，最重要的还是父母的作用。学生和老师之间总会产生一些矛盾，这很正常，关键是父母要及时与孩子的老师沟通，弄清楚矛盾的原因，及时化解矛盾。孩子在学校的情况孩子自己一般都不愿意和父母讲，老师也没有太多的机会及时与孩子的父母沟通，父母又没有察觉到孩子的心理变化，几个方面一耽搁，做疏导工作的机会就会贻误了。所以，还是需要父母在平时多观察孩子，了解孩子的心理变化，并及时与孩子的老师联系，做好沟通和桥梁的作用。

只要孩子的家长和老师对孩子的期望减小，孩子的心态就会大不一样，孩子就会有一份自信，这就让孩子抛去了心理的包袱，孩子在学习的道路上就跑得更快了。

偏科的烦恼

偏科是非常普遍的一种现象。所谓“偏科”，就是指在学习学校文化课程中，某一门或者几门功课成绩特别好或一般，同时剩下的功课成绩特别差或较差。对于孩子的发展来说，偏科是他们在成长过程中不可避免的现象。

有关研究表明，偏科现象出现的高峰期是中学阶段，这恐怕与青春期孩子特定的心理、生理以及课程的加重有着密切的关系。当然，虽然偏科是一种不可避免的现象，但是只要父母和老师能够给予足够的重视，及时纠正孩子的偏科现象，孩子的偏科也是可以改正过来的，孩子还是可以做到全面发展的。

为了了解孩子的偏科问题，一名教育工作者对某中学进行了调查，统计结果表明：喜欢科目人数最多的是微机，占 78.72%；然后是音乐，占 70.21%；再次就是语文、英语、数学，分别为 65.96%、65.96%、61.70%。而其中语文的厌恶率最低，为 13.83%，次之为微机，占 14.89%。厌恶率在 20% 以上的有：数学 21.21%、化学 27.66%、美术 27.66%、体育 28.72%、政治 30.85%、物理 31.92%。对偏科时间的统计表明：61.7% 的孩子在初中阶段有不同程度的偏科，在小学阶段偏科的占 24.47%，高中偏科的占 19.15%。

很多的孩子为偏科而苦恼，不只是孩子，父母对此也十分着急。那么究竟是什么原因造成孩子偏科呢？有人认为“从小就喜欢文科，基础一直也很好，没有掉队，所以喜欢文科”，还有的说是“出于好奇心和求知欲”，而有的觉得是因为“受班主任、父母或其他同学、朋友的影响”等。可见，孩子偏科的原因有很多，而且也较为复杂。

今年刚刚升入初中二年级的小雅最近总是无精打采，从上小学成绩就很好的小雅，几乎是在别人的赞美声中长大的，但是上初中以后，小雅就有了烦心事，那就是升入初中二年级之后她所学的课程多了很多，虽然小雅的数学成绩还算不错，但是不知道为什么却总是学不好物理和化学这两门课。在最近的期中考试中，小雅的文科类成绩都考到了班里的前五名，但是理科类的成绩却排在了班级的后半段，导致总成绩并不理想。

小雅感到很伤心，但是也很无奈。以前爸爸妈妈总是在他人面前夸耀自己的女儿学习多么好，现在只要听到谁谈论孩子的学习成绩，他们就会立刻远远地避开，有时还会生气地责问小雅：“你是怎么回事啊？怎么越长大越笨了呢？”爸爸妈妈越是这样，小雅的压力就越大，可是越想学好理科，就越是学不好，到最近她几乎看到理科就头疼，经常心不在焉，夜里还经常因为梦到考试不及格而惊醒。

类似上面的例子，现实生活中并不在少数。正如上面我们所提到的：偏科是孩子学习中的常见现象，也是孩子成长过程中不可避免的现象。当然像小雅这样的初中生偏科现象更为普遍，这也是孩子进入青春期之后比较常见的。

青春期的孩子正处于形象思维和抽象思维的活跃时期，特别容易对一些比较形象的科目感兴趣。同时，外部环境也容易导致孩子偏科，比如老师的个人素质的高低、责任心的强弱等，都会直接影响孩子对一些科目的喜爱和厌恶；有些社会思潮也会直接渗入到孩子的学习中去，比如“学什么能挣大钱”等这样的思想，都有可能会影响到父母或孩子的心态；还有的是孩子的学习方法不对，孩子感到学习困难，进而丧失学习的兴趣和信心；还有的孩子是因为学习疲劳或者父母太啰嗦等原因造成的厌学或偏科现象。

既然知道了孩子出现偏科现象的原因，那么父母该如何引导才能让孩子改善偏科的现象，实现全面发展呢？这里给父母几点建议：

首先，父母要鼓励孩子逐渐靠近不喜欢的学科。有的孩子偏科是因为自己的兴趣、爱好所致，或是对于某一科目确实存在学习困难，而失去兴趣所致。这时，父母一方面要鼓励孩子学好优势科目，通过优势科目，树立信心，让孩子认识到自己有学好其他科目的能力，进而逐渐提高对其他科目的兴趣。另一方面，父母要正视与肯定孩子在弱势科目上的点滴进步，引导孩子主动去接触弱势学科，加强对弱势学科的学习。研究表明，只有当某种知识领域中的实际知识积累达到了一定水平时，孩子才会产生对这一领域的兴趣。因此，对于不感兴趣的科目开始时要多花点时间和精力，随着学习的逐渐深入，对某些科目了解的增多，孩子的兴趣就会逐渐培养起来了。

其次，父母要对孩子进行有效的心理暗示。孩子不喜欢、不擅长某门学科的心理原因，主要是自卑。而这种自卑往往是很盲目的，孩子心中理想的“别人”，即比自己强的人，实际上是自己幻想的，所谓擅长与否，也往往是自己不切实际的想象和评价。所以，父母要让孩子相信，只要自己掌握了科学的方法，并愿意付出精力去学习，就没有学不好的科目。通过对孩子的赞扬，慢慢让孩子产生一种积极的自我暗示，这样通过一段时间的努力，孩子就会取得更好的成绩，逐渐摆脱偏科的苦恼。

第九章
良好的社交能力助力孩子成长

孩子没有倾听的耐心

“上帝给我们两只耳朵，却只给我们一个嘴巴，意思是要我们多听少说。”在人们日常的语言交往活动中，“听”居于非常重要的地位，善于倾听在人际交往中是非常重要的。善于倾听他人意见的人，与他人的关系也会很融洽。因为倾听本身是褒奖对方谈话的一种方式，能够耐心倾听对方的谈话，等于告诉对方“你是一个值得我倾听你讲话的人”。

当然，大人在倾听的过程中，可以把握对方的信息，弥补自己的不足，不断完善自己。其实孩子也是一样的，尤其是在孩子长大一点，上学之后，他们需要懂一些交际的技巧，而倾听无疑是最重要的。但是对于 13 岁之前的孩子来说，他们的心理发展还不成熟，自我控制能力和情绪控制能力还比较差，很难做到耐心倾听别人的谈话，总是率性而为，想到哪里说哪里，不管对方是不是正在讲话。很显然，这无论是对孩子的人际交往，还是对孩子良好个性的形成都是十分不利的。

想要让孩子学会倾听，就必须让孩子有耐心，然而，对于心理发展不成熟的孩子，尤其是低龄儿童来说，他们喜欢亲自动手去探索、去实践，但是在活动中常常缺乏耐心，更别说是对别人的讲话耐心倾听了。往往是刚开始兴趣十足，但只是3分钟热度，有时连3分钟也没有，孩子就失去耐心了。其实，这和孩子的注意力不集中有一定的关系，每个年龄阶段的孩子，注意力的长短都有所不同，如果孩子的集中注意力的时间太短，就很难做到倾听别人讲话这件事情。

在心理学上有一个半途效应，说的是人在做事过程中达到半途的时候，由于心理因素以及环境的交互作用而导致目标行为中止。具体到孩子身上，就是事情做了没多长时间，想到其他事情了就会放弃现在的事情，或者遇到一点困难就会停止。在倾听这件事上，就是说孩子刚开始的时候可能会真听，但是如果自己想到了别的内容，或者身体、环境出现影响因素，孩子就会对倾听失去耐心。针对孩子这种情况，父母可以利用日常中的一些小事情来引导孩子，先培养孩子耐心、认真做事的习惯，并形成良好的做事态度，逐渐转移到耐心倾听上，让孩子学会倾听。

寒寒已经上幼儿园了，在学校里学会了很多的知识，会唱歌、讲故事，于是整天缠着妈妈，让妈妈听他讲故事或者是唱歌、背古诗等。妈妈有的时候有些忙，就会让寒寒出去玩一会儿，寒寒就会把目标转移到别人的身上。原本爸爸妈妈也没有特别在意，这么大的孩子本来就是十分爱表现自己的。

但是最近这一段时间，妈妈却感到十分忧愁，因为妈妈发现寒寒总是喜欢自己说，想什么时候说就什么时候说，但是当别人说话的时候，寒寒也不认真听，听着听着就开始插话，或者去做别的事情，就算是妈妈在教育他的时候，寒寒也是经常走神！在自己的家人面前还好，可寒寒是无论对方是谁，都是这样我行我素的。有一次家里来了客人，是妈妈的同事，妈妈陪着同事在说话，寒寒在一边玩玩具，刚开始的时候还好，但是寒寒玩烦了之后，也不管妈妈正在和客人讲话，就直接开始插话让妈妈去给自己拿水果吃，妈妈给他水果之后，他坐在妈妈身边听妈妈和客人谈话，时不时地就插上两句，让妈妈感到十分尴尬。

还有前几天去幼儿园接寒寒，老师也告诉寒寒妈妈，寒寒最近上课的时候听讲十分不认真，总是打断老师讲课，弄得课堂秩序非常不好，希望家长可以帮助教育一下。妈妈这才意识到了问题的严重性，但是妈妈却不知道用什么方法才能让寒寒好好听别人讲话，自己不要心不在焉，或者插话抢话让对方无法完整表达自己的意思。

像寒寒这样的例子在生活中是十分常见的，在日常生活中，我们往往会发现许多孩子非常善于表达自己，就像寒寒一样，说起自己的事情滔滔不绝，但是却不懂得倾听，甚至不愿意倾听别人的建议和忠告，所以无法在人际交往中体现出真诚的态度。事实上，每一位父母都应该培养孩子倾听的习惯，特别是在孩子 13 岁之前，它将使孩子受益终生，尤其是对于那些只善于夸夸其谈、只顾表现自己的孩子，做父母的更要让孩子学会倾听。倾听他人是孩子必须具备的美德。孩子要与人融洽相处，流畅地交流，必须先学会倾听。在倾听他人的过程中，孩子不仅可以从他人的言语中学到更多的知识，更能学到他人为人处世的态度与原则。

从上面的文中我们也已经知道，要让孩子学会倾听，就必须先培养孩子的耐心。孩子的年龄小，稳定性差，注意力不集中，容易被新鲜的事物吸引，自我控制能力差，这些都有可能会让孩子失去耐心，因此，父母要帮助孩子排除各种可能导致孩子失去耐心的因素，让孩子学会全神贯注地做事情，这样在孩子与人交谈的时候，也就可以集中精力，做到认真倾听了。比如平时，孩子哭闹的时候，父母不要总是用转移注意力的方式去安抚孩子，否则容易影响孩子的注意力。在孩子专心致志地做某件事情的时候，要尽量避免干扰孩子，像玩具、食物、电视等容易分散注意力的事物要远离孩子。当孩子对某些事物表现出浓厚的兴趣时，父母要适时引导，鼓励孩子坚持下去。久而久之，孩子就会变得有耐心。

当然，孩子的许多习惯都能从父母的身上找到影子，为了让孩子学会倾听，父母要特别注意言传身教，要做一个耐心、专心、悉心的倾听者，好的父母无一例外都是耐心的倾听者。当孩子说话的时候，父母要专心倾听，无论孩子说的是对是错，是流畅还是吞吞吐吐，绝不应该在孩子说话的时候做其他事或轻易打断孩子。在倾听孩子的时候还要注意，父母一定要端正态度，千万不要做出一副表面上倾听、实际上千方百计想出理由来反驳孩子的样子，完全不顾及孩子的感受，总是否定孩子的想法，这样孩子便不会再主动与父母交流了。

他变得比小时候自私，不喜欢分享

一个人不能总是以自我为中心，我们生活在社会上，离不开与他人的互惠互利。有句话说得好“送人玫瑰，手留余香”，送花的人不仅分享了玫瑰的花香和美丽，还收获了友情和快乐。分享是孩子应该养成的一种良好的品质。不会分享的孩子往往不合群，在人际交往上也不会顺利，孩子因为不被同伴接纳而感到孤独，渐渐地，孩子就容易封闭自己。

然而，现在的孩子大多数都是独生子女，从小独自拥有食物、玩具、空间，还有父母全部的爱，没有和兄弟姐妹分享一切的机会，在这样的环境下，孩子很容易成长为自私霸道的人。如今，孩子以自我为中心的现象越来越成为困扰家长的问题，所以，父母要重视培养孩子与人分享的习惯。

也有很多父母习惯把孩子不懂得分享看成是孩子的品行问题，其实这是完全错误的。孩子的“自私”是将来学会分享的必经之路，他们要经过这样一个心智成长的历程，才能慢慢领悟，学会分享。

尤其是3岁左右的孩子正是自我意识的发展阶段，他们由前两年的依恋逐渐迈向独立。在这个阶段，孩子开始建立“所有权”的概念，开始明确“我”“我的”“我的东西”。在他们心中，所有拿到他手里的东西都是“我的”，他意识不到别人也有“我的”，也不明白为什么要和别人分享。建立分享意识需要一个漫长的过程，孩子要先分清楚哪些是“我的”，哪些不是“我的”，然后才能在一个不断重复和练习的过程中，逐渐体会到分享的快乐。

由于3岁左右的孩子心理还不成熟，在他们的认知中，没有“借”与“还”的概念，他们认为东西一旦离开自己就不再属于自己了，当然，拿到自己手里的东西也自然成为了“我的”，不肯归还。所以，父母应该先让孩子明白分享不是失去而是互利这个概念，让孩子在感受爱的温暖和快乐的同时，也要帮助孩子学会爱别人、帮助别人。

心理学上有一个“拆屋效应”，就是说要求一个人拆屋顶他不会同意，转而提出开天窗，他就会同意，这种先提出不合理的要求，接着提出较小、较少的要求，就容易被人们所接受了。在孩子不喜欢与人分享这件事情上，父母可以照此效应，先对孩子提出较大的分享要求，孩子不答应的时候，再提出较小的要求，一般情况下，孩子就会接受这个较小的要求了。

天天现在已经3岁了，在上幼儿园小班。他可是家里的宝贝疙瘩，家人对他宠爱有加，什么好吃的好玩的全部都给他留着。长期以来，使得天天形成了一个习惯：好吃的好玩的就应该是他的，他从来不与别人分享，即使是自己的爸爸妈妈也不行。

有一次，妈妈买了一袋糖块，天天很喜欢吃，就拿着袋子不放手。妈妈觉得吃糖多了对孩子不好，就对天天说：“宝贝，有这么多糖块，给妈妈吃一个吧。”天天把糖抱在自己的怀里，就是不肯给妈妈。妈妈开导天天说：“妈妈对你那么好，疼爱你照顾你，你不能给妈妈吃吗？”天天听后，觉得很委屈，眼泪都要掉下来了。见到天天这个样子，妈妈只好作罢：“好了，好了，不给妈妈吃，天天吃。”

叔叔家的小弟弟正好比天天小一岁。一天，妈妈收拾了一下天天小时候的衣服、鞋子和玩具，都装到一个箱子里面，准备送给小弟弟。一听说自己的东西要送给别人，天天不干了。他紧紧地抱住箱子，说：“这是我的，这是我的，不给他。”妈妈对他说：“这些都是你小时候的东西，现在你已经用不到了，正好可以给弟弟，这样多好啊，就给他好吗？”“我不，这是我的！”天天仍然不同意，抱着箱子不肯松手，就是不让妈妈把那些东西拿走。

在幼儿园里，天天也是非常小气。幼儿园的老师经常对妈妈说，天天不随便拿别人的东西，但是也不让别人拿他的东西。有时候同桌的文具没有带全，想向天天借画笔或者橡皮，天天却把自己的东西护得紧紧的，怎么都不肯借给别人用。看到天天这样自私，不懂得分享，天天妈妈真的不知道该怎么办了。

孩子不懂得分享，不懂得礼尚往来，不懂得拓展良好的人际关系，往往让父母觉得既尴尬又生气，认为孩子小气，同时也担心孩子在以后的待人处世中能力不足。其实，这也不只是孩子的问题，也与家庭的教育有关。就像是例子中的天天一样，是家里的独生子，很容易养成吃“独食”的习惯，形成“一人独大”的性格。因为缺少与手足、朋友分享的机会，再加上父母对孩子的溺爱，都可能会造成孩子以自我为中心的自私的性格，只从自己的角度考虑问题，不会顾及周围人感受。孩子长大之后，很容易因遭受挫折或打击而一蹶不振。

虽然自私是孩子自然的心理成长阶段，父母还是要对孩子进行引导，帮助孩子及早学会分享，对孩子偶尔表现出的分享品质表示赞赏和鼓励，从而强化孩子的这一行为品质。父母要帮助孩子从一点点的分享行为发展到不断地、自发地产生分享的动机和行为。

比如，孩子拿着吃的递到我们嘴边的时候，我们一定要咬一口，然后称赞孩子：“宝宝能把自己的东西给爸爸（妈妈）分享，真是好孩子！”当然，不只是可以言语赞美，还可以用赞许的眼神、灿烂的笑容、微笑点头等方式赞美孩子的分享行为，这些都能让孩子感受到很大的鼓励，从而进一步强化分享的动机和行为，使他们能自觉地与别人分享。当然，孩子还不懂得分享的意思，父母一定要有耐心，慢慢引导孩子，切忌因为一块饼干、一个玩具就给孩子贴上“自私”的标签。

另外，在教育孩子让他与别人分享某些东西的时候，父母应该用商量的口吻和孩子谈，让孩子心甘情愿地与他人分享，千万不能强制执行。如果强制孩子把自己的东西和别人分享，让孩子不情愿地把东西分给了别人，会给孩子的心灵造成伤害，给孩子带来巨大的恐惧感和危机感。还有可能会让孩子产生这样的想法：我的东西被强行分给了别人，我也可以强行得到别人的东西，如此一来，分享就变成了交换，甚至是霸占，造成了适得其反的效果。在以后的生活中，还会把自己的东西看护得更紧，使孩子与父母产生隔阂，影响亲子关系。

孩子是自己东西的主人，他有权决定是否分享。分享是优点，但是不分享也没有错。所以，父母在教育孩子的时候，不能要求孩子把自己的东西无限分享。可以教给孩子分享的好处，能够表示友好，可以交到更多的朋友，等等；但是不要强制孩子分享。

让孩子学会自己处理与同学的矛盾

如何处理人际关系，是孩子必须学会的能力。然而，现在的孩子大多是独生子女，父母对孩子的宠爱达到了溺爱的地步，因此，不愿让孩子受到一丁点的委屈。于是，很多父母总是替孩子解决一切问题，还有的父母会因为孩子在幼儿园或者学校受了委屈而找老师、校长告状，或者因为自己的孩子被别的孩子“欺负”了就找对方的家长理论，生怕孩子会吃亏，全权代理孩子的成长。然而，这并不利于孩子的心理成长。

孩子在 13 岁之前的是非判断能力一直是不强的，年龄小的孩子更是如此，两三岁的孩子更是几乎没有辨别是非的能力，如果父母一味袒护会让孩子认为，自己这样做是可以的，父母可以帮他解决一切困难。久而久之，孩子就会逐渐养成专横跋扈、自私自利的性格，逐渐让别的小朋友都不愿意跟他玩，时间一长，孩子就会觉得孤独苦闷，却不知道怎么样才能和别人友好相处，慢慢地孩子就会被孤立，这样很容易就会造成孩子孤独、自闭的心理，对孩子的成长十分不利。

另外，如果孩子之间只要一发生冲突，父母就去干涉，就会剥夺孩子自己探索、自我学习的权利，更会让孩子对父母产生依赖，什么事情都要父母去替他们解决，一有问题，孩子不是先动脑子想解决的办法，而是先想到父母。但是，父母不能帮孩子解决一切问题。所以，这样的孩子在生活中表现出来的是退缩、怯懦，他们的心理承受能力十分差，甚至有自卑的心理产生，完全不能独立解决问题。

孩子的心理和大人是不同的，很多孩子前一分钟还在吵架，刚刚抹完泪水就又和好如初了，但是大人之间却往往会记仇。所以，用大人的处理方式来处理孩子之间的矛盾也并不合适。有很多时候，孩子之间未必有多大的矛盾，反而因为父母的不正确介入使得矛盾由小变大。孩子与其他小朋友产生矛盾是不可避免的，父母要慢慢让孩子学会自己处理矛盾，孩子的社交能力必须在实践中才能发展起来。父母包办代劳，事事为孩子出头，是不可能让孩子学到任何交往技能的。

所以说，成长是孩子自己的事情，父母是代替不了的，父母应该放手，让孩子自己去解决矛盾，从矛盾中学习如何与别人相处。

英才是家里唯一的男孩子，在他的上面有一个姐姐，伯伯家有两个姐姐。作为家里唯一的男孩，从小就被姐姐们和爸爸妈妈、爷爷奶奶保护着。小的时候，每次他与同伴们发生矛盾，父母都会想办法帮他“摆平”，不让他受半点儿委屈。

在英才刚刚上小学一年级的时候，一天放学，爸爸去接英才，英才噘着嘴跟爸爸说小刚欺负自己了。爸爸发现英才的脸上确实有点擦伤的地方。这下爸爸可生气了，不过小刚已经被家长接走了。第二天爸爸去送英才上学的时候，在学校门口正好碰到了小刚。爸爸就指着小刚问英才：“英才，昨天是他打你吗？”“是的，就是他打我，打得我可疼了！”英才的话还没有说完，爸爸走到小刚面前，警告他说：“以后再敢打我儿子，看我怎么收拾你！”英才转身朝着吓哭了的小刚扮了个鬼脸，跟着爸爸进学校了。

就是这样，父母总是全权处理他跟别人的纷争，让英才养成了爱告状的坏习惯。一有问题，他就哭着回家找爸爸妈妈帮忙，在他幼小的心灵里就有了爸爸妈妈能帮他解决一切困难的观念。逐渐地，英才变得不可一世、专横霸道，别的小朋友都不愿意和英才玩了。英才也觉得十分孤独，但是自己又不知道怎么和别人相处，他总是用挑剔、苛责别人来维护自己脆弱的自尊心。于是，英才总是动不动就对人发脾气，在家里还好，家里的人都随着他的性子来，但是在学校里大家可不买他的账，都不愿意和他接触，他总是受到同学的非议和排挤，最后，英才几乎完全被孤立在团体之外了。

从上面的例子我们就可以看出，代替孩子解决问题，一味保护、偏袒孩子，最终伤害的还是孩子自己。英才的悲剧不能不令我们反思，在孩子还小的时候，他本来可以通过和伙伴之间的冲突来学习如何与人交往的，但是父母剥夺了他成长的机会，以至于他在以后的生活中不懂得如何与人交往，更不能在与人交往中认识到自己与别人的关系，没有学会谦虚合作，最终导致人格的扭曲，形成了心理问题。

所以说，当孩子和小伙伴之间出现问题的时候，父母应该冷静、客观地观察，不要急于出面，让孩子有充分的空间和时间去发挥自己的能力。父母要相信，孩子的潜能是无限的，要相信孩子有解决问题的能力。父母要明白，很多时候，孩子会有打人、踢人、推人的行为，这不仅仅是他们维护自身利益的一种条件反射，也是他们游戏的一部分。孩子之间的矛盾冲突是对事不对人的，并且孩子也不会因此记仇。

只要父母用心就会发现，孩子在处理冲突和矛盾的时候，会说出很多似是而非的道理。孩子虽然年龄小，但已经有了一定的道德准则，他们之所以会发生冲突，是因为他们觉得自己有理，说明孩子已经有了初步的是非观念，虽然这种观念还包含着孩子“自我”“任性”的心理，但却能表达孩子真实的内心世界。所以，孩子在处理矛盾时，也是提高孩子表达能力和思维能力的大好时机。

儿童发展心理学认为，儿童语言的发展不是一个自发的过程，而是在社会生活条件下，特别是教育条件下进行的。如果孩子小的时候没有进入小伙伴的群体，或者总是被人排挤，那么孩子的语言表达能力就会较差。这是因为，孩子在讲道理、说服对方的过程中，大脑需要不断地思考“说什么”“怎么说”。为了抢占先机，孩子在快速组织语言的过程中逐步学会分析、综合、演绎、归纳等最基本的思维方式。所以说，让孩子自己解决矛盾的过程中，孩子的语言能力也会得到很大的提高。从中可以看出，孩子为解决矛盾而吵架，也并非只有坏处。

因此，父母应该尊重孩子成长的规律，让孩子在与同伴的冲突和矛盾中不断成长。这种经历矛盾的经验会帮助孩子更好地认识他自己所处的环境，让孩子在独自处理矛盾的过程中，通过不断地探索与尝试，获得一种处理问题的方法，加速孩子心理的成熟。

他不喜欢跟人合作

现代社会是一个讲究“双赢”的社会，人与人之间的合作是必不可少的。孩子进入社会以后，在与人相处的过程中，最需要的其实就是合作能力。在这里，先了解一下什么是合作。合作，指的是两个或以上的个体或群体为了实现共同目标或共同利益而自愿地结合，通过配合而实现共同目标或共同利益的一种联合行动。对于孩子来说，合作就是在做游戏、学习的过程中，能够主动配合、分工合作，使得活动能够顺利进行下去，同时每个人都能从中实现自己的目标。

然而，在现代家庭中，绝大多数是独生子女，他们的互助行为较为少见，更常见的是孩子的自私、自利、霸道、专横等行为。一谈起合作教育，一些父母就认为：“只会合作不会竞争，肯定要吃亏！现在都是竞争的社会了，还谈什么合作？”殊不知，社会在发展，人与人合作的机会更多了，在当今社会中，合作比竞争更为重要。如何引导孩子学会与他人友好相处、学会合作是学校教育的重要内容，也是家庭教育永恒的课题。如果孩子不懂合作，那么将会严重制约孩子今后的发展。

现在的独生子女太多，在这种特殊的成长环境下，很多孩子都会有不同程度的攻击性倾向。长期以来，人们已经适应了这个竞争的社会，父母在教育孩子的时候，也会教孩子要有竞争意识，要取胜，要比同龄人更强。在这样的家庭教育下，孩子就会认为帮助别人自己就要有所牺牲；别人得到了自己就一定会失去。其实，帮助别人就是强大自己，帮助别人就是在帮助自己，别人得到的并不是自己失去的。

著名心理学家阿德勒曾经说过：“一个缺乏合作精神和合作能力的人，其职业生涯、人际关系以及爱情婚姻方面都会出现严重问题甚至遭到失败。”其实，就拿孩子的学习来说，如果孩子之间没有交流、没有合作，任何一个孩子都不可能取得很好的成绩。而如果孩子们不懂得合作，在游戏或者学习中，孩子之间就会不断出现冲突和矛盾，虽然孩子通过解决这些冲突和矛盾可以学会一些人际交往的能力，但是毕竟只有冲突没有合作，孩子不可能学会真正的人际交往，因此，在教育孩子的时候，还是应该教会孩子学会彼此合作，无论是在生活中还是在学习中。

贝贝是家里的独生女，平常总是自己一个人在家里玩，或者和自己的爸爸妈妈玩，很少到外面去和别的小朋友玩，因此，她根本就不知道什么是合作，遇到困难的时候，也不知道该怎么去求助别人。

一个周末上午，邻居家的孩子果果来家里玩。即使果果来了，贝贝也还是自己在玩积木，果果在玩一辆小汽车，两个人之间根本就没有交流。贝贝想搭一座城堡，可是搭来搭去都失败了，城堡总是还没有搭好就倒塌了。急得贝贝皱起了小眉头，直接把积木摔了。果果看到之后，走过来想帮忙，贝贝却不领情，一把就推开了果果的手。妈妈看见贝贝这么没有礼貌，就告诉贝贝："果果哥哥会玩积木，能够搭很多漂亮的城堡，你去请果果来帮帮你好吗？""不要！"贝贝一边说着，一边把搭了一半的城堡全部推倒了。

过了一会儿，贝贝开始玩起了洋娃娃，她耐心地给洋娃娃穿上漂亮的裙子，然后还带着她去"购物"。"回家"之后，贝贝开始着手为洋娃娃做饭吃。于是，贝贝就把小碗、勺子、塑料刀等全套的仿真厨房用具全部拿了出来，还到厨房里面拿了几片菜叶子准备做饭。果果也想参与到做饭的游戏中来，就对贝贝说："咱们两个一起做饭吧，我来切菜。"贝贝还是不同意，噘着小嘴说："我切！"说着，就把果果手里的塑料刀拿了过来，自己切了起来。塑料刀根本就不锋利，切起菜来特别不好用，实在切不动了，贝贝就用小手撕，就是不肯请果果来帮忙。

贝贝总是这样，一点儿合作意识都没有，很多事情完全靠她自己根本就做不好，但她就是不肯和别人一起做。妈妈想要改变她，可却不知道该用什么样的办法才好。

父母要培养孩子的合作能力，教给孩子合作中的规则和技巧十分重要。上面的例子中贝贝的妈妈虽然想要改变孩子，想让贝贝学会合作，但是却不知道该用什么样的方法，没有了家长的指导，孩子自然更难学会与人合作，所以贝贝才什么事都不肯请别人帮忙。

在心理学上有一个“共生效应”：在自然界中，有这么一种现象，一株植物单独生长，就会很矮小，而与众多同类植物一起生长，就会根深叶茂、生机盎然。人们把这种相互影响、相互促进的现象，称之为“共生效应”。父母可以充分利用这种效应的原理，教会孩子在合作中获得发展。

父母可以通过增强孩子合作意识的方式，激发孩子的合作愿望。当孩子一个人玩的时候，可以引导他和别的孩子一起玩，让孩子通过合作获得更多的乐趣。比如，游戏是提高孩子合作能力最直接有效的活动，父母要鼓励孩子积极参加。在游戏的过程中，孩子可以逐步摆脱以自我为中心的思想，从一个人独自玩发展到与伙伴共同游戏，自然而然地就发展了孩子的合作能力。当然，假如孩子在游戏等活动中与伙伴们发生了争执和冲突，父母应该及时疏导，帮助孩子协调关系，确定共同目标，使活动顺利进行。总之，只有提高孩子各方面的能力，让孩子学会与伙伴互相合作，才能使孩子健康、活泼地成长。

他是别人眼中没有礼貌的小顽童

礼貌对于孩子来说，既是心理品质特征，也是社交技巧。在日常生活中，礼貌是促进人际交往的“黏合剂”，同时也是一个人有修养的表现。一个举止得体、彬彬有礼的人，必定会受到人们的欢迎。然而，一些父母认为，孩子懂不懂文明礼仪没有关系，只要学习好、有本事就可以了。所以，我们会发现，生活中孩子不讲礼貌的现象很多：见人不打招呼，从来不说“谢谢”“对不起”，用从大人那里学到的话骂小伙伴，去别人家做客时乱翻东西，等等。孩子终究是要走上社会的，试问一个举止粗俗、满嘴脏话的人能受到人们的欢迎吗？父母有责任帮助孩子养成良好的文明习惯，提高孩子的文明修养。

孩子在 1 岁多的时候会嘴甜地和别人打招呼，父母让他叫什么他就叫什么，很乖很懂事。可是，随着孩子年龄的增长，孩子好像越来越不懂礼貌了，不但不再叫人了，甚至还会和小朋友争抢东西。孩子到了 3 岁左右的时候开始进入第一个叛逆期，这个时期的孩子会用不再叫人、不再打招呼来反抗父母。他们的表现其实是在维护自我，这样的做法会让他们感觉到自己更加独立自主。当然，对于这个年龄段的孩子来说，他们并不理解礼貌的重要性，也不知道为什么见了人要叫。眼前这个自己并不熟悉的人可能对于父母来说很重要，但是在孩子看来跟自己毫无关系。一般，孩子只对跟自己有关系的人感兴趣，对自己不太感兴趣的人展现笑脸、打招呼问好不是他们发自内心的行为。所以，处于自我意识萌芽期的孩子会表现得没有礼貌。

即使孩子到了七八岁的时候，仍然不知道该如何尊重别人，不知道怎么样去讲礼貌、比如到别人家做客的时候，他就会觉得应该跟在自己家里一样，可以随随便便，其实，在自己家里，和在别人家里，是大有区别的，但是区别在哪里，他们并不知道。在吃、穿、行、坐、站、言等方面，都有基本要求。但是，很多父母并没有提醒孩子，或因为溺爱，或认为孩子还小，长大之后就明白了，于是听之任之、不加约束，结果，逐渐让孩子养成了不讲礼貌的坏习惯。

当然，孩子也并不是天生就不讲礼貌，很大程度上是日常生活中父母或周围人的影响造成的。孩子小的时候，心理发展不成熟，不能辨别是非，但是孩子的模仿性很强，如果父母和周围人不注意自身形象，在公共场合不讲文明，不用礼貌用语，孩子也会在不知不觉中模仿他们。这是孩子的模仿心理特征，他们不知道自己模仿的行为是不是好的、对的，只是觉得有兴趣就模仿。等孩子心理成熟之后，再去改掉已经形成的习惯就难了。

翔宇今年已经8岁了，是个成绩优异的小男孩，经常受到大家的夸奖，爸爸妈妈也觉得十分有面子。爸爸妈妈因为就只有翔宇这么一个孩子，又因为他的学习成绩好，所以，在家里什么事情都依着翔宇，宁肯委屈自己，也不委屈孩子。虽然有时也觉得翔宇没有礼貌，比如别人帮了自己也不知道说“谢谢”；跟别的小朋友一块儿玩的时候，看到别的小朋友有新的玩具就直接抢过来，抢了就走；吃饭的时候，也不管有没有别人在场，直接把菜翻得一塌糊涂，只为了挑选自己爱吃的肉；家里来了客人，从来不主动打招呼，有时妈妈让他打招呼，他也会不吭一声自顾自地玩，等等。虽然爸爸妈妈也觉得这样似乎有些不好，但是又觉得这些都是一些微不足道的小事情，而且翔宇是个男孩子，这样大大咧咧的也没有什么关系。

有一次妈妈带着翔宇去参加一个朋友的婚礼，这次可是让妈妈觉得翔宇没有礼貌是个大问题，让自己觉得十分尴尬。当时，妈妈正在跟一些朋友聊天，翔宇走过来拉着妈妈的胳膊说:“我要喝果汁！”妈妈说:“乖宝贝，稍等一会儿我再去给你拿，现在妈妈和阿姨有些事要说。”然后妈妈就回过身去接着说起话来，翔宇突然大叫:“妈妈，你给我闭嘴！”翔宇的一句话，让妈妈和周围的人都感到十分尴尬。

在吃饭的时候，翔宇还没等大家都上桌，就先一屁股坐到了主位。妈妈赶紧让他换一个位置，他死活不肯，说这是自己挑的。大家也都说小孩子没事的。妈妈只好坐在翔宇旁边。等菜一上桌，翔宇就迫不及待地伸出筷子去夹。等到上了龙虾这道菜的时候，因为翔宇爱吃龙虾，所以他就把整盘都端到自己的面前，就像在家里一样。虽然大家都说“没关系，没关系，小孩子嘛”，但是翔宇的妈妈还是察觉到了别人鄙夷的目光……

很显然，翔宇的表现和家长的日常行为有直接的关系。孩子并不是天生就懂礼貌，而是后天学习的。家长讲礼貌，孩子自然就容易懂礼貌；家长平时都不礼貌，再要求孩子讲礼貌，孩子并不会信服。

“父母是孩子的镜子。”孩子不懂礼貌，大多与父母本身有关，什么样的父母就会教出什么样的孩子。父母要求孩子懂礼貌，自己首先要做到礼貌待人。因此，要培养孩子懂礼貌，应该从父母自身做起。在一些处事细节上，如何做到合理而不失礼，我们要做最好的示范给孩子看。比如，下班回到家的时候，孩子递过来一杯热茶，不要忘记对孩子说一声“谢谢”。这样，在帮助孩子后，他也会向我们表达谢意。在与别人交谈的时候，我们也要注意自己的言谈举止，尽量避免粗鲁的行为和不文明的用语，比如，在问路的时候，如果我们是这样问的：“喂，老头，到公园怎么走？”那么，以后孩子在问路的时候，也不可能会说：“老爷爷，请问一下，到公园该怎么走？”

孔子说：“不学礼，无以立。”意思就是说，不懂“礼”，不学“礼”，一个人就不能在社会上立足。因此，孩子从小就要养成文明礼貌的习惯。如果孩子没有形成良好的礼貌习惯，就会成为一个不受欢迎的人，会被周围的伙伴逐渐疏远、孤立，从而造成孩子自私、自卑的心理，这对孩子的交朋友、学习等方面都是不利的，对孩子的心理成长更是不利。因此，父母一定要从自身做起，对孩子进行言传身教，让孩子变成一个讲文明、懂礼貌的好孩子。

社交恐惧症是心理疾病吗

人际关系是处在青春期的中学生中最常见的心理问题，是导致各种神经症状的主要因素，人际交往如果出现障碍，会影响孩子的正常学习和生活。而在青春期这个特殊的生理、心理发育时期，孩子一方面十分渴望获得友谊和建立良好的人际关系，另一方面又有很强的自我意识与独立性。再加上很多孩子往往是第一次离开家庭，绝大多数时间在学校集体中生活，孩子的心理健康水平比较低，自我调整能力差，以至于形成了一些不正确的认识和观念。所以，孩子很难适应新的人际交往和学校环境比较复杂的关系，从而导致了人际交往出现障碍。

许多青春期的孩子都有人际交往障碍，他们心里有很多苦恼："我性格内向，不愿意和别人交往，我自己也挺烦的，怎样才能做一个善于交际的人呢？""我在和别人说话的时候，无论是男生还是女生，我都不敢看着对方的眼睛，手一会儿挠头一会儿揣兜，不知道该怎么办。""我太在乎别人对我的看法，和别人沟通的时候，我都担心别人会怎么看我，尤其是面对比较重要的人，我还有点自卑。""我觉得我自己心理上有问题，很多时候很想和别人聊天，但又不知道有什么好聊的，很多时候也很害羞，说话也不敢大声，我感觉自己好胆小好内向。"从孩子们的心声中，我们可以看到他们口中的大多数只是性格内向不善于交际，或者是不懂得社交的艺术，从而导致社交过程中出现障碍，而并非他们不愿意和人交往。

心理专家称，在青春期，孩子们很容易患上人际交往障碍，严重的还会发展成为社交恐惧症。在青春期，一个人生理和心理上都要发生急剧的变化，如果在这一阶段遇到心理问题，没有解决好，就很可能会影响他们将来的升学、求职、就业、婚姻等社会化进程。社交恐惧症通常起病于青春期，男女都可能会出现。孩子渴望友谊，希望广交朋友，但是有些孩子一到与他人交往时，如找人交谈或者别人与自己打交道，就出现了恐惧的反应。表现在不敢见人，遇到生人面红耳赤，神经处于一种非常紧张的状态，这就是社交恐惧症。严重者拒绝与任何人发生社交关系，把自己孤立起来，对日常工作学习造成极大妨碍。

小志今年13岁了，是一名初中的学生，小志的爸爸妈妈都是本科毕业，在机关部门工作，平时对小志也并没有太多的管教，由于平时都要上班，小志从小就是爷爷奶奶带大的。他们对小志的要求十分严格，希望他将来可以做出一番大的事业。从小的时候开始，小志就非常腼腆，不喜欢说话，家里来客人了，他经常躲着不见。上学这么多年，从来没有见到小志带朋友回家，平常不上学的时候小志就在家里看书，几乎不出去玩。

小志现在上的初中是寄宿制学校，自从上了初中以后，小志就开始觉得很多事情不顺利，他很苦恼，常常在家里会抱怨，一副不知所措的样子。前不久，小志周五下午放学回到家里，妈妈准备了很多好吃的给他吃，但是小志却有些不对劲，妈妈就耐心询问，小志支支吾吾地说了一点，说在学校一个女生无意中用余光瞄了他一下，他觉得对方是在警告自己。妈妈问他有没有和那个女生发生矛盾，小志说没有。妈妈就劝他说没关系，可能是那个女生不小心看到了小志。但是从此之后，妈妈就发觉小志变了，愈发不爱说话了，更害怕与人打交道了，尤其是遇到女生的时候，他就会很紧张，注意力无法集中。严重的时候，发展到与男生、老师也不敢视线接触。他常常对妈妈说："妈妈，我很痛苦，很苦恼，可又不知道该怎么办。"

看到孩子这个样子，爸爸妈妈都有些着急，也很担心。到学校去了解情况之后，父母更是觉得小志可能是心理出了问题。老师说就算是正常上课的时候，小志也不敢抬头看黑板，如果遇到老师的眼神，就会很慌张，开始的时候老师还以为他在偷着做小动作，但是并没有发现他在做什么，问他的时候，他支支吾吾地说自己有些害怕。这严重影响了小志上课的听课效率。在课下的时候，小志都是自己在座位上坐着，不是睡觉就是看书，从来不出去和别人玩，也不跟别人聊天。在班里，就像空气一样。

从上面的例子中可以看出，小志这样的情况就是社交恐惧症，这样的情况很显然会影响小志的人际关系和学习状况。那么是什么原因造成了孩子的社交恐惧症呢？一般来说，社交恐惧症是后天形成的条件反应，是经过学习过程而建立起来的，通常分为两种情况：一是“直接经验”。孩子在交往的过程中屡遭挫折、失败，就会形成一种心理上的打击或“威胁”，在情绪上产生种种不愉快的甚至是痛苦的体验，久而久之，孩子就会不自觉地形成一种紧张、不安、焦急、忧虑、恐惧等情绪状态。这种状态定型下来，形成固定心理结构，于是孩子在以后遇到新的类似刺激情境时，就会旧病发作，心生恐惧感。二是“间接经验”，即“社会学习”。如看到别人或听到别人在某种交往情境中遭受挫折，陷入窘境，或被讥笑、拒绝，自己就会感到痛苦、羞耻、害怕，甚至通过电影、电视、小说、广播、报刊等途径也可以学到这种经验。他们会不自觉地依据间接经验，来预测自己会在特定社交场合遭受令人难堪的对待，于是紧张不安，焦虑恐惧。这种情绪状态的变化，导致了社交恐惧症。

既然社交恐惧症对孩子的影响是消极的，那么父母就应该帮助孩子摆脱这种不良情绪状态，让孩子重新学会交际。在一个家庭中，父母要和谐相处，对于社交要有浓厚的兴趣，用自己的社交行为为孩子做出良好的典范。如果父母平日里总是吵架，对孩子的教育意见出现分歧等，这些情形都会让孩子感到不安、畏惧，甚至丧失自信心。因此，父母要做好榜样，自然孩子对交际就没有恐惧感了。当然，父母也可以鼓励孩子多与同龄人交往，这样对孩子的身心健康发展有利。孩子在与同龄人交往的过程中，会遵守共同的规则，学会了交往，学会了尊重别人的权利。而且，从中还可以学到如何与人合作，如何交朋友。

另外，心理研究证明，有 11% ~ 15% 的青春期的青少年还具有过分害羞的倾向，这在孩子的交往中会是一个很大的麻烦，父母需要帮助孩子克服这种害羞的心理。一般来说，克服孩子的这种心理，最简单的方法就是让孩子请朋友到家里来做客。比如：在孩子过生日的时候，让孩子自己邀请一些同学来家里，并让孩子亲自招待朋友，陪朋友聊天。父母还可以让孩子多参加一些群体性的活动，这都有利于帮助孩子克服害羞的心理。

当然，孩子毕竟是孩子，尤其是青春期的孩子，在与他人的交往过程中难免会出现一些消极的情绪，比如有些孩子生性骄傲，当别人与他打招呼的时候，他可能会不予理睬；到了一个陌生的环境，由于害羞心理，孩子会沉默寡言；由于一言不合，孩子之间会发生矛盾等。这些都是由于孩子没有掌握有效的交流手段，缺乏基本的人际交往经验而造成的。父母要想让孩子进行良好的人际交往，教给孩子基本的交往技能是非常有必要的。

儿童教育心理学

[奥地利]阿尔弗雷德·阿德勒 著
启 文 译

中国出版集团
中 译 出 版 社

图书在版编目（CIP）数据

儿童心理学 . 儿童教育心理学 / (奥地利) 阿尔弗雷德 · 阿德勒著 ; 启文译 . -- 北京 : 中译出版社 , 2019.12（2022.5 重印）

ISBN 978-7-5001-6141-7

Ⅰ . ①儿… Ⅱ . ①阿… ②启… Ⅲ . ①儿童心理学 – 教育心理学 Ⅳ . ① B844.1 ② G44

中国版本图书馆 CIP 数据核字 (2019) 第 282250 号

儿童心理学

儿童教育心理学

出版发行：中译出版社
地　　址：北京市西城区新街口外大街 28 号普天德胜大厦主楼 4 层
邮　　编：100088
电　　话：（010）68359827，68359303（发行部）;（010）68002876（编辑部）
电子邮箱：book@ctph.com.cn
网　　址：http://www.ctph.com.cn
总 策 划：张高里
责任编辑：李　颖
封面设计：青蓝工作室
印　　刷：金世嘉元（唐山）印务有限公司
经　　销：新华书店
规　　格：880 毫米 ×1230 毫米　1/32
印　　张：30
字　　数：550 千字
版　　次：2019 年 12 月第 1 版
印　　次：2022 年 5 月第 2 次

ISBN 978-7-5001-6141-7　　　定价：149.00 元（全 5 册）

前　言

现实生活中，有很多家长都是依照想象和所谓的经验来完成对孩子的教育的。许多为人父母者认为听话是孩子的美德，然而，孩子一味地听话却往往不能很好地完成自我的实现，长大后成为不独立、不自主，或是心理有缺失、人格有障碍的人。也有不少家长坚持认为教育孩子就是喂养和管教的结合，他们不懂得教育的方法，又不屑于学习，往往用自以为是的一套准则不断地在孩子成长的路途中设置各种障碍，然而最终误了孩子的一生。

儿童教育其实是一项非常系统的工程。家长竭尽全力地为孩子创造良好的教育条件，这只是做好儿童教育工作的一小部分。家长的陪伴、孩子良好习惯的养成、老师的督促与引导、老师与家长之间的关系、家庭氛围的营造……这些都是不可忽视的重要因素。很多时候，儿童教育的结果不尽如人意，往往都是因为家长、老师没有依照孩子的实际表现制订计划，只是机械地将他们与其他孩子进行比较，“一厢情愿”地采用所谓的“好方法”造成的，最终导致孩子出现了各种问题。

这种情况又该如何解决呢？

汉语中有两个成语能很好地解释这个问题，一个叫“相由心生”，一个叫“对症下药”。所谓“相由心生”是指：一切外在表现，都可以从内心深处找到根源。而“对症下药”是指：只有找到了最本质的心理因素，才能使孩子真正健康地成长起来。早在

100多年以前，奥地利心理学家、精神分析学家阿尔弗雷德·阿德勒就注意到了这个问题。通过多年的潜心研究，阿德勒将他对这一问题的见解悉数写入了《儿童教育心理学》一书。这本书一经出版便引起了巨大的轰动，不仅陆续再版，而且还被翻译成了数十种译文的版本在全世界流传，畅销全球70余年。

《儿童教育心理学》这本书是专门为参与儿童教育、与儿童教育息息相关的家长和老师编写的，而且明确提出了儿童教育的目的——为孩子塑造健康而完整的人格。所以，纵览全书，除了一般的学习教育，这本书将更多的笔墨花在了如何帮助孩子塑造独立自主、自信勇敢、不畏艰难等品格上，同时也强调了帮助孩子培养适应陌生环境、与他人合作等多方面能力的必要性。书中的内容对家长、老师来说依旧有极大的借鉴意义，能够有效激起大家对相关问题的深入思考。

有句话说得好，世界上不会有两片叶子是相同的，诚然，也不会有完全相同的两个孩子，每一个孩子都是这世上独一无二的存在。父母只有足够了解自己的孩子，才能实施对孩子的教育。意大利著名儿童教育家蒙台梭利曾经讲过一段很精彩的话，他说："童年是人生最重要的时期，它不是对未来生活的准备时期，童年是真正灿烂的、独特的、不可或缺的、不可重现的一种生活。"我国教育家陈鹤琴曾说过："家庭教育必须根据儿童的心理始能行之有效，若不明儿童的心理而施以教育，那教育必定没有成效可言。"在儿童成长教育方面，父母单单有一种良好的教育愿望是不够的。每个儿童都有自己的个性特点，必须了解儿童的心理发展特点，掌握儿童的心理发展规律，掌握教育的精髓和养育孩子的新方法，才能更好地进行教育工作，提高教育质量。

目　录

第一章　绪论……1
第二章　人格的统一……12
第三章　追求优越感与它对教育的启示……20
第四章　如何正确引导孩子追求优越感……32
第五章　孩子为何会有自卑情结……40
第六章　怎样预防孩子的自卑情结……49
第七章　社会感情的培养与孩子的健康成长……60
第八章　家庭环境与孩子的心理健康……72
第九章　为适应新环境做准备……79
第十章　孩子的在校表现……89
第十一章　影响孩子成长的外在环境……104
第十二章　性教育的意义与误区……116
第十三章　一个教育失误的例子……126
第十四章　完美的儿童教育需要父母参与……133
附录一　个体心理学问卷……140
附录二　五个孩子的案例与点评……149

第一章　绪论

依照心理学理论，教育问题可以被浓缩为一句话——教育问题是一个自我认识与自我指导的过程。儿童教育虽然类似于成人教育，但二者还是存在一定差异。相对于成年人来说，绝大多数的孩子都无法正确认识、指导自我，他们要形成这方面的能力，必定要经历一个漫长的过程。在此期间，我们需要对孩子进行教育，并且引导他们健康成长。

然而，这项工作的最大难点在于，作为成年人的我们往往不了解孩子。确实，连我们都不一定能正确地认识自己，又何况是在全面了解孩子的基础上，对他们加以指导和引导呢？这真是一件难上加难的事情啊！

个体心理学是一门专门研究儿童心理的重要学科。说它重要，不仅因为儿童心理学这一领域本身，还因为它能让成年人更加深入地了解自己的性格特征与行为方式。

个体心理学与其他心理学不同，它不允许理论与实践之间出现脱节。个体心理学的主要研究对象是整体人格，并致力于探讨整体人格能为人的发展和自我实现带来哪些积极的影响。从这一点来看，构成个体心理学的科学知识，主要是人们在实践中对谬误的再认知。无论是心理学家、父母、朋友，还是孩子本人，只要掌握了这些知识，就知道如何使用它们来指导人格的发展。

这种研究方法贯穿个体心理学的始终，通过这种方法得出的所有论述，就能自然而然地组成一个彼此联系的有机整体。依照个体心理学的观点，人的每一个行为，都要受整体人格的驱动、指引，都能真实反映他的心理活动。在绪论部分，我试图就个体心理学做一个总纲性的阐释，然后再在后续的各章内容中，有侧重地进行更为深入的探讨。

人之所以能成长、进步，其本质是因为内心有明确的目标，充满了不断向上的追求。每一个人从出生开始，就在持续追求发展，追求更伟大、更完善、更美好的愿景。这种愿景在潜意识中时刻存在。这种目标明确的追求能主宰人的一生，不仅会影响人的具体行为，甚至还能支配人的思想。思想并不是一种现实存在的东西，但它会在生活目标和生活方式的双重影响下，与现实趋于一致。

整体人格与每个具体的人之间有着密不可分的联系。每个人都是由深藏于内心的整体人格塑造的，并且与整体人格相统一。因此，每个人既是被各自整体人格所绘制的一幅幅精美画作，同时又是这些精美作品的创作者。不过，这些创作者并不完美，因为他们对自己的灵魂与肉体了解得并不全面。

研究人格的构建时，要特别注意“人格的整体性”这一点。每个人的生活目标、生活习惯都迥然不同，这种差异不是单纯由所处的客观现实不同而导致的，因为即便面对相同的客观现实，不同的人也会有不同的主观看法。可以说，客观现实本身，和人对客观现实的看法，是两回事。所以，共处在同一个现实世界中的人类，却能以极具个性的方式来塑造自我。每个人塑造自我的过程，都能体现出这个人对客观现实所持的看法，从心理层面来看，这些看法可能正确且健康，也可能错误而有害。我们特别重视一个人在成长过程中遇到的心理问题与障碍，特别是童年时期的问题。要想全面观察一个人的成长过程，这些都是不容错过的关键。只有找对症结并及时解决，才不会对这个人今后的人生轨迹造成重大影响。

我想举一个具体的例子来说明。有一位52岁的女士，她习惯于不停地贬低年长于她的其他女性。通过追溯她的童年经历，我们发现，在她小时候，她身边的所有人都在关注她的妹妹，从那时起，她的心中就产生了一种被他人忽视的错觉，并因这种错觉而心生屈辱。通过运用个体心理学的“纵向”观察法[①]对她进行分析，我们还发现，这种心理从她的童年时期一直延续到了现在：她总怀疑别人看不起她；当她发现别人比她受欢迎、所处的地位比她优越时，她就会感到愤愤不平。

就算我们不了解她的日常生活与整体人格，也不妨碍我们由此来解读她的内心。心理学家的这种思路与小说家类似，即通过确定的行为路径、生活习惯、行为模式来构建人物，同时确保他的整体人格不被破坏。如果一位心理学家足够优秀，完全可以推测出这位女士在某个特定环境下会有怎样的所作所为，再根据她独特的“生命历程”准确描绘出她的人格特征。

心理学中有个说法叫“心理补偿”，它指的是人可能因为内心自卑而追求更高的目标，或者因此成为一个目标明确的人。这种补偿性的心理确实存在，而且也有必要存在。从客观角度来看，自卑感确实有助于让一个人变得完善。每个孩子都有一种与生俱来的自卑感，这种感觉会让孩子产生一种美好的愿景，即现有的处境一旦得到改善，他们心中的自卑感就会得到缓和，甚至消除。

不过，自卑感和心理补偿机制有一个共同点，就是很容易让人犯错。如果一个人只是单纯地进行心理调适，而不做出实质性

① 即按照时间发展顺序观察的方法。——译者注

的努力，他与客观现实之间的差距就会进一步拉大。事实也是如此，一个极度自卑的人，往往只会单纯地从心理上寻求自我安慰，而不会通过具体行动克服实际困难。

在这本书中，我们根据心理补偿表现出来的特征，把存在这类心理的孩子分成了三类：天生体质虚弱或器官发育不良的；幼年时期，父母教育过严但关爱不足的；从小在溺爱环境中长大的。

在研究第一类孩子的极端个案时我们发现，虽说这些孩子不是每个都有天生的生理缺陷，但他们表现出来的不良心理特征，或多或少都与有缺陷的孩子类似；教育过严但关爱不足的孩子，以及从小在溺爱环境中长大的孩子也是一样，这让我们非常诧异。后来，我们通过实践发现，有心理问题的孩子，他们至少会表现出某一类明显的特征，有的甚至还有好几类。

上述三类孩子都很容易形成欠缺感与自卑感，继而使他们过度自负，刺激他们形成超越其自己潜力的野心。我们很难从病理学的角度判断，对一个人来说，到底是过度自卑造成的伤害大，还是过度自负造成的伤害大。这两者之间也存在着一定的联系。过度自卑会进一步加剧孩子内心的自负感，而这种自负感又很容易让他们尚不成熟的心灵遭受荼毒，导致内心的永不满足。永不满足的结果，就是这些孩子永远无法收获理想的果实，再加上个人性格、怪癖等因素的影响，他们的内心其实一直处于一种刺激性的环境中，这种持续的刺激会让他们变得更加敏感、易怒，容易做出过激的行为，并最终成为一个极度自卑的人。

从生理上看，这种人（《个体心理学杂志》中有相关的案例）也能长大成人，但心智方面却没有相应成长起来，有的人脾气非常差，有的人性格很古怪。他们有一些共同点：自私自利、不顾他人，是典型的自我主义者。如果任其发展，他们很可能成为毫无责任感的人，甚至走上犯罪之路。为了逃避现实，他们会自行构建一个“理想国”，终日沉溺于其中，把虚拟世界当成现实世界，以暂时收获内心的安宁，其实不过是借此来让内心向现实妥协罢了。

社会感情[1]是反映一个人成长的晴雨表，对孩子的心理健康发展更是具有至关重要的决定与指导作用。一旦社会感情出现障碍，孩子的心理发展状况就会受到不同程度的影响。因此，不管是心理学家还是父母，都要高度关注孩子社会感情的发展情况。个体心理学以社会感情为根本原则，围绕社会感情也有一套对应的教育方法。

为了让孩子能更好地融入未来的生活并为之做准备，家长与教育者都不应让孩子只同某一个人亲近。要想了解孩子的社会感情发展得如何，仔细观察他入学时的表现就是一种很好的方法。对孩子来说，学校是一个完全陌生的环境。初入学校时的表现，最能看出一个孩子是否就适应陌生环境做足了准备，特别是在与人相处的方面。

该如何帮助孩子做好入学准备？这是一个普遍的问题。许多成年人在回顾自己入学的情景时，往往觉得如同噩梦一般。其实，只要教育工作做到位，学校就可以弥补孩子早期教育中的不足。一所理想的学校，是沟通家庭与现实世界之间的桥梁；学校不仅是传授学科知识的地方，也是孩子汲取生活知识、学会为人处世

---

① 心理学概念，人生活在社会中，各种客观现实都能让人产生诸多心理体验和心理感受，比如，在短期起作用的喜怒哀乐、激动热情、应激反应；能长期起作用的情感状态，包括美感、理智感、是非观、道德观，等等，都可以称之为人的社会感情。它能有效地影响个人自身的行为，也能影响到人与人之间的关系。——译者注

的场所。

然而，现有的学校往往都不完美，因而无法很好地起到桥梁的作用，要遇到一所理想的学校实属不易。相比之下，父母在给孩子进行家庭教育时的过失更值得我们关注，因为学校这个特殊的环境，会让孩子将家庭教育的不足反映出来。比如，在入学之前，父母没有教会孩子如何与别人相处，入学后，孩子就容易出现交际问题，继而给老师、同学留下性格孤僻的印象。反过来，这种状况又会加重孩子的交际障碍。长此以往，他们在学校的生活就会出问题，甚至成为大家说的“问题儿童”。人们常常认为，造成这种问题的根源是学校疏于管理，却不知道学校只是一面“放大镜”，让家长看到家庭教育潜在的问题而已。

学校能否让问题儿童进步，这在个体心理学中尚无定论。但可以肯定的是，孩子入学不顺是一个危险信号，它预示孩子的心理素质方面可能存在问题。我们在实践中发现，这些孩子会因此对自己失去信心，失落的情绪也逐渐开始蔓延。他们会故意不遵守学校的规定，不按老师的教诲去努力拼搏，而是去寻求看起来更自由、更容易成功的捷径，希望以此快速获得成功，继而弥补心中的自卑感。在他们看来，这些捷径的吸引力显然更大，能更快征服目标、获得心理上的成就感是一方面，不用背负沉重的社会道德责任则是另一方面。这些孩子长大之后也只会愿意做十拿九稳的事情，只有这样，他们才能在别人面前顺利展现优越感。

不管这些孩子看起来多么勇敢无畏，选择走这种捷径，就说明他们的内心其实非常脆弱。这就像犯罪分子一样，外表看上去毫不畏惧，骨子里却脆弱无比。同样地，有些孩子看上去非常勇敢，但内心并不强大，他们会在并不危险的环境中做出一些“小动作”，这些“小动作”就是最好的证据，比如，有些孩子不靠着其他物体就站不直。一般情况下，人们不会考虑更深层次的原因，传统的治疗方法也大都只针对这种状况本身。因此，人们总对这样的孩子说："站直了！"其实，重点不在于靠着什么东西才能让孩子站直，而在于他们缺乏自信，所以才有渴望获得支持的依赖心理。借助惩罚、奖励等手段，我们的确可以迅速让他们发生改变，让他们看起来有精神，但渴望获得支持的依赖心理并没有得到满足，病根依旧存在。真正优秀的教育工作者能敏锐地发现这些迹象，并能用同情与理解之心从根源上帮孩子解决问题。

一般来说，从孩子表现出的某个单一迹象，我们就能推断出他的心理素质及性格特征。假如一个孩子对某件事表现得过分依赖，我们立刻就能知道，他的性格中肯定具有焦虑、依赖等特质。将这个孩子的具体情况与我们研究过的案例进行对比，我们就能重新构建出他的人格。我们注意到一个共同点，即这样的孩子往往都是在溺爱的环境中长大的。

接下来，我们要讨论的是从未得到过关爱的孩子，看看他们的性格特征又有何不同。通过观察一些穷凶极恶者的一生我们发现，这些人在童年时代往往遭受过恶劣对待。于是，他们的性格中就包含了冷酷、嫉妒、怨恨等因素，见不得别人幸福。如果他们有了孩子，或者要对孩子负教育责任，他们就会认为，孩子不应过得比他们小时候幸福。他们不仅对自己的孩子这样，在充当别人孩子的监护人时也会坚持这种态度。我们提出这种观点，并没有要贬低谁的意思，而是希望能相对客观地反映一个事实，即在小时候遭受过恶劣对待，或者被管教得过于严厉，都会影响一个人的精神状态。

这类人往往还会用一些看似正当的理由来维护自己的行为，比如"孩子不打不成器"，甚至会援引诸多例证来证明这么做的合理性。但无论如何，他们都无法证明自己是正确的。因为刻板而蛮横的教育只会让孩子远离教育者，这种教育方式也就不会有任何正面的效果。

经过对一系列不同症状的探讨，将若干次的实践结果联系起来之后，心理学家就能初步构建出一个人的人格体系。凭借这一体系，这个人潜藏着的心路历程就能被再现出来。作为心理学家，通过考察一个人的某一方面性格，我们只能揭示他完整人格中的某项特征；只有对他性格的多方面进行考察，且发现揭示的性格特征都相同时，我们才算是基本确定了这个人的整体人格。从这个角度来看，个体心理学是一门科学，更是一门艺术。探讨人的心理时，呆板、机械地套用理论框架和概念系统是不对的，这一点非常重要。人是一切研究的重点，但也万万不能根据人在某一方面的表现就得出广泛而深远的结论；为了让论据能更有力地支撑论点，我们尽量会从整体来考虑。如果这个人其他方面的表现也能证实最初的假设，能够佐证他表现出来的消极、固执等行为，这时我们才会认为，这个人的整体人格有消极与固执的特征。

有一点需要注意，被考察的那些人往往无法理解自己的行为表现方式，因此也就无法隐藏真正的自我。一个人的人格不会因主观的看法与想法而轻易改变，它会在不同环境下的具体行为中自然流露。很多时候，人并不是故意要在人格的问题上说谎，而是因为人的有意识思想与无意识动机之间差距显著，无法正确认识自己，因此，只有视角客观且懂得换位思考的人才能被委以这样的重任。我们将这种人称为“旁观者”，心理学家、父母、老师都是充当儿童教育旁观者的合适人选。但不管是谁，向孩子解释人格方面的问题时，都应当立足于客观事实。这种客观事实既包括带有个人目的性的表达方式，也或多或少包含那些无意识的追求。

人与社会生活之间存在三个基本问题，对这些问题所持的态度，大致能看出一个人真正的自我。

第一个问题与社会关系相关，在就针对现实的主观与客观看法进行比较时，我们已经论述过了。这里需要补充的是，社会关系还可以表现为一项具体的任务，即交友和与人相处。人在面对这一问题时会有怎样的反应？他将如何处理？如果一个人对交友与社会关系的打造持无所谓的态度，并认为这样足以让他避开在社会关系中可能遇到的问题，那么他对这一类问题的反应就是“无所谓”。由这种态度，我们可以大致就他的人格方向与结构方面做出定论。我们还要注意的是，除了与人交往、结交朋友，社会关系还包括与此相关的抽象概念，如友谊、合作、真实、忠诚等。一个人对这些抽象概念的理解，会左右他在处理社会关系时的选择。

第二个问题涉及人对自己一生的规划，即打算在社会的劳动分工中扮演什么角色。如果认为第一个问题是由“我与你”这种超越自我的关系决定的，那么也就可以认为第二个问题是由“人与世界（或人与地球）”这种基本关系决定的。如果将世上的所有人都浓缩成一个人，这个人就与全世界有着极为密切的联系。他希望从世界获得什么呢？这个问题与第一个问题的本质一样，要解决个人的职业问题也不是单方面的，它与单纯的个人问题不同。人与世界之间是一种双面关系，不完全由个人的意志决定。因此，取得职业方面的成功不完全取决于个人意愿，而是与客观现实息息相关。由此可知，一个人对有关职业问题的回答以及他回答的具体方式，其实包含着他的人格特点与他看待生活的态度。

第三个问题源于人类被划分为两性这一事实，它也不是单方面的个人问题。解决两性的问题，除了会涉及个人方面的因素，还要遵照两性关系的内在逻辑。因此，把“如何与异性相处”简单地视为典型的个人问题是错误的。要想正确解决这类问题，只能先认真地研究一切与两性关系有关的内容。很明显，偏离了爱情与婚姻正道的解决方法，都暗藏着人格的缺陷。因这类问题处理不当而导致的诸多不良后果，从根本上来讲，都是人格缺陷造成的。

一个人在回答这三个问题时会透露许多细节，由这些细节可以大致推断出他的生活习惯与特殊的生活目标。个人特殊的生活目标意义重大，能决定一个人的生活习惯，并会在实际行动中有所体现。这个目标如果偏向生活中积极的一面，他就会用积极的方法解决所有问题，继而收获幸福和快乐的感觉，获得极大的价值感与力量感。反之，如果这个目标指向了生活中的消极面，要解决这些问题就很困难；即便解决了，也不会有快乐的感觉。

这三个问题之间联系紧密，社会生活中的一些特定任务就是由它们衍生出来的，要圆满完成这些任务，必须以社会感情为基础。实际上，很多任务早在儿童时期就已经出现，比如人际关系的打理。一个人的看、听、说等感官能力，会在与兄弟、姐妹、父母、伙伴、朋友、老师等的相处中持续增长。人的一生都要维系这些关系，一旦擅自脱离，将遭遇失败。

对社会有益的事情就是“正道”，有关这一点，个体心理学有足够的证据来证明。任何与社会规范相违背的事情，都可以视为偏离了正道，且一定会违反法律，同时与现实相冲突。这种冲突还会让人丧失价值感，形成报复心理。报复的强度可能与冲突造成的影响相当，也可能更为强烈。最后值得一提的是，每个人的心中都会有意或无意地存在着一种社会理想，做偏离了正道的事情很容易违反这种理想。

个体心理学主张把孩子对社会感情的态度作为评定他们人格发展的标准，所以，通过个体心理学评定一个孩子的行事风格不是什么难事。因为只要在生活中遇到了上述三大基本问题，很容易就能看出这个孩子是否在相关的考验中做好了准备。也就是说，他是否拥有社会感情、勇气，理解力是否充足，是否拥有一个对社会普遍有益的目标，这些都会体现出来。随后，我们也会进一步了解他奋力向上的方法与节奏、自卑的程度及社会意识的发展水平。这些因素紧密相连、相互贯通，最终形成一个密不可分、有机的统一体。它会一直牢固地存在，直到被发现有新的缺陷，而在此之后，它也将被再一次重新构建。

第二章 人格的统一

孩子的精神生活很奇妙，其中的任何一个方面都能让我们着迷。有一点最为重要：要想真正理解孩子的某种特定行为，我们必须先了解他的整个生活史。孩子的一切行为都能反映出他的整体生活和全部人格，不了解具体的生活背景，就无法正确解读他的日常行为。这种现象就叫人格的统一。

人格的统一，是个体行为与行为方式协调成为单一模式的过程，这种过程在儿童时期就已经开始了。生活中，孩子对外界事物的反应方式会逐步变得统一，这种在不同情况下的相同反应不仅构成了他的性格，也会让他的一切行动充满个性，并渐渐与其他孩子形成差异。

大多数心理学派都忽视了人格的统一这个问题，或者说，它并没有引起人们足够的重视。因此，在这些心理学的理论或精神病学的实践中，一个具体的行为很容易被孤立看待，就像是独立存在的现象。比如，将一个人的某种表达方式或手势视为一种特殊情结，认为它们与这个人的其他活动没有直接关系。这种做法好比将一个音符从一段完整的旋律中抽离出来，在不考虑其他音符的情况下，单独理解它的意义。

这种做法显然不对，却普遍存在，一旦应用到儿童教育工作中，将会给孩子的成长造成极大的危害，个体心理学坚决反对这种错误做法。在有关惩罚孩子的理论中，这种错误的做法尤为突出。孩子一旦做错了事情，人们常常会先考虑这个孩子给人留下的总体印象。如果常犯这种错误，老师、家长就会下意识地认定这个孩子屡教不改；如果孩子给人留下的总体印象不错，施加的惩罚相对来说就不会特别严厉。不管怎么说，惩罚对于孩子来说总归是弊大于利的，而且上述这两种情况都没有从根源上解决问题，即他们在探讨错误产生的原因上，都忽视了人格的统一这个基础，这与脱离整段旋律讨论某个音符是一回事。

我们质问孩子为什么会懒惰时，他们不可能明白，我们的目的是想弄清问题的根源在哪儿；同样地，我们质问孩子为什么要撒谎时，他们也不会将真正的原因说出来。深谙人性的古希腊哲学家苏格拉底的话一直在人们的耳边萦绕，最难的事情莫过于“认识自己”，即便是心理学家也难以准确回答这类问题。既然如此，我们为什么又要寄希望于孩子，要求他们准确回答这些难题呢？要想准确了解一个人的某种行为背后具体有什么意义，我们必须先弄清他的整体人格。一个人做了什么、怎么做的，这些都不是重点，重点在于理解他在完成任务过程中所表现出来的态度。

为了更好地说明了解一个人的整体生活背景有多么重要，我们不妨看看下面这个案例。

有一个 13 岁的男孩，他有两个妹妹。男孩在 8 岁之前都过着快乐而美好的生活，因为那时他的妹妹尚未出生，他是家中唯一的孩子，父母的宠爱悉数集中在他一个人身上，不管什么需求都能被及时满足。男孩的父亲是一位军官，长期在外执勤；他的母亲聪明善良，对这个既固执又黏人的独子百般宠爱，哪怕是偶然提出的任性要求，她也会尽力满足。不过，如果男孩表现得过于缺乏教养，或者做出了危险的行为，母亲也会生气，二人的关系也会因此而紧张。他们的关系有一个显著的特点，即这个男孩试图支配他的母亲，并对她发号施令。男孩这么做，就是希望能随时随地通过各种无礼的方式让别人注意到他。

尽管这位母亲意识到，儿子确实制造了很多麻烦，但考虑到他的本性并不坏，便对这一切都宽容对待，依旧给他辅导功课，帮他整理衣服。男孩也坚信，只要遇到困难，母亲一定能帮他解决。显然，他很聪明，也跟其他孩子一样在接受良好的教育。一直到 8 岁，他的学习成绩都很不错。妹妹出生后，他身上的一些变化开始让他的父母不能忍受，比如自暴自弃、漫不经心、懒散拖延。如果母亲不能满足他的要求，他就会扯住她的头发不放，同时拧她的耳朵，掰她的手指，让她丝毫不得安宁。妹妹长大之后，他更是变本加厉，把妹妹当成他的捉弄目标。尽管这时的他还不会做出伤害妹妹的举动，但他的嫉妒之心已经非常明显。这种变化可以追溯到妹妹出生时，因为自那时起，妹妹已经取代他，成为家人关注的焦点。

需要着重强调的是，孩子的行为一旦开始变坏，或者让人感到不快时，仅仅关注这种行为出现的时间是不够的，重点在于弄清它产生的原因。"原因"一词建议谨慎使用，因为案例中的哥哥会成为问题儿童，是由妹妹的出生导致的，尽管这种情况经常发生，但人们往往都意识不到。出现这种现象，是因为这个哥哥无法以正确的态度看待妹妹的出生，但是这两者之间没有绝对的物理因果关系，所以我们不能说，一个孩子的出生，必然会导致另一个孩子变坏。我们能确定的是，坠向地面的石头，它的方向是确定的，并且带有一定的速度。通过实践探索，我们发现在导致心理"下落"这件事上，起作用的并不是严格意义上的因果关系，反倒是那些时常出现的小错误，它们更容易给一个人的成长造成不小的影响。

毋庸置疑，人的心理在发展过程中会出现偏差，这些偏差与最终造成的不良结果关系密切，所以人会做出错误的行为，甚至对人生发展的方向做出错误判断。心理目标的确定需要借助判断，但只要做判断，就有可能出错，这便是出现偏差的根源。一个错误的判断会导致一个错误的目标。人们在很小的时候就会试着进行判断，一般在 2 ~ 3 岁时，就会给自己确定一个目标。这个目标一旦确定就很难改变，它在给孩子带来一定约束的同时，也在引导、激励孩子不断调整自己的生活，通过具体行动落实目标，并促使其实现。

所以说，孩子自身对事物的理解能力，会直接影响他的成长，认清这一点很重要；孩子一旦陷入新的困境，固有的错误观念也会制约他的行为判断，认清这一点也很重要。我们已知，像弟弟、妹妹出生这种客观事实，不会从根本上影响他们哥哥、姐姐认知事物的能力，关键在于后者看待这些事实的心态，以及他们会做出怎样的判断。这足以反驳严格意义上的因果论，客观事实决定了实际上的对与错，但客观事实和个人对事实的看法之间绝对没有必然联系。

对人类行为方向起决定作用的是我们对事实的看法，而非事实本身，这是人类心理非常奇特的一个方面。这种心理很重要，它是构成我们行动的基础，同时也是人格构建的基础。恺撒大帝刚刚登陆埃及时的一个小故事，就是印证人的主观看法会影响行动的经典案例。

恺撒大帝下船上岸时被缆绳绊倒在地，将这一幕看在眼里的罗马士兵认为这是不祥之兆。要不是聪明的恺撒在第一时间张开双臂兴奋地大喊："非洲是我的了！"英勇的罗马士兵说不定会立刻掉头返回。

由此不难看出，现实情况对人类行动造成的直接影响微乎其微，最主要的制约因素还是来自已经塑造成形的人格。大众心理与个人的理性意识也是这样：在有益于大众心理发展的环境中，某个人产生了一种良好的理性意识，这无法说明环境对大众心理和个人理性意识的形成有决定性的影响，只能说明这个人和绝大多数人一样，对环境的主观看法相同。通常来讲，促使理性意识产生的情况只有一种，那就是个人坚信的那些荒谬、错误观点遭到批判时。

我们再回过头去看那个小男孩的故事。不难想象，他很快就会陷入困境、遭人排斥，因为他在学校没有取得进步，我行我素并不断干扰他人，这就是他所呈现出来的整体人格。接下来他又会面临什么情况？只要他骚扰别人，他就会被学校惩罚。学校会将他的行为记录下来，转告他的父母；如果还不奏效，学校就会建议他的父母把他带回家，原因就是他无法适应校园生活。

这个小男孩也许乐意接受这个方案，因为其他的方案他都不喜欢，他的态度也在这一系列行为中展现得淋漓尽致。尽管这种态度不对，可它一旦形成就不会轻易改变。他会犯下这些错误，根源在于他渴望成为众人瞩目的焦点。一个人犯了错理应受到惩罚，这种惩罚应当针对犯错的根源，即渴望成为他人关注焦点的想法。正是受这种想法影响，他才会不断地让母亲围着他转；也因为这个想法，他如同君王一般占据了长达 8 年的“绝对权力”，直至他被赶下“王位”。在妹妹出生之前，他的关注点是母亲，母亲的关注点是他。后来，因为新出生的妹妹取代了他在家中原有的位置，所以他才会极尽所能地想夺回自己的“王位”。当然，我们必须肯定，他本性不坏。他会如此这般地应付这种局面，并且做出一系列的错误举动，既因为他的内心没有做好相应的准备，也因为没有人给他正确的指导。

再举一个例子。有一个从小娇生惯养长大的孩子，他本身没有那么恶劣，也没有到无药可救的地步，只是习惯于成为他人的焦点。如果将他突然放在一个完全相反的情境中，比如学校的老师对所有学生都一视同仁，假如这个孩子还像过去那样，继续要求老师过分地关注他，他的这种行为很可能会激怒老师。这一点也应该引起人们的注意。

前面案例中的小男孩，他的生活方式与学校要求、期待的生活方式相冲突，这一点很好理解，也很容易解释。把这种冲突图像化，我们就会发现：孩子的人格发展方向、发展目的，与学校的要求往往不一致，甚至相反。在整体人格的作用下，孩子的一切行为都深受他自身的目的影响，且不会轻易偏离；而学校则希望让每个孩子都能拥有规范的生活方式，因此，这两者之间的冲突很难避免。在实际中，学校也注意不到孩子的心理感受，难以包容他们出现的种种问题，更不用说去想方设法解决引起冲突的根源了。

这个小男孩希望母亲只关心他，专门为他服务，以达到独占宠爱的目的，这是制约他一切行为的根本动机，然而这刚好与学校教育他的目标相违背：他应该变得独立自主。针对这种情况，人们打了一个形象的比方——就像把一驾马车套在了一匹桀骜不驯的马身上，这时的孩子往往难以灵活地表现自我。假如我们真正了解他当时的处境，说不定还能多给他一点理解与支持。惩罚没有意义，而且会让孩子更加厌恶学校；要是被开除了，反倒正合他意。他让自己陷入了错误的感知中，误以为他能够如愿地控制母亲，让母亲为他效劳，仿佛他在这场较量中取胜了一般。

弄清孩子犯错的真相之后，我们必须承认，像这样惩罚孩子的错误没有任何意义。比如，孩子总是忘记把课本带到学校，这就不是一种孤立的行为，而是他整体人格特点的一种表现，因为他知道母亲会时时刻刻关注他，不管做什么事情，都有母亲为他操心。一个人的整体人格由多个方面组成，每种表现之间都存在着紧密的联系。只要明白这一点，我们就会意识到，男孩上述的那些表现，其实与他的生活方式完全一致。行为与人格相一致的事实也在逻辑上推翻了一种假设——孩子完成不了学校安排的任务，可能是智力发育迟缓导致的。如果一个人的智力发育确实有问题，他根本不可能一直遵照自己认定的目标采取行动。

通过这一案例我们还发现，其实所有人的处境在一定程度上都与这个小男孩类似。我们对生活与生活方式都有自己的理解，也从来没有与社会传统的要求完全一致。过去，我们认为那些传统的社会制度与风俗至高无上，不容改变。现在，我们发现它们也没有神圣到不容改变的地步；反过来，这些制度、风俗与个人的想法，一直处在相互磨合、适应的状态中。制度、风俗都因人而存在，但人的存在不是为了迎合它们。关注社会，自我拯救确实是构成个人社会意识的一部分，但这并不意味着每个人都要千篇一律地按照社会要求来塑造自己。

思考人与社会之间的关系是个体心理学的基础，它对完善学校系统的建设，帮助问题儿童适应学校生活等方面有特殊的指导意义。学校应当将每个孩子都视为一个具备整体人格的人，他们就像一块块等待雕琢的璞玉。在评价孩子的某种特定行为时，要学会综合运用心理学方面的知识，把这些行为当作组成整体人格的一部分来看待。就像前面提到的，不要将它视作孤立的音符，而要把它当作组成整个乐章的一部分。

第三章　追求优越感与它对教育的启示

研究人性要注意两大心理事实，一个是人格的统一，另一个就是接下来要介绍的——追求优越感。优越感其实与心中的自卑感息息相关，没有自卑感，也就没有超越当下、摆脱下游的动力，它们属于同一种心理现象的两方面。我们在这一章主要讨论人为什么会追求优越感，以及它能给教育带来什么启示。

人们也许会问，追求优越感是不是一种与生俱来的本能？对此，我们并不赞同。不过，我们虽不认可它是与生俱来的行为，但我们也承认，人要追求优越感，必须得具备一定的生物基础才行。早在胚胎时期，这种基础就已经开始萌生，并具备后天发展的可能。

当然，人类的活动是有局限性的，某些能力，人类永远不可能拥有。例如，像狗一般灵敏的嗅觉，能看到紫外线的肉眼等。不过，有些能力确实是稍加培养就能获得的。通过分析培养这些能力的过程，我们就能洞悉人会追求优越感的生物学依据，也能从中找到塑造个人人格、心理的根源。

我们知道，不管在什么环境下，孩子和成人的内心都有追求优越感的冲动，而且这种冲动难以抑制。受本性的影响，人类无法长期忍受被他人轻视，难以屈从内心的不安与自卑，这些负面感会让人萌生更高层级的愿望，而追求优越感就是获得心理补偿、实现理想目标最直接的方式。

实验表明，孩子的某些性格特征是环境作用的结果。受具体环境的影响，孩子的内心会感到自卑、脆弱和不安，这些感觉反过来又会影响他们的心理。为了改变这种状态，他们会下定决心，努力达到更高水平，以获得更平等，甚至更优越的地位。内心的这种愿望越强，他们给自己设定的目标就会越高，似乎这才能展现他们真正的水平。实际上，这些目标往往都超出了他们的能力范围。一个孩子小时候获得外部各方面的支持与帮助越多，就越容易将自己假想成类似上帝那样无所不能的人物。我们还发现，那些自认为非常脆弱的孩子，他们都有成为类似上帝这种人物的想法，并深受这种想法控制。

为了更好地说明上述的情况，我们在这里援引一个真实的案例。这个案例的主人公是一个患有严重心理疾病的 14 岁男孩。在回忆童年的往事时，他告诉我们，在 6 岁那年，他曾因为自己不会吹口哨而非常难过。后来有一天，他从房间里走出来时，意外地发现自己会吹口哨了，这让他极为震惊，并认定这是由上帝附体所导致的。这个案例就能说明：内心的脆弱感、万能的上帝就在身边，这两种感觉之间存在某种特殊的联系。

有些性格特征与追求优越感的心态紧密相连。了解了一个孩子对优越感的渴望程度，我们就能知道他的目标究竟有多大。一个过分追求优越感、渴望自我肯定的人，很容易嫉妒比他更优秀的竞争对手，甚至可能诅咒他的对手遭到厄运。如果这种欲望过于强烈，还可能诱发他们形成报复心理。让人吃惊的是，这种不健康的心理在这类孩子中非常普遍。它除了会让这些孩子更容易患上精神方面的疾病，还可能促使他们做出伤害对手的行为，严重的甚至会有犯罪倾向。他们常常露出凶狠的目光，似乎时刻都想挑衅他人，好斗的性格让他们也容易动怒，随时随地都能与对手搏斗。为了自抬身价，他们不惜造谣、诋毁他人，泄露同伴的隐私，有外人在场时，他们表现得更为严重。有趣的是，像这样追求优越感的孩子特别害怕考试，因为这样一来，他们真正的能力就被彻底暴露了。

由此也能看出，考试也得与学生的心理特点相适应。我们注意到，不同的孩子对考试的理解也不相同。在有些孩子的眼里，考试几乎是一项不可能完成的事情，他们的脸色会因此而白一阵、红一阵，说话也会变得结巴，身体还会不由自主地发抖，整个大脑一片空白。有些不愿单独站起来回答问题的孩子也是一样，他们希望有人陪伴，好分担众人注视的目光。

其实，在游戏中追求优越感的情况也差不多。比如，玩马车游戏时，渴望获得优越感的孩子就不想扮演马匹，他们更愿意扮演车夫，成为能操控马车前进的领导者。如果当车夫的需求没有被满足，他们就会想方设法影响别人，让别人也无法如愿，并以此为乐。如果在玩游戏时频频受挫，而且因此挫伤了锐气，再遇到无法驾驭的情况时，他们就不会勇往直前，而是选择不断退缩。有些孩子在遭受挫折时也会手足无措，内心恐慌，但他们从不轻言放弃，很快又能信心满满地参加各种具有竞争性的游戏。从孩子热衷的游戏、故事与历史人物中，我们可以清楚地了解到他们究竟在哪些方面肯定自己，以及他们究竟有多么肯定自己。

仔细分析这些孩子所追求的优越感，我们可以将它们划分成不同的类别。由于每个孩子追求的优越感都不相同，这种分类未必非常精确，但它并不会给我们的工作带来影响，毕竟我们判断的依据，还是孩子做出的具体行为。

心理健康的孩子会将追求优越感的心态转化为向上的动力。他们会想办法成为老师喜欢的学生，注重干净整洁，遵守学校秩序，最终成为大家心目中的好学生。但经验告诉我们，这种孩子始终只是极少数，另一部分孩子心目中的首要目标，是想方设法超过别人，并以此为执念。他们这种追求优越感的心态往往不会被人指责，尽管其中夹杂了过强的求胜心。在大多数人看来，求胜心代表着一种催人奋进的美德。这其实不对，太过于求胜会让孩子高度紧张，反倒可能影响孩子的健康成长。时间不长，孩子尚且能够承受；一旦时间太长，就会给孩子造成压力。求胜心过强还会迫使孩子过于专注学业，一味追求成绩而逃避读书之外的一切问题，于是他们只知道埋头苦读，其他方面的发展就被限制了。我们不认可这种成长方式，因为它无法让孩子的身心健康成长。把超越别人当作毕生目标，并以此安排生活的孩子，他们的发展或多或少都存在问题。我们给出的建议是：放下书本，多去户外呼吸新鲜空气，多与同伴互动交流。

有时，一个班里会出现两个孩子暗自较劲的情况。通过仔细观察，我们发现，有这种倾向的孩子往往都有不讨人喜欢的性格特点，妒忌就是其中之一。只要别的孩子取得成功，他们就会恼怒不已；严重的时候，他们还可能出现头疼、胃疼等症状，哪怕对手稍稍领先也是如此；他们从来不会表扬别人，如果有人只表扬了对手，他们说不定还会愤然离场。上述嫉妒的表现，其实都在说明孩子的求胜心太强了，在人格独立且健康的孩子身上则看不到这类问题。

求胜心太强的孩子难以与同伴愉快相处，因为他们渴望扮演领导者的角色，同时渴望打破游戏规则。这样做的结果就是他们在集体活动中无法体会到乐趣。他们往往非常傲慢，跟同学相处时，不管怎么做都会不自在。在他们的眼里，接触的同学越多，威胁他们地位的概率就越大。这类孩子大都非常不自信，只要所处的环境令他们不安，他们就会不知所措。越不自信，就越渴望自己获胜，背负的压力就会越大，最终很容易因为内心无法承受而崩溃。

如果人们掌握了能让孩子免受困扰的完美方法与绝对真理，问题儿童也就不会再出现；但这种完美方法与绝对真理又不可能被人们掌握，同时也无法给孩子创造理想的完美学习环境，对他们怀有过高的期望其实有百害而无一利。在遭遇不可避免的困难时，这些孩子的感受与那些人格独立且健康的孩子完全不同，原因主要有两个方面：一方面，我们的教育方法不一定能在每个孩子身上见效，它本身也需要持续改进；另一方面，超量的求胜心也容易让孩子最终失去信心。

勇气是克服困难的唯一方法，那些过分追求优越感的孩子，往往没有足够的勇气去面对困难，解决问题，他们只看重结果，希望成绩能得到别人认可；否则，他们就无法获得满足感。我们知道，遇到问题时，解决问题是次要的，最重要的是保持心理平衡。那些过于追求优越感，只看最终结果的孩子是意识不到这一点的。在他们看来，得不到他人的认可与崇拜，也就失去了活下去的动力。有这种想法的孩子不在少数。

从器官有先天缺陷的那些孩子身上我们发现，正确认识自身的价值非常重要。人们很少注意到，大部分孩子身体左侧的发育要好于右侧。生活中，大多数人惯用右手，这给惯用左手的孩子造成了许多困扰。我们发现，惯用左手的孩子似乎天生就有“两只左手”，想灵活运用双手并不容易，所以他们在书写、阅读、绘画方面遇到的困难要比一般人多得多。要想准确判定孩子到底惯用左手还是右手，其实有一个很简单的办法：让孩子将双手交叉，左手大拇指在右手大拇指上面的孩子惯用左手。虽说这个方法测出来的结果不一定精准，但我们依然对此感到非常吃惊，因为从来没有想到，天生惯用左手的人竟然如此之多，而他们自己却浑然不知。

如果仔细研究惯用左手的孩子，就会发现他们很容易被人贴上“笨蛋”的标签。在一个惯用右手的社会中，这确实不足为奇。要体会这种感觉其实也不难，世界上有一部分国家的车是靠右行驶的，这些国家的人们如果到了英国、阿根廷等靠左行驶的国家，并且需要驾车上路行驶时，就会感到慌乱。假如一个家庭中的所有成员都惯用右手，惯用左手的那名成员照料自己时就会难一些，甚至还可能影响其他成员的正常生活；在校学习写字时，惯用左手的孩子面临的困难也会大一些，由于很少有人明白其中的缘由，因此这些孩子很容易因为成绩不好而被斥责、惩罚。这样一来，人们就会误以为惯用左手的孩子比惯用右手的孩子差。惯用左手的孩子也会因此而这样看待自己，认为自己无法和他人相提并论。在家里，孩子惯用左手所带来的不便也容易被视为笨拙，继而引发家长的不满。这些都会在无形中加重孩子的自卑感。

当然，并非每个惯用左手的孩子都会因此而灰心丧气，但它确实能让相当一部分孩子在遇到类似的情况时选择放弃。他们无法正确地认识自己的真正处境，也没有人告诉他们该如何克服这些困难。因此，他们很难真正坚持下去。

有些人字迹潦草到无法辨认，其实也与上述原因相关——由于惯用左手而忽视了对右手的训练。其实，这不是无法克服的困难，许多顶级艺术家、画家与雕塑家，他们大都生来就惯用左手，但不同的是，他们在后天的强化训练中，逐步掌握了熟练使用右手的能力。

有人认为生来惯用左手的人，一旦被强迫使用右手就会引发口吃。这是一种没什么科学依据的迷信说法。至于有些改用右手的人确实出现了口吃的症状，很可能是因为他们同时还遭受了其他更严重的问题的困扰，所以才会突然丧失了用语言表达的勇气。

精神病患者、具有自杀倾向的人、犯罪分子、性变态者……这些患有心理疾病的人当中，惯用左手的人占了大多数。另外，我们也常常发现，上述所有的这些人一旦克服了惯用左手的困难，往往也更容易取得成就，且在艺术领域最为常见。

在了解了惯用左手者的特征后，我们知道，让孩子在面对困难时变得更有勇气与自信是非常重要的事情，否则我们就会在判断孩子的能力与潜力时出现偏差。我们的鼓励能让他们取得更多更大的成就，而我们的威胁与恐吓则会让他们失去对未来的期望。当然，即便受到了负面影响，他们也可以继续前行，但最终的结果肯定没有我们期待得那么好。

众所周知，不经努力就能获得的成功稍纵即逝，可在现实中，相对于全方位的教育，人们更关注看得见的成就。所以，求胜心过强的孩子往往处境艰难，因为人们在评价他们时，会习惯于用外在的成就来衡量，至于克服困难时所付出的努力，很多人并不看重。把孩子训练成野心勃勃的人并不是一件好事，远不如将他们培养成一个勇于拼搏、坚韧不拔、自信自立的人，这么做是为了让他们知道，面对挫折时别气馁、别畏惧，要把挫折当成亟须解决的新问题来对待。这时，老师如果能准确地预判一个孩子在某个领域付出的努力是否值得，这个孩子未来的成长就会顺利得多。

孩子对优越感的追求会在性格中的某一方面体现出来。起初，这种追求表现为争强好胜，但要超越那些遥遥领先的孩子显然不可能，所以，这些争强好胜的孩子最终会选择放弃。不少老师经常用一些严厉的措施来激励那些得过且过的孩子，比如故意给他们打低分。只要孩子还有一点儿自信，这种方法就会在短期内奏效，但这种方法并不适用于所有孩子。如果对那些成绩在及格线边缘徘徊的孩子使用这种方法，他们很可能会因为紧张过度而惊慌失措，让成绩变得更加糟糕；如果对这些孩子表示关心与理解，他们往往又能表现出超乎我们想象的才能。受后一种方式影响的孩子，他们对自己的要求会显著增强，其中的原因很好理解——他们担心回到之前的状态。过去那些一事无成的生活方式会警醒他们，督促他们不断前进，所以那些成功地改变了自我的孩子，在生活中看上去如同着魔一般，即便是夜以继日地忘我工作，却依旧认为自己做得还远远不够。

个体心理学认为，不论是成人还是孩子，他们的人格都是统一体，他们的行为表现和日渐形成的行为模式会趋向一致。这是个体心理学的基本思想。这样一来，解释前面提到的诸多现象就要容易得多。离开行为者的人格来谈具体的行为没有任何意义，因为每种行为可以诠释的角度都很多元。以上学故意拖延为例，如果我们将它看成学生的一种独立行为，认为只要是学校布置任务，就会让学生产生这种反应，那么我们对这一行为的判断就会有失偏颇。其实，孩子有这种反应，只表明他不想上学，也不想完成学校布置的任务，而且还会想方设法违反学校的规定。

由此我们可以知道，那些所谓的“坏”孩子不愿意读书，是因为他们追求的优越感与学校认可的优秀不同，于是他们才会反抗学校的种种要求。渐渐地，一系列相关的行为特征都会在他们的身上表现出来，并渐渐发展到不可救药的地步。他们乐意扮成小丑捣乱，调戏同学，惹他们发笑，甚至还会故意惹事，逃学，与社会上的混混打成一片。

可以说，我们的所作所为不仅会影响孩子的命运，还会影响他们未来的发展。学校教育对孩子未来生活和发展的影响至关重要，因为它是连接家庭教育和社会教育的桥梁，可以纠正孩子在家庭教育中所受的不良影响；学校也应当教会他们在步入社会前做好适应准备，确保他们在社会这支大乐队中，能够和谐融洽地演奏好各自的乐章。

从历史的视角来观察学校，我们不难发现，不同时代的社会理想，总会给对应时期的学校教育理念造成影响，不同时期的人也因此具有显著的时代性特征。历史上，学校先后为贵族、教会人士、资产阶级与平民提供教育服务，教育的标准也因时代而不同。为适应不断变化的社会理想，学校的教育理念应当与时俱进。如果社会认为，一个理想的人应当独立、自控、勇敢，学校就应当调整教育理念，让培养出来的人才合乎这些标准。这也就是说，学校不应将教育的目的局限在学校本身，而要明白，学校培养学生，为的是整个社会的发展。成为不了优等生的孩子也不应被学校忽视，他们也渴望获得优越感，只是注意力暂时还集中在其他事情上，比如一些做起来没那么有压力的事情。

不少孩子都认为，做没压力的事情更容易成功。我们先不讨论它的正确性，只要这些孩子过去无意识地在一些领域探索过，并取得了一定的成绩，他们就可能产生这种想法。孩子过去取得的这些成绩，教育工作者都不应忽视，它们是激励这些孩子最好的突破口，能促使他们在其他领域取得类似的成功。所以，哪怕孩子数学不好也没关系，能成为运动场上的健将也是一件好事。

老师的教育如果立足于一个孩子的长处，并且给予适当的激励与信任，把这个孩子教育好就要容易得多。这相当于把孩子从一个丰收的果园带到了另一个丰收的果园。因此，只要智力发育没有问题，任何孩子都有成功的潜力，学校要做的就是帮助孩子克服人为形成的种种障碍。导致这些障碍产生的一个重要原因，就是学校将学习成绩当成唯一的评判标准。站在孩子的角度来看，这些障碍还说明他们不够自信，追求的目标也很可能与社会认可的“正事”相偏离。因为完成所谓的“正事”，根本无法让他们获得满足感。

这时，孩子们会怎么做呢？他们首先会想到逃避。我们注意到，这些孩子经常做出顽固、无礼等不合常规的行为。这些行为虽说得不到老师的赞扬，却能引起老师的注意，甚至还能让其他孩子心生崇拜。由于常常能在学校引起骚动，这些孩子也会因此感到自豪。

这些不合常规的行为与有问题的心理都是在学校中暴露出来的，但导致它们产生的根源并不完全在学校。说得积极一点，学校有义务教育孩子，帮他们解决这些问题；说得消极一点，学校只是一个普通场所，它不过是让孩子在家庭教育中的不足完全暴露出来了。

一名足够称职的老师，会在孩子入学的第一天敏锐观察到很多事情。很多在溺爱中长大的孩子立马会暴露出相应的特征，因为进入学校这种新环境会让他们觉得痛苦。他们不善于与别人打交道，不能也不愿与别人友好相处。所以，家长在决定让孩子入学之前，最好提前教会孩子与人交往的相关知识，比如不能过度依赖一个人，而将别人都排斥在外。在溺爱中长大的孩子，不要期望他们进入学校之后马上就能专心学习。事实上，他们根本没有形成“学校意识”，在他们看来，与其去上学，不如待在家中。

想要判断孩子是否厌学其实很容易，比如，厌学的孩子每天上学之前都要父母将他们哄起床，吃早饭时总是磨磨蹭蹭，对父母的百般催促充耳不闻，等等。矫正这类问题其实和矫正惯用左手的情况一样，必须给孩子留出足够的学习、改正时间。一个厌学的孩子，他的每个举动都能传达重要的信息。比如，一个孩子如果经常忘带书本，或是把书本弄丢，我们基本能确定，他在学校过得不如意。孩子这么做其实是在逃避困难，从来没有想过要直面并解决这些问题。如果因为上学迟到就施加惩罚，这只会让他更讨厌学校，把他与学校的距离拉得更远。如果在上学读书的事情上强行逼迫，他很可能会想尽办法来反抗。

随着考察的深入，我们还发现，这类孩子甚至不相信自己能在学习上取得哪怕是微不足道的进步。需要为这种不自信负责的不只是孩子自己，还有将他们引入歧途的周遭环境。家人在愤怒中斥责他们时，也许会断言他们没出息，骂他们笨，孩子在校遭遇的种种经历似乎也验证了家人的这些说法。孩子判断不了自己的对错，他们会下意识地认为家人说的都是对的。这将直接导致他们还没开始努力，就选择了放弃。在他们看来，家人的论断是不可逾越的障碍，是对自身无能的真实反映。

错误发生了，再想矫正过来就非常困难。这些孩子发现自己努力之后不见效果，很快就会放弃，并想尽一切办法来逃避上学。逃避上学就是旷课，历来就被视为一种严重违反学校纪律的恶劣行为，会遭到严厉的惩罚。在这些孩子看来，他们通过伪造签名、涂改成绩单等伎俩蒙骗老师、家长纯粹是迫不得已；哪怕向家里谎称自己在校读书，实际上已经逃学很长时间，这也情有可原。然而，逃学本身无法满足他们心中的优越感，所以他们会做出违法等更严重的事情来满足自我。于是，在一个个错误的引导下，他们中的很多孩子最终都走上了犯罪之路。

我们还发现一点，那些有犯罪倾向的孩子，他们的内心往往也极端自负。这种自负和过度的求胜心本质相同，都会让孩子不断以某种方式展现自己的能力。如果在生活中，他们无法从积极的方面找到合适的空间，就很容易寄希望于消极的方面。

教育工作者与其他相关人士都注意到了一个事实：老师、神父、医生、律师的孩子往往肆意任性。不管是职业声望不高的普通家庭，还是颇有名气、地位显赫的要员家庭，这种情况都屡见不鲜，似乎他们难以维持家庭应有的秩序。我们对此的解释是，在这些家庭中，一些重要的教育观点，要么被忽视了，要么被曲解了。其中一部分原因在于，这些带有教育者身份的家长，很容易借助自以为是的权威，给家庭成员强加一些严格的规定。他们对自己的孩子要求格外严厉，给孩子造成了明显的压力，甚至剥夺了孩子的自主权。这种做法激发了孩子的反抗情绪，唤醒了孩子对过去所受惩罚的记忆，很容易形成报复心理。

刻意的教育容易让父母过分关注并监视自己的孩子。一般来说，这样做没什么问题，但比较容易让孩子产生成为焦点的想法。他们还会因此认为自己就是父母教育的试验品，自己的今天都是别人操纵的结果，继而认为，别人应当帮助他们解决困难，而他们自己不需要承担任何责任。

第四章 如何正确引导孩子追求优越感

我们知道，孩子都渴望追求优越感，教育者的工作就是引导这种追求走向对人有益、做事有成的方向，并确保孩子们精神健康，生活幸福，不会患上精神疾病或遭遇不幸。

如何判断追求优越感的行为是有益还是无益的？判断的标准就是——看它是否符合社会利益。每一项成就都与社会息息相关，一切伟大而高尚的行为都极富价值，不管对当事人，还是社会的发展都是如此。所以，教育者必须让孩子拥有这种社会感情。换言之，就是要让孩子明白，他们的自我追求要与社会需求相一致。否则，一旦孩子追求的方向与社会要求偏离，他们就会变成问题儿童。

在“什么才是对社会有益的”这一问题上，不同的人看法不同。但可以肯定的是，就像我们能通过树上结出的果子判断这棵树是好是坏一样，根据具体的行为，我们就可以判断出它是否有益于社会。判断一种行为的价值，必须依照事物的普遍结构。某种行为的结果与事物的普遍结构之间并不完全契合，只有随着时间的推移，彼此之间的联系才会逐渐变得清晰，因此这种评价技术非常复杂。举个例子，政治变革与社会变迁的初期总是争议不断，它们带来的价值与效果，只有经过了岁月的检验，才能最终得出结论。

好在，我们平时不必使用如此复杂的方法来评价某种行为带来的结果，但也要注意一点，科学地说，世上不存在一种对所有人都有益的行为。强调是因为它涉及绝对真理，同时影响人们对人生问题的看法。人生问题并不孤立存在，它要受地球、宇宙与人际关系的逻辑制约。客观宇宙和人类宇宙的制约关系就像数学难题一般，我们未必能解出答案，但我们知道答案就潜藏在问题中。我们只能不断研究问题，探讨问题解决的背景，慢慢摸索解决的方法，同时判断这种做法是否合适。然而很遗憾，检验方法是否合适的时机往往姗姗来迟，导致我们犯下的许多错误都无法及时得到纠正。

由于人们在审视自己的生活结构时，做不到合乎逻辑、立场客观，因此大部分人都无法理解自身的行为模式与完整性格之间存在一致性与关联性。问题一旦出现，他们的第一反应是感到恐慌，而不是主动面对并解决问题。在他们的眼里，出问题是走错路导致的。需要注意的是，如果孩子偏离了对社会有益的大方向，他们很难从消极的经历中汲取经验，因为孩子的理解能力有限，他们根本不能理解这些问题背后的深层意义。所以，教育孩子时必须让他们明白，身边发生的一切事情都与他们的生活息息相关，与每个人的生命背景密不可分，只有将现状与过往相联系，才能真正理解自我。一个孩子做到了这一步，他才能想明白自己为什么会误入歧途，才能从消极的经验中获得积极的教训。

前面提到，追求优越感存在有益、无益之分，在进一步讨论两者的差异之前，我们不妨先讨论“懒惰”这种看起来与追求优越感没什么关系的行为。从表面上看，懒惰似乎与“追求优越感是每个孩子与生俱来的心理”这种观点相矛盾。我们之所以责备那些懒惰的孩子，大都因为在他们身上看不到对进步的渴望与信心。但只要对这些孩子稍加观察，我们就会发现这种观点纯属“想当然”。那些懒惰的孩子，正沉浸在懒惰带给他们的好处中，比如，他们不用背负他人的期望，不必特别努力，对一切事情抱着无所谓的态度，整个人都非常懒散；就算他们没取得任何成绩，人们也会在一定程度上原谅他们。而且，懒惰也让他们成了别人关注的焦点，至少能让父母一直为他们担心。仔细想想，为了获得他人的关注，其他的孩子付出了怎样的代价？通过比较我们也能明白，他们为什么要借懒惰来引人注目了。

有关懒惰，心理学的解释并不全面。一部分孩子选择懒惰是为了让自己脱离不利的局面，这样一来，懒惰就成了解释他当下的无能，以及一无所成的最好理由，其他人也不会再就他的能力进行指责。他的家长也可能会感慨："如果他不懒，任何事情都能干好！"这种孩子很乐意听到家长和别人这么说，因为它能很好地弥补自信心不足的缺陷，这是一个天然的好借口。

对于孩子和成人来说，"如果他不懒，任何事情都能干好！"当中的"如果句式"带有极大的欺骗性，它带来了一种成就补偿。这种句式实际上在肯定现状，即一无所成是理所当然的。这种情况下，只要这个孩子取得丁点儿成就，就会和之前一无所成的状态形成强烈对比，人们也会因此给他盛赞；而很多一直埋头努力的孩子取得的成绩哪怕更显著，或许也得不到这般赞美。同样地，如果犯下同样的错误，人们批评懒惰的孩子时，语气明显也会比批评其他孩子温和得多。

所以，懒惰的孩子背后，显然隐藏着一种人们并不熟知的"谋略"。就像走钢丝的人一样，懒惰的孩子身下也有一张保护网，就算不慎掉下去也不会伤得很重，甚至还可能毫发无损。人们难以接受他人指责自己无能，但相对来说，却可以接受他人指责自己懒。简而言之，懒惰给缺乏自信的人支起了一道保护屏障，但也让他们看不到需要努力解决的问题。

目前的教育方法很难让一个懒惰的孩子有根本性的转变。人们越是责骂一个孩子懒惰，就越合乎这个孩子内心的意图。如此一来，人们就不会再关注他的能力问题了。因懒惰而惩罚孩子也是一样的效果。老师决定惩罚，其初衷是督促孩子改正，但这样做往往见不到效果。因为惩罚再严厉，也不会让懒惰的孩子真正变勤快。

如果这类孩子突然不懒惰了，那极有可能是环境改变造成的。比如，他在某个领域意外取得了成功；或者换了一个性格温和的新老师，不仅不会严厉训斥他，甚至还能理解他。新老师并没有继续削弱、打压他原本就所剩不多的自信，而是通过耐心聆听与认真教导让他重新获得了勇气。这时，孩子确实可能突然变勤快。我们还经常遇到一种情况：有些孩子入学之初成绩平平，换到新的学校后就格外努力。造成这种变化的主要原因就是学校环境的改变。

为了逃避学习，有些孩子虽然不会表现出懒惰的样子，但他们会装病；有些孩子则会故意在考试期间紧张不已，以博得他人的特殊关怀。爱哭的孩子也可能表现出类似的心理倾向，因为哭与过度紧张都是博取关怀的有效手段。

有些孩子因为存在某种生理缺陷，比如口吃，也会渴望获得一些特殊照顾，他们也符合上述的心理类型。所有孩子初学说话时，差不多都有些口吃的表现，这是正常的。我们发现，孩子社会感情的发展状况是影响语言表达能力的首要因素。社会意识强、愿意与他人交往的孩子，学习语言的难度明显要小一些，他们的表达能力远比社会意识弱、喜欢独处的孩子好。

有些孩子到四五岁时还不会说话，家长往往会担心孩子是否得了病，但送到医院检查后却发现，孩子的听说能力没有任何问题。通过仔细观察这些孩子的日常生活，我们发现这些孩子大都生活在一种“说话多余”的环境中，很多情况下，他们都没有讲话的机会。比如，一些在家人的溺爱中长大的孩子，他们还没开口，家人就猜到并满足了他们的需求，就像对待聋哑儿童那样。

当我们将所有东西都装在“银盘子”中，并且亲手端给孩子时，他们就会认为，是否开口说话并不重要，学会说话自然就要晚一些。孩子对优越感的追求以及这种追求的方向，都会从语言中体现出来。因此，不管是用来愉悦父母，还是满足特定的需求，语言都是他们表达优越感的必要途径。如果两者都做不到，我们才会怀疑孩子的语言能力是否有问题。

在学说话的过程中，孩子还可能遇到其他的障碍。例如，无法正确地发出 r、k、s 等辅音。不过，所有这类发音障碍都可以在后期得到矫正。一般来说，绝大部分孩子的口吃问题都会随着年龄的增长而消失，需要矫正治疗的只占极少数，而且这个过程非常辛苦。一些成年人说话之所以口吃，或者大舌头、吐字含糊，往往都是因为矫正失败了。

我们来看一个 13 岁男孩矫正口吃的案例。8 岁时，这个男孩接受了为期一年的口吃矫正治疗，由于效果不好，这种治疗在之后的一年便停止了。第三年，男孩到另一位医生那儿重新开始治疗，但一年之后，男孩的口吃病还是没有根除，于是第四年时他又放弃了。第五年年初，又一名语言教育家希望治疗这个男孩的口吃病。然而两个月后，男孩的病情非但没有好转，反而变严重了。没过多久，他又去了一家专业的治疗机构，虽然两个月后有所好转，但在 6 个月后还是复发了。在这种恶性循环中，这个男孩的口吃病直到最后也没有治好。

大声朗读、缓慢说话、勤加练习……这些是他用过的治疗方法。有人注意到，在他保持适度激动时，口吃的状况会在短期内得到改善，但时间一长就容易复发。他没有什么生理缺陷，平时惯用左手；小时候从二楼摔下来时，造成了脑震荡；12 岁时，他的左脸中过风。

有位老师曾经教过这个男孩一年，并对他的性格给出了这样的评价："有教养，较勤奋，易害羞，容易发脾气。"这位老师还说道："一到考试时，他就会特别紧张。他热衷于体操与体育竞技活动，对技术活动兴趣浓厚。他的身上看不出领导者的特质，和同学关系融洽，偶尔与弟弟发生争吵。"

我们再来看看男孩所处的家庭环境。他的父亲是个急脾气的商人，见到儿子口吃就会厉声斥责。不过，男孩显然更怕母亲，并且认为母亲对他不公平，更疼爱弟弟一些。为了督促他的学习，父母还找来了一名家庭教师，这让他的自由时间变得更少了，男孩为此苦恼不已。

由此我们不妨大胆假设：男孩的害羞可能与口吃有关。容易害羞说明他和别人交往时会感到紧张，即便是他非常喜欢的老师也没治好他的口吃，因为这种习惯早已固化在他的脑海中，他本身也不希望别人来干预这件事。

造成口吃的根本原因并不是口吃者所处的环境，而是他感知外在环境的方式。案例中，男孩的敏感与易怒心理扮演了重要角色。患有口吃并不能说明他就是一个被动消极的孩子，反而证明他渴望获得优越感，敏感和易怒的表现就是最好的证据，个性脆弱的人也是这样。只敢和弟弟吵架，说明他灰心、气馁；考前内心极度紧张且容易激动，说明他缺乏自信，害怕失败，担心天资不如他人。在内心强烈自卑与极度渴望优越感的双重影响下，他最终走上了一条无益于自己与社会的道路。

不过这个男孩愿意上学，因为和上学相比，待在家里让他更不开心。在家里，弟弟才是家人关注的中心，并把他挤到了家庭的边缘，这对他影响颇深。他过去受到的伤害与惊吓未必直接导致了他的口吃，但这些不幸的遭遇确实会给他造成消极影响，让他变得不那么自信。还有一件事情值得我们注意——这个男孩8岁时还尿床。不少过去在溺爱中长大，后来又突然失宠的孩子会尿床，它其实传达了孩子对失宠不满的信号，所以即便是在深夜，他也渴望引起母亲的关注。

其实只要多加鼓励，让他独立，同时安排他完成一些简单的任务，让他树立信心，这个男孩的口吃完全能够治愈。男孩自己也承认，这些不愉快，大多是弟弟的出生引起的。所以，我们也应当让他明白，这种局面其实是他内心的嫉妒造成的。

与口吃相关的症状还有很多，这里有必要做个说明。比如，口吃的人情绪激动时会怎样？我们发现，很多口吃者因被激怒而骂人时，完全看不出口吃的症状。年纪大一点的口吃者在背诵和说情话时，一般也不会口吃。这些现象说明，一个口吃的人是否会表现出口吃的症状，跟他说话的对象有关。换言之，当口吃者发现，自己必须通过语言与别人接触、建立关系时，心中就会形成紧张感，从而让口吃的症状暂时得到缓解。

孩子学说话的时候如果没遇到任何困难，就不会有人注意到他的进步，并给予高度关注；一旦出现了问题，他就会成为家人关注的焦点，甚至让整个家庭为他操心。孩子也会注意到这一点，并会有意识地控制自己的表达。说话正常的孩子则不会这么做，毕竟故意操控自己的动作反而会在一定程度上引起功能的紊乱。

梅林克的童话《癞蛤蟆的逃脱》就是一个经典例子。癞蛤蟆遇到了一只长着千只脚的动物，并且注意到，这种动物能很好地控制1000只脚迈出的先后顺序。癞蛤蟆对此颇感兴趣，便问："麻烦你告诉我，走路时你会先迈哪只脚？剩下的999只脚又是如何迈出的呢？"为此，这只千足动物陷入了思考，开始仔细观察脚的运动方式，想弄清楚这些脚是怎样依次迈出的。结果这只千足动物最后被自己的脚弄糊涂了，连一只脚都迈不出去。所以说，弄清生命的过程固然重要，但试图操控生命的运动却有百害而无一利。我们应当顺其自然，只有这样才可能创造出艺术佳作。

口吃会给孩子未来的发展带来灾难性的影响，但一些家庭宁可找借口遮掩缺陷，也不愿帮孩子改变这一现状。还有一些家庭则对口吃的孩子关注过度，这也不利于他们成长。

孩子大都喜欢依赖他人，并且会借助显著的劣势来维护自身的优势。巴尔扎克写了一个故事很好地说明了这个问题。故事中提到了两个商人，他们都想从对方身上占便宜。讨价还价中，一个商人说话突然开始口吃，希望以此赢得足够的思考时间，从而确保自身的利益；对手看穿这一诡计后，立马想出了装聋的对策，假装什么都听不见。为了让对方听明白，装口吃的人不得不费劲地说话，原有的优势瞬间丧失，双方也因此而扯平了。

有些口吃的人的确会利用这种小聪明来争取时间，但即便如此，我们也不能将他们像犯人那样对待。口吃的孩子应该被友好对待，要多加鼓励，他们的勇气会因此而逐渐恢复，这样的治疗才能真正起效果。

第五章　孩子为何会有自卑情结

每个人都同时存在自卑感与追求优越感的心理。人们追求优越感，往往都是因为内心的自卑，并且希望做出一些成就来克服自卑。如果自卑感过于强大，超过了追求优越感的渴望；或者受生理缺陷的影响，自卑感陡然增大到人们无法承受的地步时，自卑情结就会出现，进而衍变成一种心理问题。自卑情结其实是一种过度的自卑感，会让人追求那些轻而易举就能得到的东西，以此获得内心的补偿感与满足感。这种自欺欺人的自卑情结过度放大了困难，驱散了努力奋斗的勇气，堵住了通往成功的道路。

我们不妨回过头去看上一章那个患有口吃的 13 岁男孩。他的持续口吃，与灰心丧气的状态不无联系，而口吃的症状又进一步强化了他的消极状态。这种模式，就是心理学中常说的神经性自卑情结的恶性循环。受自卑情结的压迫，他只想隐藏自己，拒绝与别人交往。他看不到希望，甚至可能萌生过自杀的念头。由于口吃已经成了他的表达方式，并且成了生活的一部分，他也因此备受身边人的关注，这在一定程度上又缓解了他的困惑。

这个案例很有启示意义。总的来说，这个男孩的生活还是朝着对自身与社会有益的方向在发展，只是给自己设定的目标过于高远。他渴望获得别人的认可与至高的名望，希望成为地位显赫的人物。为此，他尽可能表现出友好和善的一面，同时把工作做得有条不紊。他也考虑到了失败的状况，于是口吃就成了最情有可原的借口。尽管这时的他看上去积极向上，却掩盖不了他的判断力和勇气已经遭受破坏的事实。

缺乏勇气的孩子能通过很多手段保护自己，口吃只是其中之一。对他们来说，类似于口吃的手段，就像大自然赋予动物自我保护的工具，如肢体的利爪和头顶的锐角。然而，这些手段并非与生俱来，可在缺乏勇气的孩子眼里，它们都是应对生活的必需品。至于天赋和努力，他们并不认为借助这些就能通向成功。由此我们可以看出，正因为内心的脆弱和绝望，他们才不得已地依赖这些手段。有些孩子长大了也控制不住大小便，这说明他们仍旧怀念婴儿期，不愿离开没有烦恼的日子。真正因为大肠与膀胱有疾病而大小便失禁的孩子只占极少数，会使用这些伎俩的孩子，主要想博得家长与老师的同情，即便这么做会引起同伴的嘲笑。所以，孩子出现这类行为，未必患了生理方面的疾病，还可能是内心的自卑情结流露出来了，甚至可能是他们追求优越感的一种危险而病态的表现。

不难想象，这个男孩的口吃最初或许源于一个很小的心理问题。过去很长一段时间里，他都是家中的独子，母亲可以悉心照顾他一人。后来弟弟出生，此时的他也已长大，所以家人自然不会像过去那样关注他，允许他表现的机会也越来越少，于是他就想到了口吃这种新手段，以重新引起家人的关注。因为他发现，他说话口吃时，周边的人连他的口型和吐字都会注意。在他看来，他已经成功通过口吃将家人的注意力从弟弟身上吸引过来了。在学校也差不多，因为口吃，老师不得不在他身上花更多的时间。

不管在家还是在学校，口吃都能让他获得额外的“优势”，这就是口吃具备的特殊意义。他能跟班上的好学生一样，受到别人的关注与喜爱，这正是他要达到的目的。他确实是个好学生，但这个“好学生”的形象不是通过勤奋努力建立的；他也确实通过口吃得到了老师的宽容，但这种方法并不值得提倡，只要所获得的关注没达到预期，他受到的伤害就会比其他孩子大。在家中，现在弟弟才是家人关注的焦点，要努力获得最初的关注不仅非常困难，而且也不切实际。和其他孩子不同，他还无法转移自己的兴趣。母亲是他在家中唯一关注的人，其他人的态度他其实并不在意。

治疗这样的孩子，首先要做的就是鼓励，让他们相信自己的能力与天赋。和他们相处时，我们也要怀有同情心，与他们友好交往，而不是摆出严厉的态度威慑他们。做到这些还不够，我们还应当通过建立起来的友好关系，鼓励他们不断获得更高的成绩；同时，还要培养他们的独立意识，想方设法让他们相信自己的精神与力量，让他们明白，只要够勤奋、有毅力、勤练习、有勇气，就能实现憧憬的梦想。

教育孩子时，有一种做法是大错特错的，那就是断定某些方面不足的孩子不会有好结果。这样做不仅不能改变现状，还会让孩子变得更加怯懦。其实，我们应该像诗人维吉尔说的"我能，是因为我相信"一样，积极鼓励他们。认为贬低、羞辱就能促使孩子转变，这是极其错误的想法。有时，孩子突然改变自己的行为，的确是因为害怕被嘲笑，但这都是假象。下面这个案例就能说明这种做法是无效的。

有个男孩不会游泳，朋友为此不断嘲笑他。由于忍无可忍，他纵身跳入深水中，后来人们费了很大力气才把他救上岸。显然，这个男孩非常怯懦，不敢承认自己不会游泳的事实，于是在自尊受到侵犯时选择了铤而走险。很多人都会这样做来克服怯懦心理，但他的铤而走险不仅没有克服内心的怯懦，反而强化了他不能面对现实的心理倾向。

怯懦是一种不好的人格特质，它能破坏一切人际关系，并且让人形成一种自私、好斗的价值观。怯懦的人不会考虑别人的感受，并且会为了获得肯定不惜牺牲他人利益。怯懦的人虽然缺乏社会意识，但对他人的看法却非常在意，甚至感到恐惧。他们害怕被别人嘲笑、轻视、贬损，所以他们极容易受别人看法的影响，仿佛生活在一个充满了敌意的国度之中，内心慢慢也会变得多疑、嫉妒、自私。

怯懦的孩子很容易成为挑剔的人。他们很少赞扬别人，甚至会因为别人受到了表扬但自己没有而心生嫉妒。如果一个人想超越别人，但又不愿意努力做出成就，只是一味地寄希望于贬低他人，这种人就是怯懦者。教育工作者如果发现一个孩子对竞争者萌生了敌意，首先要做的是引导他从这种误区中走出来。

不过，彻底纠正这种因敌意而滋生的不良性格特征，教育工作者往往也无能为力。这时，教育工作者应当指出这些孩子的错误，告诉他们不努力就想赢得别人的尊重是不对的；同时还要帮助他们与其他孩子建立友好的感情，教育他们即便同伴做错了事、成绩不好也不要轻视他们。因为轻视会加重人的自卑情结，让他们失去生活的勇气。

如果一个孩子对未来不自信，他在现实中遇到困难就很容易退缩，并且会从对生活无益、无用的方面寻求补偿。教育工作者要做的就是让孩子的勇气不丧失，如果勇气丧失了，就应当在第一时间帮助他们重拾信心。这是老师的天职，说它是最神圣的职业也不为过，只有当孩子能够满怀希望地憧憬未来、勇往直前时，教育的真正目的才可能实现。

孩子对自己的评价也非常重要。单纯地提问，很难了解孩子对自己的真实评价。问题设计得再巧妙，他们的回答多半也是不确定或者含糊其词。通常，孩子的自我评价分两种：一种认为自己很了不起，另一种则认为自己毫无价值。我们通过观察发现，认为自己毫无价值的孩子，他们的家长常常会用“你没用”或“你真笨”之类的话反复打击他们。不少孩子都曾因这些负面评价而受到伤害，但也有少数孩子认为这些话伤害不了他们，因为他们会用贬低自我的方法保护自己，比如贬低自己的天分与才能。

如果无法通过提问的方式了解孩子对自己的评价，我们就只能从他们面对问题时的心态与解决问题的方式中寻求突破口。比如，我们可以了解他们在面对问题时，到底是自信果断，还是犹豫不决。如果犹豫不决，则说明他们的信心与勇气都不足。

有个孩子的案例很好地反映了这一点。起初，这个孩子在面对问题时，至少看起来信心十足；后来，离问题的本质越近，他反而变得越缩手缩脚，甚至停下脚步，始终不触及问题的核心。有时，人们会将孩子的这种表现归为懒惰，或者是散漫。尽管这两种描述看上去不同，但本质都是一样的。有这种表现的孩子不会集中精力去解决问题，而是选择极力逃避眼前的障碍。见到这种情形，人们或许会误认为原因在于缺乏天赋、能力不足。如果了解全部情况，并且懂得使用个体心理学的原则进行分析，就会发现这些表现跟天赋与能力没什么关系，真正的原因是缺乏信心与勇气。还有，如果一个人只知道关注自我，那他就是社会生活中的畸形人。有些孩子特别注重追求优越感，同时无视甚至敌视他人，表现得反动、贪婪、自私，这样的孩子就是畸形人。

通过观察一些行为备受指责的孩子，我们总能找到一种显著的人性特征。这些孩子在生活中习惯与人保持距离，很少与他人合作，社会感情在他们身上基本体现不出来，但他们又渴望获得在人群中的归属感。原因在于，人的自我与世界之间的关系总会或明或暗地表现出来，而且自卑感与这种表现息息相关。所以，只要确定了自卑感的表现形式，就能弄清具体的个人及其与世界之间的关系。

自卑感可以通过很多方式表露出来，眼神就是其中之一。人的眼睛不仅能用来观察世界与感光，还能帮助人们理解并进行社会交流。一个人在打量别人时，所采用的方式能表现出他与人交往的态度和亲密度。因此，一些心理学家与作家都特别注重对眼神的观察。每个人都能从对方的眼神中了解到其对自己的看法，也能以同样的方式向对方展现自己的灵魂。这种对眼神的解读未必一定正确，但至少能据此看出一个人是否真的友善。

我们知道，一个孩子如果不敢直视他人，说明他一定有问题，但这并不代表他品行不端，或者习惯不好。躲闪的眼神只能说明，他不希望与别人有太亲密的接触，哪怕这种交际接触非常短暂。和眼神一样，人与人之间的距离也在传达一种信号。比如，你叫一个孩子来到你身边，他一般都会先和你保持距离，判断一下具体的情况再说，如果确实有必要，他才会进一步考虑要不要接近你。一个孩子如果对亲密相处心存顾虑，也许是因为他曾经在这方面有过负面体验，而他又以偏概全地将这种亲密关系扩大，就会草率地认为所有的亲密关系都不好。事实上，孩子与真正最喜欢的人之间的距离，远比他口头上宣称的最爱的人亲密得多。

真正自信、勇敢的孩子，走路昂首挺胸，说话声音洪亮，眼神毫不畏惧；有些孩子则不同，他们和别人说话时唯唯诺诺，对环境无所适从的胆怯和自卑表现得淋漓尽致。

在讨论自卑情结的问题时，很多人都认为这种情结与生俱来。胆小怯懦的父母，很可能生出同样胆小怯懦的孩子；在学校沉默寡言的孩子，他的家人大都也不善于与他人交往。对此，人们的第一反应是性格遗传，然而这种结果跟遗传没有直接关系，主要是因为孩子成长的环境就充满了怯懦。家庭环境给孩子的成长与发展能带来至关重要的影响，孩子难以与他人交往，跟大脑与其他器官的物理变化也没有直接关系。事实上，不管一个孩子多么勇敢，要想让他失去勇气，变得胆小怯懦都是可以做到的。所以，“自卑是先天造成的”这一观点并不成立。下面这个案例有助于我们理解上述的内容。

有个小男孩有先天性的器官缺陷，并且受病痛折磨了一段时间，这些不幸遭遇让他陷入了压抑的状态，认为外部世界充满了冷漠与敌意。体质虚弱的孩子，生活上非常依赖别人。全心全意的照顾虽然减轻了他在生活上的负担，但同时也容易让他产生强烈的自卑感。单从体型和力量上来看，孩子与成人之间的差距就很大，而且成人也会经常告诉孩子：“小孩子就应该被照顾，而不是对大人指手画脚。”这些印象都会让孩子在面对成人时感到自卑，继而让孩子相信，自己确实处在弱势地位。因为孩子会发现，自己身材比成人更矮小，力量也明显更微弱，不平衡的感觉很容易在内心滋生。这种自认为矮小、微弱的意识越强，就会越渴望获得得比别人多、本领比别人强，这也为他得到别人的认可新增了一份动力。但是，这样的孩子从来没有考虑过该怎样与身边的人友好相处，只知道凡事“为自己着想”。那些不合群的孩子往往都是如此。

所以，我们能在一定程度上认为，身体虚弱、患有残疾、相貌丑陋的孩子，内心的自卑感大都非常强烈，而且容易导致两种极端行为的发生，即与他人说话时，要么唯唯诺诺，要么咄咄逼人。这两种看似完全相反的表现，其实都出于相同的原因——渴望获得别人的认可。由于对生活不抱太大的希望，也不相信自己能为社会做贡献，所以在他们身上几乎看不到什么社会感情。此外，也许还存在另一种可能，那就是他们身上仅有的社会感情，也被用来实现个人的目的，比如成为备受世人关注的领导或者英雄。

一个孩子如果长年朝着错误的方向发展，要想改变他的生活方式，就不能寄希望于一两次的谈话。比如，某个孩子在过去两年里，数学成绩都不好，要让他在两个星期内就迅速提高成绩，这很不现实。但我们也知道，成绩最终是可以提升的，所以老师与家长都要保持耐心。孩子一开始取得了进步，但后来又出现了波动，这时就要告诉他，进步不是一劳永逸的事情，这样做至少能让他心安，不至于很快就失去信心。孩子之所以会在成长的路上偏离常态、出现欠缺、陷入困境，是因为整体人格的成长出现了偏差，这是我们反复强调过的。只要他们不存在先天性的智力障碍，我们所做的一切努力就都能看到效果，因为一个正常的孩子，身上具有的勇气本身就能帮他克服困难。

能力不足，或者由行为表现出来的愚笨与冷漠，这些都不能说明孩子的智力有问题。有些孩子智力发育迟缓，造成了一定的生理缺陷，给孩子带来了不小的心理阴影；随着年龄的增长，原有的智力缺陷可能会慢慢消失，但留在心理上的那些创伤却很难被抚平。可以说，被生理缺陷伤害过的孩子，即便日后体质健康，变得强壮了，也依旧是一个精神脆弱的人。

这里，我们想就此进行深入探讨。一个孩子变得自卑、自私自利，除了生理缺陷，不当的成长环境也是重要的因素之一，比如家长教育失当、关爱不足、管教严苛等，孩子会因此错误地认为生活非常辛苦，很容易以一种敌对的情绪看待周围环境。将由此造成的心理缺陷和生理缺陷与内心造成的不良影响相比，二者就算不完全相同，也会高度相似。

所以，治疗那些在缺乏关爱的环境中成长起来的孩子，显然会更加困难一些。在他们看来，我们与那些曾经让他们受伤的人一样，为帮助他们上学所付出的努力，也会被他们视为另一种压制手段；他们总觉得别人会束缚他们的自由，所以会抓紧一切机会反抗；他们也无法正确地看待自己的伙伴，因为在面对那些有过幸福童年的孩子时，他们的眼中只有嫉妒。

因为心怀怨恨，这些孩子往往会想破坏别人的生活。由于没有足够的勇气适应环境，但又想掩盖自己的软弱无能，因此这些孩子在对待比自己弱小的人时，要么会欺负他们，要么会讨好他们。当这些孩子发现自己可以掌控这些人时，就会和他们友好相处。不少孩子深陷于这种状态中，很多大人也一样，只和有过不幸遭遇的人交往。通过观察我们发现，这些孩子要么只与处境比他们更差的孩子交往，要么喜欢与比他们小且不如他们的孩子交往。其中，男孩更愿意和那些温柔可人、百般顺从的女孩交往，原因不在于这种异性更有吸引力，而在于能够从她们的身上获得补偿，以掩盖自身的无力。

第六章　怎样预防孩子的自卑情结

曾受生理缺陷困扰的孩子，他们的心理发展很容易出现问题，甚至可能因此变成悲观者。就算随着时间的推移，他们的生理缺陷慢慢消失了，但在心理上造成的伤害却依然存在。大部分患佝偻病的孩子就算痊愈了，疾病给他们留下的生理痕迹也难以消除：罗圈腿、行动迟缓、支气管炎、头部畸形、脊椎变形、膝部肿胀、关节乏力、体态不佳等。因为患病而产生的挫败感和悲观态度将伴随这些孩子一生。即便是能够轻松自如地活动，他们的内心也很容易感到压抑与自卑。由于缺乏正确的认知，他们无法正确判断自己的处境，要么过分轻视自己，对自己不抱任何信心，不想努力进步；要么无视身体的不足，怀着一种极度强烈却又不切实际的心态，去超越比他们幸运的同伴。

天赋无法决定孩子的发展方向，客观环境也是一样。起决定作用的，其实是孩子对客观现实的理解，以及他们与客观现实之间的关系，弄清这一点非常重要。与生俱来的能力不是主导因素，如果孩子天生就爱犯错误，后天的教育也不可能促进他们好转或改变，这样一来，我们不仅不能，也不会从事儿童教育方面的工作。类似地，成人站在自己的角度对孩子给出的评价与看法也不重要，重要的是换位到孩子的视角去看待他们的处境，理解他们为什么会做出错误的判断。不要做出错误的行为，像成年人一般理智行动，这都是对孩子寄予的错误期望。家长要意识到，在理解自身处境的问题上，孩子一定是会犯错的。如果孩子不会犯错，儿童教育也就没了意义，还要它干什么呢？

有一种说法叫：身体健康，体内的灵魂就会健康。然而事实并非如此。一个孩子如果可以克服生理缺陷带来的不良影响，勇敢面对生活，就算身体存在缺陷，灵魂也能保持健康；相反，一个身体健康的孩子如果遭遇不幸、受到挫败就怀疑或轻视自己，这样的身体肯定无法形成健康的灵魂。

部分孩子除了有运动障碍，还有学习语言的障碍。很多时候，小孩学说话与学走路这两件事都是同时进行的，但这不代表孩子的语言能力与运动能力之间存在必然联系，它们的形成，与孩子接受的教育和所处的家庭环境紧密相关。有些孩子说话本来没有困难，但因为父母不注重教育，反而让他们出现了学习语言的障碍。正常情况下，生理发育良好的孩子，到一定年龄之后，自然而然就会说话了。

当然，在个别情况下，比如孩子的视觉能力特别强，他们说话的时间就会比一般的孩子晚一些。另外，如果孩子还没开口，父母就替他们表达了，甚至满足了他们的需求，孩子自我表达的欲望就会因这种过度的宠爱而受到抑制。受上述因素影响，这类孩子学会说话的时间会更晚，家长也更容易担心他们是否有语言表达方面的障碍。不过，晚说话的孩子一旦学会说话，往往会更愿意用语言进行表达，成为能言善辩者甚至演说家的概率更大。

克拉拉·舒曼是作曲家舒曼的妻子，她就是一个例子，4 岁还不会说话，即便到了 8 岁，能表达的内容也不多。她性格独特而内向，喜欢待在厨房里消磨时光。我们推断，这可能是家人之前对她关爱不足导致的。对此，她的父亲评价道："令人惊异的是，如此明显的精神不协调，却开启了她那格外和谐的一生。”[①]

不论聋哑儿童的听觉缺陷多么严重，我们都应给予最大限度的治疗，并辅以特别的训练与教育手段来改善，这一点很重要。越来越多的例子表明，完全丧失听力的孩子特别罕见。德国罗斯托克大学的大卫·卡茨教授就曾亲自证明过，他是如何成功地把诸多被认为没有乐感的人，引上了能够全面欣赏音乐和其他灵动声音的道路。

有时候，即便一个孩子大部分功课都学得很好，只要有一门不理想，人们就会质疑他的学习能力；如果这门功课是数学，人们的质疑就会更强，甚至会怀疑他是否有智力方面的障碍。数学很差的孩子并非一定有智力障碍，很可能是其他原因导致的，比如曾因为解答某个难题而失去信心，于是讨厌学习数学；或这个孩子所处的家庭本身不重视数学，这种情况在少数艺术家的家庭中可以体现出来。

另外，社会上还存在着一种普遍的偏见，认为男孩比女孩更擅长学习数学，这很容易让女孩失去学习数学的信心。事实证明，这纯属无稽之谈，因为在优秀的数学家、统计学专家中，女性所占的比例并不小。

不过，数学成绩好不好，倒是我们衡量孩子心理是否健康的一项重要指标。能给人带来安全感的学科不多，数学是其中之一。这门学科是一种神奇的思维操作，单纯借助数字就能让我们周围

---

① 克拉拉·舒曼，德国著名女钢琴家，5岁随父学琴，8岁就能开独奏音乐会，19岁登上了维也纳乐坛，后以演奏肖邦与舒曼的作品著称。其父亲佛列德·威克是莱比锡有名的音乐教师，也是一位个性刚强的教育家。由于过早与妻子离异，为了弥补孩子失去的母爱，威克先生对女儿加倍疼爱并悉心栽培，最终让她克服了性格的缺陷，并拥有了辉煌的人生。——译者注

混乱的世界稳定下来，而内心强烈不安的人，往往会在计算方面表现出一些障碍。除了数学，能给人带来安全感的学科还包括：写作、绘画、体操、舞蹈。写作之所以在此列，是因为它能让存在于心底的声音跃然纸上，绘画则是因为能用色彩、线条记录下流逝的光学印象，体操和舞蹈则是让练习者可以和谐自如地控制身体。许多教育工作者都认可体育运动的教育意义，或许就是这个原因。

自卑感强烈的孩子，往往很难学会游泳。孩子能非常轻松地学会游泳是一个好现象，这代表他今后也能像这样克服其他的困难；相反，学习游泳存在障碍的孩子，不仅会对自己失去信心，也很难再信任他的游泳老师。有个现象值得关注，不少游泳健将，小时候学习游泳时或多或少都有一些障碍。造成这种前后反差巨大的原因可能在于，小时候对遇到的困难过于敏感，无法忘怀，等学会之后，内心又大受鼓舞，继而追求更高的目标，于是大有所成。

掌握孩子和家庭成员的亲密度，这一点非常重要。通常，孩子与母亲的关系最亲密；如果无法与母亲亲密相处，这种关系就会转移到家庭中另一位成员身上。每个孩子都是如此。如果一个由母亲抚养长大的孩子，和他关系最亲密的却是家中的另一位成员，其中的原因就非常值得探讨了。如果孩子将全部的兴趣和注意力都集中在母亲身上，这并不是一个好现象，因为让孩子把兴趣和信任转移到同伴身上才是母亲真正的职责。

孩子成长的过程中，祖父母扮演的角色也至关重要，最直观的表现就是溺爱孩子，这是由于老年人往往担心自己年迈无用，内心的自卑感变得过分夸张造成的。因此我们平时见到的老人要么吹毛求疵、絮絮叨叨，要么内心柔软、面目和善。为了能在孩子面前凸显自己的价值，他们从来不会拒绝孩子提出的任何要求。所以那些习惯了祖父母家庭中溺爱氛围的孩子，重新回到父母家中时，就会不适应充满约束且要求严格的环境，抱怨没有在祖父母家过得舒服。我们强调祖父母对孩子成长可能带来的重大影响，为的是让那些着重研究孩子某种生活习惯的教育者引起重视。

佝偻病可能导致孩子行动笨拙（详见本书附录一中的第 2 组问题）[①]，如果在长期治疗之后，这种状况没有得到丝毫改善，很可能是因为平时的照顾过于周到，以至于将他们宠坏了。每个母亲都要懂得教育的智慧，就算孩子病重需要照顾，也不能抹杀了他们独立的能力。

这组问题对母亲的溺爱是否给孩子造成了不好的影响非常关键。如果确实有影响，就说明母亲的溺爱会让孩子失去独立的能力，所以孩子在睡觉、起床、吃饭、洗澡时才会状况不断，严重的还会夜里做噩梦或尿床。如果具有以上症状，我们可以断定，这个孩子的成长环境存在问题。频频出现的状况将成为他们制约大人的武器。这时，家长的惩罚不会有任何效果，因为孩子会不断制造更大的麻烦进行反击，好让父母明白他们对这些惩罚并不畏惧。

孩子的智力发展水平是一个非常重要却很难准确评估的问题。有时，人们会借助比奈——西蒙量表（Binet-Simon Scale）[②] 对智力进行评测，但这种测量的结果不能保证绝对准确，其他类型的智

① 此处疑为原著者笔误。经核实，“附录一”中的第三组问题更契合本处内文。——译者注

② 一种测量人类智力发展水平的工具，包括 30 个测量一般智力方面的项目。主试者会根据测试内容向被试者提问，被试者需要正确作答或完成指定任务。最终，主试者会根据被试者的表现打分，继而得出测试成绩。该表由法国实验心理学家 A. 比奈首创，与 T. 西蒙二人合作制定。——译者注

力测试也一样。人的智力水平并非终生不变，家庭环境是影响孩子智力发育的决定性因素。一般，物质环境较好的家庭能给孩子提供更好的帮助，让孩子的生理、心理发展都处于较好的水平。心理健康发展的孩子，往往更容易从事脑力劳动，或者回报优厚的职业；心理发展欠佳的孩子，大都从事体力劳动，或者不太体面的职业。很显然，来自贫困家庭的孩子大都属于后者。我们注意到一件事情，部分国家专门开设了一种班级，只招收学习较差的孩子，希望他们能在良好的环境下，通过特殊的培训方式成长起来。实践证明，这些孩子在学习上都取得了巨大进步。我们因此可以断定，在贫困家庭中长大的孩子，只要改变他们所处的物质环境，同样可以取得好成绩。

嘲笑会让孩子灰心失望。有些孩子对别人的嘲笑不在意，有些孩子则会因此变得情绪沮丧。一个沮丧、不自信的孩子会处处回避困难，并且格外关注别人对他的评价。如果一个孩子习惯和他人争斗，并认为不这么做就会被他人反制，则说明他对身边的环境充满了敌意。他打心底里不认可顺从，并把它视为卑微无能的标志。在他的眼里，礼貌回应别人的问候也是一种屈辱的表现，所以他的行为总是傲慢无礼；他很少抱怨，因为他习惯将抱怨与低声下气画等号；他也很少哭泣，甚至会用大笑掩盖哭泣，让人觉得他似乎冷酷无情。其实，这些表现都是内心脆弱的反应，脆弱隐藏在每种冷酷行为的背后。冷酷的孩子往往也不修边幅，爱啃指甲、掏鼻孔，而且屡教不改。教育好这些孩子不仅需要鼓励，还要让他明白，这些看似冷酷的行为，不过是在掩饰自身的脆弱与内心的恐惧罢了。一个真正强大的人是不屑于表现得冷酷的。

第4组问题是，一个孩子能否与人友好相处，是否善于交际，或者能否成为一个领导者，其实都与他的人际交往能力有关，由此可以看出，他的社会感情发展到了什么程度，是否足够自信，对别人的控制欲是否强烈。孩子不愿与他人交往，说明内心缺乏与人竞争的信心，同时也说明他的求胜心太强，所以才会对交际行为百般顾虑，担心自己无法在群体中保持主导地位。有收集癖的孩子需要多加留心，他往往极富野心，同时贪得无厌，希望让自己变得更强来超过别人。这种过分依赖外在支撑的孩子内心都非常脆弱，比一般的孩子更渴望被关注。一旦被人忽视，他甚至会通过偷盗等极端方式来引人关注。

第5组问题与孩子对学校的态度有关。一个恐惧上学的孩子，在不同的情况下也会有不同的表现，这些情况都应该引起关注。比如，上学磨蹭拖拉，经常表现出拒绝上学等过激情绪；老师只要布置家庭作业，他们就会紧张、激动，乃至心悸，个别孩子甚至会出现类似于性兴奋的表现。有些孩子对考试特别紧张，因为学校会根据分数将他们分类，如同终生判决一般，所以我们并不提倡学校打分排位的做法。

孩子愿意做家庭作业吗？忘记做作业说明他可能有逃避责任的倾向。此外，做作业时不认真、不耐烦等，都是孩子厌学的表现，因为他们更愿意用这些时间做其他的事。

孩子到底懒不懒？不少孩子都不懒，只是他们不愿被别人视为缺乏能力的人。没有完成作业的孩子，宁可别人说他们懒，也不愿意别人说他们能力不足或天资不够。懒惰的孩子只要做好了某件事，立即就会有人赞扬他："你看，只要他不懒，很多事情都能做好。"这种评价往往能让他们感到满意，因为他们无须再向别人证明自己的天赋和能力。勇气不足、精神萎靡、依赖他人、难以独立的孩子属于这一类，通过扰乱教学秩序引起别人注意的孩子，以及在溺爱中长大的孩子也属于这一类。至于孩子对老师的态度如何，这个问题很难回答，因为他们一般都不会将最真实的感情表露给老师。

有些孩子似乎戴着一张面具，终日摆出一副无所谓、麻木冷漠、被动消极的样子，对一切都不在乎，要不是有人逼迫，他们甚至都不屑于去做一般的小事。其实呢，他们心里在乎得很，一旦事情不如意，他们很容易情绪失控，继而大动肝火、勃然大怒，严重的还可能会自杀。这是他们勇气不足、害怕受挫，同时又眼高手低导致的。教育他们，最好的方式就是给予鼓励。

我们注意到，渴望在体育运动方面表现突出的孩子，同样希望能在其他领域一展身手，但他们又特别害怕失败。阅读量远超同龄人的孩子也普遍缺乏勇气，所以才会将让自己变强的希望寄托在阅读上，即便他们想象力非常丰富，但直面现实时依旧会慌乱不已。孩子特别青睐哪一类书籍是非常重要的，色情读物就很容易引起青春期孩子的关注。很遗憾，每个大城市都有这样的读物售卖，旺盛的性欲和对性经验的渴求让孩子很难抵御这方面的诱惑。所以，提早对孩子进行性启蒙教育，让孩子与父母建立友好关系就显得特别重要。这既能冲抵不良刺激给孩子带来的有害影响，还能教育孩子要为未来成为一个好伴侣做足准备。

第 6 组问题与整个家庭的健康状况有关，主要看成员中有没有精神病、肺病、癫痫等重大疾病史。这类家族疾病史很容易影响孩子的成长与进步，如果可以，最好不要让孩子知道家中曾经有人得过精神病、肺癌或其他癌症。这些疾病很容易让整个家庭陷入阴霾，因为不少人都迷信地认为它们会遗传。事实上，它们真正能带来的最大影响，是会严重危及孩子的精神与心理状态。父母如果患有慢性疾病，他们的孩子会因此背负严重的精神负担；家中有人习惯酗酒或犯罪，这些恶习也会像病毒一样，给孩子造成无法抵御的伤害；而有癫痫病患者的家庭，家人渴望的和谐生活状态，很容易被患者经常发作的过激行为打破。

不过，所有疾病中，能给家庭造成最严重危害的还是梅毒。父母患有梅毒，他们的孩子往往也特别虚弱。由于身患梅毒，父母应付自己的生活问题都困难重重。因此，单从有利于孩子成长的角度来看，让他们远离这样的家庭环境会更好，但要找到一个合适的安置场所，又是一个新的难题。

有一个事实我们不能忽视——家庭的经济状况会影响孩子看待生活的方式以及他们的价值观。生活在贫困家庭的孩子和家庭条件优越的孩子相比，总会由内而外地表现出一种匮乏感。家庭条件优越的孩子，一旦家道中落，或者处境不如以往优越时，也会显露出畏难的情绪。如果父母的家庭条件不如祖父母那么优越，这些孩子也会感受到强烈的不安。彼特·根特的家庭就是这样，他的父亲一事无成，但祖父位高权重。他一直为此而困惑。所以他和诸多在这种家庭中成长的孩子一样，表现得异常勤奋，其本质是在抗议父亲的懒惰。

孩子第一次意识到死亡时往往倍感震惊，他们会因此懂得生命也有尽头，同时学会同情他人不幸的遭遇。不少医生之所以选择从医，就是因为深度体验了一次可怕的死亡经历。不过，死亡也有可能让孩子心生恐惧，并使他们变得沮丧、灰心，从而陷入巨大的阴影之中。孤儿或继子往往就是这样的例子，在他们眼里，父母的死亡就是导致他们不幸的原因。因此，最好不要让孩子过早地认知死亡，他们还小，很难以正确的心态来看待死亡。

家庭中谁说了算，这一点也很重要，一个家庭通常且应当由父亲做主。由母亲或继母做主的家庭，或多或少会给孩子的成长造成负面影响，这种家庭中的父亲往往也不被孩子尊重；在这种家庭中成长起来的男孩也很容易对女性形成一种难以消除的畏惧感，要么会因为惧怕而回避女人，要么会让包括他妻子在内的所有女性成员倍感痛苦。

教育孩子时，究竟是严厉好还是温和好？在个体心理学中，这两种极端做法我们都不主张。理解孩子，不断鼓励他们直面问题、解决问题，进一步培养他们的社会感情，这才是教育孩子的正确方法。如果教育过于严苛、百般挑剔，很容易让孩子失去勇气；如果教育过于温和、宠爱，又会让孩子形成依赖心理。所以，父母引导孩子认知世界时，既不要用玫瑰色来装点美化，也不要过分使用悲观色彩大加渲染。父母要做的，是让孩子最大限度地为生活做好准备，能游刃有余地应对未来。如果这些都没有教会孩子，那让他们拿什么去直面困难、解决困难呢？所以他们最可能做的选择，就是逃避生活中遇到的一切困难，最终让生活的范围变得越来越小。

孩子的抚养人也是我们需要了解的对象。抚养人未必限定为母亲，如果母亲不能亲自抚养孩子，至少要深入了解代她们管教孩子的人。在实践中学习是教育孩子的最佳方式。当然，这种方式要限定在合理范围内。这时，孩子做出的一切行为就会符合客观事实，与他人的强迫和限制都没有关系。

第 7 组问题与孩子在家中的位置有关，这会给孩子性格的形成与发展带来深远影响。独生子女、只有哥哥弟弟的女孩或只有姐姐妹妹的男孩，他们在家中的位置都非常特殊。

第 8 组问题与职业选择有关。这也是一个非常重要的问题，它展现了环境给孩子造成的影响、孩子社会感情的发展状况，以及他们最终形成的生活节奏。

第 9 组问题涉及白日梦，第 10 组问题涉及童年时期的记忆，这两组问题也都很有意义。童年时期的记忆是孩子生活状态的高度浓缩。梦境能展现孩子的发展方向，能看出他们在面对问题时，是积极主动地尝试解决，还是想方设法逃避。

一个孩子到了 15 岁时，如果还不知道自己的理想是什么，就说明他已经对未来灰心丧气了，此时我们应当为他提供相应的治疗。另外，孩子所处的家庭中，家人的职业、兄弟姐妹的社会地位与差异、父母的婚姻状况，这些也都是我们应当了解的内容。我们要做的就是正确判断孩子所处的环境，结合问卷调查的数据，矫正并改善他出现的问题，并且在整个过程中做到言行谨慎。

第七章　社会感情的培养与孩子的健康成长

我们在前面几章讨论了不少追求优越感的案例。这一章和之前的内容不同，因为不少孩子和成人会表现出另一种情况：他们渴望让自己与别人紧密联系起来，愿意与别人合作完成任务，希望由此成为一个对社会有用的人。这些现象，都可以从社会感情的角度来解释。那么，什么才是社会感情的根源呢？有关这个问题的答案，人们众说纷纭。据我们观察，问题的答案其实与每个人自身的观念紧密相关。

人们或许会问，和内心对优越感的渴求相比，表露出来的社会感情是否与人的天性更接近？我们认为，它们从本质上来讲是一样的，建立的基础都是人的本性。由于对本性的假设不同，这两种心理的表现形式也有显著的差异，但本质都是渴望得到他人的肯定与认可。渴求优越感的人认为，人不必过分依赖集体；而渴求社会感情的人认为，人应当依赖集体与社会。我们认为前者更合理，也更合乎逻辑，后者虽然在生活中更常见，却显得很肤浅。

要想知道社会感情什么时候能与真理和逻辑相符合，我们需要考察人类历史。我们知道，人类习惯群居生活，这并不奇怪，当单个动物无法自保时，就会被迫选择群居生活。和狮子相比就会发现，人虽然也是一种动物，但人的生存环境非常不安全。不少与人类体形相当的动物，都拥有大自然赋予它们的更强大的攻击与防御武器，拥有的力量也更强大。

达尔文通过观察发现，习惯群体出没的动物，其防御能力大都不够强大。比如，体力显著更强一些的大猩猩，它们往往与伴侣独居，而其他体形更小、力量更弱的猿类则习惯群居。正如达尔文说的那样，大自然没有赋予它们锋利的爪牙与强有力的翅膀，所以它们只能通过群居来弥补这些不足。此外，群居还能让它们发现新的保护方法来改善处境，确保安全。比如，有些猴群会安排成员先行查探，看看周围是否存在敌人。这种方式可以汇聚个体的力量，提升集体的能力，同时弥补个体力量的不足。再如，野生的牛群会排成一个圆形的防御圈来抵御体形远超过自身的单个敌人。

研究这些问题的动物学家也指出，群居动物的这些表现最终会固定为一种秩序，就像人类的法律一样。比如，先行查探的动物要遵守特定的生活行为规则，一旦违反或出错，就会遭到所属群体的严厉惩罚。很多历史学家也认为，人类早期的部落守护制度与早期法律的形成息息相关。如果这种说法成立，也将帮助我们理解“无法自保的动物会选择群居”的观点。一切社会感情的形成都是能力不足的反应，而且与能力的大小关系密切。从人类的角度来说，婴幼儿时期是人类最无助且成长最缓慢的时期，所以培养社会感情最好从这时开始。

除了人类，没有任何一种动物的幼崽在出生时会那样无助。人类由出生到成熟需要经历的时间最长，这倒不是因为孩子成长中要学习的内容太多，而是人类身体与各种器官发育的时间本来就很长。所以，人类孩子需要被父母保护的时间明显长于其他动物。没有这种保护，人类或许早已灭绝。出现在孩子身上的这段脆弱期，可以视为联系教育和情感的最佳时刻。孩子的身心都不够成熟，这种不成熟需要借助群体的力量来克服，而教育就是最佳的选择。所以，教育的目的一定带有很强的社会性。

所有教育规则和方法都遵循一个前提，那就是时刻牢记群体思想和社会适应思想。不论有意还是无意，我们都会赞美那些利于社会发展的行为；而对那些不利于社会，甚至会损害社会的行为，我们总会予以抵制。

我们会注意到教育方面的不足，是因为意识到它们会对社会产生不利影响。大到人类伟大成就的实现，小到个人自身能力的发展，都必须以社会感情为基础。为此，我们以语言为例来说明。语言因人类群居而产生，是人与人沟通的桥梁，它的存在与发展充分证明了人类是典型的群居动物。只有以群居、社会思想为基础，才能充分理解语言背后所反映的心理。对独居的人来说，语言不是必要的工具，自然也不会对学习语言产生兴趣。在封闭、隔绝的环境中长大的孩子，难以融入社会生活之中，这也会给他们学习语言带来巨大障碍。与语言有关的能力，一定是在人与人的交流中培养起来的。

我们平时会拿一个孩子与另一个孩子比较，认为善于说话、表达的那一个语言天赋更好，其实不然。语言表达有障碍，或难以与他人自由交流的孩子往往缺乏社会感情。这种障碍的形成大都来自家人的溺爱，使得孩子还没来得及表达自己的愿望，家人就已经为他们安排好了一切。这时，孩子就会觉得说话没有必要，他们与外界接触的意愿就会慢慢减弱，适应社会的能力也就逐步下降了。

有的孩子说话犹犹豫豫，甚至不愿意开口，一个很重要的原因在于，父母经常不让他们把一句话完整地说完，也不给他们回答问题的机会；还有的孩子则因为说话时曾被他人讥笑、嘲讽，因而丧失了信心。很多家长都有一种不好的习惯，即当孩子说话时，不停地指出并纠正孩子的错误，这会给孩子带来很不好的影响，严重时还会让孩子自卑。我们在生活中就经常遇到这种情况，有些人在说话之前会习惯性地说一句“请大家不要见笑”，会这样说的人，童年时期一定有过因说话而被他人取笑的经历。

有这样一个案例：一个孩子的听说能力都正常，但他的父母是聋哑人。这个孩子难过的时候，从不大哭大闹，只是默默地流泪。因为他知道，不管发出多大的声音，他的父母都听不见，唯有当他伤心落泪时，他的父母才知道他此刻非常难过。

一个无法正常表达社会感情的人，他的理解、逻辑推理等能力的发展也会受到限制。与世隔绝的人不需要使用逻辑推理能力，甚至可以说，他的这种需求不会比一只动物多多少。生活在社会中的正常人，一辈子都要与他人接触、交往，因此必须懂得语言、逻辑与常识，还要培养一定的社会感情。人之所以要经常思考，也是基于这样的目的。

我们有时会认定一些人的做法不太明智，但如果站在当事人的角度，又会觉得这些做法合情合理。有些人总认为别人看问题的眼光与他们一样，上述现象在这种人身上就非常常见。这也表明，判断某种行为是否合适时，社会感情与常识都起着非常重要的作用。换个角度其实更好理解，如果社会生活很简单，人就不会面临错综复杂的问题考验，培养常识也就没有任何意义。原始人的生活相对简单，也没有外部动力刺激他们的思维朝更深、更广的方向发展，所以他们能在很长的时间里停滞不前，保持原样。

社会感情对推动人类语言与逻辑思维能力的发展也起了至关重要的作用。上天赋予了人类语言和思维的能力，因此我们每个人在解决问题时，如果完全不顾所处的社会环境，只使用自己才能理解的语言，整个社会一定会乱套。安全感源于人的社会感情，是一个人生活的精神支柱，它看上去与我们思考逻辑、相信真理等行为没有必然联系，却是让我们能够做出这些行为的重要前提。

为什么人们会对数学计算无比信任，以至于人们认为，只有能用数字表达的事物才是真实并正确的？原因就在于，数学计算相较于其他的方式而言，它的传播难度更小，人们识别计算结果也比较容易，而那些难以被传播或分享的真理就很难让人信服。柏拉图按照数字与数学的模式构建他的哲学思想总纲也是出于这方面的原因。他让那些走出“洞穴”的哲学家重新回到“洞穴”[①]，由此我们可以更好地看清他的哲学模式，或者说看清数学模式与社会感情之间的紧密联系。在柏拉图看来，如果一个哲学家不具备源于社会感情的安全感，那么他就无法以一种正确的态度面对生活。

如果让缺乏安全感的孩子与他人接触，或要求他们独立完成某项特定任务，他们内心安全感的缺失就会立即显现出来。此外，这些孩子在学习类似数学这种对客观和逻辑思考要求较高的学科时，也会表现出强烈的不安感。

一个人在童年时期，认知道德、伦理等概念时都比较片面。习惯独来独往的人也会认为，伦理学既让人费解又毫无意义。只有需要综合考虑社会与他人的权利时，真正意义上的道德观念才会出现并具有实际意义。不过，想要通过艺术与美学等方面来证

① 柏拉图在《理想国》中讲述了一个意味深长的故事，生动阐释了哲学与哲学家的工作意义。有一群人世世代代生活在洞穴中，并把火光照出来的影子当成了真实的事物。后来，有一个人走出了洞穴，接触到了真实的事物，才明白影像是虚无的，太阳才是万物的主宰。柏拉图借此比喻世人容易把表象视为本质，把谬误当成真理。走出洞穴的人就是哲学家，可只有哲学家知道真相还不够，他应当回到洞穴去解救他的同伴，让更多的人知道什么是幻象，什么是真理。——译者注

实道德的作用却并不容易，因为这些领域自有一套普遍且统一的道德模式，其中的内容大都来自我们对健康、力量与社会发展的认知。艺术、美学界限的弹性很大，这也给人的兴趣发展提供了足够宽阔的空间。但无论如何，这些领域的发展总归要遵循社会发展的方向。

那么，孩子社会感情的发展程度又该如何确定呢？我们认为，观察他所做出的特定行为是解答这个问题的关键。例如，我们注意到有个孩子总想表现自己，这时我们就能判断，和那些不急于表现的孩子相比，他就显著缺乏社会感情。受当代文化的影响，这种情况还比较普遍，所以我们可以说，现在很多孩子的社会感情都没有得到充分发展。

从本性上看，人类总是习惯性地以自我为中心，会为自己考虑更多，不同时代的道德家们就像是人类的审判者一样，对这类现象大加批判。他们习惯用道德说教的方式来批判，但这种方式对孩子、大人几乎不构成什么影响，因为单纯的道德说教，力量太过单薄，难以促使情况发生根本性的转变；人们也很容易以这种方式来安慰自己，认为别人的所作所为未必会比自己好。

所以我们要明白，面对一个思维混乱，甚至已经在朝犯罪方向发展的孩子时，长篇大论的道德说教起不到任何作用。我们要做的，是深入研究他的方方面面，从根本上铲除他心中的有害思想。也就是说，我们这时扮演的不是审判他的法官，而是能帮助他的朋友，或者是能治愈他的医生。如果经常用坏、愚蠢等词语评价一个孩子，用不了多久，他就会认为我们并没有说错，继而失去面对困难与解决问题的勇气。他可能因此认为自己天生不如别人，能力非常有限，未来的发展空间也会因此受到限制。

上述这种态度充分展现了孩子的消极心态，而周边环境带来的不良影响是形成这种心态的直接原因。个体心理学认为，孩子所犯的一切错误，都能反映出环境带来的不良影响。比如，一个邋遢孩子的背后，总有一个替他收拾、整理的人；一个爱说谎的孩子，身边总有一个极度傲慢，且常常通过强硬、严厉手段纠正孩子说谎的家长。从爱吹牛的孩子身上也能找到环境留下的细微痕迹，一般情况下，这种孩子渴望被表扬，而不仅是出色地完成了任务；取得成绩时，最渴望得到家庭成员的赞赏。

每个孩子在家庭中的处境都不同，很多父母都会忽视这一点，有时还会产生误解。有兄弟姐妹的孩子与独生子的处境就有很大的不同。长子的处境往往较为特殊，因为他曾是家中唯一的孩子，次子无法体会这种经历。幺子是家中最小、最弱的孩子，他的处境也是他的哥哥姐姐无法体会的。如果两兄弟或两姐妹一同长大，年幼的孩子将会与年长且能力较强的孩子面对同样的困难。这种处境对年幼的孩子不利，其中的难处也只有他们自己能体会到。为了补偿这种自卑感，这些孩子往往会加倍努力，以便超过哥哥或姐姐。

使用个体心理学研究一个孩子，可以确定这个孩子在家中所处的位置。如果年长的孩子取得了正常的进步，年幼的孩子也会因此而加倍努力，希望能在未来超过他的哥哥或姐姐，当然，这个过程也可能让年幼的孩子变得盛气凌人。如果年长的孩子水平较弱、得过且过，年幼的孩子也就不会表现出很强的、去与哥哥姐姐竞争的意愿。

因此，掌握一个孩子在家庭中所处的位置非常重要，这能让我们对孩子的认识更清楚、全面。家中年纪最小的孩子，他们表现出来的特征一般都会与大多数年纪最小的孩子相同。当然，例外总是有的，最小的孩子也可能萌生出超越所有哥哥姐姐的想法。

为此，他们可能废寝忘食、勤奋努力、积极进取，只为自己能做得比其他人都好。这种观察能直接影响到教育孩子时所选择的方法，因此意义非常重大。机械地使用一种方法教育所有的孩子，肯定不可取，因为每个孩子都是独特的。即便要依照特定的标准对众多的孩子进行分类，每个孩子也应当被视为独一无二的人。要让学校做到这一点非常困难，但在家庭中做到这一点则要容易很多。

家中的幺子还有另外一种情况，他们对自己根本没有信心，而且非常懒散，完全不同于上面提到的积极进取型。这种差异可以从心理学的角度来解释。渴望超越一切的孩子，由于野心勃勃，往往成天闷闷不乐，也更容易被困难伤害。一旦遇到看似难以逾越的障碍，他们就会逃避、退缩，反而不如那些没有野心的孩子表现得好。这两种情况可以用一句俗语来形容："要么都有，要么都无。"①

历史上也有一些家中幺子最终取得重大成就的故事，这与我们通过心理学研究所获得的经验一致，像约瑟夫、大卫②都是典型的例子。有些人或许会对约瑟夫的例子质疑，因为他还有个叫本杰明的弟弟。不过，本杰明出生时，约瑟夫已经17岁了，所以我们认为把约瑟夫视为家中的幺子没什么不妥。

各种神话传说中也不乏幺子最杰出的案例，像德国、俄罗斯、

---

① 该句出自拉丁语"Aut Caesar, aut nullus"，其中Caesar指恺撒，nullus在拉丁文中是"零""无效""没有"的意思。对应的英文谚语是"Either emperor, or nothing"，直译过来就是"All or nothing"，即"要么都有，要么都无"。——译者注

② 约瑟夫，雅各的第11个儿子，年少时被卖往埃及为奴，最后成了埃及的统治者；大卫，耶西的第8个儿子，年少时是一个普通的放羊娃，最后建立了统一而强盛的以色列国。——译者注

斯堪的纳维亚或中国的神话故事中，不少幺子最终都成了征服者，所取得的成就远远超过了他们的哥哥或姐姐。这种现象比较普遍，其原因或许在于，古时候的幺子形象比现在更加鲜明、突出。那时的条件较为落后，这种现象造成的反差比今天更大，所以更容易引起我们注意。

一般情况下，孩子形成的人格特征与他们在家中所处的地位相一致。这一点还可以继续深入讨论，比如家中的长子就有很多相似的地方，依照这些相似点，可以将他们分成两到三种主要的类型。

我曾专门花了大量时间研究与长子有关的问题，但一直都没把它彻底弄清楚。直到偶然读到冯塔纳[①]传记中的一段话，我才茅塞顿开。这段话大意是，一位法国移民参加了波兰对战俄国的战斗，战斗中，波兰军人只有1万名，俄国军人有5万名，然而俄军最后却溃败了，战败的士兵更是四处逃亡。冯塔纳注意到，他的父亲读到这段话时，脸上总会洋溢着高兴与幸福的表情，冯塔纳对此大惑不解，甚至还提出了异议。他认为，5万俄军必然要强过1万波兰军，“否则，我根本高兴不起来，因为强者就该始终都是强者”。看到这里，我突然意识到——冯塔纳是长子。只有长子，才会像他这样说话。

长子会清楚地记得，当他们还是家中唯一的孩子时，拥有的权力是多么巨大；当他们所拥有的“王位”会被比他们弱小的弟弟、妹妹威胁时，又会多么愤愤不平！由此我们也注意到，他们的性格相对保守，对权力与社会奉行的规则和法律深信不疑。他们也很容易接受专制主义，并认为这么做没有问题。对权势与地

---

①19世纪德国杰出的批判现实主义作家。——译者注

位他们更是百般肯定，因为这些他们都曾经拥有过。

我们前面说过，凡事总有例外，长子也一样。比如，有这样一个孩子，他从出生起就没有被家人足够重视。妹妹的出生让他成了长子，而他的人生也因此变得更加悲哀。还没等这个手足无措、灰心丧气的孩子开口，我们就猜到了他的妹妹肯定天资聪慧。这种情况频频出现，绝非偶然，背后也能找到完全合理的解释。我们知道，目前的社会认为男人比女人更重要，所以家长往往会格外宠爱长子，并对他寄予厚望。如此一来，在第二个小孩出生之前，家中的环境都会对他十分有利。

然而，妹妹的出生改变了这一切，她闯进了原本由她哥哥独享的世界。所以在哥哥的眼里，妹妹就是一个讨厌的入侵者，要保住过去的地位，就得和她对抗竞争。这种处境会给妹妹带来一定的激励作用，只要能承受住，她就会因此而奋发努力、积极上进。妹妹如果进步迅速，哥哥就会开始担忧，因为这已经对一个男人内心的优越感造成了威胁。再者，14 ~ 16 岁的女孩本来就比同龄的男孩成长得更快，这是由人类生长发育的一般规律决定的。因此，她的哥哥感到不安全、不踏实也是必然。于是，被不安全感笼罩着的哥哥很可能自暴自弃，安于现状。为了掩盖这种状况，他或者会竭尽所能地为自己寻找借口开脱，或者想方设法为自己的进步设置阻碍。

生活中，这样的长子也不少见。由于不相信自己能在与弟弟妹妹的竞争中取胜，他们常常会表现得不知所措、信心不足、懒惰散漫、喜怒无常，而且对女性往往怀有一种莫名的憎恨。他们的处境难以被人理解，自然也没有人能给出合理的解释，所以他们大都活得不如意。有些长子甚至更糟糕，以至于他们的父母和家人抱怨连连：“为什么会这样？要是他是女孩，而她是男孩该多好！”

如果一个家庭中只有一个男孩，且与他一同生活的姐妹众多，那么他也会具有类似上述长子的性格特点。这种女多男少的家庭难免会形成一种女性主导的氛围，于是，这个男孩要么被家中所有女性宠爱，要么被家中所有女性排斥。这两种情况虽说会给男孩的未来造成截然不同的影响，但他的性格中依旧会有共同之处。人们都明白男孩不应只由女性抚养长大的道理，但我们对这句话的理解也不能局限在字面上，因为每个男孩最初必定要由女性抚养。这句话真正要表达的意思是：女性众多的环境不利于男孩的成长。这个观点并不是在否定女性，而是否定基于这种环境所产生的误解与偏见。在男性众多的环境中成长起来的女孩也一样，她们很容易被男性歧视，从而促使她们模仿男性的行为。这对女孩今后的生活也是不利的。

一个人再开明的人，也不大可能认同“像教育男孩那样教育女孩”这一观点。依照这种观点教育女孩，短期内或许看不到显著影响，但由此导致的不良影响终究会不可避免地逐渐显现。身体构造的差异决定了男人和女人必然要在生活中扮演不同的角色，在职业选择上也是如此。有些女性并不认可她们的性别，因而难以适应那些专为女性设置的职业以及相关的从业要求。在婚姻与家庭生活中，女性和男性扮演的角色也不一样。对自身性别不认可的女性，她们在面对婚姻与家庭生活时，往往会表现出明显的反抗情绪。在她们看来，婚姻会使其陷入被支配的局面，让她们的尊严受损。同样，像教育女孩那样教育男孩，也会让这些男孩难以适应现实的社会环境，日后的表现也将无法满足人们对他们的期待。

思考这些问题时大家要明白，孩子的生活习惯在4～5岁时就已经形成了，因此他们的社会感情与适应社会的能力一定要在这段时间内培养好。5岁之后，孩子的世界观总体定型，未来基本会朝这个方向发展，他们感知外部世界的方式也难以再发生显著改变。已经固化的观念会一直束缚着他们，让他们不断重复着原有的心理机制和由此引起的行为。另外，孩子本身的认知水平与主观意识也会制约其社会感情的发展。

第八章 家庭环境与孩子的心理健康

我们知道，孩子的发展状况，与他们潜意识里认为自己在环境中所处的位置一致。此外，家庭中的长子、次子、幺子的发展过程各不相同，这种差异与他们在家中的处境相符。所以我们认为，孩子早期在家中面临的一些问题，其实是对他们性格发展的一种打磨与塑造。

针对孩子的教育不宜太早开始。随着孩子年龄越来越大，他们会慢慢形成一套自己的规则或模式，并以此来应对他们将要面临的外部环境。孩子的年纪如果还很小，我们就只能从中发现一些苗头，预判他们未来会如何发展。经过几年的练习，这些行为模式会在反复的强化中固化。可以说，孩子的行为往往都不是对事物的客观反映，他们的理解能力很大程度上都会受到潜意识的影响。因此，一旦他们错误地理解了某个情景，这种错误的理解与判断就会直接影响到他们的行为。如果这种童年时期就出现的错误意识没有被及时纠正，长大之后，不管再学多少逻辑知识或常识，他们的行为也不会有根本性转变。

孩子在成长中，总会表现出一些主观和个性化的东西。教育者对孩子的个性应当有充分的认识，不能机械地、一成不变地教育所有的孩子。这也很好地说明了，为什么使用相同的方法教育孩子，最终却有的孩子学得好，有的孩子学不好。

假如我们发现，面对相同的情况时，不同的孩子会做出类似的反应，我们也不要认为他们是受了自然法则的影响。当孩子没有深入理解、认识事物时，他们确实可能对事物产生相同的反应，甚至犯一样的错误。人们习惯性地认为，家中有新的孩子出生，之前出生的孩子就会心生嫉妒。对此，也有人反驳道："一方面，总会有例外的情况；另一方面，如果孩子能正确看待弟弟、妹妹的出生，这种嫉妒心理就不会产生。"会在这方面迷茫犯错的孩子，其实很像站在山脚岔道前的游客，有人会告诉他们："在这条道上感到迷茫的人，往往最后都走错了方向。"事实上，每个孩子都有找到正确的道路，并且抵达目的地的可能。然而在这些岔道中，正道往往艰险，让人犹豫徘徊；有些歧途看上去反倒是坦途，部分孩子也正是受到了这种诱惑，最终做出了错误的选择。

会对孩子的性格造成深远影响的情形还有很多，比如这种情况就很普遍——家中有两个孩子，一个表现很好，另一个表现则很差。只要对这种现象稍加研究就能发现，表现差的那个孩子往往过于渴求优越感，试图控制所有人，很想改变周遭的环境；表现好的孩子刚好相反，安静、谦逊的性格会助力他成为家中的宠儿，甚至成为另一个孩子的榜样。

父母往往难以理解，同一个家庭培养出来的孩子，为什么会出现这种差异。我们通过调查得知，表现好的那个孩子注意到，只要表现好就能得到家人的认可，就能在与另一个孩子的竞争中取得胜利。

很显然，两个孩子出现这种竞争时，表现不好的孩子一定不会选择这种方式来应对，他只能想别的办法，比如通过调皮捣蛋来引起家人的注意。经验告诉我们，这种调皮捣蛋的孩子很可能最终反超了他的兄弟姐妹；同时，对优越感的追求过于强烈，也可能让一个孩子朝着某个极端的目标拼命努力。这种情况在学校中屡见不鲜。

因此，不要因为两个孩子成长的环境相同，就断定他们会朝着一样的方向发展。对任意两个孩子来说，他们都不可能在完全相同的条件下成长。性格良好的孩子，也可能因为受到不良的影响而发生本质性的变化。实际上，很多问题儿童最初的表现都非常好。

有一个 17 岁的女孩，她在 10 岁之前的表现都很优秀。她的哥哥比她大 11 岁，在她出生之前，哥哥在家中当了 11 年的独子，且备受家人的宠爱。她出生后，她的哥哥也没有产生嫉妒的心理，言行举止都和过去没什么两样。女孩 10 岁时，由于她的哥哥长期不在家，她看起来如同家中的独生女一般，这种处境让她渐渐变得有些我行我素。由于家境较为富裕，她的需求起初都能轻易地被满足；然而随着年龄增大，无法被满足的需求也越来越多，失望与不满的情绪开始在她的心中不断堆积起来。如果这些需求被母亲拒绝了，她甚至可以将母亲过去对她的好抛到九霄云外，并且开始无理取闹。为了满足快速增长的欲望，她还利用过其他的办法，比如利用家庭积攒下来的信誉到处借钱，而且很快就欠下了一笔巨额债务。最终，这个原本乖巧的女孩变得让每个人都讨厌。

根据上述案例与其他相关的案例，我们不难得出一个具有普遍性的结论，即孩子在追求优越感时，原本都会倾向于选择良好的行为；一旦外部环境发生改变，他们还能否保持，就不能打包票了。附录一的心理问卷涉及了孩子的日常活动，以及他们与所处环境和周围人物的关系。一个孩子的生活习惯一定会通过某些方面得以展现，借助心理问卷获得的信息进行深入研究，我们还能发现，这个孩子所形成的感情特征、性格特征、生活习惯，都有助于他获得优越感，他的自我价值会因此而提升，同时还能让他在周围群体中获得一定的声望。

在学校中，这种类型的孩子不在少数，但他们看上去与我们的描述相去甚远，比如，性格懒散、邋里邋遢、沉默寡言，对学习和批评不以为意，沉浸在自己的幻想世界中……我们从中看不出他们渴望获得优越感的丁点儿痕迹。实际上，相关经验非常丰富的人一看就会明白，这些也是追求优越感的表现，尽管这些行为看上去荒唐无比，让人极度费解。因为这些孩子认定自己无法通过常规渠道脱颖而出，所以他们会倾向于放弃这些改善、提高自己的方法和机会，转而封闭自己，不轻易表露情绪，让别人觉得他们非常坚强。然而，这种坚强只是他们性格的一方面，背后实际隐藏的是高度敏感、脆弱无比的内心。为了不再受到伤害，他们必须在别人面前营造出坚强与冷漠的假象。这样一来，他们就能安然地躲在盔甲中，确保不会与事物过分靠近，同时免去由此可能带来的接触与伤害。

如果我们能与这些孩子交流，就会发现他们其实非常自恋，终日沉醉在美好的白日梦和不切实际的幻想中。他们常常将自己假想成伟大的人物，或者憧憬自己取得了非凡的成就。通过虚无的幻想，他们成了能征服一切的英雄、手握生杀大权的君王，或者是能救人于水火的勇士。我们还注意到，有些孩子不仅幻想自己是英雄，在实际生活中，他们也竭尽所能地这么做。那些幻想自己是救世主的孩子也一样。我们绝对相信，这些孩子发现别人身陷困境时，一定会舍身相救；而且只要他们足够自信，机会一旦出现，他们就会将相应的角色扮演到位。

脑海中的白日梦是会循环往复地上演的。奥地利君主时期就有许多孩子幻想过，总有一天，他们会把国王或王子从危难之中解救出来。当然，他们的父母完全没有察觉到自己的孩子居然满脑子都是这种想法。然而，长期沉浸于白日梦的人难以适应现实，他们几乎不可能成为英雄或勇士，完美幻想与残酷现实之间的鸿沟不是这么轻易就能逾越的。因此有的孩子做法相对中庸，继续做白日梦的同时也在努力适应现实；有些孩子则很难做出改变，不为适应现实付出任何努力，继续沉浸在自己构建的幻想中无法自拔，最终距离现实越来越远；还有的孩子则对幻想没有丝毫兴趣，他们的眼里只有现实，哪怕是阅读，也只看旅行、狩猎、历史方面的书籍。

毫无疑问，一个孩子既要有一定的想象力，同时还要有适应现实的意愿。不过，需要特别注意的是，孩子看问题的方式与成人显著不同，比如他们就会认为，把世界划分成两个对立的部分没什么不妥。要想更好地理解孩子，我们就要牢记上述的事实，即他们很可能把世界划分为上和下、好和坏、有和无、聪明和愚蠢、优越和自卑等完全对立的两部分，而且这种倾向非常明显。部分成人也持有这种二分对立的认知方式，而且很难摆脱它的影响。比如，冷热就是人们印象中一组很常见的对立概念，但从科学的角度分析，造成冷热区别的原因其实就是温度的高低。

很多时候，二分对立的认知方式不仅出现在孩子身上，在哲学发展的初级阶段，这种思维方式也存在过。比如，古希腊哲学就一度受这种思维方式主导；迄今为止，诸多业余的哲学家也在继续用这种方式进行价值判断。有些人甚至还归纳出了生—死、上—下、男—女等性质完全对立的概念。不难看出，现在很多孩子的认知方式与古代哲学的思考方式相似，因此我们也倾向于认为，一个习惯以二分对立的观点看待世界的人，他的思维方式或多或少地保留了儿童时期的特点。

以这种二分对立，或非此即彼的观点看待生活的人，前文那句拉丁谚语“要么都有，要么都无”就能很好地概括他们的思维。尽管谚语中描绘的那种理想在现实中不可能实现，但依旧有不少人在按照这种思维安排自己的生活。其实，这两种极端情况之间夹杂着非常多的中间状态，习惯使用这种思维方式的人大都非常自卑，求胜心也很强，这种方式也比较容易让他们获得补偿感。相关的例子在历史上有很多，恺撒就是在谋取王位时被朋友杀死的。

上述特征在孩子身上也很普遍，像偏激、固执等性格，都能在“要么都有，要么都无”的认知思维中找到根源。我们甚至可以由此总结：这类孩子往往已经形成了一种个人的哲学，或者说是有悖于常识的个人理智。我们接触过一个年仅 4 岁却非常执拗的女孩，她的例子就能很好地说明这种情况。一天，母亲送给她一个橙子，她拿到手之后就把橙子扔到了地上，并且告诉母亲：“你给什么我都不会要的。想要什么我自己会拿！”

由于懒惰、邋遢的孩子无法获得“全有”，因此他们便转过头来追求“全无”，沉浸在白日梦与不切实际的幻想中。不过，由此就断定他们无可救药还为时尚早，要知道，高度敏感的孩子无法适应现实，他们会想办法从现实中抽离，希望通过躲进亲自构建的幻境中求得保护，以免被伤害得更深。作家和艺术家需要与现实保持一定的距离，科学家也是如此。丰富的想象力对科学家而言非常重要，但如果想象太超出实际，则只能说明这个人在试图逃避生活中的不快或失败。

人类的领袖往往都有超凡的想象力，而且善于把它与现实相结合。能成为领袖，既因为他们在学校受到了良好的教育，观察力敏锐；也因为他们能以坚定的意志与坚强的勇气面对并克服困难。通过众多伟人的生平事迹我们可以发现，光是凭借内心的勇气就足以让他们拥有应对全世界的强大能力。因此，只要条件成熟，内心的勇气就会支持他们立足实际，奋发图强，取得最终的胜利。

不是每个人都能成为伟人，也不存在一个固有的模式能把任意一个孩子培养成伟人。我们需要记住的是，千万不要粗暴、鲁莽地对待孩子，要多鼓励他们，让他们领会生活真正的意义，使他们的想象能更贴近现实世界。

第九章　为适应新环境做准备

人的心理生活是一个不容分割的有机统一体。人格也是如此，它所表现出来的方方面面都密切相关且前后连贯。人格的发展会在时间的推移中逐步进行，不会出现突发性、跳跃式的发展。因此，每个人都不可能瞬间摆脱过去的影子，成为一个全然不同的自己。现在与未来的行为都将以过去的性格为基础，它们之间也保持着一致性，但这并不能说明，单凭过去的性格与遗传的基因就能决定人一生的行为，也不意味着人的未来与过去会完全割裂。不过，我们也确实很难弄清楚，真正的自我到底是怎样的。除非内在的潜力与天赋都展露无遗，否则我们对自身能力的认知都算不上完整。

因为人格的发展具有连续性，这种观点并非“机械决定论”[①]，所以，人格才有被教育改善的可能，同时也能让我们检测到孩子在具体某个时刻的性格发展情况。人处在一个完全陌生的环境中时，内心潜藏的性格特点就会表现出来，且一定会与过去的性格相符，此时最适合用来检测人格的发展水平。如果有合适的实验机会，不妨让被试者置身于陌生的环境中来观察。

孩子处于转变期时，比如刚刚入学，或者家庭发生变故时，

---

① 又称“形而上学决定论”，盛行于17—18世纪的西欧。它以古典力学为基础，简单地把拉普拉斯的动力学决定论从自然界照搬到了社会历史领域，只承认自然界的客观规律，否认人的主观能动性和偶然性，是一种形而上学的观点。——译者注

我们更容易捕捉到他真正的性格特征。这种转变，如同底片放进显影液中就能显示清晰的图像一样，可以直观地展现出孩子性格中的局限性。

我们曾经长时间地观察过一个被收养的男孩。他性格暴躁、举止古怪，非常叛逆，不服管教，总体上看很难矫治。不管我们问什么，他要么拒绝回答，要么自言自语地说些与问题无关的话。虽然这个男孩与养父母生活了几个月，但内心并没有接受他们，并且还对他们充满了敌意。了解了这些情况后，我们得出了一个结论——他非常不喜欢这个新家。

这个结论是我们观察男孩在陌生环境中的表现得出来的，然而，这对养父母却对结论颇为费解，因为他们自认为对这个孩子非常好。事实上，之前的确没有人像养父母这样对他好，但是善待其实并不是问题的关键，因为单纯地对孩子好并不管用。在观察期间，养父母对我们抱怨道："我们软硬兼施，办法用尽，但就是看不到效果。"不少孩子会对父母的善待有所反应，但这并不意味着对父母的态度会有所改观。孩子会认为父母的善待也许是暂时的，他的处境不会彻底改变；一旦失去这种善待，他就会立即变回最初的样子。

这时的关键在于理解这个孩子，弄清他真正的感受，至于他对养父母的想法其实并不重要。我们将孩子的想法告诉了这对养父母，他确实在家中感到不幸福。我们并不确定，这个孩子声称自己不幸福是否合理，但他一定经历了什么事情，才会让他对养父母心生恨意。我们提醒过这对养父母，如果孩子的错误他们已经无力矫正，并无法换得孩子的爱，那么他们只能把这个孩子转送给别人收养，因为在孩子的眼里，养父母的一切行为都像要囚禁他，这只会不断激化他的反抗心理。后来，这个男孩的脾气变得越来越暴躁，像是一个危险人物。其实，只要他被友善对待，他的情况就会有所好转。当然，这样做是远远不够的，因为我们还不清楚导致这种情况出现的根源。

随着信息收集的逐步完善，我们渐渐发现了其中的原因。我们推测，因为这个男孩与养父母的孩子一起生活，所以他主观地认为，养父母会更加关照亲生的孩子。因此，这个男孩才不愿意在养父母的家中生活，而且只要能离开这个家，他可以不择手段。这或许就是他脾气日益暴躁的原因。从他为自己设定离开养父母家这个目标来看，我们认为他的所作所为其实非常理智，可以排除智力发育不健全的猜测。再后来，这对养父母也意识到了我们之前的提醒——要是改变不了这个孩子的行为，就只能将他转送给别人抚养。

如果因为这种错误而惩罚孩子，那么孩子也就为继续反抗找到了充足的理由。惩罚会强化孩子“反抗有理”的心态，我们这么说并非无凭无据，因为孩子犯下的一切错误都是与环境互动之后产生的结果，是面对陌生环境时始料未及的反应。孩子犯下的错误虽然幼稚，但也没必要大惊小怪，因为成人平时也可能出现同样的问题。

各种行为与不太明显的肢体语言背后究竟隐藏着什么深刻含义，目前还没多少人研究。老师要从事这方面的工作其实有天然的优势，他们可以对孩子的诸多表现进行归纳总结，弄清它们之间的联系，探寻它们的根源。同一种表现形式在不同情况下代表的意义很可能不相同，两个做出相同举动的孩子，其背后的意义也未必一致。另外，问题儿童的心理感受虽然相似，但表现出来的形式却五花八门。这是因为，同一个目的本就可以通过多种渠道来实现。

要判断这些行为的对错，仅仅依据我们掌握的常识是不够的。一个孩子会做出错误的举动，往往是因为他给自己设置的目标不正确。目标出错，难免会导致行为出错。人会犯各种错误，但真理只有一个，这就是人性的奇特之处。

孩子的一些表现其实具有深远的意义，比如他们的睡姿，但很难引起人们的重视。这里介绍一个有趣的案例。有个15岁的男孩，他曾出现了一种幻觉，并深深为之困扰。原来，弗兰西斯·约瑟夫皇帝[①]当时刚好过世。这个孩子自认为看到了皇帝的鬼魂，并收到了皇帝要他组织一支军队杀向俄罗斯的命令。晚上，我们悄悄地潜入了他的卧室，发现睡着的他看上去宛若拿破仑指挥千军万马时的样子。第二天我们再见面时，发现他多少还保持着一些夜里的军姿。由此我们认为，幻觉与清醒这两种状态不是独立存在的，它们之间应该有某种联系。

同他聊天时，我们想告诉他皇帝还活着，但他却怎么都不相信。后来我们又了解到，他在咖啡馆做服务生时，总有人嘲笑他身材矮小。我们还问他，有没有人跟他走路的姿势相仿，稍加思索之后他告诉我们："有，我的老师麦尔先生。"由此便可以认定，我们的猜测是正确的，假如把麦尔先生当成另一个拿破仑，问题就很好解决了。另外，这个男孩还告诉我们，他梦想成为一名老师，这一点也至关重要。麦尔先生是他的偶像，因此他会不自觉地模仿麦尔先生的言行举动。总之，男孩的这个姿势就是他生活经历的一个缩影。

一个陌生的环境能反映出孩子是否做了充分的准备。准备充分的孩子，立即就能信心满满地适应陌生的环境；准备不足的孩

①19世纪到20世纪初，中南欧洲地区的统治者，曾建立了著名的奥匈帝国。——译者注

子，很快就会表现出无所适从的样子，并会因此而感到自卑。这种自卑感给孩子带来的伤害非常大，不仅会影响他们判断的准确性，还会让他们置身陌生环境时，做出不真实、不恰当的反应。因此，孩子不适应学校的生活，不仅与学校不健全的教育体系有关，还与孩子自身的准备不充分有关。

我们会研究陌生环境，就在于它是影响孩子的重要因素，能充分展现出孩子在面对陌生环境时的缺陷。可以说，每个陌生的环境，都是检测孩子准备情况的良好契机。据此，我们可以再对附录一的问卷内容进行探讨。

第一，问题的根源是何时出现的？如果有母亲告诉我们，她的孩子在入学之前表现很好，我们从中所获得的信息，可能比她实际了解到的情况还要多。一个孩子无法适应学校肯定有原因，在孩子的母亲看来，也许最大的原因是他在过去的3年中不努力学习，表现不好。我们则不这么看，因为这种回答没有触及问题的根本。要真正弄清原因，就必须了解过去的3年中，孩子的身上或者他所处的环境究竟发生了什么变化。

丧失自信的孩子，首先会表现出对学校生活的不适应。孩子最初遭受的轻微挫折往往难以引起人们的重视，然而在孩子的眼里，这些挫折或许就是致命打击。我们应当弄清楚，成绩不好的孩子是否经常因此被责骂，拿到的低分和遭受的责骂会给他追求优越感的心理造成什么影响。这个孩子或许会因此认为自己没用，如果父母习惯用“你一辈子没出息”或“你会坐一辈子牢”等话贬低孩子，他就会更看不起自己，继而变得自暴自弃。

不可否认，有些孩子遭遇失败后能很快调整，但有些孩子却会一蹶不振。要改变后面那种灰心丧气的孩子，必须不断地鼓舞、激励他们，对他们温柔相待，给他们耐心和宽容。

第二，是否注意到了问题出现之前，孩子表现出来的种种迹象？或者说在环境改变之前，是否已经发现孩子难以适应陌生的环境？我们在这个问题上得到的答案是五花八门的。有的母亲抱怨“孩子邋里邋遢”，这就说明这位母亲经常替孩子收拾整理；有的家长抱怨“孩子特别胆小”，这就说明这个孩子对家庭的依恋程度特别深。如果一个孩子会被他人用“孱弱”这样的词来形容，那么我们会认为，他可能有先天性的生理问题，要么因为身体过于虚弱而被家人宠坏了，要么因为太过普通而不被家人重视。还有一种可能，那就是孩子的发育过于缓慢，以至于被误认为有生长方面的问题。即便他在后来有所好转，也会觉得自己依旧在被家人过分保护和限制着，这种感觉会给他适应陌生的环境造成新的阻碍。如果他胆小而粗心，那么我们就会认为，他这么做完全是为了引起别人的关注。

如果这个孩子看上去还十分笨拙，老师就应当要弄清楚，他是否能够清楚地认识到自己的性别角色。在女性主导的环境中成长的男孩大都不愿与其他男孩交往，其他男孩往往也会将他们视为女孩来嘲笑、愚弄。由于早已习惯了女性的角色，之后遭遇的这些历经就会让这些男孩的内心产生激烈冲突。在男性主导的环境中成长的女孩也是一样，这两类孩子容易忽视男女性之间的差异，误认为性别可以改变。等到最后，他们发现身体的构造无法改变时，内心就会渐渐朝着向往的性别靠近，并以此作为补偿，从而让男孩表现出女孩的心理，女孩表现出男孩的心理。他们的衣着打扮与言行举止也能反映出这种心理倾向。

有些女孩极度厌恶女性职业，认为这些工作都没什么含金量。这其实也是现有社会文化中广泛存在的一种偏见。有些职业限定男性就业，将女性排除在外，直至今天，这种情况依旧存在。我们的社会显然更偏向于男性，就连刚出生的小孩，男孩往往也比女孩更受欢迎。这种观念其实对男孩和女孩的发展都很不利，女孩很快会因此而自卑，男孩也会因为家人心怀过高的期望而背负巨大的心理压力。尽管像美国等国家已经不再限制女孩的发展，但这种客观现实依旧存在，而且即便是在美国，也无法让男性和女性在社会关系上真正实现平等。

我们关注的是孩子身上反映出来的人类精神。让一个对自身性别不满的女孩接受女性的角色，这其实非常困难，反抗也是常有的事，最常见的表现就是不服管，固执倔强，懒惰散漫。这些表现其实都与追求优越感的心理有关。如果一个女孩有上述表现，老师应当意识到，这个女孩对自己的性别不满。这种不满会扩展到其他的方面，最后会让这些孩子认为生活是一种负担。我们就听到有孩子抱怨过，想生活在一个不分性别的星球上。这种观念显然是错误的，它可能导致各种荒谬行为的产生，可能让孩子变得冷漠，严重的还可能走上犯罪之路，甚至是自杀。

惩罚这种荒谬的行为往往会适得其反，很容易让孩子心中的这种欠缺感进一步加强。如果对他们的教育能够谨慎而自然，让他们意识到两性的差异，明白不管男女都有相同的价值，这种不幸或许就能在很大程度上被避免。在不少家庭中，父亲都处于优势地位，财产归他所有，规矩由他制定，最终决定由他来做，而妻子和其他成员要做的就是遵守规矩，听从安排。这些家庭中的男孩很容易在同龄的女性成员面前展现男性的优越感，并对她们加以嘲讽、指责，让她们意识到男性和女性是不一样的。心理学家发现，男孩的这种行为其实来源于他们心中的一种脆弱感，因为现有的能力和理想的能力之间差异巨大。

有些观点认为女性做不出什么伟大的成就，这是极度错误的。

时至今日，女性接受的教育都不是引导她们去建功立业。男性也习惯让她们从事缝缝补补的工作，并让她们认定，这才是她们的分内之事。虽然这种情况现在已经改变不少，但从对女孩的教育中，依旧看不出社会对她们寄予了多大的期望。

很多时候，我们也没有为女孩做出一番大事业提供支持，有时还会妨碍她们实现理想；如果最后没能取得成就，我们又会对她们大加批判。这是一种非常肤浅的做法，这么做的人也没有真正弄清楚背后的因果关系。要想改变这种状况非常困难，不仅是父亲，就连母亲也会认为男性生来就有优越性，并且会将这种观念教给孩子。她们会告诫孩子，男性的权威不可撼动，男孩可以要求女孩顺从，女孩应当顺从男孩的要求。

让孩子尽早了解自己的性别，明白性别无法改变的事实其实无可厚非，但前面也提到了，有些女孩特别讨厌男性的这种权威与优越感。这种感觉一旦过于强烈，女孩就会对自己的性别不满，继而会尽可能地模仿男性的言行举止。个体心理学将这种现象称为“对男性的抗议”。

还有一种情况会让孩子对自己的性别不满，那就是因发育畸形、发育迟缓导致的第二性征不明显。依照所学的生理学知识，女孩可能发现自己具有一部分男性的特征，男孩可能发现自己具有女性的特征。这种不满往往与虚弱的体质关系密切。发育问题给孩子造成的影响，在男孩身上的表现要比女孩更明显。男孩如果出现了这种状况，人们很容易称他为“假女孩”。但这其实是不对的，他可能只是更像一个小男孩而已。由于这类男性与人们心目中魁梧挺拔、功成名就、远超女性的形象相去甚远，他们大都会陷入一种深深的自卑感中。同样，一个发育不全或容貌欠佳的女孩也会面临生活的困扰，因为社会对女性的要求就是美丽可人。

性情、脾气、情感往往被视为人的第三性征。它们不是与生俱来的内在品性，都是在后天环境中培养的。男孩如果过于敏感，人们会认为他像女孩；女孩如果非常从容、自信，人们就会认为她像男孩。这些孩子长大后回忆童年时，都承认自己从小就这样，而且会觉得那时的表现有些古怪而另类。男孩觉得自己像女孩，女孩觉得自己像男孩，即便长大成人之后，他们对性别的理解也会以此为基础。

问卷中有一部分问题涉及孩子对性发育、性经验等问题的了解程度。这意味着，孩子到了适当的年龄后应该对性有一定的了解。但并没有明确规定父母、老师要按照怎样的方式向孩子解释性方面的问题，因为没有人可以预判，孩子能否接受这种解释，也无法评估他们对此的理解会有多深，更无法确定这么做会给他们造成什么影响。如果孩子主动提出了性方面的问题，我们应当先考虑孩子的实际情况，再决定如何向他们解释。尽管过早地向孩子解释性问题未必会带来坏处，但我们依旧不提倡这么做。

问卷中还有一部分问题涉及收养与过继的孩子，这种问题也很棘手。在这些孩子看来，家人就应该善待他们；如果对他们过于严苛，就会认为这是他们特殊的家庭地位造成的。失去母亲的孩子往往会过分依赖父亲，如果父亲之后再婚，孩子的心中就会产生被抛弃的感觉，继而难以与继母友好相处。有些孩子对亲生父母充满了不满与抱怨，也会把亲生父母当继父继母一样对待。

不少童话中，继父继母都具有歹毒苛刻的形象，他们也因此而声名狼藉。我们想说的是，这些童话故事并非合适的儿童读物。当然，禁止孩子们读这样的故事也没有必要，通过恰当的评论引导他们即可，因为这些故事中还是包含了不少有关人性的知识。不过，像描写暴力场面和价值观扭曲的奇幻故事，是一定要禁止孩子们阅读的。

有人希望孩子不再软弱，变得坚强起来，于是就会让他们阅读一些以强凌弱的故事，好让他们受点刺激。这是一种从英雄崇拜的价值观中衍生出来的错误做法。一些男孩认为，有同情心就是男子气概不足的表现。同情心本身很有价值，但有人像滥用其他情感一样滥用、误用同情心，结果导致人们普遍认为男孩不应太有同情心。

所有的孩子中，私生子的处境最艰难。造成这种结果的男人往往逍遥自在，而私生子的名号多半得由女人和孩子承担，这确实有失公允。毫无疑问，受伤最深的必然是孩子，通过掌握的常识，他们很快就能断定自己的遭遇很反常。不管采用什么方法，这些孩子内心的伤痛都很难根除。身边的人会对他们指指点点，国家法律让他们处在尴尬的境地，社会道德更是让他们生来就被烙上了私生子的印记，不管哪种语言中都不乏侮辱、鄙视他们的字眼。因此，这些孩子大都非常敏感，很容易与他人冲突，对周围的一切都充满了敌意。这也很好地解释了为什么孤儿和私生子特别容易成为问题儿童乃至少年犯。他们的本性都不坏，之所以造成这种结果，还是要归咎于环境的影响。

第十章　孩子的在校表现

前面说过，孩子初入校门时，就接触到了学校这个完全陌生的环境。和其他的陌生环境一样，学校也能成为检测孩子准备是否充分的场所。准备充分的孩子，很快就能通过入学的适应性考验；反之，他们在这方面的缺陷就会立即暴露出来。

我们拥有的记录中，很少有孩子刚进入幼儿园和小学时的心理状况；如果有，我们就能很好地解释孩子成年之后的诸多行为。相比于在校的学习成绩，这种“适应陌生环境的测试”结果能更真实地反映出孩子的状况。

学校会对一个初入校门的孩子提出怎样的要求呢？他需要懂得配合老师与同学，建立对各个学科的兴趣。根据孩子在学校中的表现，我们可以看出他的合作能力、兴趣爱好、心仪学科，以及他是否善于倾听、观察周围的人和事等。要准确判定这些情况，就要深入研究孩子的态度、言行举止、神情、倾听的方式，同时还要弄清他对老师的态度，究竟是愿意友好地接近，还是唯恐避之不及。

为了说明这些细节究竟会怎样影响人的心理发展，我们还是通过一个案例来分析。有位男性无法忍受职场问题的困扰，于是咨询了一位心理学家。根据他对童年的回忆，心理学家了解到，他是家中唯一的男孩，上面有好几个姐姐。他出生没多久，父母便双双不幸去世。到了该上学的年纪，他还曾为该到女校还是男校读书而困惑。后来他听从姐姐们的建议去了女校，然而学校很快就把他劝退了。可想而知，他会因此受到多大的伤害。

孩子是否喜欢他的老师，其实跟他是否注重学习有很大关系。让学生爱上学习，把注意力集中在学业上，这些是老师教学工作中的一项重要任务；同时，老师还要观察学生的注意力是否集中、持久。由此可见，教学是一门艺术。在溺爱的家庭中长大的孩子，往往会因为学校有诸多陌生的面孔而感到不适，所以他们很难专心学习。如果管教这些孩子的刚好又是一位严师，他们就会表现出记忆力不好的样子。不过，这种表现与我们平时所说的记忆力不好还不一样。在家中被人宠着时，他们也可以全神贯注，甚至能对与学习无关的事情过目不忘。他们把一切精力都投入到了对溺爱的渴望上，自然就不会去关注学业了。

批评、指责这些对适应不了学校生活、成绩糟糕的孩子没有任何作用，反而会促使他们认定自己不适合上学，并对学习产生消极悲观的态度。他们一旦被老师宠爱，往往又很容易变成好学生，这是因为他们从学习中获得了好处，自然就会加倍努力地学习。但是非常遗憾，在现实情况中，老师不可能一直宠爱他们。如果中途转学、更换老师，或者在某一门功课的学习上遇到了困难，他们的学习就很有可能原地踏步，其中又以学好数学最为困难。

为什么仅仅只是换了老师，或者遇到了一点儿困难，他们就无法进步呢？原来，在这些孩子的成长中，总有人能将他们要面对的事情变得简单，却没有人告诉他们应当要自立自强，他们也不知道如何才能自立自强。久而久之，他们也就习以为常，成为不想努力且不能克服困难的人了，自然也就没了力求进步的意识。

怎样判断一个孩子是否为入学做足了准备呢？这个问题值得重点讨论。我们总能从准备不充分的孩子身上找到母亲带来的影响。众所周知，母亲是唤醒孩子兴趣的第一人，并且在引导孩子形成健康兴趣这方面有至关重要的作用。假如母亲在这方面没有做到位，孩子在学校就会出问题。除了母亲，像父亲、孩子之间的竞争等其他方面的家庭因素也会影响孩子，这些内容我们会在其他章节进行讨论；至于糟糕的社会环境、世俗偏见等其他外在因素的影响，我们随后也会交代。

笼统地讲，给孩子的入学准备带来负面影响的因素非常多，所以只看成绩，片面评定孩子的做法就非常愚蠢。学习报告只能反映孩子某个时段的学习状况，而分数只是报告反映的表象，孩子的智力、兴趣与注意力等情况也包含在其中。包括智力测试在内的各种考试，虽然考查的形式、结构都不同，但没有本质性的差异。揭示孩子的心理才是考试的重点，至于记录下的那些数据其实没有太多实际意义，也不重要。

最近，所谓的智力测试发展迅猛，很多老师对此也颇为重视。这种测试的确具有一定的参考价值，甚至帮助一部分孩子改变了命运，因为它们确实能展现出不少普通考试无法反映的内容。比如，有个老师打算让一个成绩很差的孩子留级，但通过智力测试却发现，他的智商远高于常人。最后他不仅没有留级，反而向上跳了一级，这让他开心不已，我们甚至认为，他今后的表现或许也会因此发生显著改变。

说这些并不是想贬低智力测试与智商的作用，我们想表达的是：如果一定要做这种测试，像智商高或低这样的结果，既不应当让被测试的孩子知道，又最好不要让孩子的父母知道，因为他们都不能正确地理解这种智力测试的意义。父母很容易根据测试的结果给孩子定性，并认定它揭示了孩子的最终命运，孩子的未来也很可能被它牢牢地制约。不少人也都反对这种将测试结果绝对化的做法，因为在智力测试中得高分，与在未来取得成功之间没有必然联系；而不少确实取得了成功的孩子，他们在智力测试中的得分其实并不高。

个体心理学家总结过，想让在智力测试中得分偏低的孩子获得高分其实有方法可循，让孩子不断研究相同类型的测试题，慢慢归纳总结出应试的窍门，做足相应的准备就行。这种做法可以让孩子迅速积累相关的经验，以便在今后的测试中取得高分。

另外，学校的日常教学到底能给孩子带来怎样的影响，沉重的课业负担到底会不会让他们崩溃，这些问题也很值得思考。我们这么说，既不是在质疑学校开设的课程，也不是要学校删减学科的数量。我们关注的重心在于，所有学科应当与生活连贯统一。只有这样，孩子才不会把它们视为抽象、空洞的理论，才能真正理解学好它们的意义与价值。目前，教育界存在一种争议，即学校到底应该以传授知识为主，还是以培养孩子的人格品行为主。从个体心理学的角度来看，兼顾两者是完全可行的。

各学科的教学都应生动有趣，且要与实际生活紧密相连。像包括算术与几何在内的数学教学，就应当与建筑风格、建筑结构、可以居住的人数等知识挂钩。有时也可以将不同的几门学科结合起来教学。一些重点学校中有不少这样的教育专家，他们在跨学科教学方面的经验相对丰富。这些专家会与孩子们一同散步，在相处的过程中发现他们心仪的学科。他们常常进行跨学科教学的尝试，比如，把某种植物的特性、该植物的进化史、原生地的气候等内容结合起来串讲。通过这种形式，不仅能让原本厌恶某个学科的孩子重新燃起学习的兴趣，还能教会这些孩子用融会贯通的方法思考并处理问题。这也是教育最终想要达到的目标。

此外，还有一点需要老师特别注意，在校读书的每一个孩子，都认为自己会面对非常激烈的个人竞争。竞争的重要性很好理解。一个理想的班级，必定是个不容分割的整体，每个孩子都是组成这个整体不可或缺的一部分，人人竞争能让整个组织富有活力，但老师应当让竞争的强度与孩子的求胜心保持在一定范围内。有的孩子无法接受别人遥遥领先于他，而且在这种现实面前，他到底会拼命追赶，还是表现得心灰意冷，完全取决于他心中的主观感受。这时，老师一句恰当的话，也许能让一个沉迷于竞争的孩子，走上与他人紧密合作的道路，而这也是让老师给孩子多提客观建议、多加指导的意义所在。

一份合适的班级自治计划，能让同一个班的孩子形成合作精神。制订这方面的计划，不需要等所有孩子都做好了自治的准备才开始。我们可以先引导孩子观察班级的情况，为他们能提出倡议创造条件。如果还没做好准备就让孩子自治，我们就会发现，为了让自己获利，同时获得优越感，那些拥有自治权的孩子在惩罚其他学生时往往比老师还要严，他们甚至还可能使用政治手段来解决问题。

要想客观评价孩子在校期间取得的进步，既要考虑老师的意见，也要重视孩子们的评价。有一点很有趣，在评价别人时，孩子们的判断力往往都不错，可以非常友好地互相打分，比如他们知道谁的字写得又好又准确、谁擅长画画、谁喜欢运动。当然，孩子们的这种评价未必客观公正，不过他们会慢慢意识到这一点，评价的结果也会越来越客观。不过，在进行自我评价时，他们的判断就没那么准确了，最典型的表现就是妄自菲薄，认为别人都比自己强。像这种错误，老师应当向孩子明确地指出，否则这种观念将会长久地影响孩子，甚至伴随他们一生。一个带有这种想法的孩子是不可能进步的。

孩子在校学习时，大多数人的成绩都不会波动太大，要么很好，要么很差，要么位居中游。这种稳定的状态，与其说是由智力水平决定的，不如说是由内心的学习惰性造成的。出现这种情况，说明孩子因饱受挫折，已经陷入得过且过的消极状态中，对自己不再抱有希望。不过，也有一部分孩子的学习成绩波动较大，这个事实也应当引起重视，它表明孩子的智力水平并非一成不变。仅让孩子知道这一点还不够，老师也应当教会孩子怎样在实际中运用这个道理。

很多人都认为，智力正常的孩子成绩好与遗传有关。认为能力可以遗传，这其实是儿童教育中一个大错特错的观点，不管是老师还是孩子，都不应该相信这种说法。最先就此表态的是个体心理学，但人们认为这种否定没有科学依据支撑，不过是一些专家的臆断罢了。好在如今，有越来越多的心理学家、病理学家认同我们的观点了。能力可以遗传，这种说法很容易被父母、老师、孩子用来当借口。只要人们在遇到困难，且没能成功解决困难时，遗传论就可以充当逃避责任的最佳借口。每个人都不应当推卸责任，那些试图教唆人们推卸责任的观点，都是我们怀疑、否定的对象。

坚信教育理念，认为教育可以塑造孩子性格的老师，是绝对不会认同遗传论的。我们讨论的问题与身体上的遗传不同，我们也不否认，器官的缺陷乃至机能的差异都可能是遗传造成的。但我们也注意到，有种物质充当着联系器官机能与心理承受能力之间的桥梁，它究竟是什么呢？从个体心理学的视角来看，它就是精神。人的精神状况与器官机能的状况之间是相互影响的关系，积极的精神状态能让器官更好地发挥机能，而器官出现问题也会给精神造成消极影响。这种影响有时还比较深远，有些人的器官机能即便恢复了，之前在精神上造成的阴影也很长时间挥之不去。

有些人特别喜欢刨根问底，希望找出问题最根本的原因。评价一个人时，我们也可以对他的能力来源刨根问底，但若最后认为这和他的家族遗传有关，就很容易让我们的评价出现失误。能力遗传论的最大漏洞在于忽视了每个人的先祖都有很多个。比如，每个人都有父母两位长辈，按照这种逻辑上溯 5 代人，一个人就有 64 位先祖。其中总有那么一位具有较高的才智，于是人们就认为，这位先人的基因影响了后人。如果上溯 10 代，先祖的数量就会达到 4096 位，从中找出一位出类拔萃的人也就更容易了。不过我们需要明白，杰出的先人往往会给家族留下良好的家风，给后代带来的影响其实和遗传非常类似。所以，那些人才辈出的家族比一般的家族优秀的原因并不是遗传，而是他们世世代代都在接受良好家风的熏陶。稍加回顾欧洲的过往就能弄明白其中的道理，因为在那个时候，家族中的孩子都会被要求子承父业。如果忽视了这一社会制度给家族后代的教育与发展所带来的影响，自然就会对遗传学的相关数据印象深刻，并误认为它们能说明很多问题。

除了能力遗传论等观念性的错误，阻碍孩子学习进步的另一个因素其实是家长。成绩不好的孩子，往往会受到家长的处罚与责骂。其实，他们已经因为成绩不理想而失去了老师的喜爱，并为此非常苦恼，没想到回到家中，家人还要对他们冷眼相待，甚至对他们大加惩罚。

糟糕的成绩单会给孩子带来什么后果，这一点老师应当弄清楚。有些老师想当然地认为，要求孩子把成绩单交给父母看，他们就会被迫努力学习。这种想法的出发点是好的，但忽略了某些家庭的特殊情况。有些父母管教孩子非常严格，甚至能用苛刻来形容。考试失利的孩子大都不敢把糟糕的成绩单交给这样的父母看，一部分胆小的孩子可能连回家的胆量都没有，甚至还出现过个别孩子因为害怕父母责罚而轻生的悲剧。

老师虽然不用为学校规章制度中的不当之处负责，但他们完全可以通过同情与换位理解，最大限度地抵消学校不人性化的制度给孩子造成的负面影响。面对出生在特殊家庭中的那些孩子，老师应当多给予一点宽容、理解，少一些严苛的要求，不要把他们逼到走投无路的地步。成绩不好的孩子，本来就容易失落、压抑，再加上人们习惯称呼他们为“差生”，所以时间一长，他们也会这么看待自己。站在他们的角度，其实很好理解为什么会有那么多的孩子厌学，这都是人之常情。如果一个孩子总因为成绩不好被批评，他就会渐渐失去努力奋进的信心，然后开始厌学，甚至逃学。

虽然我们对孩子出现的这些问题早已见怪不怪，但这里还是很有必要讲清其中的原委。初入学的孩子会有这样的表现还只是糟糕的开始，当他们进入青春期之后，这些情况会变得更加严重。为了避免家长的责罚，他们也许会伪造成绩单，逃学旷课等。当一群有类似经历的孩子聚集在一起时，他们就很容易拉帮结派，并逐渐走上犯罪之路。

个体心理学认为，再糟糕的孩子也有被挽救的可能。如果人们相信这一点，很多后果都不会出现。总有方法能帮到这些孩子，关键在于我们愿意想方设法去寻找。

留级给孩子带来的坏处不言而喻。老师也认为，留级的孩子或多或少都会给学校和家庭带来麻烦，不惹麻烦的留级生几乎没有。不少留级生的学习成绩远远落后于他们的同学，甚至可能不止一次留级。造成这种现象的原因在于，他们身上的问题从来没有被真正妥善地解决过。

什么样的孩子需要留级，这个问题很难回答。有些学校专门安排了一些老师在假期里对孩子进行辅导，主要是为了矫正他们生活中存在的不良习惯，减少留级现象的发生。这种方法就具有积极的示范作用，它从根源上解决了孩子留级的问题。然而很遗憾，社会上给孩子上门做家教的人很多，但能做上面这种辅导的老师却很少。

德国没有这种家教老师，他们认为这种形式的教育服务也没有必要存在。只要细致认真地观察孩子，学校的老师就能非常深入地了解孩子的情况，而且老师对班级中所有孩子的了解远比其他人透彻。有人认为，一个班的人数很多，老师难以掌握每个孩子的情况，其实不然。老师在新学期伊始会与每个孩子单独接触，这至少能让他对每个孩子留下一定的印象，以便于后期深入了解。不管班级规模有多大，这都有可能做到。对孩子的了解越深入，他们受到的教育自然也越有保障。当然，班级规模太大确实不好，这种情况应该尽量避免，而且要解决这一问题并不困难。

有些学校，每学年或每学期都会更换一次老师，从心理学的角度来看，这种做法并不值得提倡。老师带着一个班的孩子同步升入新的年级比较合适，能连续带两三年自然更好。这样做的最大好处在于，老师能有更多的机会观察并深入了解每个孩子，能更及时、更准确地指出潜在的问题，并督促他们改正。

有留级的孩子，自然也有跳级的孩子。跳级到底好不好，这个问题还有待商榷。在一个班级中，有些孩子成绩优异且年龄偏大，他们往往会被纳入允许跳级的名单之中。其实，即便是留过级的孩子，只要足够努力，进步显著，他们也是可以跳级的。但是，跳级往往会拔高孩子对自己的期望值，难以让他们获得满足感，所以我们不鼓励用跳级来奖励优秀的孩子，即便他们的成绩真的非常优秀，或者他们真的比同龄人成熟老练。成绩优异的孩子完全可以用富余的时间学习绘画、音乐等课余知识，他们得到的好处会远大于跳级。这样做也能给整个班级的发展产生积极影响，因为这些优秀的孩子在用实际行动做全面发展的表率，给同班的其他孩子带来正向激励。

有人会就此质疑，认为这么做限制了优秀孩子的发展空间。我们并不认同这种观点，因为孩子和班级之间的影响是相互的。有优秀孩子的带头作用，整个班级才能不断前进，变得更好；也正因为班级的整体氛围很好，这些孩子才能不断精进，探索更大的进步空间。

通过深入比较快慢班的发展情况，我们从中也能发现一些比较特殊的现象。不少读快班的孩子，他们的智力发展存在比较严重的问题；而很多读慢班的孩子，他们的智力发展却并没有常人想象的那样差劲。不少孩子读慢班，完全受限于贫困的家庭条件，读慢班的孩子又很容易被歧视，因此人们往往会将家境贫困的孩子与成绩不好的孩子画等号。

来自贫困家庭的孩子，他们的父母大都终日忙碌，疏于对孩子的关爱；有些父母则是因为文化程度较低，无法担负起教育孩子的工作。因此，这些孩子的入学心理准备往往都做得不充分。考虑到编入慢班的孩子确实容易被其他孩子嘲笑，孩子本人也会觉得不光彩，所以单纯将入学准备做得不充分的孩子编入慢班的做法，本身也欠妥当。

长期待在慢班中的孩子容易灰心丧气，前文提到的特殊辅导老师能很好地改变慢班孩子的学习状态，他们的作用我们前面也已经介绍过。此外，成立专门的儿童俱乐部，让读慢班的孩子有一个做作业、玩游戏、阅读的场所也非常不错。这样一来，既能让孩子们得到更多的辅导，又能激发他们在学习上的勇气，使他们变得自信。如果这种俱乐部还配有一定的娱乐场地，这些孩子就能彻底远离街头，减少慢班环境带来的系列影响。

男女是否应当同校学习，这个问题在教育实践的领域中一直争论不休。有人认为，从原则上讲，男女同校学习应当被提倡，因为它能有效增进男孩和女孩之间的了解。不过，学校和老师都应当慎重对待男女同校所产生的问题，任由这些问题发展，就只会让这种形式弊大于利。例如，女孩在16岁之前的发育会显著地超过男孩，然而这个事实却很少能引起人们注意。如果男孩不了解这一点，并且又意识到女孩的成长速度超过了他们，就很容易因为心理失衡而与女孩展开没有意义的竞争。如果老师认可男女同校，且了解由此可能引发的问题，这种模式就能取得应有的成功；但如果老师反对男女同校，认为由此可能会引发麻烦，那么这种模式就不会取得什么效果。

如果实行男女同校的制度，却又疏于对孩子们进行教育、引导和管理，出现两性方面的问题就在所难免。我们提出有关性教育的问题是因为它非常复杂，第十二章还会专门就学校的性教育问题进行深入探讨。其实，在学校这个场所开展性教育并不合适，因为在面对所有孩子时，老师也不确定这方面的知识会让谁产生怎样的反应。当然，孩子私下向老师咨询性问题则另当别论。需要强调的是，如果前来咨询的是女孩，老师一定要正面解答她的疑惑，而不要回避、搪塞。

上面讲的这些，其实已经属于教育管理方面的问题了，和本章的主题有些偏离。现在，我们重新回到本章的主题，继续探讨孩子的在校表现。如果我们了解了一个孩子的兴趣所在，并且知道他擅长的科目，我们就能找到最适合他的教育方法。

一次成功能带来更多的成功，教育是这样，人生其他的事情也是如此。也就是说，当孩子对某一门功课兴趣浓厚，并且成绩优异时，他就会倍受鼓舞，并在其他功课的学习上取得进步。这也是老师的职责，即让一个孩子在取得成功之后，获得不断进步的动力，掌握新的知识，实现新的成功。不过，如何借助自己的力量取得进步呢？很多孩子都不知道具体应该怎样做。其实不只是孩子，每个人在从无知到了解的过程中都会遇到这样的困惑，因此我们才需要别人的帮助。对于孩子而言，老师就是最好的帮手。能这么做的老师也一定会发现，孩子会逐渐意识到这方面的问题，并且积极配合老师的教学工作。

我们刚刚说过，找出孩子感兴趣的科目，就能找到最适合他们的教育方法。了解孩子的感觉器官也有相同的作用，因此弄清孩子习惯使用的感觉器官，确认他们偏好的感觉类型也非常重要。不同的孩子，接受过的训练可能不一样，有些接受过视觉方面的训练，有些则是听觉方面，还有的可能是运动方面。近年来兴起的一种劳动学校非常流行，并且在教学上大获成功，这些学校坚持的，就是让学生的感官特点与学科教学有机结合。比如，某个孩子学习时习惯用眼观察，从感官分类上看，这个孩子就属于视觉类型，要提升他的学习效果，最好的方法就是多看，而像地理这类需要多观察才能学好的学科，他就比别人更有优势。由此我们可以得知，在教学中充分利用孩子的感官特性，确实是提升学习成绩的有效手段。

在仔细观察孩子的过程中，老师其实可以得出很多与此类似的认知，上面讲述的只不过是其中的一种。总之，老师是人类灵魂的工程师，肩负着伟大而神圣的使命，同时掌握着人类发展的未来。

要想将理想变为现实，空有美好的教育理念远远不够，还应当有行之有效的操作方法。我在维也纳生活时，就已经开始寻找将理想的教育变为现实的方法了。最终，我得出的结论就是——在学校开设专门的教育咨询诊所。

建立这种诊所，为的是让现代心理学的知识能为教育系统服务。每逢特定的日子，诊所还会举办咨询活动，每次活动都会邀请一位精通心理学，同时又对老师和孩子、父母生活情况非常了解的优秀心理学家到场。参加咨询活动的老师们往往会聚集在一块，共同讨论各自遇到的一些问题儿童，他们或者懒惰，或者违纪，或者有偷盗方面的问题。一般都是老师先详细描述案例，心理学家再根据掌握的经验知识，与诸位老师进行深入探讨：这些问题为什么会产生？到底何时出现的？应该怎样处理？解答这些问题需要了解孩子完整的心理发展过程和他的家庭生活状况。对所有的信息进行综合分析之后，心理学家会有针对性地为每个存在问题的孩子制订一套详细的矫正方案。

这次咨询活动结束之后，存在问题的孩子以及他的母亲会被邀请到诊所。在确定要让孩子的母亲参与并配合矫正方案之前，心理学家要先与这位母亲谈一谈，将孩子会遭遇挫折的原因向她解释清楚。接下来，再由这位母亲进一步交代孩子的情况，以便心理学家与她一同探讨。通常来讲，当孩子的母亲发现他人对自己孩子的情况非常关注时，她会积极主动地配合。即便这位母亲不愿配合，甚至充满敌意，老师或心理学家也不会放弃，他们会向这位母亲继续介绍更多的案例来打消她的顾虑，直至她没有抵触情绪。

等最终的方案敲定之后，我们便会安排孩子本人到咨询室来，与老师、心理学家面对面交流。整个聊天过程中，心理学家都不会提及孩子犯下的错误，而是以一种孩子能够理解的方式，客观地分析问题产生的原因，推测可能导致内心产生挫败感的想法。整个过程中，孩子都不会有任何压力，跟上一节课差不多。通过这种方法，很多孩子最终都明白了他们会屡屡失败而别人却总受欢迎的原因，甚至还能分析出是什么原因让他们对追求成功灰心丧气等。

像这样的咨询模式，我们坚持开展了差不多15年的时间，不少老师从事这方面的工作长达4年、6年，甚至8年。长期的工作让他们积累了丰富的经验，而且他们对工作本身也非常满意，自然舍不得离开。

当然，这种咨询活动的最大受益者，还是被种种问题困扰着的孩子们。因为那些存在已久的问题都消失了，不少孩子都摘掉了“问题儿童”的帽子，心理状态也恢复到了健康的水平，开始变得勇敢而自信，也学会了与他人进行合作。有些孩子不一定到咨询诊所接受过辅导，但他们依旧能从这种模式中获益。只要一个班级中有孩子出了问题，老师就会让班上的其他孩子就这种问题展开讨论。以懒惰为例，他们可能会先分析懒惰产生的原因，然后层层深入、剖析弊端，直至得出懒惰应当被纠正的结论。为了鼓励孩子参与讨论，确保人人都有表达观点的机会，老师会全程进行指导。由于没有指名道姓，身上有懒惰毛病的孩子根本不会知道大家其实正在讨论他的问题，但他却能从这场讨论中受益。

综上所述，我们不难看出，心理学与教育之间确实有紧密结合的可能，这两者不过是同一个现实与问题所表现出来的两个方面。只有弄懂了心理运作的机制，才可能对心理活动进行有效指导；也只有真正做到这一点的人，才可能灵活运用所学的知识引导精神，实现更伟大、更高远的目标。

第十一章　影响孩子成长的外在环境

在看待心理与教育方面的问题时，个体心理学的视角非常广泛，并将外在环境造成的影响也纳入了考虑范围。德国心理学家冯特认为传统的内省法不够科学，为了弥补其中的缺漏，有必要创建“社会心理学”这种新的科学。[①]不过，个体心理学并不这么认为。个体心理学对个人的心理与外在的环境都非常重视，既不会偏重于研究个人心理，忽视外在环境等因素；也不会过度深究外在因素，忽视个人心理的独特性。

老师和其他担负教育责任的人都不要想当然地认为，自己是影响孩子教育的唯一因素，因为诸多外在因素也会作用于孩子的心理，继而给他们造成或直接、或间接的影响。其中的间接影响是指外在因素影响了孩子的父母，使他们的心理状态发生了改变，最后影响到了孩子。外在因素造成的影响不可避免，个体心理学自然也不会忽视这一重要方面。

首先，每个老师都要重视经济因素给孩子造成的影响。比如，我们应该明白，世世代代都拮据的家庭，他们的日子每天都过得

---

① 内省法自古有之，人们常用的自我反省、思辨、经验概括等认识自己的方法都属于“内省法”，也叫“自我观察法”。但是冯特认为，这种传统的方法具有较大的主观性，难以很好地诠释人的心理变化与外在环境影响之间的关系，在研究人类更高级的心理活动时会出现极大的误差。为此，冯特创立了“社会心理学”，决定使用更科学的方法来研究人的意志、观念等更高级的心理过程，并将个人的感情、感觉、意志等直接经验划归于“个体心理学”的研究范畴。如今，“社会心理学”一般被译为“民族心理学”。——译者注

很艰难，家中多弥漫着悲伤、痛苦的氛围。从这种家庭中成长起来的孩子，由于饱受经济问题的困扰，内心大都非常压抑，自然难以形成愿意与人合作的健康心态。

温饱得不到保障的环境不利于人的发展。长期生活在这样的环境中，不仅会给家长、孩子带来生理方面的问题，更会侵蚀他们原本健康的心理。一战结束后，在欧洲出生的孩子就很明显受到了这种影响，要知道，这些孩子出生与成长的环境要比他们的长辈恶劣得多。

除了恶劣的经济、环境等因素会制约孩子的成长，因父母缺乏生理卫生方面的知识而给孩子造成的影响同样不容小觑，而这方面知识的缺乏，往往又与父母自身的过分羞怯、对孩子的溺爱紧密相关。虽然他们只是单纯地溺爱，不希望孩子吃苦，但也正因为这份溺爱，即便孩子出现了明显的问题，他们也不希望孩子承受因矫治而带来的痛苦。比如，有些孩子存在脊柱变形的症状，但他们的家长会认为，这种疾病会随年龄的增长而慢慢康复，因此耽误了孩子最佳的治疗时机。不少父母虽然生活在医疗设施服务均非常完善的城市中，但也会犯这种天大的错误。健康方面的问题不及时处理，严重的甚至可能留下后遗症，继而给孩子的心理状况造成不良影响。

个体心理学认为，每种疾病都可能成为影响心理健康的“危险暗礁”，我们应当极力避免“触礁”情况的发生；如果最终不可避免地“触礁”了，我们还可以借助一定的补救措施，将“触礁”带来的负面影响降到最低，比如培养孩子的勇气、社会感情等。如果一个孩子的社会感情非常丰富，即便患上了生理疾病，也不会给他的心理健康造成多大影响。假设有两个孩子，其中一个认为自己完全融入了身边的环境，另一个则完全沉浸在家庭的溺爱氛围之中，如果他们不幸都患上了同样严重的疾病，那么这种疾病给前一个孩子造成的心理影响则远没有后一个孩子的严重。

通过观察病例我们发现，即便是患有咳嗽、脑炎等疾病的孩子，他们也会出现心理问题，而且人们会将其归咎于疾病本身。其实，这些疾病不过是让孩子内在的性格缺陷暴露出来了而已。很多时候，一些社会感情欠缺的孩子在患病时可能会认为，病痛赋予了他们足以控制家人的理由与力量，而且他们也清楚，这些疾病就是让父母焦虑不安的原因。可是，当疾病痊愈之后，父母就不再受他们控制了，要重新控制父母，就只能想方设法向父母提出各种要求。久而久之，借病撒娇也就成了他们的惯用伎俩。不过，疾病有时也能成为改善孩子性格的宝贵机会，这是一件很耐人寻味的事情。下面这个案例的主人公是一位老师的次子，他就是阐释这个问题的典型之一。

这位老师一度为第二个儿子操碎了心，因为他不仅成绩在班级几近垫底，有时还会离家出走。忍无可忍的老师打算把这个孩子送去专门的问题儿童管教机构，却发现孩子已经患上了忧郁型肺结核病，而要治愈这种疾病，父母必须长时间地对孩子悉心照料。然而，这位老师没想到的是，疾病痊愈之后，孩子一改以往的表现，成了家中最乖的孩子。

原来，这个孩子最渴望父母能对他多加关注，结果在生病期间，他如愿以偿了。过去会表现得很叛逆，完全是因为他有一个特别优秀的哥哥。由于父母只会表扬哥哥，使他的内心就此蒙上了阴影，这让他试图通过一切叛逆的行为来吸引父母的注意力。然而，他通过这场疾病发现，父母原来也会像喜欢哥哥一样喜欢他，于是他决定要用良好的表现来引起父母的关注。

这里还要说明一点，孩子心中因疾病留下的痕迹很难消除，这些影响还会在他们未来的生活中体现出来，至于重大疾病、死亡这些事情就更容易让孩子记忆犹新了。不过我们也注意到，有些孩子最终成了医生、护士，就是受到了疾病、生死的影响，转而对它们开始感兴趣，并将这种兴趣转化为工作的动力；但更多的人还是会对遭遇过的疾病、生死感到害怕，无法走出它们带来的阴影，严重的还会影响到正常的生活与工作。我们随机对100多名女孩进行了调查，其中接近50%的被访者表示，疾病和死亡带来的联想是她们一生中感到最恐怖的事情。所以，父母应当从小就要保障孩子的身体健康，同时帮他们做足相关的心理准备，万一可怕的疾病、死亡真的来临，也能抵消由此带来的一部分影响。父母应当让孩子形成这样一种价值观：每个人的生命都是有限的，但都可以活出自己的价值。

除了疾病带来的影响，孩子的日常生活中还存在着一种会影响心理健康的“暗礁”——接触陌生人，以及家中的熟人、朋友。这方面的不良影响源于，这些人未必发自内心地喜欢孩子。他们与孩子的相处时间很短，因此会尽可能地逗孩子开心，做让孩子能记住他们的事情，同时没有原则地宠爱、纵容孩子，比如经常莫名其妙地表扬孩子。这些表扬的话未必真实，但很容易让孩子忘乎所以，甚至骄傲自负，这极大地干预了父母对孩子的正常教育。不管从哪个方面来说，这都是不应该的，父母应当尽量减少这类事情的发生。陌生人带来的不良影响还在于故意弄混孩子的性别，如称小男孩为“漂亮的姑娘”，称小女孩为“俊俏的男孩”。为什么要尽量避免这类事情，在“青春期”一章中我们会着重讨论。

家庭环境给孩子成长带来的影响应当引起人们的高度重视。家庭环境是孩子了解人际关系与交流合作的第一课堂，家庭成员参与社会生活的方式与表现，就是孩子学习与示范的榜样。如果家庭环境非常封闭，少与外界交往，培养出来的孩子就会明显地区分自己的家人和外人。随着时间的推移，孩子心中的家庭世界与外部世界之间，慢慢就会形成一条难以逾越的鸿沟，以至于孩子在看待外部世界时，内心始终充满了敌意。在这种几近与世隔绝的家庭中成长起来的孩子往往多疑，看待外部世界时习惯站在自己的视角。这其实很不利于社会感情的发展。

孩子 3 岁时，差不多就到了和他人一块儿玩耍的年纪，家长也应当鼓励他们这么做，这样等他们真正与陌生人接触时，就不至于脸红、胆怯，甚至表现出敌意。在溺爱中长大的孩子很容易出现这类问题，因为他们打心底里就“排斥”他人。这些问题如果父母发现得早且及时得到了纠正，孩子日后遇到的麻烦就会少很多。如果一个孩子在 3 ~ 4 岁时，已经受到了良好的教育，能在家长的鼓励下与别的孩子一块儿玩耍，且具备一定的集体意识，他之后再与别人接触时，就不会产生心理障碍，更不会患上神经功能症或精神错乱症等疾病；相反，生活封闭、不善交际、独断专行的人，上述所有问题都可能出现。

在讨论家庭环境给孩子成长带来的影响时，有一个因素尤为重要，那就是家庭经济状况的改变。一个富裕的家庭突然变得贫穷，给孩子造成的影响会非常大。由于过惯了养尊处优、被人百般宠爱的生活，特别是当孩子还不是很大的时候，他们很难接受落魄的现状，常常恨不得回到过去。不过，一夜暴富式的变化也未必能给孩子的成长带来好处。突然陡增的财富，连父母也未必清楚该如何正确地使用，更不用说孩子了。处于这种状况下的父母，用钱很可能变得大手大脚，并试图依靠钱财提升孩子的幸福感，对孩子提出的需求也尽可能满足，甚至是纵容。这样做很容易让孩子犯错，我们也注意到，从这种家庭中走出来的孩子，或多或少都会出现一些问题，严重的还可能成为典型的问题儿童。但如果训练得当，孩子具备了一定的合作精神与能力，上述问题都可以避免。不过，孩子也可能拿这些突变的外在环境当借口，拒绝培养合作精神，不愿意提升相关的能力，这时我们也不要逼迫孩子，要对他们保持足够的耐心。

不仅物质方面的富足或贫穷会影响到孩子的内心，欠佳的精神氛围也一样，而我们最先想到的，就是对一个家庭的偏见。假如一个孩子的父母或其他成员做过不光彩的事情，这种不良行为就很容易导致偏见，并且给孩子的心理造成巨大影响。由于害怕别人知道父母或家人有问题，他们害怕与别人交往，也不敢憧憬未来。

作为父母，不仅要引导孩子读书、学习、计算，更要为他们内心的健康成长保驾护航，不要让他们背负无谓的压力。如果父母的婚姻出现危机，家中矛盾不断，那么在这种氛围中成长的孩子肯定会出问题。一个习惯酗酒、脾气暴躁的父亲也应当好好反思，他的这种行为会给孩子带来怎样不好的影响。这类来自家庭的不幸经历，往往会在孩子的心中烙下深深的印记。当然，从理论上讲，只要孩子的社会感情足够丰富，懂得与人合作，这些不幸给他们造成的伤害就会显著减弱。但问题在于，上述的不幸本身就是他们父母造成的，这些孩子又怎么会再相信他们父母，并且接受父母给予的训练与指导呢？基于这方面的原因，不少学校近年来都掀起了建造儿童咨询诊所的热潮。既然父母难以将角色扮演到位，为了确保孩子依然能够健康发展，理应由其他人代替他们的父母完成工作。于是，这一职责便落到了具有心理学培训资质的老师身上。

偏见除了来自个人，还可能来自国家、种族和宗教。一种偏见的背后，必然存在着相应的侮辱者与受辱者。侮辱者大都自恃高人一等，具有与生俱来的优越感，往往心高气傲、目中无人，试图借助侮辱别人的方式，让自己的内心得以满足。不过，根据我们的经验，侮辱者的行为不仅会给受辱者造成巨大伤害，最终侮辱者自身往往也会以失败收场。

这类偏见往往还是战争爆发的导火索，要想促进人类文明持续进步，这种容易给人类带来巨大灾难的偏见就必须消除。老师应当将战争的真相向孩子解释清楚，不能让他们简单地认为，会一点花拳绣腿就能在他人面前展现自己的优越感。虽然没有明文规定必须这么做，但让孩子提前有个心理准备也不是什么坏事。受军事教育的影响，一部分孩子会踏上军旅生涯。还有一部分孩子虽然接受了军事教育，但最终却没有参军，这些孩子爱上打打杀杀之类的游戏的可能性更高。受这类游戏的影响，他们的心理或多或少会出现一些微妙的变化，即他们空有如战士一般争强好胜的心理，却始终不知道应当怎样与身边的人友好相处。

父母每逢圣诞节或其他重大节日时，都有给孩子送礼物的习惯，但应当选择什么样的玩具当礼物，很多父母都没有认真思考过。其实，像刀枪棍棒就不适合送给孩子当玩具玩，同时也要让孩子少参与战争类的游戏，少阅读与英雄崇拜相关的书籍。给孩子选择一款合适的玩具其实有很多学问，但不管选择什么类型的玩具，都应当以帮助孩子提升合作意识、创新精神和创造能力为目的。如果孩子能够亲手制作玩具自然更好，因为它给孩子带来的意义与价值要远超布娃娃与玩具狗等现成的玩具。

我们还要强调一点，玩玩具时要让孩子学会尊重动物，要让他们明白，动物是人类的朋友，不管是小鸟、小狗、小猫，它们都跟人一样懂得喜怒哀乐，并不只是一个个有生命的玩具。当然，我们还要帮助他们消除与动物相处时的恐惧感，告诫他们不要虐待动物。一个习惯虐待动物的孩子，往往伴有欺凌弱小的倾向。如果一个孩子知道该怎样与动物友好相处，我们就可以认为，他也做好了与别人友好合作的准备。

亲人给孩子成长带来影响在所难免，首先要提及的就是祖父母。我们应当冷静客观地看待祖父母的生平，因为和当今相比，他们的处境或多或少具有一些悲剧色彩。按理来说，随着年龄的增长，人的发展空间会更加广阔，兴趣爱好也会变得更加广泛，但现实却与他们开了一个巨大的玩笑，衰老让他们渐渐被社会抛弃，并且失去了展现自我价值的舞台，这确实非常遗憾。他们能做的事情其实还很多，只要有合适的机会，他们也能收获更多的幸福与快乐。我们认为，一个人不管是60岁、70岁，甚至是80岁，只要他愿意，就可以坚守自己的事业。与其粗鲁地终止老人的人生计划，不如让他们继续自己的事业。

老人过早地被社会抛弃，其实也会给孩子的教育产生不利的影响。原本可以继续创造价值的祖父母们，为了证明自己余热尚存、活力满满，就会试图插手孙辈的教育，证明他们可以在孙辈们的教育上帮衬一把。他们希望能给孙辈们更多的爱，在对待这些孩子时就会格外地体贴入微，溺爱纵容，但这样一来，便给孙辈们的教育带来了巨大的麻烦。

当然，我们应当体恤老人的这份心意，尽可能为他们创造一些能发挥余热、体现价值的机会；同时，也要让老人明白，应当通过教育的手段让孩子变得独立。孩子不应该只是长辈寄托感情的对象，更不应该被卷入家庭纠纷之中。如果老人与孩子的父母之间出现了矛盾，双方都应当保持克制，千万不要让矛盾进一步扩大，把孩子牵扯进来。

我们注意到，被祖父母溺爱的孩子，更容易患上心理方面的疾病，其中的原因不难理解：溺爱等同于过度纵容，容易引发同龄孩子之间的无谓竞争或妒忌。许多孩子都曾说过类似的话："祖父最疼爱的人是我。"这样一来，其他的孩子就会觉得自己不是祖父"最疼爱"的对象，容易变得心理不平衡。

特别聪明的表兄弟、表姐妹也是极容易影响孩子成长的一类亲人，严重的还可能给孩子的成长带来麻烦。比如，大人在表扬一个孩子的兄弟姐妹聪明漂亮时，这个孩子就会感到不愉快。如果这个孩子非常自信，并且形成了良好的社会感情，他就会明白大人的言外之意，话中的"聪明"，不过是在肯定兄弟姐妹的努力成果，自己勤加努力的话，也可以和兄弟姐妹一样优秀。但如果他意识不到这一点，而认为兄弟姐妹的聪明是天生的，他就会认为命运对自己不公，继而感到自卑。这种错误的认识甚至可能影响孩子的一生。

漂亮的外表确实是上天馈赠的礼物，但它在现实社会中的价值也的确被过分夸大了，这很容易影响孩子的心理健康。这种情况在很多孩子的身上都有所展现，比如，女孩会为自己不如表姐妹漂亮而苦恼，男孩也可能因为自己不如表兄弟帅气而自卑。即便过了几十年，这种发自内心的羡慕与嫉妒依旧可能存在。

要解决这方面的问题，家长就应当尽早让孩子明白，与人相处的能力远比好看的外表更加重要。当然，"爱美之心，人皆有之"，确实没有人喜欢丑陋的外表，人人都渴望自己能变得更加美丽。但是，过于拔高外表的价值，将它与其他价值割裂开来，并且把"变漂亮"当成是人生的终极目标，这也是不对的。美丽的外表，与生活优越、幸福美满没有必然的联系。虽然大部分的罪犯都面目可憎，但也不乏容貌姣好的孩子。这些孩子会犯罪，其实也不难理解：他们本以为拥有人人喜爱的外表就能不劳而获、生活富足，因此并没有做好充足的准备来应对生活与未来；可等意识到不付出就无法生活的道理之后，他们已经无法在短期内改变自己的习惯与观念了，因而很容易选择犯罪这条捷径来满足自己不劳而获的心理。古罗马诗人维吉尔说过一句话："通往地狱的路，往往走起来非常容易。"它表达的大致就是这个意思。

有关于适合孩子看的书，我在这里还想多啰唆几句。如什么书适合孩子阅读，让孩子读童话故事前应该做怎样的准备工作等问题都值得探讨。孩子有两方面的特点很容易被忽视：一是他们理解事物的角度不同于成人，二是他们理解事物时会掺杂自己的喜好。胆小的孩子会从童话故事中寻找胆小的例子，以证明他们的胆小是合理的，他们也会因此一直胆小下去。因此，我们应当在童话故事中写上注解，帮助孩子弄清故事的本意，避免因片面的理解而让错误的意识在他们的脑海中生根发芽。

童话故事是非常好的读物，它不仅有益于孩子的成长，也能让成人受益匪浅。虽然每个时代都会产生一批优秀的童话故事，但创作这些作品的时代背景、地理环境都与现在差异显著，而这些差异又是孩子们难以通过自己的能力完全理解的。这些铺垫工作没有完成，孩子在阅读童话故事时，就很容易对故事内容产生距离感。比如，很多童话故事里都有一个被世人称颂、毫无缺点的王子，这个角色浑身上下都散发着迷人的魅力。很显然，这种形象是人们刻意杜撰的，而且在一个崇尚王权的时代，这种杜撰本身也具有合理性。类似于这种常识，就应当告诉孩子，让他们明白故事中的王子是人们想象出来的，这么做是为了传达一种美好的愿望；否则，这些童话就很容易误导孩子的成长，当他们在成长中受挫时，就会萌生出一些不切实际的想法。比如，我们在询问一个 12 岁的男孩有什么伟大的理想时，他的回答就是："我要当一个无所不能的魔法师。"由此可见，孩子在阅读童话故事时，家长和老师也要适当进行引导，这样才能有效激发孩子的合作精神，同时拓宽他们的视野。

看电影也是阅读的一种形式。一岁左右的孩子，理解不了电影的内容，电影对他们的影响也就无从谈起。可是，当孩子的年龄再大一些时，他们就可能因为一知半解的理解能力，对电影传达的内容产生误解，即便是浅显的童话剧也不例外。比如，有个孩子在四岁时去剧院看了一部童话剧，他在多年之后仍然坚信，世上有专门卖毒苹果的老太太。孩子无法正确理解电影的主题，所以主观臆断、片面理解等情况都可能发生。父母要做的，就是耐心地向孩子解释电影的主题并加以引导，以免错误的认识给他们未来的成长造成影响。

作为一种读物，报纸也是影响孩子成长的一大外因。绝大多数报纸都只适合成人阅读，很少考虑孩子的阅读水平，所以最好不要让孩子看报纸。有些孩子的心智发育还不成熟，报纸上的一些报道容易让他们的心灵变得扭曲，特别是有关不幸遭遇或事故的报道，很容易让孩子觉得压抑甚至恐惧。受这些负面消息的影响，孩子很可能会悲观地认为，真正的生活充满了各种天灾人祸。一个小时候阅读过惨烈火灾报道的孩子，即便长大成人之后依旧会对火灾心有余悸，由此可见这种不良影响所具有的持久性。不过，现在市面上已经出现了一些专为孩子们刊印的报纸，这无疑是一个好现象。

我在前面已经给大家简要介绍了孩子成长过程中需要注意的几个外在因素，虽说不一定全面，但基本涵盖了最重要的部分，并且进一步强调了个体心理学中“社会兴趣”和“勇气”这两个最基本的概念，总体上能够说明影响孩子成长的一般原理。

第十二章　性教育的意义与误区

青春期性教育是一个特别重要的话题，市面上俯拾即是的相关书籍也能佐证我们的这一判断。不过，我们说得特别重要，与大多数人的理解有所不同。每个孩子在青春期的表现都不一样，所以我们在一个班级中可以看到各种孩子：有的积极上进，有的反应迟钝，有的干净整洁，有的邋遢懒散，等等。我们还注意到，一些孩子长大甚至变老之后，他们的举动仍与青春期时没什么两样。按照个体心理学的理解，这些现象并不罕见，因为他们的心理发育早在青春期时就已经停止了。

个体心理学认为，青春期和人生其他的成长阶段一样，每个人都要经历，但这并不意味着，只要经历了某个成长阶段，人的心理就一定会发生改变。我们可以把这些阶段当成人在不同环境下需要面对的考验，它们能够直观地反映人们已然形成的性格特征。比如，小时候被管教特别严的孩子，往往不敢表达自己的观点，认为自己卑微渺小。到青春期时，由于身心都处于快速发育的阶段，一部分孩子很快便冲破了内心的枷锁，在蜕变中进入了全新的阶段；剩下的孩子则没有这么幸运，快速发育的他们并没有找到合适的成长方式，依旧被束缚在过去的经历中，对生活的兴趣越来越淡，性格变得越来越孤僻，导致成长慢慢停滞了下来。这些孩子很可能在小时候就被宠坏了，无法适应外在的环境，以至于进入青春期后，身心的快速发育与外在环境的突变让他们措手不及。

孩子在青春期的状态已经接近成人，能比较真实地反映出孩子的生活习惯，如对生活持有什么态度、能否与人友好相处、社会感情如何，等等。一个社会感情严重缺乏的人，表现社会感情时往往会非常夸张，处于青春期的孩子一般都是这样，难以把握好表达社会感情的度。孩子的社会感情过于强烈也不是什么好事，他们很容易做出只顾他人而牺牲自我的事情。这种做法我们不提倡，一个真正有志于投身公共事业、服务他人的人，首先要保护好自己，一个自顾不暇的人想为他人服务，其实与异想天开没什么区别。我们注意到，不少青少年的社会感情已经丧失，有的早在 14 岁就已辍学，并渐渐与老同学、老朋友失去了联系。此时他们虽然步入了社会，却没有及时建立起新的人际关系，很容易与社会完全脱节，继而产生孤独与无助的感觉。

就业是我们接下来要探讨的话题。一个人的职业观会在青春期初露端倪。我们注意到，这一时期的许多青少年都热爱工作，也变得独立自主起来，这说明他们已经步入了健康发展的轨道；也有一部分青少年由于成长停滞，迷失了前进的方向，即参加了工作的人在不停地跳槽，还在读书的人则总在考虑要不要换一个更好的学校，除了这些，他们也不知道该干什么。说到底，这些人就是不想学习、不想工作、不想进步。这些问题并不是青春期造成的，而是早已形成，只不过在青春期集中表现出来了。如果我们对孩子的了解更深一点，给孩子独立表达自我的机会更多一点，对孩子不再像小时候那样处处设限，他们在青春期乃至今后人生中的表现就会更好。

爱情与婚姻是我们这一章中要讨论的第三个问题。青少年对这个问题的态度，又能折射出他们人格中的哪些特点呢？这依旧与他们小时候的生活密切相关，而且青春期强烈的心理活动，会让这些特点表现得更为清晰、准确。我们注意到，不少处于青春期的孩子对爱情和婚姻已经有了初步的认识，到底该表现得浪漫还是勇敢，他们已经有了明确的答案。不管怎样，至少在对待异性时，上述两种选择都很正确。有些青少年则走向了另一种极端——羞于谈性，而且离真正的成人生活越近，越能看出他们还没有为即将到来的成人生活做好准备。

根据孩子在青春期的种种表现，我们完全可以推断出他们未来的生活，而这也为我们的引导、干预工作提供了参考依据。如果一个处于青春期的孩子对异性的态度非常消极，说明他的童年可能过得并不愉快。据我们了解，这种孩子的求胜心都很强，并因父母偏爱其他子女而倍感沮丧。这种情况下，他就会认为一个人应当坚强起来，不要感情用事，并将一切情感视为进步的羁绊。

孩子在青春期时学会了要表现自我，这个时期也因此充满了不安定因素。如果孩子进入青春期后突然萌生了离家出走的想法，则说明他们已经对家庭生活感到不满，所以想找一个脱离家庭的机会，并且不愿再接受家庭的养育。不过，不管站在父母还是孩子的角度，家庭的养育都是必要的。如果孩子真的因为供养中断而遇到了无法克服的困难，他们就会认为这完全是父母不管不顾造成的。长期与家人一块儿生活的孩子也有离家出走的可能，只不过这种可能性会小一些。这些孩子会这么做，主要是因为与家人生活在一起让他们充满了拘束感，过于周密的照顾让他们觉得没有自由，没有足够的空间表现自我，也没有机会真正认识自己。所以只要有机会，他们就会夜不归宿，沉浸在夜间外出的快乐与满足之中。这其实是他们对乏味的家庭生活做出的无声控诉。

和童年时期相比，处于青春期的孩子更在意他人的表扬，听惯了表扬的孩子如果突然得不到别人的表扬了，心中的落差就会非常大。一个成绩历来优异、表现良好的孩子很容易被老师高度赞赏；然而他在转校之后，再想得到表扬就没那么容易了。从表面上看，他似乎像变了个人一样，表现也不如以前那样优秀。其实，他并没有发生什么本质性的改变，只是因为外在环境发生了变化，他无法在短期内像过去那样展现出真实的性格而已。一个人在进入完全的陌生环境时表现出来的短暂不适也是类似的原因。

好在这些问题都是可以解决的，和孩子建立深厚的友谊就是行之有效的方法之一。鼓励孩子结交良师益友只是一个方面，家庭成员之间也要相互信任。事实上，只有与孩子友好相处，不断给他们鼓励的父母和老师才能发挥引导的作用；其他人即便想给予指导，也会被孩子拒之门外，因为处于青春期的孩子容易多疑，在他们的眼里，不熟的人就是外人，甚至是敌人。

我们注意到，有些处于青春期的女孩会对自己的性别不满，而且会模仿男孩的行为习惯。这是因为和努力工作相比，模仿男孩抽烟、喝酒、拉帮结派显然更容易。有些女孩会为自己这么做找借口，辩称这不过是在吸引男孩的注意力。认真深入地观察她们的行为，我们就能找到其中的原因：这些女孩从小就对自己的性别非常不满，青春期的快速成长让她们有勇气将这种厌恶感表现出来。所以，处于青春期的女孩的这类表现应引起我们的重视，她们未来会对自己将要扮演的角色持什么样的态度，从中或许可以略知一二。

处于青春期的男孩普遍认可聪明、勇敢、自信的男性角色。有些男孩不相信自己能成为一个真正的男子汉，特别是从小没有接受过男性角色教育的男孩，他们的这种性别缺失会在青春期表现得更加明显。其中一些男孩举手投足都跟女孩无异，喜欢化妆打扮、卖弄风情、扭扭捏捏。和这种女性化的男孩相反，一些男孩在青春期也会变得过于男性化，甚至可能通过非常恶劣的行为来展现男性的人格特征，比如，酗酒、纵欲，乃至单纯为展现男子气概而进行的犯罪。内心充满优越感、想当领袖、表现欲强的男孩更容易出现这些问题。别看这些男孩气势汹汹、野心勃勃，其实他们的内心无比脆弱。美国最近就不乏这种例子，像李奥波德（Leopold）和勒伯（Loeb）①就是这样的人。我们通过研究发现，这些人不想付出太多的努力，但又想过上不错的生活。光从表象上看，人们会认为他们积极进取、渴求上进，但他们其实根本没有拼搏的勇气。那些后来走上犯罪之路的孩子也都表现出了类似的特征。

我们还注意到，很多孩子第一次殴打父母也是在青春期。忽视人格统一性的人往往认为，孩子突然学坏了才会这样。其实孩子根本没有变，和小时候差不多，只要仔细研究他们过去的经历就能发现这一点。至于过去不敢做的事情现在敢做了，主要还是因为青春期的发育让他们具备了更强的力量。

还有一点要特别注意，几乎每个处于青春期的孩子都会觉得，似乎应当做点什么来证明自己已经不再是个孩子了。这是一种有些可笑，而且非常危险的想法。成年人想证明自己实力的时候都很容易走极端，更何况是正值青春期的孩子？要解决这个问题也不难，只要告诉他们，向家长、老师证明什么其实没有必要，也没有意义。从源头上打消了顾虑之后，他们也许就不会再想这么做了。

有这样一种处于青春期女孩：过分夸大对男性的爱慕之情，

① 即纳森·李奥波德、李察·勒伯，二人于1924年在美国芝加哥绑架并杀害了一名14岁的少年，制造了曾在美国轰动一时的“李奥波德与勒伯案”。它也是最早在美国被称为“世纪犯罪”的重大刑事案件之一。——译者注

甚至会为男性痴狂。她们常常认为母亲管得太多、太死，如果母亲干预了她们与男孩的交往，她们甚至会和母亲争吵不休。她们还会故意和男孩勾搭在一起来激怒母亲，而且当她们发现母亲为此大发雷霆之后，内心往往会感到特别满足。一些女孩由于受不了严厉的管教，容易和父母大吵一架之后离家出走，而这往往也是她们和男性第一次发生性关系的时候。

这些所谓的坏女孩，居然是对她们期望颇高的父母亲手培育出来的。这句话看上去或许很讽刺，但这就是事实，错误的根源不在女孩，而在父母，因为他们忽视了女孩的心理成长，没有提前让女孩做好迎接青春期的必要心理准备。父母在孩子的成长期间往往强于保护而疏于训练，以至于使孩子在直面青春期的问题时缺乏判断，不能独立解决问题。有些女孩稍稍幸运一些，她们遭受这些问题考验的时候已经度过青春期了，有可能到了结婚生子的阶段。但不管什么时候出现，它对女孩都是不利的，所以父母应当协助女孩做好充分的准备，让她们能够顺利地度过青春期。

有关女孩在青春期面临的问题，我们可以通过一个 15 岁女孩的案例来说明。

这个女孩家境贫寒，出生的时候父亲刚好病重，需要母亲照顾；加上她的哥哥也体弱多病，所以母亲只能将注意力放在丈夫和儿子身上。这种境况让女孩很早就意识到，哥哥受到的关爱明显比她要多，她基本上没有体验过被父母关爱的滋味。眼见父亲和哥哥被母亲无微不至地照料着，女孩非常渴望母亲有一天也会像这样照顾她。

不久之后，母亲又生了一个妹妹。或许这就是上天的安排，妹妹出生之后，父亲就康复了。母亲虽然不用再照顾父亲，但父母的注意力又都集中到了妹妹的身上，她再一次失去了被关注的机会。女孩敏感地意识到，妹妹小时候受到的关爱也显然比自己要多，这让她心理非常不平衡。

由于在家中得不到父母关爱，女孩把所有的精力都放在了学习上，并且很快就成了班里的第一名。她出色的表现让所有老师都喜欢她，并建议她继续读中学。可等她升到中学时，情况却大不一样了，新老师不认识她，也就不会像以前的老师那样对她格外关注。在家得不到关注，现在在学校也是一样，这让她非常沮丧，成绩也一落千丈。

她开始寻找愿意关注她的人，并且很快就在社会上认识了一个男人，然后与男人同居了两个星期。不过，这个男人新鲜感过后，就开始冷落她，后面的事情不用多说，大家也能想到。这时，女孩渐渐意识到，她并没有获得自己渴望的那种关爱。于是，追求幸福与关爱双双失败的她萌生了自杀的念头。她给父母写了一封信："我服毒了，你们放心，我不痛苦。"

自从她离开学校，父母就开始四处寻找她的下落，在收到信时也一度惊慌失措。好在她没有真的自杀，而是以此来吓唬父母，并换得他们的原谅。写完那封信之后，她就独自游荡在马路上，父母看见她后，就立即将她带回了家。

这个女孩如果意识到，她做出这一切完全是渴望被关注，所有事情或许都不会发生；如果她的中学老师注意到了这一点，并且给予了她些许关注，事情也不会变得这么糟糕。不管在整件事的哪一个阶段，只要采取了相应的措施，后面的事情都不会发生。

接下来，我们再来看看性教育方面的问题。最近，不少人都将性教育的影响过分夸大了，甚至到了不可理喻的地步。由于过分夸大了缺乏性知识会带来的后果，这些人认为各个年龄阶段都要有相匹配的性教育。其实只要回顾我们自己，同时稍加观察别人的性教育经历，就会发现性教育固然重要，但远没有他们说的那样夸张。

个体心理学认为，父母在孩子两岁时就应当对其进行性别教育，让孩子明白性别是无法改变的，男孩长大后就是男人，女孩长大后就是女人。家长还要让孩子明白，教育男孩的方式和教育女孩的方式不同。这样一来，孩子心中就有了明确的性别意识，会依照所属的性别做好相关的成长准备。有了这一层认识，就算孩子的性知识确实存在不足，他们也不会在成长中遇到大麻烦。如果孩子不懂得这方面的道理，认为性别能被某种强大的力量改变，他们的成长就很容易出问题。想改变孩子性别之类的话最好也不要说[①]，因为它们很容易给孩子造成性别认知的障碍。然而，这些原本可以避免的事情，有些父母却偏偏喜欢做，比如，把女孩当成男孩养，或把男孩当成女孩养；让孩子穿上异性的衣服，并给他们拍照留念；将一个酷似男孩的女孩称为“假小子”，或将像女孩的男孩称为“假姑娘”。这都会给孩子的成长带来很大的烦恼。

我们应当多跟孩子传达男女平等的理念，不要再让他们形成男尊女卑的思想，这一点非常重要。因为它不仅能防止女孩变得自卑，还有助于让男孩形成正确的两性观，以平等友善的态度对待女孩，而不是将她们当成发泄性欲的工具。当孩子们了解了男性和女性未来各要承担的责任之后，他们对两性关系的理解就会深刻得多。所以，仅仅传达有关性的生理知识还不够，真正的性教育应当帮助孩子塑造健康的爱情观和婚姻观，这也与孩子的社会感情紧密相关。缺乏社会感情的孩子，很容易对性问题持无所

① 这里说的并不是真正意义上的变性，而是指：父母在男孩面前表达“是个女孩该多好”，或者在女孩面前表达“是个男孩该多好”的想法。——译者注

谓的态度；在评价性问题时，也会以是否满足自我的欲望为基准。

我们现有的社会文明就存在着男女不平等的缺陷。由于社会文明更偏袒男性，对占主导地位的男性自然更有利，女性便成了受害者。不过，这种偏见很容易让男性的优越感过度膨胀，有时连最基本的是非问题都无法判断，所以他们也是受害者。

过早地让孩子接受两性生理教育完全没有必要，等孩子对两性问题开始好奇、产生兴趣时再告诉他们也不迟。有些孩子可能对这方面的问题羞于启齿，如果细心的父母发现孩子有这方面的疑问，就应当选一个合适的机会跟孩子讲述相关的知识；把父母当朋友的孩子往往会主动询问，父母这时应当尽可能用容易被孩子理解的方式来解释，同时也要注意措辞，以免给孩子造成性冲动等不良刺激。

有些孩子会表现出显著的性早熟，但家长大可不必为此担忧。性发育往往在人出生后的几个星期就开始了。有些家长发现，婴儿有时会故意刺激自己的性兴奋区，因为婴儿也是能够感受到性快感的。家长虽不必为此惊讶，但发现了孩子的这种举动，还是要及时制止。不过，孩子这方面的问题，家长也不要给予过度关注，否则他们很可能故意这么做来引起家长注意。我们可能会误以为孩子的性意识在这个时候已经萌发了，其实不是。很多孩子故意玩弄生殖器，是因为他们知道这么做会让父母担心。就和装病的小孩一样，他们发现只要这么做，父母就会格外关注他们。

为了让孩子健康成长，父母不要过多地亲吻或拥抱孩子，避免给他们的身体造成过多的刺激，与处于青春期的孩子相处时更要留心；同时，也不要刻意通过精神刺激来激发孩子的性意识。在心理咨询过程中我们还注意到，不少孩子都在父亲的书房中看到过具有性暗示的图片，这应当引起家长的注意，因为过早让孩子接触涉及两性的读物、电影，或者是孩子理解不了的其他读物，对孩子的身心健康都有害而无益。如果孩子远离了这些太超前的性刺激，孩子在青春期面临的性困扰也将大幅减少。

良好的性教育离不开父母的坦诚，在正确的时机下，简要而真诚地解答孩子的疑惑是最好的处理方式。千万不要故意刺激孩子的身体，不要勾起他们的性意识，更不要对他们撒谎，否则很可能由此失去孩子的信任。我们注意到一个事实，孩子们获取的性知识中，90% 都来自同伴。这是因为不少父母都没有赢得孩子的信任，比起向父母咨询性方面的问题，他们更愿意从同伴那里获得答案。

相比于父母解答孩子性问题时应当使用的语言、技巧，家庭成员之间紧密合作、相互信任、友好相处等因素显得更为重要。父母不仅要注意孩子本身在性方面是否存在不当的行为，还要注重外在环境可能造成的影响。因此，一定不能让孩子看到父母发生性关系的场面；条件允许的家庭，孩子和父母最好能分房睡，最起码也要做到分床睡；兄弟姐妹最好住在不同的房间里。性经历太早或太多的孩子，往往也会过早地对性失去兴趣。

由此可知，给孩子的性教育与其他方面的教育没有区别，都讲究家庭内部的合作，都需要友爱精神的支撑。当合作精神、正确的性观念、男女平等思想在孩子的心中有机结合时，他们就具备了迎接未来人生的健康价值观。不管再遇到什么样的困难，他们都能应付自如。

第十三章　一个教育失误的例子

不管是家长还是老师，都不能在教育孩子时表现出丝毫的灰心丧气，不能因为辛苦努力没有收到成效而失落、绝望，不能因为孩子萎靡不振、消极颓废而产生挫败感，也不能让天赋论等无稽之谈干扰教育的方向。个体心理学认为，要让孩子具有精气神，就要多鼓励，让他们变得自信，明白“没有过不去的坎，只有没想到的招”这一道理。虽说付出未必能换来等量的回报，但无数的成功案例依旧表明，只要努力，多多少少还是会有收获的。下面这个 12 岁男孩的案例就能生动地说明问题。

这个男孩读六年级了，他成绩很差，但却对此不以为意。他从小就经历了诸多不幸。由于患有佝偻病，他 3 岁才学会走路，快 4 岁时还只能说几个简单的词。4 岁那年，他在母亲的陪伴下看了心理医生，结果被告知能治好的希望非常渺茫。母亲不相信，于是将他送到了一所儿童指导学校。不过，男孩在学校的进步不明显，也看不出学校究竟采取了怎样的措施。6 岁时，他和其他孩子一样上小学了。由于接受了额外的家庭辅导，他勉强通过了一年级和二年级的考试；三年级和四年级的学习对他而言已经很难，但总归是艰难地读完了。

男孩在学校的表现并不好，大家都知道他非常懒惰，上课不专心听讲；其他孩子取笑他时，他也懂得示弱，会表现出一副确实比不过的样子。他在学校里只和一个朋友有来往，两人关系不错，经常还一起散步。其他同学在他眼里都不友好，因而他也不愿与他们往来。尽管老师也常常抱怨这个男孩数学不好、作文不行，但依旧相信他能和其他孩子一样取得进步。

根据这个男孩的经历以及他的实际表现，他应该是深深地陷入了强烈的自卑感中，也就是我们提到过的自卑情结。他有个成绩很好的哥哥，而且父母认为哥哥升入中学可以不费吹灰之力。家中那个学习轻松且成绩优秀的孩子，往往都会成为父母炫耀的资本；受父母的影响，这个成绩优秀的孩子也会认为，学习确实很轻松。事情的真相是什么呢？原来，这个哥哥上课特别认真，在课堂上就记住了要掌握的内容，所以就算回家后不学习，他的成绩依旧不错。其他的孩子就不一样了，他们上课经常开小差，所以回到家后不得不花大量的时间重新补习，学习起来自然特别费劲。两者对比，大家自然会觉得这个哥哥确实天生就是读书的料。

因为有一个优秀的哥哥，男孩觉得自己和哥哥仿佛有天壤之别，因而背负了巨大的压力。他觉得自己处处不如哥哥，他的母亲也这么认为。假如他表现得不好，惹母亲生气了，母亲的这种感觉就会更加强烈。这个哥哥有时还会管他的弟弟叫笨蛋、白痴，如果弟弟不服，哥哥就会选择用打骂的方式让弟弟服气。

由男孩过往的经历可知，他早已认定自己的能力与价值都比不上别人。同学们的嘲笑，学习上的失误，上课时的走神……这些现实不仅让他感到恐惧，难以在学校获得归属感，而且似乎也证实了他对自己的判断。他最终会接受别人的评价——水平确实不高，也摆脱不了目前的处境。

只因为周围人的影响，这个孩子最后居然会变得心灰意冷，绝望至极，其实也是一件令人唏嘘不已的事情。

我们最终确认这个男孩对自己完全失去信心，是在与他交谈的时候。当时，聊天的氛围轻松而愉快，但他的身体却不由自主地颤抖，脸色也变得苍白。不过这都不是让我们得出结论的决定性因素，我们的结论是从一个很小的细节得出来的。这个孩子已经 12 岁了，但当我们询问他的年龄时，他故意告诉我们只有 11 岁。很明显，他没有说实话，而且这种错误他也不是偶然才犯下的。我们曾经分析过，出现这类错误必然有更深层次的原因，如果将这个孩子的过往与他关于年龄的回答相结合，其实不难发现，他很想回到过去，因为过去的他更小、更弱，也更有理由被别人呵护。

由此，我们可以对这个男孩的人格系统进行重塑。他没有意愿去完成那些在他这个年纪本可以完成的任务，也不期望能获得大家的认可。他自认为与全面发展的孩子相差甚远，不可能超过别人，甚至还会用行动让大家相信他就是这样的人。他还可能在白天尿床，甚至将大便拉在身上——一般来讲，只有仍把自己当成婴儿，或者想象自己就是婴儿的孩子才会这么做。这些行为都能佐证我们的观点，即他非常怀念过去，如果现实允许，他真的会这么做。别看他自称 11 岁，很多时候，他的表现其实跟一个 5 岁的孩子差不多。

这个男孩出生之前，他的父母雇了一个保姆。男孩出生后，保姆很疼他，只要有空就会代替母亲照顾他。早晨赖床不起，起床磨磨蹭蹭，他的这些情况我们都了解，他的父母对他这种懒散的表现也极度反感。这些表现足以说明他不想上学，一个难以与同学友好相处、认定自己一无是处、内心无比压抑的孩子怎么可能喜欢上学？

但保姆却不这么认为，并且坚称他其实想上学。这又该怎么解释呢？其实很简单，也很有意思。孩子很清楚，在生病的时候，他可以放心地说自己想上学，因为保姆一定会对他说："你都病了，怎么能上学呢？"换言之，要是他没有生病，就不会说"想上学"之类的话。这也和我们的判断相同。他的家人自然看不透其中的矛盾，对此也就不知所措；保姆也是一样，她不知道男孩的真正想法，只能根据表面上的话认为他确实想上学。

就在这个男孩被父母送来我们诊所的前几天，他曾偷偷地拿保姆的钱给自己买了糖果，这也是促使他前来接受治疗的直接原因。偷钱买糖吃是一种非常幼稚的行为，只有年纪很小、无法自由控制身体机能、难以抵御糖果诱惑的孩子才会这么做。一个12岁的男孩还会做出小孩子的举动，从心理学的角度来看，这种行为背后的意义就是："你如果不照顾我，我就调皮捣蛋给你看。"由于缺乏自信，这个男孩也只能靠调皮捣蛋来让父母注意到他的存在。将他在家与在学校的表现简单对比一下，我们就能找出其中的联系：在家中，他可以胡搅蛮缠，让父母围着他团团转；但在学校，他显然做不到这一点。这种情况，到底应该怎样矫治才好呢？

在没被送到我们诊所之前，大家都认为这个男孩自卑，不上进，我们则不这么认为。他其实是一个正常的孩子，问题在于他极度缺乏自信，习惯以悲观消极的态度看待一切问题。这些表现明显到周围的人一眼就能看出来，所以他会在还没努力尝试的情况下，就认定自己一定会失败。"注意力不集中""记忆力差""不善于交友"，老师的这些评价，也佐证了他的不自信与消沉。受这种环境影响，他想改变别人对自己的看法确实是一件非常困难的事。事实上，只要重获自信，他也能跟别的孩子做得一样好。

治疗期间，我们让他填写了一份个体心理学问卷，并且简单地进行了交流。此外，我们还跟与他相关的人了解了一些情况。

他的母亲是我们咨询的第一个对象，由于早已对这个孩子失望透顶，因此她的诉求很简单：孩子毕业后，能找个养活自己的工作就行了。我们还与那个看不起弟弟的哥哥聊了一下，他的态度和母亲基本一致。

我们问过这个男孩："你以后想做什么？"听到这个问题之后，男孩沉默了很久。不要小看这个问题，一个快要成年的孩子还不知道自己将来的理想，这怎么也说不过去。不少孩子都曾希望，自己能从事一些亲眼见过，并且看起来很有魅力的职业，比如司机、警卫、乐队指挥等。当然，不少人最终从事的工作和小时候的理想并无交集，但这并不重要，因为他们至少曾经对此满怀希望。但是，若连一个实际目标都没有，我们就会认为这个孩子的注意力还没有从过去转移到未来，甚至可以说，他不敢直面未来，乃至一切与未来相关的话题。

乍一看，这个男孩有些特殊，好像与个体心理学中的一个基本原则不符。我们一再强调，孩子都有追求优越感的心理，都想发展自己、壮大自己，都渴望成功，但眼前的这个孩子却一再后退，缺乏动力，渴望别人能给予他最大限度的照顾和帮助。对于这种例外，我们又该如何解释呢？

原来，受复杂的背景影响，人的心灵成长轨迹往往不是笔直的，没有全面而深入地了解过一个人的整体情况，就很难发现根本性的问题。如果从一个复杂的案例中得出了简单而天真的结论，这个结论多半有问题。种种让人迷惑的表象很容易让一件事情变得复杂，事物也可能受此影响而朝相反的方向发展。案例中的男孩之所以不渴望进步、不追求优越感，反而渴望回到过去，是因为在他看来，只有这样做，才能获得安全感。

他会这么做也有一定的合理性，虽然在我们看来，这种合理性荒诞至极。像这样的孩子，小时候往往有特别强大的支配力，能够有效地引起家人的关注。和这个男孩一样，他们长大后也会慢慢变得不自信，认为自己必然一事无成。一个人在这种情况下怎么可能萌生出为未来拼搏奋斗的动力呢？因此，他们只能退而求其次，将注意力转向那些人们不关注、没有要求的方面。只有在这个时候，他们才敢通过行动引起别人的注意，而这又像极了他们小时候弱小无助、凡事依赖别人的样子，所以他们才会总想回到过去。

除了男孩的母亲和哥哥，我们还向他的父亲、老师了解了一些情况。虽说这种咨询工作很花费精力，但它确实有助于孩子的治疗；如果老师能够有效地参与进来，整个过程将会变得更加容易。然而，这终究只是理想的状态，真正实施起来往往困难重重。不少思想守旧、墨守成规的老师认为，心理分析是一种旁门左道，是伪科学，得出来的结论没有多少参考价值；有一些老师则担心，心理分析会剥夺老师的部分权利。很显然，他们并没有正确认识心理学，因而无法领会到心理学的重大价值。真正的心理学是一门科学，短期内无法真正掌握，必须经过长期研究和实践才能展现出它的巨大作用。

宽容是教育过程中必不可少的重要品质。一些新兴的心理学观点很容易与我们固有的见解相左，最明智的做法其实是对它们宽容相待。就目前来看，我们也没有权利否定老师的观点，即便这种观点是错误的。这种情况下，如何才能帮助案例中的男孩顺利解决问题呢？

根据我们的经验，转学或许是最直接的方法，换个环境也许就能降低他走出困境的难度，而且不会影响周围的人。没有人知道究竟发生了什么，正好顺势让这个男孩轻而易举地甩掉一切沉重的包袱。进入新的学校之后，环境、老师、同学，这些因素对他来说都是陌生的，他也不用担心会有人向他投来鄙视的目光。但是，具体应当如何操作，这个问题就不好回答了。各个家庭的环境不同，对孩子教育的影响就不同，解决问题的方法自然也会因人而异。但不管怎么说，如果大部分的老师都能对个体心理学略知一二，处理这类孩子的问题就不会棘手了。因为他们明白，面对这类孩子时，一定要满怀理解之心的同时为他们提供力所能及的帮助。

第十四章　完美的儿童教育需要父母参与

前面多次提到，这本书是专门为家长和老师写的，希望书中提到的有关孩子心理生活的新观点，能给他们教育孩子带来启发。

我们在前面的章节中，主要探讨的是孩子能否受到良好的教育，但没有就孩子的成长和教育到底受父母影响多，还是老师影响多进行讨论。我们所指的教育不是学校开设的课程，而是比课程教育更重要的人格发展。从理论上讲，父母和老师都是儿童教育中不可或缺的元素，父母主要负责弥补学校教育的不足，老师主要负责弥补家庭教育的缺陷，但在实际情况中，教育孩子的重担主要还是压在老师身上。一般来讲，老师会把教育孩子当成一种职业兴趣，也会将它视为一种职责；父母对新教育观念的认知则没有老师那么敏感，也难以将教育工作持续、系统地进行下去。因此，为了让孩子能为明天做足准备，个体心理学也把重点放在了学校和老师能给孩子造成的影响上。当然，家长的配合也必不可少。

在整个教育期间，老师和家长的冲突在所难免，导致冲突的一个重要的原因是，老师需要对家庭教育中的不足进行纠正。家长很容易对此产生误会，认为老师是在指责家长的教育工作没有做到位。基于这种现实，老师与家长应当怎样相处才好呢？这个问题，我们应当以老师的立场为基础进行讨论，要想处理好老师与家长的关系，就要把它上升到心理问题来对待。

我们接下来的讨论，主要围绕家庭教育工作做得不好的家长展开，而这些家长，老师在教育工作中一定会遇见。不少老师都有这种感觉，和问题儿童打交道并不难，难的是和他们的家长打交道。无数老师在实践中也逐步意识到，和这些家长打交道一定要讲方法。

首先，老师要明白一个道理——并不是孩子出现了任何问题，家长都需要负责。毕竟，绝大多数的家长都不是教育孩子的专业人士，他们管教孩子时往往只能参照传统的方法。孩子在学校犯了错，大多数家长都会内疚，如果老师再对这些专程赶到学校的家长大加数落，就会让家长觉得老师是在找碴儿，是在借机批评他们在家庭教育中做得不好，继而形成抵触心理。这时，老师应当讲究策略，尽可能将家长的情绪朝着友善沟通的方向引导，并为自己树立起一种帮助者的形象，以便于和家长继续沟通。

即便有足够的证据证明，家长确实做得不好，老师也不要大加指责。直接居高临下地指出家长的缺陷，只会搞僵老师与家长之间的关系，让接下来的教育工作更难开展。老师要做的应当是想方设法与家长达成一致，转变他们心中的负面情绪，让他们愿意使用科学的方法帮助孩子解决问题。只有这样，对孩子进行的教育工作才能真正见效。

冰冻三尺，非一日之寒。孩子变坏也绝不是一朝一夕的事情。教育孩子期间，到底什么方面没有做好，家长其实大都心中有数，所以老师不用刻意提及，以免让家长难堪。跟家长说话时，不要用教条的话语与命令的口吻，尽可能多用建议性的表达方式，比如“可能”“大概”或“你可以先试试看”等。即便家长犯了显而易见的错误，也不要不分青红皂白地指出来，更不要随意分析指责，免得给家长留下咄咄逼人的印象。当然，在现实中，并不是每个老师都能做到这种程度，要做到也不是一两天的事情。它更像是优秀老师的一种职业修养，需要慢慢培育。巧的是，富兰克林曾在自传中表达过类似的观点。他在自传中写道：

“一位朋友曾好心提醒我，很多人都认为我过于自大，这种状况在交谈时表现得尤为明显。在争辩时，如果有人提出了反对意见，我甚至会表现得盛气凌人、飞扬跋扈。为了证明这一观点，他还列举了我的很多事例。这就是我下定决心改变自己的直接原因，希望它能尽早从我身上消失。当然，它只是我身上诸多的毛病之一。为此，我将广义的谦卑加入了我的道德清单中，并把它作为自律的要求。

“我不敢说我已经做到了真正意义上的谦卑，但我会尽最大努力去做。我会告诫自己，不要直接否定他人的观点，也不要急于肯定自己的观点。我所处的圈子中有许多古老的信条，我甚至会要求自己对它们全盘接受，比如，不使用‘肯定’‘当然’‘我同意’或‘毫无疑问’等绝对性的词语，而要用‘我认为’‘我的理解是’‘我觉得事情也许是这样的’或‘目前看来’等话语来代替。所以，如果发现一个人的观点有误，我不会直接反驳并将错误指出，而是告诉他‘在某些情况下，这种看法确实有合理之处，但我觉得，目前的状况可能有些特殊’，等等。这么做的好处立竿见影，我发现我渐渐能与别人愉快地交流了。这种谦卑的方式能让别人更容易接受我提出的观点，与我针锋相对的人也明显少了；即便我的观点确实错了，我也不会感到难堪；如果观点恰好正确，我也更容易说服别人投我的票。

“最开始的那段时间，我必须时常压抑自己的性格才能做到与人相处时保持谦卑；时间长了之后，保持谦卑慢慢也就成了一种习惯。或许，这就是我 50 年来没跟别人说过一句‘教条话’的原因。我曾提议，要建立新制度或者改革旧制度，这一提议引起了极大的反响。后来我担任议员时，也给议会带来了不小的影响。我认为，除了我本身的真诚与正直，这一切还要归功于我养成的谦卑习惯。我其实不懂什么演讲技巧，也没有雄辩的口才，表达经常不到位，有时甚至不知说什么才好，但这都不妨碍别人认同我的观点。

“再没有比骄傲更难克服的情绪了。骄傲的影子在历史长河中随处可见，多少人试图将它掩盖，与它抗争，只想打败它、阻止它、克制它，但就是无法消除它，稍不留神就会表现出来。有时我们自以为彻底克服了骄傲的情绪，但很快又会为当下的谦卑骄傲不已。”

当然，富兰克林的话未必适用于一切场合，能适应一切场合的准则也不可能在世上存在。一种规则超出了它的约束范围之后，自然就会失效。我们也无权要求每个人都像富兰克林那样去做，因为某些情况下，不使用激烈的言辞，的确达不到效果。

现在，我们回到老师与家长沟通的问题上来。如果老师发现家长已然因孩子出现的问题心生愧疚、心急如焚，而且一旦家长不予配合，孩子的教育问题将不会有任何进展，他们自然而然就能明白，采取富兰克林的方法究竟有多么重要。富兰克林前面的那些话足以说明，盛气凌人，与人针锋相对的做法终将使人一事无成。

因此，这个时候根本没有必要证明谁对谁错、谁好谁坏，找到行之有效的方法来帮助孩子走出困境才是关键。当然，这个过程中依旧会遇到很多困难。家长很可能听不进别人给出的任何建议，并且表现出吃惊、愤怒、不耐烦，甚至是敌视的态度，认为这种让人不快的局面都是老师一手造成的。我们可以理解，家长其实注意到了孩子的问题，但对此往往睁一只眼闭一只眼；而当这些问题被老师抓住，需要正面回应的时候，家长自然会感到不舒服。也基于这方面的原因，老师更不应该火急火燎地向家长控诉孩子的毛病，因为家长很可能不买老师的账；脾气不好的家长这个时候甚至还可能迁怒老师，让沟通彻底陷入僵局。所以，最好的处理方式应当是让家长明白，如果没有他们的通力配合，老师对孩子的教育很难奏效。这样一来，家长与老师之间的矛盾就会缓和得多。

当然，老师还要记住一点，家长很难跳出既有观念的约束，因此必须给他们留出足够的时间适应新的教育理念。一个长期使用严厉的话语表达对孩子失望之情的父亲，突然要求他和颜悦色地跟孩子说话，这或是不可能的事情。即便这位父亲彻底改变了，他的孩子也未必会立刻相信，除非过了很长时间，父亲还一直这么做，否则孩子就会认为，这不过是父亲在装样子。

高级知识分子也可能犯同样的错误。有一位中学校长就将儿子逼到了崩溃的边缘。后来通过与我们交谈，这位校长似乎意识到了自己的错误，可在回家之后，他还是忍不住对孩子刻薄地训斥了一番。但由于孩子过于懒散，对这番训斥无动于衷，让这位校长感到极不耐烦，于是再度大发雷霆。很多父亲都这样，只要认为孩子做得不好，就会冲孩子乱发脾气，破口大骂。一个自恃是教育者的校长尚且如此，更何况是受“不打不成器”这类教条熏陶长大的普通家长呢？这也就是我们一再强调，和家长交流时，老师务必讲求方法、注意措辞的原因。

实际上，绝大多数生活在底层社会家庭中的孩子，都是在“不打不成器”的理念中成长起来的。这就意味着，我们在学校教育过这些孩子之后，他们回到家里还会被家长的皮鞭再教育一次。每当想到为教育付出的巨大努力可能因为家长的惩罚而前功尽弃，我们就会悲哀不已。

在这种情况下，孩子犯下一个错误往往会被惩罚两遍。而我们认为，第二遍惩罚不仅没有实际意义，还可能带来严重的后果。孩子如果考得不好，老师往往会让他们把糟糕的成绩单带回家给父母签字。这时的孩子其实很矛盾，他们既不想把成绩单带回家被父母教训，但又不能不按老师的要求去做。于是，别无选择的他们很可能在成绩单上伪造家长的签名。不要觉得这都是些无关紧要的小事，它其实反映了一种教育孩子的思路：处理孩子的教育问题，必须结合他们的实际处境。如果我们固执己见会怎样？孩子会因此产生什么反应？这种做法是否一定对孩子有益？孩子能否承受这些压力？孩子能不能自主学习？像这些问题都应当纳入我们的考虑范畴。

在面临困难的考验时，孩子和成人的反应存在显著差异。因此在教育孩子时，我们应当比教育成人更认真、更谨慎；一旦决定帮助他们重塑生活模式，我们更要冷静、客观、周全地考虑由此可能带来的影响。只有对孩子的教育与再教育做出深刻而理性的判断，我们才可能对教育的效果有所把控。实践和勇气是老师必备的两种基本素质，要相信无论出现什么情况，都能找到合适的方法解决孩子存在的问题。教育孩子宜早不宜迟，审视孩子的缺点，也应当把它放在孩子的整体人格中通盘考虑。只有这样，才能让孩子真正改掉缺点。

时代在发展，儿童教育的理念与方法也在持续进步。科学发展的逐步深入，也在加速陈旧教育理念与习俗的淘汰。新涌现的知识与方法，让老师能更好地理解孩子面临的问题，为帮助孩子解决问题赋予了更为强大的力量，老师担负的教育责任也随之变得更重。

最后重申一次，一定要从整体人格上看待每个孩子的具体行为，只有这样才能真正理解行为背后的本质；否则，一切研究都将变得毫无意义。

附录一　个体心理学问卷

该问卷由国际个体心理学会拟定，主要用于理解、诊断孩子的心理问题。使用前我们建议，千万不要将下面这些问题依照现有的顺序逐个提问，或者像流程表那样逐条逐项地落实。最好的方式是将它们融入聊天之中，轻松自然、合情合理地提出问题，然后完成信息的采集。

第1组问题

◎ 你们是从什么时候开始抱怨孩子身上的问题的？

◎ 第一次注意到孩子身上的问题时，孩子有怎样的表现？（心理或其他方面均可）

这组问题旨在引起大家注意，像改变环境、初次入学、家中有新生儿诞生、有兄弟姐妹、在学校过得不如意、更换老师或转学、认识新朋友、孩子患病、父母离异或再婚、父母死亡等情形都很重要，不容忽视。

第2组问题

◎ 孩子很小的时候，有没有表现出诸如胆小、马虎、拘谨、愚笨、嫉妒、羡慕之类的心理问题或生理问题？

◎ 孩子吃饭、穿衣、洗澡或睡觉时是否依赖别人的照顾？

◎ 孩子是否害怕独处，或者怕黑？

◎ 孩子是否了解自己的性别角色？对这一角色的理解是否

深入？

◎ 孩子对第一性征、第二性征、第三性征等知识是否了解？

◎ 孩子是如何看待异性的？

◎ 孩子是继子、私生子、养子或孤儿吗？

◎ 孩子是否在正常的阶段学会了说话、走路？其间有没有遇到什么困难？

◎ 孩子出牙期的表现正常吗？

◎ 孩子在学习、阅读、绘画、唱歌、游泳方面有没有显著的障碍？

◎ 孩子最依恋的人是谁，父亲、母亲、祖父母，还是保姆？

这组问题旨在确定孩子自卑感的根源在哪儿，是否对环境怀有敌意，是否有逃避困难的倾向，是否过于以自我为中心等。

第 3 组问题

◎ 孩子是否经常闯祸？

◎ 孩子最害怕什么？最害怕的人是谁？

◎ 孩子是否容易在夜间哭闹？

◎ 孩子是否经常尿床？

◎ 孩子是否经常支配别的孩子？这些孩子通常比他弱小还是比他强大？

◎ 孩子是否习惯与父母同睡一张床？是否对这件事表现出强烈的欲望？

◎ 孩子看上去是否显得很笨拙？

◎ 孩子是否有过佝偻病史？

◎ 孩子的智力水平如何？

◎ 孩子是否经常被人欺负？

◎ 孩子是否会在发型、衣服、鞋子等方面特别讲究，并且有爱慕虚荣的表现？

◎ 孩子是否有啃指甲或挖鼻孔的习惯？

◎ 孩子是否很贪吃？

这组问题旨在确定孩子是否有足够的勇气去追求优越感，同时考察孩子在这个过程中是否遇到了强大的阻力。掌握这些情况将有助于后期教育工作的开展。

第 4 组问题

◎ 孩子是否能够轻松地交到朋友？

◎ 孩子是否对他人或动物表现出宽容之心？如果没有，是否做出过骚扰、虐待他人或动物的行为？

◎ 孩子是否有收集或储存东西的爱好？

◎ 孩子是否贪婪或者吝啬？

◎ 孩子是否表现出领导或指挥他人的倾向？

◎ 孩子是否有自我孤立的倾向？

这组问题主要涉及孩子“与人交往”的能力，也能在一定程度上反映孩子内心的自信程度。

第 5 组问题

◎ 孩子喜欢上学吗？如果不喜欢，是否会对上学感到紧张？

◎ 孩子在学校的表现如何？能否准时到校？

◎ 孩子上学时是否显得非常慌乱？

◎ 孩子是否经常遗失课本、书包或练习册？

◎ 孩子在做练习或参加考试时是否会紧张？

◎ 孩子能否按时完成作业？如果不能，主要是因为忘记做作业，还是拒绝做作业？

◎ 孩子是否会故意浪费时间？

◎ 孩子平时是否懒惰？

◎ 孩子上课时注意力能否集中？如果不能，是否会扰乱课堂秩序？

◎ 孩子对他的老师持怎样的态度，是喜欢、不喜欢，还是无所谓？

◎ 在学习上，孩子更倾向主动邀请别人帮他辅导功课，还是被动等待别人来帮忙？

◎ 孩子是否有意愿，将体操或其他体育运动当成今后的事业来对待？

◎ 孩子如何评价自己的天赋？是否会消极地认为自己天赋较低或者根本没有天赋？

◎ 根据以上给出的答案，您会给孩子怎样的评价？

◎ 孩子的阅读面是否广泛？最喜欢哪种类型的文学作品？

这组问题旨在帮助我们理解并确定，孩子究竟为适应学校生活做了多少准备，在面对学校这个陌生的环境时会有怎样的表现，以及面临困难考验时会表现出来的态度。

第 6 组问题

◎ 请简要并客观地介绍一下家庭环境的相关信息，包括家人的疾病史，比如是否身体虚弱，是否患有精神类疾病、梅毒、癫痫等，是否有酗酒等不良习惯，是否有犯罪倾向，大致的生活标准，等等。

◎ 家中是否有人去世？

◎ 家人去世时，孩子多大了？

◎ 孩子是否因家人去世而成了孤儿?

◎ 谁是家中的精神支柱，或者谁在家中占主导地位?

◎ 您对孩子的家庭教育是否严格?

◎ 您如何评价自己对孩子的教育?是否存在经常抱怨孩子的不足、挑孩子的毛病、对孩子百般纵容等方面的问题?

◎ 您的家庭中是否存在一些消极因素，让孩子对生活感到恐惧?

◎ 您对孩子的监管情况如何?

这组问题旨在明确孩子在家中所处的地位，以及他们对此表现出来的态度。由此，我们可以就孩子对家庭留下的印象进行预判。

第 7 组问题

◎ 孩子是独生子女吗?如果不是，是长子或长女吗?是最小的孩子吗?

◎ 孩子是家中唯一的男孩或女孩吗?

◎ 孩子在家中是否存在竞争的情况?

◎ 家中是否有爱哭闹的孩子?

◎ 家中是否有人会恶意嘲笑孩子?

◎ 孩子是否有贬低别人的倾向?这种倾向是否强烈?

一般而言，孩子的出生顺序决定了他们在家中的位置，弄清这一点很重要，它将帮助我们真正了解孩子的性格，以及他们在对待别人时可能表现出来的态度。

第 8 组问题

◎ 孩子是否形成了职业方面的观念?

◎ 家庭中的其他成员分别从事什么职业？

◎ 孩子是怎样看待婚姻的？

◎ 您如何评价您和爱人的婚姻生活？您若不是孩子的父母，请简要介绍孩子父母的婚姻状况。

这组问题旨在通过了解孩子的相关表现，预判他们是否对未来的生活充满勇气和信心。

第 9 组问题

◎ 孩子最喜欢的游戏是什么？是否喜欢听故事？喜欢什么历史人物？看什么小说？

◎ 孩子是否会故意破坏其他孩子的游戏？

◎ 孩子的想象力是否丰富？

◎ 孩子是否头脑冷静，善于思考？

◎ 孩子是否经常做白日梦？如果是，是否经常沉溺其中？

这组问题旨在判断孩子可能在生活中扮演什么类型的英雄角色。如果上述状况都没有，则说明孩子可能存在勇气不足的问题。

第 10 组问题

◎ 孩子至今仍保留着哪些早期的记忆？

◎ 孩子是否经常做梦？如果是，他们对梦境的印象是否深刻？是否周期性地做同样类型的梦？比如，飞翔、坠落、乏力、赶不上火车，等等。

◎ 孩子是否为梦境感到焦虑？

我们注意到，梦境往往能反映孩子的一些心理特质、情况或倾向，比如，内心孤独、被人警告、野心勃勃、喜欢某人、热爱田园生活，等等。这组问题旨在体现这些方面的信息。

第 11 组问题

◎ 孩子在哪些方面表现得信心不足？

◎ 孩子是否有被他人忽视的感觉？

◎ 面对他人给予的关注与表扬，孩子是否能积极面对？

◎ 孩子是否相信迷信？

◎ 孩子是否会故意逃避困难？

◎ 孩子是否有浅尝辄止的习惯？

◎ 孩子对未来是否感到迷茫？

◎ 孩子是否相信遗传造成的不良影响？

◎ 孩子会因为身边发生的消极事情灰心丧气吗？

◎ 孩子是否对人生持悲观态度？

这组问题旨在判定孩子是否已经失去了自信，是否误入了人生的歧途。

第 12 组问题

◎ 孩子是否爱耍小聪明？

◎ 孩子是否有扮鬼脸、装傻、任性、故意出洋相等不良的习惯？

在这些方面表现较明显的孩子，多半是为了引起别人的关注。这组问题旨在体现这些方面的信息。

第 13 组问题

◎ 孩子是否存在语言方面的障碍？

◎ 孩子的相貌如何？是否算得上仪表堂堂？

◎ 孩子是否有畸形足？

◎ 孩子是否有八字脚或罗圈腿的症状?

◎ 孩子的身高如何?

◎ 孩子的身体比例协调吗? 如果不是, 主要是过于肥胖? 过于苗条? 过于高挑? 还是过于矮小?

◎ 孩子的眼睛、耳朵是否患有先天性的疾病?

◎ 孩子的心智水平如何?

◎ 孩子平时惯用左手吗?

◎ 孩子晚上睡觉是否打呼噜?

这组问题主要涉及孩子身体上一些先天性的劣势，不少孩子很容易过分夸大这些劣势的负面效果，继而让整个人变得消极、颓废。一些外貌占优势的孩子，也可能会在成长的道路上出现问题。他们同样过分夸大了外貌能带来的影响，认为凭借容貌的优势，即便不用特别努力，生活也可以美满富足。这两类孩子都很容易与那些能让生活变得更好的宝贵机会失之交臂。

第 14 组问题

◎ 孩子是否经常认为自己能力不足，缺乏学习、工作、生活方面的天赋?

◎ 孩子是否动过自杀的念头?

◎ 孩子的失败经历与闯的祸之间，是否存在时间上的联系?

◎ 孩子是否对表面上的成绩特别在意?

◎ 服从他人的意见，认同自己的意见，听不进别人的意见，以上几种描述，哪一种更符合您孩子的真实情况?

这组问题旨在体现孩子的关注点。如果孩子出现了上述问题，说明他们已经开始变得灰心丧气；特别是当孩子付出巨大但收效甚微时，这种消极的状态会变得最为强烈。会出现失败，可能是因为孩子付出的努力确实无效，也可能是因为他们对接触的人了解不深。但是不管怎样，他们心中对优越感的渴求并没有被满足，所以才会把关注点转移到那些容易达成的目标上。

第 15 组问题

◎ 请介绍一下孩子取得成功的一些经历。

由这个问题，我们可以得知大量孩子取得成功的有关表现，其中往往蕴含着大量有用的信息。这些表现会反映出孩子的某些兴趣、倾向和正在着手准备的工作，它们可能会共同指向某个方向，而孩子当前的表现很可能会指向另一个方向。这两个方向甚至可能刚好相反，也就是说，家长会渐渐地发现，孩子的表现并没有想象中“那么好”。

通过回答上述 15 组问题，我们基本上可以准确地掌握一个孩子的个性及目前的状态。整个过程中，我们都没有对孩子的行为进行评判；但同时也会发现，即便孩子真的有问题，我们也会对他们犯下的错误予以理解。至于通过问卷暴露出来的问题，我们应当耐心、友好地跟孩子解释，而不是居高临下地谩骂与指责。

附录二　五个孩子的案例与点评

案例一

这个案例是一个15岁独生子的故事。

这个男孩的父母都在辛勤地工作，一家人的日子也过得比较富足。父母对男孩的照顾很周全，他也因此获得了一个健康快乐的童年。男孩的母亲心地善良，同时又有些多愁善感，一提到孩子的情况，她就很容易落泪，我们的聊天往往也因此而中断。我们对孩子的父亲了解得并不多，只能从母亲的话中得知，他诚实自信、充满活力、非常顾家。

孩子小时候如果不听话，父亲就会说："不改掉这些毛病，只怕他以后会变本加厉。"不过，这位父亲并没有通过谆谆教诲的方式来改变孩子身上的毛病，而是只要孩子犯了错，他就会用皮鞭狠狠地抽打孩子。于是，这个孩子很小的时候就表现出了非常强烈的反抗意识，并且变得不服管，除非父亲真的拿起了皮鞭，否则他根本不会听话。同时，和很多被宠坏了的独生子类似，这个男孩也表现出了想要掌控整个家庭的欲望。

我们有必要就撒谎这种在孩子身上普遍存在的行为进行分析。因为他父亲经常打他，所以他学会了用撒谎的方式来避免挨打，这也是最让他母亲头痛的一点。这个男孩现在15岁了，可父母居然无法判定他是否在撒谎。

撒谎这个问题是怎么形成的呢？原来，这个男孩曾经在教会学校念过书，那所学校的老师经常抱怨他不听话，而且还影响课堂秩序。比如，老师在问别的孩子问题时，他往往会大声地抢答；上课时，他有时会突然打断老师的话然后提问；课堂当中，他不但和同学讲话，而且还说得很大声；他惯用左手，写字却不认真，交上来的作业字迹潦草，难以辨认。随着时间的推移，男孩的这些举动变得越来越过分。为了掩盖这些不良行为，免得挨父亲的打，他学会了撒谎。起初，父亲还满怀希望，认为孩子能在学校完成学业；后来，老师已经到了忍无可忍的地步，只能将他劝退。

这个男孩其实很活泼，智力发育也没有问题。参加完中学的入学考试之后，他拍着胸脯对一直在场外等候的母亲说没问题。他的表态让全家人都很开心，而且还到乡村度过了一个愉快的暑假。开学之后，男孩每天都会背着书包去上学，中午放学的时候会回家吃午饭；等下午再回来时，男孩会把今天在中学里的见闻讲给父母听。

一天中午，他吃过饭去上学，由于刚好出门顺路，母亲便陪着他走了一段。路上，他们遇到了一个人，这个人看着男孩说："咦，你不就是上午带我去车站的那个孩子吗？"听到这番话，母亲觉得很奇怪，便问孩子那个人为什么这么说，并追问他是不是上午逃学了。孩子告诉母亲，学校今天上午 10 点就没课了，那个人是在他回家的路上碰到的。当他得知那个人不知道怎么去车站时，就直接带那个人走到了车站。

对于孩子的解释，母亲充满了怀疑，于是将这件事情跟丈夫说了一遍。了解了情况后，父亲决定第二天亲自送他去上学。路上，在父亲的一再逼问下，男孩向他道出了实情。原来，他没有考上中学，至于这段时间每天早出晚归地“上学”，都不过是在马路上游荡罢了。

为了让他完成学业，父母把老师请到了家中给他辅导，最终总算是让他升入了中学。但他身上的那些问题依旧存在。除了一如既往地破坏课堂秩序，他还染上了小偷小摸的恶习。即便偷了母亲的钱，只要不是家人威胁他，不说实话就让警察来处理，他可以一直死不认账。渐渐地，他的成长历程，就变成了一部因为家长忽视对孩子的教育而酿成的悲剧。这位父亲过去对孩子寄予了厚望，认为他意志坚强，如今则对他失望透顶。不只是父亲，全家人都不想再管这个孩子，甚至不想见到他，任他自生自灭。

我们咨询过孩子的母亲，让她回忆孩子是什么时候开始出问题的。母亲回答得很干脆:“生下来就有了。”母亲会给出这样的答案，很大程度上是因为她试过了无数方案，但就是没把这个孩子教好，于是就此推断，孩子的这些问题都是天生的。

我们还了解到，这个男孩在婴儿时期就表现得很不安分，爱哭爱闹。对此，医生给出的意见都是“没问题，孩子很健康”。一般来讲，婴儿确实相对爱哭爱闹，这没什么问题，但能导致孩子哭闹的因素有很多，所以要分析孩子总是哭闹的原因就没那么简单了。

案例中的男孩是家中的独生子。我们认为，这个孩子常常哭泣，和他的母亲缺乏相应的养育经验有关。比如，孩子尿湿尿布之后，母亲根本没有意识到，反而误以为孩子饿了，于是便把孩子抱起来，给他喂东西吃。正确的做法应该是立即给孩子换尿布，让孩子不再难受，其他的事情都不用做。这样，孩子就不会哭了，也不会因为持续哭闹给今后的成长造成影响。

根据母亲的反馈，孩子学会说话、走路都很轻松，基本不存在什么障碍，牙齿也长得很好。尽管经常会把玩具弄坏，但这并不意味着孩子今后的性格一定就很差。不过，母亲的另一番话却引起了我们的注意。她告诉我们："他玩耍的时候必须有人陪，我们离开哪怕一小会儿都不行。"

怎样才能让孩子养成独自玩耍的习惯呢？唯一的办法就是强行让孩子一个人玩，减少他对大人的依赖性。这样，孩子慢慢就能独自玩耍了。我们猜测，这位母亲根本就没舍得给孩子做这方面的尝试。她的一些话似乎也证明了我们的猜测，比如，她为孩子准备好了一切、孩子特别黏她，等等。这些都是孩子渴望获得母爱的外在表现，也是很早就留在他心中的一种深刻印象。

"我们从没给过孩子独处的机会。"①

他母亲的这番话，显然是在为自己进行辩护。

"他没有独处的经历，直到今天也没法一个人待着，更不用说夜里了。"

这句话也表明孩子对她极为依赖。

"他似乎什么都不怕，也不知道什么是害怕。"

这似乎和心理学常识相违背，也与我们观察到的情况不符。我们在深入考察后得知，因为他没有独处的经历，所以不会感到害怕。事实上，独处很容易让这种孩子产生害怕的情绪，一旦害

① 引号中的内容为参与问卷调查者的回答，阿德勒根据这些内容，以及掌握的其他情况再进行分析与评价。整个附录二中的五个案例主要都以这种形式展开，其间还穿插有阿德勒的少量点评。——译者注

怕，就会想方设法迫使别人和他待在一起，因此他不会愿意独处。

> “他特别怕爸爸用皮鞭抽他，但打完之后很快就忘了。即便有时打得很重，他也能在很短的时间内变回得意忘形的样子。”

这句话就和前面的描述——他似乎什么都不怕相矛盾。由此，我们注意到了一种不幸的对比：母亲对孩子百般迁就，而父亲则格外严厉，似乎想以此来平衡母亲对孩子表现出来的过分软弱。然而，这种平衡实际上在把孩子推向母亲。也就是说，孩子会与迁就、纵容他的那个人走得更近。这样一来，即便不努力，他也能有所收获。

> “他 6 岁时就去教会学校读书了，被学校的教士监管着。这时已经有人抱怨他在学校的不良表现了，比如，调皮捣蛋、不守规矩、注意力差，等等，其中以调皮捣蛋、不守规矩最为典型。至于学习方面，大家倒是没怎么提及。”

他这么做，其实是为了求得关注。难道还有比调皮捣蛋更引人注目的好办法吗？他已经习惯了母亲给予的那种无微不至的关注，在学校这个复杂的环境中，他也希望自己能被别人关注。不过，老师难以理解他这么做的真正意图，因此经常使用批评、惩罚的方式来教育他。这些惩罚是他调皮捣蛋的代价，老师希望借此让他“改邪归正”，成为一个“好孩子”。不过，他在家里早已习惯了父亲的严厉惩罚，这种惩罚对他没什么效果，老师那象征性的惩罚就更不用说了。所以，他怎么可能会变成一个好孩子呢？只要在学校里被别人关注的心理没有得到满足，他就会持续通过其他的方式获得补偿。

> “为了不让他影响班上的其他同学，我们一再叮嘱他，上课必须保持安静。”

一听到这种陈词滥调，我们就在琢磨这对父母是否具备相关的常识。这个年纪的孩子，在问题的是非判断上其实已经和成人差不多了。他并非没有是非的观念，只是想得到别人的关注而已。在课堂上保持安静无法达到他的目的，对他来说，依靠努力学习获得关注又非常困难。知道他的目的是引起别人的关注之后，这些不良表现就都能说得通了。父亲的严厉鞭打确实能让他暂时安静下来，但只要父亲离开，他就会重新变得我行我素。因为严厉的鞭打和惩罚只能暂时阻止他对这一目标的追求，所以见效的时间绝对不会很长。

> “他控制不住自己的情绪。”

能安静地待在沙发上的孩子很难发脾气，而案例中这种渴望被别人关注的孩子就很容易发脾气。我们知道，要快速达到某种目的，发脾气确实是一种行之有效的方法。所以，渴望被别人关注的孩子确实更容易发脾气。

> “他常常把家里的东西拿到学校变卖，然后用换得的钱和他的朋友一起消费、娱乐。我们发现之后，只要他出门我们就会搜他的身，多亏了他爸爸的严厉惩罚，他后来再也没做过这种事。但很快，他又开始在学校恶作剧，并且总是扰乱课堂秩序。”

他不再变卖家里的东西或许是出于无奈，至于他热衷恶作剧的原因，很可能也与渴望被关注的心理有关，因为这种违反纪律的事情会被老师惩罚，从而引来别人的目光，渴望被关注的心理也会因此而满足。

“这种恶劣行为虽然渐渐少了，但总会不定期发作。学校没办法，只能把他开除。”

这些表现证实了我们前面提出的观点——他其实希望被别人认可，也知道这个过程非常艰难。更何况，他还是一个惯用左手的人，面临的困难本身就要比惯用右手的人多。这一切的困难他都无法逃避，更没有足够的勇气和信心去克服。然而信心越是不足，他就越想证明自己值得被别人关注。所以他才会一而再，再而三地恶作剧，直到学校将他开除。

将他开除这件事，如果单从保障其他孩子的学习效果来看，它具有一定的合理性；但教育的真正目的是纠正孩子的错误，从这个角度看，学校的做法就有失妥当了。不过，被学校开除或许正中他的下怀，一方面，他可以不用再去讨厌的学校读书；另一方面，他每天将有更多的时间享受母亲的百般关注。

“有老师建议我们把他送到儿童矫治之家，但好像也没什么效果。”

儿童矫治之家的管理的确比普通学校严格得多，但不管送到哪里，他的父母都还是最主要的监护人，影响他的最大因素并没有发生改变。

“每周日都能回家一趟，他对此感到很高兴；但有时候儿童矫治之家不让他回来，他好像也不怎么难过。”

这很好理解，他想在人们面前塑造勇敢者的形象，也希望别人认可他的勇敢。因此他不怕挨打，再难堪的局面也能撑住，他不想让自己辛苦树立起来的男子汉形象被眼泪破坏了。

> “在家庭教师的帮助下，他的学习成绩不算太差。”

他的老师也指出，只要他愿意静下心来好好学习，提高成绩没有任何问题。我们认同老师的这个观点，只要先天智力发育正常，每个孩子都能取得好成绩。他做不到，说明独立性不够强，还无法自主学习。

> “他没什么画画的天分。”

这一点很重要，说明惯用左手的他，还不能灵活自如地使用右手。

> “他在体操运动方面表现突出，游泳也很快就学会了，一点儿都不害怕。”

这说明他的心中还是有挑战自我的勇气的，只是把它用在了不那么重要的事情上而已，因为在他眼里，做这些事情更容易获得成功。

> “他不知道什么是害羞，会把心中的想法告诉任何人，不管这个人是学校的门卫，还是校长。虽然他曾因为这种冒失的行为被多次警告，但仍无济于事；而且对别人向他提出的禁令也从来不当一回事。”

不知害羞的人不见得很勇敢。绝大多数孩子都能意识到，在与老师、学校领导相处时应当心存敬畏。这个孩子连严厉的父亲都不怕，自然也不会怕校长。那些冒失的行为、粗鲁的话语，不过是他求得关注的惯用手段，意在向他人表明自己的价值。

“他对自己的男性角色没有多少认识，但他也明确地说过，自己不想成为一个女孩。”

这无法说明他对自己的性别持怎样的态度，他的父母至今也没有跟他解释过任何两性方面的问题。而且像他这种心态不良的男孩往往有轻视女性的倾向，这种轻视会让他获得一种生为男性的优越感。

“他没有真正的朋友。”

这不奇怪，别的孩子未必愿意一直受他控制。

“他的控制欲很强。”

为了更深入地了解这个孩子，我们花了很多精力去掌握他的情况。他很清楚自己是一个怎样的人，也就是说，他知道自己想要什么。我们也确信，他并不知道自己在无意识中设定的这个目标，和表现出来的行为之间存在什么联系，也不清楚导致自己产生强烈控制欲的根源在哪里。他目睹了父亲掌控家庭的方式，因此他也希望能够像父亲那样掌控别人。但他又无法像父亲那样独立自主，而且由于能力不够，很多事情都要依赖别人，因此他越想掌控局面，就越要表现得软弱。可以说，正是这份软弱与胆小，成了滋长他强大控制欲的温床。

“他经常惹麻烦，哪怕对手比他强也一样。”

其实，真正强大的人反而好应付，因为他们清楚自己的责任，做事很有分寸。这个孩子则不一样，行事鲁莽、自私自利。顺便提一句，这种行为难以矫治，有这些表现的人也大都缺乏自信，认为自己什么都学不会，所以鲁莽的举动就成了掩饰他们不自信的最佳工具。

“他不仅不自私，还很慷慨。”

单看慷慨这一举动或许充满了善意，但放到这个孩子的整体人格中，就会发现它与他性格中其他方面的表现不太合拍。大家也都知道，有些人表现得慷慨，完全是为了凸显自己的优越感。所以，判断一个人是否真的慷慨，重点要看这么做是否与他对权力的渴望有关。这个孩子有可能将慷慨的举动等同于个人价值的提升，而这种炫耀自我的方式，很可能是与父亲相处时学会的。

“他一直都在制造麻烦。平时最怕爸爸，其次是妈妈。只要他愿意，他也可以很努力，也会进步。他不是一个爱慕虚荣的人。”

最后一句话只能说明他不在乎表面上的虚荣，但他心中的虚荣其实很强。

“他改掉了挖鼻孔的坏习惯。他很固执，吃饭挑食，不吃蔬菜和肥肉。遇到愿意受他支配的孩子，也会和他们交朋友。他对动物和花草也非常喜欢。”

喜欢动物并不是什么坏事，这种行为能让人与地球上的万物和谐共生，但一个有着这种喜好的人，往往也渴望获得优越感与控制权。就案例中的这个孩子来说，他的表现反映出来的就是一种控制欲——想方设法让母亲围着他转。

“他的领导欲确实比较强。”

这可能与智力方面的领导能力没什么关系。

“他喜欢收集各种物品，却缺乏耐心，不管收集什么，最后都没有坚持下去。”

很可惜，他做事情时也像这样有头无尾。因为做完一件事就意味着要为这件事的结果承担责任，而承担责任恰恰是他最害怕的事情。

“10岁之后，他的行为从总体上说还是有所改善。过去他总爱到外面玩耍，不愿乖乖地待在家里。经过一番努力之后，他终于克服了这个毛病。”

他渴望得到别人的肯定，把他约束在家庭这个小范围的空间里，其实是在抑制他的欲望，因此他才会在家里持续不断地制造麻烦。只要监护到位，让他去外面玩耍或许更好。

“他回家后的第一件事就是写作业，看上去也确实没有以前那么爱玩了，就是有点磨磨蹭蹭，像是在故意浪费时间。”

如果孩子被约束在家中的一个狭小空间里，身边还有人时时刻刻监督他的学习，这个孩子的注意力其实很难集中，做事磨蹭，故意浪费时间也是必然的结果。给孩子提供充足的活动空间很有必要，他也应该和其他孩子一同玩耍，并在这个群体中扮演一定的角色。

“他曾经很喜欢上学。”

这说明那个学校的老师对他管得不严，他很容易在那里树立勇敢者的形象。

> “他以前总会把书弄丢。他也不那么害怕考试，并且认为自己可以把一切事情都做好。”

这种情况很普遍。如果一个人在任何情况下都很乐观，这反而说明他并不自信。这种人很可能是悲观主义者，整天沉浸在自己能超越一切的幻想中，常常做出一些让人匪夷所思的事情。他相信命运的安排，面对生活也总能表现出乐观的样子，所以即便他失败了，也不会感到多么沮丧。

> “他的注意力不太集中。老师对他的态度也截然不同，有的很喜欢他，有的则很讨厌他。”

性情温和且能够接受他这种生活习惯的老师比较容易喜欢他，这种老师不会对他提出过高的要求。而他渴望得到关注的心理也相对容易被满足，因而很少给这些老师添麻烦。

和众多被宠坏了的孩子一样，他既没有集中注意力的意愿，也没有养成相应的习惯。6岁之前，母亲为他安排好了生活中的一切，对他的照顾可谓无微不至，在这般被宠爱的环境下，他会觉得自己集中注意力去做一件事情没有任何必要。由于从来就不知道该怎样面对困难、解决问题，因此一旦出现困难，他就会手足无措；他对与人交往没什么兴趣，所以很难与别人合作。他缺乏独立完成一项工作所必备的意愿与自信，却有一种轻而易举就能引人注目的欲望。对他来说，在学校惹麻烦是最容易引人注目的方式；不这么做，他也找不到别的渠道来满足内心的需求，所以这些不良行为才会越来越出格。

> “他对一切事情都漫不经心，做事不努力，一味追求轻松，从不顾及他人的感受。这已经成了他生活的一种状态，这种状态在他偷东西和撒谎时表现得最为明显。”

他有很多不良的生活习惯。受母亲的影响，他的社会感情并没有得到充分发展，而他那温柔的母亲与严厉的父亲也没有为他指明未来的方向，这也进一步阻止了他的社会感情发展。因此，他的社会感情始终没能从母亲为他构建的世界中走出来，一直沉浸在这种备受关注的环境之中。

我们注意到，这个孩子追求优越感主要是为了满足虚荣心，而不是有益于社会。要改变这一状况，就必须干预他的性格发展，让他重塑信心，并且这样才有助于让他接受我们的建议。此外，还要拓宽他的社交范围，这样才能弥补母亲的迁就给他造成的缺陷，同时让他与父亲和解。对他的教育要循序渐进，直到他能深刻地认识到自己生活中存在的问题。当他的关注点不再局限于自己时，他就会变得独立而自信，追求优越感时，也会有意识地转向有益于社会的方面。

案例二

这个案例的主人公是一个 10 岁的小男孩。

> “学校总是向我们抱怨，你们的孩子学习成绩很差，落后同龄的孩子差不多三个学期。”

一个 10 岁孩子的成绩落后同龄人三个学期，我们不得不怀疑他是否有智力方面的问题。

“他现在读三年级，IQ（智商）是101。”

很显然，这个孩子并没有智力方面的问题。那他的学习成绩为什么会如此之差呢？他又是出于什么原因要扰乱课堂秩序呢？原来，他对优越感的渴求非常强烈，也愿意为此付诸行动。他的想法也没什么问题，比如希望自己成为一个有创造力的人、能积极主动地处理事情，能被他人关注，但他追求的方式并不正确，而且他努力的方向对社会也没什么帮助。所以我们眼里的他，是一个极力对抗学校的孩子，仿佛学校就是他的敌人一般。这样一来，就不难理解他的学习成绩为什么很差了。因为这种好斗的孩子，根本不可能忍受学校的日常生活。

“他不服从命令，不遵守纪律，也没想过要做好这些事。”

很显然，一个好斗的孩子肯定会这么做。而且他会这么做，说明内心已经形成了一套理论，并且总结出了一套方法。

“他总和其他的孩子打架。有时，他还会把玩具带到学校。”

这说明他想建立一个他喜欢的学校。

“他不擅长口算。”

根据我们在第七章的论述，他可能在社会意识以及与之相关的社会逻辑方面有所欠缺。

“他存在一定的语言缺陷，每个星期都要参加一次语言训练班。”

这种语言方面的欠缺其实不是天生的，从他的表现来看，我们更确信这是他在后天的训练中，缺乏社会合作精神导致的。语言其实是合作态度的体现，每个人必须通过它与别人建立联系。不过，这个男孩却将这种语言缺陷当成了引人注目的工具。我们不必为他拒绝配合治疗而诧异，因为这个缺陷一旦不存在，他也就失去了一个能成功引起他人关注的法宝。

“老师一让他讲话，他的身体就会不自主地开始晃动。”

这说明他对老师一直有抵触情绪。他对老师在课上讲话非常反感，因为这样一来，老师就是大家关注的焦点；老师说话时，他还必须认真听，他会下意识地认为，自己已经被不喜欢的老师给征服了。

“我确实觉得这个孩子有些神经兮兮。”

这个“神经兮兮”的背后，其实掩盖了孩子诸多不良的行为。需要补充一下，说话的人是孩子的继母，生母早在他刚出生不久就去世了。

“他是奶奶和外婆带大的。”

众所周知，祖母对孩子的溺爱可以达到让人出乎意料的程度。孩子由一位祖母抚养长大已经很糟糕了，何况是两位。不过，祖母抚养孩子这种行为背后的原因更值得我们深思。受现代文化的影响，年纪大的女人往往在社会中都没什么地位，所以她们会用行动反抗社会，希望自己能被合理对待。这其实无可厚非，但她们却采用了一种错误的方式，即以溺爱的方式让孩子喜欢自己，并由此证明自己依旧有存在的价值。

两位祖母同时教育一个孩子，其实很容易引起竞争，孩子无心的一句“奶奶给的”或者是“外婆给的”都能达到这种效果。这很好理解，因为她们都希望孩子更喜欢的人是自己。所以，为了给孩子留下“比对方好”的印象，另一位祖母就会更加溺爱孩子。这种竞争之下，孩子似乎成了最大的受益者，他们即便什么都不做，日子也可以过得随心所欲，反正祖母会为他们安排好一切。

毫无疑问，这种孩子在家中一定会被百般宠爱、加倍关注，而他们也会慢慢地掌握方法，以便能更好地引起家人的注意。可到了学校这种环境中，两位祖母都不见了，陪在他们身边的只有老师和众多同学。这些人都不会像祖母那样关注他们，所以他们只能以打架、违纪、反抗等不好的方式引起别人注意。

“他跟奶奶生活在一起时，成绩一直都很糟糕。”

一个孩子是否具备与他人合作的能力，看他在学校的表现就能知道。最适合培养孩子这种能力的人是母亲。由祖母抚养长大的孩子，这方面的能力势必会有所欠缺，加上训练不足，他往往难以适应学校的生活。

“我于一年半前和他爸爸结婚，我也因此担负起了照顾这个孩子的责任。”

这种有继母或继父介入的家庭环境，确实容易让孩子的成长出问题，或者说面临更多的问题。这一问题由来已久，造成的影响也一直困扰着人们，特别是孩子。即便继父或继母悉心照料，孩子也可能会出现各种问题。当然，这并不是说与继父继母有关的问题无法解决，而是想妥善解决这类问题，就得采用特殊的方法。首先，继父继母不该认为，孩子应当对自己的抚养心存感激。孩子并没有这个义务，所以继父继母应当通过行动去赢取孩子的认可。

“起初，我也想跟这个孩子和谐相处，想方设法获得他的认可，但是我失败了。对了，他还有一个哥哥，他哥哥也非常调皮捣蛋，经常惹是生非。我拿他们没办法。”

继母的加入已经让这个家庭的问题复杂化了，两位祖母的较量也让问题变得更加糟糕，再加上一个好斗的哥哥……不用想，也知道这两个孩子之间的争斗会非常可怕。

“他爸爸说什么，他就做什么，但我做不到这一点。所以经常被迫向他爸爸求助。”

这也说明，这位母亲拿他没办法，教育的重担自然只能落到父亲的身上。这位母亲只知道向孩子的父亲告状，并且经常用“我会告诉你爸爸”之类的话威胁孩子。时间一长，孩子慢慢就会明白，母亲根本管不住他，而且母亲的教育最后一定会不了了之，所以，孩子也就不会把母亲的教育当成一回事。而这位母亲的表现，其实也反映出了她内心的自卑情结。

“只要孩子听话，我就会带他去商店买东西。”

这位母亲也不容易。孩子认定了祖母对他最好，所以这位母亲在很长一段时间里都要忍受孩子对她的这种偏见。

“奶奶和外婆也没有经常来看他。”

别看她们不常来，但给孩子造成的影响却不小，她们每来一次，都会给孩子的母亲增添许多新的麻烦。

“全家人好像都不怎么喜欢他了。”

这里指的全家人，甚至包括了曾经对他格外疼爱的两位祖母。

“他爸爸经常用鞭子打他。”

鞭打其实没什么效果。孩子都喜欢被人表扬，表扬能让他获得愉悦感和满足感，但他往往不知道怎样才能被人表扬。这个孩子就特别希望即便自己不努力，也能被老师表扬。

“被人表扬之后，他做事就会更努力，效果也更好。”

每个渴望被关注的孩子都会有这种表现。

“因为他总是面带愁容，所以老师不喜欢他。”

对一个好斗的孩子来说，能面带愁容地直视一个不喜欢的人并且不起冲突，已经是他最大的让步了。

“他有尿床的毛病。”

尿床也是孩子渴望被关注的一种间接表现。为了引人注意，除了夜里尿床，孩子还可能采用哪些间接的方式呢？有很多，比如，半夜哭闹、晚上上床不睡觉、早上赖床、不健康饮食，等等。

总之，无论白天晚上，孩子总有办法让人围着他转。这个案例中的孩子所惯用的伎俩，主要就是夜里尿床和说话不利索。

“幸亏我每天晚上多次将他叫醒，尿床的问题才慢慢得以解决。”

母亲夜里叫他起床，这其实就是一种关注，他也确实由此获得了被关注的感觉。

“因为爱支配别人，所以别的孩子都不怎么和他玩，但这种性格也让他成了一些弱小孩子模仿的对象。”

他内心脆弱，缺乏自信，不想而且不愿勇敢地直面生活。弱小的孩子会模仿他，是因为弱小的孩子也想通过这种方式获得关注。

“不过，并非所有人都讨厌他，当他的作业被老师评为全班最佳时，也会有人认为他确实进步了。”

他进步了，别的孩子会为他高兴，说明他的老师懂教育，知道怎样培养孩子的合作精神。

“他喜欢和其他孩子一块儿在马路上踢球。”

当他发现，自己能顺利支配一个人时，他就会和这个人搞好关系。

我们与这位母亲就孩子的教育问题进行了深入的讨论。我们告诉她，她、孩子、祖母其实都不容易。这个孩子总觉得自己比不过哥哥，嫉妒心因此变得很强。咨询期间，这个孩子也在场，但他自始至终一言不发，即便我们诊所的每个人都向他展现出了最大的善意，愿意和他成为朋友。他如果开口说话了，就说明愿意与我们合作，但是他没有，并且对我们表现出了一种敌意。这是他缺乏社会感情的表现，也正是如此，他才会始终不愿意矫治语言方面的缺陷。

有些成人对孩子出现这种情况的原因难以理解。其实，成人也经常用沉默进行对抗。有对夫妻正在激烈地争吵，结果妻子突然沉默了。丈夫见状便朝妻子吼道："你看看，你看看，现在没话可说了吧！"妻子随即反驳道："我不是没话可说，而是懒得说！"

案例中的男孩也一样，就是不想说话。我们的聊天结束之后，原本可以离开的他居然没有走。虽然一句话都没有说，但我们已经感受到了他流露出的巨大敌意。尽管我们再次告诉他讨论已经结束了，他也仍旧没有离开的意思。最后，我们让他下周跟着父亲一起过来，并且对他说："你今天一句话都没有说，你做得很好，因为别人要你做什么，你就偏偏不做什么。别人要你说话，你就保持沉默；别人要你上课安静，你就故意大声喧哗，扰乱课堂秩序，因为你觉得这样做会让别人认为你很勇敢。如果我们刚才要求你别说话，你很可能也会滔滔不绝。所以，要想引导你做某件事情，我们只要跟你说反话就好了。"

很显然，这番话激起了他的表达欲，他似乎想对此进行解释，这就是我们想要的效果。借着这个机会，我们跟他解释了很多东西。渐渐地，他意识到自己在很多方面确实做错了，也愿意努力去改正。

另外，我们还要强调一点，如果孩子所处的环境跟过去一样，他们的这种改变将难以持续下去。父母、亲人、老师、伙伴对他的态度早已固化，他对这些人也是如此。可诊所就不一样了，这里对他来说非常陌生。我们也有意营造出这种感觉，好让他将过去形成的不良性格特征悉数暴露出来。这时，让他产生表达欲的最佳方式，就是告诉他“别说话”。他根本不会想到，我们这么说是为了故意套他的话，他自然也就不会刻意地对我们保持沉默了。

诊所这种完全陌生的环境，和这类孩子以往面对的狭小环境不同，他们在这里经常要面对许多听众，这些听众也可能对他们感兴趣。所以，这类孩子会觉得自己很容易就融入了这个大环境中，能再次来到诊所的孩子，甚至会希望能在这里表现一下自己。大部分孩子都很清楚，来到这里之后，我们会向他们提问，以便掌握更多的情况，他们也都不排斥。每个孩子的情况都不相同，为了帮助他们真正建立起在校读书的好习惯，有的孩子天天都要来，有的孩子一周来一次即可。在这里，他们可以将一切事情都开诚布公地拿出来讨论，而且还不用担心会被人批评、指责，所以他们自然不会对来到这里心生抗拒。

假如一对夫妇正在吵架，此时如果有人把窗户打开了，吵架就会立即停止，否则别人就会听到他们在争吵。这是他们不希望看到的，毕竟没有人愿意暴露自己的隐私。很多人就像这对吵架的夫妇，不想将内在的问题暴露出来，宁可藏着掖着，苦苦忍受。如果他们能正视这些问题，也就迈过了心中最大的一道坎；同样地，如果孩子愿意放下心中的偏执，主动来我们这儿接受咨询，也算是迈出了通往转变的最关键一步。

案例三

这个案例的主人公是一个 13 岁半的长子。

“孩子 11 岁时，IQ 有 140。”

从智力测试的结果来看，这个孩子相当聪明。

“可到了中学的第二个学期之后，他的成绩就再也没有进步过。”

根据我们的经验，一个自认为很聪明的孩子，往往容易产生不劳而获的心理，最终反而难以取得进步。我们还注意到，这类孩子到了青春期之后，往往会认为自己已经比较成熟了，并且极力想证明这一点。这种欲望越强烈，他们在成长中面临的问题就会越多。屡次遭受挫折之后，他们的信心便会受到打击，继而认为自己没有想象中的那么聪明。

为了避免这种情况，我们建议：不要总表扬孩子“你很聪明”，即便智力测验的得分真的很高，也不要将这个结果告诉他们。其实，这方面的结果家长最好也不要知道，因为他们也可能是让一个聪明的孩子最终碌碌无为的潜在因素。

对于尚不能正确认知自我的孩子来说，让他们知道自己的智商其实弊大于利。他们或许空有雄心壮志，却无法判断方法是否正确，很容易因此误入歧途，最终成为一个碌碌无为，甚至危害社会的人。即便陷入了这类糟糕的状态，他们也会编理由证明这么做是有道理的。

“他特别热爱科学这门功课。交往的孩子大都比他小。”

我们知道，他乐于和年纪更小的孩子交往，主要还是想在交往中掌握主动权。支配别的孩子也是一种优越感的体现。这方面的倾向越明显，我们就越能认定他确实想达到这种目的。当然，凡事总有例外，愿意与年纪更小的孩子交往，有时也是为了彰显“父性”[1]。尽管出发点不同，但最终的影响却是相似的，即渴望彰显父性的男孩，会故意不与年纪比自己大的孩子交往。

“足球和垒球是他最喜欢的体育运动。”

我们可以认为，这两种运动他不仅喜欢，而且擅长。总说自己擅长做某件事的人，往往会对其他事情提不起兴趣。换言之，这种人一旦面对的是没有十足把握的事情，就很难表现得积极主动；如果成功的希望很渺茫，可能就会直接放弃。这种行为并不值得赞赏。

“他很喜欢打牌。”

这说明他有消磨时间的倾向。

“因为打牌，他经常无法按时睡觉，完不成作业也是常有的事。”

由这句话我们发现，父母抱怨孩子时都大同小异：时间浪费了不少，学习却没有进步。

“婴儿时期，他发育得非常缓慢，直到两岁以后，他

① 指男性所具有的一种当父亲的本能与天性，与女性的“母性”相对。——译者注

生长发育才稍微变快了一些。”

我们并不清楚他两岁之前发育缓慢的原因，当然不排除是家人的溺爱造成的。我们发现，在溺爱中成长的孩子，即便不说话、不行动，家人也能将他的生活安排妥当。这样做的直接影响就是孩子的身体机能根本没有得到应有的锻炼，发育自然就变得迟缓了。至于两岁之后的发育突然变得迅速，很可能因为在此期间，他的身体受到了一些外在刺激，智力发育也同时受到了影响，所以变成了一个聪明的孩子。

“他有两种特别典型的性格特征：诚实和固执。”

诚实是一种好的品行，是一大优点，但仅仅知道一个孩子诚实还远远不够。这种优良的品行，也可能成为他自我炫耀的资本，我们也不知道他会不会仰仗着这份诚实对别人大加指责。这个孩子的领导欲很强，有支配他人的倾向，他完全有可能借助诚实的表象来彰显自己的优越感。我们也无法确定，一旦所处的境遇没有现在这么好，他还能不能将这种诚实的品行保持下去。

至于他身上的固执，我们确实深有体会。从他的种种表现，我们可以看出，他渴望我行我素，喜欢特立独行，不愿人云亦云。

“他经常欺负他的小弟弟。”

这句话反馈的情况与我们的判断一致。他渴望扮演领导者的角色，而弟弟并不配合，所以他就欺负弟弟。有这种表现的孩子往往不够诚实。如果你真正了解他，你会发现他极有可能是一个大骗子，依靠自吹自擂来满足内心的优越感，甚至可以说是一种优越情结。但是，透过这种情结我们又能发现，他的内心其实饱受自卑的煎熬。由于别人给予了过高的评价，当他遇到了无法解决的困难时，便会因此受挫而怀疑自己的能力。也正是这种低估在促使他寻找其他途径获得补偿，自吹自擂就是他最终选择的方式。

所以，过度赞美孩子并不妥当，这会让孩子误以为别人对他寄予了厚望。一旦孩子发现自己距离这种期望太远而且难以达到，他就会表现出害怕与不自信；即便意识到自己的确有不足的地方，他也不会努力地弥补缺陷，而是尽力掩饰弱点。例如，案例中的男孩就选择用欺负他的小弟弟来掩饰。久而久之，这种逃避的行为就会变成他的生活习惯。

在困难面前他不够自信，认为自己不够强大，也不相信自己能解决这些问题。所以，他渐渐迷上了打牌并沉溺其中，因为这个时候，别人不会在乎他的成绩好不好，他自然也不会有自卑的感觉。父母也将他成绩糟糕的原因归结于打牌，这样一来，他的优越情结和虚荣心都得到了保全。这种观点也在潜移默化地影响他，并让他渐渐相信："我确实喜欢打牌，而且正因为打牌，成绩才变得糟糕。这个毛病一旦改掉，我的成绩立刻就会变好。"他很喜欢这套说辞，并且坚信自己有变成好孩子的潜质。除非他能意识到内心的这种逻辑，否则他就会继续用宽慰的话欺骗自己，将内心的自卑感完全隐藏起来，不仅让别人看不到，连他自己也看不到。只要这种做法继续维持下去，他就没有改变的可能，甚至连一丁点儿进步都没有。

所以，我们必须借助一种他能够接受的方式，帮助他理解这种性格方面的问题。我们还要告诉他，在别人眼里，他其实是一个不自信的人；他会觉得自己很强大，是因为有选择地忽视了身上的弱点和自卑感，完全是在自欺欺人。如果真想帮他改变这种状况，就不要总是夸奖他或表扬他的智商很高，免得让他对自己怀有过高的期望，由此给他造成压力，不要让他误以为成功离他很远。我们要做的，就是友善地鼓励他，让他变得自信。

我们也知道，智商在孩子今后的生活中并没有那么重要，所有实验心理学家也一致认为，智商反映的不过是孩子在测试时的智力状况，一次测试的结果也说明不了孩子真正的智力水平。所以，智商高的孩子，未必就能在错综复杂的生活中独立、自如地解决一切问题。相对于智商而言，缺乏社会感情、自卑心理才是孩子屡屡出现问题的关键。因此，我们有必要跟孩子解释清楚，不解决这些问题到底会带来多么严重的危害。

案例四

这个案例的主人公是一个年仅8岁半的孩子。这个案例很有参考价值，被宠坏的孩子所具有的典型特征他都有。经由这个案例，我们就会明白孩子是如何被宠坏的，而这些孩子也有更高的概率变成犯人或精神病患者。现在最要紧的问题是别再溺爱孩子。爱孩子的方式有很多，唯独溺爱和纵容不可取。在面对孩子时，我们也应该保持平等的心态，要像对待朋友那样对待他们。

> “现在他面临的最大问题就是，虽然才读二年级，但每年都要留级。”

一个孩子如果连一年级都要重读，我们确实应当对他的智力水平予以怀疑。在分析案例之前，这个可能性确实应当纳入我们的考虑范围。当然，如果能确定孩子入学之初的成绩不错，成绩退步是后来才出现的，智力水平方面的因素就可以被排除了。

“他说话跟婴儿差不多。”

孩子模仿婴儿的举动往往都是有目的的，他认为这样做能得到更多的宠爱或其他的好处。能如此理性地进行判断，恰恰证明他不存在智力方面的问题。由于还没有做好上学的准备，他对学校的生活充满了厌恶，自然不会按学校设定的标准来成长。为了表达内心的不满，他对学校的一切都充满了敌意；也正是这种态度，导致他从一年级就开始留级。

“他对哥哥并不服气，有时甚至会和哥哥争吵、打架。”

由这句话我们可以得知，哥哥对他而言很像一个巨大的障碍。我们认为，他的哥哥应该成绩不错。为了证明哥哥并不能在所有方面都超过他，他能做的就是尽可能表现得坏一些。当然，他平时也会幻想自己能重新回到婴儿时期，这样说不定就可以超过哥哥了。

“他直到22个月时才学会走路。”

如果一个孩子到22个月时才学会走路，有可能是因为患有佝偻病，也有可能是因为被照顾得太周到。后来我们得知，在学会走路之前的22个月里，他的母亲基本和他形影不离。特别是当她发现孩子不会走路之后，原本已经非常周到的照料就变得更加细心了，对孩子也更加溺爱、纵容。可以说，这完全是由他的母亲溺爱造成的。

“他学会说话的时间比较早。”

通过这句话，我们更加确信这个孩子不存在智力方面的问题。如果一个孩子的智力发育存在障碍，最直观的表现就是说话困难。

“他的爸爸对他特别温柔。”

看得出父亲非常疼爱他，但他应该更喜欢母亲才对。他的母亲还告诉我们，她一共有两个孩子，大儿子非常聪明，两个孩子经常争吵、打架。家中的两个孩子互相竞争，这其实是一种非常普遍的现象；如果家中有好几个孩子，前两个孩子的竞争就会更加激烈。其中的原因我们在第八章分析过，新生儿的降临，会让早出生的那个孩子产生危机感，担心自己的地位可能会受到弟弟或妹妹的威胁。如果家长能对早出生的那个孩子进行良好的教育，使他具备良好的合作精神与合作能力，从容地面对新出生的孩子，这种无意义的竞争就不会发生。

“他的数学成绩不好。”

在溺爱环境中长大的孩子，数学成绩往往都不好。学习数学需要使用社会逻辑，而他们恰好缺乏这种逻辑。

“他的大脑肯定有问题。”

通过仔细地观察，我们并没有发现这方面的问题。站在孩子的角度分析，我们甚至发现他的一切行为都合情合理。

“我和老师都发现，他常常有黑眼圈。我担心他可能有手淫的习惯。”

手淫的习惯大部分孩子都有。虽然包括这位母亲在内的很多人都认为，手淫会加重黑眼圈，但这两者之间其实并没有什么必然的科学联系。

“他对吃的东西特别在意。”

这充分说明他希望得到人们的关注，所以哪怕是吃饭这种机会也不放过。

“他非常怕黑。”

在溺爱中长大的孩子往往都有这种表现。

“他擅长交友，朋友很多。”

我们认为，他结交的那些所谓的“朋友”，很可能都是能被他支配的人。

“他非常热爱音乐。”

仔细观察做音乐的人之后我们发现，他们的外耳曲线发育得明显要比一般人好。我们同样仔细地观察了这个孩子，发现他的耳朵长得很精致，听觉也非常敏感，对和谐的旋律尤为喜爱。具备这种特性的孩子确实适合学习音乐。

“他喜欢唱歌，可惜患有耳朵方面的疾病。”

爱唱歌的人往往难以忍受日常生活中的噪声，而且有更高的概率患上耳朵方面的疾病。听觉器官的构造能受遗传影响，所以音乐天赋和耳朵方面的疾病都可以随血缘传承。通过了解，我们也确认了两点：这个孩子确实有耳朵方面的疾病，他的家族中确实也有好几个人精通音乐。

这个孩子非常依赖他的母亲，凡事都渴望得到母亲的支持和关心，几乎达到了寸步不离的地步，而他的母亲对此也毫无怨言。很显然，这个孩子完全没有独立能力，这也是影响他转变的最大障碍。要想让他变得独立，就要学会放手，随便他做什么，哪怕犯点错误也好。在对待他和他的哥哥时，母亲也要尽量做到一碗水端平，不要让任何一个孩子认为母亲的爱给得不均衡，这是消除他嫉妒心的关键。另外，帮助孩子鼓起勇气，正视并解决他在学校中遇到的问题，也很重要。

做不到以上几方面会给孩子带来怎样的影响，其实不难想象：他们难以朝着有益于社会的方向发展，也许会旷课、逃学、离家出走，甚至会和社会闲散人员拉帮结派。教育一个淘气的孩子适应学校的生活固然辛苦，但总比日后让一个少年犯改邪归正要容易得多。

学校只是一个检测孩子适应能力的场所，一个缺乏自信，也缺乏社会感情和相关训练的孩子，本身就容易在学校遇到困难，学校也应当负起一定的责任，帮助他找回勇气，重树信心。不过，受客观条件的制约，学校本身也是不完美的。一个班级的孩子太多，老师不可能一一照应到位，更不可能有效地激发每个孩子的信心。因此，将改变孩子的希望完全寄托于学校也不现实。案例中的孩子如果有幸遇到一位好老师，通过适当的鼓励，完全能让他重新振作，成为一名品学兼优的好孩子。

案例五

这个案例的主人公是一个 10 岁的女孩，她在写字和数学方面存在学习障碍，因此特地来到我们的诊所接受指导与治疗。

在溺爱环境中长大的孩子，学好数学的难度会大一些，但这并不意味着这些孩子就没有学好数学的可能，我们只是根据多年的经验推断出一个普遍的结论罢了。

我们知道，惯用左手的人在学写字时往往会遇到比较多的困难，他们早已因此养成了从右到左的习惯，所以阅读、写字时，他们都会更倾向从右到左的顺序，这种方向上的差异并不会从本质上妨碍他们的阅读和书写。关于这一点，人们其实有诸多误解，所以才会产生“惯用左手的人读不好书、写不好字”的成见。

根据“写字有困难”的描述，我们猜测这个女孩有可能惯用左手，也可能存在其他方面的原因。如果她在纽约长大，我们也许还会考虑她有没有可能是非英语国家的移民，所以用英语表达对她来说才会困难重重。但如果她在欧洲长大，就不太会有这种可能。

> “她有一段非同寻常的经历：在德国时，我们家遭遇了一次倾家荡产的危机。”

我们不知道她是什么时候从德国移民的，也许她曾经度过了一段快乐的童年，但这已经是过去的事情了。现在的境遇对她来讲就是一次考验，刚好可以看看她是否能与别人合作，看看她的社会感情、勇气等是否充足，也可以看看她是否能够接受贫穷的现状。至少从我们目前掌握的情况来看，不管是与别人合作的意识，还是其他相关方面的能力，她都有所欠缺。

“她在德国的时候，成绩还不错。离开德国的那一年，她刚好8岁。”

这说明她融入美国的生活仅仅两年。

“由于存在语言拼写方面的困难，加上美国的教学方式与德国也存在显著的差异，因此她到美国之后的在校表现并不好。”

每个孩子都或多或少具备一些特殊性，在这一点上，老师不可能都兼顾得到。

“妈妈溺爱她，她也很依赖妈妈。”

如果问孩子：“你更喜欢父亲还是母亲？”他们往往会回答：“都喜欢！”这其实是一个被强制灌输到孩子思想中的答案。有很多方法可以检测出孩子内心最真实的想法，最简单的一种，就是我们在与父母交谈时，让孩子坐在父母中间，孩子往往会不自觉地转向最喜欢的人。同样地，孩子走进父母的房间时，如果房里同时还有其他好几个人，孩子也会不自觉地朝自己最喜欢的人走去。

“和她年纪相仿的同性玩伴不多。8岁时和我们住在德国乡下是她最早的记忆，她依然记得那时常常一块儿玩耍的小狗，以及家中的那辆马车。”

她对过去优越的生活记忆犹新，记得草地、小狗、马车等细节，这很像一个落魄的富人，眷恋曾经拥有的汽车、马匹、豪宅、用人，等等。由此可知，她对目前的生活非常不满。

“她经常做与圣诞节有关的梦，梦见圣诞老人给她送了礼物。”

梦境流露出来的内容与她在现实中的愿望是相同的。她觉得自己被剥夺了太多东西，因而渴望获得，渴望她曾拥有的那一切。

“她经常依偎在妈妈的身边。”

这是孩子在学校遭受挫折后变得不自信的典型表现。和其他孩子相比，她确实遭遇了更多困难，但只要她勤于努力、奋发向上，完全可以在学习上取得更大的进步。

“第二次来诊所时，她是一个人来的，妈妈没有陪着她。她的学习有进步，在家也能自己处理自己的事情。”

这是我们曾经告诉她的内容，不要过度依赖母亲，要独立，学会自己处理自己的事情。

“她有时会给我们做早饭。她觉得自己比以前勇敢一些了，和我们聊天也更自在、从容。”

这说明她开始学会与别人合作了。

事后，我们让她回去叫母亲一块儿过来。这位母亲之前一直忙于工作，没有时间来我们诊所。她告诉我们，这个女孩不是她亲生的，收养时，这个孩子差不多两岁了，在此之前，已经被转送了 6 户人家。这一切，孩子都不知情。

此时我们才知道，眼前的这个女孩，拥有曾经被人遗弃，后来又被悉心照顾的特殊经历。她的幼年非常悲惨，甚至可能遭遇了许多刻骨铭心的苦难，别看那时的她还没有意识，但其实早已在她的潜意识中留下了烙印，所以她害怕失去眼前的幸福生活。

“决定领养这个女孩时，有人建议我们要看紧她，因为她的出身实在是太糟糕了。”

说出这种话的人，受遗传学的毒害太深了。如果严加管教之后孩子还是出了问题，这种人也能继续辩解：“你看，我的话没错吧！”其实他们不知道的是，这个女孩如果真的成了问题儿童，他们也是有责任的。

“她的生母不是个好女人。”

虽然这是实话，但这番话也会让养母有压力，因为她要教育的并不是自己的亲生孩子。迫不得已时，她也不得不严厉地惩罚孩子，这个时候，在女孩看来，她的境况也不会比过去好多少。

“我是这个孩子的养父，我承认我很宠爱她，不管什么需求都会满足。她跟她妈妈的关系则没这么好。当她想从妈妈那里得到某样东西时，从来不会说‘求求您’或‘谢谢您’之类的话，而是会说‘你又不是我妈妈’。”

孩子会这么说，有可能是知道了事情的真相，也有可能只是随口一说。之前有个20岁的男青年就怀疑自己不是他母亲亲生的，而他的养父母都确信孩子不可能知道这个真相。其实，孩子在感知细节方面往往都很敏锐，这个男青年或许只是觉察到了而已。案例中的这位养母也认为“孩子不可能知道真相”，但实际上，孩子很可能已经觉察到了。

> “她会对妈妈说这种话，但从来不会对我说。”

因为父亲能满足她的一切需求，她找不到机会去攻击她的父亲。

> “她的成绩下降很快。妈妈无法接受她进入新学校之后的表现，于是开始频繁地惩罚孩子。”

孩子在学校已经因为糟糕的成绩羞愧、自卑不已，回家后还要因此被母亲惩罚，这确实让孩子难以接受。这两种情况中的任何一种都足以让孩子得到教训，两种惩罚同时施加，很可能给孩子造成严重的精神打击。老师也应该认真思考这个问题，因为要求把糟糕的成绩单带回家，或许就是孩子在家被惩罚的直接原因。所以，老师最好今后不要这样做。

> “她在学校的情绪不太稳定，有时会突然失控，乱发脾气，做出亢奋的举动，对课堂秩序影响很大。不过，她对自己的要求还挺高，要永远得第一。”

她是家中的独生女，也习惯了从父亲那里满足一切需求的生活。弄清这些，我们就不难理解她的这种欲望了，也能明白她为什么执着于得第一。曾经，她过着有别墅、草坪的富足生活，如今这些东西都不复存在，她感觉之前的优势都被剥夺了。所以，现在的她格外渴求优越感，但又没找到一种合适的表达方式，于是便选择了持续不断地制造麻烦。做出亢奋的举动是为了成为大家关注的焦点，发脾气是为了获取人们关注的目光，而不好好学习则是她故意做给母亲看的反抗行为。为了帮助她解决这些毛病，我们告诉她要学会与别人合作。

> “她梦到圣诞老人给她送了许多东西，但醒来之后，她发现自己其实什么都没有。”

“曾经拥有一切，醒时一无所有”，这是她的梦境想要传达的情绪，而且她的潜意识能经常将这种情绪唤醒。可别小看了这种情绪带来的影响，在梦中拥有一切，醒来后一无所有，这种落差会让人大失所望。梦境中的情绪和醒来后的情绪未必相反，也就是说，在梦中唤醒这种情绪，不见得是在唤醒拥有一切时的美好感觉，也有可能是失去一切之后的失落感。不断做这样的梦，就是为了不断体验这种失落感。

这个女孩为什么想要体验失落感？这个问题并不难回答。就像患抑郁症的人，在经历了美好的梦境之后，往往要直面与梦境截然相反的残酷现实。案例中的女孩也是一样，她认为自己的前途一片灰暗完全都是母亲造成的。她觉得自己已经一无所有了，而母亲却毫不关心，所以才会控诉道：“她还打我屁股，只有爸爸才会满足我的需求！”

这时，我们可以对这个案例进行总结了。这个女孩一直在追求一种失落感，并将这种情绪的产生归咎于母亲。这其实是她对母亲的一种反抗。要想让这种反抗停止，就要让她明白，她在家里的表现，在学校的所作所为，乃至她会持续不断地做同一种梦，都与她养成的不良生活习惯有关，其中最主要的因素，就是她来美国的时间不长，无法熟练地使用英语与身边的人交流。

我们要让这个女孩明白，拿她面临的这些困难来难为母亲是错误的行为，这些困难并不可怕，稍微努把力，她自己完全可以克服。当然，我们也要告诉她的母亲，只要她不再责罚孩子，孩子也就失去了反抗的借口；与此同时，我们还要让这个女孩明白，她无法集中注意力、无法自控，喜欢乱发脾气，都是因为她想故意给母亲制造麻烦。意识到这一点之后，她的这些不良举动就会自行停止；否则，她的性格很难有根本性的改变。

通过这本书的解释，我们对心理学到底是什么有了或多或少的认知——心理学就是为了弄清楚，人究竟是怎样运用自身已形成的印象和经验的。说得更直白些，心理学就是想知道人的行为与认知之间到底有什么关联，比如，人们会怎样看待刺激，面临刺激时会有怎样的反应，又是如何借用这些刺激与反应来实现个人目标的。

儿童性格心理学

启 文 编著

中国出版集团
中 译 出 版 社

图书在版编目（CIP）数据

儿童心理学 . 儿童性格心理学 / 启文编著 . -- 北京 : 中译出版社 , 2019.12（2022.5 重印）

ISBN 978-7-5001-6141-7

Ⅰ . ①儿… Ⅱ . ①启… Ⅲ . ①儿童心理学 Ⅳ . ① B844.1

中国版本图书馆 CIP 数据核字 (2019) 第 282245 号

儿童心理学

儿童性格心理学

出版发行： 中译出版社
地　　址： 北京市西城区新街口外大街 28 号普天德胜大厦主楼 4 层
邮　　编： 100088
电　　话：（010）68359827，68359303（发行部）;（010）68002876（编辑部）
电子邮箱： book@ctph.com.cn
网　　址： http://www.ctph.com.cn
总 策 划： 张高里
责任编辑： 李　颖
封面设计： 青蓝工作室
印　　刷： 金世嘉元（唐山）印务有限公司
经　　销： 新华书店
规　　格： 880 毫米 ×1230 毫米　1/32
印　　张： 30
字　　数： 550 千字
版　　次： 2019 年 12 月第 1 版
印　　次： 2022 年 5 月第 2 次

ISBN 978-7-5001-6141-7　　　定价：149.00 元（全 5 册）

前　言

儿童在不同的成长阶段是会有不同的性格特质的。不过，同一时期的儿童，在性格表现上也有共同的特点，家长们要多了解儿童的性格特点，才有利于培养儿童的良好性格。著名心理专家郝滨先生认为："性格可界定为个体思想、情绪、价值观、信念、感知、行为与态度之总称，它确定了我们如何审视自己以及周围的环境。它是不断进化和改变的，是人从降生开始，生活中所经历的一切总和。"性格表现了人们对现实和周围世界的态度，并主要体现在对自己、对别人、对事物的态度和所采取的言行上。人与人的个性差别首先表现在性格上。性格是在社会生活实践过程中逐步形成的。由于各人所处的客观环境不一样，先天的素质不同，形成了各种类型的性格。

儿童的性格是怎么形成的呢？是天生的，还是后天养成的呢？儿童心理学告诉我们，性格的形成既有天然的成分，也有后天的因素。不能说，孩子的性格天生就那样，谁都无能为力；也不能说，家长、老师可以随意改变孩子的性格。人的性格并不是一成不变的，但是一旦形成就有相对的稳定性。一般来说，3 岁的孩子在性格上已有了明显的个体差异，且随着年龄的增长，性格改变的可能性越小。人的性格表现是多种多样的，如诚实、谦虚、善良、勇敢、自豪、果断、虚伪、自负、自卑、怯懦、优柔寡断等。性格决定人生。心理遗传学认为，儿童的性格一半来自遗传，但是，随着不断成长，儿童在他今后的成长道路中还会有各种错综复杂的外在因素影响其性格的形成。如果我们可以把一些"好元素"潜移默化地注入儿童的性格中，一定会对他的成长起到积极的作用。

好性格需要好的家庭环境。“家庭是制造人类性格的工厂”，家庭环境对于孩子性格的形成有特别重要的作用。德国的卡尔·威特在其《卡尔·威特教育》中说：“我对卡尔的教育，除了培养他学习知识之外，更是把培养他优良的性格放在很重要的位置。我深深感觉到，父母以及其他家庭成员的行为，对孩子的成长起着决定性的作用。家庭是孩子成长的摇篮。我们的言谈举止、行为作风，无时无刻不影响着孩子。”对孩子的溺爱和娇宠是孩子独立人格形成的最大障碍。因此，培养孩子性格的关键取决于养育方式。父母的情感态度对孩子性格的导向作用十分重要。每个孩子天生自带个性和气质，从而组合成孩子的性格。性格并没有好坏之分，每一种类型的性格，都有它好的一面，也有它不好的一面。成功的父母，把如何让孩子性格中好的一面发扬光大作为重心来教育孩子，回避或避免孩子性格中不好的一面。简而言之，就是引导孩子扬长避短，孩子的性格就会更加完善，孩子也会更加自信，更加优秀。

每个儿童的性格与气质，从出生起就不尽相同。它相对稳定，却也不是一成不变的。只有准确破译每一个儿童性格背后的心灵密码，才能给予他最适当的陪伴与教养，才会引导他改变性格上的弱点，进行良好的性格铸造。在孩子性格渐渐形成雏形的童年时代，负责任的父母，应该帮助孩子学会认识自己的情感，形成良好的性格，使得孩子可以从小做一个“快乐宝贝”，长大后成为一个性格积极、身心健康的社会人，拥有幸福、成功的人生。

本书列举了许多关于孩子成长的小事例，目的是深入浅出地向读者介绍儿童性格心理学的知识，帮助家长更好地了解孩子、解决实际问题。不过，事例中的人物均为化名，这点需要提醒读者注意。

目　录

第一章　什么是性格心理学……1
为什么说性格决定命运……1
荣格的八种人格……4
哪些力量塑造了我们的人格……6
真的是“江山易改，本性难移”吗？……9
人真的拥有四个“真正的自我”……11
从宠物和上床睡觉时间来洞察性格……14
血型性格诊断有科学根据吗？……16
第二章　影响性格的重要因素……20
角度不同，心理感受就不同……20
外表也会影响孩子性格吗？……22
孩子能禁得住糖果的诱惑吗？……24
要时刻保护好孩子的自尊心……28
父母的教育方式与孩子性格……30
第三章　如何培养孩子的好性格……34
早期教育直接影响孩子性格的形成……34
教育的关键就是培养孩子的好性格……38

按照孩子的天性培育孩子……41
把家变成孩子的乐园……45
教育可以重塑孩子的性格……48
积极调整孩子的放纵和任性……53
顽强和执着是搏击风雨的盾牌……57
从容果断能谋大事……62
让孩子永远拥有一颗上进的心……66
第四章　确定孩子性格，发现性格优势……70
什么是九型人格……70
成长中的孩子也有九型人格吗？……74
按天性生长，更容易长成大树……76
性格各有优势，家长不必强求……78
测一测：确定孩子的“型号”……80
第五章　“体贴入微的小护士”：助人型孩子……89
人格特点：助人为乐，甘于奉献……89
性格枷锁：牺牲自己满足他人，拒绝求助……91
开锁密码：“你的存在就是最珍贵的礼物”……93
培养技巧：告诉孩子爱别人也要爱自己，帮他设定付出底线……96
第六章　“聚光灯下的主角”：成就型孩子……99
人格特点：讲求效率，积极进取……99
性格枷锁：嫉妒心强，爱出风头……101
开锁密码：“妈妈爱的是你，跟成绩无关”……104
培养技巧：让孩子正确认识成功，不要太注重别人眼光……106
第七章　“理智冷静的思想者”：思考型孩子……109

人格特点：沉静独立，善于思考 ……………………………… 109
性格枷锁：行动迟缓，习惯一个人解决问题 ……………… 111
开锁密码："你的意见对妈妈非常重要" ………………… 114
培养技巧：给孩子思考的空间，鼓励他及时行动 ……… 116
第八章 "与世无争的世外高人"：和平型孩子 ……………… 119
人格特点：温和友善，自得其乐 ……………………………… 119
性格枷锁：内心胆怯，害怕冲突 ……………………………… 121
开锁密码："宝贝，你是怎么想的" ………………………… 123
培养技巧：激发孩子斗志，让他勇敢接受竞争 ………… 126
第九章 "多愁善感的林黛玉"：忧郁型孩子 ……………… 129
人格特点：情感细腻，想象力丰富 …………………………… 129
性格枷锁：性格孤僻，喜欢独处 ……………………………… 131
开锁密码："你很可爱，好好享受每一天" ………………… 133
培养技巧：让孩子时刻感受到爱，引导他珍惜已有的事物… 136
第十章 "注重细节的小监察员"：完美型孩子 …………… 139
人格特点：责任心强，乖巧听话 ……………………………… 139
性格枷锁：规矩高于一切，过于追求完美 ………………… 141
开锁密码："玩儿就要玩儿得酣畅淋漓" …………………… 143
培养技巧：鼓励孩子放松，接受世界的不完美 …………… 145
第十一章 "富有正义感的超人"：领导型孩子 …………… 148
人格特点：雄心勃勃，控制欲强 ……………………………… 148
性格枷锁：性情暴躁，独断专行 ……………………………… 150
开锁密码："做事要雷厉风行，不要目中无人" …………… 152
培养技巧：提高孩子情商，让他淡化追逐权力 …………… 154

第十二章　“焦虑多疑的小曹操”：怀疑型孩子……157
人格特点：注意力集中，责任感强……157
性格枷锁：缺乏安全感，爱猜疑……159
开锁密码：“无论什么时候，我都会保护你”……161
培养技巧：让孩子保持冷静，学会相信他人……164
第十三章　“活泼外向的开心果”：活跃型孩子……167
人格特点：喜欢探索，动作夸张……167
性格枷锁：专注力差，害怕挫折……169
开锁密码：“遇到困难，我们一起面对”……171
培养技巧：生活有欢乐也有痛苦，学会承担才能成长……173
第十四章　九型妈妈或九型娃：巧适合不如会磨合……176
以符合孩子性格的方式表达对孩子的爱……176
与孩子性格相同就和谐吗？……179
妈妈有脾气，九型妈妈对比看……181

第一章 什么是性格心理学

为什么说性格决定命运

生活中，我们往往会说“这个人性格很温顺”“那个人性格很外向”，等等，可是到底什么是性格呢？对于这个问题，很多人都无法做出明确的解释。

“性格”一词来源于希腊语，目前关于性格的定义，心理学家也没有达成共识。我国的心理学家认为，性格就是人们对现实稳定的态度和行为方式上表现出来的心理特点，诸如坦率、含蓄、顽固、随和、理智、感性、沉稳、活泼，等等。性格并不是独立存在的，我们每个人在日常生活中的态度及行为表现都可以反映出我们自身的性格特征。

我们每个人所拥有的性格特征并不是在短时间内形成的，而是我们在对社会生活的体验中逐渐形成的，而且还受到我们的世界观、人生观、价值观的影响。性格形成之后有一定的稳定性，但这并不意味着性格是无法改变的。生活中很多的突发事件有时会使我们的性格发生转变。

心理学家将性格分为积极的和消极的。积极的性格如热情、大方、稳重、理智、随和、活泼、心态好；它可以让人身处逆境时，坦然面对，积极进取，通过坚持不懈的努力，最终获得成功。

消极的性格如自私、傲慢、暴躁、孤僻、懒惰、懦弱等；它则会让人走许多弯路，受许多挫折，最终碌碌无为，甚至导致悲剧性的结局。

能够坚韧不拔、吃苦耐劳的人，可以一步一步地实现自己的人生目标；终日懒散松懈、不求上进、怨天尤人的人，必定一事无成。个性叛逆的人对外界环境采取赤裸裸的反抗，不会妥协，不会婉转，这种性格的人要么成为英雄，要么被环境所吞噬，上演一出悲剧。“兵强则灭，木强则折”，性格过于耿直的人不善于迂回，往往四处碰壁，容易遭遇艰难曲折的命运。优柔寡断的人遇事总是犹豫不决，瞻前顾后，这种人容易因为性格中的不足而错失一次次的机会，导致无为、失败的一生。

法国著名的大作家大仲马曾经说过，人生是由一串烦恼串成的念珠，而达观的人总是笑着数完它。如今，心理学家们更是不容置疑地告诉我们：好行为决定好习惯，好习惯决定好性格，好性格决定好命运。性格决定成败，把握住了性格也就把握住了成功；性格决定命运，改变了性格也就改变了命运。如果你不满意自己的现状，就必须改变命运；若要改变自己的命运，就必须改善自己的性格。

一位心理学大师说过，心理变，态度亦变；态度变，行为亦变；行为变，习惯亦变；习惯变，人格亦变；人格变，命运亦变。换句话说，一个人要想运势好，他的性格首先要好。

生活中我们可以看到，在同样的社会背景、同样的智商条件下，有的人能大获成功，有的人却处处失败，为什么会出现这么大的差距呢？其实，性格在很大程度上决定了人们各自不同的命运。

性格决定命运，优良的性格品质与成功的人生关系极为密切，这种关系主要体现在以下几点：

优良的性格造就崇高的理想和高尚的道德。那些有着崇高的理想和追求的人，往往都具备积极主动、乐观向上、开朗大方、正直诚实、信念坚定、富有同情心等性格特征。他们热爱生活，热爱大自然，关心身边的人，关心社会，有着高尚的情趣。一个人的理想和道德情操只有建立在这样的基础上才是可靠的。

优良的性格是事业成功的保证。天上不会掉馅饼，世上也没有任何唾手可得的东西。在竞争激烈的社会里，小到一点收获，大到事业的成功，都需要坚定的信念，付出艰辛的努力。只有那些性格刚强、自信、乐观、勤奋、勇于开拓、一往无前、不畏挫折和牺牲的人，才有希望获得事业乃至人生的成功。

优良的性格是人生幸福的主要条件。我们生活在复杂多变的社会中，万事皆存变数，可能一帆风顺，也可能诸事不顺；可能收获成功，也可能遭遇失败；可能得到鼓励，也可能遭受打击。只有自身具备优良的性格，我们才能很好地维持心理的平衡，勇敢地面对人生，积极地应对外界的一切突发情况，创造属于自己的幸福。

如果我们对自己的性格有一个全面、清醒的认识，能够站在必要的高度上正确去面对，我们就能很清楚地看到性格与命运的密切联系。

荣格的八种人格

荣格根据“利比多”（libido，即性力）的倾向性，最早将性格分为内向型和外向型。

荣格反对弗洛伊德将利比多简单地理解为“性的能量”，他将利比多解释为一种“心的能源”，是一种心的过程的强度。而且他假设其中存在一种“快乐的欲望”，而这种“快乐的欲望”则是荣格性格学的基础。当这种“快乐的欲望”以外在的形式表现出来时，称为“外向”；以内在的形式表现出来时，称为“内向”。而当这种内向或外向成为一种习惯时，我们则称之为“内向型”或“外向型”。现实生活中，我们通常会说某个人性格真内向、某个人性格真外向，这种对性格的分类首先是由荣格提出的。

荣格的这种根据利比多的倾向划分的性格类型在美国逐渐发展成为一种著名的心理测验，这种测验被称为“性向测验”，由此提出了“性向指数”的概念，并且据此进行了一系列的研究。研究结果发现，内向型的人更加关注自己的内心世界，对自己内部的心理活动的体验深刻而持久，通常按照自己的意愿行事，不随波逐流，不容易受到周围环境的影响；对待周围的人和事的态度相对较消极，往往会采取一种敌对或批判的态度，正因为这样很容易与别人产生摩擦，因此适应环境的能力也较差。外向型的人与内向型的人的性格恰恰相反，他们往往比较关注外部世界，对周围的人和事都充满了好奇和兴趣，通常会根据别人的期待、外部环境的变化来行事，适应环境的能力较强，但是这种人过于关注外部世界从而忽略了自己内心最真实的感受，有时候会迷失自己。当然，这两种类型的性格没有优劣之分，只是不同的人格特质使然。而且每一个人不可能只是单单的外向型或内向型，往往是这两种类型的融合，只是哪一种性格类型相对来说占据一定的主导。

后来，荣格在他发表的《心理类型学》一书中对内向型和外向型做了进一步的阐述。由于内向型和外向型主要是根据个体对待客体的态度来进行区分的，因此又被荣格称为性格的一般态度类型。除此之外，还有性格的机能类型。

荣格认为，人的心理活动有感觉、思维、情感和直觉四种基本机能。感觉告诉我们某种东西的存在；思维告诉我们这种东西是什么；情感告诉我们它是否令人满意；而直觉则告诉我们它来自何方并去向何处。根据两种类型与四种机能的结合，共有八种性格的机能类型，荣格对此进行了描述。

（1）外倾思维型。他们通过自己的思考来认识客观世界，做事都要以客观的资料为依据，思维较严谨。科学家就属于典型的外倾思维型，他们认识世界、解释现象、创立自己的理论体系的过程体现了严谨的思维。但是这一类型的人往往比较刻板，情感不够丰富，个性不够鲜明。

（2）内倾思维型。与外部世界相比，这种人更加关注自己的内心世界，他们对一些思想观念感兴趣，善于借助外部世界的信息对自己内心的想法进行思考。哲学家就属于这一类型。这一类型的人比较冷漠、傲慢，有些不切实际。

（3）外倾情感型。这种类型的人能将外部环境的期待与自己的内心情感结合起来。他们善于交际，喜欢表达自己的情感，性格活泼，对社会活动抱有很大的热情，与外部世界相处比较和谐。

但是这一类型的人往往没有主见，缺乏主体性。

（4）内倾情感型。这一类型的人往往过分关注于自己的内心世界，对内心有深刻持久的情感体验，能够冷静地去看待周围的人和事。但是他们往往不善于表达和交际，和气质类型的抑郁质比较相似。

（5）外倾感觉型。这一类型的人往往比较注重感官的刺激和享受，善于与外界互动，但是往往只停留于表面，不够深入。他们比较注重享乐，往往很难抗拒美味的诱惑，情感比较浮浅。

（6）内倾感觉型。这种类型的人往往沉浸于自己的主观世界之中，与外部世界相距较远。但是他们能够以自己独特的方式对外界的信息进行加工，而且体验较深入，并能够以独特的方式将这些表达出来。

（7）外倾直觉型。有灵感的人应该说的就是这种类型的人，他们对外界有很好的洞察力，对新鲜事物比较敏感。他们容易冲动，富有创造性，但难以持之以恒。

（8）内倾直觉型。这种类型的人善于想象，性情古怪，对外界事物较冷漠，往往容易脱离实际，他们的思考方式一般很难被人理解，想法比较怪异和新颖。荣格认为，艺术家就是典型的内倾直觉型。

哪些力量塑造了我们的人格

究竟是哪些因素在我们人格塑造的过程中发挥着作用，对于这个问题的争论由来已久，而且存在两种截然不同的观点：一种观点认为，我们的人格主要是由先天的遗传因素决定的；而另一种观点则认为，影响我们人格的主要因素是后天的环境因素。但是，在长时间的争论过程中，心理学家们逐渐达成了共识，认为我们的人格是在遗传和环境两种因素的交互作用下形成的。

在众多人格研究的方法中，双生子研究则是人们公认的一种比较客观和科学的方法。这一方法遵循这样的研究思路，对于同卵双生子而言，他们的遗传因素是相同的，如果他们在人格上存在差异，那么这种差异则是由环境因素导致的；对于异卵双生子来说，如果他们从小就在同一环境中长大，那么他们人格上的差异则就归结为遗传因素。采用这一方法的研究表明，人格并不仅受到某一因素的影响，而是各种因素共同影响的结果。

首先，生物遗传因素。许多心理学家认为，人格具有较强的稳定性，因此在研究人格的过程中，应该更注重生物遗传因素的作用。很多心理学研究者采用双生子的方法对该问题进行了研究。

艾森克的研究指出，在同一环境中成长的同卵双生子，在人格的外向性维度上的相关为0.61，不同环境中的同卵双生子在该维度上的相关为0.42，异卵双生子的相关仅为0.17。由此可以看出，同卵双生子在外向性的维度上相关要显著高于异卵双生子，这说明生物遗传因素在人格形成中的作用。

弗洛德鲁斯等人在瑞典进行了同样的研究。他们选取了12,000名双生子进行问卷的测量，结果发现，同卵双生子在人格的外向性和神经质上的相似性要显著高于异卵双生子，可见生物遗传因素在外向性和神经质两个维度上有重要的作用。

心理学研究者对成人双生子也进行了类似的研究。20世纪80年代，明尼苏达大学对成人双生子的人格进行了比较研究。在这些双生子中，有些是从小一起长大的，有的则是被分开抚养的。研究结果表明，不论是分开抚养还是未分开抚养，同卵双生子在人格上的相关均要高于异卵双生子。我国的一项历时20年的纵向研究结果也表明，人格的许多特质都有遗传的可能性。

尽管通过这些研究，我们可以看出遗传对人格的发展的确有不可忽视的重要的作用，但是它的作用到底有多大，对此并没有明确的结论。我们只能说生物遗传因素为我们的人格发展提供了可能性，而且遗传因素对人格发展的作用因不同的人格特质而异。遗传因素对智力、气质等与个体生物因素有较大关系的人格特质的影响作用比较大，而对那些价值观、性格、信念等与社会因素关系密切的人格特质的影响作用相对较小。

其次，环境因素。除了生物遗传因素外，环境因素对人格的发展同样有重要的影响。这些环境因素包括早期的童年经验、家庭环境因素、学校环境因素以及社会文化因素等，都在塑造着我们的性格。

俗话说“三岁看大，七岁看老”，早期的童年经历对人格发展的影响不容忽视。有研究指出，儿童早期父母的忽视和虐待对其心理有明显的不良影响，容易形成攻击、叛逆的人格。斯毕兹对从小生活在孤儿院中的儿童进行了研究，发现这些从小就缺乏亲人关怀和爱护的孩子，长大以后各方面的发展都会受到这一因素的影响，有的甚至还患上了抑郁症。可见，幸福的童年经历有利于儿童健全人格的形成，而不幸的童年经历则会引起人格上的各种问题。但是二者之间并不存在必然的关系，不幸的童年同样可以磨砺坚强的性格。

家庭环境因素对人格的影响主要体现在亲子关系、父母的教养方式等方面。研究表明，采取民主型教养方式的父母，能够与孩子保持一种平等的和谐关系，懂得尊重孩子，并给予孩子一定的自主权。在这种教养方式下长大的孩子，能够形成正直、活泼、开朗、善于交际、懂得合作等积极的人格品质。

学校是我们接受教育的场所，这一环境中的很多因素都在无形之中塑造着我们的人格。皮格马利翁效应就是一个很好的例子，如果在教育的过程中，教师能够给予学生适当的关爱，并将自己的热情与期望投注在学生身上，学生觉察到这种期望后，就会被这种热情和期望所鼓舞，并试图刻苦努力学习从而不辜负老师的期望。

社会文化因素对人格的影响主要是基于不同的文化背景下对人格的要求不同，比如在传统的儒家文化中，要求女性必须是温顺的、柔弱的，只需要在家相夫教子就行了。不过随着时代的发展和环境的变迁，这种差异已经越来越小了，如今女人同样可以顶半边天。

综上所述，遗传和环境因素都不同程度地塑造着我们的人格，对我们人格的发展发挥着重要的作用，正是二者的共同作用才造就了我们在人格上的差异。

真的是“江山易改，本性难移”吗?

在前面的章节中，我们认为性格是一套稳固的态度和习惯化的行为模式，这就是说性格是稳定的，不会像天气一样变化无常。对一个人进行深入的了解之后，我们能够推测他在相同或相似的情境下的态度和行为反应。但是，这也不是绝对的。来自心理学的研究表明，性格也是可以改变的。

心理学家称，性格会随着年龄的增长而发生改变。从发展心理学的角度来看，我们的性格总是在外向型和内向型之间转换。婴幼儿时期属于外向型时期，那时性格还未充分发展，需要借助外界的帮助才能生存下去。进入幼儿期之后，开始转向内向型，因为这一时期自我意识开始发展，对外界的束缚开始进行反抗。进入儿童期之后，对很多事物充满了求知欲，又开始转向外向型。进入被称为“暴风骤雨期”的青春期之后，他们的自我意识变得更加强大，这一时期属于内向型时期。成年期逐步体验到现实的残酷和生活的艰辛，认识到必须努力工作，提升自身的价值，为家庭成员的幸福而奋斗，这时由内向型的特质转为外向型。进入老年期之后，开始对自己的人生有了更深入的思考，再度回归内向型。

有研究表明，心理疾病同样也会引起性格的变化。比如，抑郁症作为一种较常见的心理疾病就会引起性格的变化。通常容易患抑郁症的人在性格上有一些共同点，如追求完美、缺乏幽默感、做事刻板，等等，即使受到一点小事的刺激也会让他们心理上产生很大的波动，陷入异常的状态之中。除此之外，精神分裂症往往更容易使人格出现转换。这类人在发病前可能会有自闭、敏感、反应迟钝等症状，但是一旦发病就会出现不可思议的症状，严重的还会导致人格的荒废。

年龄上的变化和心理疾病能够导致性格发生变化，中毒导致的精神失常、被洗脑或心智受到他人控制同样会导致性格发生变化。第二次世界大战期间，许多军队由于频繁使用兴奋剂，出现了很多中毒者。这些中毒者的性格发生了很大的变化，出现了恐吓他人、好斗的特点，严重的还会丧失心智。麻醉剂中毒虽不像酒精或兴奋剂中毒那样明显，还是会使人处于忧郁的状态之中，对外界漠不关心。在没有药物作用的情况下，某些邪教组织的洗脑或心智上的控制也足以使人的性格发生巨大的变化。有些邪教组织所使用的酷刑足以让人陷入孤立和绝望的境地，最终丧失自我认同感。

关于教育的作用，其实已不必再赘述。研究表明，不论是家庭教育、学校教育还是社会教育都对我们性格的养成有一定的作用。举个例子来说，日本对年轻人所进行的调查报告将年轻人分为四类，即孜孜不倦型（为了老师和父母的期望，不懈努力，但是缺乏弹性，容易因受挫而崩溃）、我行我素型（与世无争，有时候会逃避现实，不能够积极地适应社会）、焦躁型（不满于现状，经常会有惊人之举，奇装异服，行为不端）和浮躁型（对学习毫无兴趣，爱看电视节目，化浓妆，举止轻浮）。这就需要在教育的过程中对不同类型的人进行矫正，使他们恢复到正常人的状态。

所以，性格并不像我们之前所认识的那样是不可改变的，像上述的年龄、心理疾病、心智控制、教育等都可以使其发生改变。看来只要具备一定的条件，江山易改，本性也是可移的。

人真的拥有四个“真正的自我”

约瑟夫·鲁夫特和哈里·英格拉姆于20世纪50年代提出，每个人都是由四个层面的自我构成的，这四个层面的自我分别是公开的自我、盲目的自我、隐藏的自我和未知的自我。

（1）公开的自我：自己了解，他人也了解，属于自由活动领域。所谓“当局者清，旁观者也清”，说的就是“公开的自我”。比如，我们的性别、年龄、长相等可以对外公开的信息，包括婚否、职业、工作生活所在地、能力、爱好、特长、成就，等等。“公开的自我”的大小取决于自我的开放程度、个性张扬的力度、人际交往的广度以及他人的关注度等。“公开的自我”是有关自我最基本的信息，同时也是自己和他人了解自我、评价自我的基本依据。

（2）盲目的自我：自己觉察不到，但是他人能够了解。所谓“当局者迷，旁观者清”就是指“盲目的自我”。“盲目的自我”一般自己不易觉察，除非别人告诉你。它可能是你不经意间的一些小动作或行为习惯，比如一个得意的或者不耐烦的神态和情绪流露。盲目点可以是一个人的优点或缺点。由于自己事先不知道，所以当别人告诉你时，你可能一时无法接受，甚至会惊讶、怀疑、辩解。“盲目的自我”的大小与自我观察、自我反省的能力有关。内省特质比较强的人，往往盲点就会比较少，“盲目的自我”比较小。而熟悉并且能够指出“盲目的自我”的其他人，往往也是那些关爱你、欣赏你、信任你的人。所以，我们要学会用心聆听，重视他人的意见。

（3）隐藏的自我：自己了解，但他人觉察不到。这是自己知道而别人不知道的部分，与“盲目的自我”刚好相反。就是我们常说不愿意或不能让别人知道的隐私、个人秘密。身份、缺点、痛苦、愧疚、尴尬、欲望等，都可能成为“隐藏的自我”的内容。相比较而言，心理承受能力强的人，性格比较自闭、自卑、胆怯、虚伪的人，“隐藏的自我”会更多一些。适度的自我隐藏，能够避免外界的干扰，独守自己的心灵花园，是正常的心理需要。如果一个人没有任何隐私，那么他就赤裸裸地暴露在别人面前，没有隐私和安全感。当然适度地隐藏自我能够保护自己，如果自我隐藏得太多，就会将自己封闭起来，无法与外界交流。这样自我就会受到压抑，甚至造成人格的扭曲。

（4）未知的自我：自己和他人都未觉察的自己。这样的自我也被称为“潜在的我”，属于自我层面的处女领域，等待着别人去发现和挖掘。“未知的自我”通常是指一些潜在的能力或特性，或是只有在特定的领域才能展现出来的才华。弗洛伊德所提出的潜意识层面，隐藏在海水下面有无限能量的巨大的冰山，也属于“未知的自我”的层面。“未知的自我”是我们知之甚少同时也是最值得挖掘的领域，所以我们应该尝试着去全面而深入地认识自我，激励自我，发展自我，超越自我，肯定会收获意外的惊喜。

每一个人对自我的认知，都存在公开区、盲目区、隐藏区和未知区。有时候我们可以通过性格测验来了解“公开的自我”和部分“隐藏的自我”，但是测验结果和实际情况还是有出入的。因为在进行测验的时候，被测验者往往有一种“社会赞许”的倾向，为了得到他人和社会的认可往往隐瞒自己真实的想法，所以对于性格测验的结果不能过度依赖。

关于自我的四个层面，对于不同的人而言，每个层面所占的比例也不同。有些人可能隐藏得比较少，暴露得相对多一些；有些人可能比较容易聆听别人的评价，对盲目的自我了解得较多，而有些人总是敢于尝试一些新鲜的事情，试图去挖掘自己性格中未知的部分。每个人都是一个没有谜底的谜，我们只能慢慢地去走近、去了解、去感受。

从宠物和上床睡觉时间来洞察性格

养宠物这种生活中司空见惯的事情居然和我们的性格发生了某种的联系，这真是一件奇妙的事情。英国《太阳报》曾刊登了一篇分析领导人所养的宠物和其性格之间关系的文章，文中指出什么样的性格养什么样的宠物，领导人选择养什么样的宠物不仅是爱好那么简单，还与他们的性格有关。

美国前总统奥巴马的宠物是一只葡萄牙水犬。几个世纪以来，勇敢而温顺的葡萄牙水犬一直被葡萄牙渔民所称赞。它有着惊人的耐力，是游泳和潜水好手；它体形中等、粗壮，可以全天在水中或陆地工作。普京的宠物则是一条叫作“科尼”的狗。这是一条血统纯正的雌性拉布拉多猎犬，是最值得依赖的犬种之一。看来领导人所选择的宠物多少能够反映出他们的性格，即使起初没有什么相像的地方，时间久了也会受到潜移默化的影响。

之前在网上有一项大规模的调查，主要考察了人们的性格和他们所养的宠物之间的关系。有2000多名养宠物的人参与了调查，他们主要从几个不同的因素对自己的性格和宠物的性格做了评估，主要的因素有社交能力、情感稳定性和幽默感等。除此之外，他们还提供了自己养宠物的时间。研究结果表明，养猫的人最有依赖感，而且情感细腻；养爬虫类宠物的人则相对独立；养鱼的人是最快乐的；养狗的人相处起来让人觉得最有趣。有趣的是，主人还对他们的宠物进行幽默感的评分，他们认为狗的幽默感最高，猫的幽默感中等，而爬虫类则没有幽默感。最重要的是研究发现，宠物的性格和主人的性格具有相似性，而且这种相似性随着时间的推移会越来越明显。在相处的过程中，主人会受到宠物性格的影响，宠物也会逐渐地学习到主人的性格。这个调查证实了人们之前认为的“宠物也具有独立的个性”的说法，同时还说明宠物的个性和主人的个性的确存在一定的关系。所以，当你碰到一个牵着狗的人，不需要有太多的接触，你就可以对他的性格有一个大致的了解。

不仅养宠物这件事情能反映出一个人的性格，就连我们何时上床睡觉这种生活中的细节也都和我们的性格有关系。

我们总是希望自己在学习和工作中处于最佳的状态，因此会选择最适合自己的时间睡觉或起床。有这样一个问题：如果你可以自由地、没有顾虑地选择睡觉的时间，你会在几点上床？晚上十点、十二点，还是凌晨一点？也许有人会提出质疑，说要具体情况具体对待了，如果还有未完成的工作需要熬夜的话，肯定睡得就晚；即使不需要熬夜，但是精神状态特别好，没有睡意也会到很晚才睡。我们这里所说的只是通常情况下，通过这个问题你可以发现，自己是属于早睡早起型（早起型）还是晚睡晚起型（夜猫子型）。关于人们对这两个问题的回答有人进行了研究，结果表明我们的回答能够揭示自己的性格和思维方式。问卷调查的结果表明，早睡早起型的人一般性格内向，有很强的自制力，总是希望能够给别人留下好印象。与抽象的概念相比，他们更喜欢具体的信息，他们凭借逻辑而非直觉进行判断。晚睡晚起型的人则不太喜欢有规律的生活，他们更加独立，喜欢冒险，对人生有更富创意的思考。

血型性格诊断有科学根据吗?

生活中随处可见一些人将血型与性格联系起来，包括现在网络上有很多有关血型能够预测性格的说法，比如：O 型血的人的性格特征是热情、坦诚、善良、讲义气，办事雷厉风行、踏实苦干、效率高；A 型血的人具有为社会、为他人奉献的使命感和责任感，重视别人对自己的看法与评价，处事谨慎，待人诚恳，深沉含蓄；B 型血的人聪明、思路广、拓展力强、最怕受约束，他们很少顾虑社会的反应与舆论的压力，喜欢独立处理问题；AB 型血的人具有强烈的社会意识和集体观念，他们有意识地融入社会活动，希望在社会生活中确定自己的位置，但他们生性淡泊，厌恶竞争；等等。对血型和性格关系的研究最早兴起于西方，目前研究比较多的是日本和韩国。日本有调查显示，80% 的年轻人相信血型决定性格，并认为血型可以作为选择职业和配偶的参考。

那么，血型为什么能决定一个人的性格呢，这种说法有科学依据吗？日本的学者经过多年研究认为，血型有有形物质和无形物质两个方面，而气质则是血型的无形成分，血型的气质表现主要体现在个人的思维方式、行为举止、谈吐风度等方面，这是生物遗传的结果。但是，血型与性格之间的关系，除了受到遗传因素的影响之外，个人的成长环境、教育背景、人际关系等也影响着二者之间的关系，所以不同的人的性格才会呈现出千差万别。因此，简单地说血型能够决定性格是不科学和不严谨的，因为遗传的因素只是为性格的发展提供了可能性，而人的性格更多地受到后天社会环境的影响。

既然如此，为什么还有那么多人相信血型说，甚至还认为血型说准确呢？原因在于血型性格说只是对人类共性的人格特征进行描述，而这种特质恰恰很多人都具有。另外，这种血型与性格的测试大多流传于网上，很多人测了之后觉得准确才会回帖，而那些觉得不准的人很少回帖，这就加强了对这一说法的认同，将其中的作用进行夸大，很多人也就信以为真了。即使测试结果不准确，很多人也会信以为真，甚至有种恍然大悟的感觉，“哦，原来我是这样一种性格的人啊”。而这些很容易对其他人形成暗示。

生活中，我们总是会受到这样或那样的暗示。比如，在公共汽车上，你会发现这样一种现象：一个人打了个哈欠，他周围会有几个人也忍不住打起了哈欠。那些跟着打哈欠的人并不是真的瞌睡了，而是他们的受暗示性比较强。在心理学中有一个简单对受暗示性的测试，让一个人水平伸出双手，左手的掌心朝上，右手的掌心朝下，闭上双眼。告诉他现在他的左手上系了一个氢气球，而且氢气球不断上升；他的右手上放了一本厚厚的书，并不断向下坠落。三分钟以后，看他双手之间的距离，距离越大，则受暗示性越强。

一位名叫肖曼·巴纳姆的著名杂技师在评价自己的表演时这样说，他很受欢迎是因为在他的节目中包含了每个人都喜欢的成分，所以他使得“每一分钟都有人上当受骗”。人们常常认为一种笼统的、一般性的人格描述十分准确地揭示了自己的特点，心理学上将这种倾向称为“巴纳姆效应”。这一效应多少解释了为什么有些血型或星座的书刊能够“准确地”指出某人的性格。原因在于，那些用来描述性格的语句基本上适用于大部分人。例如，水瓶座的人理性且爱好自由，巨蟹座感性且富有爱心。可是我们仔细想想，谁不喜欢自由，又有几个人没有爱心呢？这些描述只是泛泛而谈，甚至是说了等于没说。一对按照星座的说法很不匹配的情侣，在日后的交往中会不断暗示自己，如果哪一天真的有了摩擦和冲突，他们就会想“原来我们真的不合适”，这种预设最终被强迫成立，说不定最终真的会分道扬镳。可见，并不是这些描述真的有多么准确，关键在于我们总是在不断暗示自己，最终真的就“弄假成真”了。

心理学的研究结果指出，人很容易相信一个笼统的、一般性的人格描述，并认为这种描述十分适合自己。即使这种描述十分空洞，他仍然认为反映了自己的人格面貌。曾经有心理学家用一段笼统的、几乎适用于任何人的描述让一些大学生判断是否适合自己。结果显示，绝大多数大学生认为这段话将自己的性格描述得非常准确。下面就是这段笼统而空洞的文字，你也可以看看这样的描述是不是刚好也适合你呢？

“你希望得到别人的喜欢和尊重，你有很多到目前为止没有发挥出来的优势，但是不可否认，你身上还存在着一些缺点，不过很多情况下你都能够克服它们。与异性交往时，你外表显得很从容，但是内心有时会焦躁不安。你总是能够进行独立的思考，在一些事情上有自己的主见，但是当别人的建议有足够的证据让你信服时，你也会接纳别人的意见。你喜欢自由，不希望自己的生活受到限制，你不喜欢一成不变、墨守成规的生活。你认为在别人面前过于表露自己是不明智的。你有时外向、亲切、好交际，而有时则内向、谨慎、沉默。”

上面的这段文字描述其实是一顶戴在谁头上都合适的帽子，很多人对此信以为真也就见怪不怪了。

巴纳姆效应的例子在生活中随处可见，比如那些对血型性格说深信不疑的人，还有那些把街头算命先生的话当作救命稻草的人，等等。从心理学的角度来说，这些人的受暗示性比较强，极易受到周围环境和他人的影响。尤其是当人的情绪低落、失意的时候，他们极易对生活失去控制感，从而导致缺乏一定的安全感，心理的依赖性也大大增强，而不论是“血型性格说”中的泛泛而谈，还是算命先生的信口一说，都会让他们得到一种精神安慰。这样看来，对于那些一般的、笼统的性格描述，有些人对其深信不疑也是可以理解的。

第二章 影响性格的重要因素

角度不同，心理感受就不同

有一对孪生兄弟，一个非常乐观，一个却出奇地悲观。

有一天，父亲想要对他们进行“性格改造”。于是，他把那个乐观的孩子关进了一间堆满马粪的屋子里，把悲观的孩子关进了一间放满漂亮玩具的屋子里。

一个小时后，父亲走进悲观孩子的屋子里，发现他正坐在一个角落里，一把鼻涕一把眼泪地哭。父亲看着泣不成声的孩子，就问:“你怎么不玩儿那些玩具呢？”“玩儿了会坏的。”孩子哭着回答。

当父亲走进乐观孩子的屋子时，发现孩子大汗淋漓地用一把小铲子挖着马粪，把散乱的马粪铲得干干净净。看到父亲，乐观的孩子高兴地喊:“爸爸，这里有这么多马粪，附近肯定有一匹漂亮的小马，我要帮它清理出一块干净的地方！”

一对孪生兄弟为什么会有这么大的差别呢？这主要是因为他们看事情的角度不同，而这种看事情的角度在某种程度上是天生的，与天生的气质特征有密切关系。

我们常说的气质，指的是在情绪反应、活动水平以及注意和情绪控制方面所表现出来的稳定的个体差异。迄今为止最有影响的气质研究，是托马斯和切斯在1956年发起的。这项研究发现，儿童在出生后的几周就会表现出明显的个体差异。有的孩子很容易哭泣，有的孩子比较安静；有的孩子很容易安慰，有的孩子则需要好久才能平静下来。研究结果也表明，气质是影响儿童日后心理健康的重要因素。然而，托马斯等人也发现，气质并不是恒定不变的，父母的教育能够在相当大的程度上改变儿童的气质。

托马斯、切斯等人将婴儿的气质分为三种类型：

第一种是“容易护理型”儿童。他们的饮食、睡眠习惯以及大小便都有一定的规律，喜欢探究新事物，对环境的变化很容易适应。

第二种是“困难型”儿童。他们的活动没有节律，对新生活很难适应，遇到新奇的事物或人容易退缩，心态很消极，容易表现出紧张反应，如大哭、大叫，发脾气时脸会变色。

第三种是“迟缓型”儿童。他们的生活节律多变，初遇到新事物或陌生人时往往会退缩，对新环境的适应较慢。

儿童最初表现出来的气质特点是个性发展的基础，也是个性塑造的起跑线。正是由于这种差异或特点制约了父母与儿童相互作用的方式，也制约了父母对儿童的教育方式和效果。有的婴儿生下来就对人很冷淡，有的婴儿则相反。于是，那些喜欢别人拥抱、亲吻的儿童就可以从父母那里得到更多的关注，而且会促使父母对他表示更多、更亲热的行动，而冷冰冰的儿童则容易引起父母对他的远离和忽视。当然，这里也要考虑父母的个性。一个喜爱安静的孩子可能不讨喜欢说笑的妈妈的欢心，但可能得到安静的爸爸的喜爱。

总之，儿童的个性，从一开始就在带着自身已有的特点与周围的人、周围的环境发生相互作用中发展起来。这也使得孩子看世界的观点有所不同，因此世界带给他的心理感受也不同。

作为家长，越早了解儿童的气质越好，这样就可以给孩子提供正确的生活环境，并且更好地理解和体谅孩子在学习上、与人和环境相处上所遭遇的困难，积极地引导孩子，使孩子能够用积极向上的方式去感受世界。

外表也会影响孩子性格吗?

因为父母搬家，锐锐换到了一家新的幼儿园上学。第一天去的时候，妈妈特意为他换上新衣服，还给他拿了几块很好吃的巧克力。锐锐高高兴兴地来到了新幼儿园上学。但是妈妈下午来接锐锐回家的时候，惊讶地发现锐锐的新衣服竟然已经被撕破，脸上还有一块瘀青。锐锐一见到妈妈就“哇”地哭出声来:“妈妈，他们笑话我，说我瘦，说我矮，我不喜欢他们，我讨厌上幼儿园！”

妈妈望着弱小的锐锐，想不出合适的话来安慰。是啊，锐锐在班里一直是最瘦最矮的孩子，妈妈经常要去幼儿园，拜托老师多多关注一下锐锐，但是锐锐现在已经5岁了，不能总是受到特殊的保护，是该好好想个办法了。

于是妈妈先带锐锐去医院检查了身体，医生说锐锐的身体没有什么问题，还建议锐锐多进行运动，这样才能强壮起来。

听了医生的话，妈妈给锐锐制订了详细的运动计划。半年后，锐锐比以前强壮了许多，虽然不胖，但很结实，也很精神。现在锐锐总是很自豪地跟妈妈说：“我是班上最有力气的男孩子，现在谁也不敢欺负我了，我还能保护其他的小朋友呢！”

运动不仅改变了锐锐瘦弱的外形，也改变了他的个性。锐锐以前很内向，缺乏自信，很少主动参加班上的活动，现在他经常主动参加一些活动，而且也比以前自信多了。

体貌、体格指的是一个人的面部特征、身高、体重以及身体的比例。体貌与体格是影响个性的间接因素，因为体貌和体格会影响个体对自己的评价和他人对自己的反应。

我们在生活中经常可以看到，有些长相俊俏的人为自己的容貌出众而得意扬扬，同时也比较自信；而那些长得丑陋的人，或者是身体有缺陷的人，往往会为外貌苦恼、愁闷，容易滋长否定、消极的情绪。

但是，这并不是说外貌特征可以决定一个人的个性。外貌在每个人的个性发展中究竟占有什么样的地位，是产生积极的影响还是消极的影响，完全取决于儿童所处环境中的其他人，尤其是儿童心目中的“权威人士”对自己外貌的看法，以及儿童本人其他的一些个性特征，特别是一个人的能力和理想。一个外貌出众的孩子可能会由于家庭不和谐、父母教育不当、学习成绩不佳以及不能正确认识自己等原因，变为一个缺乏自信、依赖性极强的人；而一个相貌不佳或者身体有缺陷的儿童，如果在家庭和集体得到足够的温暖与帮助，自己的能力出众，对人生有正确的看法，而且愿意为自己的梦想努力，最后极有可能在事业上取得非凡的成就，赢得人们的尊敬。

有些研究表明，正常儿童的身体体格与个性特征存在着一定的相关性。那些个子矮小、协调性差而且体质相对比较羸弱的儿童倾向于表现出害臊、胆怯、消极、忧愁的个性特点。对比之下，那些同年龄中长得高的、强壮的、精力充沛的、协调性好的儿童往往具有幽默、乐观、喜欢自我表现、健谈、有创造性的性格。

事实上，虽然体格对个性会产生影响，但是社会因素才是对个性的发展起决定性作用的因素。所以父母应该在尽量让孩子拥有健康的体格之外，更重要的是关注孩子的内心，同时注意让孩子不要养成以貌取人的坏习惯。

孩子能禁得住糖果的诱惑吗?

一家幼儿园的小朋友正在观看一部动画片，这部动画片引起了小朋友们的热烈讨论。

森林里正在召开一场别开生面的运动会——“看谁能坚持到底”。比赛规定每个运动员必须带上自己最喜欢吃的东西跑完1000米，中途不能偷吃。小羊、小猫和小白兔报名参加了这项比赛。

起跑线上，小羊的脖子上戴着青青的草环，小猫的脖子上挂着一串小鱼，小白兔则拿着一根新鲜的胡萝卜。发令枪一响，运动员们像离弦的箭一样冲了出去，谁也不甘落后。跑到一半，小猫忍不住吃了一条小鱼："味道太美了！"但它没敢吃第二条，然后一路跑到了终点。小白兔看着自己手里的胡萝卜，也很想咬一口，可是比赛规定不到终点时不能吃，于是就把胡萝卜放进了口袋里，让自己看不到胡萝卜，然后继续往前跑。小羊虽然落后于小猫和小白兔，但是它忍住没有碰一下青草，坚持跑到了终点。这一切都被裁判看在眼里，最后裁判把冠军给了小羊。

小朋友们讨论的时候认为裁判不公平，因为小白兔比小羊先到终点，而且很聪明，藏起了胡萝卜没有吃；有的小朋友则坚持认为裁判是对的，因为只有小羊没有碰青草坚持跑到了终点。究竟谁应该得到冠军呢？其实这涉及心理学上的"延迟满足效应"。

心理学家米切尔在20世纪60年代曾经对斯坦福大学附属幼儿园的孩子做过类似的实验。在孩子们面前摆上糖果，他们可以马上就吃，但是如果坚持到20分钟之后实验员回来，就可以得到两块糖果。有些小朋友抵制不住诱惑，实验员一走就把糖吃了；有些孩子决心熬过那漫长的20分钟。为了抵制诱惑，他们有的闭上双眼，有的把头埋在胳膊里休息，有的喃喃自语，有的唱歌，有的干脆努力睡觉。凭着这些简单的技巧，这些小家伙战胜了自我，最终得到了两块糖的回报。

这个实验表明，儿童抗拒诱惑和延迟满足的能力并不是像人们想象的那样——要等孩子上学懂事之后才能形成。这种能力在幼儿时期就已经有所发展，只不过此时儿童更容易受到外界各种因素的干扰。

米切尔的这项研究是从这些孩子 4 岁时开始跟踪研究的，一直坚持到他们高中毕业。大约在 12~14 年后，这些孩子进入青春期时，他们在情感和社交方面的差异已经非常明显。那些在 4 岁时就能够为两块糖抵制诱惑的孩子长大后有着更强的社会竞争性、更高的效率和更强的自信心，能较好地应付生活中的挫折、压力，他们不会轻易崩溃，自乱阵脚或者惶恐不安。面对困难，他们勇敢地迎接挑战，有自信心，独立性强，办事可靠，能够得到普遍的信任。

经不住诱惑的孩子中有 1/3 左右的人缺乏上述品质，心理问题相对较多。社交时他们羞怯退缩，固执己见又优柔寡断；一旦遇到挫折，就会心烦意乱，把自己想得很差劲或者一文不值，遇到压力就不知所措。此外经过跟踪调查，能够等待的孩子在学习品质上也比最早拿糖果的孩子更优秀。

这项研究表明，那些能够为获得更多的糖果而等待更久的孩子要比那些缺乏耐心的孩子更容易获得成功。由此可见，培养孩子“延迟满足”的能力对培养孩子的良好性格是非常重要的。那么父母要如何培养孩子的“延迟满足”能力呢？“延迟满足”不是单纯地让孩子学会等待，也不是一味地压制他们的欲望，更不是让孩子“只经历风雨而不见彩虹”，培养这项能力的关键就在于要帮助孩子形成控制、调节自己的情绪和行为的能力。说到底，就是一种克服当前的困难而力求获得长远利益的能力。

培养孩子这种能力的方法多种多样，但是针对不同年龄段的孩子应该有不同的侧重点。

对于1~3岁的孩子，父母跟孩子做这样的游戏：在孩子想吃某种喜爱的糖果之前，先和孩子共同完成一个游戏，如果成绩“达标”，就奖励孩子想吃的糖果。另外，“延迟”的时间可以逐渐加长，告诉孩子：“刚才你已经吃过一颗糖了，这颗糖要等晚上吃完晚饭才能吃。”这样让孩子学会适当地控制自己“渴望”与“失望”的情绪，并让孩子逐渐认识到“任何东西都不是想要就能立刻得到的”。

而四五岁的孩子已经有了许多自己喜欢的活动，如果孩子想去游乐园，可以说：“这个星期爸爸妈妈很忙，我们下周末去游乐园好吗？”孩子如果参加了舞蹈班，就应该告诉他们：“每次都要认认真真地跟老师学，儿童节演出的时候你才能表演给其他小朋友看。”对于参加了棋类活动的孩子，可以告诉他们：“不要着急，一着一着地下，坚持到最后你就是最棒的。”

总而言之，孩子的“延迟满足”能力事实上是自我控制能力的一种体现。这种能力的获得，并非一朝一夕就能形成。是否要延迟，延迟多长时间，都不是关键所在，最关键的是父母要帮助孩子形成一种认识并最终成为习惯：任何愿望都必须通过自己的不断努力来实现。

要时刻保护好孩子的自尊心

李珊是一位小学一年级的美术老师。一天，她给孩子们讲完画画的技巧之后就让他们自己画。快要下课的时候，她发现甜甜的画纸上什么都没有，于是就问："甜甜，你为什么没画呢？"

甜甜噘着小嘴说："我不愿画。"

"能告诉老师原因吗？"

"老师，我告诉您，您不要告诉我妈妈好吗？"

"好。"

"上次我在家画画，妈妈说我画得乱七八糟的，什么都不像，所以我现在不想画了。"

甜甜的话让李珊的心情非常忐忑，因为她以前也曾使用过类似的语言。她不知道那样一句无心的话竟然会伤害了孩子的自尊心，也挫伤了他们的自信心。

课后，李珊找甜甜谈了心，并指导她完成了一幅画。第二次上美术课的时候，李珊向全班同学展示了甜甜的作品，并表扬了甜甜。

从那之后，李珊发现甜甜对自己有了坚定的信心，绘画技能有了明显提高，各方面都发展得很快。

科学研究表明，有高度自尊心的儿童性格活泼，智力发展状况也会比较好，他们更善于表达自己的思想，讨论问题时能主动发言，对周围的事物感兴趣，喜欢探索，富于创造，对自己从事的活动充满自信。这样的儿童身体也相对健康，很少生病。而缺乏自尊心的儿童，多半情绪低沉，害怕参加集体活动，认为没有人爱他们、关心他们，也不愿表达自己的思想。

英国作家毛姆说过："自尊心是一种美德，是使一个人不断向上发展的一种原动力。"自尊心是个人对自己的一种态度，是要求自己受到别人的尊重，不允许别人歧视、侮辱的一种积极情感。自尊是健康人格发展的必备要素之一，它对人的认知、动机、情感及社会行为均有重要影响。所以保护自尊心对儿童心理的正常发展以及身心健康的成长都是至关重要的。

要保护好孩子的自尊心，家长要经常从正面表扬、鼓励，努力帮助他们解除心理障碍。

作为家长，营造一个和谐、愉快、宽松、安全的家庭氛围对孩子来说是至关重要的。父母一定要多给孩子关心和鼓励，让孩子独立自主，尊重他们的爱好兴趣，正确对待孩子的学习成绩，尽量使孩子的生活丰富多彩，容许孩子有不同的观点与见解。如果孩子长期生活在相互尊重的环境中，他就更容易形成良好的自尊心。

另外，要尽量为孩子创造成功的情境和体验。成功的体验是儿童获得积极自我评价的基础，是自尊心形成的关键。家长可以给儿童确立一个适当的标准，让孩子通过完成这一标准来获得成功的体验。在确立标准时不能主观地以过高的标准要求儿童，而是要从儿童自身的能力和特点出发，如果标准定得过高，孩子屡遭失败，他们的自尊心就会受到伤害。在孩子达到要求之后，要给予儿童积极的评价，使其体会到成功感。

不过，虽然自尊心对一个孩子来说是很重要的，但是也要有一个度，如果表现得太强反而会变成性格弱点。有心理学家曾经用气球对儿童的自尊心做了形象的比喻：“一个没有气的气球毫无价值，然而气充得太满则容易胀破；只有气充得不多也不少，才会兼具观赏性与安全性。”

那么对于那些自尊心过强的孩子父母应该怎么办呢？

首先应该帮助孩子树立适当的挫折意识。让孩子明白人生的挫折就像自然界的风雨一样不可避免；其次在孩子遭遇挫折的时候，家长要帮助孩子对失败进行分析，找出原因。通常失败有三种原因：一是孩子本身努力不够，二是超出了孩子的能力范围，三是客观因素影响。第一种归因有助于激发孩子继续努力，提高信心，后两种归因应引导孩子正确对待，不要自暴自弃，怨天尤人，今天做不到，以后可能就能做到。

父母的教育方式与孩子性格

孩子最初的性格如同白纸一张，生长在某一特定家庭环境的孩子在长期与父母和家庭其他成员的接触中，受到父母及其他家庭成员性格的潜移默化的影响，父母及其他家庭成员的性格特点会逐渐转移到他们身上，在性格这张白纸上落下种种不同的印迹。比如，做父母的待人热情、宽容，其子女往往也会以同样的态度待人。

父母对子女的养育态度，即父母对子女的不同教育方式会使子女形成不同的性格。比如，父母教育子女时采用民主和平等的方式，那么子女较容易形成和发展好交际、与人合作又能独立自主的性格特征；如果父母教育子女采用专制的方式，那么子女较容易形成和发展情绪不稳定、依赖性强、胆怯和懦弱的性格特征；如果父母教育子女的方式是娇宠、放纵，那么子女就容易形成任性、幼稚和缺乏独立性的性格特征。

受不同家庭环境中的影响，有三种影响较大的父母教养方式：权威型、宽容型和专制型。权威型父母认为自己在孩子心目中应有权威，但这来自对孩子的理解和尊重，来自他们经常与孩子的交流和对孩子的帮助。宽容型父母很少向孩子提出要求，他们给孩子最大的行动自由，把尊重孩子的个人意愿放在首位，甚至采取“听之任之”的态度。宽容型父母与子女的沟通和交流比较好，在子女需要帮助时他们愿意提供帮助。专制型父母要求孩子绝对服从自己，孩子的自由是有限的，父母希望他们按照自己为其设计的发展蓝图去成长，希望对孩子的所有行为都加以保护监督。他们与子女之间的关系是不平等的，是“管”与“被管”的关系，因此两代人之间的沟通是不好的。虽然家长的心是好的，但往往不能向孩子提供切实有效的帮助。研究表明，权威型家庭中的孩子，具有更多的社会责任感和成就倾向；宽容型家庭的儿童，缺乏独立性；专制型家庭的儿童缺乏社会责任感。

因而，家长培养孩子的性格，要适当满足孩子的合理要求，引导其需要向高层次发展。需要是孩子心理发展的原始动力，孩子的许多性格特征都是直接由于需要是否得到满足而产生的。有的家长一味地迁就孩子，满足孩子的一切需求，这会助长孩子的任性固执、物质欲强、蛮横无理等性格的膨胀。另外一种情况是不重视或随意回绝孩子的要求，使孩子的心理一次次受到打击，希望变为失望乃至愤怒、对抗。当他看到别的孩子的要求得到满足而兴高采烈时，便会由原来的羡慕变为妒忌，不愿与人交往。因此，家长一定要懂得孩子的心理，设法满足孩子的合理要求，使其处在一种满意、振奋、进取的心境中。还要对孩子进行正面的思想教育，使其能够正确对待现实。

人生观和世界观是个性倾向的核心。它直接制约着性格的形成和发展方向、速度与水平，因此家长要用先进的思想和观点教育孩子，使他们能够分清真、善、美和假、恶、丑，正确对待现实。此外，还要鼓励孩子参加各种有益的活动，使其养成良好的行为习惯。性格的形成是一个缓慢的过程，仅有情感上的体验和思想上的认识是不行的，还必须通过多种实际活动的锻炼才能形成良好的性格特征。如要培养子女热爱学习的性格，不仅要使他们懂得学习的意义，体验成功的乐趣，而且还要使爱学习的态度通过经常性的学习活动反复强化，才能成为习惯化的行为方式与性格特征。因此，家长要让孩子多参加各种实际活动，从中得到锻炼。

性格形成过程中常出现一些矛盾现象，如有的孩子在学校勤奋、爱劳动、能自制，回到家里却很懒惰、任性，有的孩子时而活泼、主动、有热情，时而沉默寡言、萎靡不振。家长要关心和了解这些“性格冲突”的原因，是由于家庭和学校的要求不一致，还是孩子自己思想上受了社会上消极因素的影响？正确判断哪些属于真正的性格特征、哪些属于现象或假象，并用生动的事例或明确的道理诱导孩子克服消极性格，保持和发展积极性格。对孩子的“性格冲突”视而不见，不加引导是不对的，这会影响孩子良好性格的形成，甚至使孩子长期陷于矛盾心态。如果发现孩子的“性格冲突”，要引导其性格沿着正确的方向发展。

只有当孩子自觉地意识到自己的行动必须符合人民的利益和社会公德的要求，并正确地评价自己的行为时，他才能积极自觉地调节自己的行为方式，逐渐而坚决地改掉不良性格。因此，如果父母要帮助孩子认识自己性格中的缺陷，就应启发其进行积极的思想斗争，不断加强性格的自我教育和完善。

第三章　如何培养孩子的好性格

早期教育直接影响孩子性格的形成

每一位家长都期望孩子健康、快乐、成功。同时，面对竞争日益激烈的社会，不少父母担心自己的孩子将来能否适应社会，成为竞争中的优胜者。事实上父母可以通过早期教育，将这些美好的愿望化为现实。

越来越多的心理学研究表明，早期亲子关系及教养方式，直接影响了儿童未来的心理健康状况、情感成熟水平、社会交往能力、兴趣、爱好等非智力因素的培养。而这些因素与学业、事业的成功、爱情的顺利、婚姻的美满有着非常密切的联系，其影响远胜过智力因素对孩子的影响。

其中，孩子三岁前，父母与子女的关系尤为重要。父母是孩子第一个人际对象，是孩子的第一个老师。孩子在与父母的交往中，逐渐形成了如何看待自己，如何认识世界的较为稳定的心理倾向，由于此时孩子的记忆尚未形成，这种心理倾向隐藏在意识的底层，潜在地决定着他们的自信心、安全感、独立性、人际交往模式、兴趣爱好乃至许多终生不变的行为习惯。

例如，由于母亲对孩子采取厌烦、训斥或粗心大意的态度，不能及时满足孩子的各种生理需求，长此以往，孩子便会形成不被接纳的潜在自我意识，长大后，他们会表现出缺乏安全感，无缘无故地自我怀疑，悲观、缺乏信心，并且会因为怀疑恋人对自己的感情而遭受爱情乃至婚姻的挫折。

再比如，父母对孩子的态度粗暴、缺乏关爱，会导致孩子对父母关系疏远、敬畏，长大后，这种感情将重现在他们与一切权威人物的关系中，他们疏远老师、害怕领导，影响上下级关系的正常发展。

总之，不良的亲子关系是许多心理问题的根源。不幸的是，即使存在早期亲子沟通问题的人们知道自己的问题所在，仍然终其一生都难以改变。

同样，家庭教养方式对孩子的健康成长也至关重要。下面是几种类型的父母对孩子性格的影响。

（1）民主型的父母。

既是权威又是孩子的朋友，他们给予孩子一定的自主权，遇到问题全家共同讨论决定。这种家庭成长起来的孩子，比较独立、自信，有责任感，具有较强的解决问题的能力。

（2）溺爱型的父母。

对孩子过度保护，不信任他们的独立能力，凡事喜欢对孩子大包大揽。结果他们的孩子往往胆小、依赖性强，独立解决问题的能力差。

（3）专断型的父母。

一切自己说了算，不尊重孩子的意见，容易引起孩子的逆反心理，同时，孩子很容易学会父母的专断作风，从而表现出偏激的性格特点。

（4）放任型的父母。

对子女采取放任自流的态度，缺少关心和帮助，因此，他们的子女极易受社会上不良青年的拉拢，走上违法犯罪的道路。

心理学家艾里克森认为，历史背景＋生理条件＋性格特点＝一个人的命运。父母在孩子性格的造就上起着至关重要的作用，从这个角度上讲，说父母是孩子命运的决定者，并不过分。

但许多家长虽然非常爱自己的孩子，希望他们将来能生活幸福并有所作为，但往往因为方法不当，结果事与愿违。

专家提出以下建议，供为人父母者参考：

（1）如何对待 3 岁前儿童。

0~3 岁是人生重要的一段时光，是整个人生的基础。在这一时期，儿童形成了某些关键性品质，如安全感、自信心、独立性（或相反，如不安全感、自卑感、依赖性）。俗话说三岁看老，这些品质一旦形成，终生难以改变。

这一时期，父母的主要任务是耐心、及时地满足孩子各种生理需求，给孩子较多的关注和身体接触，如对话、亲吻、抚摸等。父母要注意培养儿童的注意力，不要干扰或打断其自发的活动。心理学研究表明，注意的持久性是儿童智力水平的标志，三岁的儿童在从事自己感兴趣的事物时，注意力最长可保持 20 分钟左右。

其次，父母不要刻意纠正儿童在语言及行为方面的错误，比如，婴儿在两岁左右都会有或轻或重的口吃现象，随着时间的流逝，这种现象会自然消失，父母不必紧张，过分的纠正反而会使口吃加剧，适得其反。

如果儿童偶尔学一两句脏话，父母也不必惊慌，因为他们仅是出于好奇，只要引不起别人的关注，儿童很快就会失去对脏话的兴趣。

最后，父母本身也要加强自身修养，不要当着孩子的面谈论有关孩子的事情，更不要当着孩子的面相互争吵、打骂，对邻居同事说长道短。

总之，这一时期父母要尽可能给孩子提供一个和平、安全的环境，多鼓励他们尝试新事物，发现并培养一切健康的兴趣，避免任何形式的指责、打骂。

（2）怎样教育学龄前儿童。

3~6 岁时，儿童的主要活动是游戏，儿童通过游戏不仅加深了对世界的认识，而且，建立了真正的伙伴关系。父母不必急于让儿童学习文化知识，因为对这段时间的孩子来说，游戏比知识更重要。儿童可以在游戏中自由地展现自己，充分发挥自己的想象力。

事实证明，游戏是他们未来创造力的真正源泉。此时，父亲应该抽出较多的时间陪伴孩子，让儿童感受更多的理性规则，从而提高自控力。

这一时期，儿童的理性思维已经萌芽，自我意识得到了充分的发展，并且习得了判断正误美丑的社会标准。父母应尽量避免当面对孩子做出评价。如果父母经常提及孩子的短处（尤其是当着外人的面），孩子会形成强烈的自卑感和逆反心。

同样，如果父母经常赞扬孩子，孩子就可能一味追求赞美而丧失对事物本身的兴趣，做事急功近利，缺乏耐性；过度赞扬还会使儿童的挫折耐受性减弱，导致听不得批评，甚至对批评做出过度反应（如出走、自杀等）。

理性的体罚是没有害处的。父母在体罚前给儿童分析为什么是他的错，以及该不该受罚，这样不仅没有害处，反而有助于培养儿童勇敢的品质。相反，如果家长控制不住自己的怒气，非理性地打骂孩子，不仅不利于孩子改正错误，反而会给其身心造成严重伤害。

最后，警告这一时期孩子的父母：你既要把他们当孩子来照顾，又要将他们当作成人来尊重，切勿将他们的悄悄话泄露给别人，否则他们既不信任你，长大后有可能难以成为别人可以信赖的人！

教育的关键就是培养孩子的好性格

家长不可能永远充当孩子的保护神，也无法让孩子的未来尽善尽美，家长能帮助孩子做的最重要的一件事，就是培养孩子的良好性格，让他们勇敢地走向前，创造属于他们自己的幸福。

人的一生很短暂，想要功成名就，往往要经过艰辛的努力去争取，能够努力、探索、争取最终成功的人，大多数都是性格坚强、乐观、自信、刻苦的人，他们永不言败，在困难面前不退缩，勇于创造，富有恒心。

父母都希望孩子早日成才，除了必要的智力投资，从小培养孩子良好的性格也非常重要，因为孩子性格直接决定了其一生的命运。

什么样的性格是孩子们所需要的呢？

（1）快乐活泼。

孩子从小要快乐活泼，爱笑，无忧无虑、无拘无束，不呆板，不胆怯，但并不吵闹多动。真正活泼的孩子应该是表情、动作、感知、双手、思想五方面的活泼以及口齿伶俐。还有一种活泼是内在的，表现为喜欢提问、讨论、辩理、识字读书等，外在的看起来反而显得比较安静。

（2）安静专注。

活泼有外在和内在的表现之别，而内在的活泼就表现为安静，无论哪种活泼，专注都是必要的。玩儿也要专心致志地玩儿，全身心都倾注在游戏里，才能更多地感受到快乐，获得更多的收获。否则心猿意马，注意力涣散，该动该静都不能做到，做事不能坚持到底，这样就很不好。学习时也会难以专注，智能发展也会受到性格的不良影响。

（3）勇敢和自信。

凡是成功的人，必定是强者和有自信的人，懦夫是无缘于成就的。

孩子的勇敢、自信表现在“不怕”上，不怕黑、不怕疼、不怕苦……这是孩子“自我意象”好的表现。也就是说，自信的孩子总觉得自己是个好孩子，很能干，因而也很快乐，这一切，跟骄傲、没礼貌、不友好完全不能等同。

（4）独立自主。

成功者总是自我意识强，独立自主，相信自己的力量。

很多成功人士在很小的时候，就已经很有独立性了，比如大名鼎鼎的比尔·盖茨，他小学时就利用课余时间去图书馆做兼职为自己赚零用钱了。

有独立意识的孩子小时候自己睡觉、自己玩儿、不过分依赖大人，以后会做自己力所能及的事，喜欢自己处理自己的事情。

（5）爱劳动，关心人。

从小爱劳动的人以劳动为快乐，富有同情心，会从关心家长开始，关心周围的人，会关心家长做事累不累、受伤疼不疼、生病难受不难受，也会留意不打扰别人，所以勤劳和善良是密不可分的。孩子从小有这样的性格，就一定是个道德高尚的人。

（6）好奇心和创造性。

具有这种性格的孩子喜欢问“为什么”，表现为对新奇的事用眼睛看、用手摸、用耳朵听、用脑子想，更关键的是，用心感悟。他们喜欢别出心裁，与众不同，精益求精，喜欢动手试验，喜欢搞小发明等。有着以上充满求知欲望和创造精神的孩子，求异思维和发散思维优于常人，自学能力也比较强，将来会是开拓型、创造型的人才。

那么，作为父母，怎样让孩子形成好的性格呢？以下几点至关重要：

（1）要让孩子有强烈的自信心。

当孩子对自己充满自信时，他才有可能战胜困难。家长要注意发现孩子的天赋，有意识地去诱导他们，鼓励孩子建立必胜的信心。

（2）要让孩子有饱满的热情。

无论任何事，有足够的热情，才能取得成功。对大多数孩子来说，热情生来就有，但热情很脆弱，很容易在挫折中伤害，甚至被摧毁。因此，家长要格外留意，保护孩子的热情不被伤害。

（3）要让孩子富有同情心。

大多数孩子对生命是敏感而关切的，比如他们看不得小动物受伤害就是例证。如果一个家庭经常关心他人，孩子幼小的心灵就会播下同情的种子。

（4）要让孩子有较强的适应能力。

父母让孩子了解他们一定的难处，可以帮助孩子们尽快成熟起来，这样可以避免由于孩子过分幼稚和脆弱而经不起各种打击。

（5）要让孩子充满希望。

家长要教会孩子对生活充满乐观，在黑暗中看到光明，就能让孩子敢于迎接挑战，遇到困难就能勇于面对，遇到危险就会临危不惧，从而建立坚强的个性和韧劲。

按照孩子的天性培育孩子

在独生子女占大多数的当今，父母对孩子的溺爱和偏爱已成为一种病态现象。很多家长不管孩子是否愿意接受，对孩子的所有日常生活事无巨细地大包大揽，并按照自己设计的宏伟蓝图左右孩子。有的家长不在乎孩子是否分得清五谷杂粮，是否懂世情、明事理，只要孩子能考上名牌大学，当上美术家、钢琴家……什么要求都可以答应，什么事都可以代劳。

随着这种教育方式和教育观念的发展，很多孩子的天性在这种特殊而几乎变味的父爱、母爱中迅速泯灭。如同鲁迅在《我们现在怎样做父亲》一文中说得那样：“一待放到外面来，则如樊笼的小禽，不会飞鸣，也不会跳跃。”——这是一件多么可悲的事情！

其实，育人如同育树，家庭教育中尊重孩子的天性至关重要，让孩子自由发展，可以促进孩子完整人格的形成。

在具体的家庭教育中，我们可以根据家庭生活的规律，尊重孩子的天性，按照孩子的天性来进行教育。从家庭生活的小事做起，从小处着手，可以获得很好的效果。

糟糕的是，在家庭教育实践中，很多家长并没有意识到这一点。

小波的爸爸给小波报了钢琴班，让他学钢琴，但小波喜欢足球，不想学钢琴。

小波是在爸爸的逼迫下去学习钢琴的，因为小波一说不爱学钢琴，爸爸就责骂小波，还说有了钢琴特长，考大学可以加分！

小波总是对小伙伴们说："我最恨钢琴，恨不能把琴砸坏了！为了学钢琴的事情，我爸爸打骂我很多次了。"

小伙伴就问："那你喜欢什么呀？"

小波伤心地说："我想踢球，我舅舅送我一个足球，但刚玩儿了两天就被我爸爸扔出去了。爸爸天天盯着我，哪儿都不让我去！"

孩子心中的幸福就是有一个宽松和谐的成长空间，现在很多孩子却失去了这样的机会。小波的快乐被爸爸挤压到了小小的空间。小波特别难过，以后跟小伙伴在一块儿踢足球的日子什么时候才能回来啊？

从天性来说，孩子天生就是探索者，有着强烈的探究和学习欲望，好奇心驱促使孩子一次次地尝试，不怕困难、不怕失败，直到掌握为止。正像孩子学走路，绝不因害怕摔跤而放弃。这比很多成年人面对困难时的态度要强得多。孩子往往喜欢自己动手做事，在做的过程中寻找答案，并把新的信息储藏在大脑中。这些信息储存得越多，他将来的智力水平就会越高、学习新的技能就会越快。

詹天佑是中国首位铁路工程师，负责修建了“京张铁路”等工程，有“中国铁路之父”之称。

詹天佑小时候不喜欢读书，却十分喜欢摆弄机械，常和邻里孩子一起，用泥土做成各种机器模型。有时，他还偷偷地把家里的自鸣钟拆开，摆弄里面的构件，提出一些连大人也无法解答的问题，村里人都很佩服这个孩子。但是詹天佑的母亲不是很喜欢孩子整天玩儿那些机械设备，于是警告过詹天佑很多次：“你以后再敢玩儿这些东西，不许你吃饭！”

好在詹天佑有个开明的父亲。

詹天佑的父亲认为：“既然孩子喜欢，就让他玩儿吧！”他还鼓励詹天佑做自己喜欢的事情。

事后证明，正是小时候的兴趣，成就了詹天佑。经过后来的努力，詹天佑终于成了中国铁路的第一人！

顽皮是孩子的天性，但是许多孩子正是在顽皮中发现秘密，获得真知。如果父母对孩子的顽皮粗暴干涉，那无疑就扼杀了孩子的天性。

试想一下，如果詹天佑有个跟母亲一样专制的父亲，詹天佑很可能成为一个碌碌无为的读书人，但开明的父亲有效地保护了詹天佑的兴趣，使他能够继续追求自己的梦想。

现在不少家长一门心思只关心孩子的考试成绩，孩子的“业余爱好”在他们眼里就是不务正业。事实上，一张一弛是文武之道，一个孩子玩儿不好，那肯定也就学不好。这是许多家长没有认识到的。

詹天佑的父亲对待孩子的做法值得我们很多家长借鉴。

其实，在孩子成长过程中，学习固然十分重要，但如果孩子只有单调而乏味的学习生活，就可能会在成长的过程中出现一些不健康的心理表现，比如厌学、易怒、感情脆弱、多攻击性。久而久之，孩子会失去了认知能力，没有成就感，没有上进心，对身边的人和事都极端的冷漠，在最初人格形成时，在孩子的心里种下不良因子。所以说，在家庭教育中，父母一定要清楚地认识到，孩子的求知欲是对生活的最初发现，也是他们认识生活、热爱生活的开端。

孩子成长有这种好的开端，在孩子人格的形成过程中，同样也就有一个好的开端。

总之，孩子来到这个世上，只是一张白纸，但我们不能完全用成年人的眼光来要求孩子，要适当地给他们一些空间，让他们去描绘他们自己的“心中乐园”，让他们在玩乐中去学习知识，学会生活，学会做人。家长只要做好引导和看护工作即可。

把家变成孩子的乐园

家长有义务把家变成孩子的乐园，这个乐园，并不是允许孩子放纵，而应该是爱的殿堂，让孩子从中感受到爱和快乐。

家庭环境对于孩子心智的发展尤其重要。在温暖而充满爱的家庭中，家长能尊重孩子的独立人格，接纳孩子的各种合理想法，鼓励和赞美孩子的良好表现，这样不但可以帮助孩子发展健全的人格，还能激发孩子的潜能，从而使孩子变得更聪明。家长如果能抱着热情、民主的态度去教育孩子，而不是冷漠、独裁，孩子的身心就会得到更好的发展。

国内某机构开展了一次针对3000余名学龄儿童的心理状况调查，其中一个问题是“你最怕爸爸妈妈的是什么”。答案五花八门，令人惊诧的是，最多见的答案并不是“怕爸爸妈妈打我”，而是“我最怕爸爸妈妈生气，怕他们吵架”。

有一个答卷写得很生动：

“我最怕爸爸生气，他生气的样子可凶啦！把妈妈都气哭了，把我吓得像一只小老鼠，心里直扑通，饭也吃不下去……”

无独有偶，某市对接受劳教人员进行的一次失足原因调查，结果也令人吃惊：

家庭破裂、家长之间经常争吵、家庭生活涣散、盲目追求物质享受、对子女放任自流、溺爱娇惯或任意体罚，几乎概括了所有被劳教孩子的家庭状况。

试想一下，在这样的家庭中长大的孩子，他的心理怎么可能健康？

作为家长，怎样营造适合孩子成长的家庭环境，专家给出如下建议：

（1）相爱的父母才能让孩子感觉快乐安全。

一个生活在幸福家庭的孩子，每天被爱包围，他看到的世界当然是快乐安全的，他会觉得人与人之间也是充满爱的。相反，一个生活在家庭暴力中的孩子，他所看到的世界就是恐惧和冷漠的，他心里留下的阴影是难以磨灭的。

父母相爱，才会给孩子幸福祥和的家庭氛围，即使夫妻之间出现矛盾，也不要当着孩子的面争吵甚至相互伤害，否则对孩子的成长将会造成不利的影响。

（2）珍视孩子的独特个性。

每一个孩子都是独一无二的，他们有独特的个性和独特的潜能，会表现出极为明显的个体差异。他们的成长有快慢、先后之别，这很正常。家长要了解自己孩子的独特个性，让孩子顺其自然地成长与发展，给他们提供适合他们特性的教育，不要拿周围的孩子跟自己的孩子做无谓的比较。

（3）理性对待孩子的未来。

每个孩子都有自己的成长道路，家长应该相信孩子可以自己做出正确的选择，不要替代孩子完成本该他自己完成的事，更不能对孩子过于苛求。

渴望孩子“成龙成凤”的结果很可能是期望越大，失望也越大。家长应该理性地对待孩子，尊重他们的兴趣、选择和独特的发展。

（4）让孩子有一个快乐的童年。

每个人的人生只有一次，童年或者少年的快乐是人一生中极其宝贵的财富，家长要珍惜孩子应有的快乐，如同珍惜他们的生命，这是孩子健康成长的基础。

（5）父亲对孩子的重要性不可取代。

一项心理测试是有关“没有父亲”的家庭对孩子造成的影响的，这里所说的“没有父亲”是指家庭中没有父亲或父亲长期不在孩子身边，以及父亲虽然同孩子一起生活，但投在孩子身上的时间很少。

测试表明：“没有父亲”的男孩子智力往往偏低；普遍缺乏好奇心和探索精神；“没有父亲”的孩子比“有父亲”的孩子成绩偏低很多。

可见孩子的教育需要父亲和母亲同时来完成，父母不能相互推卸责任，很多家庭只有母亲负责孩子的教育，这显然是不够的，是对孩子不负责任。

父母应共同教育孩子，更能赢得孩子的尊敬，这是一个良好家庭所必需的。

（6）家长一定要信任孩子。

家长的信任对孩子来说尤为重要。

家长越信任孩子，孩子就会越讲信用。相反，家长不信任孩子，孩子越可能对家长撒谎。

有些家长，生怕孩子交上坏朋友或早恋，不愿或者不敢给孩子自由的空间，甚至采取监听电话、偷拆信件、偷看日记等方式来监视孩子。这样的做法不仅不能教育孩子，反而严重伤害孩子的感情，引起孩子的强烈逆反，造成更严重的后果。

（7）言传身教，以身作则。

家庭是一所学校，虽然没有固定课程，但家庭环境、人际关系、家长的文化素养及道德标准，都会深刻地影响孩子。孩子用模仿来学习、认知世界。家长是孩子第一位老师，也是孩子最初模仿的对象，家长的言行会潜移默化地影响和教育孩子。家长一定要以身作则，在生活和学习上都要给孩子做好榜样。

（8）人格独立平等。

在良好的家庭环境中，家庭成员之间的人格是完全平等的，家长不因子女年幼就漠视孩子。

平等是创造家庭良好心理氛围的前提。任何的不平等都会对其他家庭成员造成压力。比如孩子过于被娇宠，或者家长过于霸道，都会给家庭中其他人造成压力、产生心理隔阂。只有平等的家庭环境中，孩子才会重视家庭事务，也更易于接受家长的建议。

一个幸福快乐的家庭，家长与孩子应该沟通顺畅，彼此体谅、尊重。家长要给孩子足够的自由，同时教孩子对自己的行为结果负责，这样的家庭氛围，才能更有利于孩子的健康成长。

教育可以重塑孩子的性格

人的性格虽不是一成不变的，但一旦形成也会相对地稳定下来。一般来说，3 岁的孩子在性格上已有了明显的个体差异，且随着年龄的增长，性格改变的可能性越来越小。因此，孩子的性格主要取决于父母的养育方式。

世界上每个人的相貌各不相同，其性格也是千差万别。那么什么样的性格才是好性格呢？一般来说，好的性格应该包括以下几个方面：

（1）饱满的热情。

一个人如果缺乏热情，那么他做任何事都不可能成功。热情，对大多数孩子来说，是与生俱来的，然而，要使其不受伤害，继续把热情保持下去，不容易。因为热情是脆弱的，很容易被诸如考试的分数、他人的嘲笑等挫伤，甚至摧毁。因此，父母要十分注意保护孩子的热情。

心理学家认为，孩子从小无意识地受到父母态度的影响而形成的性格，儿时一般不易发现，进入青春期之后，这些影响才开始明显地显露出来，并且在以后都难以改变。

（2）充足的自信。

一个人只有相信自己有能力迎接各项挑战，他才有可能成功。要做到这一点，父母首先要尽可能早地发现孩子的天资和才能，有意识地去引导他们，鼓励他们具有充满成功的信心。

（3）热切的同情心。

大多数孩子对有生命的动物所遭受的痛苦都是很敏感的。父母经常关心他人，自然会在孩子幼小的心灵中播下同情的种子。

（4）较强的适应能力。

怎样培养孩子的适应能力呢？最好的方法是尽早用成年人的爱心和感情去对待孩子，使他们能早日成熟，避免由于过分幼稚和脆弱而经不起来自社会的各种打击。

（5）满怀希望。

这种特性能使人在黑暗中看到光明，并敢于迎接挑战。要想使孩子对生活充满希望，父母本身就应该是乐观主义者。如经常教育孩子：失败乃成功之母。这样，当困难真的来到时，孩子就不会畏缩不前，而会挺起坚强的脊梁，去战胜困难。

父母的教养方式是影响孩子性格发展的重要因素。曾有人将几百名4岁幼儿的家长按其“权威”和“关爱”程度分成溺爱型、忽视型、严厉型、关爱型、理智型五类。在这五种教养类型中，孩子的发展水平表明，在溺爱型、忽视型家庭中长大的孩子，其各方面发展的水平都较低。在思想上接纳子女的非期望行为，行为上部分限制的关爱型父母培养下的孩子，其智力发展较快。思想、行为都部分接纳非期望行为的理智型家庭教育，则使孩子在各方面的能力都高人一等。可见，较好的教养方式对孩子优良品格的形成具有积极作用。

同时，父母常常是孩子的偶像，他们的一举一动都会被孩子模仿。生活中我们常常会发现，父母和孩子在举手投足、一颦一笑之间都有着惊人的相似之处，真像一个模子中刻出来的。这虽然说明了遗传在孩子性格形成中的特别作用，但似乎更能说明后天环境对孩子性格影响的巨大作用。

这就是不仅父母与子女之间存在着奇妙的相似之处，就是同一父母所生的兄弟姐妹之间，在言谈举止中也会有或多或少的相似之处的原因。所谓“近朱者赤，近墨者黑”。现实生活中，我们也常常发现，夫妻二人感情较好的，他们彼此之间会越来越相似，这与他们日厮夜守，天天生活在一起有很大的关系。

因此，环境对性格形成的作用也是不容忽视的，因此为人父母者，还应努力为孩子营造一个良好的成长环境。

古时候孟母为了让儿子有一个良好的生活环境，不惜三次搬家。这就是“孟母三迁”的故事。孟子最终没有让母亲的苦心付诸东流，终于成为中国历史上伟大的思想家。

现代父母大多由于客观条件的限制，不可能再像孟母那样因对周围环境的不满意而频繁搬家，但父母至少可以为孩子营造一个良好的家庭环境。

孩子性格的形成与早期生活习惯有着密切的关系，这一点尚未引起人们足够的注意。常听到有的父母抱怨孩子天性胆小、娇气。殊不知，正是家长自己无意中错误的育儿方式造成了孩子的这种毛病。培养孩子性格品质要从小抓起，从建立良好的生活习惯着手，如饮食、睡眠、自理能力训练等，这些先入为主的习惯就是孩子日后的习性。

常与他人交往的孩子在处理人际关系方面有很强的能力，在人面前显得落落大方；相反，与人交往较少的孩子多会形成文静内向的性格，羞于与人交往，一说话就脸红，表情和举止极不自然。因此父母还应该注意为孩子创造一个良好的家庭环境，让孩子学会与人交往。

父母的情感态度对孩子性格的导向作用十分重要。现代父母的情感流露比以往更明显，频率和强度更高，这样会使孩子变得非常脆弱和具有依赖性，在娇宠中变得批评不得，甚至父母的声音稍高一点，孩子也会因此受惊而大哭不止，显示出脆弱的性格特征。一般情况下，娇气脆弱的孩子常缺乏足够的心理承受力，一旦受到挫折就容易出现心理障碍。

再则，如今独生子女多，父母的悉心照顾表现在各个方面，对孩子的很多事情进行包办或限制。这些过分“担心”的心理，不可避免地通过言行举止显露出来，对孩子起到暗示作用。不少父母在孩子想参加某项活动之前，总是向孩子列举种种危险，结果使孩子产生了恐惧的心理，并因此畏缩不前。年龄愈小的孩子愈容易接受暗示，父母的性格特点极易潜移默化地传导给孩子。

有的父母还把孩子的身体健康寄托在各种食品和药品上，而不是让孩子在阳光、新鲜空气和户外运动中锻炼身体。一般来说，体弱多病与性格懦弱之间有着一定的内在联系，因为病儿会受到父母更加细心的照顾和宠爱，从而助长了其软弱性格的形成。这种保护过度的育儿方式，会使孩子的性格具有明显地惰性特征，表现为好吃懒做，缺乏靠自身能力解决问题的内在动力。

另外，恶劣的环境可能导致孩子恶劣的性格，这也就是在社会风气极度不良的情况下，容易导致青少年犯罪呈上升趋势的原因。所以专家们一再呼吁：保护未成年儿童，让孩子远离毒品、暴力、色情等一系列社会垃圾。

孩子性格的形成一方面取决于先天遗传，一方面取决于后天生活的环境。身为父母，在注意纠正自己性格中的不足之处，并努力为孩子营造良好的成长环境的同时，还应注意与孩子多谈心，多关心孩子，随时了解他们的所思所想，发现他们成长中的一些性格缺陷，并及时给予纠正。如果等到孩子性格已经成型后再纠正就很困难了。

澳大利亚心理学者罗拉黑尔这样概述性格形成中遗传与环境的作用。

（1）在心灵与思想的一些特性上，家庭成员之间存在遗传这个事实。

（2）在许多个别的性格特质中，哪一个会得到发展、能发展到什么程度，则由环境因素决定。

（3）若是先天已经具备非常强的性格特质，则在任何环境中都可以得到发展。

从罗拉黑尔的结论中，我们可以得到这样的启示：父母在为孩子营造成长的环境时，要注意发现孩子身上潜在的特质，为孩子该特质的发掘与发展创造一个最佳的环境。

俗话说，性格决定命运。性格是影响孩子生活、学习、交往的最本质、最关键的要素。

良好的性格会让孩子始终采取各种积极的言行，还能够极大地调动孩子的积极性并激发其潜能，能够最大限度地发挥孩子的创造性，从而使得他更接近成功。不良性格会使孩子表现出各种不良的心理和行为，甚至会使他在生活中采取错误或极端的言行，最终会导致孩子的人生走入一个错误的方向。

积极调整孩子的放纵和任性

任性是孩子性格中容易发生的不良倾向，表现为高度的以自我为中心，想干什么就干什么，不听劝告。任性是孩子一种不正常的心态，是孩子要挟大人满足自己某种需要的手段，如果不予以纠正，长大后容易形成偏执、狭隘的性格。

一天，苏苏约了一个小朋友到家里玩儿。两个孩子玩儿得挺愉快。本来，如果事情一直这样下去，也就没什么了。可是，即将结束游戏时，那个小朋友忽然从包里取出一辆遥控小汽车。小汽车顶上，亮着个红灯，闪啊闪的。

“给我玩儿，给我玩儿。”苏苏开心得不得了，“我玩儿一下。”

“好，就玩儿一下，”小朋友倒也大方，“玩儿一下我就要回家吃饭了。”

苏苏好奇地拿起小汽车，上上下下地翻看了一番，然后用遥控器指挥着它，在房间里绕起了圈子。绕了两圈，小朋友就把车收回包里，坚决地要回家了。苏苏留不住小朋友，只好任由他离去。

“妈妈，我要小汽车。”小朋友走后，苏苏向妈妈提出了要求，“我也要小汽车。”

“好，”苏苏妈满口答应下来，“明天去买，今天商店关门了。”

“不，我要小汽车，我现在就要。”苏苏坐到地上，哭叫起来。

“你这孩子，怎么这么不听话。”苏苏妈急了，一把拉起苏苏，“都答应你了，你还想怎样？”

“我现在就要小汽车！”

“唉，这孩子怎么变得这么任性？！”苏苏妈悄悄地叹口气，“快去睡吧，明天就买。”

然而，苏苏一直没有安静下来，反反复复地重复着那句话：“我要小汽车。”

苏苏妈刚加班回家，疲惫不堪，还被苏苏的任性气得没办法，只能无可奈何地摇了摇头，叹气道：“唉，这孩子，总是这么任性。”

任性，是指一个人不顾客观环境和条件，自己想说什么就说什么、想做什么就做什么、想怎么做就怎么做，任何人的劝告和阻拦都难以发挥作用的一种性格品质。任性的主要特征是放任自己，对自己的行为不加约束。

现在独生子女越来越多，任性的孩子也越来越多。孩子产生任性的原因主要有三个方面：

一是孩子受认知水平的限制，不善于从其他人的角度考虑问题，只考虑自己的需要、自己的情感。尤其是3~4岁的孩子，由于活动能力比3岁前大有进步，于是在活动中追求自主，力图表达自己的意志，进入了所谓“第一反抗期”，常常不肯按家长的意图办事。

二是由于家庭教育不当，家长对孩子溺爱，对孩子百依百顺，甚至明明是不合理的要求也迁就答应，养成了孩子以自我为中心的习惯。一旦有不顺心的事，孩子就会大哭大闹，直到家长让步为止。孩子很快发现，只要自己坚持，家长总会让步。于是，养成了任性的性格特征。

三是家长对孩子采取高压、强迫的教育方式，过多地责骂孩子，也容易使孩子形成固执、任性的坏脾气。

孩子任性是不懂事的表现。如果家长对孩子爱抚过多，要求过少，甚至有求必应，那么孩子任性往往比较严重，不易纠正。

那么，怎样纠正孩子的任性呢？

（1）讲清道理。

在孩子任性、吵闹的时候，家长不要劈头盖脸地严厉批评，更不能打、骂，可以因势利导，正面耐心地讲道理，给孩子说明不合理的要求不能满足的道理。孩子由于对周围事物认识不足，对自己应该做或不应该做的事分不清楚，同时抑制能力又很差，家长讲道理时应浅显、简短、有趣，以讲故事的方式把问题讲清楚。如三四岁的孩子睡前非要吃糖果不可，妈妈就可以讲一个简短的龋齿是怎样形成的故事；遇到电视里有医生治牙病的画面，家长可叫孩子看一看，对得牙病的人痛苦给以强化，这样孩子就不会在睡前吃糖果了。

（2）必要时来点惩罚。

比如对孩子的哭闹，谁也不理睬，即使他不哭不闹了也要冷他一段时间，待他沉不住气主动接近大人时，抓住这个时机，严肃地向他讲清不满足他无理要求的原因，指出他任性不对，让他保证再不这样做。只有这个时候，批评才是有效的。如果是在公共场所孩子发生任性行为，应严肃地予以制止，将孩子带离现场，并宣布中止活动，待孩子平静下来后，再继续活动。

（3）不要百依百顺。

对孩子的合理要求，家长要支持鼓励。对孩子不合理或过分的要求，家长决不能毫无原则地迁就，应表示坚决地不允许，并让孩子知道什么可以做、什么不可以做、什么必须做。家长决不能因为孩子的哭闹而放弃对孩子的严格要求。要知道，如果孩子的企图第一次得逞，以后就会习以为常，由着性子来。伟大的思想家培根有一句意味深长的话："你知道用什么方法一定可以使你的孩子成为不幸的人吗？这个方法就是百依百顺。"因此，家长应注意不能对孩子的不合理要求稍有让步。

（4）家长之间的意见要统一。

父母之间意见要统一，而且同祖父母之间的意见也要统一，防止孩子有"空子"可钻，否则家长的正确意见难以付诸实施。

例如，当孩子任性时，往往是父亲动手打孩子，母亲忙着护孩子，外婆出来拉孩子，甚至相互埋怨、指责、争吵，这就更助长了孩子的任性。所以，家长在教育孩子方面千万不要产生分歧。即使有分歧，也不要在孩子面前表现出来。

（5）转移孩子的注意力。

转移孩子的注意力，这是对较小年龄孩子的有效教育方法。如两岁的孩子一定要做不该做的事时，可把孩子抱走，让他玩儿平时喜欢玩儿的玩具，这样大脑皮层的兴奋点转移了，孩子也就不会硬要做不该做的事。

总之，对待孩子既不可溺爱、百依百顺，也不可过分限制以硬对硬，而是要有爱护、有要求，既不用糖果、饼干引诱孩子，也不用棍棒拳头威胁孩子，任性的毛病是可以纠正的。

顽强和执着是搏击风雨的盾牌

培养孩子坚强的意志品质，尤其需要父母的榜样力量。懒懒散散，生活懈怠，做事没有信心、经常半途而废的父母，是难以培养出具有坚强意志品质的孩子的。

由于家庭条件优越，很多孩子从小不太可能经历艰难困苦。这就使得他们很容易产生依赖心理，也很难养成坚强的性格。然而，孩子将来所要面对的是复杂的社会，难免遇到挫折和困难，没有坚强的性格，是不能适应激烈的社会竞争的。

美国心理学家威蒙曾经对150名有成就的智力优秀者做过研究，发现智力发展与三种性格品质有关：一是坚持力，即勇敢面对困难，并坚持到底；二是善于为实现目标不断积累成果；三是有自信，不自卑。可见，坚强的性格对人生十分重要。

不同的教育方式，造就孩子不同的意志力和自信心。比如有的孩子坚忍不拔，有些孩子有自立精神，有的孩子就不能承受一点挫折，有的孩子胆小怕事，有的孩子自理能力差。

为了培养孩子良好的心理素质，使孩子具有坚强的意志、活泼开朗的个性和健康向上的心态，父母应从小注意锻炼孩子的意志，重视孩子的自信心和勇敢精神的培养。

性格是长久养成的对现实的态度和与之相适应的习惯方式，是人格的一个重要方面。性格不由智力决定，但性格与智力相互联系、相互影响。坚强的性格有利于调动人的积极性、主动性和强化脑细胞活动，使人在学习和工作中产生超常的效率。

在现实生活中，人的性格是多种多样的，在各种各样的性格中最优秀的性格是坚强性格，具有坚强性格的人具有坚持力、自制力，能不怕困难勇往直前，在学习生活中不断取得成功。

那么如何培养孩子坚强的性格呢？父母们不妨从以下几点做起：

（1）给孩子独立锻炼的机会。

如让孩子单独活动，同生人谈话，与小朋友来往，独立完成作业等。即使有一定困难也要让孩子自己去做。因为只有让孩子经常完成具有一定难度的事情，他才能体验克服困难后成功的喜悦，从而增强自信心并变得坚强起来。

（2）要求孩子从小事做起。

千里之行，始于足下。从小事做起，持之以恒，是磨炼意志的好方法。许多在事业上有成就的人，都曾通过小事情磨炼自己的意志。

著名科学家巴甫洛夫以工作精确、细致著称。他写字十分工整，像印刷出来的一样。原来在年轻时，他就是把工工整整地书写作为自己磨炼意志的开端的。

我国体育名将周晓兰，在球场上吃苦忍痛、意志坚强，也与她小时候在小事上的磨炼分不开。上小学时，她常因看电影而耽误功课，在父亲的帮助下，她从克制看电影做起，功课做不完，就把电影票退掉，再好的电影也不去看。经过一段时间，她战胜了自己，培养出了很强的自制力。

正如苏联著名文学家高尔基所说："哪怕对自己一点小的克制，都会使人变得强而有力。"因此，父母培养孩子的意志品质，要从孩子"小的克制"入手。从小事做起，只是起点。培养坚强的意志品质，要随着孩子的成长而进步，从小到大，从易到难，从低到高地磨炼孩子。当孩子能够迎接越来越大的挑战的时候，一个意志坚强的孩子就站在你面前了。

（3）劳其筋骨，增益其所不能。

大家知道，"劳其筋骨"是磨炼意志的重要方法。适合孩子的艰难一些的劳动、体育活动，能使孩子坚强起来。长途远足，爬山，跑步，游泳，较重的劳动……可供选择的内容很多，父母要指导孩子选择，关键在于坚持。当然，其前提是避免盲目性，不能冒险，不能脱离实际。要教育孩子：明确行动的目的，选择适合的内容和方式，一旦行动，不达目的不罢休，才能练出好身体。

（4）相信和尊重孩子。

试着让孩子担负一定的责任，从而培养孩子的自我要求能力和坚持力。心理学认为，让孩子担任一定角色可以使其性格向这个角色靠拢。如某幼儿园的一个幼儿个人卫生不好，让他负责检查其他小朋友的卫生后，他自己的卫生明显好转，并且在其他方面，如自尊心、责任心、协调性等方面也都有明显改善。这个例子说明孩子的性格受大人期望的影响较大，所以在日常生活中父母应把孩子当作坚强的孩子来培养。

（5）让孩子保持健康的身体。

一个身体虚弱的孩子对自己的身体没有信心，心情不好，必然怕这怕那，对人对事积极不起来，性格也就很难坚强起来。相反，孩子的身体素质好，有信心，有勇气，就容易培养自信坚强的性格。

（6）培养孩子积极的良好品德。

良好的品德受人喜爱和尊重，知识和智慧使人有信心。人的各种心理品质是相互影响的，培养各种积极的良好品德，都能有效地使孩子的性格变得坚强起来。

（7）要求孩子做一些力所能及的事情。

如有的孩子不愿意去幼儿园，常在送幼儿园时大哭大闹，那么父母一方面要设法消除孩子去幼儿园的不适心理，另一方面应鼓励孩子“去幼儿园不哭的孩子才是勇敢的孩子”，一旦孩子不哭了，应及时鼓励，加上适当的奖励，这样孩子就会逐渐形成坚强的性格。

（8）防止因性别差异而形成偏见。

有的父母认为，男孩子玩儿布娃娃没出息，女孩子不应该玩儿冲锋枪。好像女孩子生来就应做饭带孩子，男孩子生来就应该舞枪弄棒，做大事业。成人这种偏狭的观念极不利于孩子性格的健康发展。过早的女性化会损害女孩子的独立性和自信心，过早的男性化也会影响男孩的细致性和敏感性。

（9）对孩子要有耐心。

有些孩子虽然一心想独立自主，凡事都坚持自己做，但实际上往往是心有余而力不足，每件事情都无法做好，如吃饭时把桌面搞得一团糟，衣服穿得东歪西扭。有一些急性子的父母没时间等待孩子慢吞吞无秩序的自主行为，所以凡事一手包办以提高效率和节省时间，这不但会剥夺孩子自主学习的机会，同时也会致使孩子形成依赖心理。因此专家们强调，父母一定要有耐心，让孩子慢慢学着自我探索成长，千万不可操之过急，凡事为孩子代劳，只会使孩子永远也长不大。

另外，好奇、爱发问也是孩子最大的特点，父母在面对孩子提问时，不要急着给孩子一个标准答案，以免影响孩子独立思考的判断能力，最好是解释出前因后果慢慢启发诱导。

总之，坚强的性格某种程度上决定了人的成长。当遇到复杂的问题需要果断做出决定时，性格坚强的人就会沉着冷静地加以分析、判断，最终做出决定，而性格软弱的人则可能优柔寡断、瞻前顾后，最终把事情弄糟。

坚强的性格对孩子成长如此重要，想要提高孩子素质的父母，就不能忽视这个方面。

从容果断能谋大事

一个孩子在山里割草，被毒蛇咬伤了脚。疼痛难忍，而医院在远处的小镇上，孩子毫不犹豫地用镰刀割断受伤的脚趾。然后，忍着剧痛艰难地走到医院。虽然少了一个脚趾，但孩子以短暂的疼痛保住了自己的生命。

上面这个故事看似简单，实际上却蕴含了很深的道理。故事中的孩子果断地舍弃了脚趾，以短暂的痛苦换取了整个生命。在某些特定的时刻，只有果断地舍弃，才有机会获取更大的利益。

德国伟大的诗人歌德说过这样一句富有哲理的话:“长久迟疑不决的人，常常找不到最好的答案。”我们的祖先也给过我们这样的教训:“当断不断，反受其乱。”决策果断是一种宝贵的人格品质。然而，在现实生活中有很多人因缺乏这种优秀品质，在关键时刻迟疑、拖拉、犹豫不决，终致错过成功的大好时机而以失败告终。

很多父母也知道培养孩子果断性格的重要性，但往往还不能明确界定孩子的某些行为是不是优柔寡断，是不是缺少主见。比如，当你问孩子两样东西哪样好时，有的孩子总是回答这个好、那个也好。这其实就是孩子没主见的表现。

那么，做父母的要怎样做，才能让孩子养成遇事果断选择，有主见的性格呢？专家给父母们提了以下一些建议:

（1）让孩子明白鱼与熊掌不可兼得。

很多孩子跟妈妈一块儿逛超市的时候，总是这也想要那也想要，妈妈不给买，就大哭大闹。这跟父母平时溺爱孩子，什么都由着孩子有关。父母的这种行为使孩子养成了不懂得取舍的习惯。因为孩子觉得，自己要什么就会得到什么，至少哭闹之后就会得到自己想要的东西，那为什么还要取舍呢？全都要岂不更好？

对于孩子的这种想法，父母一定要及时加以引导和改变。平时，父母可以经常要求孩子做出唯一性的选择。比如，父母可以拿着苹果和香蕉问孩子吃哪个，并提醒他只能选择一个。对于孩子模棱两可的回答，要提出批评，而如果孩子做出了果断的决定，则要给予表扬。时间长了，孩子就会懂得鱼与熊掌不可兼得的道理。

（2）让孩子自己做选择。

每次和孩子上街的时候，在经济许可的范围内，尽量让孩子自己挑选所需的物品。这时孩子会非常高兴，主动性极强。而对于孩子要买的众多物品，父母要提前规定他可以选取的数量，否则以后就不带他出来买东西。这样做，尽管孩子心有不愿，但慢慢地，孩子就会变得果断起来，因为他已知道果断地选择，比什么都得不到要强得多。

（3）尊重孩子自己的决定。

给予孩子做决定的机会，可以培养孩子的果断性。所以，日常生活中，父母要给孩子发表意见的机会，并支持孩子合理的决定。切忌对孩子的生活做出全方位的强制规定。

例如，父母可以以征求意见的方式，让孩子决定是买变形金刚还是买小汽车，星期天活动的内容是逛公园还是打电子游戏。

父母这样做可以使孩子觉得自己也有做决定的权利，在这种感觉的作用下，孩子往往就会拿出自己的果断来。

（4）引导孩子迅速做出合理的决定。

未经深思熟虑就做出决定是鲁莽冲动，而深思熟虑后迟迟不能决断则是优柔寡断，这两种行为是与果断相对立的。父母既要教会孩子仔细思考，审慎地做出选择，又要引导不能决断的孩子尽早做出决定。

父母可以给孩子讲有关鲁莽冲动、优柔寡断和坚决果断的故事，让孩子自己说出哪种性格好。遇到具体的问题，也要让孩子说出怎样做才是对的，并果断地付诸行动。

（5）督促孩子坚持自己的决定。

果断的品质还包含着做出决定后把决定贯彻到底的素质，即对孩子毅力方面的要求。

父母可以在孩子做出决定之后，与孩子达成口头或书面的协议，规定明确的奖赏与惩罚条款。当然，惩罚条款一定要由孩子自己提出，父母只要觉得合理，就要严格监督孩子执行。

（6）让孩子变得更自信。

充满自信的孩子是不会犹豫不决的。帮助孩子克服优柔寡断的最好办法是让孩子肯定自己的能力，坚信自己什么都能干。

在幼儿园里，当老师提出一个问题的时候，有些孩子总爱悄悄地和旁边的小朋友交流，明显地表现出缺乏自信。而当老师问他：“××，你知道吗？”他会点点头，但眼睛仍在左顾右盼，顾及周围人对他的看法。

有些孩子过于敏感，凡事都会想很多。在行动之前总是会有长时间的权衡，以他自己的角度来考虑行为的后果，结果造成了孩子的欲做还休，犹豫不决，缺乏果断的判断力，从而产生不自信的表现。

比如，有个孩子在妈妈接他放学回家的路上对妈妈说：“妈妈，今天小朋友都去围着老师呢。”“那么你呢？”“我也想，可是已经没有位置了。”“好哦，下次你第一个上去好不好？”“好的。可是别的小朋友也会没有位置的。”

对于这一点，做父母的应该尽快寻找突破口，帮助孩子改变这种心理状态，千万不要把它归咎于孩子的个性而置之不理。父母平时应给孩子较多的鼓励和认可，当孩子犹豫不决或打退堂鼓的时候，告诉孩子：“你会干好的。没问题。爸爸妈妈都相信你！支持你！宝贝，去吧！”这样给孩子打气，孩子有了信心，自然也就不会犹豫不决了。

（7）不要对孩子犯冷热病。

日常生活中，年轻的父母常会因各种事情的影响而产生心理波动。心情好时，对孩子亲近爱怜，关怀备至；心情不好时，则对孩子训斥打骂，往孩子身上撒气。父母随着自己心情好恶的变化而对孩子忽冷忽热，会对孩子的身心健康产生很大的影响。

父母对孩子的态度不同，孩子不能完全明白。当孩子没有做错什么事，却受到父母的冷遇或训斥，父母的反复无常会使孩子感到莫名其妙，有时又感到万般委屈，在父母面前无所适从。久而久之这就会造成孩子在言行上优柔寡断，遇事六神无主。

作为父母，不管自己的心情好坏、空闲还是忙碌，对孩子都要一如既往，该指导的时候悉心指导，该关心的时候体贴关心，使孩子觉得父母永远爱自己、关心自己，从而给孩子一种稳定感、安全感和信任感。孩子有了坚强的后盾，往往就会有果决的底气。

另外，父母培养孩子果断的品质，要因孩子的年龄、性别等的不同而区别对待，千万不要认为那些成功的教育方法对自己的孩子就都是适用的。父母只有有针对性地选择那些适合自己孩子的教育方法，才能培养出做事果断、有主见的孩子。

让孩子永远拥有一颗上进的心

上进心是指一种积极向上、追求进步的心理特征。如果一个孩子有强烈的上进心，他就有了学习的积极性和接受教育的自觉性，就能发挥自身的潜能和激情，就能健康、有序地朝着成功的方向发展。

如果一个孩子上进心比较强并且一直能够持之以恒地保持下去，即使他的智商不太高，也能取得较好的成绩，将来成为对社会有用之人。相反，孩子比较聪明，但如果没有上进心的话，孩子的成绩也不会太理想，他也很难取得成功。因此，在家庭教育中，引进上进心的教育非常重要。

有个女孩名叫李梅，从中学开始，成为一名著名的电视节目主持人就一直是她的梦想。周围的人也认为李梅具有成为电视节目主持人的条件，因为她外形靓丽，善于与人沟通。李梅家境优越，加上较好的自身条件，应该说她完全有机会实现自己的人生理想。但随着李梅慢慢长大，她的理想逐渐被淡忘了。李梅一直觉得自己各方面条件都很优越，不用付出什么努力也能有一个很好的未来。

而另一个名叫刘露的女孩实现了李梅的理想——成了一名著名的电视节目主持人。刘露没有李梅那样优越的条件，她白天打工，晚上要上夜校学习舞台艺术。但刘露很努力，她没有像李梅那样坐等机会出现，而是自己努力谋职，跑遍了上海的广播电台和电视台。虽然她得到的答复都差不多:“如果你没有几年工作的经验，我们是不会雇用的。”

刘露丝毫没有气馁，仍然不断主动寻找机会，随时留意广播电视方面的信息。一天她看到了某省电视台招聘天气预报节目女主持人的广告，她争取到了这份工作。工作两年后，积累了一定经验的她，在上海的一家电视台找到了主持人的工作。几年后，刘露凭借出色的工作业绩成了一名著名的电视节目主持人。

李梅与刘露的成败差异，关键就在于她们一个甘于现状，一个有积极的上进心。刘露因为拥有一颗不断进取的心，为了理想不断努力，充实自己，最后终于如愿以偿。其实，那些取得巨大成功的人，都因卓越的上进心成就了自己。

孩子的上进心和进取精神是自我意识的一种表现，是健康成长、努力成才的重要动因。气可鼓，不可泄。家长在家庭教育中培养孩子上进心的时候，要依据每个孩子的特点，用“爱”和“教”结合的方法，提高孩子的思想境界，让孩子憧憬未来，思考人生，从而产生一股积极向上的力量。

父母可以在家庭教育中采取以下一些方法，来培养孩子的积极性，激发孩子的上进心：

（1）发现孩子的特长。

每个孩子都有自己的特长，父母只要细心观察、耐心寻找就能发现，然后从这一特长着手，提高孩子的上进心，让孩子肯定自己的价值。

可以引导孩子讲自己的理想，确定成功的目标。例如，孩子喜欢唱歌，可以让孩子向往一下成为登上央视舞台、向亿万观众一展歌喉的感受，等等，再让孩子把这种上进心转移到学习上去。

（2）多肯定孩子的进步和优点。

很多父母总喜欢拿自己孩子的缺点跟别的孩子的优点比，会特别注意自己孩子的缺点，对孩子刻意指责，这容易给孩子造成困扰。其实，孩子的优点更值得肯定，这是孩子积极进取不可缺少的辅助力量。而缺点也并非不可改变，一旦孩子有改变缺点的表现，家长应给予赞许，相信孩子从鼓励中获得力量，激发孩子的上进心。

（3）为孩子确立一个合理的奋斗目标。

给孩子确定一个切实可行的短期目标，让孩子通过努力，体会到成功的喜悦，从而激发上进，慢慢形成他积极进取的态度。

（4）不断让孩子设立小目标。

小目标设立了就尽量完成，这样可以增强孩子的信心，要适当给孩子精神奖励和合理的物质奖励，以此来提高孩子的积极性。也要教育孩子，说到就要做到，不能半途而废。这样继续下去，孩子就会学会给自己设立目标，就会有奋斗的方向，有进取的动力，这样他自然会不断为达成目标而努力，最终就会成功。

（5）孩子失败的时候给予鼓励与安慰。

在孩子失败的时候，父母应该给予孩子积极的同情、安慰和鼓励。这样可以使孩子建立自信心，激发孩子继续上进。

（6）通过榜样的例证进行引导。

父母可以给孩子讲科学家等有作为的人物小时候上进心强，从而成才的故事，这样可以增强孩子的进取心。爱迪生、达尔文、爱因斯坦等小时候学习成绩都不好，长大之后，他们也都取得了不起的成绩，关键是自己的努力。也可以找身边熟悉的人作为例子，更直观更生动，教育就更加有效。

（7）找出孩子缺乏上进心的原因，激发孩子的上进心。

孩子都有一定的上进心，但有些孩子受到挫折后，上进心会锐减，最后萎靡不振；有些孩子是因为成绩平平，没有体会到成功的喜悦，从而阻碍了上进心的发展。家长要找出孩子缺乏上进心的原因，并采取相应的方法，从而使孩子成为有上进心的孩子。

第四章　确定孩子性格，发现性格优势

什么是九型人格

爱因斯坦曾经说过："一个人智力上的成就在很大程度上取决于人格的伟大。"

那么什么是"人格"呢？

一个下着小雨的中午，车厢里乘客很少。在桥头站，上来一对残疾父子。父亲是个盲人，儿子则只剩下一只眼睛稍微能看到东西。当车子缓缓向前开动时，小男孩开口说："各位先生女士，你们好，下面我唱几首歌给大家听。"接着，小男孩用电子琴自弹自唱起来。

正如人们所预料的那样，唱完了歌曲之后，男孩走到车厢头，开始"行乞"。乘客们都装出一副不明白的样子，或干脆扭头看车窗外面……

当小男孩两手空空地走到车厢尾时，一位中年妇女大嚷起来："真不知道怎么搞的，乞丐这么多，连车上都有！"听到这番话，小男孩竟然表现出了与年龄极不相称的冷峻，他一字一顿地说："女士，你说错了，我不是乞丐，我是在卖唱。"

这就是人格的魅力。面对尊严被践踏，小男孩把他坚毅的性格和不亢不卑的个性表达得淋漓尽致。

在心理学中，人格就是指每个人不同于其他人或动物特征的总和。人格完整是指人格构成诸要素如气质、能力、性格、信念、人生观等方面能够平衡发展。健康的孩子一定会言行一致，具有积极进取的人生观，并以此为中心把自己的需要、目标和行为统一起来。而心理健康的最终目标是保持孩子人格的完整性，培养健全的人格。对于每个生活在这个社会的孩子来说，健康完美的人格都至关重要，这关系到他们能否健康而愉快地享受生活。

现代心理学把人格分为九型，称为“九型人格”，是婴儿时期人身上的九种气质，包括活跃程度、规律性、主动性、适应性、感兴趣的范围、反应的强度、心境的素质、分心程度以及专注力的范围和持久性。

九型人格原来是在宗教层面上寻找人格的成熟和灵性的启发而产生的一种理论，现在被广泛应用于心理咨询、教育和商业等多个领域。

九型人格是一种深层次地了解人的方法和学问，它按照人的世界观、思考方式、行为模式以及情绪特征将人分为九种类型，并认为所有的人都必然属于其中的某一类。九型人格作为一种精妙的分析工具，最绝妙的地方就在于它能够穿透人们表面的行为举止和喜怒哀乐，进入人心最隐秘的地方，发现人们最真实、最根本的需求和渴望。

这九种类型分别如下：

	优点	缺点	主要表现
领导型	果断，自信，不拘小节，独立，勇敢有闯劲	具攻击性，以自我为中心，报复心强	父母不让做的事情，偏要去做；爱指挥同学干这干那；经常成为班级活动的带领者
和平型	随和，接受能力强，有耐心，协调性好	做事缓慢，易懒惰、压抑，优柔寡断	怕见生人，害羞；没有爸妈的督促就完不成家庭作业；不喜欢和同学争辩，也不爱出风头
完美型	有条理，负责任，能够自我控制，追求完美，注重细节	自我批判过度，爱钻牛角尖，苛刻	不玩儿稍有破损的玩具；作业字迹工整；要求自己必须考100分才能得到奖励；非常注重老师的表扬；容易内疚
助人型	有爱心，乐善好施，随和，善于处理人际关系	占有欲强，不懂拒绝，缺少主见，爱随大流	喜欢小动物；爱帮助别人，但不考虑自己的实际能力
成就型	自信，适应力强，注意力集中，卓越，有干劲，察觉力强	自恋，爱炫耀，争强好胜，逃避失败，害怕被人洞悉自己的内心	学习观察能力很强；在小朋友们面前非常注重自己的形象；爱在大人面前表现自己；喜欢出风头受到老师的关注
忧郁型	具有独特性、创造力强，有主见，自信	情绪变化无常，对批评过度敏感，易忧郁、妒忌	认为自己才是正确的；生活中我行我素追求独特；情绪变化很快，易激动；经常沉迷于自己的幻想当中；喜欢向老师父母提出奇奇怪怪的问题
思考型	遇事冷静，条理分明，观察敏锐，求知欲强，分析能力突出	沉默寡言，缺乏活力，反应缓慢，固执死板	喜欢和身边的同学保持一定的距离；不喜欢参加课外活多；对《大百科全书》等类型的书很感兴趣

续表

	优点	缺点	主要表现
怀疑型	做事谨慎负责，团体意识很强，务实，守规	不轻易相信别人，多疑虑，安于现状，缺乏创造力	对父母依赖性很强，不喜欢单独活动；在学校遵守校纪校规；对待学习踏实认真
活跃型	热情开朗，乐观，积极主动，具有感染力	做事欠缺耐性，亦冲动，定力很差	贪玩儿，很容易对电子游戏机上瘾；多才多艺，喜欢带动朋友之间的气氛；不喜欢受老师父母的管教；学习特长时老半途而废

毫无疑问，九型人格也已经成为家长进入孩子的世界，从最深的心理层面了解、发现孩子的有力工具。世界上没有完全相同的两个孩子，每个孩子都是独一无二的，性格也是千差万别的，有的孩子性格内向，有的则活泼开朗；有的谨小慎微，有的则无所畏惧。孩子的这些特质都是需要父母通过日常生活中的仔细观察才能掌握的。同时值得注意的是，每一个人的成长环境也是不同的，所以同类型孩子之间可能有许多共同点，却也各自拥有一些只属于自己的东西。这些类型并无优劣之分。事实上每一型的孩子都各有其优缺点，父母不应该为孩子贴标签，然后拿着“类型特征”的借口限定孩子，或者是武断地认定孩子未来的发展状态。优秀的父母应该具备观察孩子特质的眼睛，了解他的喜好厌恶、长处短处、优势劣势以及可以长足发展的潜能，帮助他扬长避短，根据他的优势潜能重点打造，同时补足他的短板。

成长中的孩子也有九型人格吗?

妈妈和孩子一起去逛街的时候，不同的孩子会有不同的反应——

有的孩子会拒绝出去逛街，问他为什么，他会说:“我对购物没兴趣，我更喜欢自己待着。”有些孩子则会帮妈妈提着袋子，嘴里还说着:“妈妈，这个也给我！我来拿！”有的孩子专门喜欢买最贵最好的东西；有的孩子在面对选择的时候，会要求妈妈来拿主意；还有的孩子会想拥有和其他小朋友一样的衣服、发卡等东西。

可见，每个孩子都有各自不同的思维模式和行为特点。究其根本，正是因为不同的孩子具有不同的价值观所致，有的孩子重视自己的想法、有的重视原则、有的重视他人的感受，由此就可以将不同的孩子划分到不同的人格类型里面。

每个孩子从出生的时候开始，就有自己独特的气质，也就是天生的性情和脾气。这从孩子的婴儿时期就可以感受到，有的婴儿脾气很暴躁，经常哭哭啼啼，而另一些孩子则很少哭闹、特别爱笑，这些其实都是婴儿内在气质的外部体现。不过，孩子在婴幼儿时期的情绪并不是仅仅受自己的气质影响，很多时候父母的性格脾性和管教方法也会影响他们的反应。所以，如果想要孩子朝着其所属类型的高层次发展的话，父母就要根据他们固有的性格特征进行引导和教养，让孩子能有一个健康的发展方向。

那么，父母怎样才能知道自己的孩子属于哪种人格呢?

最简单的办法就是平时仔细观察孩子的一言一行，尤其是在他不说话的时候，最能反映出他的类型。而且，年龄越小的孩子越容易观察，因为年龄较小的孩子心理防御机制还没有成型，此时的孩子不会对自己的感受、情绪、想法和行为做出过多的掩饰或抑制，所以父母此时很容易看出孩子大概属于哪一种类型。

相对而言，年龄较大的孩子采取直接观察的方法就不一定那么有效了。不过，孩子每做一件事都是他心理活动的反映，所以父母只要留心孩子的行为、言语甚至是表情，在此基础上保持和孩子的深度沟通，了解他行为背后的心理活动机制，就能获得关于孩子的最准确的信息。

在现实生活中，家长们往往容易忽略孩子行为背后的心理原因，对孩子稍有不满就横加指责。例如，有的父母看到孩子在墙角蹲着看蚂蚁就说他没出息，看见孩子大哭不愿离开父母就埋怨他长大了还不能独立，看见孩子拿着剪刀把新衣服剪得破破烂烂就大怒呵斥说他爱搞破坏，等等。也许孩子自身的一些隐性特质和天赋还没有被发现或是刚刚为此跨出发展的第一步，就被不善于观察的父母无情地扼杀了。其实，当孩子表现出一些在成人眼里不合规矩、有些“乱来”的行为时，只要父母多问他一句，也许就能了解孩子心里的想法，知道他到底为什么会这么做。例如好奇地观察蚂蚁的孩子可能是在探索大自然，不愿意与父母分离的孩子可能是因为缺乏安全感，用剪刀剪衣服的孩子可能是在发挥他的创造力。

另外还要提醒父母注意的是，每个孩子的成长环境都是独一无二的，所以即使是同一种类型的孩子，他们之间在拥有很多共同点的同时也会拥有一些只属于自己的特点，所以家长不要抱怨为什么都是同一类孩子，别人孩子有的优点自己的孩子没有。

要知道，每一型的孩子都会受健康或是不健康的发展影响并因此会产生不同的变化。因此，父母应该在了解孩子的基础上，结合孩子的个性特征采取不同的教育方式，给他们一个舒适的成长环境，创造机会最大限度地令其发挥出自身的优势。

按天性生长，更容易长成大树

许多年来，心理学家都在探讨一个问题：性格究竟是天生的，还是在成长过程中形成的呢？实际上，性格是天生具备的特点，但是会受到环境的影响。这种从小保留下来的性格是天生性格，而成长过程中因为受到周围环境影响形成的性格是后天性格。

既然性格是人固有的特征，那么最大限度地发挥性格优点就是自我实现的过程。瑞士著名心理学家卡尔·古斯塔夫·荣格在《心理类型学》一书中提出："植物要开花结果，首先需要的是适合自己的土壤。"就像不同的花朵需要在不同的生长条件才能开出绚丽的花朵一样，不同性格的孩子也需要在不同的环境去培养才能实现自己最大的价值。只有把"本性的根"种植在"适合的土壤"中，这根最终才能成为"茁壮的树"。

帅帅是一个活泼的男孩子，总是精力充沛，但是他妈妈总是希望他能安安静静地坐在书房里看书，所以经常把他关在书房里不让出门。这样过了一段时间之后，不仅帅帅的学习成绩没有得到提高，整个人也变得萎靡不振，天天无精打采的。

了解自己的性格是认识真正自我的过程，了解自己的性格就像在思考自己是属于什么样的“树”，也可以说是了解自己到底是什么样的人的过程。每个人都想实现自我的机制，但是想要成为人生的主人，就必须了解自己天生的性格。不过性格的培养不是随意进行的，而是需要根据天生的性格进行培养，与其说这是一个培养的过程，不如说是一个让天生的性格更加健全的过程。而为这一过程奠定基础的就是父母提供的成长环境，父母对孩子的任何期望都应该建立在了解孩子的天性的基础上，只有这样孩子才能更好地了解自己，接纳他人，并使自己的努力更加有效率。让孩子按照天性去成长，孩子会更容易成才。

> 有这样一个家庭，在外人看来，孩子非常优秀，这个孩子从来没有上过任何的课外辅导班就考上了重点中学，按理说应该是家里的骄傲。但是不知道为什么，这家的爸爸和儿子总是冲突不断，有时候爸爸气急了甚至会动手打儿子，而最近两人的矛盾达到了顶峰，儿子再也不肯跟爸爸说话了。

后来妈妈拖着这对父子来到一位心理医生面前进行心理治疗。心理医生为父子俩分别进行了测试，结果发现爸爸是性格豁达开放，很善于解决现实问题并且手段高明的性格类型；儿子则属于内向型的性格，直觉出众，但是不爱说话，虽然解决现实问题的手段比较弱，但是思维敏捷严密，这种孩子最擅长抓住事物的本质和规律。

父子俩闹矛盾的根源是爸爸希望儿子像自己一样成为一个现实、务实的人。但是他没有注意到儿子的性格，这种性格的孩子绝对不能出手打他，因为家庭对他逼迫越厉害，他就会反抗越厉害，这样父子之间的感情也就越来越远了。

世界上没有不爱孩子的父母，但是如果父母不考虑孩子的真正需要，一意孤行地采取单方面的行为，这样最终会毁掉孩子。只有父母首先认可了孩子天生的性格，并且按照孩子的性格来设计未来，这样孩子才会感觉到幸福，才会更容易成才。

性格各有优势，家长不必强求

一个妈妈有两个儿子，大儿子今年上四年级，懂礼貌，成绩好，在家里和学校都表现很好。但是刚上二年级的二儿子则是一个不折不扣的淘气包，在学校上课从来不认真听讲，回家也不听妈妈的话，甚至有一次还偷了别人的钱包。这个孩子生性冲动，莽撞，学习成绩也很糟糕，孩子对自己也感到无奈。

妈妈苦恼地找到心理医生，心理医生认为妈妈是一个对孩子要求十分严格的人，一旦发现儿子冲动、莽撞的行为就会马上进行严厉批评，而小儿子是一个典型的活泼爱玩闹的性格，脑子里经常会冒出奇思妙想，而且总是试图把这些想法付诸实践。这种孩子好胜心强，跟朋友接触也总是想在竞争中领先，喜欢听到他人的称赞。所以当妈妈强硬地想要把他的性格变成和哥哥一样的性格的过程中，小儿子在心理上逐渐远离了妈妈，同时由于实现自己价值的愿望没有得到正确表达，所以那些过剩的能量就以错误的方式和不适当的行为表现了出来。

听了医生的这些话之后，妈妈首先接受了孩子的性格特点，改变了对小儿子的态度，儿子犯错误的时候不再骂他，而是以提出建议为主，只要有好的表现就会立刻表扬他。过了不久，妈妈又征求孩子的意见，假期要去做什么，小儿子乖巧地回答:“只要是妈妈让我做的，我都愿意去做。”在妈妈的眼里，活泼的小儿子也变得非常可爱。

孩子正处于性格完善的阶段，他们对自己的性格很关心，希望了解自己到底是什么样的人，以及自己以后会有什么样的特长和发展，所以大家都很关心自己的性格特征，还有人会担心自己的结果出来不理想。但是真实情况是性格评估不是为了寻找个人身上存在的“毛病”的，而是要寻找潜藏在每个人内心中的性格特征，从而使人更自信自爱的。性格是一个人区别于其他人的特征，没有好和坏的区别。可能有人会说在任何场合直言不讳地说出自己意见的人是一个率真、爽快的人，但是也有人说这种人过于直接，会伤害别人，所以关于性格的好坏之分，只是别人的主观判断，每个人区分好坏的标准都是不一样的，所以别人口中的“好与坏”只是相对的说法。

虽然性格能够在一定程度上左右人的行为，但是我们不能把所有的行为全都归结为性格原因，所以做性格测试只是去了解自己的性格，而不是医生做诊断，所以大可不必把性格类型想得过于严重。

现在的社会中，人们总是觉得外向的人更受欢迎，更容易相处，而且也更适应社会。而那些内向胆小的人就总是觉得自卑，讨厌自己的性格，对周围那些活泼开朗、能说会道的人总是怀着羡慕之情。

其实认为外向性格比内向性格更受欢迎是一种社会偏见，并没有任何的科学根据。事实上外向与内向各具优势。在需要对外部环境变化做出迅速而准确反应的行业中，比如推销员，外向性格的确具有优势；但是在需要对人内心变化有敏锐洞察力的行业中，比如文艺创作者，内向性格就会具有一定的优势。《哈利·波特》的作者 J.K. 罗琳就是内向性格成功的典范。所以说性格并没有好坏之分，而是要在了解自己的性格之后让自己的性格发挥最大的作用。

另外，健康的心灵状态要求个人内心与外在世界达到和谐统一。因此，内向的人要适当地关注外部世界，多多练习如何与他人相处；而外向的人也应该通过阅读、写作等方式，练习深入了解自己的内心世界，增强对他人和自己情绪的感受能力。

测一测：确定孩子的“型号”

请完成下面的测试，了解一下孩子属于哪种人格？在符合孩子日常行为的（ ）内打“√”。

测试 1

（ ）有很多朋友。

（ ）身体强壮有信心，精力旺盛。

（　）无论在哪里都喜欢做领导者，是个“孩子王”。
（　）经常轻视朋友的意见或者跟别人发生争执。
（　）把好朋友当作自己人，努力保护他们。
（　）不喜欢服从别人。
（　）勇敢，喜欢冒险。
（　）有时候固执己见，会顶撞父母和老师。
（　）看到慢条斯理的人，就会焦急烦躁，不能忍耐。
（　）发脾气的时候行为过激，不过脾气来得快去得也快。
（　）雷厉风行，敢作敢为。
（　）对前辈谦逊有礼，毕恭毕敬。
（　）坦诚率真，但是偶尔也有脆弱的一面。
（　）做自己喜欢的事情时干劲十足，埋头钻研。
（　）独立意识强，但是会尽力孝顺父母。
“√”的个数（　）

测试 2

（　）温顺听话，做事让父母放心。
（　）喜欢父母拥抱自己或是类似的身体接触。
（　）家人或者朋友吵架的时候会感到郁闷，并且会刻意回避。
（　）在学校里受了伤也不告诉父母，这类现象很多。
（　）遇到选择性的问题，倾向于把决定权交给朋友或者长辈。
（　）不擅长整理物品，一些杂七杂八的东西不会及时清理。
（　）购物的时候，挑选必需品需要很长时间。
（　）必须做的事情拖拖拉拉，开始之前浪费很多时间。

（ ）喜欢在家无所事事，或者是用电视、电脑打发时间。

（ ）考试的时候漫不经心，填写答案草草了事，知道的问题也会出错。

（ ）平时做事不紧不慢，但是一旦开始就不会放弃。

（ ）受到训斥或者被强制做什么事情，就会固执己见或者什么都不做。

（ ）在他人面前言行不够自然大方。

（ ）害怕电影电视中的暴力场面。

（ ）乐观开朗，游戏的时候不计较输赢，而是享受游戏本身带来的快乐。

"√"的个数（ ）

测试 3

（ ）能够自己把房间或者书桌整理得干干净净。

（ ）在学校和家里喜欢包揽事情。

（ ）眼疾手快，不需要父母催促就可以把事情做得井井有条。

（ ）责任心强，无论担任什么角色，都能做到尽善尽美。

（ ）喜欢忙碌的生活节奏。

（ ）喜欢装作了解他人，并且有干涉他人的倾向。

（ ）心里很在意别人对自己的看法，担心受到批评或者指责。

（ ）发完脾气不容易恢复。

（ ）生气的时候过分激动，时常跟自己怄气。

（ ）富有正义感，思考问题比较理想化，希望能改善不良的现状。

（ ）认真，不喜欢开玩笑。

（ ）有毅力去改正自己的缺点。

（ ）对待别人总有一种颐指气使的倾向。

（ ）当朋友不遵守纪律的时候，总是气愤地进行批评。

（ ）回家后立刻做作业，做完才肯放松。

“√”的个数（ ）

测试 4

（ ）心灵脆弱，容易受伤害。

（ ）不擅长向别人提要求。

（ ）善解人意，即使对方不说出来，也能领悟别人的意思。

（ ）表现活泼开朗，但是通常是为了博得别人的好感。

（ ）喜欢朋友依赖自己。

（ ）讲义气，总是把自己和朋友的关系放在第一位。

（ ）和朋友吵架，会主动求和，希望恢复和对方的友谊。

（ ）在意别人对自己的评价。

（ ）如果父母喜欢其他孩子，嫉妒心会表现得很明显。

（ ）十分在意朋友喜欢的话题以及别人说话的语气。

（ ）总是设身处地地为别人着想而不考虑自己。

（ ）怜悯身处困境的人，希望自己可以帮助他们。

（ ）排斥暴力镜头、悲剧故事或者残酷的新闻报道。

（ ）希望得到父母的爱，并为此不断努力。

（ ）喜欢把自己的玩具和食物与朋友一起分享。

“√”的个数（ ）

测试 5

（ ）踊跃参加学校活动，并发挥主导作用。

（ ）学习刻苦，希望得到长辈的宠爱和夸奖。

（ ）活泼开朗，才华横溢。

（ ）责任心强，分内之事都做到善始善终。

（ ）有很强的求胜心，希望自己任何事情都能做到最好。

（ ）喜欢一马当先。

（ ）喜欢将自己最好的一面展示给别人，并且为此大费心思，甚至可能会假装。

（ ）喜欢树立目标，并且能为此奋斗。

（ ）对于“开心”“悲伤”这样的情感表达无动于衷。

（ ）喜欢把自己过失产生的错误转嫁到别人身上。

（ ）即使忙得不可开交，也会表现得朝气蓬勃、充满自信。

（ ）随机应变能力强，做事效率高。

（ ）追求时尚，想法很现实。

（ ）注重着装，出门总要精心打扮。

（ ）认为只要达到目的，说说谎话也无妨。

“√”的个数（ ）

测试 6

（ ）认生，容易被外界环境左右。

（ ）情感脆弱细腻，有较强的感受性。

( ) 想象力丰富，喜欢创新。

( ) 喜欢安静，不喜欢有规律地做事情。

( ) 对故事、电影等感性的东西感兴趣。

( ) 不喜欢和朋友千篇一律，希望自己与众不同。

( ) 对物品十分挑剔，喜欢收集美丽的饰物。

( ) 善于察言观色，乐于帮助别人。

( ) 性格内向，在他人面前表现得充满活力。

( ) 刻意表现得端庄大方，温文尔雅。

( ) 羡慕朋友们的优点。

( ) 如果认为父母误解了自己，就会拒绝一切表示反抗。

( ) 对死亡和悲剧性的事物感兴趣。

( ) 对批评敏感，会因为琐碎小事伤心。

( ) 喜欢读名人传记，或者那些理想化的英雄和人物的故事。

"√"的个数（ ）

测试 7

( ) 不喜欢引人注目。

( ) 不喜欢集体活动。

( ) 不喜欢别人动自己的东西。

( ) 喜欢自己玩儿。

( ) 对社会准则不关心。

( ) 不随便丢弃东西，而是储存起来。

( ) 探究自己感兴趣的领域时，能够长时间地陶醉其中。

( ) 对理论感兴趣，喜欢搜集信息。

（ ）朋友不多，只喜欢与自己的好友安静交谈。

（ ）遇到不理解的问题，有“打破砂锅问到底”的习惯。

（ ）话少安静，但是别人咨询意见的时候，答案清晰明确。

（ ）喜欢简洁有条理的对话。

（ ）深沉，即使是自己很渴望的东西也不会缠着父母为自己买。

（ ）以倾听为主，喜欢像旁观者一样观察。

（ ）表情单一，很多时候别人不知道他在想什么。

“√”的个数（ ）

测试 8

（ ）典型的好学生，深得老师和朋友的信任。

（ ）做事小心翼翼，过于谨慎。

（ ）神经敏感，总是为一些琐事烦恼。

（ ）喜欢和朋友成群结队。

（ ）害怕自己被朋友疏远排斥。

（ ）对父母百依百顺。

（ ）富有同情心，同情弱者和有困难的人。

（ ）可能会在背后抱怨或嘲讽朋友。

（ ）胆小，容易受到惊吓。

（ ）经常会有无谓的担心。

（ ）性情多变，有时候本来有说有笑，忽然就会发脾气。

（ ）害怕受斥责，做事小心谨慎以防出错。

（ ）关心学校的事情，严格遵守各项制度和规则。

(　) 遵守时间和秩序。

(　) 优柔寡断，但是一旦下定决心就会坚持不懈。

"√" 的个数 (　)

测试 9

(　) 乐观向上，活泼开朗。

(　) 对待任何事情都漫不经心，喜欢恶作剧。

(　) 朋友成群，喜欢和朋友在一起。

(　) 拿到零花钱马上就会花光。

(　) 在言行上看起来比同龄人要成熟。

(　) 有明星意识和自我陶醉的倾向。

(　) 喜欢用玩笑来让朋友愉快。

(　) 常常向长辈撒娇。

(　) 好动，忍受不了无聊的事情。

(　) 如果得不到喜欢的东西就无法忍受。

(　) 无论做什么都很自信，做事情速度快。

(　) 即使受到训斥也会很快忘记。

(　) 做事虎头蛇尾，缺乏毅力和耐心。

(　) 对新事物很快就感到腻烦。

(　) 好奇心强，一日多餐。

"√" 的个数 (　)

如果测试 1“√”的个数最多——领导型孩子

如果测试 2“√”的个数最多——和平型孩子

如果测试 3“√”的个数最多——完美型孩子

如果测试 4“√”的个数最多——助人型孩子

如果测试 5“√”的个数最多——成就型孩子

如果测试 6“√”的个数最多——忧郁型孩子

如果测试 7“√”的个数最多——思考型孩子

如果测试 8“√”的个数最多——怀疑型孩子

如果测试 9“√”的个数最多——活跃型孩子

第五章
“体贴入微的小护士”：助人型孩子

人格特点：助人为乐，甘于奉献

小雨从小就是个可人的女孩，很会讨巧，知道大人们喜欢什么，总是按照大人们的喜好来说话做事，常常被家里的亲戚和周围的邻居夸赞。小雨上了小学之后，在学校里也特别受老师和同学的欢迎，因为她总是帮助老师和同学做这做那，是老师的好帮手，同学的好伙伴。小雨最高兴的事就是受到大家的肯定和表扬，但是，一旦她做了什么而没有被别人注意到或是没有被别人肯定，她就会变得明显情绪低落。小雨总是觉得周围所有人都需要她的帮助，没有她的帮助是不行的。

小雨身上体现了典型的助人型人格特点——乖巧懂事，总是能敏锐地察觉到别人的需要，渴望得到父母和他人的爱，很在意别人的评价，总是有一副热心肠，不计付出地帮助有需要的人。

助人型的孩子性格温和友善、随和，乐善好施，能主动帮助别人，是个热心肠。他们总是细心地照料同龄的小朋友或者弟弟妹妹，他们希望自己所爱的人都能够幸福快乐，为了这个目标，他们不争不抢，总是自我牺牲。而他们也在自我牺牲与奉献中得到精神上的满足。

助人型孩子很注重朋友，喜欢时时刻刻都与朋友待在一起。放学后和朋友一起游戏，一起写作业，总是积极认真地经营着自己的友谊，他们能够设身处地地为朋友出主意，想办法，排忧解难。他们这样的行为能够得到朋友的好评，而这些好评也是助人型的孩子最看重的。

助人型孩子非常乖巧，知道如何能让别人高兴，能迅速发现自己身上吸引他人的地方，还能针对不同的成年人做出不同的表现。他们对父母体贴孝顺，总是尽力让父母高兴，照看宠物，关心弟弟妹妹，对谁的请求都有求必应。他们天生有一种引起人们怜爱的天分，和朋友聊天的时候，他们会把别人喜欢的说话方式和话题时刻记在心里；和长辈说话的时候，也知道如何控制自己的言谈举止，让自己得到长辈的喜爱。助人型的孩子大多开朗外向，总是让人心情愉悦。他们喜欢在众人面前做一些滑稽的表演或者唱歌跳舞等，来引起别人的注意，并以此来博得大家的好感。

助人型的孩子对于别人的需求特别敏感，总是希望自己能够成为别人生活中不可或缺的同伴或者帮手。在助人型孩子的心里，他们最渴望得到的就是别人的爱，但是他们的世界观是“想要获得爱，就必须有所付出”，因此他们会认为只有用自己的付出满足他人的需求之后，才能换得别人的爱，换得自己在他人心中的一个重要的位置。让他们最感到满足的事情就是看到自己的付出得到别人的肯定，这会激起他们心里强烈的成就感。

从自我认知方面来看，助人型的孩子对自我的感觉来自他人的反应。绝大多数情况下，别人的赞许能够激发他们做出最出色的表演，而他们也知道自己迎合他人是为了确保获得他人的爱。他们会把自己分成若干份，每一份都分给了不同的亲人、老师和伙伴，但是很难有人能完整地看到他们到底是什么样子。因为助人型孩子从很小的时候就存有这样一种认知——要获得爱，就必须把不被接受的方面隐藏起来。

助人型孩子对他人的批评十分敏感，内心很容易受到伤害。这类孩子心思细腻，情感起伏很大。他们对长辈的训斥非常敏感，同时如果朋友对自己不够关心，他们也会认为自己遭到了背叛，会产生一种灰心丧气的感觉。如果他们实在无法忍受，也会不顾自己以前的形象大发雷霆。助人型孩子虽然以帮助他人为己任，但是他们也需要别人用良好的评价来回报自己。如果对方没有像自己期待的那样感激和重视，就会失落甚至不悦。

实际上，助人型孩子的心理是希望用自己的乖巧赢得别人的爱，然后用这种爱作为武器去干涉对方。

性格枷锁：牺牲自己满足他人，拒绝求助

校学生会宣传部部长林佳是有名的“保姆型”领导，一方面他对手下的干事体贴入微，倾尽一切为大家提供各种各样的支持和帮助，满足他们的需求；另一方面他总是事必躬亲，承担起很多本该是干事们的职责和工作，弄得自己分身乏术，疲惫不堪。而每当别的同学问他需要什么帮助时，他总是摆摆手表示自己可以。

助人型孩子总是把别人的需求摆在第一位，这源于他们的价值观——付出是获得爱的唯一途径。他们觉得想要从别人那里获得什么，就必须先要有所付出：要想被大家喜爱，就必须被别人需要。他们很害怕被众人排斥和忽略。为了引起别人的重视，占据在别人心中的位置，他们甚至会以牺牲自己的需要和感受来不计一切地去迎合和满足别人。久而久之，在他们的心中就形成了一道自困的枷锁，把自己的真实感受和需要深深锁在了里面。

助人型孩子往往过于重视他人眼中的自己。为了得到别人的爱，他们很小的时候就学会把自己最好的一面呈现给别人。为了保持良好的人际关系，他们甚至会不惜牺牲自我，努力改变自己去帮助他人，所以助人型孩子所说的话、所说的事往往是出于取悦他人的目的，一般情况下人们很难从助人型人格的人嘴里听到批评和不满的话。很多时候，他们为了做好别人眼中的自己，常常牺牲掉了那个真正的自己。

此外，助人型孩子无时无刻不在侦查别人的需要并及时予以帮助，满足他人的需要可以让他们获得最高层次的满足感，有些时候为了得到满足感，他们甚至可能会主观臆想出别人的“需要”并出手相助。这其实是出于一种满足私欲的自私心理，但是他们是绝不会承认自己是自私的。

助人型孩子的行为模式是通过热心帮助别人来肯定自己，从而让家长、老师和同学接纳欣赏自己。所以当有人向他们请求帮助时，他们自然开心不已，也会有产生自豪的感觉。但是，他们在别人身上投入的时间和心力越多，希望得到的回报也越多，而他们希望看到的回报方式只有一种，那就是对方只亲近和喜欢自己一个人。这也就反映出了助人型孩子内心强大的占有欲。一旦对方的表现不像他们所期待的那样，他们便会感到失望，甚至还可能向对方施加压力，试图控制别人。

助人型孩子太爱帮助人了，这种性格难免给人“帮倒忙”的感觉，或是帮了忙他人不领情，孩子反而会产生极度的失落感。因此这类孩子的家长一定要告诉他们帮人要适度的道理。可以让孩子在每次要帮助人之前先冷静地想一想，确定对方是否真的有此需要以及是不是真的希望得到你的帮助。此外，家长还要给孩子打一针预防针，告诉他如果自己提供帮助对方没有领情的话，自己要如何对待。提前做好这种心理预期和调适工作，可以很好地缓解孩子在心理上的失落感，使他能够保持积极良好的心态。

另外，作为助人型孩子的家长，应当引导孩子勇敢面对真实的自己，打消他们怕给人留下不好印象的顾虑，鼓励他们诚实地表达自己的真情实感。最主要的是让孩子明白，每个人都有自己的优缺点，没有必要为了迎合别人而隐藏自己的缺陷或者压抑自己的情绪，同时还要多肯定他们，让他们感受到来自家长的爱，这可以提升助人型孩子的安全感。

开锁密码：“你的存在就是最珍贵的礼物”

助人型孩子的后天性格是怎么形成的呢？研究表明，在6周岁之前，如果爸爸很爱孩子但是爱的方式不正确的话，很容易让孩子成为助人型性格。孩子虽然理解爸爸的爱，但是因为爸爸爱的方式不对，所以孩子不能轻易接受爸爸的爱，对爸爸的感情有爱有恨，十分复杂，对于这种复杂的感情自己的内心还有一种负罪感。

由于这种负罪感，他们总是想补偿父亲，同时又想得到父亲的爱，所以就会对爸爸的需求特别敏感。时间长了，他们就变得特别善于发现别人的需要，并形成热心帮助别人的性格。

每个助人型孩子的身上仿佛都装有一个敏锐的雷达装置，随时侦测目标人物的需求。他们最大的成就感就来源于满足他人的需要并得到他们所期望的回报和反馈，而最怕的就是被别人拒绝，因为这不但会伤害他们的“面子”，还会折损掉他们的“私心”，也就是通过帮助别人以获取爱的目的。

虽然助人型孩子乐善好施，但是也存在强迫别人接受他们好意的模式或标准，这也会让他们通常变得自我中心，失去理性。值得家长注意的是，孩子最大的问题就是常以他人的需要为首，而忘了自己真正的需要，并且他们很怕向别人说出自己的需要，因为他们会认为那样的自己是无能的，而且会削弱自己在他人心中的地位。

那么，父母如何帮助助人型孩子解开人格中存在的枷锁呢？

首先，助人型孩子的家长扮演的应该是安抚者的角色，不要对孩子过分严厉。比起其他的孩子，父母应该对助人型孩子倾注和表达更多的情感，同时还要安抚孩子时时刻刻都想要通过付出来获得爱的焦躁不安的情绪，抚平他们由于没能得到回报时所产生的失落、难过的心情，并及时拔除他们因为心理失衡而产生的嫉妒的毒瘤。

助人型孩子对爱的渴望极其强烈，他们所做的一切都是为了获得爱。因此家长的肯定是激励他们的良药。如果你有一个助人型孩子，那么就千万不要吝啬你的爱意，只要告诉他你爱他，不管他做什么，或是有什么缺点，你还是一样的爱他。告诉孩子：“你的存在就是上天给我的最好礼物，而不是因为你做了什么事情我才会喜欢你。”你要让孩子真切地感到你对他的爱是无条件的。只有源源不断的肯定，才能鼓舞助人型孩子勇敢地面对真实的自己，说出自己的需求和想法。

此外，助人型孩子最在乎的就是自己能否给他人留下一个好印象，所以当着别人的面批评他，甚至只是稍微严苛的教导，对他们来说都是一种可以摧毁心灵的打击。身为家长，绝对不要在人前批评助人型的孩子，更不要当着孩子的面把他和别的孩子做比较。要记住，对助人型孩子的一切教导都要放在“幕后”进行，也只有这样的“幕后”教导，才会收到良好的成效。

助人型孩子总是担心别人受到伤害，所以很少表达自己的真实想法。长此以往，他们会渐渐忘掉自己的需求。父母应该常常询问他们是否有喜欢的东西，让他们养成不盲从、勇于表达想法的习惯。当助人型孩子直言不讳地说出一句话或是出现了“一反常态”的直言行为，家长一定要及时给予鼓励，因为他们能出现这样的行为必然是克服了内心“想要做好人”的强大压力的。家长及时的奖励对他们而言非常重要，这种肯定有利于培养助人型孩子正直诚实的性格，防止他们走进阿谀奉承的误区。

培养技巧：告诉孩子爱别人也要爱自己，帮他设定付出底线

在班里，如果有孩子向助人型孩子借转笔刀。他会非常爽快地把转笔刀给这个同学，还会热心地问道："你铅笔够不够用？橡皮呢？要不把我的尺子和圆规也都拿去用吧！"如果这个孩子没有推托，那么助人型孩子极有可能一股脑儿地把自己的文具全都递给对方；如果对方表示拒绝的话，助人型孩子会非常不满，心里会犯嘀咕："你为什么不需要呢？"

助人型孩子非常愿意分享，他会拿着爸爸妈妈给他买的零食、玩具等与同学或者邻居家的小朋友一起玩儿，如果玩伴接受了他递过来的东西玩儿得很开心或是很高兴的话，那么助人型孩子就会显得非常开心，手舞足蹈。如果对方表示拒绝的话，那么他就不高兴了："这么好的东西你都不要？"

助人型孩子最懂得如何表现自己来获得他人的欢迎，但这种迎合有时就会成为他们的负担，因为他们并不是心甘情愿地牺牲自己的。可以这样说，助人型孩子是舞台上的演员，他们所展示的只是别人想看到的，而不是真正的自己。他们可以扮演不同的角色，但这些不同的角色也会让他们产生混乱。他们常常会陷入一种深深的困扰中，会看不清到底哪一个才是真正的自己。

助人型孩子很容易陷入这样一种恶性循环中：当他们不断通

过付出来满足别人的需要时，他们不惜以忽略或牺牲自己的感受和需要为代价，去迎合他人，设法令更多的人喜爱自己，以此来施展自己的“爱心”。但这有时也会给别人带来被操控的压力，最终把自己和身边的人都弄得疲惫不堪。

助人型孩子最容易被自己的“好”所拖累，所以作为他们的父母，最重要的就是帮孩子卸掉“行善”的包袱，引导他们多去关注自己的真情实感和内在需要，提醒他们帮人也要有底线，永远不要为了帮助别人而让自己陷入负面的情绪，防止他们在付出与回报的权衡中迷失自我。

要避免孩子活得太累，助人型孩子的家长就要教孩子几招委婉拒绝别人的技巧，并且在传授拒绝技巧的同时，还要给他们讲讲为什么要拒绝以及拒绝可能带来的后果。这样就让他们产生一个心理预期，提高他们对可能产生的后果的心理承受能力。当然，父母要明确告诉孩子，有的时候，拒绝不一定表示自己“不好”，也并不会由于你的拒绝而损坏了你在他人心中的印象。总而言之，要扫清孩子的一切潜在障碍，让他勇敢地去行动。

父母还要告诉孩子帮助别人和干涉别人的区别。助人型的孩子总是想帮助别人，但有的时候热心过度，可能会好心办坏事。他们还可能为了“帮助别人”而打断别人的谈话或者是随便乱动别人的东西，让人厌烦。因此父母一定要告诉他哪些行为是真正的助人行为，哪些行为是干涉别人的行为。

因为助人型孩子非常看重与他人的相处，喜欢时时刻刻与朋友待在一起。其实这类孩子的父母也要教会孩子享受独处的时光，让他们懂得独自一人也可以生活得有滋有味，这同样是一个人必须具备的生存能力。独处时，可以让孩子安静地审视自己的内心，整理思绪。同时也可以培养他们的自立意识，减轻孩子一味盲从朋友的倾向。父母可以给孩子规定一个“独自游戏”时间，在这段时间让孩子玩儿他们自己感兴趣的游戏，如果孩子这段时间过得很有意义，父母一定不要吝啬自己的夸奖。

如果助人型的孩子能够在健康的环境下成长，具备健康的心理状态，那么他们会成为善解人意、谦虚谨慎的人，是一个值得信赖的可以全心全意帮助他人的人。

第六章
"聚光灯下的主角"：成就型孩子

人格特点：讲求效率，积极进取

有个男孩的数学、物理和化学等理科成绩一直很好，但语文和历史成绩很差。上了高中之后，学校每个月和每个学期都会按照所有学科总成绩排名顺序评定优秀个人。这个男孩为了得到荣誉，便更加努力地学习理科科目，将文科科目放在了一边。虽然他每次都被评为优秀个人，但是偏科现象非常严重，可是他毫不在乎。因为他觉得他的目标就是争优秀，只有这样才会被老师、同学和家长认可，才能体现出他的价值。文科成绩差不要紧，等到高二分班的时候去报理科就好了。

这个男孩的身上体现的就是典型的成就型人格的特征——积极进取，精力充沛，讲求效率，重视成就和表现，注重个人形象，爱以优胜劣败来看待自我价值的高低，希望成为大家的焦点，乐于接受挑战。

成就型孩子的性格和身体都很活跃，身体以及脑部的发育比同龄人略快。当同龄的小孩还在蹒跚学步的时候，成就型孩子很可能已经在稳步行走了。在成就型孩子的心中，他们认为受到夸奖往往是因为自己的所作所为以及取得的成就，而不是他们自己。随着年龄的渐渐增长，他们会逐渐认识到，获得他人认可和爱的途径是要有成功的表现，因此他们学会了如何去进行自我推销，如何把自己塑造成他人需要和认可的理想角色，这一特征在15~20岁这个年龄阶段尤为突出。的确，成就型孩子往往是有能力的，只要他们愿意进入某个群体，那么他们就一定有办法把自己变成这一群体中的明星。例如，当他和优等生以及模范生在一起的时候，他们就会按照他们的水准来调整自己，所以无论他们身处怎样的团体中，他们都不会成为可有可无的边缘人物。

成就型孩子特别喜欢学习，其他类型孩子的家长可能或多或少都会面临孩子不爱学习的难题，但是这类孩子的家长完全不用担心这个问题，因为他们完全不用家长的督促，就会乖乖地拿起书本主动地去学习了。只要是成就型孩子认为符合他目标的学习内容，那么他就会努力认真地去学。当然，他学习的目标也是取得好成绩来满足他的成就欲望，得到老师和家长的夸奖以及同学们的羡慕。

成就型孩子大多数学习努力，成绩优异。他们思路清晰，组织能力强。即使他们对学习不是很感兴趣，他们也能在其他方面锋芒毕露。他们通常多才多艺，适应力强，有闯劲，常常希望自己在所有领域都高人一等。所以，成就型孩子总是一副胜券在握又忙忙碌碌的样子。

成就型孩子是实用主义者，特别在意自己人前的形象，虽然在家的时候可能仪表不整，但是一出家门一定很光鲜靓丽。成就型孩子非常在意自己在别人眼中的形象，举手投足大方得体，有强烈的自我表现欲望。他们喜欢让别人看到自己好的一面，喜欢出风头，而且富有激情，喜欢跟人打成一片。成就型孩子的目标感很强，他们通常能够把握住通往成功的机会，并且无所畏惧，勇往直前。但是如果你说他们有野心，他就会不太舒服，矢口否认；当你把“有野心”换成“有远大理想”的时候，成就型孩子就会开心地承认“本来就是”。成就型孩子孩子是乐观的，凡事喜欢往好的方面看，这是非常好的。

不过成就型孩子也有自己的缺点，那就是他们有时候过于自信，甚至演变为自负，常常出现自吹自擂的情况。他们有时候会忽略朋友之间单纯的友谊，而只是想要表现出强烈的好胜欲望，在不如自己的朋友面前趾高气扬。所以，他们身边的朋友有时候会对他敬而远之。他们还有一定的自恋倾向，总是认为自己是最出色的一个。当第一名的“皇冠”出现在别人的头上时，他们就会感到内心遭到了重创，认为自己是一个失败者。

性格枷锁：嫉妒心强，爱出风头

灵灵是个爱美的女孩，从小就有个明星梦。小的时候，她总是喜欢穿上妈妈给买的漂亮裙子，站在客厅里唱歌跳舞，要求爸爸妈妈和爷爷奶奶必须围着她，做她的观众，并且一定要在她表演完给她最热烈的掌声，否则她就噘着小嘴闹脾气。到中学的时候，灵灵的明星梦更甚了，她总是梦想着有一天可以站在绚丽的舞台上接受众人的追捧和倾慕，无数的鲜花和掌声都围绕着她。用她自己的话说就是，她所有的努力都是为了让更多的人崇拜她。

成就型孩子的终极梦想是做别人眼中成就不凡的人，他们需要通过别人的赞美来获得内心的安定，并且认为这种赞美取决于自己做了多少努力，而并非自己是谁。例如，这类型的孩子想要讨得父母的喜爱，他一定会努力学习争取全校第一的好成绩，或者是当着父母的面积极主动地做家务。他们从来没有想过自己获得父母的爱只是因为是父母的孩子，只有当自己获得了耀眼的光环时他们才觉得父母是爱自己的。

不可否认的是，成就型孩子的行动力是非凡的，他们做事讲求效率，非常懂得专注于能体现出自己潜能的东西，因此他们会是极其出色的实干者。成就型孩子在行动时似乎总有使不完的劲，他们的能力和竞争力确实很强，不仅能坚持完成自己的任务，还在集体活动中以高亢的热情和勤奋的态度激励所在团队的每一个人，进而提高整体的士气。

此外，成就型孩子还是极具启发性的交谈者，能够激励他人勇挑重担，坚持将事情出色地完成。也正是因此，成就型孩子在人群中具有很强的吸引力，很容易吸身边的人。他们最聪明的一点还在于能够准确地知道如何去吸引他人，如何让他人对自己感兴趣。他们就像一块磁铁，身上散发着一种引人注目的绚丽光芒。

没有成就、不被认可是成就型孩子最害怕的事情。如果有人说成就型孩子一事无成，那么他的内心就会受到严重的伤害，产生一种挫败感。成就型孩子认为只有荣誉和成就才能体现自己的个人价值，他们把自己的价值体现在获得的鲜花、掌声、头衔和光环上。换句话说，成就型孩子就是把自己的个人价值建立在了别人的价值观上，通过获得别人的肯定来肯定自己。他的基本欲望是被大家接受。如果他们有了成就，大家一定要给他掌声，这样他才会感觉舒服；如果大家都不知道他取得了成就，那么他就会感觉很不开心。也正是因为如此，成就型孩子会渐渐地忘记自己的情感，一心想要用出色的表现来获得他们需要的爱和肯定，换句话说，就是他们喜欢用出风头来赢得别人的喜爱，这对他们的健康发展是很不利的。

成就型孩子很喜欢争强好胜，喜欢不断推动自己向前走，在他们眼里没有“退缩”这个词。他们喜欢接受挑战，会把自己的价值与成就连成一线。在追求成功的过程中，成就型孩子未免会显得有些急躁，做事缺乏深思熟虑，所以也可能会出现事倍功半的情形，这自然会严重影响成就型孩子的健康成长。

当成功的光环没有戴在自己头上，他们往往会对成功的那个人表现出极强的嫉妒心，他们会变得非常急躁，显现出躁郁型性格的行为方式，疯狂想要获得成功。如果实在做不了有成就的事，他们也可能会做一些不好的事情来博得大家的关注。如果他们的成功可能会被其他的人、事、物干扰的话，那么他一定会排除所有干扰，为了达到这个目的甚至会不择手段。在这个过程中的行为，很可能会为他们的发展造成极其不利的影响。

开锁密码:“妈妈爱的是你，跟成绩无关”

有个成就型的女孩非常崇拜她的爸爸，因为她爸爸在工作中取得了很多奖项，这些大大小小的奖状奖杯都摆在家里显眼的位置上。每当她看见这些奖状奖杯时，她都会在心里对自己说：我一定要努力做好每一件事，争取像爸爸一样有成就，这样爸爸就会更爱我了！

成就型孩子的内心深处早已把他人给予的爱与自己的表现画上了等号。父母的肯定是他们认识自己的途径。成就型孩子在心里对给予自己关心照顾和肯定的家长是极其认同的，他们常常会主动找出这位家长对自己的期待，然后尽力达成它，以此来获得更多的肯定和关爱。

成就型孩子在小的时候，由于非常渴望家人的赞许或认可，他们会将家人的喜好与期待内化为自己的行为标准和目标。他们希望看到家人为自己的优异表现出骄傲和自豪，这是他们追求成就的最大动力，甚至不在乎为此放弃自己真正的喜好和追求。

所以，成就型孩子在很小的时候，就已经学会把自己的价值观建立在了优异的表现上。他们认为，只有靠自己不断努力，做出令人满意的事情，才有可能获得家人的爱。换言之，他们觉得家人爱自己，不是因为自己是这个家庭中的一分子，是爸爸妈妈的孩子，而是因为自己有优异的表现和卓越的成就。

为了修正成就型孩子的这种错误观念，父母应当经常这样对他们说：“做最真实的自己，即使你不是最出色，也很可爱，因为我们爱的是你，不是你的成绩。”父母要告诉自己的孩子，即使他们没有得到赞赏，没有拿到第一，父母对他的爱也不会因此而减少一分。父母要随时向孩子传递这样一种信息：“我为你自豪，即使你做得不好，我还是以你为骄傲，因为你是我们独一无二的宝贝。”

在培育成就型孩子的过程中，家长要注意一定不要拿他和别人做比较。成就型孩子最怕的就是被别人认为没价值，而把他与别人进行比较的行为都可能会使其受挫，所以成就型孩子的家长最好不要拿他们与别人做任何比较，更不能拿别人的优点对比他们的缺点，这会让他们感到十分沮丧，甚至可能会出现极端的想法和倾向，做出既不利己也不利人的事情。

由于成就型孩子太在乎能否做好家人眼中优秀的自己，所以当自己的真实感受与家人的要求产生矛盾时，他们会调整自己来配合家人，并且家人的性格越不好，他们就会越小心翼翼，抛弃自我的程度也就越深。

另外，要注意的是，即使自己的孩子的确非常优秀，也不要在别人面前夸耀孩子的成绩。如果孩子总是得到称赞，就会渐渐地把别人的关注看得越来越重，那种不正常的追求成就的心理就会得到强化。而一旦某一次自己没有做到最好，他的内心就会产生失落的感受。成就型孩子本身就很刻苦努力，重视自己的成绩。在这样的情况下，如果父母还是十分重视成绩，那么就会给孩子造成不必要的心理压力。在孩子已经非常重视成绩的情况下，父母不要再给孩子加压，而是应该试着淡化成绩在孩子眼中的重要性。

同时成就型孩子喜欢为自己设定目标，而这些目标往往超出他们自己的能力范围，一旦没有办法实现，他们就会把责任推到他人身上或者找其他借口，还会产生强烈的挫败感，这很容易诱发他们愤恨的仇视心态。所以，家长要尊重孩子的能力，不要做太多的干预，对他们的期待要适度，同时还要注意帮助他们把目标调整到合理的范围内，让这个目标可以通过努力去实现。

培养技巧：让孩子正确认识成功，不要太注重别人眼光

一位成就型人格的人曾经讲述了这样一次经历：

我刚上小学的时候，有一次跟着学校的舞蹈团做汇报演出。因为我个子太小而且跳得也不熟练，所以就被老师安排在了最后不起眼的角落里。当时我就想，我一定要站在最前排，让所有观众都能看到我。为了这个目标，我偷偷地练习了半年。当我终于被老师调到第一排，站在舞台上接受台下热烈掌声的那一刻，我激动得差点流下眼泪来，因为我终于成功了！

成就型孩子通常是活在众人的眼光和虚拟的内心世界两种环境里，他们坚信只有表现得最好才能展现自己的个人价值，而唯有获得成功才能令自己的人生更有意义。但是他们对成功的定义常常是非常简单的：那就是获得别人的关注。为了达到这一目的，他们追求时尚吸引别人的眼球，他们树立很高的目标并且为了这

个目标不断努力；他们甚至不惜利用朋友间的友谊来获得别人的关注。

成就型孩子的性格惯性促使他们热衷于追求成就感。他们会朝着目标勇往直前，在过程中遇到的任何阻力和妨碍他们达成目标的人和事都会被他们一一解决掉。这当中自然也包括他们自己内心的感受，特别是负面情绪。他们解决负面情绪的办法就是自欺，最常见的一种情况就是他们为了塑造成功者的形象从来不肯承认自己的失败。如果你对一个成就型孩子说他的某种做法是失败的，他一定会运用聪明的头脑选择另外一种途径来证明他是可以达到目标的。但是这样的自欺情绪，会让成就型孩子很难面对真实的自己，让他永远活在自己的谎言中无法自拔。实际上，成就型孩子的潜意识是拒绝接受真正的自己的，与此同时他们还会把所有的精力都倾注在修饰自己的完美形象上。但是，他们并不愿承认这种修饰行为，他们会形容这只是“换一种方式而已”。不过这种行为在别人眼里，就是一种哄骗或吹嘘的感觉。显然，如果在交往中给人留下这种不好的印象，是很不利于人际关系的拓展的。

为了改变成就型孩子对于成功的错误认识，父母可以从以下几方面帮助孩子，从而让他们更好地适应社会：

首先要教会孩子以平常心看待得失。作为成就型孩子的家长，你应该给自己的孩子一颗平常心，让他知道人不可能永远是胜利者，不能因为一次的失败而气馁。成就型孩子通常无法忍受失误和失败，因为这会让他们陷入绝望中不能自拔，仿佛自身的价值在一瞬间消失殆尽。这时候，父母应该让孩子明白别人不会因为一次失败而否定他，只要他努力了，就是对自己的最好证明，同时也要告诉孩子失败也是成长的必经之路。

此外，在教育成就型孩子的过程中，家长应该告诉孩子过程比结果更加重要。家长称赞孩子的时候，不要笼统地夸奖孩子说："你是最棒的！"而是应该针对孩子的某一个具体的行为或事件告诉孩子他哪里做得出色；不要过分强调结果，要表扬他努力的过程。成就型孩子喜欢参加一些能够有胜负之分的活动，其实父母可以引导孩子去参加一些与竞争无关的纯粹帮助别人的活动，让他们理解这样没有胜负的活动也是很有意义的，在这样的活动中也可以收获快乐，比如可以让他们去参加一些社会义工活动或者和小伙伴一起去野营、排练话剧等需要合作的活动。

最后父母要注意的是一定要端正孩子的竞争心态，让他们养成正直和公平竞争的品行。成就型孩子的内心时刻都存有一份竞争的心态，恨不得所有的事情都能与他人一较高下，有的时候为了达到目的甚至会不择手段。身为竞争性孩子的家长，应该从他小时候就有意识地端正他的竞争心态，告诉他竞争的目的是锻炼自己、提高自己的能力，而不是为了获得第一而去竞争。

如果成就型的孩子能够在健康的环境下成长，他们大多能够成为能力出众、能向着目标脚踏实地努力的人，他们能够尊重别人，同时也能赢得别人的尊重。

第七章

“理智冷静的思想者”：思考型孩子

人格特点：沉静独立，善于思考

牛牛就像个小问号一样，每天都有数不清的问题，而且提出的问题都是奇奇怪怪的。比如他会问妈妈人为什么要吃饭，问爸爸为什么白天出太阳而到了晚上是月亮。上了小学之后，他又开始围着老师和同学问问题。但这些似乎还远远满足不了他的好奇心，于是他开始存零用钱，买来了《十万个为什么》《儿童知识大百科》等书，平时一写完作业就会打开来专心地研究，主动去寻找问题的答案。

飞飞是个很安静的有些内向的男孩，他很少跑出去和邻居的孩子一起玩儿，平时就自己闷在房间里面看书，不过他不像同龄的男孩子那样喜欢漫画、侦探故事，反而喜欢阅读一些很深奥甚至有些冷门的专业知识。他不太喜欢和家人交流，大人给他什么他都乐于接受，从来不会向家人主动要求什么，更不要说因为没有满足自己的愿望而和父母闹情绪。实际上他也喜欢和亲戚家的表兄弟玩儿，也很开心很投入，但即便如此，他也很少会主动提出再到亲戚家去玩儿。绝大多数的时间，飞飞都保持在独处的状态中，并且自得其乐。

牛牛和飞飞具有典型的思考型人格——沉静、独立、不善交际、喜爱阅读、乐于思考却很少积极行动，愿意长时间独处，不希望被人打扰，不善于表达内心的感受，总是将自己抽离于外部世界。

思考型孩子是不倦的学习者和实验者，特别是在专业或技术类的问题上。他们喜欢详细了解，乐意跟随求知欲去研究他们想要弄清的知识。对那些深奥的科学，尤其是能够解释人类行为的系统知识，他们总是表现出特别的兴趣，而且总是能够对事物进行高度分析，具有很强的逻辑思考能力和挖掘真知的潜能。

对于思考型孩子来说，他们的终极理想就是用自己的思考找出宇宙中一切的脉络，然后分析出一些非常有价值并能帮助社会进步的观念，最后把每个人都纳入最完美的轨道。他们很少去关心财富和物质享受，他们不会把自己有限的精力花在追求世俗物品上，会把时间和精力全部投入精神学习和追求中。

这类孩子通常理解力很强，最擅长的是理论性、逻辑性强的学习研究。他们热衷理智思考，对数据、研究结果、分析方法等特别敏锐，能够迅速从诸多混乱的材料中找出它们之间的某种关系、逻辑或者模式，因此思考型孩子的理科成绩一般比较好。

因为这类孩子总是能从自己的精神生活中找到巨大乐趣，不会为琐事浪费时间和精力，所以他们的日常需求很少，个性十分独立。正是由于他们这种心无旁骛的专注力，使他们能够把自己的注意力从情感中抽离出来，集中精力进行逻辑思考。如果给他们一个自由宽松的研究环境，不用其他事情去干扰他们，那么这类孩子一定能展现出他们惊人的思维潜力。

其实思考型孩子是九种人格类型中最容易观察出来的一个类型，因为他们的身体反应和情绪表达都比一般孩子平淡，他们的习惯性动作是双手交叉抱在胸前、上身后倾，面部表情冷漠，喜欢皱着眉头。这类型的孩子说话的时候，总是喜欢用淡淡的语调可以表现深度，甚至可能把一件原本很简单的事情，故意兜兜转转地讲得很复杂。他们讲话的时候，还喜欢把“我想……”“我认为……”“我的分析是……”之类的口头语挂在嘴边，以此来反映他们所说的话都是经过大脑思考后再讲出来的。因此，这种类型的孩子常常会呈现出一种与他们年龄不相符的睿智。

性格枷锁：行动迟缓，习惯一个人解决问题

思考型孩子希望自己能够成为既有知识又能干的人，他们最害怕的就是因为自己的无知显得自己无助和无能。为了让自己充满知识的能量，他们具有很强的求知欲望，而且在追寻知识的过程中，表现得非常独立，不喜欢被别人干涉。

对于周围不了解的事物，他们会主动去收集资料，然后把所有材料集中在一起去做进一步的分析和了解。在他们的眼里，不了解的事会令他们感到十分不安全，所以拥有思考型人格的人终生的奋斗目标就是获取更多的知识，让自己对每件事都了如指掌，也让自己在面对任何问题的时候都知道如何去应对。

但是，思考型的孩子也有一个缺点，那就是行动缓慢。他们拥有超强的好奇心，对未知知识有着强烈的兴趣，而且很想成为某个领域的专家，因此他们会投入相当惊人的精力和时间去研究学习。但是，他们是“思想的巨人，行动的矮子”，由于总是担心自己的计划做得还不够好，所以他们即使已经有了个非常漂亮完美的计划，也往往因为自己还停留在搜集资料准备的阶段或还在不断修正自己的作品而迟迟不愿意发表成果。他们会进一步去寻找更多的资料来检测现有的资料，经过一番缜密的求证之后才会采取行动。所以思考型孩子做事总是慢吞吞的。虽然做事的结果大多时候会令人十分满意，但是他们有时候也会因为过于小心翼翼而错过一些发展的大好机会。

思考型孩子通常比较沉静、独立，而且不善交际。他们对自我独立的空间有着很高的诉求，这是他们的性格使然。作为思考型孩子的家长，应该尊重孩子的这种天性，给予他们足够的空间去思考和处理自己的问题，尊重他们的决定，不要强行为他们做主，让他们独立自由地去发展，不要对他们的发展方向做出过多的干涉。对于思考型孩子来说，要做什么，要学习什么，他们自己很清楚。

此外，思考型孩子相对于其他的同龄孩子来说具有更强的专注力和认真的作风，而且他们的兴趣也比同龄的孩子多得多，而且五花八门，涉及各个方面。这的确是好事，但是如果希望思考型孩子能够把一个兴趣作为个人特长长期地学习和研究下去，家长就要想办法保持孩子对这件事的浓厚兴趣和强烈的好奇心。不过值得家长注意的是，由于思考型孩子倾向于独自行动，所以家长最好不要直接去干涉孩子的兴趣活动，只需要及时提供给他们必要的帮助，让他们的尝试活动能顺利进行下去就可以了。

另外，由于思考性的孩子总是疑虑重重，对自己的计划或者即将采取的行动不自信，所以父母应该在加强孩子的自信心方面多多关注。虽然思考型孩子总是显露出一副不需要有人从旁支持协助的样子，但是在大多数思考型孩子的心里还是很希望能有人不断鼓励他们，给他们自信的。不过，由于思考型孩子的一贯行为作风，他们的这种心情一般是很难直接说出来的，所以作为思考型孩子的家长，应该在平时多注意孩子的行为表现，因为很多心理活动是可以通过外在的身体语言和情绪变化表现出来的。家长通过一段时间的观察和适当的沟通，找到孩子在需要支持时会出现的动作或情绪上的变化，就可以有针对性地针对某件事去鼓励他，提升他的自信心。

思考型孩子通常性格内向，不会主动与他人接触，这种习惯性的独自解决问题的性格会让他们在未来的发展中受到限制。要解除孩子的这种心理性格枷锁，家长就要多多向孩子灌输这样一种认识——世上的无形资源是取之不尽、用之不竭的。如果你能回归人群中用心生活并多多与他人接触，就能给自己带来更多的无形资产。

如果能够让孩子变得勇于采取行动而且善于与他人交流，这样，思考型孩子会拥有睿智的头脑和坦然的心态，能够轻松地面对自己的未来。

开锁密码:“你的意见对妈妈非常重要”

宁宁是一个典型的思考型男孩。他很小的时候就不会向任何人过多地解释什么，哪怕是自己受了委屈，他也不愿意去解释，他总是觉得这种解释是无谓且浪费时间的。他心里总是认为人们要明白的早晚会明白，不明白的再怎么解释都不会明白，不如省下时间去做自己的事。宁宁在学校里也是常常独来独往，不愿意参与集体活动，大部分时间都是一个人研究他感兴趣的东西，很多同学都在背地里叫他“小老头”。

思考型孩子总是以观察者的姿态与群体保持一定距离，自己却经常产生被孤立的感觉和疏离感。他们外表看起来很淡定，但是内心往往隐藏着恐惧，总是处于防备状态。因为思考型孩子的这种特点，很多思考型孩子的家长都曾经担心过孩子是不是患上了某种社交障碍，但实际上绝大多数的思考型孩子虽然在外人面前很害羞，但是在自己的世界里还是很快乐的，他们会对诸如阅读、演奏乐器、做小型生物实验等心智活动或可以发挥想象力的事物特别感兴趣，能自己一个人玩儿得废寝忘食，所以他们的心理还是能够健康发展的，家长大可不必为此过于担忧。

思考型孩子对自己的独立空间非常重视，甚至希望父母也不要入侵自己的小世界，他的心目中与父母家人之间最理想的关系是——互不要求，互不干涉。他们希望父母不要对自己有什么要求，因为他也不会对父母有什么要求，并且这些孩子的确也是这么做的，他们极少向父母要求什么，大部分时间都是一个人静静地做自己的事情。

不过，不要因此以为他们对待父母是一种疏离的态度，他们也常常会思考自己能为家人做些什么。不过当他们经过一番观察后，会觉得自己根本没有给家人帮忙的空间，这时候他们就会产生在家里找不到自己位置的不安全感，于是只能退回到自己的内心世界，不与家人发生过多的关系，然后努力培养一种不常见的技能，期望以后能有机会为家人做些事情，令家人刮目相看。

对待思考型孩子，父母的态度一定要亲切平和，不要表现出过分的亲密，因为他们喜欢与他人保持距离。如果要让孩子做某件事时，一定要采取请求的语气，用生硬的命令语气会引起孩子的反感。再有，当孩子肯表达出他们想法的时候，家长一定要认真地倾听，最好是能就某件他感兴趣的事和他共同研究，这可以让他产生知己般的亲切感，从而慢慢地放下心中的防备。而且，当孩子表达出自己的意见的时候，父母要及时地对孩子说：“谢谢你的意见，你的意见对我们来说非常重要，以后你要多说说你的想法。”父母千万不要对孩子说：“你不能提出这样无理的请求。”因为思考型孩子本身就是很少提出要求的，而一旦突破自己的勇气，得到这样的评价，思考型孩子就会把自己深深地锁在内心的世界里，不肯再出来了。

很多思考型孩子在家里都有过紧张的感觉，他们有时候会把父母的关心变成压力，压得自己透不过气来。因此，一个轻松愉快、自由民主的家庭环境对于思考型孩子的健康成长是必需的。

作为思考型孩子的父母，一定要尽力去营造这样的家庭氛围，让孩子有一个自由的空间去放松他的身心，让他能够以轻松愉快的心情去面对新的生活。

培养技巧：给孩子思考的空间，鼓励他及时行动

诺诺从小就喜欢自娱自乐，读书的时候更是全神贯注。如果有人在他身边让他别玩儿了，他总是很不耐烦，皱着眉头，一脸气愤的样子。他学习还不错，思维能力强，总是对一些奇奇怪怪的事情感兴趣，最近就迷上了宇宙和不明飞行物。他平时一言不发，但是一旦提到他喜欢的话题，他总是两眼放光，说起来滔滔不绝。

不过，诺诺是个标准的“行动的矮子”。上一次，老师让他给同学们讲一讲宇宙的事情，他在家准备了好长时间，搜集了很多资料，但是在最后一刻，还是跟老师说自己还有很多问题没有准备好，如果同学们问这个他不知道，问那个他也不知道，他还需要继续准备。最后这件事也就不了了之了。

思考型孩子给人的印象就是冷漠和被动，他们能够对外部世界长时间保持不干涉、不参与、不涉及的状态。他们很享受这种一个人独自思考、独自工作的状态。他能够把自己完全投入到内心世界里去喜欢思考，但是几乎不会与别人讨论。他们热衷思考，性格冷静，很少出现思想混乱、情绪激动的状况。

另外，思考型孩子对于知识的探索和需求是永远得不到满足的，当别的孩子在玩儿游戏或者做其他休闲活动时，他一定是坐在自己的书桌前如饥似渴地看着书，皱着眉头研究他要感兴趣的东西。在他们心里，做出一番成就和实现自我价值的唯一途径就是通过知识成为某个方面的专家。

因为思考型的孩子非常看重自己的私生活，喜欢独处和沉浸在自己的小世界里面研究问题，不喜欢受到他人的干扰，所以父母应该理解孩子，给他们独处的时间和空间，让他们能够安心地思考问题。同时思考型孩子神经敏感，讨厌噪声，所以家长也要尽可能给孩子创造一个安静的环境。房间的装饰最好也不要采用大面积的能给人带来强烈刺激的色彩，也不要用色太多，要尽量使用一些让人冷静的淡雅色彩或者是驼色。

无论做任何事情，思考型孩子都喜欢在大脑中进行一番严密的思考，这可以从他们的口头用语中表现出来。所以，父母永远不要催促孩子做决定，而是要给他们足够宽松的时间和独处的空间，让他们进行思考和衡量后再引导他们说出自己的想法。同时要注意的是，即使他们的想法有缺陷或者还不够完善，也要在肯定的前提下再进行下一步引导，而不能直接否定孩子的想法，并且把自己的想法强加给他。思考型孩子容易形成心理负担，在大多数时候不愿意说出自己的想法，因为他们害怕遭到批评，所以父母要鼓励孩子说出自己的想法，在鼓励他们的时候，首先要卸下他们的心理负担，可以这样对孩子说：“在什么情况下我们都理解你。”这样会让孩子更容易接受父母的帮助。

思考型的孩子大多数不能及时采取行动，并且不喜欢直接参加实践活动，父母应该通过旅行或者野营的方式带着孩子去了解书本上的知识和直接体验是有区别的，有些事情不去体验就永远无法得知其中的奥秘，让他们充分理解参加活动或者采取行动对于自己的知识是大有裨益的。比如当孩子对海洋感兴趣的时候，可以带孩子到海边去感受一下海水和沙滩；当孩子对树木感兴趣的时候，可以带他到植物园去触摸真正的植物，让他对自己的知识又有了拓展而感到高兴。

此外，父母要引导孩子在准备好的时候及时行动。可以帮助孩子成立一个兴趣小组，这不仅可以帮助孩子提高人际交往能力，而且可以在小范围的活动中逐渐提高孩子行动的能力。比如当小组需要他发言的时候，他可以在自己信任的人面前毫无顾忌地说出自己的观点。而当孩子能够及时行动的时候，父母一定要给予孩子鼓励和赞美。

第八章
“与世无争的世外高人”：和平型孩子

人格特点：温和友善，自得其乐

小静是个“没脾气”的女孩，好像从小就没有什么事情能惹她生气。她特别喜欢洋娃娃，但是妈妈带着她到商店去挑选的时候，她又不知道选哪个，总是眨着眼睛看着妈妈说：“妈妈，我不知道哪个娃娃好看，你帮我挑！”有的时候，有些愿望妈妈没有满足她，她会显得很不高兴，但是一转念就会忘了，好像什么事情都没有发生过一样继续做自己的事。如果别人有什么事情想要询问她的意见，她永远都挂着一副茫然的表情回答说“我不知道”。

小静就是一个典型的和平型孩子——温和友善，很少发脾气，非常能忍耐，很少记得不快乐的事情，害怕做决定，害怕与人冲突，容易妥协，不善表达自己的意见，优柔寡断，能够很好地配合他人。

和平型孩子心地善良，性情温和，是别人眼中的“乖宝宝”。

他们的情绪通常不会有太大的起伏，他们害怕冲突，最希望的就是维持当下的现状永远不要出现变化。在这九种人格中，和平型孩子的欲望是最低的，他们追求的是内心的平静，所以他们的愿望也是最容易达成的。这类孩子认为，只要自己的内心是平静的、生活是安稳的，那么其他一切都不重要。因此，他们总是一副无欲无求的样子，做起事来也是不紧不慢的，给人的整体感觉有点闷。

他们不喜欢把内心的情感展现出来，向往生活在一个无忧无虑的世界，害怕与别人发生纠纷，所以总是委曲求全，常常迁就长辈和朋友。即使面对自己不情愿的事情也会点头称是，所以他们总是接受别人的建议，常常无法提出自己的主张。

和平型孩子心态平和，不会给别人带来压力，而且朋友有困难的时候会主动伸出援手，所以朋友很多。但是他们不会主动与别人结交，而是等着别人来接近他们。虽然朋友看起来很多，但是真正亲密无间的朋友往往只有少数几个。他们善于倾听朋友的心事和苦恼，从来不会把自己的想法强加给别人，能够急他人之所急，想他人之所想，所以和平型孩子的人际关系通常很好。

和平型孩子说话时语气很平淡，语速慢且声音低沉，他们的言语间极少表现出他们的情感变化，最喜欢说的话就是“随便”和“无所谓”。此外他们的表情大多数时候也不会有太大变化，和平型的男孩不喜欢笑，也懒得笑，常常面无表情；但是和平型的女孩笑起来非常甜美，招人喜欢。

和平型的孩子害怕变动，懒得思考，是一类贪图安逸、懒惰消极的孩子，他们认为一切如常、不用思考是最好的。他们在学习上不喜欢用功，总是怀着“顺其自然”的心态。“事情总会解决的”“总会有人帮我的”，和平型的孩子总是会这样自我安慰。

和平型的孩子追求的是与整个外部世界的融洽，他们认为只有这样才是对的，才有安全的保障，所以他们极少把注意力放在自己身上，总是花费大部分的时间关注外部环境，并通过妥协和忘记自己的真实想法和情感来达成与外界的匹配。他们觉得自己的存在、付出并不重要，重要的是整体上的那种归属感和舒适的感觉。也正是由于这个原因，和平型的孩子很容易受到外界环境的影响，所以身上可能会具备所有人格类型的特点。由于生长环境的不同，有些和平型孩子可能会变得温柔敦厚，有的则可能成为独立刚强的人。

性格枷锁：内心胆怯，害怕冲突

和平型孩子认为只要自己乖乖的，就会赢得父母和周围其他人的喜爱，就能获得恬静愉悦的生活。在他们的想法中，他们觉得只有把自己塑造成一个与人为善的形象，与别人融为一体，才能保证和谐、无忧无虑的生活，生活中的宁静才能不被任何突发事件干扰，所以他们很害怕因为自己的想法不同而引发冲突，更担心因此失去他人的关爱，所以他们总是放弃自己的想法，关注别人的反应，顺应别人的要求，让自己的行为符合既有的模式，以“我不想受到影响”的心态来缓解自己的压抑，不断降低自己的需要，这些特点都很容易让和平型孩子丧失追求自我成长的动力，这也是他们未来发展的很大障碍。

和平型孩子喜欢简单、安静、日复一日的生活，他们的情绪通常很稳定，也很能包容别人，能给人带来很好的安慰。不过，由于他们习惯将别人的感受和目标当作是自己的，并且以此来寻求一种平衡和和谐，所以在他们的世界里几乎不存在自己要为之奋斗的目标。为了迎合他人的感受和目标，他们会不降低自我需求，渐渐地，自我意识就会慢慢消失。对于一个处于成长期的孩子来说，自我意识的发展程度与他未来的心理成熟程度和心理水平有密切的关系，所以这种一贯怠惰的模式如果不加调整的话，就会对孩子将来的发展产生不可逆的影响。

一旦自我意识消失，他们就会习惯性地放弃思考，不知道自己的真正需要，不会设定自己的目标，也不会做出决定自己未来的选择，等等。懒得进行思考，盲目跟随别人的意见是和平型孩子的最大特点，他们总是摆出一副什么都无所谓的架势，时间久了，周围的人可能也会渐渐淡忘了他的存在，更不用提顾及他们的感受了，所以和平型孩子害怕冲突的这种个性也不利于他们与别人建立坚实的关系和亲密的友谊。

和平型的孩子是出了名的不愿面对困难，对于自己不能实现或难以突破的东西都采取逃避的态度。和平型孩子经常强调别人处境的优势，并以此来作为摆脱自己困境的借口。如果有人对他说“如果你努力一点肯定比现在的成绩好，你看某某同学就因为努力取得了很好的成绩……”，这时候和平型的孩子一定会回答说“某某比我聪明，所以肯定比我学得好”。在家长和其他人看来，他只要努力一点，就能做得更好，但是孩子自己则往往会想“只要保持平和就够了，做得那么好有什么用呢”。其实，和平型孩子很多时候就是被这种“无所谓”的态度困住了自己的发展潜能。

对于很容易就受到他人情感影响的和平型孩子来说，说“不”

也是一件相当困难的事情，对别人说“不”就像自己遭到拒绝一样难受。他们更愿意对他人点头，同意他人的观点，而不是公开表达自己的反对意见，因为他们很害怕因为自己的不同声音而导致不和谐或冲突的出现。

虽然和平型孩子习惯于配合和服从，不轻易发脾气，只会无声地反抗，但他们也有不愿认同的时候，如果他们心底反对的声音积累到一定程度，愤怒达到顶峰，这时候他们的情绪如果直接发泄出来的话，就会出现火山爆发一样的效果，无论别人怎么劝都无济于事，这会让周围那些已经习惯和平型孩子温柔平静性格的人大吃一惊。

开锁密码:“宝贝，你是怎么想的”

丹丹是科学兴趣小组的成员。每次小组成员跟老师一起讨论实验步骤的时候，丹丹总是不说话，等到其他人都说完之后，她才在老师的催促下慢悠悠地说出自己的想法。有时候，当她说完自己的想法，有同学提出异议，她就会马上说:“是啊，我也觉得我的想法有问题，你说得对！”

丹丹是一个典型的和平型孩子，这种孩子总是给人一种毫无主见、容易妥协的印象。如果让他和其他人一起发表意见，他一定是最后一个说话的，而且通常是对别人的肯定。如果他偶然提出了不同的意见，也总是底气不足，只要有人稍有疑问，他就会马上妥协。

其实这是和平型孩子一贯的思维模式决定的。他们习惯于凡事都站在他人的立场去思考，以至于忘了自己的观点。因为只有当他和别人表示一致时，才会觉得自己所做的行为是符合维持外界和平宁静的需要的。出于这种行为思考模式和价值观，和平型孩子很小的时候就有从不同角度理解不同的人的心理的能力，他能够理解不同立场的出发点，因此他的随声附和可以说是建立在理解的基础之上。此外，这些孩子很害怕发生冲突，当周围的人出现对立的情况时，他们会感到左右为难，甚至会害怕因此破坏自己平静的内心，因此他们总是迫不及待地想要通过自己的妥协来避免冲突，保持周围环境和自己内心的平静。

如果爸爸妈妈就和平型孩子应不应先写作业的问题进行讨论，双方各执一词，互不相让。爸爸说可以先玩儿一会儿再写作业，妈妈则坚持说小孩子必须有良好的习惯并且要建立规律的作息时间。这个时候如果爸爸先和孩子说“你没有必要一定要先写作业，先休息一会儿也可以”，那么这类孩子会说“我也觉得是”；如果紧接着妈妈又对他说“小孩一定要养成先写作业的好习惯”，那么孩子就极有可能又掉过头来附和妈妈：“老师也说应该先写作业。”不仅在家如此，和平型孩子在外也会经常附和别人的意见，哪怕这些意见原本就是相互矛盾的。看到孩子这种情况，很多家长都为孩子没有主见而发愁，担心这样的孩子以后在复杂的社会上无法立足。

那么父母可以做些什么来帮助和平型的孩子更好地适应社会呢?

（1）让孩子表达自己的意见，让他们学会说“不”。

和平型孩子虽然外表看起来很容易得到满足，但是内心总是觉得别人对自己漠不关心，所以很少表达真实的意愿，父母应该教会孩子堂堂正正地表达自己的意见和要求。从发展心理学上来看，人类所学的第一个抽象概念就是用“摇头”来表示“不”，这个动作是自我概念的起步，它不仅代表着拒绝，也代表着选择，而每个孩子都是在通过选择来形成自我、界定自我的。所以和平型孩子的家长有必要教会孩子如何拒绝他人，如何对别人说“不”。家长不妨为孩子做一个生动的亲身示范，教会他们用得体的方式拒绝他人。

（2）让孩子学会选择，并为自己的选择负责。

从日常生活中的小事开始，让孩子学会自己选择和决定，比如今天要穿什么鞋子去上学，在商店想买哪个布娃娃。孩子开始的时候可能不知道怎么选择，但是为了孩子的未来，父母要有耐心，直到他们学会选择为止。此外父母也不要过于保护孩子或者替孩子承担责任，如果孩子受到了朋友的影响做了错事，要询问孩子遇到的状况，随后鼓励他们为自己的行为负责。

总之，作为和平型孩子的家长，应该有意识地去问孩子：“宝贝，你是怎么想的？”并且要直接地告诉孩子，爸爸妈妈需要他的意见，此时孩子就会把表达自己的意见当作维持内心和环境和谐的需要，也就自然而然地能表露心声了。此外，当他说出自己的想法时要及时给予肯定。对于和平型孩子来说，得到家长的肯定是最有力的鼓励和最高层次的赞誉。

培养技巧：激发孩子斗志，让他勇敢接受竞争

在父母爱的怀抱中长大的孩子大多数为和平型，他们和父母之间没有矛盾，父母也会尽量满足他的要求。而且这样的家庭中，大多夫妻感情和睦。即使父母之间感情不和，给孩子的爱却是足够的，这样家庭中生长的孩子也会成为和平型。这样的孩子性格随和，而且在家里没有感觉过内心的纠结，所以体会不到外部的矛盾。一旦他离开家门，开始上幼儿园和小学的时候，就会经历一些外部环境的纷争，但是面对这些纷争的时候他一般会选择回避。

其实，要改变和平型孩子内心胆怯害怕冲突的缺点，应该从家庭环境开始做一些改变。和平型的孩子大多数性格内向，做事瞻前顾后，没有魄力，这时候就需要给他们一些适当的刺激和活力。爸爸妈妈应该让孩子多接触一些鲜艳的色彩，他们不喜欢灰暗的色调，就把他们放到充满阳光的屋子里。

父母也不要因为孩子是文静的乖宝宝，不出去玩儿也不会闹脾气就总是把他们关在屋子里。和平型的孩子需要一些能够培养他们积极心态的游戏。可以每天带着孩子去游乐场里玩耍，或者根据他们的能力让他们参加一些他们一定能完成的活动，培养他们的自信心。但是家长要注意的是，虽然要让孩子适应竞争的环境，但是不可操之过急，不要一开始就让和平型孩子参加激烈的竞争性活动，比如跆拳道等，这会让他们对户外活动产生反感。

另外，父母要利用好大自然这个天然教室。和平型的孩子天生对大自然有一种亲近感，因为大自然中没有那么多的纷纷扰扰，可以让他们心境平和，并且寻找到一种安全感。父母应该经常带着他到郊外尽兴地游玩儿，释放他全部的活力。另外要注意的是，到了郊外不要频繁更换活动地点。

为了让孩子有勇气战胜困难，首先要鼓励孩子勇敢地面对困难，而不是一见有困难就退缩逃避。不过值得注意的是，当和平型孩子面临困境的时候，仅仅是简单地告诉他“逃避不是解决问题的方式”或者只是一味安慰他们是起不了任何积极作用的，因为他在心里早已经为自己寻找了足够多的理由并且进行了过度的自我安慰，此时如果父母再安慰他一番，那就会让孩子以后面对困难的时候更加消极。那么父母怎样做才能更好地鼓励孩子面对困难呢？最好的方法是跟孩子一起把需要面对的问题摆上台面，并给他足够的时间来正面审视这个问题，然后和他一起找出问题的原因所在。当然，在这一过程中，家长要时刻提醒自己孩子才是主角，家长要做的是引导孩子认识到问题产生的原因，而不是一股脑把问题的根源和解决方案直接灌输给孩子。因为找出一个解决困难的办法只是这个过程的次要目的，最主要的目的是让孩子完成一次主动思考的过程，让他学会摆脱事事都让别人拿主意的依赖性。

用简单的刺激方法是很难激发和平型孩子的斗志的。比如有的家长可能会用其他孩子的例子来对比和平型孩子是多么的不思进取，但是他一定会找出一个很合理的理由来继续逃避问题。其实激起和平型孩子斗志的最好方法是给他足够的时间，鼓励他说出内心的想法和想做的事情，并真诚地表示支持，而后给孩子充裕的时间去制订整个计划。当他确定了行动计划之后，父母要向他传达“爸爸妈妈希望你能完成它”的信号，以此来鼓足他行动的勇气。而且在他的行动过程中，还要随时随地地提供鼓励，做孩子坚强有力的精神后盾。

第九章
“多愁善感的林黛玉”：忧郁型孩子

人格特点：情感细腻，想象力丰富

阳阳和朵朵是一对人见人爱的双胞胎姐妹花，家人、邻居和老师都觉得姐妹俩一样漂亮一样可爱，但姐姐阳阳并不这么认为。她总觉得妹妹性格乖巧，比自己更受大人欢迎，而且总觉得即使是一样的衣服，妹妹穿着也比自己好看。慢慢地，她就变得有些闷闷不乐了。

有一次，朵朵发高烧，妈妈在她身边照顾了好几天，晚上还搂着她一起睡觉，阳阳看着满脸焦急细心照料朵朵的妈妈，便跑到厕所里哭了起来。后来她说，当她看到妈妈照顾朵朵的时候突然觉得特别害怕，她觉得妈妈只爱朵朵一个人，自己被妈妈抛弃了。

阳阳是一个典型的忧郁型孩子——敏感、情绪化、占有欲强，害怕被人拒绝，容易沮丧或消沉，爱和他人做比较，常常产生被遗弃的感觉，既重视又害怕人际交往，富有幻想和创造力，乐于追寻生活的美好。

忧郁型孩子动作很慢，语调柔和，措辞小心翼翼。其他类型的孩子小的时候都可能会出现调皮捣蛋的现象，但是忧郁型孩子很少会有什么大动作，说话也是慢条斯理的，从来不会用大嗓门去喊。

忧郁型孩子从小就体现出了敏感和爱幻想的倾向，他们的注意力总是集中在远方，关注的也总是些遗失的事物。他们经常会从对缺失物品的关注中找出一些美好的感觉并深陷其中，这种运用自己的想象力去关注遗失的美好和眼前的缺陷的惯性使他们对眼前的现实毫无兴趣。比较矛盾的是，虽然他们对美好的事物有着敏锐的知觉，但是他们又总觉得这些美好的事物总是与自己擦肩而过，因此又常常会感觉到分外失落。

忧郁型孩子似乎天生对忧郁、哀伤等感觉有着比常人更深的理解，细腻的感情和天赋的同情心让他们有种将身边细微的东西提升到更高层次的感受中的能力。他们富有创意，喜爱幻想，重视沟通，善于聆听，情感诚实，坚持认为所有的情感都需要立刻得到回应。

忧郁型孩子是非常感性的人，他几乎每分每秒都在用心感受周围的一切，因此他们的情感就显得更为细腻，更容易将外界的事物延展到一个大多数人都看不到的层次，这一过程充分展现出了他们的创造才能。他们思想浪漫富有创意，拥有敏锐的感觉和独特的审美观，为这个世界增添独特的色彩，是忧郁型孩子的强项。他们总是想要创造出独一无二、与众不同的形象和作品，所以总是在不停地自我察觉、自我反省以及自我探索。他们认为自己具有创造美好事物的责任与义务，并且相信自己有能力可以做到，所以他们一直在努力地脱离平凡，以达到在这个世界上生存的意义。

除了细腻的情感和丰富的想象力这些优点之外，忧郁型孩子很容易陷入嫉妒的负面情绪当中。他们产生嫉妒心的直接原因是他们不明白为什么别人能够得到幸福而自己却不能。因为情感细腻敏感，所以他们很容易发现自己和别人不一样的地方，如果别人有而自己没有、偏偏那又是自己很想要的东西时，忧郁型孩子就会忍不住羡慕甚至是崇拜对方，更严重的就会发展出不正常的嫉妒心理。当忧郁型的孩子起了嫉妒心，他们不会像某些类型的孩子那样去中伤或是诋毁他人，比如向老师或父母说他嫉妒对象的坏话，他们的做法是陷入更深的忧郁中难以自拔，因而更难合群，更深地将自己与外界隔阂起来。而忧郁型孩子的这种心思别人很难猜出来，只会觉得他们性格很奇怪，最后导致别人更不愿意与他们过多接触。

性格枷锁：性格孤僻，喜欢独处

一个忧郁型人格的人曾经这样回忆自己小时候：

> 我小的时候不喜欢运动或者室外活动，也不喜欢和小朋友们一起玩儿。大多数时候我都是待在家里看看书打发时间，有时候看到感人的童话还会泪流满面。经常是我自己玩儿到很晚才去睡觉。

忧郁型孩子大多数性格内向，喜欢独自一个人做事，总是尽量减少和他人相处的时间，总是沉浸在自己天马行空的想象世界里，或者总是思考解决问题的办法。当然，也有些忧郁型的孩子性格外向，但是他们虽然能够和朋友融洽相处，却不会向朋友敞开心扉，表面上看来他和朋友们有说有笑，但是内心感觉自己是游离于群体之外一个孤独的个体。

忧郁型的孩子表面上看来非常情绪化，常常给人以捉摸不定的感觉，他的喜怒哀乐变化非常明显，常常发生于一瞬间，而周围的人通常跟不上他的思维，不明白他为什么突然就好像变了一个人一样。此外，忧郁型孩子总是摆出一副事不关己的懒散姿态，就好像外界所有的事情都与他无关一样。忧郁型孩子会让人觉得是一个怪脾气的人。

实际上，忧郁型孩子是一个矛盾体，他们一方面觉得自己很难沟通却渴望他人能了解自己，另一方面又不屑去为自己的世界观和感受对外界做出任何解释，于是就显得非常情绪化，令人难以亲近，给人留下怪脾气的印象。其实这种孤僻的怪脾气不过是忧郁型孩子用来掩饰自己的保护膜，他们最害怕的就是自己没有特点，和其他人没有区别。要他们去承认自己只是一个平凡的人太困难了；而且他们觉得就算自己表达出了自己的想法，其他人也绝对不会明白。所以他们干脆放弃了表达，藏在自己的世界里，与世隔绝。

由于忧郁型孩子对世界的看法，他们常常会感到别人唾手可得的幸福对他们来说遥不可及，而这一切都是因为自己是一个存在不足的人，他们总觉得自己是被这个世界遗弃的，并为此感到郁郁寡欢，这种情绪别人很难体会到，而他们又懒得去解释，最终他们就成为别人心里神秘而不好接近的对象，人们很难主动去拉近和他的距离。

忧郁型的孩子多少还有些“艺术家的脾气”，这个特性也让他们显得不太合群，可能别的孩子凑在一起玩闹，而他则一个人静悄悄地躲在一个角落里专心干着自己的事情。随着自我意识的发展，他开始意识到自己与他人经常有不同的想法，但是其他人又不能彻底了解自己的内心，再加上他总是羡慕其他人拥有很多自己没有的东西，这令他很难在现实的朋友圈里得到满足，因此就只好顾影自怜，更深地沉浸在自己的幻想世界里。

如果忧郁型孩子遭遇了挫折，他们的自怜情绪就会变得更加严重。他们会以最快的速度返回到自己的小世界中，脱离与外界的联系，拒绝别人的帮助。他会停止一切活动，最终彻底丧失希望，认为没有人能够理解他的内心。

实际上，忧郁型孩子的这种孤僻和喜欢独处的特质是因为在他们的价值观中，如果他们和别的孩子一样，他们就不会得到应有的关注。而这种孤僻和独处正是能够显示他们与其他人与众不同的重要手段。所以作为忧郁型孩子的父母，当面对孩子所谓“怪脾气”的种种表现时，应当给予他们充分的理解和宽容，而不是去变本加厉地去数落和埋怨他，否则只能令孩子陷入负面情绪的恶性循环中。

开锁密码：“你很可爱，好好享受每一天”

有个女孩在她小的时候，爸爸非常宠爱她，总是背着或抱着她到处去玩儿，给她洗澡，晚上给她讲好听的故事，搂着她轻轻哼着儿歌拍着她直到她甜甜睡去。后来她慢慢长大了，爸爸自然也就不会再像她小时候那样和她有过多的身体接触了，她为此觉得自己被爸爸遗弃了，无论爸爸如何逗她哄她，她还是整天郁郁寡欢。

如果换作是一个其他类型的孩子，这样的事情他可以自然而然地接受，并且也不会产生难过失落的感觉，但忧郁型孩子就会把这样微不足道的细节之事无限地放大，最终产生一种被抛弃的感觉，进而陷入一种忧郁的状态中。

如果孩子在父母消极甚至不正确的教养方式下长大，就容易感到孤独。在忧郁型孩子的眼里，自己与父母的关系是若即若离的。他们总感觉自己处于家庭的边缘，觉得自己跟谁都不像，因此就容易产生一种被抛弃的恐慌。同时他们自认为与父母的感情不深，最主要的原因是他们感觉父母看不见自己的特质，并且他们往往也无法在父母身上找到自己想要认同的特质，因此很多的忧郁型孩子产生过自己是被父母领养或者被抱错的孩子的想法。

当忧郁型孩子还很小的时候，他们就对自己的一些小缺点和自己所缺乏的东西特别敏感，总是觉得正是因为这些他才不被父母所爱。这里要澄清的是，有一些忧郁型孩子在成长过程中可能确实是孤单的，如父母离异或父母关系不好等，但并不是所有的忧郁型孩子都真正经历过被遗弃和没人理会的事。一些成长在正常家庭的孩子，照样可能成为忧郁型孩子。假如这个孩子有一次因为生病，妈妈精心照顾了他好几天。当他病好之后，妈妈自然就相对少了一点关心和照料。这其实是很正常的一件事，但是忧郁型孩子就会极端地认为妈妈不理会自己、不再爱自己了，于是被遗弃的感觉又产生了。所以，并不是所有的忧郁型孩子一定有个缺少爱的童年，只是他们在心里会把被遗弃的感受无限扩大。

如果想要忧郁型孩子健康快乐地成长，父母就要在孩子面前多多扮演朋友和知己的角色，多与孩子进行交流，尤其要注重心灵上的沟通和关怀，让孩子感到你是理解他、能真正了解他的感受的。

忧郁型孩子有这样一种特质，就是一旦发现有人能感受他的情绪和想法的时候，他们就会产生一种心有灵犀的感觉，并且很容易与之亲近，这会令他忘记失落的感受，变得开朗起来。

忧郁型孩子的家长最好将自己的关爱源源不断传递出来，这可以有效减缓孩子被遗弃的感觉。父母要注意的是，忧郁型的孩子天生有一种忧郁的气质，所以不要指责孩子总是有不好的情绪，也不要因此担心自己不能给孩子所期待的安全感。只有重视起日常生活中的交流沟通和情感交融，当孩子说出他的想法时，不要过多地指责，或是过于强调自己的感受，只要他能够在父母那里获得存在感，自然就会觉得安全了。

虽然很多家长都或多或少地做过敷衍孩子的事情，但是对于忧郁型的孩子千万不要这样做。因为其他的孩子可能察觉不到你的敷衍，但是天生敏感的忧郁型孩子很容易察觉他人的真实情绪，父母的敷衍之词对他们而言就是不爱自己的意思，这会让他们特别难受，并唤起他们内心不幸的体验。

不过，忧郁型孩子也有优点，他们在健康的状况下，通常会成为有创意、内心平和的人，所以父母应该鼓励孩子：“你是个美丽、可爱的孩子。不要紧张，好好享受你现在拥有的每一天吧！”

经常提醒孩子享受当前的开心状态有助于孩子忘记那些内心的忧郁，能够让他们变得乐观起来。

培养技巧：让孩子时刻感受到爱，引导他珍惜已有的事物

小凡有一双巧手。她从上中学的时候就觉得自己和别人不一样，但那个时候必须穿校服，这令她觉得特别不舒服。后来上了大学，她就经常把买来的衣服花些心思做点小的修饰，或者加一条花边，或者配一些其他饰物，这样就显得她的衣服与众不同，自然也就令周围的女孩都艳羡不已。每当身边的朋友伙伴向她投来艳羡的目光时，她就会觉得她是与众不同的，也为此感到特别开心。

忧郁型孩子所追求的是一种与众不同的特性，并总是倾向于以此来彰显自己。他们最怕的就是自己和别人没什么两样。很多时候，他们通过跟身边人比较，总觉得自己与众不同但很难被他人了解，同时还觉得其他人拥有很多自己没有的东西，所以忧郁型孩子在现实生活中总是很难得到满足。由于在现实生活中得不到满足，忧郁型孩子就会通过幻想构建起自己的理想世界，制造出一些无人之境，从而让自己的情绪得以发泄。因此，忧郁型孩子就会显得比较情绪化，令他人难以捉摸。

忧郁型孩子对自己与别人的差异总是特别敏感，甚至会对自

己所欠缺的东西产生梦幻般的向往，总觉得得不到的才是最好的。针对忧郁型孩子这种敏感且容易自扰的性格，家长无须挑剔他们的敏感、情绪化和感情用事，而是要给他们更多的爱护和关心，让他们感受到父母的爱与支持，最重要的是强化他们这样一种观念——每个人都是完整且被爱的。

要使忧郁型孩子的情绪保持平稳，家长需要掌握一些巧妙的“脱敏法”，用来去除孩子心中敏感的刺。最好的办法是鼓励孩子相信自己的直觉，让他们尝试各种行动，并事先帮他们扫清所有可能顾虑的障碍。需要家长格外注意的是，这类孩子不开心的时候往往选择独自处理不开心的情绪。所以家长在平时生活中要多留意孩子的情绪变化，然后再进行有的放矢地引导和帮助。

此外，忧郁型孩子总是有意无意地把注意力放在遗失的美好上，而忽视眼前原本已经拥有的一切。他们习惯破坏眼前的成就，去换取对那些还未得手的事物的向往。这种破坏力是惊人的，无论是多么辛苦获得的，他们也不会在意，因为他们只关注生活中缺失的东西。拥有的东西在他们眼里是毫无价值的，而他们对不属于自己的东西的渴求常常会陷入不能自拔的地步，这会使他们的情绪受到干扰，也影响了行动力的发挥。因此，忧郁型孩子很可能会被自己的不知足害了自己。

忧郁型孩子的不知足并不是因为他们想要的东西太多，而是他们天生的性格倾向所致。他们习惯凡事都与他人做比较，而结果往往是发觉他人所拥有的比自己好、比自己多，所以常常产生一种被遗弃的悲观心态。当家长了解孩子的这种心理机制之后，可以引导他们多去看看自己拥有的东西，用一种感恩的心态来看待身边的事物，这样可以有效避免孩子产生不良的情绪。

此外，父母还要引导孩子在人际交往中感受他人的爱。因为他们不喜欢很多人的聚会，所以在学校里会显得很不合群。但是在个人对个人的交往中，他们就不会感到孤单，父母可以邀请几个孩子合得来的小朋友到家做客，为孩子创造交友的机会。

第十章
“注重细节的小监察员”：完美型孩子

人格特点：责任心强，乖巧听话

然然是个优秀的女孩，在学校里成绩优异，也担任着学生干部，是个名副其实的模范生。她在家里懂事听话，爸爸妈妈要求她做的事情，她全都能做得井井有条，即使有时候对父母的要求有些不满，但是她最终还是会把这些不满压在心里，因为在她的心中，父母的要求是自己应当遵循的习惯，对父母的反抗和抱怨是错误的，是不可以的。

虽然然然很优秀，但是她的父母有时候还会有些担心。因为这个孩子把规矩看得过重。比如在学校里，一旦发现有同学违反记录或者出现失误，她马上就会对那个同学大发雷霆，不留余地地批评。这样做的结果就是然然俨然成了同龄人中的“小老师”，虽然她是为了同学好，但是也不免引起别人的反感。

然然是一个具有完美型人格的典型特征——这类孩子心中有一个崇高的道德标准，要求自己严守纪律，严格按照长辈所教导的方式做事，有人做了不正确的事情就应当被制止。

完美型的孩子有较高的自我要求和期待，希望自己的一举一动都无可挑剔。他们通常会强迫自己服从大人的行为标准，将长辈的期待看作是一条行为准绳。他们永远像个懂事的“小大人”，凡事都力求做到尽善尽美，眼里揉不得半点沙子，并且不允许自己做出任性的孩子气行为。他们对同龄孩子的游戏不感兴趣，也不太合群，如果有弟弟妹妹，他们通常会扮演父母的角色，因此他们的心理年龄常常比实际年龄成熟。

他们无论做任何事，都有自己的一套标准和原则，并且这一标准和原则多数是建立在父母所要求的基础上的。他们对规矩特别敏感，不允许自己做出任何越轨的行为，并且也看不惯别人不守规矩的行为。在他们的眼里，规矩高于一切，当自己的某些想法或情绪与心中的规矩发生冲突时，他们会想尽一切办法拼命压抑住它们，否则便会陷入强烈的自我批判中，甚至会做出某些自我惩罚的行为。

同时，他们无形中也要求其他人能够像自己一样守规矩，所以常常担任“批判者”或者“老师”的角色，批评不守纪律的同学，自以为是。如果看到其他孩子冒冒失失、调皮捣蛋，他们会从心里觉得那些孩子都不是好孩子。

完美型的孩子极具责任感，不管在哪里负责什么样的工作，他们都会速战速决，但是因为任何事情都追求完美，所以往往会用掉很多时间。但是当有些事情付出了努力仍然没有成效的时候，他们就会失去面对困难的勇气，倾向于放弃；一旦有些事情不适合自己就会停止，不会再去挑战第二次；面对自己不擅长的领域，他们会畏首畏尾，不敢轻易尝试；如果他们觉得某一件事自己做不到完美，达不到极致，从一开始他们就不愿意去尝试这种事情。

对于完美型的孩子来说，最大的痛苦来自别人的批评。因为他们骨子里对正确的追求是永无止境的，所以一旦事情没有达到自己的预期，他们就会进行严厉的自我批评，如果在这个时候又遭到别人的批评，那无异于火上浇油，这样完美型的孩子就会陷入深深的自责中不能自拔，这对他们的心理健康是非常有害的。

此外，完美型孩子处事客观，克制力强，所以过分的紧迫感和责任感让他们时时处于紧张状态，很难像其他的孩子那样天真烂漫。

完美型孩子总是努力按照师长的要求来做，并希望以此来换取父母的爱。在他们的潜意识中，只有事事做到最好，别人才能喜欢自己，所以长辈要经常夸奖孩子，千万不要对他们说：“失误是不对的，是不允许的！”这会让孩子在无形中钻入完美主义的牛角尖，不会变通。

性格枷锁：规矩高于一切，过于追求完美

完美型孩子从很小的时候，就是个“小大人”。例如在幼儿园里，如果老师对小朋友们说：“大家乖啊，把手背在后面坐好。”有的小孩调皮捣蛋，爱搞小动作。但完美型的小孩绝对不会这样做，他会一直背着手乖乖地坐在那里，如果有人不听老师的话，他还会举手向老师报告，提出自己的批评。

完美型孩子的眼里，规矩就是一切，任何破坏规矩的行为都是不允许的，所以他们也时刻审视着自己以及周围的人和事是否符合自己的标准，加上过于追求完美极致的个性，使他们时刻处

于一种紧张的状态中。

一个完美主义者曾经这样描述自己小时候的状态：

> 我是个很认真的人。上小学的时候，做了功课，老师会要求我们带回家给家长签名，表示看过了。可是如果看到爸爸妈妈的签名是歪的，我就会没来由地想要对自己生气，然后会把整篇作业重新写一遍，让他们重新签名。

但凡完美型孩子“看不过去”的事物，他们都会拿出来品评一番，这是完美主义者的特征之一。完美型成年人每次遇到一件事或是一个人的时候，总是会很自然地拿出他心里那把标尺把眼前的人或事衡量一番，做出比较。如果比较的结果是比较对象符合或超出他的标准，那么完美型人会认为这是“应该”的，并不会因此而说出任何赞美的话或者表现出激动的心情；但是如果所比较的对象没有达到他的标准，那么他会产生强烈地想要批评这个对象的冲动，如果环境允许，他会直截了当地提出批评，甚至会不顾对方的感受，使用非常激烈的言辞。这是完美型人的性格惯性。

同样的，完美型孩子也是个“小批评家”。在很小的时候，他们心里的标准和规矩可能是父母或其他长辈建立的。随着年龄慢慢增长，与同龄人相比，他们会较早制定出自己的一套标准。当身边的家人、学校的同学和老师或者周围的玩伴出现不符合他们标准的行为，或者是有他们看不过去的事情发生时，他们绝对不会容忍，会不留情面地直接指出来。因为他们认为遵守规则是一件理所当然的事情，所以他们批评别人的时候不会有任何感受，也不会留意别人的感受，因此完美型孩子常会给别人留下一种不近人情、吹毛求疵的印象。

完美型孩子很少知道自己真正想要从生活中得到什么。因为他们只知道去做正确的事情，却不知道自己想要做的事情。他们总是有不满的感觉，这种不满实际上是长期的恼怒累积形成的，同时易产生不满的现象也说明了这些孩子只是为了满足别人的期望而强迫自己努力行动，而并非发自内心地想要去做这件事情。

其实完美型人格的人很容易陷入这样一种恶性循环中——发现令他们感到不满的状况时，他们会立即陷入一种恼怒的情绪中。但是这种恼怒的情绪很快就转化为一种更深程度的自责，最终他们会把这些没有达到要求的事物的成因归咎于自己，认为是自己不够好才引起了令人不满的结果。即使他们发出怒气，也会因为发怒这件事本身而感到内疚，并为此耿耿于怀很长一段时间，觉得所有的一切都是因为自己还不够好。

所以，在这种心理状况下，完美型孩子很容易陷入一种紧张不安的情绪中，所以父母要关注孩子的情绪变化，教会他们调节情绪，放松自我，寻求一种平和的心境，让孩子健康快乐地长大。

开锁密码："玩儿就要玩儿得酣畅淋漓"

在上小学之前的成长过程中，如果孩子与父亲的关系不是很好，孩子很可能成为完美型的孩子。

在亚洲的传统家庭中，父亲常常扮演者一个不苟言笑的严肃角色，很少直接向孩子表达爱意。所以东方家庭中的孩子总是有些害怕父亲。这样的家庭中生长的孩子会认为，在父亲面前是不能追逐打闹、调皮放肆的，应该行为端正，如果让父亲失望，后果是很严重的，轻则训斥一番，重的就免不了一场皮肉之苦了。

另外，即使父亲很温柔慈爱，但是由于种种原因不能总是和孩子生活在一起的话，也会让孩子成为完美型的小孩。这是因为在这些孩子眼里，父亲与一位客人并没有什么两样，他们不会对父亲产生依赖的感觉，也不会对父亲撒娇或者索要一个亲密的拥抱。父子之间的关系产生了距离，这就会让孩子在父亲面前总是紧张，事事小心，希望做到尽善尽美。

为了让孩子学会放松，不要总是被规则捆住手脚，父母应该打造一个有利于完美型孩子成长的生活环境。

首先可以在家里为孩子打造一个能够随心所欲表现自己的私人空间。完美型孩子能把任何事物都整理得有条不紊，他们喜欢事物井井有条，即使是房间有些乱，他们也能清楚地记得什么东西放在什么位置，不喜欢别人进入自己的领地，也不喜欢别人乱碰自己的东西。家长应该尊重孩子的这个性格，并且要专门为他们准备一个抽屉让他们随意摆放自己的东西，即使抽屉再乱，也不要批评他。

另外还要在家里营造一种轻松的气氛。完美型孩子总是处于谨慎或者紧张的状态，所以家长不要用过多的规矩去束缚他，因为他已经为自己设定了很多规矩而且绝不会违反，如果家长再强化规矩这一方面，孩子就更容易陷入过度追求完美的境地。家长们吃饭的时候可以试着先说一些轻松的话题，让孩子慢慢打开话匣子，和孩子愉快地聊聊天，制造一家人的开心时刻。另外，完美型孩子经常排斥幽默和玩笑。其实父母应该引导他学会用幽默和玩笑来提高自己的交际能力，可以向他们推荐一些合适的幽默童话或者漫话等，让他们放松身心。也可以一家人定期举办“讲笑话大赛”或者“扮鬼脸大赛”，让一家人在一起开怀大笑。如果父母能够放下平日里的威严面孔，跟孩子一起追逐嬉闹，孩子也会感到轻松。

那么如何在活动中改善完美型孩子的性格特征呢？这样的孩子适合什么样的活动呢？

完美型的孩子因为本身思维方式的限制，即使在做游戏的时候也希望自己表现得最好，所以常常被规则束缚，不能尽情地玩耍。其实当孩子因为在游戏中表现不好而自责的时候，家长可以这样对他说：“宝宝是不是特别开心啊？爸爸妈妈看到你刚才笑得好灿烂啊！”也就是引导他不要专注于游戏中的条条框框，而是让他感受自己心情的放松。时间长了他们就会明白，生活不都是快节奏的，也有闲适的一面。可以多让孩子参加一些放松身心的活动，比如捏泥巴、涂指甲等，也可以是跳舞、散步等，只要引导孩子享受生活，游戏的形式并不重要。

所以，为了让孩子摆脱凡事都追求完美、陷于规则中不能自拔的状况，父母要经常告诉孩子：“你是个好孩子。玩儿就要玩儿得酣畅淋漓，让自己快乐最重要！这样开开心心的你最可爱了！”

完美型的孩子如果能在健康的环境中成长，那么他们将来就会成为聪明稳重、富有人情味、有强烈责任感的领导者。

培养技巧：鼓励孩子放松，接受世界的不完美

完美型孩子天生有着很强的自律性，所以作为他们的父母，

应当扮演孩子指导者的角色，为孩子领路和疏导孩子的情绪，而不是帮孩子制定这样或那样的规矩和目标。

如果你家里有一个完美型的孩子，请给予他百分之百的信心和自主权，相信他自己就可以做得很好。但是必须保持和孩子的沟通，随时观察他的情绪变化。当孩子出现困惑时，要及时帮他理清头绪，解决困难。完美型孩子为了追求完美总是会给自己施加很大的压力，所以父母要时刻鼓励孩子放松心情，去努力接受世界的不完美。

完美型孩子在生活中要学习的重点就是放松自我，找回内心的平静。完美型孩子的父母可以带着孩子多去大自然里面走走，这有利于放松孩子紧张的神经。此外，还应该让孩子尽量减少批评别人的次数，提高他们的接受能力，让他们感受到包容的可贵。在平时的生活中，父母对待孩子的态度要积极宽容。因为即使只是犯了一个很小的错误，孩子也会自责不已，所以这时候父母要做的是允许他们的言行稍微散漫些，鼓励他们去做自己想做的事情。要用自己的宽容去影响孩子，让孩子不再苛求自己。

完美型孩子在成长过程中由于各种各样的原因，使他们过早成为一个“小大人”，同时给自己的内心拉了一道“警戒线”，这道警戒线把本来的“小孩”死死地挡在了内心的深处。但实际上，这个内心深处的孩子永远不会消失，即使成年后，他们的内心深处同样还是会有个爱玩儿爱闹、天真无邪的孩子。完美型的孩子在成长期的时候由于强烈的责任感，使他们放弃了发现和享受乐趣的过程，这对他们来说实在是有些不公平。所以完美型孩子的家长有义务把完美型的“小大人”重新变回一个“孩子”，让他去玩儿、去闹，抛开那些生活中的条条框框，敞开心扉去感受快乐，这对完美型孩子的身心发展是大为有益的。

此外，让完美型孩子明白“金无足赤，人无完人”也是非常重要的。要让他们知道不完美才是人生的写照，要允许自己、也要允许他人有不完美之处。当他们的心慢慢变得开放时，轻松和平静的心情自然也就随之而来了。

那么怎样让完美型孩子去接受别人的不完美呢？首先就是要教会孩子学会欣赏别人的优点。完美型孩子很小的时候就感觉自己有很多东西可以教给身边的同龄人，这时候家长要提醒孩子：你可以做别人的好老师，但是不要期望别人会立刻改变，否则会给别人带来太多的压力，别的小朋友都会渐渐疏远你。要学会欣赏他人的优点，肯定他人的行为，当别人做了或说了某些你所喜欢的事情时，要去称赞他们，肯定他们，这会让你更受欢迎。

另外，完美型孩子的最大优点就是守规矩，而最大的缺点也是太守规矩。他们很容易被自己心中的“条条框框”局限，进而阻碍自己发展，所以完美型孩子的家长要有意识地培养孩子做事的灵活性，尽可能多提醒和引导他从不同的角度看待问题，鼓励他在做事的时候多想出几套不同的解决方案，并和他一起去尝试每种方案的可能性。

一旦做某件事情失败，完美型孩子马上就会陷入强烈的自我批评，所以完美型孩子的家长要重点培养孩子的抗挫折能力，教给他们正确面对困难的态度，告诉他们在每个人的生命中都会出现这样或那样的难题，当遇到困难时不必太过自责，只要找到问题的根源，并调整自己的做事方式，就能解决眼前的困难。

第十一章
“富有正义感的超人”：领导型孩子

人格特点：雄心勃勃，控制欲强

王宁提起自己的儿子总是一副哭笑不得的表情，因为儿子虽然年纪不大，但是已经是街巷里有名的“大人物”了。这个孩子从小就身强力壮，信心十足，有很多小朋友跟着他，是名副其实的“孩子王”，在所有的玩伴中都是“他说了算”，否则就会以一种很强势的态度压制对方，或者干脆不让对方加入他们的团队中。他还有一种“路见不平拔刀相助”的大侠风范，和别的小朋友一起玩儿的时候，如果有大一点的孩子欺负小一点的孩子，他一定会挺身而出去“主持正义”，而且爆发出来的力量往往能把那些大孩子吓得乖乖听话。

这个孩子的身上体现出了领导型孩子的典型特征——不拘小节，敢作敢为，喜欢替别人做主和指挥别人，不喜欢受人支配或控制，个性冲动率直，被别人触怒会立即反击，不易服输，不愿求人。

领导型的孩子很容易让家长头疼，他们是典型的"小霸王"，做事有些独断专行，雄心勃勃，总是想支配别人，完全不受家长的控制。领导型孩子的体内似乎充满了能量，必须时时刻刻地尽情释放才能让他们心情平静，所以见到领导型孩子的时候会发现他们常常是大喊大叫的，说话的时候总是喜欢用命令式的语气，而且语调坚定。这些孩子的情绪变化非常快，容易翻脸，所有的情绪都表现在脸上，高兴就高兴，不高兴就不高兴，喜怒哀乐一看便知。

领导型孩子对权力特别着迷，他们认为只有掌握权力并且能控制整个局面时，才能获得安全感和成就感。为了追求权力，他们永远都是精力充沛的。与他人交往时，领导型孩子身体里的支配欲会蠢蠢欲动，他们恨不得让周围所有的人都听从自己的指挥。伴随他们这种欲望而来的，往往是严重的自我膨胀，这在人际交往中是非常危险的，会不可避免地与人发生激烈冲突。

只有当他们能够控制整个局面的时候，他们才会感到安全；只有当他们能够反抗别人制定的准则时，他们才会感到自己的力量。领导型孩子希望他们能同时拥有制定限制和打破限制的权力，这就会令他们的行为出现两极分化——一方面他们会以非常严格的要求来规范自己和他人做出正确的行为，另一方面他们又会做出那些被禁止的事情，这就很容易招致他人的反感。

领导型孩子除了喜欢控制别人之外，还充满了正义感，他们眼里的世界总是充斥着各种各样的困难和不公平的事件，他们认为只有通过自己的努力把自己变强，才能保护周围脆弱的人，才能维持世界的公平，并以此来换取别人的尊重。在这种心理机制下，领导型孩子会产生一种强者的心态，释放出一种凡事都要尽全力的能量，所以他们的身上会散发出一股强而有力的霸气和攻击性。

领导型孩子坚信凡事都要靠自己，不能依赖他人，但另一方面希望所有人都依赖他们。如果发现某些人身上有自己看不过去的行为习惯，或是做了什么他们认为有失公平的事情，他们就会毫不留情地指出来，完全不考虑具体的情况和周围的环境，也很少去考虑别人的感受。他们最希望看到的就是对方低头认错接受他们教育的状况，然而现实情况往往并非如此，长此以往，这类孩子那种坚强自信的个性会在别人眼里演变为张扬跋扈与自高自大，让所有人都远离他。

性格枷锁：性情暴躁，独断专行

领导型孩子对权力的追逐，来自他们固有的价值观：只有掌握权力，自己才能变得强大，才能保护自己和别人，才能维护世界的和平正义，才能获得尊重。孩子在这种观念下的指导下，为了追逐权力充满了斗志，为人强悍，性格暴躁，虽然刚正不阿但是又独断专行，时时刻刻都表现出一种强大的控制欲望。当他面前出现了阻碍自己完成目标的问题时，或者当他们发现无论自己多么努力都不能伸张正义时，他们就会像愤怒的狮子一样暴躁，最后令自己疲倦不已，别人纷纷躲避。这种暴躁的性格和独断专行的行事风格是领导型孩子最沉重的性格枷锁。

这些孩子总是给人一种高高在上的距离感，再加上说话总是粗声粗气的，不知道根据场合给别人留情面。很多领导型孩子都有过与人发生冲突的经历，而且他们的角色永远是欺负别人的那个，他们的这种个性让很多不熟悉的人很害怕和他们相处，甚至都不敢跟他们接近。

> 苏苏的能力很强，从小的时候就是小伙伴中的“小领导”，上了小学之后也是一直奋力争取班干部的职位。她看起来非常享受那种可以领导别人的感觉，喜欢把所有的权力握在自己手里，但有些独断，不给他人留说话的余地。例如，每次和班里同学召开班级会议时，她只要听到有人提出不同于她的想法，就立即打断对方，绝不允许对方再说下去；和朋友一起玩儿也是如此，每次她都要拿主意，很少关心朋友的想法。在周围的同学朋友的眼里，她是个很强势也很霸道的女孩。

天生的领袖气质造就了领导型孩子的领导潜能，这类型的男孩子从小就有着超前于年龄的霸气和男子汉气魄，女孩子在这一点上也不输于男孩子。这些孩子天生就喜欢权力和控制，既会受到自身欲望的驱使去追逐权力，也会运用自己的权力去帮助自己和他人。

领导型孩子在集体中很容易被大家视为英雄人物，因为他们往往极具号召力，能让人激情澎湃，但是他们不一定懂得尊重别人。他们总爱把自己摆在很高的位置上，这就很容易使他们产生“高处不胜寒”的感觉，这对他们人际关系的建立是很不利的，所以也会在某种程度上对他们今后长远的发展造成一定阻碍。

此外，领导型孩子对权力的过分关注，很容易给周围的人带来莫名的压力，而且总是认为自己心中的真相就是客观事实，一旦认定了自己的观点，他们会摒弃一切反对意见，任何的意见或者建议都会成为他们攻击的目标。这种固执的个性让别人不愿意去接近他，更不要说对他提出合理的建议了，所以领导型孩子很容易因为这种个性失去获得有效建议的机会，这会减慢他们成长的速度。

在领导型孩子的世界里，他们坚信“要么满载而归，要么满盘皆输”，非此即彼，在他们的世界里没有灰色的中间地带。要解开孩子的心结，首先要让他们学会用心观察和体验生活，学会分享，学会发现世界中的真善美，而不要让他们只关注世界上的不公平。领导型孩子具有很强的责任心，坚强的意志，还有不怕困难的精神，所以这类孩子如果能够得到很好的引导和协调，他们在今后的成长过程中会脱颖而出，成为优秀的领导者。

开锁密码：“做事要雷厉风行，不要目中无人”

领导型孩子喜欢那种高度投入、充满能量的活动状态，他们做事几乎都是依循自己的冲动进行的，而很少去考虑自己的动机。正是因为如此，相对其他类型的孩子来说，领导型孩子是不受约束的，他们能够迅速地把大量精力投入自己安排的活动中，一旦欲望出现就会很快付诸行动。这种雷厉风行的做事风格，能够让健康状态下的领导型孩子在第一时间抓住最好的发展机会，以最好的状态展现个人能力，并且在行动过程中进一步提升自己的综合实力和个人影响力。

但是因为他们过度追求权力，并且受到强烈的控制欲的影响，他们有时候会表现得目中无人。其实领导型孩子通常能够找到切实可行的方法来减轻别人的麻烦或者心理压力，如果能够克服人际交往中的障碍，他们具有可以让自己和周围的人生活得更加幸福的潜能，而且极有可能在长大之后在自己的活动领域中做出一番成就。

为了改善领导型孩子的人际关系，父母应该帮助领导型的孩子更好地适应生活。首先要教会孩子基本的社交礼节，让他学会使用“谢谢”“对不起”等礼貌用语。领导型的孩子总是不拘小节，而且他们总是觉得自己有义务去指导、纠正他人，所以他们很少会对别人说“对不起”“谢谢”之类的话。这时候父母要有意识地通过言传身教，让他们懂得在社会交往中礼节的重要性，尤其是要懂得怎样对别人表示感谢。

领导型孩子常常会因为心直口快得罪别人，所以父母应该将训练孩子说话技巧作为改变孩子的重点工作来做。当孩子说出不合时宜的话时，父母要告诉他这么说话会让别人感觉不舒服或者是难堪，但是必须肯定孩子的初衷，随后再告诉孩子同样的意思换另外一种方式表达出来就会更容易被别人接受。如果父母能够长期这样做的话，就可以让孩子在不知不觉中接受你的建议，改变自己的行为方式。

很多集体中的“小领导”“小干部”都有过这种困惑：“为什么我做的一切都是为了同学好，但他们都离我远远的”，其实这都是因为他们自视甚高。因此，领导型孩子的家长就要有意识地引导孩子放低姿态，让他们懂得亲和力的价值。在面对请求他们帮助的人的时候，不要表现出一种高高在上的感觉。为了能够让他们理解亲和力的价值，父母要仔细观察他们的言谈举止，在他们亲切友好的时候，要及时提出表扬，时间长了，爱的种子就会在他们的心里生根发芽，当他们带着爱心来理解和帮助别人的时候，自己也会找到心灵的平静，脾气也不会那么暴躁了。

领导型孩子倾向于高估自己的力量，觉得自己很重要，并希望借此来使别人对自己心生畏惧，迫使别人服从。当他们所希望的与现实情况不一致时，就很容易大发雷霆，因此训练这类孩子控制情绪的能力也是很重要的。例如可以让他们在每次将要发脾气时先冷静三分钟思考一下有没有必要、值得不值得发脾气等，引导他们正确面对问题并且正确认识自己的能力，还可以教他们一些客观评价自己的方法，防止他们陷入极端的情绪中。同时要让孩子知道，如果一定要和别人较量，一定要先看清形势，有时候用妥协和对话的方式也可以解决问题，而不一定要大吵大闹甚至是大打出手。

培养技巧：提高孩子情商，让他淡化追逐权力

领导型孩子性格中最大的枷锁就是对权力的追逐和控制别人的倾向，他们喜欢领导者的位置，希望能够用自己的能力来控制局势，希望能够战胜其他强劲的竞争者。所以，从童年开始，他们的生活就充满了斗争。一旦感到自己失去了控制能力，他们就会感到厌烦和枯燥，或是感到身体里过剩的能量在不断冲击着，亟须发泄。这种情况下，领导型孩子很容易不断制造麻烦，他们经常通过与人打架、干扰别人的生活，或者是小题大做、无理取

闹来散发体内过多的能量，此时他们变得非常不受控制，在惹怒他人的同时也把自己推向了负面情绪的深渊。

领导型孩子的外在能力和行动力是不容置疑，也是不需要家长担心的，最需要家长关注的是他们内在个性特质的发展过程，重点培养的也是内在品质。很多领导型的成年人因为喜欢冒险，大多有过大起大落的经历，出现这种大起大落主要是因为他们情商不高。如果他们的情商能够有所提高的话，那么领导型孩子的发展会很顺畅。因此，领导型孩子的家长要从小时候就着重培养他的情商，锻炼他们与别人的沟通能力、合作能力、倾听能力以及情绪的自控能力等等，为他们的成长和今后的发展奠定坚实的内在根基。

要提高领导型孩子的情商，父母可以试着这样做：

（1）教给孩子如何平息怒气。

让孩子懂得和平的价值，告诉他武力有时候并不能解决任何问题。告诉他在情绪激动的时候可以选择离开让他生气的地方、深呼吸几次或者在心里默默地数数。另外孩子成功地平息怒气的时候，家长要及时夸奖他，强化他避免正面冲突的心理。

（2）让孩子自由地展现内心柔弱的一面。

领导型的孩子虽然外表强悍，但是他们有一颗婴儿般柔弱的心，充满爱也容易受伤。但是他们认为展现这样的一面是软弱的表现，所以总是把这一面隐藏起来，只有在信任的人面前才会表现出真实的自己。所以父母在他们表现出脆弱或者亲密的时候，父母要有意地去迎合，并且要告诉孩子这一丝的脆弱并不会影响他的形象，相反，只有勇于表现自己情感柔弱面的才是真正的强者。另外要注意的是，这类型的孩子只在自己信任的人面前才会表现出这样的一面，所以父母与孩子平时相处时要真诚、率直，如果父母遮遮掩掩或不遵守约定，很容易使孩子产生背叛的感觉。

（3）使孩子养成有规律的生活习惯。

领导型的孩子很难坚持做某件事情，他们为了转换心情，可能会暴饮暴食或者彻夜专注于某件事情，所以父母要引导他们养成良好的生活习惯。父母可以与孩子制定相关的生活准则，并引导他们持之以恒地遵守，不要中途放弃。因为领导型的孩子有破坏规则的倾向，所以父母要让他们切身体会到规则的重要性。

（4）父母可以为孩子安排一些可以抑制兴奋情绪的活动。

白天，尽可能地为孩子提供玩耍、奔跑的自由空间。傍晚或者临睡前，为他安排一些可以平静心情的游戏，比如沐浴、冥想或者读书等。如果到了时间孩子仍然没有睡意，可以让他继续玩儿一会儿，直到消除他的兴奋感。

（5）培养孩子的团队合作精神和爱心。

为了培养孩子的合作精神，可以让孩子多参加一些团体活动，比如足球、篮球等，这时候他们会知道团队合作的重要性，要取得最后的胜利，不完全在于自己，而在于团队合作。平时也可以让孩子养养小动物或者植物，让他体会到照顾别人的快乐。对待领导型孩子，父母千万不能说出“软弱是无能的表现，不能轻易相信别人”这样的话。

此外，色彩也可以帮助领导型孩子抑制暴躁的性格，父母应该让他们多接近柔和的色调和天然色调，他的房间最好以象牙色或者米黄色系列为主色调，孩子穿的衣服也尽量不要选过于艳丽的颜色，应该多穿一些代表温和、稳重的灰色服饰。

第十二章
“焦虑多疑的小曹操”：怀疑型孩子

人格特点：注意力集中，责任感强

小威有着同龄孩子少有的踏实稳重，无论是家长还是老师，都会很放心地把事情交给他来完成。只要给小威明确的交代，他就能出色完成任务，因此他是深受他人信任的。但是小威最害怕的是被人赋予“决定权”，他很害怕由于自己的决定失误而导致任务失败。在家长和老师的眼里，小威是个可以信赖的好孩子和好学生，但是独独缺少了些担当的魄力。很明显的一点是，每次班里竞选班干部，他都会躲得远远的，即使老师和同学都很看好他，他也绝不会参加。

小威是个典型的怀疑型孩子——待人主动忠诚，做事小心谨慎，为别人做事拼尽全力，特别顺从父母，有些孩子也会表现出很强烈的反抗性，他们不喜欢引人注意，不喜欢变换环境，性格优虑多疑，充满矛盾，缺乏安全感。

怀疑型孩子也被称为“忠诚型孩子”，忠诚是他们最大的优点。他们为人真诚，以身作则，做事善始善终，很注重承诺，有责任感，一旦答应了别人，给了别人承诺，他们就是不吃不喝不睡也要会完成，因此绝对是一个值得信任的好帮手。

怀疑型孩子的团体意识很强，一旦在集体中获得别人的信任和依赖，他就会恪尽职守，认真履行自己的职责，毫无保留地为团队贡献自己的力量。所以这类型的孩子在学校里是很受老师和同学欢迎的。

怀疑性孩子很讲义气，对待自己人忠心耿耿，在对方遇到危险时总是能够在所不辞地出手相助。如果能够有朋友或者团队支援怀疑型孩子，他们就会很自信，既信赖别人，也信赖自己，此时的他可以最大限度地展示出他的优势和潜能。

怀疑型孩子是不愿意在团队中担任领导的，他们只喜欢跟随那些能给他们明确行动指示的人，因为只有这样才能让他们感到安全。所以，怀疑型孩子对于团队的忠诚是建立在安全感的基础之上的，一旦失去了这份安全感，或者认为自己没有得到信任，那么怀疑型孩子就会以最快的速度转变成团队特立独行的人，要么明确反抗，要么对团队成员退避三舍，独来独往。

怀疑型孩子的工作能力是很出色的。当他们处于制度明确、组织架构清晰的工作环境或是面对一系列非常明确的命令时，他们会完成得非常出色，加上被赋予的义务和责任使他们内心的疑虑顿消，他们会充满力量，踏实作战、勇往直前，浑身散发着迷人的光辉。不过，怀疑型孩子如果不是生活在团队中，他们靠一己之力是没有办法生存的，他们最害怕的就是得不到别人的支持和引导，所以他们即使工作再出色，也不愿意在团队中担任领导或是做某项决定。

怀疑型孩子希望自己总是处于可以预料和控制的状态之下，但是这种安全第一的想法往往让他们过于小心谨慎，有时候甚至会显得木讷，不够灵活，缺乏自信。不过这种小心翼翼的性格在团队生活中也有好处，这会让他们行事充满计划性，善于发现和防范别人发现不了的陷阱，同时也能够帮助团队中的其他人走上正轨。

性格枷锁：缺乏安全感，爱猜疑

丁越说，不知道从什么时候起，自己总是被一种焦躁疑虑的情绪困扰着。他的疑心病很重，有的时候在班里看见有同学围在一起交头接耳地说说笑笑，他就会情不自禁地怀疑同学们在谈论他的是非，在议论或嘲笑他，然后就开始莫名地焦躁。丁越知道自己这种心理很不好，但也不知道如何调整。

小曼是个眼泪很多的胆小鬼。爸爸每次去上班，她都哭哭啼啼，不舍得和爸爸分开。而且她还有杞人忧天的毛病。有一次她在电视上看见了一个火灾的画面，从此就陷入了恐慌之中，每天晚上都会担心家里着火，经常睡着睡着就惊醒，然后把妈妈摇醒，让妈妈去检查有没有关煤气，有没有拔下电源插头……小曼的脾气也很怪，可能前一秒还玩儿得好好的，下一秒就会突然发脾气。

怀疑型孩子的洞察力很强，这也正是他们的潜能所在。他们能够轻易感受到身边的人哪个心里高兴却装得很平静，哪个内心悲伤却面带微笑，这有时甚至会让大人们感到惊讶，奇怪为什么身边的人和事都逃不过孩子的眼睛。

其实这与怀疑型孩子的思维模式有关，他们天生就充满了警觉性，认为这个世界充满了威胁和危机，所有的事物都难以预测和肯定，人与人之间也很难建立起真正的信任，如果轻易相信别人的话就只会让自己的处境更不安全。所以他们总是在仔细辨认着周围的情况中哪些是有利的，哪些是不利的，这样他们就可以在潜在的威胁和问题变得一发不可收拾之前做出适当的预防措施。

怀疑型孩子对安全感的渴望促使他们对可能的危害和威胁具有一种先天的直觉，一眼就能看出环境中可能存在的问题，并立即采取措施趋利避害以确保周围每个人的安全，这无论是对他们本身还是对他们周围的人，都是有极大帮助的。

怀疑型孩子对潜在的危险和问题的想象力十分丰富，总是不自觉地放大危险性，所以做事经常犹豫不决，对事情过于认真。他们总是想得太多又没有决定的魄力，所以在采取行动前总是充满困扰。如果你仔细观察过怀疑型孩子，就会很容易发现他们从很小的时候就喜欢说“慢”“等等”“让我想想”等词语，而且跟别人说话的时候声音总是颤抖的，不敢直视对方的眼睛。

怀疑型的孩子在遇到困难的时候通常会出现两种选择，一种是逃得远远的，另一种就是闭着眼睛跳进火坑，一面瑟瑟发抖一面继续作战。如果选择逃避，他们就会表现出顺从的样子，以避免他们心中认定的某些伤害；如果选择面对，那么他们就会勇往直前，用带些冲动的行动去掩盖自己的不安情绪。无论哪种反应，怀疑型孩子从心底都是不会相信他人的。

怀疑型孩子从小就对世界怀有一种悲观的看法，觉得世界上有很多坏人和不可预测的事，所以自己必须特别小心，极力顺从，这样才能防止自己受到伤害。他们总是在告诉自己不要轻易被事物的表象迷惑，必须深入探索真实的情况。正是因为这种观念，使得怀疑型孩子长期怀有一种恐惧和疑惑的心理，很难去相信别人，做事畏首畏尾，与任何人都保持着一定的距离。

可以说，他们最大的枷锁就是生活在一种矛盾的情绪中，他们一方面很希望得到大家的喜爱和认同，另一方面又止不住地想要抵抗和质疑别人，所以怀疑型孩子有时候会非常乖巧听话，有时候又会公开反抗别人，给人一种捉摸不透的感觉。

要解开这类孩子的心理枷锁，家长要面临的首要任务就是必须让孩子知道，人与人之间是值得互相信赖和依靠的。

开锁密码：“无论什么时候，我都会保护你”

假如你是怀疑型孩子的父母，要让怀疑型孩子去办一件事。刚开始的时候你会很细心地指导他，直到他把这件事出色地完成。等你确定你不给他指导，他也可以轻车熟路地完成这件事的时候，你自然就不会再向开始那样去仔细地去指导他，而是会放手让他独立去做。但是怀疑型的孩子内心不是这样想的，他甚至可能会因此产生恐慌，心中充满被抛弃的悲凉情绪：爸爸妈妈是不是不管我了，他们是不是不在乎我、不爱我了？

怀疑型孩子天生就被一种焦虑和不安全感所笼罩。在他们童年的时候，他们最重视的就是自己的父母，很害怕受到父母的冷落，得不到父母的支持。所以怀疑型孩子强大的洞察力最早就是从观察父母的态度开始的，而且在察言观色的过程中还养成了犹豫不决的坏毛病。

他们总是会产生一种无助感。但是这并不意味着怀疑型孩子的父母没有给孩子足够的关爱，因为即使是很爱自己孩子的父母，也可能会让孩子某一瞬间产生得不到信任和支持的失落感，但是孩子的人格类型有一部分是天生的，并不是所有的孩子都因此对父母产生怀疑，但是怀疑型的孩子就会因此觉得自己是被孤立的小孩，并且时时刻刻都充满着焦虑。随着年龄的增长，他们又从焦虑中发展出了怀疑的特质。所以，他们对父母的感情是矛盾的，一方面为了得到认同而想要服从，另一方面又因为未能获得信任而蓄意反抗。面对外界的问题，他们常常“心有余而力不足”。他们害怕被人抛弃，怕没人支援。由于心灵深处的这种恐惧，他们不知道面对一些可以信赖的人的时候究竟是该依赖还是该独立，所以总是给人若即若离的感觉。

怀疑型孩子的想象力过于丰富，而且所想象的内容几乎总是悲观的，这就导致了他们多疑的世界观。他们总是习惯于去想象最糟糕的情况，而很少去考虑最好的情况。他们会不自觉地去寻找环境中对他们有威胁的线索，而把那种对最好情况的想象视为一种天真的幻想。怀疑型孩子很渴望安定，看重安全，他们的内心时刻对预测不到的未来有一份深深的焦虑和恐惧。为了安抚这种不安的情绪，怀疑型孩子发展出了两种不同的行为模式——保守沉默和冲动莽撞。在九种人格特性中，其他的人格都只有一个性格，但是怀疑型孩子有两种：一种是对抗性怀疑型，另一种是逃避性怀疑型。而且一般情况下，怀疑型孩子在人前和人后的表现是不一样的，如在家是逃避型，外边通常是对抗型；反之亦然。也就是说，几乎所有的怀疑型孩子都存在两种性格，只是所占的比重不同。

对抗性怀疑型的孩子会主动寻找危险，并显出强烈的进攻性，而逃避型的孩子则选择敏感地逃跑，以此来回避这种恐惧。但是他们的心理是相同的，那就是失败带来的恐惧感要比成功的期望大得多。所以他们在计划一件事的时候，总是会想到“出错了怎么办”，并因此迟迟不敢行动。这严重阻碍了他们的行动和发展的脚步。

为了培养他们的行动力，父母可以试试这样的方法。如果家里有件事情需要有人做决定，可以试着问问孩子“你认为该怎么办”，其实大多数的怀疑型孩子都能很有条理地说出他的想法，因为他早就在心里清清楚楚地想好了要怎么做。这时候父母要趁势鼓励他说：“你说得很好，就这么做吧，出什么问题都没关系，还有爸爸妈妈呢！”听到这样的话，他就会立刻高高兴兴地动手去做了。

其实为了解开怀疑型孩子的心理枷锁，就一定要保证孩子有个安全的心理环境，父母最应该扮演的角色是他们的保护者和引导者，应该无条件地为孩子提供心灵深处的支持和抚慰，引导他们凡事都要向积极的方面看。当他们产生焦虑不安的情绪时要宽容并表示理解，而且要给予适度的安慰。总之，父母一定要让孩子相信自己是安全的，无论在什么时候，父母都会保护他，不会扔下他一个人。

培养技巧：让孩子保持冷静，学会相信他人

怀疑型的孩子总是缺乏安全感，所以他们总是渴望得到强有力的保护，因此他们常常遵从周围大多数人的意见，忠于职守，总是努力和其他人友好相处以确保自身的安全，希望以此来得到别人的信任，得到别人的保护。对于他们来说，家人和朋友是十分珍贵的，他们喜欢和自己信任的人在一起，共同面对“竞争对手”。

不过又因为他们对周围的一切总是抱着一个怀疑的态度，所以常常会在心里质疑他所看到的或者听到的事情。如果他们一旦发现保护者的言行自己无法理解，他们马上就会出现排斥和反抗的言行。

对抗性怀疑的孩子固执、叛逆，喜欢对别人冷嘲热讽，总是对比自己强大的人抱有敌意，时常对他们的权威提出疑问和反抗。这样的孩子其实是想用自己的积极进攻改变自己的被动地位，同样也是为了摆脱恐惧感，获得安全感。

而逃避性怀疑型的孩子并不是一味逃避没有其他的想法，当看到别人违反纪律的时候，他们的内心就会产生怀疑：“为什么只有我遵守这些规矩呢？”如果这种想法没有得到及时疏解，那么他们随后会出现两种情况，一种是内心不安，继续逃避；另外一种就是产生颠覆一切的冲动，所作所为让人大跌眼镜。那些平时看起来很温和的怀疑型孩子，当压抑许久的愤怒爆发时，往往会让所有人害怕。有研究表明，历史上很多反抗君主暴政的起义领袖都是怀疑型的人。

有时保守沉默，有时又冲动莽撞，并且这两种行为方式会突然发生转换，总是让人感觉很紧张，你永远不知道这些怀疑型的孩子下一步到底想要怎么样。所以父母要帮助孩子学会冷静、学会客观地分析事情。

要想让孩子保持冷静，最重要的就是要让孩子感觉到无所不在的安全感，只有这样他才能情绪稳定，不会过度顺从或者过度反抗。父母要给孩子创造一个充满安全感、氛围舒心的家。这类型的孩子总是提心吊胆地生活，他们害怕自己吃的饭是否绿色健康，担心自己出门的时候会不会遇到抢劫，害怕会不会发生地震。所以父母要时刻关注孩子的心理状况，一旦孩子出现惶恐不安的表情，一定要温柔耐心地询问孩子出现了什么情况，然后抱抱他，告诉他不管什么情况下爸爸妈妈都会保护他，不会抛下他，让他的心情恢复平静。

怀疑型的孩子精力充沛，但是总是会把精力放在担心未来的事情上，所以父母不要让他无所事事，要给他安排一些有趣的事情做，用这些事情来转移他的注意力。

此外，怀疑型孩子似乎总是和每个人之间都保持着距离，他们和家长并不是特别的亲密；如果仔细观察他们的交往情况，你也会发现虽然他们看起来有很多的朋友，并且也表现出一副融入其中的样子，但是实际上并没有几个能够真的让他们放开戒备完全展现自己的人。

怀疑型孩子的家长要告诉他们：“事实上你对别人的不满只是表明了你对别人的态度，别人对你可能不是这样看的，事实上，并不会有人想要刻意伤害你。在你的生活中肯定有那么几个人，他们总是无微不至地关心你而且值得信任，你可以随时找到他们诉说自己的痛苦，寻求心理安慰。”要时时刻刻向孩子传达这样的观念，如果依然没有发现孩子身边有他信任的朋友，就要鼓励他主动去与人交往。另外家长还要给孩子打好被人拒绝的预防针，让孩子在心里明白即使被人拒绝也是很正常的，这并不值得焦虑和恐惧。

虽然怀疑型孩子不太容易与人建立亲密关系，但是他们一旦认定了一些朋友，绝对会是忠诚可靠的好伙伴。怀疑型孩子看似很淡漠，不会总是对别人甜言蜜语、嘘寒问暖，但是只要别人有需要，他们绝对是第一个伸出援手的，所以他们更有可能收获长久的友谊。因此怀疑型孩子的家长只须引导孩子学会敞开心扉交朋友，而不必担心孩子没有知己，因为这类孩子的关系网通常是属于不烦琐但很坚实的那一类，也就是说，虽然他们跟人的关系很难建立，不过建立之后通常会比较稳定而持久。

第十三章
“活泼外向的开心果”：活跃型孩子

人格特点：喜欢探索，动作夸张

淘淘就和他的名字一样是个小淘气包，从小就特别好动，一刻都不得安宁，整天像个小猴子一样上蹿下跳。他在学校里也是这样，上课时精力不集中，一会儿写张纸条，一会儿在本子上画幅画。他做作业的时候也很难静下心来，总是三心二意，草草了事。不过，淘淘也是家里人的“开心果”，他个性开朗，总是高高兴兴的，当爸爸妈妈工作劳累一天回到家，他就嘻嘻哈哈地想尽办法逗他们开心，每次也都能把爸爸妈妈逗得哈哈大笑。而且有时候因为他的淘气，父母会狠狠地批评他，当时他会看起来满脸不高兴，不过用不了多久，他的脸上就会重新绽放笑容，把刚才的事情抛到九霄云外，所以父母批评他的时候也不会有什么心理负担。

淘淘是典型的活跃型人格——性格外向，精力充沛，乐观开朗，过度活泼好动，想法多样而且有时候不切实际，逃避责任和压力，很少有负面情绪，贪图享受，追求充满刺激的生活，喜欢冒险。

在九种人格类型里面，活跃性孩子是最外向最活泼的一个，这个类型的男孩就像个小猴子一样整天上蹿下跳无法安静，这个类型的女孩也是大大咧咧、敢作敢为，几乎没有女孩的安静气质，是别人眼中的“假小子”。

活跃型孩子精力旺盛，总是东奔西跑的，很难在一个地方安静地待一会儿。他们的动作总是很大，如果让他们坐着，他们一定不会端端正正地坐在那里，而是会不断扭动身体，一副坐立难安的样子。他们说话时身体动作和手势都很大，表情也会很夸张，要么不笑，笑起来一定是咧开大嘴痛痛快快地笑个够，在他们的脸上很少会出现含蓄的微笑。他们还喜欢用不屑的眼光瞪着周围的人，不过并不是因为生他们的气，只是因为他们觉得这样很好玩儿。活跃型的孩子总是有点“口无遮拦”的倾向，说话喜欢一针见血，大有语不惊人死不休之势。这种性格有时会让身边的人开心不已，但是有时候也会因为场合的问题使人陷入尴尬。

活跃型的孩子似乎永远不知道什么是累，他们总是有做不完的事情把自己的一天塞得满满的，每天晚上回到家都是一副意犹未尽的样子。即使回家的时候已经很累了，如果他们发现了什么有趣的东西，还是能马上拿出热情继续游戏。

他们很善于发现快乐，不仅让自己的生活充满乐趣，还能够全身心地投入欢乐的海洋中。他们是天生爱玩儿的类型，适应能力很强，不管在什么环境下都能找到可供嬉戏的素材。他们喜欢探索，尝试新鲜事物，并且有足够的精力去营造各种刺激。

在别人眼里，他们是爽朗活泼、富有魅力的孩子，而他们自己也会有一点儿自恋倾向，总是认为自己非常优秀，而且对此深信不疑。不过，这些孩子的快乐来得快去得也快，他们的计划永远赶不上变化，而且行事散漫，没有计划。当高兴的时候，可以很快地完成一件事，但如果不在状态就会一拖再拖。

不过，最令活跃型孩子苦恼的是，这个世界充满了规范和限制，这让他们感到被束缚。所以他们才会通过追寻自由和快乐以逃避痛苦、脱离规范。他们最理想的生活是多姿多彩、充满无限可能的，所以他们不屑于外界的限制，总是表现出一副爱谁谁的姿态，口头禅也常常是"管他呢""先……再说"这一类表示不屑的话。

性格枷锁：专注力差，害怕挫折

活跃型孩子固有的思维模式使他们认定每个人都应该努力破除各种障碍，致力去寻找美好欢乐的体验，同时避开所有不美好的感觉。因此，他们最害怕的就是失去快乐，只有在快乐的环境下，他们才能摆脱内心的恐惧感到安全。在他们心中，永远充斥着"我要想办法让自己快乐起来"的欲望，正是因为如此，当活跃型孩子面临痛苦、麻烦时，他们也会选择以玩乐的方式来麻痹自己，逃避这些负面却真实存在的问题。这种想要逃避的心理，正是活跃型孩子性格中的最大枷锁。

只想要快乐的经验而不想遇到挫折感受痛苦，实际上这也是在给自己设限。要解开活跃型孩子的心结，最关键的是要帮助孩子认清现实并勇敢面对生活的喜怒哀乐，让他学会承受，培养他勇于担当的品质。

家长鼓励孩子勇敢行事是正确的，但是由于活跃型孩子不喜欢生活中的条条框框，所以如果家长不分情况地鼓励他勇敢地去做事，那么他极有可能会犯下一些严重的错误，让家长后悔不迭。所以面对活跃型孩子，家长最好还是在理智地限制他的某些行为的基础上再去鼓励他，另外还要教会他为自己的行为承担起相应的责任，不要让他过于无拘无束，否则只会让他更变本加厉地逃避。

另外，活跃型孩子还有一个很大的性格缺陷，那就是他们活跃的性格让他们的热情和兴趣来得快去得也快。在准备一项计划的时候，他们通常会充满热情，但是过了最初的计划阶段，开始进入实施阶段后就会丧失最初的热情，并且兴趣会慢慢发生转移。

对活跃型的孩子来说，最难做到的就是“坚持”两个字，他们的兴趣的确很广泛，而且头脑灵活，善于运用大量的设想和理论来代替枯燥而艰苦的工作，但是如果不能坚持把想法和计划完成，那么所有的计划都只能称之为空想。所以活跃型孩子的这种专注力差的特性，使他们很可能会错过某种特长潜能的发展，最终与成功擦肩而过。

活跃型孩子不喜欢接受规范的教条限制，喜欢我行我素，他们总认为“只要我喜欢，没有什么是不可以的”，所以他们行动有点散漫。他们很害怕沉闷束缚，所以在做事的时候很少会列出一份详尽的计划，更多的时候是随性而为，想做就去做。

活跃型孩子不论担任什么角色，一旦丧失了兴趣就想溜之大吉。他们从来不会怀疑自己的能力，在事情做到一半的时候，他们可能会想“做到这个程度就差不多了”，然后就会放弃去寻找新的刺激。这种散漫的个性，其实是很不利于活跃型孩子在某些方面的长足发展的。有的时候，他们还可能会被自己的这种散漫个性连累，给人留下不好的印象，白白浪费很多大好时机。

活跃型孩子的生活目的似乎就是不惜一切代价寻找快乐，他们需要源源不断的新鲜刺激点燃生活的激情，激起自己的生活兴趣，所以有些时候他们会为了获取快乐而冲动行事。这种冲动在与人交往的过程中表现得很明显，他们总是喜欢根据自己的心情和兴趣转移话题，很少去倾听别人的需求，照顾别人的感受，所以他的这种冲动性格也会给他们的人生发展带来一定的阻碍。

开锁密码:“遇到困难，我们一起面对”

活跃型孩子从很小的时候就很喜欢挑战和冒险，即使是面对那些会令其他孩子非常恐惧的事情，他们也总是表现出一副满不在乎的样子。有的孩子小时候很害怕虫子之类的小东西，但活跃型孩子会把它们抓在手里研究，并显出“有什么好怕的？它们很好玩儿啊！”的样子。父母从他们身上根本找不到任何焦虑恐惧的影子，好像就没有什么事是能让活跃型孩子感到这是一件很困难的事情。活跃型孩子给人的感觉一直是轻松、阳光、快乐的。家长们常常会在心里问自己是不是这类孩子天生就不懂得什么是困难，什么是害怕呢？

其实，活跃型的孩子和其他类型的孩子一样，内心深处都潜藏着深深的恐惧，不过他们处理这种恐惧的方式却跟别的孩子不一样，比如怀疑型孩子在面对困难的时候总是时刻充满了忧虑，表现出一副谨小慎微、惴惴不安的样子，而活跃型孩子则采取大而化之、满不在乎的样子，他们习惯用一种寻找快乐的方式来掩盖或者逃避内心的恐惧。如果家长认为活跃型孩子天生胆大不知道什么是困难的话，那真的是误解他们了，其实他们在某些时候也是个“胆小鬼”，害怕面对困难，而且他们的行为越夸张的时候，很可能正是他们越觉得害怕的时候。

除了故作轻松地面对恐惧之外，活跃型孩子由于兴趣广泛，他们做事情常常会出现虎头蛇尾的情况，因为一旦在完成这件事情的过程中遇到困难，这种类型的孩子就会觉得这件事没有乐趣，马上就会丧失对它的热情，转而去寻找下一个有趣的事情。所以，活跃型孩子表面上看起来似乎总是不会遇到困难，但实际上是他们一遇到困难就逃跑了，这种承受不了挫折的个性其实对活跃型孩子的发展是很不利的。

那么活跃型孩子的父母要怎样帮助孩子摆脱这种个性呢？首先来了解一些父母在这种类型的孩子眼里是个什么样子的。活跃型孩子认为自己人生最大的挫折就是来自外界的条条框框，而父母是最早给他设置这些规矩和要求的人。在他们眼里，父母虽然能够给自己足够的照料和关爱，但是他们总觉得父母存在一定的问题，感到父母并不是可靠的持续的养育之源。

因此他们在面对父母的时候，常常会产生一种受挫感，他们不认为自己可以依靠父母来获得自己需要的东西。

为了帮助孩子形成面对困难不退缩的性格，父母应该经常跟孩子说：“不管在什么情况下，我们都会照顾你的。有了困难和挫折，不要害怕，爸爸妈妈会帮助你渡过难关。”千万不要对孩子说：“依赖别人是弱者的表现。”因为这种类型的孩子本来就不喜欢请求别人的帮助，如果父母总是用这种说法强化他的心理，那么他肯定会与父母的关系越来越远。

父母首先要帮助孩子延长专注于某一件事情的时间。当活跃型孩子对一件事情过于投入时，他们心里反而会生出负面情绪，这种专注让他们感到恐慌，所以他们会同时关注多种事物来逃避这种恐慌。所以当父母看到孩子专注于某一件事情的时候，即使有话想对孩子说也要忍住。还可以注意一下孩子喜欢玩儿的游戏，可以从游戏入手提高他们的专注力。

要培养活跃型孩子的坚持习惯，比较有效的方法是帮助他把大目标分解成一个个小目标。每当孩子完成一个小目标时，就要和他一起庆祝，分享他达成目标后的喜悦，同时鼓励他向下一个目标前进。孩子熟悉这种完成目标的方式之后，要引导他自己去制定每个小目标。当他们把这种做事方式变成习惯，孩子自然而然也就能够做到坚持了。

培养技巧：生活有欢乐也有痛苦，学会承担才能成长

一位活跃型的成人这样回忆自己的童年：

我从小就很聪明，鬼点子特别多，还特别擅长搞恶作剧。每当看到我周围的人因为我的某些行为笑得前仰后合的时候，我总是产生一种特别的满足感和成就感。我的精力特别旺盛，有好多感兴趣的东西，而且我从很

小就很会自娱自乐，流行的游戏和活动几乎没有我不会的。我觉得人生就是用来追求快乐的，活着的目的就是体验无休止的快乐。

这就是活跃型孩子的典型心理。他们总是希望过一种享乐的生活，把人间所有的不美好化为乌有。他们喜欢纵情于娱乐，喜欢物质生活，喜欢享受，喜欢探索新事物，不爱受别人管束，不喜欢遵守规矩，总是希望生活中充满了刺激、冒险和各种各样的选择。他们总是马不停蹄地出发去寻找通往快乐的捷径。

活跃型孩子的脑子里想的都是一些积极的和对未来的美好幻想，而且时常沉醉于这种快乐的气氛里。但是因为孩子的年龄很小，心智发育不成熟，所以他们的计划里总是充满了不切实际和没有可行性的计划。不过，他们是很难通过自己的理性思考认识到这一点的。他们永远有无数的计划，而且灵活多变，但是真正实现的没有几个。这种思维惯性很容易让他们陷入一种不务实的态度中去。不过活跃型孩子的胆子其实很小，只要是经历过伤害的事情他们就绝对不会再尝试第二次。对于痛苦和规范，他们常采取一种逃避的方式。为了逃避痛苦，活跃型孩子总是用快乐把自己的生活填得满满的，不留一点喘息的时间，所以他们很容易陷入一种疲于奔命的怪圈。又因为他们太执着于享乐，所以轻则轻佻浮夸、没有责任心和专注力，严重时就会发展成一个贪图享乐、沉溺幻想、没有上进心的人。而长期在内心的痛苦，也极有可能大量累积后突然爆发，导致某些身体疾病。

所以家长为了提升孩子的幸福感，就一定要让孩子明白人生中既有欢乐也有痛苦，我们不仅要学会享受快乐，也要学会承担痛苦。如果想要活跃性的孩子拥有健康的身心，最重要的就是要陪在他们身边，与他们一起体验生活中各种不同的感受。要让孩子知道，困难、痛苦和悲伤并没有想象中那么可怕，这些感受和快乐一样都是生活的一部分，而且正是有了痛苦等负面的感受，才会让快乐显得非常珍贵。虽然所有的家长都希望自己的孩子拥有一个快乐的童年，但是对于活跃型孩子来说，让他们适当地去感受一下令人难过的场面，是对他们的健康成长是大有帮助的。

另外父母要培养孩子的责任感，告诉他们不能一遇到困难就逃跑，把失败的痛苦全都留给别人，要让孩子学会为自己的行为负责。活跃型的孩子喜欢新鲜事物，有着很多看似完美的计划，而且他们喜欢拉上朋友一起参与。但是一遇到困难或者自己失去了兴致，就会把事情扔给朋友。父母应该时刻提醒孩子，这种没有责任感的行为会给朋友带来麻烦。

活跃型孩子的父母应该成为孩子的调控者。当他们精神涣散、三心二意或是难以坚持的时候，要帮他们踩稳油门，帮助他们脚踏实地地坚持把一件事情完成；当他们一时兴起、冲动莽撞或者过度活跃的时候，要及时帮他们踩住刹车，控制他们的速度，避免他们横冲直撞留下隐患。

如果活跃型孩子能够得到父母很好的引导，他们会表现出生气勃勃的优点，懂得珍惜快乐和幸福，但是如果家庭很好地塑造孩子先天的性格，活跃型孩子就有可能成为回避困难、不知满足、耽于享乐的人。

第十四章
九型妈妈或九型娃：巧适合不如会磨合

以符合孩子性格的方式表达对孩子的爱

现实生活中，我们经常可以看到父母非常疼爱孩子，但是孩子与父母关系紧张的情况发生。很多家长也会奇怪地问："这世界上哪有不疼爱孩子的人呢？可是孩子就是跟我不亲近。"的确，大部分父母都是爱孩子的，但是问题的关键在于你的爱有没有被孩子感受到。意大利天主教神父、慈幼会的创办人若望·鲍思高曾经说过："只有爱是不够的，一定要让孩子感受到爱才行。"

爱是需要沟通和共鸣的，只有这样，爱才会像春风一样温暖孩子的心灵。那么怎样才能让孩子感受到父母的爱呢？要达到这个目的，第一步就是了解孩子的性格。只有孩子的天生性格被父母认可，孩子才能感受到父母的爱。即使父母希望孩子做出一些改变，也要首先尊重他们的性格，只有让孩子感到自己是被父母尊重的，他才会对父母敞开心扉。

苏联教育家马卡连柯曾经说过这样一句话："尊重人、信任人是教育人的前提。"其中"尊重人"所指的正是尊重人的人格。教育的核心就是让孩子始终体验到自己的尊严感。不过在现实生活中，不注重尊重孩子人格的现象屡屡发生。家长常常打着“关心孩子，为了孩子好”的旗号，将自己的意志强加在孩子的身上；还有些家长总是认为孩子“应该”怎样，然后想方设法把孩子塑造成自己理想中的模样，却从没想过孩子实际上是怎样的人。这些行为无疑是对孩子人格的漠视。

人格是从一出生就确定的，是稳固的、独特的个性心理特征，是与生俱来的，而且本质上是不会发生改变的，这是所有研究九型人格与发展心理学的学者们公认的事实，并且推测这可能与遗传、胎儿时期的子宫环境、母亲在怀孕时的精神状态有关。但是无论是何种原因，“气质是天生的”，这是不可改变的事实。所以父母研究九型人格，不能把创造或者改变孩子的人格类型作为自己的目的，而是应该承认和尊重孩子的人格类型，接受他们的内在价值体系，协助他们根据自身的人格类型发挥独特的潜力。

也许有家长会说：“既然人格类型不能改变，那么家庭教育还有什么用处呢？”其实在社会中我们很难把人简单地划分为九类，这是因为即是同种类型的人格也有着健康状态、一般状态和不健康状态之分，并且在不同状态下人们的行为方式和性格惯性也不尽相同。比如一个健康状态下的活跃型孩子充满活力、自信乐观，而不健康状态下的同类孩子就可能是终日玩乐、脱离实际的人。一个人成年后的人格类型处于哪个状态，这在很大程度上取决于他童年时期的经验以及父母的教育方式。如果父母能够清楚孩子的性格并据此因材施教，孩子的人格就会向着健康状态良性发展；而一个生活在父母施教不当环境中的孩子，他在成长过程中会不自觉地关闭自己的情感沟通渠道，同时还会建立起各种各样防止受到侵害的防御反应。简单来说，如果父母能够根据孩子的天生性格来表达对孩子的爱，把对孩子的教育建立在尊重孩子人格的基础上，那么孩子就会按照自己的天性成长，发展出健康的人格；否则就会让孩子受到伤害，使其发展处于不健康的水平。

忽视孩子本身的性格特质，无论多么重视家庭教育、耗费多少精力，也是于事无补，甚至可能会过犹不及。所以，对孩子的教育，一定要建立在尊重孩子的天生性格的基础上。

总而言之，父母要学会观察孩子的人格类型，并且以其所属类型的最佳发展来与其相处，而不是试图去改变他们。要知道，每种性格都有自己的闪光点，如果父母一味培养孩子与天生性格不一致的特征，孩子就会无法发展个性中固有的特点，甚至会造成孩子含混不清的性格，让孩子变得缺乏自信和存在感。只有充分发挥自身性格优势，孩子才能自信地面对生活。

以下是各种人格类型的健康标准：

	健康状态	一般状态	不健康状态
领导型	具有出众的领导才能，心胸宽广，能够保护别人	争强好胜，做事直接，有很强的控制欲	行为有暴力倾向，疯狂追逐权力
和平型	性格随和，兼收并蓄，目标明确	优柔寡断，常常劳心伤神，性格温和	偏执，丧失人生方向，相信宿命论
完美型	冷静沉着，理智，具有批判意识	完美主义者，行为谨慎	行为具有破坏性，伪善，冷血
助人型	乐于帮助别人，富有创造力	具有奉献精神，心中充满母爱	在依赖别人的同时希望支配别人
成就型	才能出众，值得信任，诚实	实用主义者，有出人头地的愿望	狡诈的投机主义者

续表

	健康状态	一般状态	不健康状态
忧郁型	富有创造力，人际关系良好	情趣高雅，追求美和浪漫	神情恍惚，颓废，脆弱
思考型	富有创意，精力旺盛，睿智	善于分析和思考，但是总是扮演着旁观者的角色	被孤立的状态下会陷入虚无主义，行为古怪
怀疑型	忠诚，勇敢，大胆	恪尽职守，做事小心	胆小怕事，依赖别人，但是行为具有攻击性
活跃型	多才多艺，而且能够享受内心的平静	好动，快乐至上，思想肤浅	陷入某种癖好不能自拔，自制力差，不听劝告

与孩子性格相同就和谐吗？

有很多家长可能以为孩子是自己生的，必定会与自己有着相同的性格，有些则认为孩子会遗传自己的性格，还有一些家长抱着这样的态度：孩子与我朝夕相处，他最终会与我拥有同样的性格。

我们经常看到很多父母总是这样骄傲地描述孩子：“我们家孩子真是跟我一模一样！”的确，孩子在长相、体形和才能方面有很多地方会和父母相似，这是遗传的作用，是理所应当的事情。但是研究表明，性格不一定会遗传，孩子的固有性格只可能会受到父母性格的影响，而不会与父母的性格完全一样。

一些家长认为如果孩子与自己拥有一样的性格就能够更好地理解孩子的需要，亲子之间的相处就可以更融洽，这不一定正确，心理学家认为：即使父母和孩子是相同的性格，但是根据观察视角和阅历的不同，每个人的感受和认识也不相同。即使父子两个都是活跃型的人格，都具有活泼开朗、社交广泛的性格，但是由于两个人的生活经历完全不同，所以感受也不会相同。就像同样一个行为，有人认为是死心眼、不会变通的表现；有人则认为是有毅力能坚持。所以，父母没有必要因为自己和孩子不是相同的性格就暗自苦恼，认为自己与孩子的相处一定会出现问题。

要想让自己能够与孩子和谐相处，父母要做的第一步就是承认孩子的性格可能与自己的不同。因为人与人之间的相处，最重要的就是要接受其他人与自己的区别。如果不承认对方与自己的区别，强行要求别人跟自己一样，那么一定会把双方的关系弄僵，这个原则同样适用于亲子之间的相处。从来没有人能够强迫别人改变本性，这样做的结果只能是导致关系破裂。有些妈妈是活跃型的人格，而孩子是思考型的人格。在妈妈的眼里，孩子这么安静，生活该是多么无趣啊！于是她经常带着孩子出去游玩儿，希望孩子能够变成活泼开朗的孩子，但是实际上妈妈不知道，思考型孩子觉得安静的生活才有乐趣，无休止的外出只会让他疲惫不堪。而妈妈的活跃也会在这些活动中无形中给孩子带来很大的压力，让他变得更加孤僻。当情况反过来，妈妈是思考型而孩子是活跃型，如果妈妈没有认识到孩子的个性并根据他的个性加以引导，那么妈妈会认为孩子是一个散漫没有礼貌的孩子，时间长了，孩子就会因为能量没有释放而感到郁闷。以上两个例子都是告诉我们，当固有的人格类型没有得到认可，孩子会认为自己是不受欢迎的人，会变得缺乏自信。

世界上没有完全匹配的“性格八字”，即使两个人具有一样的性格类型，也并不能代表能够很好地理解对方，而性格相反的时候也不代表一方就感受不到另一方的魅力。作为父母，最重要的是要正确把握自己和孩子的性格，理解和接受孩子的性格。只有父母能够尊重孩子的性格类型，多多站在孩子的角度认识问题，才能打造完美的匹配性格。每个人都有不同的性格，没有必要一定要求孩子的性格与自己相同或者相反。只要双方能够互相理解，互相信任，相信无论什么样的性格组合都能找到合适的相处之道。

妈妈有脾气，九型妈妈对比看

前面的几节，我们详细介绍了各个类型孩子的特点和培养技巧，那么各个类型的妈妈都有什么优缺点呢？只有了解自己才能更好地扬长避短，所以下面来看一下各类型妈妈的独特魅力。

领导型妈妈富有献身精神，既是孩子勇敢的卫士，也是孩子体贴的仆人，正直、诚实、开朗、自信，是孩子的楷模。不过领导型的妈妈有过于严格的倾向，她们很享受那种高高在上的感觉；另一方面，她们又会对孩子过分地保护和干涉，总喜欢用自己的想法操纵孩子，习惯性地忽略孩子的意见。如果孩子的性格不像妈妈一样强势，那么妈妈其实很难理解孩子的软弱。领导型妈妈在教育孩子的时候要注意不要用强力压制孩子，要承认自己与孩子的区别，尽量采取平易近人的方式对待他们。

和平型妈妈性格随和，能够理解孩子，让孩子感受到温暖，也能尊重孩子的天性。在和平型妈妈的怀抱中成长的孩子，通常会觉得世界充满了爱和信任。但是和平型妈妈也有自己的缺点，她们常常对孩子有求必应，疏于管教；而且和平型妈妈性格保守，所以会妨碍孩子对新事物的探索；当孩子站在人生的十字路口时，妈妈也很难为孩子指点迷津。其实，和平型妈妈应该树立起自己的威严，有时候在孩子面前要表现出不容反抗的坚决态度；还要改正自己“事不关己，高高挂起”的态度，因为孩子的人生是你必然要参与而且要给予指导的。

完美型妈妈责任心强，是孩子可以信任的人；同时她们会不遗余力地为孩子创造良好的条件，能给孩子带来安定感。不过，这种类型的妈妈教育方式不灵活，她们不仅对自己要求严格，对孩子的缺点也不肯放过，哪怕只是一个无关紧要的小错误。她们喜欢按照自己的标准要求孩子，不尊重孩子个性。完美型妈妈一定要学会灵活地教育孩子，对孩子多一些宽容，时刻反省自己是不是过多地干预了孩子的生活。

助人型妈妈是典型的“贤妻良母”，不仅能够理解和支持孩子，而且在这个过程中她们自己也感到满足。不过，助人型妈妈有过分保护孩子的倾向，即使孩子明确表示不需要妈妈的帮助，她们还是会不辞辛劳地替孩子做事。其实这样反而会引起孩子的逆反心理。助人型妈妈一定要学会与孩子保持距离，这样才能让孩子形成独立的人格和个性。

成就型妈妈勤奋努力，热衷于教育，孩子通常能够健康成长。不过她们具有强制教育孩子的倾向，有时候过于理性，不重视别人的感受，甚至会为了显示自己对孩子提出苛刻的要求。其实成就型妈妈应该告诉自己不要只重视名利，要放慢脚步去享受生活；还要告诉自己孩子不是实现梦想的工具，要尊重孩子的“平凡”。

忧郁型妈妈感情丰富，能够给孩子带来无限的欢乐。她们尊重孩子的个性和主张，能给孩子充分的自由。不过她们有时候会给孩子过多的自由，甚至有让孩子放任自流的倾向。忧郁型妈妈最需要注意的问题是要学会控制情绪，因为自己情绪波动大，往往会给孩子造成很大的压力。而且这类型的妈妈在处理日常事务时显得很不熟练，也会让孩子觉得生活吃力。

思考型妈妈理性、开明，尊重孩子的兴趣，但是她们不善于表达爱意。孩子总是希望得到关爱，但妈妈总是一副不冷不热的样子，这会给孩子带来极大的伤害。当思考型妈妈思考问题时，如果孩子靠近她们还会显得很不耐烦。思考型妈妈应该学会多多向孩子表达自己的爱和关心。如果喜欢所有事情都有条理地进行，那么可以发挥自己善于计划的长处去规划一次家庭聚会或旅游，这不仅能让孩子快乐，也能让自己感到舒适。

怀疑型妈妈养育孩子时认真负责，尽心尽力，认为培养出一个优秀的孩子是自己的使命。不过怀疑型妈妈总是紧张，不喜欢享乐，而且过于关注一些无谓的琐事，舍不得放手，生怕孩子受到伤害。其实怀疑型妈妈应该尊重孩子需要独立的心理诉求，并学会享受生活中的点点滴滴，只有这样才能为孩子创造一个轻松的、让孩子感到安全的环境。

活跃型妈妈总是能让家里充满欢声笑语，理解孩子的冒险心理，能够包容他们的过失。不过孩子对于活跃型妈妈来说似乎只是一种消遣，如果与孩子之间产生了问题，就有对孩子放任不管的倾向。这个类型的妈妈应该给孩子创造一个有规律的安定的环境，多给孩子一些时间，与他们一起努力，战胜困难，而不是遇到困难自己逃得比孩子还快。

看了上面这些分析，希望各个类型的妈妈在教育孩子的时候多多反省，保证孩子能够在健康的家庭氛围中快乐成长。